FLORE

JURASSIENNE.

FLORE

JURASSIENNE,

OU

DESCRIPTION DES PLANTES

CROISSANT NATURELLEMENT

DANS LES MONTAGNES DU JURA

ET LES PLAINES QUI SONT AU PIED,

RÉUNIES PAR FAMILLES NATURELLES, ET DISPOSÉES SUIVANT LA MÉTHODE
DE DE CANDOLLE,

AVEC L'INDICATION DES PROPRIÉTÉS
ET DES USAGES DES ESPÈCES LE PLUS GÉNÉRALEMENT EMPLOYÉES
EN MÉDECINE ET DANS LES ARTS;

SUIVIE D'UN TABLEAU DES GENRES,

D'APRÈS LE SYSTÈME SEXUEL DE LINNÉ.

PAR C.-M. PHILIBERT BABEY,

ÉLÈVE DE L'ÉCOLE NORMALE, DOCTEUR ÈS-SCIENCES, DE L'ACADÉMIE DES SCIENCES
DE TOULOUSE, DE LA SOCIÉTÉ D'ÉMULATION DU JURA, ETC.,
ANCIEN PROFESSEUR DE MATHÉMATIQUES DES COLLÉGES ROYAUX DE TOULOUSE,
DE BESANÇON, ETC.

TOME DEUXIÈME.

———

PARIS.

AUDOT, LIBRAIRE-ÉDITEUR,

RUE DU PAON, 8, ÉCOLE-DE-MÉDECINE.

———

1845.

FLORE

JURASSIENNE.

FAMILLE XXXII.

Rosacées. Juss.

Calice à 4—5 divisions souvent doublées, les extérieures alternes; corolle régulière, à 4—5 pétales; étamines nombreuses, libres, insérées avec les pétales sur le calice, à estivation infléchie; ovaires plusieurs, libres, uniloculaires, à style latéral; graines dépourvues de périsperme. Embryon droit; radicule tournée vers l'ombilic. — Feuilles alternes, munies de stipules.

TRIBU I. — SPIRÉACÉES. DC.

Carpelles plusieurs, ordinairement 5, libres, très rarement un peu soudés, capsulaires à la maturité, s'ouvrant en dedans; graines 2—4, rarement 1—3 par avortement.

1. KERRIE. — *KERRIA.* DC.

Calice à 5 divisions ovales, 3 obtuses, 2 terminées par une légère pointe calleuse; pétales 5, orbiculaires; étamines environ 20, saillantes, ainsi que les pétales, hors du calice; carpelles 5—8, libres, glabres, globuleux, terminés par le style filiforme, renfermant un ovule attaché latéralement.

1. K. du Japon. — *K Japonica.*

DC. Prod. 2. p. 541. — *Corchorus Japonicus.* Thunb. Fl jap 227. — Lam. Ency. 2. p. 105. — *Rubus Japo-*

nicus. Linn. Mant. 245 (Cambess). — *Spiræa Japonica.*
Cambess. Ann. sc. nat. I. p. 389 (1824).

Arbrisseau rameux, s'élevant à 2—3 mètres, à rameaux
nombreux, effilés, fragiles, cylindriques, à écorce lisse et
verte, produisant latéralement des rameaux plus courts,
sortant de bourgeons écailleux, portant les feuilles et les
fleurs; feuilles ovales-lancéolées, acuminées, grossièrement
et doublement dentées en scie, d'un vert gai, presque glabres en dessus, velues et d'un vert plus pâles en dessous, à
nervures divergentes parallèles, portées sur de courts pétioles munis à la base de 2 petites stipules subulées; fleurs
jaunes, toujours pleines, assez grandes, pédonculées, le
plus souvent solitaires et terminales. ♄ (Mai—juillet).

Ce joli arbuste, introduit depuis quelques années dans nos jardins,
est assez généralement cultivé sous le nom de *Corchorus du Japon* : il
est très rustique et a résisté à des hivers très rigoureux. Le *Corchorus*
est originaire du Japon et croît naturellement près de Nangasaki et
ailleurs.

2. SPIRÉE. — SPIRÆA. Linn.

Calice persistant, à 5 divisions; pétales 5; étamines 10—
50; carpelles un ou plusieurs, libres, rarement adhérents
entre eux à la base, sessiles, rarement stipités, capsulaires,
uniloculaires, à 2—4 graines.

§ 1. *Fleurs polygames-dioïques; feuilles dépourvues de
stipules.* — Aruncus. Ser.

1. S. barbe-de-chèvre. — S. Aruncus.

Linn. Sp. 702. — Ser. in DC. Prod. 2. p. 545. et Fl. fr.
n. 3780. — Duby, Bot. gall. p. 165. — Gaud. Fl. helv. 3.
p. 531. — Poir. Ency. 7. p. 355. — Koch, Syn. p. 208.
— Cambessèdes, Monog. in Ann. sc. nat. 1. p. 376.
J. Saint-Hil. Pl. fr. tab. 358. — J. Bauh. Hist. 3. p. 2. p.
488. fig. 1. (*pessima*). — Moris. sect. 9. tab. 20. fig. 2.
—Tabern. ic. p. 777. fig. 2.—Dalech. Hist. p. 1080. fig. 1.

Racine épaisse, dure, presque ligneuse ; tige peu rameuse, feuillée, cylindrique, dressée, ferme, glabre, haute de 9—12 décim. ; feuilles alternes, amples, 3 fois ailées, à folioles grandes, ovales-acuminées, solitaires ou ternées, souvent trilobées, doublement dentées en scie, à dents aiguës, la terminale plus grande ; fleurs petites, très nombreuses, blanches, devenant jaunâtres en séchant, presque sessiles, ordinairement dioïques, disposées en épis nombreux, grêles, cylindriques, allongés, un peu penchés, très garnis de fleurs, formant une vaste panicule terminale ; calice blanchâtre, à divisions lancéolées, aiguës ; pétales étalés, obtus, un peu échancrés ; étamines nombreuses, dressées, à anthères blanches, plus longues que les pétales ; carpelles 3—4, petits, ovoïdes-acuminés, très glabres. ♃ (Juin, juillet).

Commune dans les lieux humides et ombragés des montagues, et le long des ruisseaux : Salins, en grande quantité, sur le penchant de la côte d'Arloz ; d'Ivory et du bois Perrey, en face des Prés-du-Roi ; le long du ruisseau au-dessus du Goût-de-Conche ; dans les bois de Château ; de Migette, et à la Grotte-des-Sarrasins ; à Cernans ; à Arc-sous-Montenot, etc. ; aux environs de Thoirette ; de Pontarlier ; au Creux-du-Vent ; sur la Dôle. — A Salève ; au bois de la Bâtie, à Genève (Reut.). — Aux combes de Valanvron. — Aux environs de Bâle (Hagenb.), etc.

§ 2. *Fleurs hermaphrodites; feuilles munies de stipules.* — Ulmaria. Cambess.

2. S. Ulmaire. — *S. Ulmaria.*

Linn. Sp. 702. — Ser. in DC. Prod. 2. p. 545. et Fl. fr. n. 3779. — Duby, Bot. gall. p. 165. — Gaud. Fl. helv. 3. p. 332. — Poir. Ency. 7. p. 356. — Koch, Syn. p. 208. — Cambess. Monog. l. c. p. 380.
J. Saint-Hil. Pl. fr. tab. 359. (*pessima*). — Moris. sect. 9. tab. 20. fig. 1. — J. Bauh. Hist. 3. p. 2. p. 488. fig. 2. — Clus. Hist. 2. p. 198. fig. 1. — Tabern. ic. p. 177. fig. 1. — Dod. pempt. p. 57. fig. 1. — Lob. ic. p. 711. fig. 2. (*ead.*).

Racine épaisse, noirâtre, garnie de fibres nombreuses; tige dressée, haute de 6—9 décim., rameuse, dure, glabre, souvent rougeâtre, anguleuse; feuilles grandes, ailées-interrompues avec impaire, à 3—5 paires de folioles séparées par d'autres plus petites et inégales, arrondies, dentées; folioles ovales-lancéolées, acuminées, doublement dentées en scie, à dentelures fines, aiguës, d'un vert foncé en dessus, plus pâles ou blanchâtres à la face inférieure qui est glabre, velue ou cotonneuse, selon les variétés, la terminale plus grande, à 3—5 lobes; stipules libres, demi-circulaires, dentées, embrassantes; fleurs blanches, petites, disposées en cyme terminale paniculée; pétales plus grands que le calice, à peine échancrés, plus courts que les étamines à anthères jaunâtres; carpelles 5—9, glabres, oblongs, acuminés, tordus. ♃ (Juin, juillet). Vulg. *Reine-des-Prés*.

Commune dans les lieux humides, le long des fossés des prés, et au bord des ruisseaux. On en cultive une variété à fleurs doubles, qui est très belle.

α. *Denudata*. Cambess. Monog. l. c. — Ser. in DC. Prod. 2. l. c. var. *β*. — Gaud. Fl. helv. 3. l. c. var. *γ*. — Feuilles glabres et vertes sur les deux faces, un peu plus pâles en dessous et à peine pubescentes sur les nervures.

β. *Glauca*. Gaud. Fl. helv. 3. l. c. — Feuilles vertes sur les deux faces, un peu plus pâles et poilues en dessous.

γ. *Tomentosa*. Cambess. Monog. l. c. var. *β*. — Ser. in DC. Prod. 2. l. c. var. *α*. — Gaud. Fl. helv. 3. l. c. var. *α*. — Feuilles vertes en dessus, blanches et cotonneuses en dessous, à poils très courts et serrés.

3. S. Filipendule. — *S. Filipendula.*

Linn. Sp. 702. — Ser. in DC. Prod. 2. p. 546. et Fl. fr. n. 3778. — Duby, Bot. gall. p. 165. — Gaud. Fl. helv. 3. p. 333. — Poir. Ency. 7. p. 356. — Koch, Syn. p. 208. — Cambess. Monog. l. c. p. 378.
J. Saint-Hil. Pl. fr. tab. 357. — Lam. illust. tab. 439. fig. 1. — Moris. sect. 9. tab. 20. fig. *prima*. — J. Bauh. Hist.

3. p. 2. p. 189 (*descriptio*). et p. 9. fig. 1. (*icon.*). —
Clus. Hist. 2. p. 211. fig. 2. (*malè*). — Tabern. ic. p.
140. fig. 2. — Dalech. Hist. p. 781. fig. 1. — Dod. pempt.
p. 56. fig. 1.

Racine d'un brun noirâtre, garnie de fibres s'épaississant
çà et là en forme de tubercules un peu durs et pendants ;
tige simple ou peu rameuse, dressée, glabre, cylindrique,
striée, haute de 4—6 décim.; feuilles dressées, étroites,
allongées, ailées-interrompues, à folioles sessiles, rapprochées, nombreuses, situées sur le pétiole presque à angle
droit, glabres, oblongues, incisées-pinnatifides, dentées en
scie, la terminale trilobée, séparées par de petites folioles
inégales et dentées : les radicales courtement pétiolées, les
autres sessiles ; stipules larges, réniformes, opposées, dentées, soudées à la base du pétiole ; fleurs assez grandes,
nombreuses, blanches, souvent un peu rosées en dehors,
disposées en cyme paniculée terminale ; calice à 5 lobes
obtus, réfléchis ; pétales oblongs-cunéiformes, ordinairement
au nombre de 6, rarement 5—7, étamines plus courtes que
les pétales ; carpelles nombreux, velus, oblongs, à stigmate épais, disposés circulairement. ⚥ (Juin, juillet)

Dans les prés arides et parmi les buissons : Salins, au-dessus des ro-
chers à côté du Goût-de-Conche ; sur la côte au-dessus de Myon ; aux
environs de Cernans ; d'Ivory ; d'Arc-sous-Montenot ; de Boujaille ; à
Cise, près de Champagnole, etc. — A Neuchâtel, aux Terreaux, au
Mail et dans le Val-Travers ; autour de Burtigny et de Longirod ; à
Nyon, au-dessus de Calève (Gaud). — Aux environs de Genève
(Reut.). — De Bâle (Hagenb.), etc. — On cultive une très belle variété
de cette espèce à fleurs doubles.

§ 3. *Fleurs hermaphrodites ; feuilles dépourvues de stipules. —* Spiraria. Ser.

4. S. à feuilles de saule. — *S. salicifolia.*

Linn. Sp. 700. — Ser. in DC. Prod. 2. p. 544. et Fl. fr.
n. 3776. — Poir. Ency. 7. p. 349. — Koch, Syn. p. 208.
— Cambess. Monog. l. c. p. 370.

J. Saint-Hil. Pl. fr. tab. 459. — J. Bauh. Hist. 1. p. 1. p. 559.
fig. 1. — Clus. Hist. 1. p. 84. fig. 2. (*ead.*).

Arbrisseau à tiges rameuses, dressées, cylindriques,
hautes de 9—12 décim., à rameaux grêles, à écorces lisses,
d'un brun jaunâtre ; feuilles simples, oblongues-lancéolées,
obtuses, un peu en coin à la base, glabres, à peine ciliées,
inégalement dentées en scie ; fleurs petites, très nombreuses,
rapprochées, couleur de chair, disposées en grappes paniculées, situées à l'extrémité des tiges et des rameaux, munies,
à la base des pédicelles, de petites bractées membraneuses,
pubescentes, linéaires lancéolées ; calice glabre, à lobes
courts, triangulaires ; pétales ovales, obtus, plus courts que
les étamines ; carpelles glabres, oblongs, aigus. ♭ (Juin—
août).

Cultivée dans les bosquets et les jardins d'agrément. Les fleurs de cet
arbuste sont assez belles, mais elles prennent, en se fanant, une teinte
rousse qui fait un fort mauvais effet ; on cultive encore dans la plupart
des bosquets le *S. sorbifolia*, le *S. opulifolia* et le *S. ulmifolia*, qui
sont de très belles plantes.

TRIBU II. — DRYADÉES. Vent.

Carpelles 2 ou plusieurs, monospermes, secs ou en forme
de drupes, indéhiscents, portés sur un réceptacle sec ou
charnu ; calice fructifère, herbacé ou endurci.

5. DRYADE. — *DRYAS*. Linn.

Calice aplani, à 8—9 divisions égales, disposées sur un
seul rang ; pétales 8—9 ; carpelles nombreux, terminés par
le style qui se prolonge en arête plumeuse.

1. D. à huit pétales. — *D. octopetala*.

Linn. Sp. 717. — DC. Prod. 2. p. 549. et Fl. fr. n. 3768.
— Duby, Bot. gall. p. 165. — Gaud. Fl. helv. 3. p. 416.
— Lam. Ency. 2. p. 529. — Koch, Syn. p. 209.

Lam. illust. tab. 443. — Clus. Hist. 1. p. 351. fig. 2. — Tabern. ic. p. 379. fig. 1. — Dalech. Hist. p. 1164. fig. 1. — Lob. ic. p. 495. fig. 1. et 2.

Souche, tortueuse, couchée, ligneuse, rameuse, gazonnante, à rameaux diffus, ascendants, longs de 8—12 centim.; feuilles nombreuses, pétiolées, oblongues, obtuses, un peu en cœur à la base, ridées, fermes, crénelées, vertes et glabres en dessus, un peu sillonnées sur les nervures, blanches-cotonneuses et à nervures roussàtres et saillantes en dessous, légèrement roulées sur les bords; stipules linéaires-lancéolées, soudées au pétiole à leur partie inférieure; fleur blanche, grande, solitaire, portée sur un pédoncule nu, pubescent, blanchâtre, plus long que les feuilles, muni quelquefois, vers le milieu, d'une petite bractée étroite, linéaire-lancéolée; calice à 8 divisions lancéolées, égales entre elles; pétales obovales, obtus, doubles de la longueur du calice; étamines nombreuses, plus courtes que les pétales, à anthères jaunes; styles soyeux, s'allongeant, après la fleuraison, en arètes dressées et plumeuses. ♄ (Juin—août).

La plupart des pâturages rocailleux des hautes sommités du Jura : sur le Mont-d'Or; le Suchet; la Dent-de-Vaulion ; le Chasseron ; le Creux-du-Vent ; le Montendre et le mont Falconnet; sur la Dôle et les sommités de la chaîne du Colombier jusqu'au Reculet, abondamment. — Les habitants de Jougne et du vallon de Mouthe connaissent cette plante sous le nom de *Thé du Mont-d'Or*.

4. BENOITE. — *GEUM*. Linn.

Calice à 10 divisions disposées sur 2 rangs, les 5 extérieures plus petites, étalées; pétales 5; carpelles secs, terminés par le style qui se prolonge en arète persistante, velue ou glabre, réunis en tête et fixés sur un réceptacle sec, cylindrique. — Ce genre diffère du précédent par les divisions extérieures du calice, plus petites que les intérieures et non égales.

§ 1. *Tige à plusieurs fleurs ; arête crochue au sommet, terminée par un appendice articulé plus court et caduc.* — Caryophyllata. Koch.

1. B. commune. — *G. urbanum.*

Linn. Sp. 716. — Ser. in DC. Prod. 2. p. 551. et Fl. fr. n. 3763. — Duby, Bot. gall. p. 166. — Gaud. Fl. helv. 3. p. 411. — Koch, Syn. p. 209. — *Caryophyllata vulgaris.* Lam. Ency. 1. p. 399.

J. Saint-Hil. Pl. fr. tab. 53. —Chaum. Fl. méd. tab. 64. — Moris. sect. 4. tab. 26. fig. 1. et 2. (*series* 2.). — Clus. Hist. 2. p. 102. fig. 2. — Tabern. ic. p. 115. fig. 1. —Dalech. Hist. p. 686. fig. 1. — Dod. pempt. p. 137. fig. 1. — Lob. ic. p. 693. fig. 2. (*ead.*).

Racine brune, épaisse, fibreuse ; tige dressée, un peu poilue, cylindrique, feuillée, rameuse à sa partie supérieure, haute de 3—6 décim. ; feuilles poilues, ciliées sur les bords, d'un vert gai : les radicales et les inférieures pétiolées, lyrées-pinnatifides, presque à 2 paires de folioles ovales-rhomboïdales, incisées-dentées en scie, les inférieures plus petites, la terminale très grande, à 3 lobes : les supérieures courtement pétiolées ou sessiles, ternées, et simples trilobées, à folioles et lobes lancéolés-aigus ; stipules grandes, arrondies, incisées-dentées ; fleurs jaunes, petites, dressées, à 5 pétales obovales, étalés, portées sur des pédoncules uniflores, terminaux ; lobes du calice triangulaires-lancéolés, acuminés, réfléchis à l'époque de la fructification : les extérieurs beaucoup plus petits, lancéolés ; carpelles oblongs, poilus, amincis en arête glabre, crochue au sommet, rougeâtre, terminée par un appendice pubescent à la base, 3—4 fois plus courts que l'arête ; carpophore nul. ♃ (Juin—août).

Commune au bord des chemins, le long des haies, dans les lieux un peu humides. — La racine de benoite a une légère odeur de girofle : elle est tonique, astringente, fébrifuge.

2. B. intermédiaire. — *G. intermedium.*

Ehrh. Beitr. 6. p. 143. — Willd. Hort. Berol. tab. 69. —
Gaud. Syn. p. 425. — Koch , Syn. p. 209. — *G. urba-*
num. var. ß. Rivali-urbanum. Hagenb. Fl. basil. 2. p.
36. — *G. rivale. var. ß. intermedium.* Ser. in DC. Prod.
2. p. 551. (*ex Syn. Willd.*).

Cette espèce est intermédiaire entre la précédente et celle
qui suit, et paraît être une hybride de ces deux espèces. Sa
tige est dressée, poilue, rameuse au sommet; ses feuilles
sont également poilues : les radicales lyrées, les caulinaires
ternées, et simples profondément trilobées; ses fleurs sont
portées sur des pédoncules grêles, allongés, dressées ou penchées, un peu plus grandes que dans le *G. urbanum,* mais
plus petites que celles du *G. rivale,* à calice rougeâtre, étalé
après la fleuraison et non vert et réfléchi comme dans le
G. urbanum, à pétales jaunes, quelquefois un peu rougeâtres, étalés, mais plus grands que dans ce dernier, arrondis,
cunéiformes à la base et subitement rétrécis en onglet court;
ses carpelles sont poilus, amincis en arête glabre, crochue-
articulée au sommet, terminés par un appendice caduc
poilu à la base, 3—4 fois plus court que l'arête ; carpophore
nul. ♃ (Mai—juillet).

Les bois et les buissons un peu humides : Bâle, avec l'espèce précédente, rare. (Hagenb.). — Reynier, Ph. Bridel, et Muret l'indiquent
dans le bois de Sauvabelin, à Lausanne : peut-être se trouvera-t-elle
aussi dans les parties voisines du Jura, lorsqu'on l'aura distinguée de
la précédente.

3. B. des ruisseaux. — *G. rivale.*

Linn. Sp. 717. — Ser. in DC. Prod. 2. p. 551. et Fl. fr. n.
3764. — Duby, Bot. gall. p. 166. — Gaud. Fl. helv. 3.
p. 412. — Koch , Syn. p. 209. — *Caryophyllata aqua-*
tica. Lam. Ency. 1. p. 399.
J. Saint-Hil. Pl. fr. tab. 54. (*malè*). — Moris. sect. 4.
tab. 26. fig. 7. — J. Bauh. Hist. 2. p. 398[n]. fig. 2.

(*mala*). — Clus. Hist. 2. p. 103. fig. 1. — Lob. ic. p. 694. fig. 1.

Racine brune ou noirâtre, épaisse, allongée, fibreuse ; tige un peu velue, dressée, haute de 3—6 décim., un peu rameuse et penchée au sommet, d'un vert un peu obscur, souvent d'un pourpre noirâtre ; feuilles velues : les radicales pétiolées, ailées-interrompues, à folioles obovales, un peu en coin à la base, incisées-dentées, séparées par d'autres beaucoup plus petites également dentées, la terminale très grande, ordinairement à 3 lobes : les caulinaires moins nombreuses, plus petites, presque sessiles ou courtement pétiolées, ternées, et simples trilobées ; stipules petites, ovales, incisées, à dents aiguës ; fleurs grandes, en cloche, penchées, d'un jaune pâle, un peu rougeâtres en dehors, portées sur des pédoncules uniflores, terminaux ; calice velu, à lobes dressés, triangulaires-lancéolés, aigus, d'un pourpre noirâtre, les extérieurs très petits, linéaires-lancéolés ; pétales obcordés-cunéiformes, élargis au sommet, longuement onguiculés ; carpophore presque égal au calice à l'époque de la maturité du fruit ; carpelles poilus, amincis en arête glabre, poilue à la base, articulée et crochue au sommet, terminée par un appendice plumeux, à bec glabre, presque de la longueur de l'arête. ⚥ (Mai—juillet).

Les prés humides et fangeux, le bord des ruisseaux : Salins, au bord de la Furieuse, derrière les Capucins ; le long du ruisseau de la tuilerie de Clucy ; en montant à la Grotte-des-Sarrasins, près de la source du Lison ; le long des fossés dans les prés humides de Lemuy ; d'Andelot ; d'Arc-sous-Montenot, etc. ; sur la Dôle ; le Reculet et la chaîne du Colombier ; etc. — Genève, près de Verrier (Reut.). — Aux environs de Bâle (Hagenb.).

β. *Monstrosum.* Hagenb. Fl. basil. 2. p. 37. — *G. rivale. var.* β. *hybridum.* Gaud. Fl. helv. 3. l. c. — Fleurs à pétales plus nombreux, à lobes du calice foliacés, incisés-dentés, plus longs que les pétales : quelquefois prolifères.

Sur les sommités entre le Colombier et le Reculet. — Sur le mont Bôle, au-dessus de Bonmont (Gaud). — Aux environs de Bâle (Hagenb.).

§ 2. *Tige à une seule fleur ; arête plumeuse, ni crochue, ni appendiculée au sommet.* — Oreogeum. Ser.

4. B. de montagne. — *G. montanum.*

Linn. Sp. 717. — Ser. in DC. Prod. 2. p. 553. et Fl. fr. n.
3766. — Duby, Bot. gall. p. 166. — Gaud. Fl. helv. 3.
p. 413. — Koch, Syn. p. 210. — *Caryophyllata montana.*
Lam. Ency. 1. p. 400.
Lam. illust. tab. 445. fig. 2. — J. Bauh. Hist. 2. p. 598ⁿ.
fig. 1. — Clus. Hist. 2. p. 106. fig. 2. — Tabern. ic. p.
115. fig. 2. — Dalech. Hist. p. 686. fig. 3. — Dod. pempt.
p. 137. fig. 2. — Lob. ic. p. 695. fig. 1. (*ead.*).

Racine brune, épaisse, horizontale, fibreuse ; tige dressée,
velue, simple, ordinairement uniflore, haute de 5—8 centim. lorsqu'elle est en fleurs, et de 15—20 à l'époque de la
fructification ; feuilles radicales assez grandes, nombreuses,
pétiolées, velues, lyrées, ailées-interrompues, à 4—5 paires
de folioles presque arrondies, inégalement crénelées, diminuant de grandeur en allant vers la base du pétiole, la terminale très grande, incisée ou lobée, crénelée : les caulinaires petites, peu nombreuses, ternées, ou simples et
trilobées ; fleurs jaunes, très grandes, ordinairement à 6
pétales obcordés, étalés, plus grands que le calice à lobes
velus, lancéolés, étalés, les extérieurs plus petits, étroits,
presque linéaires ; carpelles velus, surmontés d'une longue
arête plumeuse, non crochue au sommet ni appendiculée,
à bec nu. ⚥ (Juin—août).

Les pâturages des hautes sommités : sur le Creux-du-Vent (Chaillet,
ex Rapin.). — Près de Morillon, route de Champagnole à Saint-Lau-
rent (Cordienne).

5. RONCE. — *RUBUS.* Linn.

Calice aplani, persistant, à 5 divisions ; corolle à 5 pétales ;
étamines nombreuses, insérées avec les pétales sur le calice ;

ovaires plusieurs, insérés sur un réceptacle hémisphérique ou conique; carpelles en forme de drupes, soudés à la base en une sorte de baie composée (*mûron*), caduque, convexe en dessus et concave en dessous; style presque latéral.

§ 1. *Tige ligneuse.*

** Feuilles inférieures ailées, à 5—7 folioles; fruits rouges.*

1. R. Framboisier. — *R. Idæus.*

Linn. Sp. 706. — Ser. in DC. Prod. 2. p. 558. et Fl. fr. n.
5773. — Duby, Bot. gall. p. 167. — Gaud. Fl. helv. 5. p.
559. — Poir. Ency. 6. p. 239. — Koch, Syn. p. 210.
Chaum Fl. méd. tab. 170. — J. Bauh. Hist. 2. p. 59. fig.
2. — Clus. Hist. 1. p. 117 fig. 1. — Tabern. ic. p. 897.
fig. 1. — Dalech. Hist. p. 123. fig. 1. — Dod. pempt. p.
745 fig. 1. — Lob. ic. 2. p. 212. fig. 1. (*ead*).

Arbrisseau dressé, haut de 1—2 mètres, à rameaux presque cylindriques, un peu glauques-poudreux, garnis d'aiguillons très fins, épars, à jets de l'année velus, ainsi que les pédoncules; feuilles inférieures ailées, à 5—7 folioles ovales, aiguës, irrégulièrement dentées en scie, à dents aiguës, glabres et d'un vert gai en dessus, blanches-cotonneuses en dessous : les supérieures ternées; pétiole commun un peu velu, canaliculé en dessus, garni de quelques aiguillons, à stipules très étroites, linéaires-lancéolées; fleurs blanches, au nombre de 3—6, presque en corymbe, portées sur des pédoncules axilaires, rameux, beaucoup plus courts que les feuilles; divisions du calice étalées, cotonneuses, ovales-lancéolées, mucronées; pétales entiers, dressés, obovales-cunéiformes, plus courts que le calice; fruits rouges (blancs-jaunâtres dans une variété cultivée), globuleux, velus, succulents, d'une odeur et d'une saveur agréable, légèrement aromatique. ♄ (Mai, juin).

Çà et là, dans les bois de taillis, dans les forêts de sapins et parmi les buissons : Salins, dans les bois de Poupet; de Chambaron; de Salgret;

des aiguillons de Saisenay, etc.; dans les forêts de sapins de Levier; de Villers; de Boujaille; de la Joux, etc.; aux environs d'Arbois; de Besançon; de Pontarlier; au Chasseron; au Creux-du-Vent, abondamment; au Salève; aux environs de Bâle, etc. — Les framboises sont alimentaires; on les sert sur nos tables, seules ou mélangées aux fraises et aux groseilles : elles sont antiputrides et rafraîchissantes; on en fait un sirop propre à combattre l'angine, les fièvres et le scorbut; les feuilles et les sommités, prises en décoction, sont astringentes et les fleurs sudorifiques.

*** *Feuilles inférieures palmées, à 3—5 folioles.*

a. Fruits glauques-poudreux, bleuâtres.

2. R. à fruits bleuâtres. — *R. cœsius.*

Linn. Sp. 706. — Ser. in DC. Prod. 2. p. 258. et Fl. fr. n. 3770. — Duby, Bot. gall. p. 167. — Gaud. Fl. helv. 3. p. 360. — Poir. Ency. 6. p. 244. — Koch, Syn. p. 210. J. Saint-Hil. Pl. fr. tab. 425.—Bull. herb. tab. 381.—J. Bauh. Hist. 2. p. 59. fig. 1. (*malè*). — Tabern. ic. p. 896. fig. 2. (*ead.*). — Dod. pempt. p. 742. fig. 2. (*non benè*).

Sous-arbrisseau à tiges sarmenteuses, faibles, courbées en arc ou couchées, peu rameuses, garnies d'aiguillons grêles, épars, à peine courbés, à rameaux blanchâtres, pubescents; feuilles longuement pétiolées, ternées, rarement quinées, celle du sommet souvent simple, profondément trilobée, à pétioles velus, canaliculés, garnis de quelques aiguillons; folioles minces, vertes sur les deux faces, pubescentes en dessous, glabres en dessus, ovales, incisées-dentées ou doublement dentées en scie, les latérales presque sessiles, quelquefois bilobées; stipules lancéolées-acuminées; fleurs blanches, disposées en panicule corymbiforme peu garnie, portées sur des pédoncules cylindriques velus, munis de quelques aiguillons; calice cotonneux, à divisions lancéolées-acuminées, étalées; fruit entouré du calice appliqué, à carpelles d'un noir bleuâtre, gros, peu nombreux, légèrement acides, recouverts d'une poussière glauque, qui disparaît au toucher. ♄ (Juin, juillet).

Commune le long des chemins de vignes, dans les bois, les haies et les buissons.

β. *Grandiflorus*. Gaud. Fl. helv. 3. l. c. — Ser. in DC. Prod. 2. l. c. var. γ. — Lobes du calice ovales, terminés par un appendice foliacé, lancéolé; pétales très grands.

Sur le mont Suchet (Monnard).

b. Fruits noirs, non glauques-poudreux.

α. *Calice du fruit défléchi.*

3. R. à feuilles de coudrier. — *R. corylifolius.*

Smith, Brit. p. 542. — Ser. in DC. Prod. 2. p. 559. et Fl. fr. n. 3772. — Duby, Bot. gall. p. 167. — Gaud. Fl. helv. 3. p. 361. — Poir. Ency. supp. 4. p. 695. — Koch, Syn. p. 210. (*ad R. fruticosum relatus*, n. 2.).

Cette espèce, que l'on confondait avec le *R. fruticosus* et que Smith en a séparée, s'en distingue par ses tiges plus longues et plus robustes, moins anguleuses; par ses aiguillons grêles, presque droits, assez nombreux, peu élargis à la base, à peine comprimés et dirigés en arrière; par ses rameaux stériles allongés, sarmenteux, décombants, recouvrant les haies et les buissons : les fertiles redressés, un peu glauques; par ses feuilles palmées, à 3—5 folioles ovales, larges, acuminées, molles, vertes des deux côtés, presque glabres en dessus, pubescentes ou un peu velues en dessous, inégalement dentées en scie, à dents mucronées, souvent semblables à celles du *Noisetier,* les latérales presque sessiles, souvent un peu lobées en dehors; fleurs blanches ou rosées, assez grandes, moins nombreuses, disposées en grappe terminale presque simple ; divisions du calice cotonneuses, ovales acuminées, à la fin réfléchies; fruit noir, un peu rougeâtre, légèrement acide, à carpelles plus gros et moins nombreux. ♄ (Juin—octobre).

Commune dans les bois, et parmi les haies et les buissons.

β. *Villosus*. DC. Fl. fr. supp. n. 3772. — Duby, Bot. gall.
l. c. — Feuilles vertes et velues sur les deux faces.

Salins, bois de Poupet, etc. — Neuchâtel, à fleurs rouges ; et à divisions du calice foliacées (Chaillet).

γ. *Discolor*. Gaud. Fl. helv. 3. l. c. — Tige et rameaux
très garnis d'aiguillons ; folioles vertes et presque glabres en
dessus, finement cotonneuses en dessous, à la fin presque
nues et de même couleur sur les deux faces.

Salins, vers Saint-Joseph et ailleurs, dans les haies.

4. R. commune. — *R. fruticosus*.

Linn. Sp. 707? — Ser. in DC. Prod. 2. p. 560. et Fl. fr.
n. 3773. — Duby, Bot. gall. p. 167. — Gaud. Fl. helv. 3.
p. 562. — Poir. Ency. 6. p. 240. — Koch, Syn. p. 210.
n. 1.
Mill. illust. tab. 45. — Lam. illust. tab. 441. fig. 2. —
J. Bauh. Hist. 2. p. 57. fig. 1. — Dalech. Hist. p. 119 fig.
1. — Dod. pempt. p. 742. fig. 1? — Lob. ic. 2. p. 211.
fig. 2. (*ead.*).

Arbrisseau à tiges ligneuses, allongées, anguleuses, sarmenteuses, décombantes ou plus ou moins couchées, à rameaux un peu cotonneux, garnis d'aiguillons robustes,
crochus, comprimés et élargis à la base ; feuilles pétiolées,
la plupart à 5 folioles ovales, aiguës, dentées en scie, vertes
et glabres en dessus, blanchâtres et cotonneuses en dessous,
l'impaire pétiolulée, les 2—4 autres presque sessiles, ayant
les 2 extérieures quelquefois un peu lobées en dehors ;
fleurs blanches ou rosées, disposées en grappe-paniculée
terminale, allongée ; calice cotonneux, à divisions ovales,
mucronées, à bec glabre, d'abord étalées, ensuite réfléchies ; fruits assez gros (mûres ou mûrons), noirs, composés
d'un grand nombre de carpelles luisants, succulents, d'une
saveur douce. ♄ (Juin—août.)

Très commune dans les bois, les haies et les buissons.

β. *Cordifolius*. *R. cordifolius*. Weihe et Nees, Rub. germ. tab. 5. — *R. fruticosus. var.* γ. Hagenb. Fl. basil. 2. p. 25. — Folioles ovales-arrondies, un peu en cœur à la base, blanchâtres-cotonneuses en dessous.

Aux environs de Salins. — De Bâle (Hagenb.).

γ. *Concolor*. Gaud. Fl. helv. 3. l. c. var. β. — *R. fruticosus. II. concolor*. Hagenb. Fl. basil. 2. p. 25. — Folioles presque elliptiques, pubescentes et d'un vert pâle en dessous.

Aux environs de Nyon, dans les bois de taillis (Gaud.). — Aux environs de Bâle (Hagenb.). — Les fruits de la ronce commune sont très bons à manger, leur saveur est douce et assez agréable ; on les vend souvent, à Salins, sur les marchés. Les feuilles de cette plante sont regardées comme un peu astringentes ; leur décoction dans l'eau est employée en gargarisme dans les inflammations légères de la gorge.

5. R. cotonneuse. — *R. tomentosus.*

Willd. Sp. 2. p. 1083. — Ser. in DC. Prod. 2. p. 561. et Fl. fr. n. 3774. et ejusd. supp. p. 545. — Duby, Bot. gall. p. 167. — Gaud. Fl. helv. 3. p. 364. — Poir. Ency. 6. p. 245. — Koch, Syn. p. 210. (*ad R. fruticosum relatus, n. 3.*).

Cette espèce a de grands rapports avec la précédente, mais elle s'en distingue facilement par ses tiges stériles, cylindriques ou un peu anguleuses, décombantes ou couchées, les fertiles dressées ; par ses aiguillons plus grêles, droits, comprimés, peu élargis à la base ; par ses feuilles la plupart ternées, à folioles doublement dentées en scie, cotonneuses sur les deux faces, mais davantage sur l'inférieure qui est blanchâtre, la supérieure étant seulement d'un vert cendré ; ses fleurs sont blanches, nombreuses, disposées en grappe-paniculée, à pétales assez grands, obovales, à divisions du calice étalées, ovales, mucronées, ensuite réfléchies ; fruits noirs. ♄ (Juin—août).

Çà et là, dans les endroits chauds des bois, plus rare : Nyon, au bois de Prangins ; entre Trélex et Saint-Cergue, le long de la route (Gaud.). — Bâle, sur les monts Avenstein et Hummel, rare (Hagenb.).

β. Calice du fruit étalé.

6. R. glanduleuse. — *R. hybrydus.*

Vill. in Gilib. Syst. 1. p. 51. (1785). et Fl. dauph. 3. p.
559. — Gaud. Fl. helv. 3. p. 364. — Koch, Syn. p.
210. (*ad R. fruticosum, n. 5. relatus*). — *R. glandulosus* (Bellard) DC. Fl. fr. n. 3771. et supp. p. 544. —
Duby, Bot. gall. p. 167. — Poir. Ency. supp. 4. p. 694.
— *R. villosus. var. α. glandulosus.* Ser. in DC. Prod. 2.
p. 563.

Tiges stériles, décombantes, sarmenteuses, garnies d'aiguillons épars, grêles, subulés, presque droits, dirigés en
arrière, légèrement comprimés et peu élargis à la base, à
rameaux velus: les fertiles dressées, garnies à leur partie supérieure, particulièrement sur les pédoncules, les calices
et même sur les pétioles, d'un grand nombre de soies
glanduleuses; feuilles ordinairement à 5 folioles ovales,
vertes et plus ou moins velues sur les 2 faces, doublement
dentées en scie: la supérieure souvent simple, entière ou
lobée; fleurs blanches, disposées en grappe-paniculée lâche
et peu garnie; pétales oblongs, rétrécis à la base, presque
spatulés, un peu écartés; divisions du calice étalées, ovales-
lancéolées, mucronées, à bec glabre; stipules linéaires,
allongées, situées sur le pétiole un peu au-dessus de la base ;
fruits noirs. ♄ (Juillet, août).

Commune dans les bois de taillis et surtout dans les forêts de sapins:
Salins, dans les bois de Poupet ; de Chambaron ; de Bovard ; de Mouchard ; de Sepois, à Ivory ; de la Châtelaine, près d'Arbois, etc. ; les
forêts de sapins de Levier ; de Boujaille ; de la Joux, etc. — Nyon,
entre Trélex et Saint-Cergue, le long de la route ; sur le mont Marchairuz, le long du chemin qui conduit du village de Gimel à la vallée
de Joux (Gaud.). — A Salève, au-dessus d'Archamp (Reut.). — Les
bois montagneux aux environs de Bâle (Hagenb.). — Koch, dans son
Synopsis, réunit les quatre espèces précédentes sous le nom de *R. fruticosus*. Linn.

§ 2. *Tiges herbacées.*

7. R. des rochers. — *R. saxatilis.*

Linn. Sp. 708. — Ser. in DC. Prod. 2. p. 564. et Fl. fr. n.
3769. — Duby, Bot. gall. p. 168. — Gaud. Fl. helv. 3.
p. 366. — Poir. Ency. 6. p. 257. — Koch, Syn. p. 211.
J. Bauh. Hist. 2. p. 61. fig. 1. — Clus. Hist. 1. p. 118. fig. 1.

Racine brune, ligneuse, un peu épaisse, noueuse, horizontale, garnie de quelques fibres allongées; tige dressée,
haute de 2—5 décim., presque herbacée, grêle, pubescente,
garnie de quelques aiguillons grêles, droits, non piquants,
à jets stériles, couchés, en forme de stolons; feuilles ternées, à folioles ovales-rhomboïdales, grossièrement et doublement dentées en scie, les latérales presque sessiles, souvent un peu lobées en dehors, vertes et presque glabres sur
les 2 faces; stipules ovales ou ovales-lancéolées; pétioles
pubescents, allongés, canaliculés; fleurs petites, au nombre
de 3—6, disposées en corymbe terminal ou axilaire plus
court que le pétiole, portées sur des pédoncules pubescents;
pétales oblongs ou elliptiques, dressés, un peu plus longs
que le calice à divisions triangulaires-lancéolées, cotonneuses
en dedans; fruit rouge, composé de 3—6 carpelles assez
gros, écartés, succulents, un peu aigrelets. ♄ (Juin,
juillet).

Les bois et les endroits pierreux des montagnes : Levier, au sommet
de la Côte ; dans la forêt de sapins, entre Arc et Villers ; aux environs
de Pontarlier ; de Champagnole ; abondamment dans la forêt du Risoux,
entre la Chapelle-des-Bois et la vallée de Joux ; aux environs de la
Faucille et sur les sommités de la chaîne du Colombier et du Reculet ;
sur la Dôle ; le Montendre ; le Mont-d'Or ; le Chasseral ; le Creux-
du-Vent, etc. — Autour de Moutiers-Travers (Hall.). — A Salève
(Reut.). — Aux environs de Bâle (Hagenb.).

6. FRAISIER. — *FRAGARIA.* Linn.

Calice à 10 divisions disposées sur deux rangs, les 5 extérieures ordinairement plus petites et plus étalées; pétales

5; étamines 20 et plus; carpelles nombreux, secs, fixés sur un réceptacle ovoïde qui devient charnu, succulent et caduc à la maturité (fraise); style latéral, caduc.

1. F. commun. — *F. vesca.*

Linn. Sp. 709. — Ser. in DC. Prod. 2. p. 569. et Fl. fr. n. 3761. — Duby, Bot. gall. p. 168. — Gaud. Fl. helv. 3. p. 567. — Koch, Syn. p. 211. — *F. sylvestris.* Duchesne, in Lam. Ency. 2. p. 531.

J. Saint-Hil. Pl. fr. tab. 146. — Lam. illust. tab. 442. — Moris. sect. 2. tab. 19. fig. 1. — J. Bauh. Hist. 2. p. 394. fig. 3. — Tabern. ic. p. 118. fig. 2. — Dalech. Hist. p. 614. fig. 1. — Dod. pempt. p. 672. fig. 1. et 2. — Lob. ic. p. 697. fig. 1. et 2. (*ead.*).

Racine fibreuse, noirâtre, émettant des jets filiformes, rampants, et des tiges grêles, dressées, velues, à poils étalés, presque nues, hautes de 1—2 décim.; feuilles la plupart radicales, portées sur de longs pétioles également recouverts de poils étalés, à 3 folioles ovales, fortement dentées en scie, nerveuses et presque soyeuses en dessous, à nervures divergentes, parallèles, un peu saillantes, qui les font paraître plissées; fleurs blanches, presque en cyme terminale, à pétales arrondis, à divisions du calice ovales-lancéolées, étalées, puis réfléchies, portées sur des pédicelles à poils appliqués; réceptacle des graines se développant après la fleuraison et devenant un fruit charnu pendant, oblong ou globuleux, caduc, succulent, d'une odeur suave et d'un goût exquis, connu de tout le monde sous le nom de *fraise.* ♃ (Mai—août).

Commun, le long des haies, parmi les buissons, et surtout dans nos bois de taillis, la première et la seconde année après la coupe, où l'on récolte presque toutes les fraises qui se vendent sur nos marchés : nos forêts de sapins en fournissent aussi beaucoup ; mais elles mûrissent plus tard : j'en ai encore trouvé, plusieurs fois, dans les mois de septembre et d'octobre.

ß. Crepitans. Gaud. Fl. helv. 3. 1. c. — Dans cette variété, le fruit craque en le détachant.

Au bois de Ferrière et à la combe de Valanvron (Hall.).

γ. Efflagellis. Gaud. Fl. helv. 3. 1. c. — Jets rampants nuls ou très courts ; feuilles plus longues que la tige.

Bienne, dans les endroits chauds et pierreux du Jura (Hall.)

δ. Semperflorens. Ser. in DC. Prod. 2. 1. c. var. *ß.* — Plante stolonifère, à fruits oblongs, coniques, luisants.

Dans le Jura (Ser.). — On cultive dans les jardins plusieurs autres espèces de fraisiers, que l'on trouvera décrites dans les ouvrages d'horticulture, parmi lesquelles on distingue : le fraisier ananas (*F. grandiflora.* Ehrh.), le fraisier du Chili (*F. chilensis.* Ehrh.) et le fraisier de Virginie (*F. virginiana.* Ehrh.) — Les fraises sont rafraîchissantes : les racines et les feuilles du fraisier sont astringentes, diurétiques.

2. F. des collines. — *F. collina.*

Ehrh. Beit. 7. p. 26. — Ser. in DC. Prod. 2. p. 569. et Fl. fr. supp. n. 3761ᵃ. — Gaud. Fl. helv. 3. p. 368. — Koch, Syn. p. 211. — *F. vesca. var. ß.* Linn. Fl. suec. n. 450.

Cette espèce est munie, comme la précédente, de jets rampants qui sont quelquefois courts et presque nuls, mais elle en diffère par ses feuilles couvertes, surtout en dessous, d'un duvet soyeux, couché, argenté, qui lui donne un aspect blanchâtre, satiné ; par sa tige généralement moins élevée et ses feuilles moins grandes ; par ses pédicelles, ses pétioles et sa tige, entièrement recouverts de poils mous, étalés ou ascendants ; enfin par ses fruits globuleux, assez gros, peu colorés, recouverts en partie par le calice appliqué : leur saveur est plus agréable que celle de la fraise commune et approche un peu de celle de la framboise ; ils se détachent aussi plus difficilement. ♃ (Mai, juin).

Commun sur les pelouses et dans les pâturages arides et rocailleux des environs de Besançon ; d'Arbois ; de Salins, sur les pelouses de Saint-Joseph, d'Arèle, de Suziau, de Saint-Thiébaud, de Saint-André, etc. Le fruit de cette espèce est connu de nos vignerons, qui le distinguent

fort bien de celui de l'espèce commune, sous le nom de *Moitelet* (petit
Marteau). — Il se trouve aussi aux environs de Longirod (Gaud.). —
De Genève, dans les lieux secs et pierreux : çà et là à la campagne
d'Ivernois, etc., etc. (Reut.). — De Bâle, sur les collines arides
(Hagenb.).

7. COMARET, — *COMARUM*. Linn.

Calice, corolle, étamines et pistils comme dans le *Fraisier* ; réceptacle du fruit accru après la fleuraison, charnu,
spongieux, conique, persistant.

1. C. des marais. — *C. palustre*.

Linn. Sp. 718. — DC. Fl. fr. n. 3762. — Gaud. Fl. helv. 3.
p. 409. — Poir. Ency. supp. 2. p. 316. — Koch, Syn. p.
212. — *Potentilla comarum*. Nestl. Potent. p. 36. — Ser.
in DC. Prod. 2. p. 583. — Duby, Bot. gall. p. 171.
Lam. illust. tab. 444. — J. Bauh. Hist. 2. p. 598ᶜ. fig. 2. —
Tabern. ic. p. 122. fig. 2. — Dalech. Hist. p. 1265. fig.
4. — Dod. pempt. p. 117. fig. 2. — Lob. ic. p. 691. fig.
1. (*ead.*).
Racine rampante, articulée, garnie aux articulations de
fibres nombreuses, noirâtres, presque verticillées ; tige
ascendante, épaisse, rougeâtre, feuillée, glabre dans le
bas, pubescente à sa partie supérieure, un peu rameuse,
haute de 3—4 décim. ; feuilles courtement ailées, à 5—7
folioles ovales-oblongues ou ovales-lancéolées, rapprochées,
un peu coriaces, dentées en scie, à dents mucronées, à
pointe noirâtre, vertes et glabres en dessus, glauques-
blanchâtres et veinées en dessous, garnies, ainsi que les
pétioles, de poils très fins, appliqués : les radicales longuement pétiolées : les supérieures ternées et sessiles ; stipules
grandes, soudées au pétiole et embrassant la tige ; fleurs
grandes, portées sur de longs pédoncules axilaires et terminaux simples, ou divisés en 2—3 pédicelles beaucoup plus
courts, uniflores, formant une sorte de panicule lâche, peu
fournie ; calice grand, d'un pourpre noirâtre, à divisions

ovales-acuminées : les extérieures plus petites, étroites, lancéolées, étalées ou réfléchies; pétales petits, beaucoup plus courts que les divisions du calice, d'un pourpre foncé, lancéolés-acuminés; carpelles lisses, ovoïdes, un peu obliques, légèrement comprimés; réceptacle ovoïde, charnu, spongieux, poilu, persistant. ♃ (Juin, juillet).

Commun dans la plupart des tourbières du Jura : dans les tourbières de Boujaille ; de Pontarlier ; du pied du Mont-d'Or ; du Grand-Chaléme et d'Entre-Côtes, près de Foncine-le-Haut ; du Bief-du-Four ; de la Chapelle-des-Bois ; de la vallée de Joux ; des Rousses ; de Sainte-Croix ; de la Brevine ; dans le marais de Saône, près Besançon ; à Michelfeld, près de Bâle, etc., etc.

8. POTENTILLE. — *POTENTILLA*. Linn.

Calice, corolle, étamines, pistils comme dans le genre *Fraisier*; réceptacle du fruit convexe ou conique, sec et non charnu, comme dans le *Fraisier* et le *Comaret*.

Sect. I. Fleurs blanches.

§ 1. *Feuilles ternées.* — Fragariastrum. Gaud.

1. P. Fraisier. — *P. Fragaria.*

Poir. Ency. 5. p. 599. — Ser. in DC. Prod. 2. p. 585. et Fl. fr. n. 3759. — Duby, Bot. gall. p. 172. — Gaud. Fl. helv. 3. p. 370. — Nestl. Potent. p. 76. — *P. Fragariastrum.* (Ehrh.) Koch, Syn. p. 219. — *Fragaria sterilis.* Linn. Sp. 709.

Moris. sect. 2. tab. 19. fig. 5. — J. Bauh. Hist. 2. p. 395. fig. 1. — Lob. ic. p. 698. fig. 1.

Racine brune, épaisse, transversale, presque ligneuse, garnie de fibres, émettant des tiges filiformes, faibles, tombantes, très velues, ainsi que les pédoncules et les pétioles, à poils étalés, pauciflores, égalant à peu près la longueur des feuilles : celles-ci sont la plupart radicales,

longuement pétiolées, à 3 folioles ovales-arrondies, un peu
en coin à la base, dentées en scie, un peu tronquées au
sommet, la dent terminale étant un peu plus petite et plus
courte que les autres, vertes et pubescentes en dessus, un
peu soyeuses et blanchâtres en dessous, surtout dans la jeunesse, à poils appliqués, garnies sur leur contour d'un liseré
de poils couchés, d'un blanc argenté : les caulinaires au
nombre de 1—2, plus petites, ternées, à pétiole plus court ;
stipules lancéolées, aiguës, divergentes ; pédoncules filiformes, allongés, uniflores, latéraux et terminaux ; fleurs
blanches, petites ; calice velu, à divisions lancéolées : les
extérieures un peu plus petites ; pétales légèrement échancrés en cœur au sommet, de la longueur du calice ou un
peu plus longs ; réceptacle très velu ; carpelles nombreux,
lisses, blanchâtres, recouverts par le calice. ♃ (Avril, mai).

Commune partout dans les bois et dans les lieux arides et stériles.

2. P. à petites fleurs. — *P. micrantha.*

Ram. in DC. Fl. fr. n. 3760. — Ser. in DC. Prod. 2. p. 585.
— Duby, Bot. gall. p. 172. — Gaud. Fl. helv. 3. p. 372.
— Poir. Ency. supp. 4. p. 541. — Koch, Syn. p. 219. —
P. Fragaria. var. β. Nestl. Potent. p. 77.

Racine épaisse, non rampante ; tiges grêles, faibles, tombantes ou ascendantes, souvent uniflores, plus courtes que les
feuilles, nues ou munies d'une feuille à une seule foliole,
entièrement dépourvues de stolons à la base, ce qui n'a pas lieu
dans l'espèce précédente ; feuilles radicales ternées, longuement pétiolées, à folioles obovales, un peu rétuses, dentées
en scie, couvertes en dessous de poils soyeux ; fleurs petites,
au nombre de 1—2 ; à pétales blancs ou un peu rosés à la
base, plus courts que le calice, un peu écartés, cunéiformes,
presque entiers, rarement échancrés ; divisions du calice
presque égales, les intérieures largement triangulaires, tachées à la base, les extérieures ovales ; réceptacle velu ;
carpelles nombreux, pâles, presque lisses, à la fin ridés. ♃
(Avril, mai).

Nyon , au bois de Prangins, mêlée avec l'espèce précédente ; autour de Romainmotier (Gaud.). — A l'entrée du bois de Lajoux, au-delà de Chancy (Reut.). — A Allaman, près d'Aubonne (Rapin).

§ 2. *Feuilles digitées, à 5 folioles.* — Leuco-pentaphyllon. Gaud.

3. P. blanche. — *P. alba.*

Linn. Sp. 713. — Ser. in DC. Prod. 2. p. 584. et Fl. fr. n. 3756. — Duby, Bot. gall. p. 172. — Gaud. Fl. helv. 3. p. 373. — Poir. Ency. 5. p. 596. — Koch, Syn. p. 218. — Nestl. Potent. p. 58.

Moris. sect. 2. tab. 19. fig. 6. — J. Bauh. Hist. 2. p. 398e. fig. 2. — Clus. Hist. 2. p. 105. fig. 1. — Tabern. ic. p. 121. fig. 1. — Dalech. Hist. p. 1265. fig. 3.

Racine brune , cylindrique , dure , recouverte d'écailles ; tiges grêles , faibles , ascendantes , peu feuillées , à 1—3 fleurs, souvent plus courtes que les feuilles radicales , recouvertes , ainsi que les pétioles et les pédoncules , de poils soyeux étalés ou ascendants ; feuilles radicales portées sur de longs pétioles canaliculés , à 5 folioles digitées , oblongues-elliptiques , presque entières , munies au sommet de 7—9 dents conniventes souvent peu marquées , glabres en dessus , recouvertes en dessous de poils soyeux d'un blanc argenté : les caulinaires ternées , courtement pétiolées : celles du sommet sessiles , à folioles plus petites , entières , moins obtuses ; stipules grandes , larges , entières , acuminées ; fleurs terminales , pédonculées , blanches , de la grandeur de celles du *Fraisier* ordinaire ; calice soyeux , à divisions triangulaires-lancéolées , aiguës : les extérieures un peu plus courtes , plus étroites , linéaires-lancéolées ; pétales obcordés-cunéiformes , un peu plus longs que le calice ; réceptacle soyeux ; carpelles nombreux , obliquement ovoïdes , ridés à la loupe , barbus à la base. ♃ (Avril, mai).

Nyon , au bois de Prangins, près du lac (Gaud.) — Genève , au bois de Bay, près de Penex (Reut.).

4. P. caulescente. — *P. caulescens.*

Linn. Sp. 715. — Ser. in DC. Prod. 2. p. 584. et Fl. fr. n.
3752. — Duby, Bot. gall. p. 172. — Gaud. Fl. helv. 3. p.
373. — Poir. Ency. 5. p. 597. (*excl.* A.). — Koch, Syn.
p. 219.

Clus. Hist. 2. p. 105. fig. 2.

Racine brune, épaisse, formant une souche presque ligneuse ; tige haute de 1—2 décim., dressée ou ascendante, terminée par un corymbe de fleurs blanches, plus ou moins nombreuses, rapprochées, garnies, ainsi que les pétioles, les pédoncules et les calices, de poils mous blanchâtres ; feuilles radicales pétiolées, à pétioles plus ou moins longs, atteignant ordinairement le milieu de la tige, à 5 folioles sessiles, digitées, oblongues, un peu en coin à la base, presque entières, munies seulement au sommet de 5—7 dents conniventes, vertes sur les deux faces, légèrement pubescentes en dessus, un peu soyeuses en dessous, à poils appliqués, bordées d'un liseré de poils soyeux d'un blanc argenté : les caulinaires inférieures également à 5 folioles, portées sur des pétioles plus courts : les supérieures ternées, à folioles entières ou presque entières, plus aiguës ; stipules lancéolées, aiguës, soudées au pétiole ; divisions du calice lancéolées : les extérieures plus étroites, mais plus longues, lancéolées-acuminées ; pétales oblongs, à peine échancrés au sommet, un peu plus longs que le calice ; base des étamines et des pistils garnie, ainsi que le réceptacle, de poils soyeux ; carpelles petits, lisses, barbus à la base. ♃ (Juillet, août).

Les fentes des rochers, dans les lieux abrités : au Creux-du-Vent. — Genève, à Salève (Gaud.).

β. *Petiolulata.* Ser. in DC. Prod. 2. l. c.—*P. petiolulata.* Gaud. Fl. helv. 3. p. 374. — Koch, Syn. p. 219. — Plante ordinairement un peu plus grande ; feuilles radicales à 3 et 5 folioles pétiolulées, garnies sur les bords de poils longs, écartés, non soyeux ni argentés.

Les fentes des rochers, à Salève, du côté de Genève, au-dessus du Pas-de-l'Echelle, dans l'endroit où l'on a tiré les pierres du pont de Carouge, etc., etc. (Reut).

§ 3. *Feuilles ailées*. — Pterophyllon. Gaud.

5. P. des rochers. — *P. rupestris.*

Linn. Sp. 711. — Ser. in DC. Prod. 2. p. 583. et Fl. fr. n. 3751. — Duby, Bot. gall. p. 172. — Gaud. Fl. helv. 5. p. 376. — Poir. Ency. 5. p. 586. — Koch, Syn. p. 213. — Nestl. Potent. p. 39.

Moris. sect. 2. tab. 20. fig. 3. — J. Bauh. Hist. 2. p. 398ᵈ. fig. 2. — Clus. Hist. 2. p. 107. fig. 1.

Racine épaisse, brune ou noirâtre, dure, presque ligneuse; tige dressée, rougeâtre, pubescente, rameuse dans le haut, presque dichotome, haute de 2—4 décim.; feuilles radicales étalées, ailées, à 5—7 folioles inégales, les 3 supérieures étant plus grandes, ovales ou presque rhomboïdales, irrégulièrement dentées en scie, à dents aiguës, vertes sur les deux faces, un peu velues, nerveuses : les caulinaires à 5 folioles dans le bas, à 5 dans le haut : les florales à folioles plus étroites, oblongues, aiguës; fleurs blanches, semblables à celles du *Fraisier*, disposées en une sorte de panicule terminale, portées sur des pédoncules axilaires et terminaux, simples ou à plusieurs fleurs dont les pédicelles sont courts et de longueur variable; calice velu, à divisions ovales, aiguës : les extérieures plus courtes et plus étroites, lancéolées-elliptiques; pétales arrondis, caducs, plus grands que le calice; carpelles obliquement ovoïdes, lisses. ♃ (Mai—juillet).

Parmi les rochers d'une montagne boisée, au-dessus de Rougemont (De Besse, in Girod-Chant.) — Nyon, au bois de Prangins, près du lac, presque à côté du *P. alba*, et à Genthod (Gaud.). — Genève, abondamment au bois de Bay, au bord du Rhône; près de Penex et à Salève, au-dessus du vieux château, en petite quantité (Reut.).

Sect. II. Fleurs jaunes.

§ 1. *Feuilles ternées.* — Triphyllon. Gaud.

6. P. naine. — *P. minima.*

Hall. fil. in Schl. pl. exsic. cent. 1. n. 59. (1794). — Ser. in DC. Prod. 2. p. 572. — Duby, Bot. gall. p. 169. — Gaud. Fl. helv. 3. p. 380. — Koch, Syn. p. 218. — *P. Brauniana* (Hopp.). Poir. Ency. 5. p. 602. — Nestl. Potent. p. 70. — *P. frigida. var. β.* DC. Fl. fr. n. 3748. et *P. verna. var. γ. nana.* ejusd. supp. n. 3741.

Nestl. Potent. tab. 10. fig. 4.

Plante très petite, atteignant à peine 6 centim. de hauteur. Racine brune, un peu épaissie au collet, fibreuse, donnant naissance à 2 - 3 tiges grêles, poilues, ascendantes, à une, rarement 2 fleurs; feuilles ternées, pétiolées, à folioles obovales, incisées-dentées en scie, un peu en coin à la base, glabres en dessus, garnies en dessous, sur les nervures et les bords, de poils couchés un peu raides et blanchâtres : les caulinaires au nombre de 1—2, la supérieure presque sessile sur les stipules, à folioles ovales, aiguës; fleurs jaunes, petites, à pétales presque échancrés, plus grands que le calice, marqués à la base d'une tache safranée; calice un peu poilu, à divisions ovales, presque égales : les extérieures à peine plus courtes; réceptacle soyeux; carpelles petits, légèrement ridés. ♃ (Juillet, août).

Les pâturages et les rochers des hautes sommités du Jura : sur la montagne d'Allamogne, au nord-est du Reculet, en petite quantité! (Reut.).

§ 2. *Feuilles radicales digitées, à 5 ou 7 folioles. —* Pentaphyllon. Gaud.

* *Feuilles caulinaires, toutes ou la plupart ternées.*

7. P. rampante. — *P. reptans.*

Linn. Sp. 714. — Ser. in **DC**. Prod. 2. p. 574. et Fl. fr. n. 3744. — Duby, Bot. gall. p. 169. — Gaud. Fl. helv. 5. p. 404. — Poir. Ency. 5. p. 595. — Koch , Syn. p. 215. — Nestl. Potent. p. 64.
J. Saint-Hil. Pl. fr. tab. 310. — Moris. sect. 2. tab. 19. fig. 7. — **J. Bauh**. Hist. 2. p. 397. fig. 1. — Tabern. ic. p. 120. fig. 2. — Dalech. Hist. p. 1264. fig. 1. — Dod. pempt. p. 116. fig. 1. — Lob. ic. p. 690. fig. 1. (*ead.*).

Racine un peu épaisse, noirâtre, cylindrique, garnie de fibres; tiges simples, allongées, sarmenteuses, rampantes, souvent rougeâtres, grêles, cylindriques, feuillées également, longues de 5—4 décim.; feuilles toutes plus ou moins longuement pétiolées, à 5 folioles obovales-oblongues, un peu en coin à la base, dentées en scie, à dents obtuses, plus ou moins garnies de poils couchés, particulièrement en dessous, sur les nervures : foliole moyenne libre, les latérales évidemment réunies par la base; fleurs d'un beau jaune, assez grandes, à pétales obcordés-cunéiformes, plus longs que le calice, portées sur des pédoncules solitaires, uniflores, axilaires, plus longs que les feuilles; divisions du calice ovales : les extérieures un peu plus longues, elliptiques; réceptacle velu ; carpelles légèrement chagrinés. ♃ (Juin—août). Vulg. *Quinte-feuille.*

Commune dans les lieux un peu humides, le long des chemins , au bord des fossés et des champs.

8. P. dorée. — *P. aurea.*

Linn. Sp. 712. — Gaud. Syn. p. 422. — **DC**. Fl. fr. n. 3740. — Duby, Bot. gall. p. 170. — Poir. Ency. 5 p. 594. —

Koch, Syn. p. 116. — Nestl. Potent. p. 57. — *P. Halleri.*
Ser. in DC. Prod. 2. p. 576. — Gaud. Fl. helv. 3. p. 403.
Lam. illust. tab. 442. fig. 3. — Hall. Helv. tab. 21. fig. 4. —
J. Bauh. Hist. 2. p. 598. fig. 3. — Clus. Hist. 2. p. 106.
fig. 1.

Racine brune, dure, épaisse, garnie de fibres, produisant
une ou un petit nombre de tiges arquées-ascendantes, quelquefois presque dressées, garnies, ainsi que les pétioles et
les pédoncules, de poils couchés; feuilles radicales longuement pétiolées, à 5 folioles oblongues-cunéiformes, bordées
d'un liseré de poils couchés, soyeux et argentés, que l'on
retrouve sur la nervure dorsale, presque entièrement glabres sur le reste de leur surface, munies vers le sommet de
5—7 dents aiguës, dont les 3 supérieures sont légèrement
conniventes et atteignent le même niveau : les caulinaires
plus petites, presque sessiles, ternées, l'inférieure quelquefois quinée, la supérieure se distinguant à peine des stipules;
fleurs assez grandes, à pétales obcordés, plus grands que le
calice, d'un beau jaune doré, ayant à leur base une tache
safranée, portées sur de longs pédoncules uniflores; divisions
du calice pubescentes, presque égales, lancéolées : les extérieures à peine plus courtes ; réceptacle un peu velu; carpelles ridés. ♃ (Juin—août).

Commune dans les pâturages du haut Jura : sur le Chasseral ; le Creux-
du-Vent ; le Chasseron ; à Tête-de-Ranz ; sur le Mont-d'Or ; le
Montendre ; la Dôle ; le Colombier ; le Reculet, etc. — Sur le Chasseral
et la Dôle, à fleurs demi-doubles (Gaud.).

9. P. de Salzbourg. — *P. Salisburgensis.*

Hænke, in Jacq. Collect. 2. p. 68. (1788). — Koch, Syn.
p. 216. var. β. — *P. aurea.* Ser. in DC. Prod. 2. p. 576.
var. β. — Gaud. Fl. helv. 3. p. 393. *I. crocea.* — *P.
alpestris.* (Hall. fil.) Gaud. Syn. p. 421. *I. crocea.* —
P. filiformis. DC. Fl. fr. supp. n. 3741ᵃ.

Racine brune, épaisse, dure, oblique, garnie de fibres,
écailleuse au collet, produisant 1—3 tiges grêles, faibles,

ascendantes, rarement dressées, pubescentes, hautes de
15—25 centim., souvent rougeâtres, divisées en rameaux
presque dichotomes; feuilles radicales portées sur des pétioles
allongés, inégaux, hispides, munis à la base de stipules
lancéolées d'un brun rougeâtre, à 5 folioles assez grandes,
obovales-oblongues, en coin à la base, incisées-dentées, plus
ou moins poilues, surtout en dessous, lâchement ciliées sur
les bords, à poils blanchâtres demi-étalés, non soyeux ni
couchés comme dans l'espèce précédente, munies à leur
partie supérieure de 5—7 grosses dents ovales, obtuses, la
terminale égalant ou dépassant même un peu les latérales
contiguës : les caulinaires plus petites, peu nombreuses, à
5 folioles : les supérieures sessiles, à folioles entières, lancéolées, ou à 2—3 dents; pédoncules allongés, filiformes,
pubescents, uniflores; fleurs jaunes, assez grandes, au
nombre de 3—5, formant une sorte de corymbe lâche; pétales ovales, obcordés, contigus, marqués à la base d'une
tache safranée, plus grands que le calice dont les divisions
sont lancéolées, presque aiguës : les extérieures plus étroites,
un peu plus courtes, elliptiques; carpelles légèrement ridés.
♃ (Juin—août).

Les lieux ombragés et un peu humides des montagnes : entre les
Cernets et Chincul, comté de Neuchâtel; sur le Chasseron; le Montendre; le Mont-d'Or. — Sur le Reculet; la Dôle, le Salève (Reut.).

β. *Minor.* Gaud. Fl. helv. 3. l. c. et ejusd. Syn. l. c. —
Plante formant des gazons plus serrés, à tiges plus courtes.

Sur le Montendre et les sommités, entre le Colombier et le Reculet.
— Autour de Saint-Cergue, et au-dessus de Saint-Georges (Gaud).

γ. *Filiformis.* Gaud. Fl. helv. 3. l. c. et ejusd. Syn. l. c.
subvar. γβ. *filiformis.* — Plante plus petite, à tiges plus
grêles, presque filiformes, à folioles obovales, en coin à la
base, à dents moins profondes, ovales, obtuses; pétales plus
pâles, ovales-obcordés.

Sur le Montendre; à la Faucille. — Sur la Dôle (Gaud.).

10. P. printanière. — *P. verna.*

Linn. Sp. 712. — Ser. in DC. Prod. 2. p. 575. et Fl. fr. n.
3741. — Duby, Bot. gall. p. 169. — Gaud. Fl. helv. 3.
p. 396. — Poir. Ency. 5. p. 592. — Koch, Syn. p. 217.
— Nestl. Potent. p. 51.
Clus. Hist. 2. p. 106. fig. 2. — Tabern. ic. p. 123. fig. 2.

Racine dure, épaisse, brune ou noirâtre, gazonnante,
produisant ordinairement un grand nombre de tiges plus ou
moins couchées, ou ascendantes, rameuses, velues, à poils
demi-étalés, peu feuillées, longues de 6—12 centim. ;
feuilles radicales à 5 folioles, quelquefois 6—7, oblongues-
obovales, ou obovales, en coin à la base, dentées en scie, à
dent terminale un peu plus courte; garnies, particulièrement
en dessous, sur la nervure moyenne et les bords, de poils
blanchâtres, raides, demi-ouverts, portées sur des pétioles
beaucoup plus longs qu'elles, hérissés de poils demi-étalés,
munis à la base de stipules linéaires, étroites : les caulinaires
plus petites, ternées, à pétioles plus courts : celles du sommet sessiles entre les stipules ovales, à folioles lancéolées,
presque entières ou à 2—3 dents; fleurs jaunes, petites,
portées sur des pédoncules pubescents formant une sorte de
corymbe pauciflore; pétales obovales-cunéiformes, un peu
écartés, échancrés en cœur au sommet, non tachés à la base,
un peu plus grands que le calice velu à lobes lancéolés,
presque égaux : les extérieurs elliptiques, à peine plus courts;
réceptacle velu ; carpelles légèrement ridés. ♃ (Avril, mai).

Commune partout, dans les lieux chauds et arides, sur les pelouses,
les coteaux, au bord des chemins, dans la plaine et sur les montagnes.

β. *Crocea.* Koch, Syn. l. c. — *P. verna. II. æstiva.*
Gaud. Fl. helv. 3. l. c. — Plante plus velue, plus lâchement
gazonnante, à tiges plus longues, presque filiformes, à
feuilles radicales longuement pétiolées, à folioles allongées,
incisées-dentées en scie, à pétales marqués à la base d'une
tache safranée.

Nyon, dans les lieux chauds et arides, au pied des murs (Gaud.).

11. P. opaque. — *P. opaca.*

Linn. Sp. 713. — Ser. in DC. Prod. 2. p. 575. et Fl. fr. n.
3742. — Duby, Bot. gall. p. 170. — Gaud. Fl. helv. 5.
p. 401. var. *α*. — Poir. Ency. 5. p. 591. — Koch, Syn.
p. 217. — Nestl. Potent. p. 54.

Cette espèce se rapproche beaucoup de la précédente,
mais on l'en distingue, au premier abord, aux longs poils
mous, blanchâtres, étalés, qui recouvrent les diverses parties de la plante. Racine allongée, grêle, brune, garnie
d'écailles ; tiges diffuses, filiformes, tombantes, celles du
centre ascendantes, rougeâtres ou ferrugineuses à la base,
très velues, ainsi que les pétioles, plus longues que dans
l'espèce précédente ; feuilles également plus grandes, d'un
vert cendré : les radicales longuement pétiolées, à 5—7 folioles inégales, oblongues ou obovales-oblongues, en coin à
la base, grossièrement et profondément dentées en scie, à
dents obtuses, la terminale un peu plus courte : les caulinaires plus petites, à 5—3 folioles presque lancéolées : celles
du sommet souvent simples, profondément trifides ; stipules
grandes, ovales, lancéolées, munies quelquefois de 1—2
dents ; fleurs jaunes, médiocres, portées sur des pédoncules
filiformes, allongés, penchés après la floraison ; pétales arrondis, obcordés, rétrécis en coin, un peu plus longs que
le calice, marqués à la base d'une tache safranée ; divisions
du calice inégales, ovales, un peu aiguës : les extérieures
plus petites, elliptiques ; carpelles presque lisses, finement
ponctués. ♃ (Mai, juin).

Les collines, les rochers, dans les lieux abrités : près d'Orbe (Da-
valle). —Bâle, le long du Birsec, près de la porte de pierre (Hagenb.).
— Autour de Béfort (Nestl.).

** *Feuilles caulinaires digitées, à 5 ou 7 folioles.*

12. P. dressée. — *P. recta.*

Linn. Sp. 711. — DC. Fl. fr. n. 5735. — Gaud. Fl. helv.
5. p. 385. — Poir. Ency. 5. p. 589. A. — Koch, Syn.

p. 213. — Hagenb. Fl. basil. 2. p. 30. — Nestl. Potent.
p. 42. — *P. hirta. var. ε. recta.* Ser. in DC. Prod. 2. p.
578.

Nestl. Potent. tab. 6. — Moris. sect. 2. tab. 19. fig. 1. (*series* 2.). — J. Bauh. Hist. 2. p. 398[b]. fig. 2. — Dalech.
Hist. p. 1266. fig. 1. — Dod. pempt. p. 116. fig. 2. —
Lob. ic. p. 689. fig. 2.

Tige simple, ferme, dressée, verte, quelquefois un peu
rougeâtre à la base, feuillée dans toute sa longueur, plus ou
moins poilue, rameuse au sommet et formant un corymbe
dichotome, haute de 3—4 décim.; feuilles digitées : les radicales et les inférieures longuement pétiolées, à 7—5 folioles : celles du sommet ternées, ou simples profondément
trifides, courtement pétiolées ou sessiles entre les stipules ;
folioles oblongues, un peu étroites, rétrécies en coin à la
base, grossièrement incisées-dentées en scie, à dents obtuses,
un peu étalées, garnies sur les deux faces, ainsi que sur les
bords et le pétiole, de longs poils blanchâtres, tuberculeux à
la base, plus ou moins couchés; stipules grandes, foliacées, poilues, souvent munies à la base de 1—2 dents ; fleurs grandes,
nombreuses, rapprochées, portées sur des pédoncules courts,
garnis, ainsi que le calice, de poils soyeux, formant au sommet de la tige un corymbe dichotome feuillé ; divisions du
calice ovales-lancéolées, aiguës ; les extérieures oblongues-lancéolées, un peu plus étroites et un peu plus longues ;
pétales obcordés, d'un jaune pâle, un peu plus longs que
le calice; carpelles ridés. ⚥ (Mai, juin).

Les lieux pierreux, les endroits chauds des collines : Bâle, le long
du Birsec, près de la porte de pierre (Hagenb.). — Autour de Béfort
(Nestl.).

13. P. blanchâtre. — *P. canescens.*

Besser, Fl. gallic. aust. 1. p. 330. — Ser. in DC. Prod. 2. p.
578. et DC. Fl. fr. supp. n. 3736[b]. — Poir. Ency. supp. 4.
p. 538. — Hagenb. Fl. basil. 2. p. 514. (*in Append.*). —
Nestl. Potent. p. 47. — *P. inclinata.* Gaud. Fl. helv. 3.
p. 389? — Koch, Syn. p. 214.

II.   3

P. recta. Jacq. Aust. tab. 383. (*bona , sed prægrandis ,*
Hagenb.). — *P. inclinata.* Vill. Dauph. tab. 45. (*mala.*
Nestl.).

Tige simple, longue de **2—3** décim., ascendante, quelquefois un peu flexueuse, rougeâtre à sa partie inférieure,
légèrement cotonneuse, parsemée en outre de poils mous et
blanchâtres, rameuse-corymbiforme au sommet; feuilles
digitées, à 5 folioles, rarement 7 : les radicales portées sur
de longs pétioles velus, à poils étalés, à folioles obovales-
oblongues, en coin à la base, profondément dentées en scie,
ayant de chaque côté 6—8 dents aiguës un peu inégales,
la terminale un peu plus courte, vertes et garnies de quelques poils appliqués en dessus, blanches-cotonneuses en
dessous, ciliées sur les bords; stipules oblongues-lancéolées,
cotonneuses et poilues; fleurs jaunes, petites, portées sur
des pédicelles courts, cotonneux, disposées en corymbe au
sommet de la tige; pétales obcordés, largement échancrés
au sommet, de la longueur du calice poilu-blanchâtre, à
lobes lancéolés à peu près égaux entre eux, alternativement
un peu plus étroits. ⚥ (Juillet, août).

Sur les vieilles murailles de la ville de Laufenburg (Hagenb.). —
Mes échantillons sont de Strasbourg et du Jardin-des-Plantes de Paris.

14. P. argentée. — *P. argentea.*

Linn. Sp. 712. — Ser. in DC. Prod. 2. p.576. et DC. Fl. fr.
n. 3745. — Duby, Bot. gall. p. 170. — Gaud. Fl. helv.
3. p. 390. — Poir. Ency. 5. p. 590. — Koch, Syn. p.214.
Nestl. Potent. p. 48.
Moris. sect. 2. tab. 19. fig. 11. — J. Bauh. Hist. 2. p. 398ᶜ.
fig. 1. — Tabern. ic. p. 122. fig. 1. — Dalech. Hist. p.
1264. fig. 2.

Racine brune ou noirâtre, dure, presque ligneuse; tige
dressée ou ascendante, rougeâtre, plus ou moins garnie de
duvet cotonneux, rameuse-corymbiforme à sa partie supérieure, haute de **2—4** décim.; feuilles radicales et les inférieures portées sur des pétioles plus ou moins allongés,

cotonneux : les supérieures sessiles : les florales ternées ;
folioles ordinairement 5, digitées, obovales en coin, incisées ou demi-pinnatifides, entières à la base, à 3—5, rarement 7 dents obtuses et profondes, vertes et presque glabres
en dessus, blanches et cotonneuses en dessous, un peu roulées par les bords ; stipules lancéolées, entières, les inférieures un peu dentées ; fleurs petites, jaunes, assez nombreuses, formant au sommet de la tige un corymbe terminal,
portées sur des pédoncules courts, cotonneux, ainsi que le
calice à divisions lancéolées : les extérieures elliptiques, un
peu plus étroites et un peu plus courtes ; pétales en coin,
presque entiers, à peine tronqués, dépassant peu le calice ;
carpelles petits, légèrement striés ♃ (Juin, juillet).

Les lieux chauds des collines, et le bord des bois, aux endroits secs
et un peu arides : Salins, au pied du bois de Bagney, en face du
Pont-de-Breux ; à Château, au-dessus des rochers et dans le bois ; sur
le plateau du château Sainte-Anne, au-dessus de Migette ; au bout de
la promenade à Yverdon ; Bâle, au bord de la route de Saint-Jacob et
ailleurs. — Genève, sur les fortifications de la Porte-Neuve ; à Gaillard ;
entre Vernier et Meyrin, etc., etc. (Reut.).

15. P. intermédiaire. — *P. intermedia.*

Linn. Mant. 76. — Ser. in DC. Prod. 2. p. 577. et Fl. fr. n.
3737. — Duby, Bot. gall. p. 170. — Gaud. Fl. helv. 3. p.
387. — Koch, Syn. p. 215. — Nestl. Potent. p. 49.

J. Saint-Hil. Pl. fr. tab. 309. — Nestl. Potent. tab. 8. (*opt*).

Tige un peu faible, ascendante, haute de 3—4 décim.,
feuillée, rameuse-dichotome à sa partie supérieure, quelquefois dès le milieu de sa longueur, garnie de poils mous,
blanchâtres, étalés ; feuilles minces, digitées, assez grandes,
à folioles vertes et poilues sur les 2 faces, particulièrement
en dessous, à poils appliqués, ciliées sur les bords, oblongues
ou obovales cunéiformes, incisées-dentées en scie, à dents
un peu écartées : les radicales et les inférieures à 7 folioles,
celles de la base quelquefois à 9, portées sur de longs
pétioles garnis de poils blanchâtres étalés : les caulinaire

supérieures à 5 folioles, celles du sommet à 3, presque sessiles : les florales simples trifides, à peine distinctes des stipules lancéolées, acuminées, un peu obtuses, ciliées ; fleurs
de grandeur médiocre, éparses, disposées au sommet de la
tige en panicule dichotome-corymbiforme, portées sur des
pédoncules velus, uniflores ; calice poilu, à divisions lancéolées, presque égales : les extérieures un peu plus étroites,
elliptiques ; carpelles un peu ridés. $\mathcal{Z}$ (Mai, juin).

Parmi les pierres et les graviers de la carrière au-dessus de Longirod
(Gaud.).

§ 3. *Feuilles ailées.* — Anserina. Gaud.

16. P. Argentine. — *P. Anserina.*.

Linn. Sp. 710. — Ser. in DC. Prod. 2. p. 582. et Fl. fr.
n. 3732. — Duby, Bot. gall. p. 171. — Gaud. Fl. helv.
3. p. 405. — Poir. Ency. 5. p. 584. — Koch, Syn. p.
213. — Nestl. Potent. p. 35.
J. Saint-Hil. Pl. fr. tab. 308. — Bull. Herb. tab. 157. —
Chaum. Fl. méd. tab. 34. — Moris. sect. 2. tab. 20. fig. 4.
(*pedunculis bifloris*). — J. Bauh. Hist. 2. p. 398[h]. fig. 1.
— Tabern. ic. p. 118. fig. 1. — Dalech. Hist. p. 1064.
fig. 1. — Dod. pempt. p. 600. fig. 1. — Lob. ic. p. 693.
fig. 1. (*ead.*).
Racine brune, un peu épaisse, fibreuse ; tiges grêles,
rampantes, légèrement velues, un peu rameuses, feuillées, radicantes ; feuilles la plupart radicales, courtement pétiolées, ailées-interrompues, à 8—10 paires de
folioles opposées ou alternes, ovales-oblongues, diminuant
de grandeur vers la base de la feuille, profondément dentées en scie, à dents aiguës, glabres en dessus, blanches et
soyeuses en dessous, séparées par de petites folioles bi ou
trifides ; stipules engaînantes, multifides ; pédoncules axilaires, solitaires, uniflores, de la longueur des feuilles,
garnis, ainsi que le calice, de poils soyeux ; fleurs jaunes,
de grandeur médiocre, à pétales obovales, légèrement
échancrés au sommet, plus longs que le calice à divisions

lancéolées : les extérieures souvent dentées ; réceptacle
soyeux. ♃ (Juin, juillet).

Commune dans les lieux un peu humides, le long des chemins , au
bord des fossés et des rivières.

β. *Holocericea.* Gaud. Fl. helv. 3. l. c. — Ser. in DC.
Prod. 2. l. c. var. γ. *concolor.* — Folioles blanches-soyeuses
sur les deux faces.

Salins, sur les graviers de la Loue ; Besançon ; Bâle, etc.

γ. *Nuda.* Gaud. Fl. helv. 3. l. c. — Feuilles vertes sur
les deux faces.

17. P. couchée. — *P. supina.*

Linn. Sp. 711. — Ser. in DC. Prod. 2. p. 580. et Fl.
   fr. n. 3733. — Duby, Bot. gall. p. 171. — Gaud. Fl. helv.
   3. p. 406. — Poir. Ency. 5. p. 588. — Koch, Syn. p.
   212. — Nestl. Potent. p. 38.
Moris. sect. 2. tab. 20. fig. 3. — J. Bauh. Hist. 2. p. 598[d].
   fig. 1. (*ead.*). — Clus. Hist. 2. p. 107. fig. 2. — Tabern.
   ic. p. 121. fig. 2. — Dalech. Hist. p. 1266. fig. 2. (*ic.*
   Clus.). — Dod. pempt. p. 116. fig. 2. (*ead.*).
Racine simple, grêle, brunâtre, garnie de quelques fibres ;
tiges de 15—30 centim., étalées, rameuses-dichotomes,
feuillées dans toute leur longueur, fistuleuses, légèrement
velues ; feuilles pétiolées, ailées avec impaire, à 3—4 paires
de folioles sessiles, obovales ou oblongues, un peu en coin à
la base, incisées-dentées, un peu velues, surtout en dessous
et sur les bords, d'un vert pâle, les supérieures décurrentes ;
stipules lancéolées, entières ; fleurs jaunes, petites, portées
sur des pédicelles grêles, axilaires le long des rameaux,
pubescents, solitaires, uniflores, à peu près de la longueur
des feuilles ; divisions du calice presque de même longueur,
ovales, aiguës : les extérieures un peu plus étroites, lancéolées-elliptiques ; pétales obovales, dépassant peu le calice ;
réceptacle un peu velu, saillant ; carpelles petits, ridés. ①
(Juin—septembre).

Les lieux un peu humides ou inondés l'hiver, le bord des chemins, des fossés : les bords de l'Ognon (Girod-Chant.). — Bâle, au bord des fossés, le long de la route près de Sierenz (Labram). — Le long des chemins aux environs de Schliengen (Hagenb.).

9. TORMENTILLE. — *TORMENTILLA*. Linn.

Calice à 8 divisions disposées sur 2 rangs, les extérieures au nombre de 4, plus petites, plus étalées ; pétales 4 ; étamines 16 ou plus ; ovaires nombreux ; style latéral ; réceptacle sec, convexe.

1. T. dressée. — *T. erecta*.

Linn. Sp. 716. — DC. Fl. fr. n. 3729. — Poir. Ency. 7. p. 714. — Koch, Syn. p. 220. — *Potentilla. Tormentilla.* Nestl. Potent. p. 65. — Ser. in DC. Prod. 2. p. 574. — Duby, Bot. gall. p. 169. — Gaud. Fl. helv. 3. p. 382.
J. Saint-Hil. Pl. fr. tab. 372. — Lam. illust. tab. 444. — Moris. sect. 2. tab. 19. fig. 13. — J. Bauh. Hist. 2. p. 398. fig. 2. — Tabern. ic. p. 124. fig. 2. — Dalech. Hist. p. 1267. fig. 1. — Dod. pempt. p. 118. fig. 1. — Lob. ic. p. 696. fig. 2. (*ead.*).

Racine dure, épaisse, brune ou noirâtre, garnie de fibres ; tiges ascendantes ou tombantes, grêles, rameuses-dichotomes, un peu velues, feuillées dans toute leur longueur ; feuilles ternées, les radicales pétiolées, les caulinaires sessiles ; folioles oblongues ou ovales-lancéolées, rétrécies à la base, incisées-dentées en scie : celles des feuilles supérieures plus étroites et plus courtes, à 3—5 dents ; stipules grandes, foliacées, incisées-digitées, plus petites que les folioles ; fleurs jaunes, très petites, portées sur des pédoncules filiformes, un peu velus, beaucoup plus longs que les feuilles, terminaux et axilaires dans la dichotomie des rameaux ; divisions du calice presque égales, lancéolées : les extérieures un peu plus étroites, elliptiques, à peine plus courtes ; pétales échancrés, dépassant peu le calice, marqués à la base d'une tache safranée ; réceptacle soyeux ; carpelles ridés. ♃ (Juin, juillet).

Commune dans les bois, les bruyères, les pâturages un peu humides de la plaine et des montagnes. — La racine de *Tormentille* est astringente et contient une grande quantité de tannin. — Plusieurs botanistes, ayant trouvé les fleurs de cette plante avec 5 pétales et 10 divisions au calice, ce que je n'ai pas encore eu occasion d'observer, la réunissent aux *Potentilles*, dont alors elle ne diffère pas.

10. SIBBALDIE. — *SIBBALDIA*. Linn.

Calice en cloche, à 10 divisions disposées sur 2 rangs, les extérieures plus petites ; pétales 5 ; étamines 5 ; pistils 5, rarement 10.

1. S. couchée. — *S. procumbens*.

Linn. Sp. 406. — DC. Prod. 2. p. 587. et Fl. fr. n. 3728.
— Duby, Bot. gall. p. 175. — Gaud. Fl. helv. 2. p. 461.
— Poir. Ency. 7. p. 152. — Koch, Syn. p. 220.
Lam. illust. tab. 221. fig. 1.

Racine formant une souche ligneuse, brune, rameuse, recouverte d'écailles ; tiges inclinées ou tombantes, feuillées, longues de 6—9 centim. ; feuilles ternées, pétiolées, à folioles d'un vert un peu glauque, ovales-cunéiformes, tronquées au sommet et à 3 dents, un peu poilues, surtout en dessous ; stipules grandes, lancéolées, aiguës, soudées au pétiole, engaînantes à la base ; fleurs rapprochées, petites, pédicellées, disposées en corymbe terminal ; calice en cloche, à 10 divisions : les intérieures ovales-lancéolées, un peu fermes, à la fin scarieuses, nerveuses-réticulées : les extérieures plus étroites et plus courtes ; pétales jaunes, lancéolés, atteignant à peine la longueur du calice ; graines 5, rarement 10, lisses, ovoïdes, brunâtres, luisantes. ♃ (Juillet—août).

Sur le sommet du Jura, près du Reculet ! (Reut.).

11. AIGREMOINE. — *AGRIMONIA*. Linn.

Calice turbiné, à 5 divisions conniventes après la fleuraison, hérissé, au dessous du limbe, de pointes crochues au sommet, muni près de la base de 2—3 petites bractées; pétales 5; étamines 5—15, insérées, avec les pétales, devant l'anneau glanduleux qui resserre la gorge du calice; carpelles 2, ou 1 par avortement, renfermés dans le tube du calice accru et endurci.

1. A. Eupatoire. — *A. Eupatoria.*

Linn. Sp. 643. — Ser. in DC. Prod. 2. p. 587. et Fl. fr. n. 3722. — Duby, Bot. gall. p. 173. — Gaud. Fl. helv. 3. p. 266. — Koch, Syn. p. 220. — *A. officinalis.* Lam. Ency. 1. p. 62.

J. Saint-Hil. Pl. fr. tab. 229. — Chaum. Fl. méd. tab. 9. — Lam. illust. tab. 409. — J. Bauh. Hist. 2. p. 598[k]. fig. 1. — Tabern. ic. p. 116. fig. 2. — Dalech. Hist. p. 1252. fig. 1. — Dod. pempt. p. 28. fig. 1. — Lob. ic. p. 692. fig. 2. (*ead.*).

Racine fusiforme, un peu rameuse; tige dressée, ordinairement simple, un peu anguleuse, velue, feuillée, surtout dans le bas, haute de 3—5 décim.; feuilles alternes, assez grandes, ailées-interrompues avec impaire, à 5—9 folioles ovales-oblongues ou lancéolées, sessiles, incisées-dentées en scie, allant en diminuant de grandeur vers la base du pétiole, la terminale ternée, pubescentes et d'un vert foncé en dessus, plus pâles et très velues en dessous, séparées par de petites folioles à 3—5 dents; fleurs jaunes, inodores, de grandeur médiocre, disposées en épi terminal grêle et allongé, écartées dans le bas de l'épi et très rapprochées dans le haut, portées sur des pédicelles très courts, munis à la base d'une bractée trifide; pétales étalés, arrondis, plus grands que le calice persistant, sillonné, hérissé de pointes crochues; carpelles 2, lisses, ovoïdes, avortant souvent l'un ou l'autre et même tous deux. ♃ (Juin, juillet).

Commune dans les bois, le long des haies, au bord des chemins et des champs. — Cette plante est un peu astringente, tonique.

TRIBU III. — ROSÉES. DC.

Carpelles monospermes, nombreux, osseux, indéhiscents, renfermés dans le tube du calice charnu, pulpeux à la maturité.

12. ROSIER. — *ROSA*. Linn.

Calice à 5 divisions marcescentes, persistantes ou caduques, à tube charnu, oblong, ovoïde ou sphérique, rétréci sous le limbe, resserré à la gorge par un anneau ou disque glanduleux ; pétales 5, insérés avec les étamines au nombre de 20 et plus, autour du disque ; ovaires nombreux, renfermés dans le tube du calice ; style saillant ; fruit formé par le tube du calice accru, et semblable à une baie, renfermant des carpelles osseux et soyeux. — Les espèces de ce genre sont difficiles à caractériser, à cause des nombreuses variétés qui les lient et que la culture a rendues presque infinies dans les espèces cultivées.

Sect. I. Styles soudés en colonne. — Systylæ. Gaud.

§ 1. *Fruit ordinairement globuleux ; divisions du calice entières ; fleurs blanches.*

1. R. des champs. — *R. arvensis.*

Huds. Fl. angl. ed. 1. p. 192. — Linn. Mant. 245. — Ser. in DC. Prod. 2. p. 597. et Mélang. 1. p. 5. et 49. — DC. Fl. fr. n. 3696. — Duby, Bot. gall. p. 175. — Gaud. Fl. helv. 5. p. 335. — Poir. Ency. 6. p. 292. — Koch, Syn. p. 229 — Lindley, Monog. trad. de Pronville, p. 113.

J. Saint-Hil. Pl. fr. tab. 460 — J. Bauh. Hist. 2. p. 44. fig. 1.

Tiges peu élevées, atteignant à peine 15 décim., à rameaux allongés, grêles, flexibles, tombants ou couchés, lisses, purpurescents, recouverts de poussière glauque, à aiguillons robustes, recourbés en faux, comprimés à la base; feuilles ailées, à 5—7 folioles sessiles, glabres, ovales, aiguës, plus pâles en dessous, dentées en scie, à dents simples, aiguës, non glanduleuses, à nervure dorsale pubescente, ainsi que le pétiole muni d'aiguillons; stipules glanduleuses sur les bords, à lobes un peu divergents et aigus; fleurs blanches, assez grandes, inodores, au nombre de 3—5, rapprochées en cyme, quelquefois solitaires, à pédoncules glabres ou hispides-glanduleux; calice à tube presque ovoïde, glabre, d'un pourpre violet, recouvert de poussière glauque, à divisions ovales-acuminées, concaves, cotonneuses intérieurement, entières : les extérieures quelquefois munies sur les bords de 1—2 petites lanières linéaires-lancéolées; pétales obcordés; styles glabres, soudés en colonne, distincts au sommet, de la longueur des étamines; fruit presque globuleux, d'un rouge de sang, conservant la colonne pistilaire. ♄ (Juin, juillet).

Commune parmi les buissons, dans les bois et les haies.

α. Uniflora. Hagenb. Fl. basil. 2. p. 13. — Gaud. Fl. helv. 3. l. c. var. *β*. — Fleurs solitaires.

β. Cymosa. Hagenb. Fl. basil. 2. p. 13. — Gaud. Fl. helv. 3. l. c. var. *γ. bibracteata*. — *R. bibracteata*. DC. Fl. fr. supp. n. 3715ᵃ. — Plante plus élevée, à rameaux plus vigoureux; fleurs 2—7, en cyme terminale, portées sur des pédoncules d'un pourpre noirâtre, ainsi que le calice, glauques-poudreux, munis à la base de 2 ou plusieurs bractées.

§ 2. *Fruit oblong; divisions du calice pinnatifides;*
fleurs blanches ou rosées.

2. R. à colonne elliptique. — *R. stylosa.*

Gaud. Fl. helv 3. p. 336. — Ser. in DC. Prod. 2. p. 599.
var. *β. Leucochroa*. — Duby, Bot. gall. p. 175 var. *β.*

Leucochroa. — *R. leucochroa.* Desv. Journ. bot. 2. p. 316. — Poir. Ency. supp. 4. p. 710. var. *α.* et *β.* — *R. brevistyla.* DC. Fl. fr. supp. n. 3714[b]. — *R. systyla.* (Bastard) Koch, Syn. p. 229. var. *β. Leucochroa.*

Cet arbrisseau se rapproche beaucoup de la *R. canina ;* mais, quoiqu'il soit à peu près de même grandeur, il a ses rameaux dressés et non arqués-pendants, comme dans cette dernière ; son écorce est grise sur les tiges, verdâtre et lisse sur les branches et les rameaux ; les aiguillons sont nombreux, purpurescents, forts et crochus, mais plus petits et moins courbés sur les rameaux, souvent géminés sous la base des pétioles ; feuilles à 5—7 folioles : les supérieures souvent ternées ; pétioles légèrement velus, munis de quelques petits aiguillons ; folioles très vertes, elliptiques, aiguës, fermes, glabres et luisantes en dessus, presque de même couleur en dessous et un peu velues sur les nervures, non glanduleuses, simplement dentées en scie, à dents inégales, les supérieures conniventes ; stipules ciliées, un peu glanduleuses ; fleurs odorantes, à pédoncules glabres, terminaux, solitaires (en corymbe dans la var. *β.*), plus longs que dans la *R. canina,* garnis, ainsi que le tube du calice, de quelques soies courtes, souvent glanduleuses ; calice à tube oblong, à divisions plus courtes que la corolle, triangulaires, terminées par un appendice linéaire-aigu, étalées pendant la fleuraison, ensuite réfléchies, les extérieures pinnatifides ; pétales profondément obcordés, blancs ou un peu rosés ; styles soudés, à stigmates en colonne elliptique, glabre, courte, mais distincte et persistante sur le fruit oblong, presque obovoïde, d'un beau rouge. ♄ (Juin).

Nyon, autour du bois Bougis, et çà et là le long des chemins, dans les haies et au bord des bois.

β. Corymbosa. Gaud. Fl. helv. 3. l. c. — Fleurs au nombre de 2—6, disposées en corymbe.

Sᴇᴄᴛ. II. Styles libres, réunis en tête. — Diastylæ, Gaud.

§ 1. *Fruit ovoïde; divisions du calice presque entières et défléchies; folioles persistantes, coriaces et luisantes, simplement dentées en scie.* — Chinenses. DC.

3. R. de Bengale. — *R. Indica.*

Linn. Sp. 705. — Ser. in DC. Prod. 2. p. 600. var. *α. vulgaris.* et ejusd. Mélang. 1. p. 31. — Duby, Bot. gall. p. 176. — *R. semperflorens.* Poir. Ency. 6. p. 283. — Lindl. trad. Pronv. p. 108.

Le rosier de Bengale est une des espèces le plus généralement répandues aujourd'hui, et une de celles que l'on cultive et que l'on multiplie avec le plus de facilité. Arbuste très vigoureux, à tiges dressées, à rameaux étalés, verts ou purpurins, glabres, armés d'aiguillons forts, crochus, un peu écartés; feuilles à 3—5 folioles ovales-acuminées, coriaces, vertes, glabres et luisantes en dessus, glauques en dessous, dentées en scie, les 2 inférieures plus petites, la terminale plus grande; stipules étroites, soudées au pétiole, dentelées-glanduleuses, libres et linéaires-subulées au sommet; fleurs de grandeur médiocre, solitaires ou au nombre de 2—3, terminales, demi-doubles, roses, ou couleur de chair, portées sur des pédoncules un peu épaissis, glabres, ainsi que le tube du calice, ou munis de quelques soies courtes, glanduleuses; fruits ovoïdes; divisions du calice entières ou presque entières, souvent terminées par une petite languette lancéolée. ♄ (Toute la belle saison).

Ce rosier, originaire de la Chine et du Bengale, fut regardé d'abord comme plante d'orangerie; mais on le cultive aujourd'hui en pleine terre, et il résiste aux froids ordinaires : il se prête à tous les genres de culture; on peut en faire des touffes, des haies, des palissades, etc. C'est à cette espèce que l'on peut rapporter les belles variétés connues sous les noms de *Rose-thé, Rose-noisette, Rose-de-la-Chine, Rose-œillet, Bengale-pompon,* etc., etc.

§ 2. *Fruits globuleux ; divisions du calice entières,
rarement subpinnatifides, souvent conniventes après la
fleuraison.* — Cinnamomeæ. Ser.

* *Folioles simplement dentées en scie.*

4. R. cannelle. — *R. cinnamomea.*

Linn. Sp. 703. — Ser. in DC. Prod. 2. p. 605. var. *α.
collincola.* et ejusd. Mélang. 1. p. 6. — DC. Fl. fr. n.
3699. — Duby, Bot. gall. p. 176. — Gaud. Fl. helv. 3.
p. 339. — Poir. Ency. 6. p. 280. — Koch, Syn. p. 224. —
Lindl. Monog. trad. Pronv. p. 43.

J. Saint-Hil. Pl. fr. tab. 578. — J. Bauh. Hist. 2. p. 59. fig.
1. (*mala*). — Clus. Hist. 1. p. 115. fig. 2?

Arbrisseau très rameux, à rameaux dressés, s'élevant à
15—20 décim., à écorce lisse, d'un brun jaunâtre qui approche de la teinte de la cannelle ; aiguillons blanchâtres,
comprimés, peu courbés, ordinairement placés 2—3 ensemble sous la base des pétioles ; feuilles ailées à 5—7 folioles,
ordinairement 5, légèrement pétiolulées, ovales-oblongues,
glabres et vertes en dessus, glauques-blanchâtres et pubescentes en dessous, dentées en scie dans leur moitié supérieure
et entières à la base ; pétioles blanchâtres, cotonneux, sans aiguillons ; stipules larges, garnissant la plus grande partie
du pétiole, dentées-glanduleuses ; pédoncules terminaux
glabres, peu allongés ; fleurs odorantes, de grandeur médiocre, d'un rouge incarnat, solitaires, ou au nombre de
2—3 ; calice à tube glabre, à divisions étroites, allongées,
un peu dilatées au sommet, ordinairement très entières ;
styles courts, très velus ; fruit rouge, glabre, presque globuleux, terminé par les divisions du calice conniventes. ♄
(Mai, juin).

Les collines incultes, parmi les buissons : Orbe, au chemin du Co-
liaud (Monnard). — Le long du ruisseau du moulin de Vallangin
(Chaillet, ex catal. Benoit). — Rolle ; Entreroches (Rapin). — Rivage

du lac de Joux, entre l'Abbaye et le Pont (Reut. in Rapin.). — Bâle, près de Rheinfelden (Hagenb.).

5. R. jaune-soufre. — *R. sulphurea.*

Aiton, Hort. kew. 2. p. 201. — Ser. in **DC.** Prod. 2. p. 608. et ejusd. Mélang. 1. p. 20. — DC. Fl. fr. n. 3695. — Duby, Bot. gall. p. 177. — Poir. Ency. 6. p. 289. — Lindl. Monog. trad. Pronv. p. 55.

Cette espèce, que l'on a regardée long-temps comme une variété de la *R. eglanteria,* en diffère par ses feuilles non odorantes, à folioles obovales-cunéiformes, minces, d'un vert pâle un peu glauque, au nombre de 5—7, très légèrement pubescentes ou glabres, dentées en scie, à dents aiguës, à stipules étroites, soudées au pétiole sur la plus grande partie de sa longueur, dilatées au sommet, à lobes lancéolés, dentés-glanduleux; par ses fleurs toujours doubles, d'un jaune soufré, s'épanouissant difficilement; et par son calice à tube hémisphérique, glabre, souvent garni de quelques soies courtes, glanduleuses, à divisions presque entières, élargies au sommet et comme foliacées, dentées. Aiguillons très nombreux sur les jeunes tiges, épars, grêles et un peu courbés sur les rameaux. ♄ (Juin).

Probablement originaire d'Orient : on le cultive dans quelques jardins, mais on l'estime peu, parce que ses fleurs trop doubles se fendent souvent avant l'épanouissement, avortent ou se développent irrégulièrement et sont rarement parfaites.

6. R. à feuilles de pimprenelle. — *R. pimpinellifolia.*

Ser. in **DC.** Prod. 2. p. 608. et ejusd. Mélang. 1. p. 46. 47. — DC. Fl. fr. n. 3697. — Duby, Bot. gall. p. 177. — Koch, Syn. p. 222. — *R. spinosissima.* Gaud. Fl. helv. 3. p. 338. — Poir. Ency. 6. p. 284. — Lindl. Monog. trad. Pronv. p. 59.

J. Saint-Hil. Pl. fr. tab. 525. (*malé*) — Tabern. ic. p. 1088. fig. 2.

Arbuste peu élevé, atteignant seulement 3—5 décim., à tiges rougeâtres ou brunes, rameuses, ordinairement garnies d'un grand nombre d'aiguillons droits, grêles, rapprochés et inégaux, situés à angle droit; feuilles nombreuses, à 5—9 folioles, ordinairement 7, pétiolulées, ovales-arrondies, petites, glabres, simplement dentées en scie, à dents aiguës, vertes sur les deux faces, un peu plus pâles en dessous; stipules étroites, linéaires, à lobes lancéolés, dentelés-glanduleux; pédoncules terminaux, solitaires, uniflores, glabres, ainsi que le calice, ou hispides; fleurs assez grandes, blanches, rouges dans la variété ε, odorantes; calice à tube globuleux, légèrement glauque-poudreux, à divisions entières, lancéolées-acuminées, un peu dilatées au sommet, étalées, plus courtes que les pétales obcordés; fruit globuleux, d'un pourpre noirâtre à la maturité, couronné par les divisions du calice conniventes. ♄ (Juin, juillet).

Les collines arides et incultes, les endroits pierreux des montagnes.

α. *Vulgaris*. Ser. in DC. Prod. 2. l. c. — Koch, Syn. l. c. var. α. — *R. pimpinellifolia*. Linn. Sp. 703. — Clus. Hist. 1. p. 116. fig. 1. et 2. — Dod. pempt. p. 187. fig. 1. — Pédoncules et fruits glabres; fleurs blanches.

Salins, sur les rochers de Poupet; de Belin; de Gily, près d'Arbois; de Cise, près de Champagnole; de Pontarlier; de Salève; sur le Chasseral; sur la montagne de la Tourne; à Pierrabot. — Nyon, au Bôle, au-dessus de Bonmont; aux Côtes, au-dessus de Saint-Cergue (Gaud.). — Aux environs de Bâle (Hagenb.).

β. *Spinosissima*. Koch, Syn. l. c. — *R. spinosissima*. Linn. Sp. 705. — DC. Fl. fr. l. c. var. α. J. Bauh. Hist. 2. p. 40. fig. 2. — Dalech. Hist. p. 127. fig. 1. — Pédoncules hérissés de soies spiniformes; fruits glabres; fleurs blanches.

Les rochers au-dessus de Cise, près de Champagnole.

γ. *Inermis*. DC. Fl. fr. l. c. — Ser. in DC. Prod. 2. l. c. var. λ. — Lob. ic. 2. p. 211. fig. 2. — Dalech. Hist. p. 127. fig. 2. — Tiges et rameaux entièrement dépourvus d'aiguillons. Cet état est dû, sans doute, à l'âge de la plante.

Poupet, à Pré-Rond et sur la crête de la Côte-Guillaume ; à Belin ; au-dessus des rochers de Cise, près de Champagnole, etc.

δ. *Rubrifolia. R. pimpinellifolia.* var. *η. purpurascens.* Hagenb. Fl. basil. 2. p. 15. (*excl. Syn. Gaud.*). — Feuilles à folioles lavées de pourpre en dessous, comme dans la *R. rubrifolia.*

Salins, sur les rochers au-dessus d'Ivrey.

ε. *Rubriflora.* Gaud. Fl. helv. 3. l. c. var. *β*. — Fleurs nombreuses, d'un rouge foncé.

Sur les montagnes du Jura, au-dessus de Gex et de Thoiry? (Gaud.).

ζ. *Multiflora.* Gaud. Syn. p. 405. — Folioles grandes, très glauques en dessous ; fleurs solitaires, nombreuses ; divisions du calice glauques, lancéolées, dilatées au sommet et incisées-dentées en scie ; fruits globuleux, souvent ovoïdes ou obovoïdes.

Autour de Neuchâtel, pas rare (Chaillet, in Gaud.).

7. R. à feuilles purpurescentes. — *R. rubrifolia.*

Vill. Dauph. 3. p. 549. — Ser. in DC. Prod. 2. p. 609. var. *α*. et ejusd. Mélang. 1. p. 16. — DC. Fl. fr. n. 3711. — Duby, Bot. gall. p. 177. — Gaud. Fl. helv. 3. p. 546. *I. Genuina.* — Poir. Ency. 6. p. 282. — Koch, Syn. p. 225. — Lindl. Monog. trad. Pronv. p. 103.

J. Saint-Hil. Pl. fr. tab. 324. (*non bene*).

Arbrisseau de 16—20 décim., à rameaux étalés, glabres, à écorce d'un pourpre foncé ou bleuâtre à cause de la poussière glauque qui les recouvre, garnis d'aiguillons épars, crochus, blanchâtres, un peu élargis et comprimés à la base ; pétioles glabres, ordinairement purpurescents, souvent garnis de quelques aiguillons ; stipules larges, à lobes ovales, aigus, purpurines vers l'extrémité des rameaux, entières ou munies de quelques dentelures glanduleuses : celles des feuilles florales beaucoup plus grandes ; feuilles à 5—7 folioles d'un vert glauque, entièrement glabres, plus ou moins lavées de pourpre vers l'extrémité

des rameaux, ovales-elliptiques , quelquefois obovales, dentées en scie, à dents aiguës dressées ; pédoncules courts ,
terminaux, glabres ou hispides, au nombre de 1—4, presque
en corymbe, d'un pourpre foncé, ainsi que le calice, et
recouverts de poussière glauque ; fleurs petites, d'un rouge
foncé , à divisions du calice entières, lancéolées-acuminées ,
un peu élargies au sommet en appendice lancéolé, cotonneuses en dedans et garnies en dehors de soies glanduleuses,
dépassant les pétales largement échancrés ; fruits globuleux ,
assez gros, d'un beau rouge. ♄ (Juin—juillet).

Les buissons des montagnes et le bord des bois.

α. *Lœvis.* Ser. in DC. Prod. 2. l. c. — Fleurs en corymbe ; fruits et pédoncules lisses ; divisions du calice entières.

Salins, à Veley ; à Poupet, au pied des rochers au-dessus de Combelle ; à Cernans, parmi les buissons ; dans un petit bois à côté de la
Grange-de-la-Chaux, route de Thesy à la forêt de la Joux ; à Loulle,
près de Champagnole ; sur le flanc du Suchet, du côté de Vallorbe ; en
montant au Reculet. — Bâle, près de Grellingen (Frisch-Joset).

β. *Hispidula.* Ser. in DC. Prod. 2. l. c. — Fleurs en corymbe ; fruits lisses ; pédoncules hispides ; divisions du calice
entières.

Au pied des rochers de Veley , et de Poupet au-dessus de Combelle.

γ. *Jurana.* Gaud. Fl. helv. 3. l. c. — Tige et principaux
rameaux munis d'un grand nombre d'aiguillons, les autres
en étant le plus souvent dépourvus ; folioles glauques, oblongues, lavées de pourpre dans la jeunesse ; fruit obovoïde
et pédoncule hispide ; divisions du calice acuminées-subulées,
3 subpinnatifides.

Aux côtes de Saint-Cergue (Gaud.).

** *Folioles doublement dentées en scie.*

8. R. glanduleux. — *R. glandulosa.*

Bellard, in Act. Taur. p. 230. (1790). — DC. Fl. fr. supp.
n. 3717a. — Duby, Bot. gall. p. 177. — Gaud. Syn. p.

408. — Koch , Syn. p. 225. — *R. rubrifolia. var. ζ. glandulosa.* Ser.] in DC. Prod. 2. p. 610. — *R. rubrifolia. II. montana.* — Gaud. Fl. helv. 3. p. 348.

Arbrisseau de 12—16 décim. , dressé , à tiges garnies de quelques aiguillons comprimés et élargis à la base , un peu courbés en faux : ceux des rameaux plus grêles , subulés , presque droits, ordinairement géminés au-dessous de la base des pétioles; feuilles à 7 folioles , rarement 5, petites , presque arrondies , rarement elliptiques . quelquefois un peu rougeâtres , d'un vert pâle ou un peu glauque en dessous , doublement dentées en scie , à dents aiguës, ciliées-glanduleuses , les supérieures un peu conniventes ; pétioles garnis de soies courtes, glandulifères, et de quelques petits aiguillons rares ; stipules grandes , dentées - glanduleuses , à lobes largement lancéolés , divergents ; fleurs ordinairement solitaires , terminales , d'un rose vif, ou blanches ; tube du calice ovoïde , hispide-glanduleux , ainsi que le pédoncule , à divisions allongées , rudes-glanduleuses , appendiculées au sommet , 5 subpinnatifides ; pétales obcordés-bilobés; fruit rouge , presque globuleux. ♄ (Juin , juillet).

Au bois de l'Ister, vers le chemin de Lignières, au pied du Chasseral , du côté du lac de Bienne ; et à Nyon , au-dessus d'Arzier , près du bois d'Oujon (Gaud.). — Au Salève . dans les rochers du Coin ; et au-dessus d'Archamp (Reut.).

9. R. de France. — *R. Gallica.*

Linn. Sp. 704. — Ser. in DC. Prod. 2. p. 603. et ejusd. Mélang. 1. p. 37-39. — DC. Fl. fr. n. 3709. — Duby, Bot. gall. p. 176. — Poir. Ency. 6. p. 277. — Gaud. Fl. helv. 3. p. 342. —Koch, Syn. p. 230. — Lindl. Monog. trad. Pronv. p. 71. 72. 74.

Racine rampante ; tiges hautes de 3—12 décim. , selon les variétés, à rameaux courts, garnis d'aiguillons plus ou moins nombreux, droits et peu piquants (un peu crochus dans la var. δ), hérissés vers le sommet de soies glanduleuses; feuilles à 5 folioles , les supérieures à 3, un peu

fermes, d'un vert foncé en dessus, pâles, un peu glauques
et plus ou moins pubescentes en dessous, selon les variétés,
un peu nerveuses, presque en cœur à la base, mais de
forme et de grandeur variables, étant tantôt oblongues et
un peu aiguës, tantôt arrondies, obtuses ou rétuses, doublement dentées en scie, à dents ovales-aiguës, garnies sur
les bords, ainsi que sur les nervures, de glandes presque
sessiles; pétiole également glanduleux, muni de quelques
petits aiguillons peu nombreux ; stipules linéaires-oblongues,
à lobes ovales-lancéolés, aigus, divergents, courtement
ciliés-glanduleux; fleurs 1–3, terminales, grandes, odorantes, portées sur des pédoncules garnis de soies glandulifères; calice à tube également glanduleux, mais moins que
le pédoncule, à divisions largement ovales à la base, acuminées au sommet, 2 entières, les autres plus ou moins
pinnatifides; pétales d'un rouge pourpre plus ou moins foncé,
selon les variétés, un peu plus pâles à la base, échancrés
au sommet; styles peu saillants, réunis en tête arrondie
très velue; fruit assez gros, globuleux, courtement pyriforme, lisse ou un peu hispide-glanduleux, d'un rouge
écarlate. ♄ (Mai, juin).

Les buissons, le bord des bois, rare. — Sur le mont de Bregille,
près de Besançon (Girod-Chant.).

α. *Pumila.* Ser. in DC. Prod. 2. 1. c. — *R. Gallica. I.
pumila.* Gaud. Fl. helv. 5. 1. c. — J. Bauh. Hist. 2. p. 36.
fig. 1. — Tiges hautes à peine de 5 décim., garnies à leur
partie supérieure d'aiguillons nombreux; folioles glabres,
ovales-arrondies; divisions du calice ovales-acuminées, 3
subpinnatifides, à 2—4 lobes linéaires; pétales incarnats.

Genève, au bois des Frères et de la Bâtie; entre Carouge et Veirier,
dans les fossés qui bordent la route (Reut.). — Dans le bois entre
Versoix et Ferney; autour de Bossey, et au pied de Salève (Gaud.).

β. *Provincialis. R. Gallica. III. provincialis.* Gaud. Fl.
helv. 3. 1. c. — *R. Gallica. var. δ. officinalis.* Ser. in DC.
Prod. 2. 1. c. -- Chaum. Fl. méd. tab. 302. (*fl. pleno*). --
J. Bauh. Hist. 2. p. 34. fig. 1. -- Tiges hautes d'environ un
mètre, moins garnies d'aiguillons; folioles un peu pubes-

centes en dessous ; divisions du calice ovales-acuminées , étroitement pinnatifides, ou munies latéralement de quelques lobes ou appendices très étroits ; pétales grands , d'un rouge très foncé.

Cette variété, connue sous le nom de *Rose de Provins*, était autrefois fréquemment cultivée dans les vignes, à Salins, sous le nom de *Rose ardente ;* mais le grand nombre de variétés de rosiers actuellement introduites dans tous les jardins, l'ont fait négliger — L'infusion des pétales est tonique et astringente. Cette rose est une de celles qui ont produit , par la culture , le plus grand nombre de variétés.

γ. *Holocericea*. Ser. in DC. Prod. 2. l. c. var. ε* et ejusd. Mélang. 1. p. 29. — *R. Gallica. IV. holocericea.* Gaud. Fl. helv. 3. l. c. — Tiges moins garnies d'aiguillons ; folioles fortement pubescentes en dessous ; divisions du calice largement subpinnatifides ou munies de lobes ou appendices latéraux plus larges ; pétales d'un pourpre noirâtre velouté.

Assez généralement cultivée dans les jardins. — Genève, au bois de la Bâtie et dans les haies autour de Bossey (Gaud.).

δ. *Hybrida*. Ser. in DC. Prod. 2. l. c. var. β. et ejusd. Mélang. 1. p. 39. — *R. Gallica. II. hybrida.* Gaud. Fl. helv. 3. l. c. — Tige plus élevée que dans la var. α. , à rameaux allongés ; fruits presque oblongs ; styles un peu plus longs, velus à leur partie inférieure ; divisions du calice presque entières ; folioles glabres ; pétales d'un blanc rosé ou incarnat.

Nyon ; près d'Arnex (Gaud.). — Au bois de la Bâtie (Schleicher).

ε. *Versicolor*. DC. Fl. fr. l. c. var. β. — Ser. Mélang. 1. p. 28. — Tige d'environ un mètre ; feuilles pubescentes en dessous ; divisions du calice ovales-acuminées , munies latéralement de quelques appendicesétroits ; fleur grande, demi-double , à pétales panachés de bandes purpurines , roses ou blanches.

Cultivée dans les jardins, sous le nom de *Rose panachée.*

ζ. *Parvifolia*. Ser. in DC. Prod. 2. l. c. var. x. et ejusd. Mélang. 1. p. 27. — *R. Remensis.* DC. Fl. fr. n. 3708. —

Tige de 4—6 décim., presque dépourvue d'aiguillons; folioles petites, pubescentes en dessous, ainsi que le pétiole ; tube du calice dilaté au sommet et pédoncules presque lisses ; pétales purpurins ou rosés.

Ce petit rosier est cultivé dans quelques jardins, sous le nom de *Rose de Champagne*.

10. R. Églantier. — *R. Eglanteria.*

Linn. Sp. 703. — Ser. in DC. Prod. 2. p. 607. et ejusd. Mélang. 1. p. 19. — DC. Fl. fr. n. 3694. — Duby, Bot. gall. p. 176.— Gaud. Fl. helv. 3. p. 345.— *R. lutea.* (Mill. dict.). Poir. Ency. 6. p. 289. — Koch, Syn. p. 222. — Lindl. Monog. trad. Pronv. p. 87.

J. Bauh. Hist. 2. p. 47. fig. 2. — Tabern. ic. p. 1087. fig. 1. — Dalech. Hist. p. 126. fig. 1.

Racine rampante ; tiges hautes de 12—16 décim., garnies d'aiguillons droits et blanchâtres; feuilles odorantes, au moins lorsqu'on les froisse, d'un vert clair, à 5—7 folioles ovales, obtuses ou elliptiques, profondément dentées en scie, à dents aiguës dentelées-glanduleuses, pubescentes sur la nervure dorsale et le pétiole, munies de stipules étroites, glanduleuses sur les bords, et quelquefois un peu dentelées, à lobes lancéolés, aigus, divergents; fleurs jaunes, solitaires, terminales, d'une odeur fétide ; calice à tube globuleux, glabre, ainsi que le pédoncule, à divisions ovales-lancéolées, étalées, munies à la base de quelques petits aiguillons droits et fins, et de quelques poils glanduleux, entières, acuminées, quelquefois presque pinnatifides, à lobes linéaires; pétales arrondis, obcordés, caducs; fruit globuleux, à la fin d'un rouge écarlate. ♄ (Juin).

Çà et là, dans les haies de quelques provinces de la France et de l'Allemagne, etc. Sa patrie est inconnue, suivant Seringe. Cultivé dans les jardins et les bosquets.

β. *Punicea.* Ser. in DC. Prod. 2. l. c. — *R. eglanteria.* var. β. *bicolor.* DC. Fl. fr. l. c. — Gaud. Fl. helv. 3. l. c.

Cette variété est facile à reconnaître à sa fleur jaune en dehors et de couleur ponceau en dedans, à stigmates pourpres.

Cette plante fait un très bel effet dans les jardins et les bosquets, par ses pétales bicolores, malheureusement trop caducs. J'ai vu plusieurs fois les deux variétés sur le même rameau.

§ 5. *Fruit ovoïde, rarement globuleux; divisions du calice pinnatifides, réfléchies après la fleuraison, souvent caduques.* — Caninæ. Ser.

* *Feuilles non glanduleuses en dessous.*

11. R. des Alpes. — *R. Alpina.*

Linn. Sp. 703. — Ser. in DC. Prod. 2. p. 611. et ejusd. Mélang. 1. p. 11. et 52. — DC. Fl. fr. n. 3712. — Duby, Bot. gall. p. 177. — Gaud. Fl. helv. 3. p. 357. — Poir. Ency. 6. p. 281. — Koch, Syn. p. 223. — Lindl. Monog. trad. Pronv. p. 48.

Arbrisseau très élégant, ordinairement dépourvu d'aiguillons, si l'on en excepte les jeunes tiges qui sont d'abord munies d'aiguillons faibles, droits, nombreux, mais qui deviennent à la fin lisses, rameuses, hautes de 15—20 décimètres, cylindriques, verdâtres, d'un brun jaunâtre et luisant en vieillissant; pétioles grêles, allongés, garnis de soies courtes, glanduleuses, éparses, et de quelques petits aiguillons droits, très rares, réfléchis; folioles 7—9, rarement 5, entièrement glabres sur les 2 faces, d'un vert gai en dessus, un peu plus pâles en dessous, ovales-elliptiques ou oblongues-elliptiques, la supérieure pétiolulée et quelquefois obovale, doublement ou simplement dentées en scie, à dentelures mucronées, finement glanduleuses sur les bords; stipules linéaires allongées, ciliées-glanduleuses, à lobes triangulaires, aigus, divergents; fleurs de grandeur médiocre, d'un beau rouge pourpre vif et brillant, le plus souvent solitaires, portées sur des pédoncules lisses ou hispides-glanduleux; tube du calice oblong ou ellipsoïde, glabre, ou hispide-glanduleux ; divisions du calice entières, lancéolées-acuminées, terminées par un appendice foliacé, denté-glanduleux, plus long que la corolle ; styles courts, en tête velue ; fruit plus ou moins penché, d'un beau rouge, ellipsoïde ou oblong, couronné par les divisions conniventes du calice. ♄ (Juin, juillet).

Commun dans les bois de sapins, parmi les rochers, et dans les buissons des pâturages montagneux.

α. *Vulgaris*. Ser. in DC. Prod. 2. l. c. et ejusd. Mélang. l. p. 11. — Gaud. Fl. helv. 5. l. c. — J. Bauh. Hist. 2. p. 39. fig. 2. — Pédoncule allongé, hispide ; tube du calice ovoïde, lisse.

Les forêts de sapins de la Joux ; de Levier ; d'Arc et de Villers ; les buissons des pâturages de Boujaille et du bord de la forêt ; les environs de Pontarlier ; de Bâle ; de Champagnole, etc. ; sur le Reculet ; le Salève ; la Dôle ; le Mont-d'Or ; la Dent-de-Vaulion ; le Chasseron ; le Creux-du-Vent, etc.

β. *Lagenaria*. Ser. in DC. Prod. 2. l. c. — *R. alpina*. *II. lagenaria*. Gaud. Fl. helv. 5. l. c. — Pédoncule plus ou moins hispide, quelquefois lisse ; fruit lisse, oblong, rétréci en col au sommet et aminci à la base.

Parmi les buissons à Boujaille ; à Cise, près de Champagnole ; sur le Chasseron ; le Salève, etc.

γ. *Pyrenaïca*. Ser. in DC. Prod. 2. l. c. — Gaud. Fl. helv. 5. l. c. var. β. — DC. Fl. fr. supp. n. 5712ª. var. δ. — Pédoncule allongé et fruit ovoïde, hispides.

Dans la forêt de sapins entre Arc et Villers ; parmi les buissons des pâturages de Boujaille et du bord de la forêt ; sur le Mont-d'Or ; la Dôle, etc. — Aux Côtes, au-dessus de Trélex (Gaud.). — Sur le Salève (Reut.). — Bâle (Hagenb.).

δ. *Aculeata*. Ser. in DC. Prod. 2. l. c. var. ε. — Tige munie d'aiguillons épars, allongés, très fins et droits, rarement géminés ; pédoncule un peu allongé, hispide ; fruit lisse.

Le Jura (Ser.). — Bâle (Hagenb.).

ε. Lævis. Ser. in DC. Prod. 2. l. c. var. x. et ejusd.
Mélang. 1. p. 52. — DC. Fl. fr. supp. n. 3712ª. var. ζ. —
Tige , pédoncule et fruit oblong , très lisses.

Boujaille. — Bâle , sur le mont Dietisberg (Hagenb.). — Le Jura
(Ser.).

ζ. Pilosula. Ser. in DC. Prod. 2. l. c. var. *o.* — *R. alpina. var. γ. pilosula.* Hagenb. Fl. basil. 2. p. 21. — Folioles obovales, obtuses ; pétioles un peu hispides ; pédoncule poilu ; fruit lisse.

Autour de Bâle (Ser. Hagenb.).

12. R. de chien. — *R. canina.*

Linn. Sp. 704. — Ser. in DC. Prod. 2. p. 613. et ejusd. Mé-
lang. 1. p. 16. — DC. Fl. fr. n. 3716. (*excl. var. β. sepium*). — Duby, Bot. gall. p. 177. — Gaud. Fl. helv.
3. p. 349. — Poir. Ency. 6 p. 287. (*excl. var. β.*). —
— Koch , Syn. p. 226. — Lindl. Monog. traduct. Pronv.
p. 98.

J. Saint-Hil. Pl. fr. tab. 576. — Chaum. Fl. méd. tab.
154. — Lam. illust. tab. 440. fig. 2. — J. Bauh. Hist. 2.
p. 43. fig. 2. — Tabern. ic. p. 1088. fig. 1.

Arbrisseau dressé , formant un buisson de 15—20 décim.
de hauteur, à tiges très rameuses , diffuses , lisses , verdâtres,
à rameaux dressés , allongés , étalés–arqués , armés d'aiguillons épars , assez forts, crochus , un peu comprimés et élargis à la base ; feuilles à 5—7 folioles oblongues ou ovales,
aiguës, fermes, vertes et glabres sur les 2 faces, mais un
peu plus pâles en dessous ou plus ou moins pubescentes,
selon les variétés, dentées en scie , à dents aiguës ordinairement simples , quelquefois dentelées-glanduleuses, portées
sur des pétioles glabres, velus ou cotonneux, garnis de
quelques aiguillons et de soies glanduleuses ; stipules glabres,
oblongues, dentelées-glanduleuses , à lobes ovales-acumi-
nés ; fleurs blanches ou plus ou moins rosées ; calice à tube
ovoïde, glabre ou hispide, ainsi que le pédoncule , à divi-

sions appendiculées au sommet, 3 pinnatifides, réfléchies après la fleuraison, à la fin caduques ; pétales échancrés en cœur ; fruit oblong, d'un beau rouge. ♄ (Mai , juin).

Commun partout, dans les bois, les haies et les buissons.

α. Vulgaris. Gaud. Fl. helv. 3. l. c. — *R. canina.* A. *I. glabra.* Hagenb. Fl. basil. 2. p. 18. — Pétiole glabre ; folioles vertes et glabres sur les deux faces ; fruit ovoïde et pédoncule lisses.

β. Glandulosa. R. canina. A. 2. *glandulosa.* Hagenb. Fl. basil. 2. p. 18. — *R. canina. var. β. glandulosa.* Rau, Énum. p. 75. — Pétioles, stipules, dents des folioles et nervures glanduleuses.

γ. Hispida. R. canina. A. 3. *hispida.* Hagenb Fl. basil. 2. p. 19.— *R. canina. var. β. hispida.* Gaud. Syn. p. 407. — Base de l'ovaire, divisions du calice, stipules et pédoncules hispides-glanduleux ; folioles glanduleuses en dessous, sur les nervures.

δ. Dumetorum. R. canina. B. 1. *dumetorum.* Hagenb. Fl. basil. 2. l. c. — *R. dumetorum.* Thuill. Fl. par. ed. 2. p. 250. — *R. collina.* DC. Fl. fr. n. 3702. (*non Jacq.*). — Pétioles velus-glanduleux ; folioles ovales, pubescentes sur les deux faces ; fruit ovoïde et pétiole lisses.

ε. Collina. R. canina. B. 2. *collina.* Hagenb. Fl. basil. 2. l. c. — *R. canina. var. γ. collina.* Gaud. Syn. p. 407. — *R. collina.* Jacq. Aust. p. 58. — Pétiole cotonneux ; folioles glabres en dessus, un peu velues en dessous ; base de l'ovaire et pédoncules hispides-glanduleux.

** *Feuilles plus ou moins glanduleuses en dessous.*

a. Folioles doublement dentées en scie.

13. R. à feuilles odorantes. — *R. rubiginosa.*

Linn. Mant. 564. — Ser. in DC. Prod. 2. p. 615. et ejusd. Mélang. 1. p. 14. — DC. Fl. fr. n. 3710. — Duby, Bot.

gall. p. 178. — Gaud. Fl. helv. 3. p. 355. — Poir. Ency.
6. p. 286. — Koch, Syn. p. 227. — Lindl. Monog. trad.
Prony. p. 88.

J. Saint-Hil. Pl. fr. tab. 577. — J. Bauh. Hist. 2. p. 44.
fig. 2. — Dod. pempt. p. 186. fig. 2.

Arbrisseau de 10—15 décim. de hauteur, très rameux,
à tiges verdâtres, munies d'aiguillons épars, robustes,
comprimés et un peu dilatés à la base, crochus ; pétioles
souvent munis d'aiguillons, velus ou presque cotonneux,
garnis de soies glanduleuses ; folioles arrondies ou elliptiques, quelquefois même lancéolées, au nombre de 5—7,
doublement dentées en scie, glabres, et un peu rudes en
dessus, pubescentes en dessous et garnies, ainsi que les
bords, de petites glandes résineuses qui leur donnent une
teinte un peu rouillée et une odeur de *pomme reinette ;*
fleurs terminales, solitaires, ou 3—5 en corymbe, petites,
odorantes, rosées ou incarnates, à onglet blanchâtre ; calice
à tube ordinairement ovoïde, glabre ou hispide ainsi que le
pédoncule, à divisions lancéolées, ciliées-glanduleuses, 3
pinnatifides, presque de la longueur de la corolle, réfléchies, à la fin caduques ; pétales obcordés, échancrés au
sommet ; fruit ovoïde. ♄ (Juin, juillet).

Çà et là, parmi les haies et les buissons.

α. *Vulgaris.* Ser. in DC. Prod. 2. l. c. — *R. rubiginosa.*
DC. Fl. fr. n. 3710 et supp. var. β. — Fleurs presque solitaires ; fruit ovoïde et pédoncules plus ou moins hispides-
glanduleux ; folioles ovales, obtuses, glabres, glanduleuses
en dessous et pubescentes sur les nervures ; aiguillons crochus.

β. *Umbellata.* Ser. in DC. Prod. 2. l. c. var. ζ. — Gaud.
Fl. helv. 3. l. c. — *R. umbellata.* (Leers) DC. Fl. fr. supp.
n. 3695ᵃ. — Fleurs 5—6, fasciculées ; fruit ovoïde-globuleux, presque lisse ; pédoncules hispides ; folioles plus
grandes, ovales-arrondies, glabres, glanduleuses en dessous et un peu pubescentes sur les nervures ; aiguillons crochus.

γ. *Parvifolia.* Ser. in DC. Prod. 2. l. c. var. ι. — Hagenb. Fl. basil. 2. p. 20. — *R. micrantha.* DC. Fl. fr. supp. n. 3717ᶜ. — Arbrisseau peu élevé, très garni d'aiguillons ; folioles petites, glabres, couvertes en dessous de glandes ferrugineuses ; fleurs presque solitaires ; fruit lisse, ovoïde-globuleux ; pédoncule plus ou moins hispide.

♂. *Sepium.* Ser. in DC. Prod. 2. l. c. var. o. — Gaud. Fl. helv. 3. l. c. — *R. sepium.* (Thuill.) DC. Fl. fr. supp. n. 3716ᵃ. — Aiguillons forts et crochus ; folioles oblongues, un peu en coin à la base, ou lancéolées, glabres, ainsi que le pétiole, glanduleuses en dessous ; fruit ovoïde et pédoncule lisses.

14. R. cotonneux. — R. *tomentosa.*

Smith, Fl. brit. 2. p. 539. — Ser. in DC. Prod. 2. p. 617.
et ejusd. Mélang. 1. p. 7. et 44. — DC. Fl. fr. n. 3701.
— Duby, Bot. gall. p. 178. — Gaud. Fl. helv. 3. p. 351.
(*excl. var.* γ.). — *R. villosa.* Poir. Ency. 6. p. 285.
(*excl. Syn.*). — Koch, Syn. p. 228. — Lindl. Monog.
trad. Pronv. p. 79.
J. Bauh. Hist. 2. p. 44. fig. 2? (Gaud.).

Arbrisseau de 10—15 décim. de hauteur, rameux, à tiges munies d'aiguillons droits, comprimés à la base, mêlés d'autres plus petits et grêles : ceux des rameaux légèrement courbés en faux ; feuilles à pétioles cotonneux, munis de quelques petits aiguillons et de quelques soies glanduleuses très courtes, ordinairement à 7 folioles, les supérieures seulement à 5, d'un vert grisâtre, plus petites que dans la *R. villosa,* un peu odorantes, ovales-elliptiques, mollement cotonneuses sur les 2 faces, surtout en dessous, où elles sont plus pâles et presque blanchâtres, doublement dentées en scie, à dents aiguës, étalées et non conniventes, ciliées-glanduleuses ; fleurs médiocres, rosées, au nombre de 1—3, portées sur des pédoncules terminaux, plus ou moins hérissés, ainsi que le tube du calice, de soies glanduleuses ; pétales obcordés, profondément échancrés en cœur au sommet ;

divisions du calice ovales-oblongues, velues, 3 pinnatifides, prolongées au sommet en appendice linéaire-lancéolé; fruit ovoïde, d'un rouge orangé. ♄ (Juin, juillet).

Les haies et buissons, particulièrement des montagnes : Salins, à Poupet, au pied des rochers au-dessus de Combelle ; dans le bois de Château ; entre le Pont-d'Hery et Andelot ; dans le bois de Mouchard, du côté de Saint-Cyr, etc. — Neuchâtel (Chaillet). — Autour de Saint-Cergue et au-dessus d'Arcier, au bois d'Oujon (Ducros). — Au-dessous de Longirod, dans le vallon de Prévon-d'Avaux (Gaud.). — A Salève (Reut.). — Aux environs de Bâle (Hagenb.).

β. *Scabriuscula.* Ser. in DC. Prod. 2. l. c. et *R. tomentosa glabriuscula.* ejusd. Mélang. 1. p. 43. — *R. montana.* DC. Fl. fr. supp. n. 3695ᵇ. (*non Vill.*). — Folioles ovales, un peu rudes en dessus, cotonneuses en dessous; fruit ovoïde et pédoncule plus ou moins hispides.

Les montagnes du Jura près de Neuchâtel (Chaillet).

15. R. velu. — *R. villosa.*

Linn. Sp. 704. — Ser. in DC. Prod. 2. p. 618. et ejusd. Mélang. 1. p. 52. — DC. Fl. fr. n. 3700. — Duby, Bot. gall. p. 179. — Gaud. Fl. helv. 3. p. 341. — Lindl. Monog. trad. Pronv. p. 77. -- *R. hispida.* Poir. Ency 6. p. 286. — *R. pomifera.* Koch, Syn. p. 228. J. Bauh. Hist. 2. p. 38. fig. 1.

Arbrisseau formant un buisson dressé, haut de 10—15 décim., à tiges rameuses, garnies d'aiguillons épars, droits, subulés, peu ou point élargis à leur base, à rameaux courts; pétioles cotonneux, munis de quelques petits aiguillons droits, et d'un grand nombre de soies glanduleuses; feuilles à 5, rarement à 3 ou 7 folioles ovales-elliptiques, souvent obtuses, ordinairement un peu plus grandes que dans l'espèce précédente, odorantes lorsqu'elles sont froissées entre les doigts, dentées en scie, à dents aiguës, étalées, dentelées glanduleuses, velues sur les 2 faces, à poils grisâtres, cotonneuses et cendrées en dessous; stipules oblongues, ciliées-glanduleuses, à lobes ovales, aigus; pédoncules

courts, terminaux, au nombre de 1—4, hérissés, ainsi que
le tube du calice (excepté dans la var. γ.), de soies raides
assez longues, glandulifères; fleurs d'un rose assez vif;
divisions du calice ovales-lancéolées, prolongées en appendice spatulé, le plus souvent entières, munies quelquefois
d'appendices latéraux; fruit gros, globuleux, plus ou moins
garni d'aiguillons ou soies raides, glandulifères, d'un rouge
de sang un peu noirâtre à la maturité. ♄ (Juin, juillet).

Salins, dans quelques haies, le long des chemins de vignes, et parmi
les buissons des montagnes, assez rare.

α. *Sylvestris*. Ser. in **DC**. Prod. 2. l. c. — **DC**. Fl. fr.
l. c. var. α. — Fleurs 1—2; fruit globuleux et pédoncule
hispides.

Salins, dans quelques haies, le long des chemins de vignes, rare;
Cise, près de Champagnole, parmi les buissons du pied de la montagne.
— Autour de Ferrière, comté de Neuchâtel (Hall.). — Entre Gimel et
Burtigny, dans le vallon de Prévon-d'Avaux (Gaud.). — Les buissons
au pied de Salève (Reut.). — Les environs de Bâle (Hagenb.).

β. *Corymbosa*. Gaud. Fl. helv. 3. l. c. var. γ. — Fleurs
3—4, en corymbe terminal; fruit globuleux et pédoncule
hispides.

Salins, dans quelques haies, le long des chemins de vignes, rare.

γ. *Nuda*. Ser. in **DC**. Prod. 2. l. c. var. δ. — **DC**. Fl. fr.
l. c. var. β. *fructu lœvi*. — Gaud. Fl. helv. 3. l. c. var. β.
mollissima. — Pédoncule hispide-glanduleux; fruit ovoïde-
globuleux, entièrement glabre ou muni seulement à la base
de quelques soies glanduleuses.

Salins, au-dessous du Gout-de-Conche; les buissons entre le Pont-
d'Héry et Andelot. — Bâle (Hagenb.).

δ. *Nana*. Gaud. Fl. helv. 3. l. c. — Tiges hautes à peine
de 16 centim., à fleurs simples ou demi-doubles.

Autour de Longirod (Gaud.).

b. Folioles simplement dentées en scie.

16. R. à cent feuilles. — *R. centifolia.*

Linn. Sp. 704. — Ser. in DC. Prod. 2. p. 619. et ejusd.
Mélang. 1. p. 22. — DC. Fl. fr. n. 3704. — Duby, Bot.
gall. p. 179. — Poir. Ency. 6. p. 276. — Koch, Syn. p.
230. (*ad calcem R. Gallicæ*). — Lindl. Monog. trad.
Pronv. p. 69.
J. Saint-Hil. Pl. fr. tab. 401. — J. Bauh. Hist. 2. p. 37. fig.
2. — Clus. Hist. 1. p. 113. fig. 2.

Ce rosier est un des plus connus et des plus généralement
cultivés. Il forme un arbrisseau de 1—2 mètres de hauteur,
à rameaux nombreux, verdâtres, garnis d'aiguillons presque
droits, inégaux, à peine dilatés à la base ; feuilles à 5—7
folioles assez grandes, ovales, assez minces, un peu pubescentes en dessous, et poilues sur les bords, dentées en scie,
à dents aiguës, portées sur un pétiole pubescent, muni
de quelques aiguillons et de soies glanduleuses ; stipules un
peu élargies, dentelées-glanduleuses, à lobes lancéolés ;
fleurs roses, grandes, très doubles, d'une odeur très
agréable, à pétales concaves, arrondis, légèrement échancrés au sommet ; divisions du calice lancéolées-acuminées,
glanduleuses, 3 pinnatifides ; fruit obovoïde-conique, hérissé,
ainsi que le pédoncule, de soies glanduleuses, visqueuses et
odorantes. ♄ (Juin, juillet).

Patrie inconnue : originaire, dit-on, du Caucase, cultivé dans tous
les jardins depuis un temps immémorial. On en a obtenu un grand
nombre de variétés, parmi lesquelles on distingue : la *R. Vilmorin* ; la
R. unique ; la *R. à feuilles de laitue* ; la *R. mousseuse* ; la *R. anémone* ;
la *R. œillet* ; la *R. pompon* et le *Pompon-mousseux*, etc.

17. R. blanc. — *R. alba.*

Linn. Sp. 705. — Ser. in DC. Prod. 2. p. 621. et ejusd.
Mélang. 1. p. 36. — DC. Fl. fr. n. 3717. — Duby, Bot.

gall. p. 179. — Poir. Ency. 6. p. 291. — Koch, Syn. p.
227. — Lindl. Monog. trad. Pronv. p. 83.

J. Bauh. Hist. 2. p. 45. fig. 1. (*mala*). — Tabern. ic. p.
1083. fig. 2. — Dod. pempt. p. 186. fig. 1.

Arbrisseau très rameux, diffus, à rameaux d'un beau
vert, haut de 1—2 mètres, garnis d'aiguillons grêles, crochus, à peine élargis à la base, épars, quelquefois rares;
feuilles d'un vert un peu glauque, à 5—7 folioles ovales-
arrondies, souvent un peu acuminées au sommet, dentées
en scie, à dents aiguës, glabres en dessus, pubescentes et
plus pâles en dessous; pétioles pubescents, garnis de quelques petits aiguillons que l'on retrouve quelquefois sur la
nervure dorsale des folioles; stipules larges, dentelées-
glanduleuses, lancéolées-acuminées; fleurs blanches demi-
doubles, d'une odeur qui n'est pas agréable, au nombre de
1—3, terminales; divisions du calice glanduleuses, 3 pinnatifides; pétales larges, concaves, un peu échancrés;
fruit ovoïde lisse ou presque lisse; pédoncule hispide-glanduleux. ♄ (Juin, juillet).

J'ai trouvé cette espèce cinq ou six fois dans différentes baies de
vignes, aux environs de Salins, mais toujours à fleurs demi-doubles;
une seule fois je l'ai récoltée dans des buissons : ces individus, ainsi
épars, sont-ils spontanés, ou proviennent-ils des jardins où elle est
fréquemment cultivée? On en a obtenu, par la culture, plusieurs variétés, parmi lesquelles on remarque : la *R. à feuille de chanvre;* la
Cuisse-de-nymphe; la *Belle-Aurore,* etc.

Obs. Le nombre des variétés de rosiers cultivés aujourd'hui dans les
jardins des amateurs est immense, et chaque jour en voit éclore de
nouvelles. Les pétales des roses sauvages sont un peu laxatifs ; les bédé-
gars (galle chevelue produite par la piqûre du *Cynips rosæ.* Réaum.)
sont regardés comme astringents; les fruits bien mûrs servent à préparer la conserve de *Cynorrhodon,* employée en médecine comme légèrement astringente.

FAMILLE XXXIII.

Sanguisorbées. Lindl.

CALICE à 3—5 lobes à estivation valvaire, à tube rétréci au sommet, renfermant des ovaires libres, resserré à la gorge par un anneau ; corolle nulle ; étamines 4, ou moins par avortement, ou nombreuses, insérées autour de l'annean de la gorge du calice ; ovaires 1, 2, 4, à style terminal ou partant de la base, à un seul ovule pendant ou ascendant, stigmate en tête ou en pinceau, ou barbu ; noix renfermées dans le calice souvent endurci ; graine dépourvue de périsperme. — Feuilles munies de stipules ; fleurs hermaphrodites ou unisexuelles.

1. ALCHIMILLE. — *ALCHEMILLA.* Linn.

Tube du calice presque en cloche, à limbe à 8 divisions dont 4 alternativement plus petites ; étamines 1—4, insérées sur l'anneau de la gorge et opposées aux divisions plus petites du calice ; style latéral, filiforme, à stigmate en tête ; noix renfermée dans le calice persistant. — Fleurs d'un vert jaunâtre.

§ 1. *Plantes vivaces ; lobes alternes du calice un peu plus petits ; étamines* 2—4. — Alchemilla. Linn.

* *Feuilles réniformes, à 7—9 lobes.*

1. A. commune. — *A. vulgaris.*

Linn. Sp. 178. — DC. Prod. 2. p. 589. et Fl. fr. n. 5724. — Duby, Bot. gall. p. 174. — Gaud. Fl. helv. 1. p. 453. — Lam. Ency. 1. p. 77. — Koch, Syn. p. 231. J. Saint-Hil. Pl. fr. tab. 23. — Lam. illust. tab. 86. fig. 1. — Moris. sect. 2. tab. 20. fig. 1. (*series* 3). — J. Bauh.

Hist. 2. p. 398ͥ. fig. 1. — Clus. Hist. 2. p. 108. fig. 2. —
Tabern. ic. p. 86. fig. 1. — Dod. pempt. p. 140. fig. 2.
— Lob. ic. p. 663. fig. 2.

Racine brune, épaisse, fibreuse; tiges cylindriqnes,
presque dressées ou ascendantes, feuillées, glabres, rameuses
à leur partie supérieure, hautes de 2—3 décim.; feuilles
radicales grandes, portées sur de longs pétioles, plus ou
moins garnis de poils couchés, arrondies-réniformes, glabres,
plissées avant leur développement, à 7—9 lobes arrondis,
peu profonds, dentées en scie, garnies sur les bords, surtout
à l'extrémité des dents, de poils soyeux, blanchâtres, couchés, à nervures digitées, en même nombre que les lobes:
les caulinaires plus petites, à 5—7 lobes, courtement pétiolées: les supérieures presque sessiles; stipules grandes,
embrassantes, incisées; fleurs petites, herbacées, nombreuses,
fasciculées à l'extrémité de la tige et des rameaux axilaires,
disposées en petits corymbes, formant une sorte de panicule
feuillée, dichotome. ♃ (Juin—août). Vulg. *Pied de-lion*.

Commune dans les bois, les prés et les pâturages montagneux: Salins,
dans les bois de Poupet; de Bovard, etc.

β. *Hirsuta*. Gaud. Fl. helv. 1. l. c. — Tiges et pétioles
hérissés de poils étalés; feuilles plus ou moins garnies en
dessous de poils couchés.

Salins, plus comioune que la variété α.

γ. *Subsericea*. Gaud. Fl. helv. 1. l. c. var. ♂. — Koch,
Syn. l. c. var. β. — *A. alpina*. β. *hybrida*. Linn. Sp. 179.
— Tiges moins élevées; feuilles vertes en dessus, blanchâ-
tres et soyeuses en dessous, à poils couchés; pétiole très velu.

Sur le mont Bôle, et ailleurs dans les pâturages du haut Jura (Gaud.).

** *Feuilles digitées, à 5—9 folioles dentées au sommet.*

2. A. des Alpes. — *A. Alpina*.

Linn. Sp. 179. (*excl. var. β.*) — DC. Prod. 2. p. 589. et
Fl. fr. n. 3725. — Duby, Bot. gall. p. 174. — Gaud. Fl.

heiv. 1. p. 456. — Koch, Syn. p. 231. — *A. argentea.*
Lam. Ency. 1. p. 77.

Moris. sect. 2. tab. 20. fig. 3. (*foliis apice non dentatis*).
— J. Bauh. Hist. 2. p. 398ᵉ. fig. 1. — Barr. ic. fig. 756.—
Clus. Hist. 2. p. 108. fig. 1. (*ead. ac Moris.*). —Tabern.
ic. p. 123. fig. 1. (*mala*). — Lob. ic. p. 691. fig. 2.
(*ic. Clus.*).

Racine dure, allongée, presque ligneuse, d'un brun rougeâtre, garnies de fibres ; tiges ascendantes, souvent cou-
dées à la base, grêles, peu garnies, un peu rameuses,
pubescentes, hautes de 1—2 décim. ; feuilles radicales
nombreuses, portées sur de longs pétioles pubescents, blanchâtres, munis à la base de stipules ferrugineuses, grandes,
scarieuses, soudées au pétiole, composées de 7—9 folioles
distinctes, digitées, oblongues, un peu en coin à la base,
disposées en cercle, dentées en scie au sommet, à dents aiguës conniventes, vertes et glabres en dessus, couvertes en
dessous de poils appliqués d'un blanc d'argent, soyeux et
luisants : les caulinaires peu nombreuses, plus petites, à
3—7 folioles, courtement pétiolées, munies de stipules
larges, dentées, embrassant la tige ; fleurs petites, herbacées, fasciculées, entourées de bractées, disposées en grappes
interrompues, formant une panicule terminale. ♃ (Juin—
août).

Cette jolie plante, dont l'élégant feuillage d'un blanc d'argent
satiné, embellit les pâturages élevés de nos montagnes, se trouve partout dans le haut Jura. — J'ai récolté sur la moraine du glacier, au
Montanvert, deux jolies espèces de ce genre qui ne se trouvent point
dans le Jura : l'*A. pentaphyllea*. Linn. et l'*A. fissa*. Schummel ; mais
cette dernière était beaucoup plus rare que l'autre.

§ 2. *Plantes annuelles ; lobes alternes du calice très petits,
en forme de dents ; étamines* 1—2. — Aphanes. Linn.

3. A. des champs. — *A. arvensis.*

Scop. Carn. ed. 2. 1. p. 115. — DC. Prod. 2. p. 590. et Fl.
fr. n. 3727. — Duby, Bot. gall. p. 174. — Gaud. Fl.

helv. 1. p. 457. — Lam. Ency. 1. p. 78. — Koch, Syn.
p. 232. — *Aphanes arvensis.* Linn. Sp. 179.

Lam. illust. tab. 87. — Moris. sect. 2. tab. 20. fig. 4. —
J. Bauh. Hist. 3. p. 2. p. 74. fig. 3. —Tabern. ic. p. 96.
fig. 2.

Racine simple, grêle, fibreuse ; tiges également grêles,
rameuses, ascendantes ou presque dressées, velues, ainsi que
les autres parties de la plante, très feuillées, hautes de
6—12 centim. ; feuilles petites, d'un vert cendré, presque
sessiles, les inférieures pétiolées, divisées en 3—5 lobes
cunéiformes bi ou trifides, munies de stipules larges, embrassantes, incisées-dentées, à dents obtuses ; fleurs petites,
herbacées, presque sessiles, agglomérées aux aisselles des
feuilles. ④ (Mai—août). Vulg. *Perce-pied.*

Çà et là, dans les champs : Salins, dans les champs de Chilly ; de
Geraise ; de Cramans ; de Champagny ; de la Grande-Loye, près de
Dole ; de Chavanne, près de Sellières ; de Genève ; de Nyon ; de
Bâle, etc.

2. SANGUISORBE. — *SANGUISORBA.* Linn.

Tube du calice quadrangulaire, entouré de 3 bractées, à
limbe à 4 divisions ; étamines 4, opposées aux divisions du
calice, à filets élargis à leur partie supérieure ; ovaire
unique ; style filiforme ; stigmate en pinceau capitulé ; noix
1—2, renfermées dans le tube du calice persistant et endurci. Fleurs hermaphrodites.

1. S. officinale. — *S. officinalis.*

Linn. Sp. 169.— DC. Prod. 2. p. 593. et Fl. fr. n. 3721.
— Duby, Bot. gall. p. 174. — Gaud. Fl. helv.1. p. 408.
— Poir. Ency. 6. p. 497. — Koch, Syn. p. 232.

J. Saint-Hil. Pl. fr. tab. 532. — Lam. illust. tab. 85. —
Moris. sect. 8. tab. 18. fig. 7. — J. Bauh. Hist. 3. p. 2.
p. 116. fig. 1. — Tabern. ic. p. 110. fig. 1. — Dalech.
Hist. p. 1087. fig. 2. — Dod. pempt. p. 105. fig. 1. — Lob.
ic. p. 719. fig. 1.

Racine dure , forte , épaisse , noirâtre ; tige dressée , anguleuse , peu feuillée, un peu rameuse à sa partie supérieure , haute de 4—6 décim. ; feuilles la plupart radicales ,
longuement pétiolées , ailées avec impaire , à 11—13 folioles
oblongues, obtuses, pétiolulées , en cœur à la base, dentées
en scie , un peu fermes et dures, glabres ainsi que les autres
parties de la plante , vertes en dessus, un peu glauques en
dessous : les caulinaires alternes , plus petites , à folioles
moins nombreuses , munies à la base du pétiole de 2 petites
folioles ou stipules arrondies , incisées ; fleurs sessiles , réunies en tête oblongue , dense , d'un pourpre noirâtre , portées sur de longs pédoncules grêles et terminaux. ♃ (Juin,
juillet).

Les prés humides des montagnes : Salins , dans les prés de la tuilerie
de Clucy ; d'Arc et de Villers ; de Lemuy ; de Pontarlier ; de Champagnole , etc. — De Genève , près de Sionet , à la Châtelaine , etc. , etc.
(Reut.). — De Bâle , rare (Hagenb.).

3. PIMPRENELLE. — *POTERIUM*. Linn.

Tube du calice entouré de 2—3 bractées à la base ,
resserré au sommet , à limbe à 4 divisions; pétales nuls ;
étamines 20—30 ; ovaires 2—3; style filiforme ; stigmate en
pinceau ; noix 2—3 , renfermées dans le calice persistant
endurci , ou presque en baie. — Fleurs monoïques ou polygames.

1. P. Sanguisorbe. — *P. Sanguisorba.*

Linn. Sp. 1411. — DC. Prod. 2. p. 594. et Fl. fr. n. 3718.
— Duby, Bot. gall. p. 174. — Gaud. Fl. helv. 6. p. 158.
— Poir. Ency. 5. p. 328. — Koch, Syn. p. 232.
J. Saint-Hil. Pl. fr. tab. 301. — Lam. illust. tab. 777. —
Moris. sect. 8. tab. 18. fig. 2. — J. Bauh. Hist. 3. p. 2.
p. 416. fig. 1. — Tabern. ic. p. 110. fig. 1. — Dalech.
Hist. p. 1087. fig. 2. — Dod. pempt. p. 105. fig. 1. —
Lob. ic. p. 718. fig. 2.

Racine épaisse , noirâtre , fibreuse , tiges hautes de 3—5 décim. , dressées ou ascendantes , un peu anguleuses , médiocrement feuillées , rameuses dans le haut , quelquefois un peu velues , à rameaux grêles , presque nus , rapprochés de la tige ; feuilles ailées avec impaire , à 11—19 folioles diminuant de grandeur vers la base du pétiole , le plus souvent opposées , pétiolulées. ovales ou arrondies dans les feuilles inférieures , oblongues ou lancéolées dans les supérieures , dentées en scie , à dents obtuses , vertes et glabrès en dessus , velues sur les nervures et un peu cendrées en dessous ; fleurs en têtes arrondies ou ovoïdes , denses , portées sur des pédoncules grêles , allongés , terminaux : les supérieures femelles : les autres entièrement mâles , à 20 étamines et plus , beaucoup plus longues que le calice , à la fin pendantes : quelques-unes seulement hermaphrodites ; divisions du calice étalées , arrondies , verdâtres , souvent purpurescentes. ♃ (Juin , juillet). Vulg. *Petite-Pimprenelle.*

Commune au bord des champs , dans les pâturages et dans les prés secs et montueux. — Les feuilles de cette plante entrent comme assaisonnement dans les salades : elle est vulnéraire et astringente , inusitée.

FAMILLE XXXIV.

Pomacées. Lindl.

Tube du calice soudé à l'ovaire , à limbe à 5 dents ou à 5 lobes marcescents ; pétales 5 ; étamines 20 , à estivation infléchie , insérées avec les pétales sur l'anneau qui entoure la gorge du calice ; disque épigyne , ordinairement nectarifère , recouvrant le sommet de l'ovaire à 2—5 loges renfermant 2 ou plusieurs ovules dressés ; placentas centraux ; styles 5 , ou moins ; fruit charnu , à loges revêtues d'une membrane très mince , molle et à peine visible , ou sèche et presque cartilagineuse , ou osseuse , d'où il suit que le fruit est , ou une baie , ou une pomme , ou une drupe à un petit nombre d'osselets. Graines dépourvues de périsperme ; embryon droit ; radicule tournée vers l'ombilic. — Feuilles alternes , munies de stipules.

a. Fruit contenant 1—5 noix osseuses.

1. ALISIER. — *CRATÆGUS*. Linn.

Calice à 5 lobes ; pétales 5 ; styles en même nombre que les loges de l'ovaire ; ovaire à 2—5 loges renfermant 2 ovules ; drupe terminée par un disque resserré, renfermant 1—5 osselets, di ou monospermes par avortement.

§ 1. *Feuilles dentées.*

1. A. Buisson-ardent. — *C. Pyracantha.*

Per. Syn. 2. p. 37. — DC. Prod. 2. p. 626. — Duby, Bot. gall. p. 180. — *Mespilus pyracantha*. Linn. Sp. 685. — DC. Fl. fr. n. 3689. — Lam. Ency. 4. p. 440.

J. Saint-Hil. Pl. fr. tab. 270. — Barr. ic. fig. 874. — J. Bauh. Hist. 1. p. 2. p. 51. fig. 1. — Dalech. Hist. p. 134. fig. 1. — Lob. ic. 2. p. 182. fig. 1.

Arbrisseau toujours vert, très rameux, à rameaux diffus, formant un buisson épais, garni de fortes épines, à écorce d'un brun rougeâtre ou noirâtre ; feuilles ovales-lancéolées, crénelées, glabres, persistantes, fermes, presque coriaces, lisses et luisantes en dessus, nerveuses et quelquefois un peu pubescentes en dessous, courtement pétiolées ; fleurs blanches, petites, très nombreuses, disposées le long des rameaux et à leur extrémité en cymes très rameuses, portées sur des pédicelles velus ; calice à 5 dents obtuses, très petites ; styles 5 ; corolle à 5 pétales arrondis concaves ; fruits petits, globuleux, très nombreux, pulpeux, d'un beau rouge écarlate. ♄ (Mai).

Cet arbrisseau, qui se trouve dans les haies du midi de la France, est cultivé dans les bosquets, où ses fruits, couleur de feu, se font apercevoir de loin et donnent à la plante l'aspect d'un *buisson ardent.*

§ 2. *Feuilles lobées ou incisées.*

2. A. Aubépine. — *C. Oxyacantha.*

Linn. Sp. 685. — DC. Prod. 2. p. 628. var. *α.* et *β.* —
Duby, Bot. gall. p. 180. var. *α.* et *β.* — Koch, Syn. p.
233. — *Mespilus Oxyacantha.* Gaud. Fl. helv. 3. p. 327.
— *M. oxyacanthoïdes.* DC. Fl. fr. n. 3687. — Poir.
Ency. supp. 4. p. 67.
J. Saint-Hil. Pl. fr. tab. 269. — Jac. Aust. tab. 292. fig. 2.

Arbrisseau formant un buisson plus ou moins élevé, atteignant quelquefois dans nos taillis la hauteur de 4—5 mètres,
à bois très dur, à écorce blanchâtre, à rameaux diffus,
armés de fortes épines ; feuilles alternes, obovales, presque
rhomboïdales, obtusément trilobées, crénelées, vertes sur
les deux faces, un peu plus pâles en dessous et légèrement
pubescentes sur les nervures ; fleurs blanches, odorantes,
à anthères purpurines, ordinairement à 2 styles, rarement
à 1—3, disposées le long des rameaux et à leur sommet
par bouquets corymbiformes, portées sur des pédoncules
assez longs, ordinairement rameux, glabres, ainsi que le
calice à 5 dents ovales, aiguës ; fruit (vulgairement *poirette*)
rouge, à chair un peu farineuse et presque insipide. ♄
(Mai, juin). Vulg. *Épine-blanche, Noble-épine.*

Commun partout dans les haies, les buissons et les bois.

3. A. monogyne. — *C. monogyna.*

Jacq. Aust. 3. p. 50. — Koch, Syn. p. 233. — *C. Oxyacantha.* DC. Prod. 2. p. 628. var. *γ. laciniata.* — *Mespilus
monogyna.* Gaud. Fl. helv. 3. p. 326. — Poir. Ency.
supp. 4. p. 67. — *M. Oxyacantha.* DC. Fl. fr. n. 3686.
Bull. herb. tab. 333. fig. **B. E. F.** (*excl. aliis litt. ad Pru-
num spinosam referendis*). — Duchesne, Cult. des bois,
tab. 47. — Clus. Hist. 1. p. 121. fig. 1. — Tabern. ic. p.

1035. fig. 1. — Dalech. Hist. p. 136. fig. 1. — Dod. pempt.
p. 751. fig. 1.

Diffère du précédent, auquel plusieurs botanistes le réunissent comme variété, par ses épines moins nombreuses,
mais plus fortes; par ses feuilles glabres et d'un vert gai en
dessus, plus pâles, finement veinées-réticulées et souvent un
peu pubescentes en dessous, obovales, à 3—5 lobes profonds, aigus, divergents, incisés-dentés au sommet; par ses
fleurs ordinairement à un seul style et à ovaire monosperme;
par ses pédoncules et ses calices plus ou moins velus, à poils
blanchâtres; enfin par les dents ou lobes du calice plus allongés, lancéolés, aigus. ♄ (Mai, juin).

Dans les mêmes lieux que l'espèce précédente.

β. *Flore roseo*. **DC. Fl. fr. l. c.** — Fleurs purpurines.

Près d'Arbois, dans les haies le long de la route de Dole; à la
Grange-Montorge, près d'Arc, dans les buissons. On cultive une variété
de cette espèce à fleurs doubles, blanches et purpurines, qui est très
belle.

4. A. Azerolier. — *C. Azarolus*.

Linn. Sp. 683. — DC. Prod. 2. p. 629. — Duby, Bot. gall.
p. 180. — Koch, Syn. p. 233. — *M. Azarolus*. DC. Fl.
fr. n. 3688. — Poir. Ency. 4. p. 458.

J. Bauh. Hist. 1. p. 1. p. 67. fig. 1. — Tabern. ic. p. 1034.
fig. 2. — Dalech. Hist. p. 334. fig. 1. — Dod. pempt. p.
801. fig. 1. — Lob. ic. 2. p. 201. fig. 1.

Cette espèce se rapproche beaucoup du *C. Oxyacantha*,
auquel Lamarck l'avait réunie comme variété; mais, outre
ses autres caractères, elle en diffère essentiellement par sa
taille et par son port qui est celui d'un arbre de moyenne
grandeur. Il s'élève à la hauteur de 7—8 mètres; ses rameaux sont peu épineux, recouverts d'une écorce brunâtre,
et ses jeunes pousses cotonneuses; ses feuilles sont légèrement pubescentes, à la fin glabres, obovales-cunéiformes,
élargies au sommet et divisées en 3—5 lobes profonds, en-

tiers ou à 2—3 dents ; ses fleurs sont blanches, disposées en
corymbe vers l'extrémité des rameaux, portées sur des pédoncules pubescents, ainsi que le calice à lobes triangulaires aigus, non glanduleux ; fruits assez gros, arrondis,
presque globuleux, glabres, rouges ou jaunâtres, pulpeux,
alimentaires, d'une saveur assez agréable, connus sous le
nom d'*Azeroles.* ♄ (Mai).

Dans quelques forêts du pays bas voisines des bords de l'Ognon (Girod-
Chant.) : rarement cultivé.

2. COTONNIER. — *COTONEASTER.* Medikus.

Calice turbiné, à 5 dents ; pétales 5, oblongs, drupe à
3—5 osselets adhérents entre eux, attachés aux parois charnues du calice, nus et libres au sommet, et non enfoncés
dans la chair.

1. C. commun. — *C. vulgaris.*

Lindl. Soc. Linn. 13. p. 101. — DC. Prod. 2. p. 632. —
Duby, Bot. gall. p. 180. — Koch, Syn. p. 234. — *Mespi-
lus cotoneaster.* Linn. Sp. 686. — DC. Fl. fr. n. 3691. —
Gaud. Fl. helv. 3. p. 329. — Poir. Ency. 4. p. 445.

J. Saint-Hil. Pl. fr. tab. 472. — Clus. Hist. 1. p. 60. fig. 2. —
Dalech. Hist. p. 198. fig. 1.

Arbrisseau peu élevé, atteignant à peine la hauteur de
3—4 décim., à rameaux diffus, tortueux, recouverts d'une
écorce d'un brun grisâtre, blanchâtre et cotonneuse sur les
jeunes pousses ; feuilles ovales, arrondies à la base, souvent
un peu aiguës, très entières, vertes et glabres en dessus,
blanchâtres et cotonneuses en dessous, portées sur de courts
pétioles munis à la base de 2 stipules brunes, linéaires-lancéolées, caduques ; fleurs petites, axilaires, blanchâtres, un
peu rosées en dehors, ordinairement solitaires, quelquefois
géminées ou ternées, portées sur de courts pédoncules ;
calice glabre, turbiné, à 5 lobes ovales, obtus ; pétales
ovales concaves, presque dressés, dépassant peu le calice ;

fruits glabres, penchés, d'un beau rouge, luisants, de la grosseur d'un pois, insipides et comme farineux. ♄ (Mai—juin).

Parmi les rochers, sur la plupart des sommités du Jura : sur le Mont-d'Or ; la Dôle ; le Chasseron ; le Reculet ; le Creux-du-Vent ; le Suchet : le Colombier, etc. ; les rochers au-dessus de Cise, près de Champagnole. — Bâle, sur les monts Mutet ; Dornac, etc. (Hagenb.). — Les rochers au pied du Salève (Reut.).

2. C. à fruit cotonneux. — *C. tomentosa.*

Lindl. Soc. Linn. 13. p. 101. — DC. Prod. 2. p. 632. — Duby, Bot. gall. p. 180. — Koch, Syn. p. 234. — *Mes-pilus eriocarpa.* DC. Fl. fr. supp. n. 3691a. — Poir. Ency. supp. 4. p. 71. — *M. tomentosa.* Gaud. Fl. helv. 3. p. 350.
J. Bauh. Hist. 1. p. 1. p. 73. fig. 1. — Dalech. Hist. p. 199. fig. 1.
Arbrisseau ayant de grands rapports avec le précédent, mais plus élevé (12—15 décim. à Poupet), à feuilles ovales, très obtuses, 2 fois plus grandes, pubescentes en dessus, marquées en dessous de nervures plus saillantes et garnies d'un duvet cotonneux plus épais, mais moins blanc ; fleurs un peu plus grandes, presque terminales, au nombre de 3—8, disposées en corymbe, portées sur des pédoncules rameux, cotonneux, ainsi que le calice à lobes courts, ovales, un peu aigus ; fruits ordinairement dressés, coton-neux, à la fin presque glabres, rouges, arides et insipides. ♄ (Mai, juin).

Les rochers des montagnes : Salins, à Poupet, au pied du rocher de Bonhomme, où je l'ai découvert il y a près de vingt ans ; au-dessus des rochers de Cise, près de Champagnole, avec l'espèce précédente ; sur le mont d'Or ; la Dôle ; le Colombier ; le Creux-du-Vent ; au bord de la route entre Orbe et Balaigne ; les rochers au pied du Salève. — A Pierre-Pertuis (L. Benoît, cat.). — Le Jura au-dessus de Nyon (Gaud.). — Bâle, sur les monts Dietisberg, Wasserfall, etc. (Hagenb.).

3. NÉFLIER. — *MESPILUS*. Linn.

Calice à 5 lobes foliacés ; pétales 5 , arrondis ; drupe en toupie, terminée par un disque large, dilaté, égalant presque le diamètre du fruit.

1. N. commun. — *M. Germanica.*

Linn. Sp. 684. — DC. Prod. 2. p. 633. — Duby, Bot. gall. p. 180. — DC. Fl. fr. n. 3690. — Gaud. Fl. helv. 3. p. 528. — Poir. Ency. 4. p. 443. — Koch , Syn. p. 234.

J. Saint-Hil. Pl. fr. tab. 470. — Chaum. Fl. méd. tab. 246. — Duchesne , Cult. des bois , tab. 50. — J. Bauh. Hist. 1. p. 1. p. 69. fig. 1. — Tabern. ic. p. 1034. fig. 1. — Dalech. Hist. p. 534. fig. 1. — Dod. pempt. p. 801. fig. 1. — Lob. ic. 2. p. 166. fig. 1.

Arbrisseau de 16—20 décim. , devenant quelquefois un arbre de grandeur médiocre , à écorce d'un brun foncé , à rameaux garnis de fortes épines ; feuilles courtement pétiolées , oblongues-lancéolées , entières ou dentelées , minces , vertes et un peu pubescentes en dessus, velues et plus pâles en dessous, particulièrement sur la nervure moyenne et le pétiole ; stipules opposées, ovales , très caduques ; fleurs blanches, solitaires, presque sessiles, terminales ; calice lanugineux, souvent accompagné de longues bractées étroites, linéaires-lancéolées, à limbe divisé en 5 lobes lancéolés, aigus, de la longueur de la corolle dont les pétales sont ouverts, arrondis ; fruit assez gros (*nèfle*), alimentaire lorsqu'on le laisse amollir sur la paille , un peu lanugineux, à disque large , ouvert, concave , entouré par les lobes persistants du calice , d'une saveur astringente , renfermant 5 osselets très gros , comprimés , très durs, presque ovoïdes , un peu renflés au milieu des faces , amincis sur l'un des bords , épaissis et sillonnés-carénés sur l'autre. ♄ (Mai).

Salins , dans une baie , au bas des vignes de Riante , le long du chemin ; commun dans les haies autour de la Grande-Loye , près de Dole.

— Sur les rochers au-dessus du bois de Chalèze et sur le mont de Bregille à Besançon (Girod-Chant.). — A l'île Saint-Pierre, dans le lac de
Bienne, et à Neuchâtel, entre les maisons des Plans (Hall.). — Genève, dans les haies et les bois à Aïre, etc. (Reut.). — Autour de Nyon
(Gaud.). — Bâle, sur le mont Mutet et ailleurs (Hagenb.). — On en
cultive une variété à fruit plus gros, à rameaux dépourvus d'épines.

β. *Fruit à* 2—5 *loges à parois cartilagineuses ;
graines cartilagineuses.*

4. COIGNASSIER. — *CYDONIA.* Tourn.

Calice à 5 lobes ; pétales 5, arrondis ; pomme à 5 loges
cartilagineuses, polyspermes ; graines entourées de pulpe
mucilagineuse.

1. C. commun. — *C. vulgaris.*

Pers. Syn. 2. p. 40. — DC. Prod. 2. p. 638. — Duby, Bot.
gall. p. 182. — Koch, Syn. p. 234. — *Pyrus cydonia.*
Linn. Sp. 687. — DC. Fl. fr. n. 3680. — Gaud. Fl. helv.
5. p. 524. — Poir. Ency. 5. p. 454.
J. Saint-Hil. Pl. fr. tab. 581. — Chaum Fl. méd. tab. 126.
— J. Bauh. Hist. 1. p. 1. p. 27. fig. 1. — Tabern. ic. p.
997. fig. 1. — Dalech. Hist. p. 291. fig. 1. — Dod. pempt.
p. 795. fig. 1.
Arbre médiocre, affectant souvent la forme d'un arbrisseau, à tige souvent tortueuse, à écorce d'un brun noirâtre,
cotonneuse sur les jeunes pousses ; feuilles minces, ovales ou
arrondies, quelquefois un peu aiguës, entières, molles,
courtement pétiolées, vertes en dessus, blanchâtres et cotonneuses en dessous ; fleurs axilaires, grandes, d'un blanc plus
ou moins rosé, solitaires, courtement pédonculées ; calice
cotonneux, ainsi que le pédoncule et les pétioles, à 5 lobes
oblongs, foliacés, réfléchis ; pétales arrondis, beaucoup
plus grands que le calice ; styles 5, lanugineux à la base ;
fruit gros, en forme de poire ou de pomme, lanugineux,

d'un jaune citron , très odorant , d'une saveur très acerbe. ♄ (Mai).

Çà et là, dans quelques haies du vignoble de Salins. — Naturalisé à Bregille , au-dessus des Prés-de-Vaux (Girod-Chant.). — Çà et là , aux environs de Nyon, autour de Duilliers (Gaud.). — Les haies et buissons aux environs de Genève (Reut.). — Cultivé dans les vignes et les pépinières, où il est employé comme sujet pour greffer des poiriers nains. — Le coing est astringent ; il est regardé comme stomachique et fortifiant : on en fait des confitures, des gelées , des marmelades et des liqueurs utiles dans les cours de ventre.

5. POIRIER. — *PYRUS*. Linn.

Calice à 5 lobes ; pétales 5 ; styles en même nombre que les loges de l'ovaire ; pomme à 2—5 loges renfermant 2 graines. — Ce genre diffère du précédent par ses loges à 2 graines ou à une par avortement, et des genres *Cratægus*, *Cotoneaster* et *Mespilus* par les loges revêtues d'une membrane cartilagineuse et non d'une paroi osseuse.

§ 1. *Styles 5, libres; fruit en toupie, non ombiliqué à la base.* — Pyrus. Tournef.

1. P. commun. — *P. communis.*

Linn. Sp. 686. — DC. Prod. 2. p. 633. et Fl. fr. n. 6679. — Duby, Bot. gall. p. 181. — Gaud. Fl. helv. 5. p. 323. — Poir. Ency. 5. p. 450. — Koch , Syn. p. 234.
J. Saint-Hil. Pl. fr. tab. 794. — Lam. illust. tab. 435. fig. 2. — Duchesne, Cult. des bois , tab. 40. — J. Bauh. Hist. 1. p. 1. p. 35. — Tabern. ic. p. 1018. fig. 1. et 2. — Dalech. Hist. p. 308. fig. 1. — Dod. pempt. p. 800. fig. 1.

Arbre de moyenne grandeur, à bois dur et rougeâtre , à écorce crevassée sur le tronc, lisse et brune sur les rameaux demi-étalés et épineux ; feuilles alternes, pétiolées, ovales, les plus jeunes lanugineuses sur la nervure moyenne et les bords , à la fin glabres sur les deux faces , entières ou dentées, lisses en dessus ; fleurs blanches , disposées le long des jeunes **rameaux** en bouquets corymbiformes, portées sur des pédoncules assez longs ; calice lanugineux, à lobes lancéolés, aigus ; pétales ovales, arrondis, beaucoup plus grands que le calice ; fruit (poire) turbiné, plus petit que dans les espèces cultivées, d'une saveur très acerbe et astringente, et qui ne peut être mangé qu'après la gelée. ♄ (Avril, mai).

Çà et là dans les bois, et souvent dans les haies, mais beaucoup moins commun que le pommier. — Cette espèce est le type de toutes les variétés cultivées.

α. Glabra. Koch, Syn. l. c. — Feuilles recouvertes dans la jeunesse d'un duvet mince, aranéux, qui disparaît à mesure qu'elles se développent.

β. Tomentosa. Koch, Syn. l. c. — Feuilles recouvertes dans la jeunesse d'un duvet épais, cotonneux, qui reste presque jusqu'en automne.

γ. Sativa. DC. Prod. 2. l. c. — Arbre non épineux, à fruits plus gros, comprenant les nombreuses variétés cultivées, que l'on trouve décrites et figurées dans les ouvrages d'horticulture, et qui s'élèvent aujourd'hui à plus de 300.

Obs. On fait avec les fruits du poirier sauvage et de quelques espèces cultivées, une liqueur connue sous le nom de *poiré*, moins saine et plus capiteuse que le *cidre*, et qui passe pour apéritive. Le bois du poirier, qui est rougeâtre et d'un grain très fin, prend bien la teinture noire, et ressemble alors à l'ébène : on l'emploie pour la gravure, la sculpture, les ouvrages de tour, pour meubles, pour la marqueterie, etc.

§ 2. *Styles soudés à la base, fruit globuleux, un peu déprimé, ombiliqué à la base.* — Malus. Tournef.

2. P. Pommier. — *P. Malus.*

Linn. Sp. 686. — DC. Prod. 2. p. 635. — Duby, Bot. gall. p. 181. — Gaud. Fl. helv. 3. p. 323. — Koch, Syn. p. 255. — *Malus communis.* DC. Fl. fr. n. 3678. — Poir. Ency. 5. p. 560.

J. Saint-Hil. Pl. fr. tab. 747. — Lam. illust. tab. 435. fig. 1. — Duchesne, Cult. des bois, tab. 39.

Arbre de grandeur médiocre, moins élevé que le poirier, à tête un peu déprimée, à écorce du tronc grisâtre, moins crevassée, à rameaux épineux, étalés; feuilles petites, pétiolées, ovales-aiguës, dentées en scie, glabres sur les deux faces ou un peu velues en dessous et sur les bords; fleurs assez grandes, blanches, agréablement nuancées de rouge en dehors, odorantes, disposées le long des rameaux en bouquets corymbiformes, portées sur des pédoncules glabres, ainsi que le tube du calice, ou un peu lanugineux; fruit (pomme) arrondi, plus petit que dans les espèces cultivées, ombiliqué à la base, charnu, succulent, très acerbe. ♄ (Mai).

Se trouve assez communément dans nos bois de taillis et quelquefois dans les haies et les buissons. Cette espèce est le type de toutes les variétés cultivées.

α. Glabra. Koch, Syn. l. c. — *P. acerba.* DC. Prod. 2. p. 635. — Duby, Bot. gall. p. 181. — *Malus acerba.* Mérat, Fl. par. ed. 2. p. 295. — Feuilles très glabres dans la jeunesse, ainsi que l'ovaire.

β. Tomentosa. Koch, Syn. l. c. — *P. malus. var. β. mitis.* Wallr. Sched. p. 215. — Feuilles lanugineuses en dessous, ainsi que l'ovaire.

γ. Sativa. Malus communis. var. β. DC. Fl. fr. l. c. — Arbre non épineux, plus grand dans toutes ses parties, surtout dans ses feuilles et ses fruits, comprenant les nombreuses variétés cultivées, que l'on trouve décrites et figurées dans les ouvrages d'horticulture, et qui s'élèvent aujourd'hui à plus de 200.

Obs. On emploie les pommes sauvages, et quelquefois aussi les pommes cultivées les moins bonnes, à faire du *cidre;* mais cette liqueur est peu en usage dans le Jura, où l'on a des vins de bonne qualité à très bas prix. Le bois de pommier, qui est marqué de veines rougeâtres, a un grain fin; il est employé par les menuisiers, les ébénistes et les tourneurs. On cultive dans les pépinières un petit pommier connu sous le nom de *Pommier-de-paradis* (*P. malus paradisiaca*, Linn. Sp.), dont on se sert comme sujet pour greffer les pommiers destinés à former des arbres nains. Les pommes sont rafraîchissantes, douces et laxatives; cuites, elles sont un aliment sain et léger.

γ. *Fruits à 2 - 5 loges à parois minces et molles;*
graines cartilagineuses.

6. AMÉLANCHIER. — *AMELANCHIER.* Medikus.

Calice à 5 lobes; pétales 5, lancéolés, dressés; ovaires à
5 loges divisées en 2 parties par une cloison incomplète, à
10 ovules solitaires dans chaque partie des loges; baie à
3—5 graines cartilagineuses par l'avortement des ovules.

1. A. commun. — *A. vulgaris.*

Mœnch. Méth. 682. — **DC.** Prod. 2. p. 632. — Duby, Bot.
gall. p. 180. — *Cratægus amelanchier.* **DC.** Fl. fr. n.
3685. — Gaud. Fl. helv. 3. p. 321. — *C. rotundifolia.*
Lam. Ency. 1. p. 84. — *Mespilus amelanchier.* Linn.
Sp. 685. — *Aronia rotundifolia.* (Pers.) Koch, Syn. p.
236.

Barr. ic. fig. 527. — Clus. Hist. 1. p. 62 fig. 2. — Tabern.
ic. p. 1021. fig. 1.

Arbrisseau de 12—15 décim. de hauteur, à écorce d'un
brun grisâtre; feuilles petiolées, ovales-arrondies, dentées
en scie, vertes et glabres en dessus, blanchâtres et cotonneuses en dessous, à la fin entièrement glabres sur les deux
faces, fermes, nerveuses, portées sur des pétioles pubescents, munis de stipules linéaires, caduques; fleurs blanches, assez grandes, presque en grappes lâches latérales
et terminales, portées sur des pédoncules lanugineux, munis
de bractées alternes, semblables aux stipules; calice glabre,
à lobes étroits, lancéolés, écartés; pétales dressés, lancéo-
lés-cunéiformes, plus longs que le calice; fruits glabres,
globuleux, de la grosseur d'un pois, couronnés par les lobes
du calice, d'un bleu noirâtre, bons à manger; graines oblongues, semblables à des pepins. ♄ (Mai, juin).

Çà et là, parmi les rochers, sur les collines et le penchant des montagnes : Salins, à Poupet; Belin; Arèle; autour de Saint-Joseph; au-

dessus de Pagnoz, etc.; aux environs de Thoirette; d'Arbois; de Besançon; de Bâle, etc.; sur le Salève; la Dôle; le Thoiry; au-dessus de Saint-Cergue; dans le comté de Neuchâtel, au-dessus de Vausseyon; au roc Milledeux; à la montagne de la Tourne, etc.

7. SORBIER. — *SORBUS*. Linn.

Calice à 5 lobes; pétales 5; ovaire à 5 loges entières, renfermant chacune 2 ovules; baie à 1—5 graines par avortement. — Ce genre diffère du précédent par ses loges entières et non bifides, et ils diffèrent l'un et l'autre du genre *Pyrus* par la paroi des loges minces et molles, non cartilagineuses.

§ 1. *Pétales blancs, étalés.*

* *Feuilles ailées.*

1. S. des oiseleurs. — *S. aucuparia.*

Linn. Sp. 683. — DC. Fl. fr. n. 3692. — Gaud. Fl. helv. 3. p. 314.— Poir. Ency. 7. p. 255. — Koch, Syn. p. 256. *Pyrus aucuparia.* (Gaert.) DC. Prod. 2. p. 637. — Duby, Bot. gall. p. 182.

J. Saint-Hil. Pl. fr. tab. 741. — Lam. illust. tab. 454. — Miller, illust. tab. 45. — J. Bauh. Hist. 1. p. 1. p. 62. fig. 1. — Tabern. ic. p. 1020. fig. 1. — Dalech. Hist. p. 99. fig. 1. (*ic. Dod.*) et p. 552. fig. 1. —Dod. pempt. p. 834. fig. 1. — Lob. ic. 2. p. 107. fig. 1.

Arbre de grandeur médiocre, restant souvent sous la forme d'arbrisseau, à écorce épaisse, brune ou grisâtre, d'un brun rougeâtre sur les rameaux, à bourgeons cotonneux; feuilles alternes, pétiolées, assez grandes, ailées avec impaire, à 11—15 folioles oblongues-lancéolées, sessiles, l'impaire pétiolulée, dentées en scie, à dents aiguës, vertes en dessus, plus ou moins velues et blanchâtres en dessous, glabres dans leur entier développement; fleurs blanches, odorantes, disposées en corymbe terminal aplani et assez grand, portées

sur des pédoncules rameux, pubescents et blanchâtres, ainsi
que le calice; pétales ovales, arrondis, concaves; fruits nombreux, de la grosseur d'un pois, presque globuleux, d'un
rouge écarlate vif, pulpeux, ombiliqués au sommet. ♄ (Mai,
juin). Vulg. *Sorbier des oiseleurs.*

Les bois de taillis et les forêts de sapins : Salins, dans les bois des
Moidons ; du Sepois, à Ivory ; de la Châtelaine; de Bovard ; de la
Tuile ; au pied de Poupet, au-dessus de Combelle ; dans les forêts de
sapins de la Joux ; de Levier ; de Boujaille, etc. ; sur la Dôle ; au
Creux-du-Vent. — A Salève ; près de Saint-Cergue (Reut.). — Assez
commun dans les bois montagneux des environs de Bâle (Hagenb.). —
On cultive le sorbier soit en avenue le long des chemins et sur les pro-
menades, soit dans les bosquets. Il est recherché des amateurs, non-
seulement pour ses fleurs et l'élégance de son feuillage, mais encore
pour l'agrément des fruits d'un beau rouge écarlate dont il est chargé
pendant l'automne et une partie de l'hiver. Ces fruits sont diurétiques
et astringents, surtout avant leur maturité : les merles, les grives et la
plupart des oiseaux frugivores en sont très avides. Le bois de cet arbre
est très dur et propre aux ouvrages qui demandent de la solidité ; il est
employé par les charrons, les tourneurs et les graveurs.

2. S. domestique. — *S. domestica.*

Linn. Sp. 684. — DC. Fl. fr. n. 3693. — Gaud. Fl. helv. 5.
p. 315. — Poir. Ency. 7. p. 234. — Koch, Syn. p. 236.
— *Pyrus sorbus.* (Gaert.) DC. Prod. 2. p. 637. — Duby,
Bot. gall. p. 182.

J. Saint-Hil. Pl. fr. tab. 739. et 740. (cultivé). — Duchesne,
Cult. des bois, tab. 42. — J. Bauh. Hist. 1. p. 1. p. 59.
fig. 2. (*mala*). — Clus. Hist. 1. p. 10. fig. 3. — Tabern.
ic. p. 1019. fig. 2. — Dalech. Hist. p. 330. fig. 1. — Dod.
pempt. p. 803. fig. 1. — Lob. ic. 2. p. 106. fig. 2.

Arbre plus élevé que le précédent, à tronc droit, à écorce
lisse, à branches disposées en tête régulière, à bourgeons
glabres; feuilles alternes, ailées avec impaire, à folioles oblongues, un peu moins nombreuses que dans l'espèce précédente, inégalement dentées en scie, vertes et glabres en
dessus, blanches-cotonneuses en dessous, à la fin presque

glabres ou légèrement velues; pétiole, pédoncule et calice un peu lanugineux; fleurs blanches, disposées comme dans l'espèce précédente; fruits plus gros, pyriformes, jaunâtres ou rougeâtres. ♄ (Mai, juin). Vulg. *Cormier.*

Les bois montagneux et les haies : naturalisé aux environs de Besançon et ailleurs (Girod-Chant.). — Bâle, autour de Monchenstein; entre Mutenz et Gempen; près de Gruth; autour de Ramstein, Sissach, Laugenbruck, Oltingen, etc. (Hagenb.). — Rarement cultivé : les fruits de cet arbre sont astringents; on ne les mange que lorsqu'ils sont amollis sur la paille et qu'ils sont devenus blets, comme les *nèfles.*

** *Feuilles plus ou moins pinnatifides, souvent ailées à leur base.*

3. S. hybride. — *S. hybrida.*

Linn. Sp. 684. — Gaud. Fl. helv. 3. p. 316. — Poir. Ency. 7. p. 235. — Koch, Syn. p. 256. — *Pyrus pinnatifida.* DC. Prod. 2. p. 636.
J. Saint-Hil. Pl. fr. tab. 742.

Arbrisseau ou arbre de grandeur médiocre, ayant le port du *Sorbus aria,* à rameaux d'un brun rougeâtre, un peu lanugineux dans la jeunesse, ainsi que les pétioles; feuilles alternes, oblongues, pétiolées, obtuses ou un peu aiguës, glabres et vertes en dessus, blanchâtres et cotonneuses en dessous, ailées à la base, pinnatifides au milieu, lobées ou indivises au sommet, à lobes inégalement dentés en scie; fleurs blanches, nombreuses, disposées en corymbe à l'extrémité des rameaux, portées sur des pédoncules très rameux, lanugineux, ainsi que le calice; fruits ovoïdes-globuleux, d'un rouge écarlate, de la grosseur de celui du *S. aucuparia.* ♄ (Mai).

Parmi les rochers, à gauche de la route de Genève, un peu au-delà de Cise, près de Champagnolle! entre la Brevine et le Locle, à droite du chemin? (d'après mes notes, ayant négligé de prendre des échantillons). — A la Croisette, près de Saint-Cergue (Ducros).

4. S. intermédiaire. — *S. scandica.*

Fries, Fl. halland. p. 83. — Koch, Syn. p. 237. — *Cratægus aria. α. scandica.* Linn. Amœn. ac. 2. p. 190. — *C. aria. var. β. intermedia.* Gaud. Fl. helv. 3. p. 319. — *Pyrus intermedia.* Ehrh. Beitr. 4. p. 20. — DC. Prod. 2. p. 636. var. β.

Cette espèce semble tenir exactement le milieu entre la précédente et la suivante : elle présente comme ces dernières la forme d'un arbrisseau ou d'un arbre de grandeur médiocre ; ses feuilles sont ovales-oblongues, incisées-lobées, inégalement dentées en scie, cendrées et cotonneuses en dessous, vertes et glabres en dessus, à lobes parallèles dirigés en avant, à dent terminale mucronée, séparés par des sinus aigus, plus profonds au milieu de la feuille, à nervures moyennes des lobes plus écartées et moins nombreuses que dans le *S. Aria ;* ses fruits sont de même grosseur, plus rouges, et mûrissent un peu plus tôt (Reuter) : selon Koch, ils sont plus gros. On le reconnaît déjà de loin, à son aspect moins blanchâtre que le *S. Aria.* ♄ (Mai—juillet).

Cette espèce est assez commune dans les bois et les rochers de nos montagnes : sur le Mont-d'Or ; en montant de Noiraigne au Creux-du-Vent ; sur le Salève ; la Dôle ; en montant du Thoiry au Reculet ; au dessus de Bière ; à la Ferrière, et sans doute dans beaucoup d'autres lieux, lorsqu'on l'aura distinguée de l'espèce suivante.

*** *Feuilles indivises, peu sensiblement lobées.*

5. S. Alisier. — *S. Aria.*

Crantz, Aust. 2. p. 46. — Koch, Syn. p. 237. —*Pyrus Aria.* DC. Prod. 2. p. 636. — Duby, Bot. gall. p. 181. — *Cratægus Aria.* Linn. Sp. 681. — DC. Fl. fr. n. 3683. — Gaud. Fl. helv. 3. p. 319. — Lam. Ency. 1. p. 82. Chaum. Fl. méd. tab. 15. — Lam. illust. tab. 433. fig. 1. — J. Bauh. Hist. 1. p. 1. p. 65. fig. 1. (*fol. angustiora et flores 4-fidi*). — Dalech. Hist. p. 202. fig. 1. (*bona, sed flores 4-fidi*).

Arbrisseau de 2—4 mètres, acquérant souvent dans un sol convenable la hauteur d'un arbre de moyenne grandeur, à bois blanc, dur, à écorce d'un brun grisâtre, à jeunes rameaux un peu cotonneux ; feuilles alternes, pétiolées, ovales, obtuses, doublement dentées en scie, à dentelures aiguës, inégales, vertes et glabres en dessus, garnies en dessous, ainsi que sur le pétiole, d'un coton très blanc et serré ; stipules petites, linéaires, caduques ; fleurs blanches, odorantes, disposées, le long des rameaux et à leur extrémité, en corymbes terminaux, portées sur des pédoncules rameux, cotonneux, ainsi que le calice à lobes triangulaires ; pétales ovales, arrondis, concaves ; fruits ovoïdes, presque de la grosseur de ceux du *Prunellier*, écarlates, bons à manger. ♄ (Mai, juin). Vulg. *Allouchier*. *Oleyer*.

Se trouve assez communément parmi les rochers et les bois des montagnes : Salins, à Poupet, à Château, etc. ; à Montfaucon, près de Besançon ; à Thoirette ; sur le Mont-d'Or ; la Dôle ; le Salève ; au Creux-du-Vent, etc. ; et dans les bois montagneux du canton de Bâle.

β. *Longifolia.* DC. Fl. fr. 1. c. — Hagenb. Fl. basil. 2. p. 8. — Feuilles oblongues, dont la longueur égale au moins 2 fois la largeur.

Sur Poupet ; le Mont-d'Or, etc. — Bâle (Hagenb.).

**** *Feuilles anguleuses.*

6. S. à feuilles anguleuses. — *S. torminalis.*

Crantz, Aust. p. 85. — Koch, Syn. p. 237. — *Pyrus torminalis.* (Ehrh.) DC. Prod. 2. p. 636. — Duby, Bot. gall. p. 182. — *Crathægus torminalis.* Linn. Sp. 681. — DC. Fl. fr. n. 3681. — Gaud. Fl. helv. 3. p. 518. — Lam. Ency. 1. p. 83.

Duchesne, Cult. des bois, tab. 43. — J. Bauh. Hist. 1. p. 1. p. 63. fig. 1. — Clus. Hist. 1. p. 10. fig. 2. — Tabern. ic. p. 1020. fig. 2. — Dalech. Hist. p. 99. et 552. fig. 2. — Dod. pempt. p. 803. fig. 2. — Lob. ic. 2. p. 200. fig. 1.

Arbrisseau parmi les rochers et dans les lieux arides, arbre de moyenne grandeur dans les bois, à écorce grise sur le tronc, brune sur les rameaux, à jeunes pousses souvent cotonneuses; feuilles alternes, pétiolées, assez larges, souvent un peu échancrées en cœur à la base, ovales, à 7 lobes aigus, inégalement dentés en scie, les 2 inférieurs plus profonds et presque à angle droit sur le pétiole, le supérieur plus grand, légèrement trilobé, vertes et glabres en dessus, plus pâles en dessous et un peu velues : cotonneuses dans la jeunesse et parfaitement glabres et raides à l'époque de la fructification; fleurs blanches, disposées en corymbe à l'extrémité des rameaux, portées sur des pédoncules rameux, cotonneux, ainsi que le calice; fruits ovoïdes, petits, presque orangés, brunissant à la fin, un peu âpres, bons à manger après les gelées. ♄ (Mai).

Çà et là, parmi les rochers et dans les bois : Salins, sur les rochers à Saint-Joseph ; et au-dessus du Gout-de-Conche ; parmi les buissons, sur la hauteur en face de la Grange-Pariot, à Ivory ; dans les bois de Poupet ; de Myon ; et entre Chilley et la Grange-de-Vaivre, etc. — Entre Linières et Neuchâtel (Hall.). — A Vallangin ; Fontaine-André ; bois du Peu (Depierre, cat.). — Nyon, au bois de Prangins (Gaud.). — Genève, à Sous-Terre et au pied de Salève (Reut.). — Bâle, commun dans les bois montagneux (Hagenb.). — Aux environs de Montbéliard (J. Bauh.).

§ 2. *Pétales roses, dressés.*

7. S. nain. — *S. Chamœmespilus.*

Crantz, Aust. p. 83. — Koch, Syn. p. 237. — *Pyrus Chamœmespilus.* — DC. Prod. 2. p. 637. — Duby, Bot. gall. p. 182. — *Cratægus Chamœmespilus.* DC. Fl. fr. n. 3684. — Gaud. Fl. helv. 3. p. 320. — *Cratægus humilis.* Lam. Ency. 1. p. 83. — *Mespilus Chamœmespilus.* Linn. Sp. 685.

J. Bauh. Hist. 1. p. 1. p. 72. fig. 1. — Clus. Hist. 1. p. 63. fig. 1.

Arbrisseau de 6—9 décim., très rameux, tortueux, à
écorce d'un brun noirâtre ; feuilles rapprochées vers l'extrémité des rameaux, oblongues-elliptiques ou ovales-lancéolées, irrégulièrement dentées en scie, à dents aiguës, luisantes, fermes, d'un vert foncé en dessus, plus pâle et un
peu jaunâtre en dessous, glabres sur les deux faces, dans
leur parfait développement, courtement pétiolées ; fleurs
roses, disposées en corymbe à l'extrémité des rameaux ; calice un peu cotonneux, à lobes triangulaires, aigus ; pétales
ovales, obtus, dressés, plus longs que le calice ; fruits assez
gros, presque globuleux, d'un jaune rougeâtre, bons à
manger. ♄ (Juin, juillet).

Parmi les rochers des sommités du Jura : à la Faucille, au commencement de la descente sur Gex, entre l'ancienne et la nouvelle route ;
sur le Mont-d'Or ; la Dôle ; la chaîne du Colombier et au Reculet ; sur
le Montendre ; le Chasseron ; le Creux-du-Vent ; le Chasseral, etc.

β. *Tomentosa*. Gaud. Fl. helv. 3. l. c. var. β. — Koch,
Syn. l. c. var. β. — Feuilles adultes blanchâtres et cotonneuses en dessous.

Les rochers de la Dôle ; du Reculet ; du Montendre ; du Creux-du-
Vent.

FAMILLE XXXV.

Granatées. Don.

Tube du calice soudé à l'ovaire ; limbe à 5—7 lobes à
estivation valvaire ; pétales 5—7 ; étamines 20 et plus, insérées avec les pétales à la gorge du calice ; ovaire à plusieurs
loges polyspermés superposées en 2 séries, l'une inférieure
à 3 loges, l'autre supérieure à 5 ; style 1 ; stigmate en tête ;
fruit gros, sphérique, muni d'une écorce, couronné par le
calice persistant ; graines dépourvues de périsperme, renfermées dans un arille succulent. Embryon à radicule droite,
tournée vers l'ombilic, à cotylédons enroulés sur eux-mêmes.
— Feuilles opposées, dépourvues de stipules.

1. GRENADIER. — *PUNICA*. Linn.

Les caractères de ce genre sont les mêmes que ceux de la famille.

1. G. commun. — *P. Granatum.*

Linn. Sp. 676. — DC. Prod. 3. p. 3. et Fl. fr. n. 3677. — Duby, Bot. gall. p. 183. — Gaud. Fl. helv. 3. p. 501. — Lam. Ency. 3. p. 31. — Koch, Syn. p. 238.
J. Saint-Hil. Pl. fr. tab. 177. — Chaum. Fl. méd. tab. 188. — Lam. illust. tab. 415. — Tabern. ic. p. 133. fig. 1. — Dalech. Hist. p. 303. fig. 1. — Dod. pempt. p. 794. fig. 1.
Arbrisseau de 2—3 mètres de hauteur, à rameaux nombreux, épineux aux extrémités ; feuilles opposées, petites, lisses, glabres, lancéolées, entières, rougeâtres dans la jeunesse, ainsi que les jeunes pousses ; fleurs sessiles, solitaires, ou 2—4, à l'extrémité des rameaux, assez grandes, de couleur écarlate ; calice grand, coriace, rouge, à 5 lobes triangulaires, aigus, épais ; pétales ovales, obtus, chiffonnés, un peu en coin à la base, mous, insérés sur le calice ; fruit très gros, entouré d'une écorce coriace, d'un brun rougeâtre, rempli d'un grand nombre de graines enveloppées d'une pulpe acide. ♄ (Juin, juillet).

Cet arbrisseau croit naturellement dans les provinces méridionales. On en cultive dans les jardins une variété à fleurs doubles, qu'on rentre dans l'orangerie pendant l'hiver. Le grenadier cultivé n'a pas les rameaux sensiblement épineux, et la pulpe rouge de ses fruits est plus douce et rafraichissante. L'écorce de sa racine est employée avec succès contre le *tœnia*.

FAMILLE XXXVI.

Onagrariées. Juss.

Tube du calice soudé entièrement à l'ovaire ou prolongé au delà, à limbe à 4 lobes, rarement 2—5, à estivation valvaire ; pétales en même nombre que les lobes du calice, alternes avec eux, à estivation contournée ou embriquée ; étamines en nombre égal, double, ou de moitié plus petit que celui des pétales et insérées avec eux à la gorge du calice ; ovaire à 2—plusieurs loges, à placentas centraux ; style 1 ; stigmate en tête ou fendu ; graines dépourvues de périsperme. Embryon droit, à radicule tournée vers l'ombilic.

TRIBU I. — ONAGRÉES. DC.

Tube du calice prolongé au-delà de l'ovaire, la partie libre tombant avec le limbe.

1. ÉPILOBE. — *EPILOBIUM*. Linn.

Limbe du calice à 4 lobes, caduc avec la partie du tube qui dépasse l'ovaire ; pétales 4 ; étamines 8 ; style filiforme ; stigmates 4, étalés en croix, ou soudées en massue ; capsule linéaire à 4 valves, à 4 loges polyspermes ; graines surmontées d'une aigrette.

§ 1. *Toutes les feuilles éparses ; organes sexuels inclinés-ascendants.* — Chamænerion. Tausch.

1. E. en épi. — *E. angustifolium.*

Linn. Sp. 495. — Gaud. Fl. helv. 3. p. 7. — Koch, Syn. p. 239. — *E. spicatum.* Lam. Ency. 2. p. 373. — Ser. in DC. Prod. 3. p. 40. et Fl. fr. n. 3665. — Duby, Bot. gall. p. 274.

J. Saint-Hil. Pl. fr. tab. 154. — Lam. illust. tab. 278. fig. 1.—Moris. sect. 3. tab. 11. fig. 1. — J. Bauh. Hist. 2. p. 907. fig. 1. — Dalech. Hist. p. 865. fig. 1.

Racine rameuse, jaunâtre, stolonifère ; tige dressée, rougeâtre, haute de 10—16 décim., ordinairement simple, quelquefois un peu rameuse au sommet, ferme, glabre dans nos échantillons, lisse, cylindrique, très feuillée; feuilles éparses, presque sessiles, linéaires-lancéolées, aiguës, allongées, entières ou presque entières, glabres, vertes en dessus, un peu plus pâles en dessous, à nervure moyenne saillante, à veines diaphanes, réticulées; fleurs grandes, d'un rose pourpre, disposées en grappe allongée, terminale, feuillée à sa partie inférieure, à feuilles dégénérant insensiblement en bractées; pédoncules divergents, de la longueur de l'ovaire; divisions du calice linéaires-lancéolées, aiguës, purpurescentes; pétales plus grands que le calice, à peine échancrés au sommet; organes sexuels déjetés en avant; stigmate à 4 lobes roulés en dehors; graines munies au sommet d'une houppe de poils soyeux simples et fort longs. ♃ (Juin, juillet). Vulg. *Laurier saint Antoine.*

Commun dans les bois de taillis, particulièrement sur les places des fourneaux à charbon.

β. *Fallax.* Gaud. Syn. p. 511. — Tige peu élevée, pauciflore, à feuilles lancéolées-linéaires, un peu recourbées, larges de 6—9 millim.

Dans la vallée de Joux (Gaud.).

2. E. de Dodoens. — *E. Dodonœi.*

Vill. Prospectus, p. 45. (1779). — Gaud. Fl. helv. 5. p. 8. — Koch, Syn. p. 259. — *E. rosmarinifolium.* Haenke in Jacq. collect. 2. p. 50. (1788). — Ser. in DC. Prod. 3. p. 40. et Fl. fr. n. 3666. — Duby, Bot. gall. p. 187. — *E. angustifolium.* Lam. Ency. 2. p. 374. — *E. angustifolium. var.* γ. Linn. Sp. 494.

J. Saint-Hil. Pl. fr. tab. 135. — Moris. sect. 3. tab. 11. fig. 2. (*opt.*). — J. Bauh. Hist. 2. p. 907. fig. 3. — Clus. Hist. 2. p. 51. fig. 3. — Dalech. Hist. p. 866. fig. 1. et p. 1060. fig. 1. (*ead.*). — Dod. pempt. p. 85. fig. 2. (*ead.*). — Lob. ic. p. 543. fig. 2. (*ead.*).

Racine rampante; tiges simples ou rameuses, rougeâtres, très feuillées, dressées ou ascendantes, légèrement pubescentes, hautes de 3—6 décim.; feuilles éparses, étroites, linéaires, aiguës, entières, un peu épaisses, vertes sur les deux faces, glabres ou presque glabres, portant souvent dans l'axe des faisceaux de feuilles plus petites, provenant de rameaux avortés; fleurs grandes, d'un beau rouge pourpre, disposées en grappe terminale courte, peu garnie, portées sur des pédoncules à peine plus courts que l'ovaire, munis à leur base d'une bractée foliacée plus longue que le pédoncule et qui prend naissance un peu au-dessus de son insertion; divisions du calice étroites, linéaires-lancéolées, aiguës, pur-purescentes; pétales plus grands que le calice, obovales, non échancrés; organes sexuels légèrement déjetés en avant, de sorte que la fleur est presque régulière; graines comme dans l'espèce précédente. ♃ (Juin, juillet).

Besançon, entre les pierres des murs de revêtement du fort Griffon et des fossés du côté de Battant; dans l'île qui se forme à l'embouchure de l'Arve, à Genève; le long de la route en montant de Nyon à Saint-Cergue. — Au bord du lac de Genève; au bois de Prangins; au-dessus de Crans et ailleurs (Gaud.). — Genève, au bois de la Bâtie; sur les fortifications du côté de Saint-Jean, etc. (Reut.). — Bâle, sur les bords du Rhin, de la Birse, etc. (Hagenb.).

§ 2. *Feuilles inférieures opposées ou verticillées, les supérieures alternes; organes sexuels dressés.* — Ly-simachion. Tausch.

* *Tige cylindrique, lisse.*

3. E. velu. — *E. hirsutum.*

Linn. Sp. 194. — Ser. in DC. Prod. 3. p. 43. et Fl. fr. n. 3667. — Duby, Bot. gall. p. 188. — Gaud. Fl. helv. 3. p. 10. — Koch, Syn. p. 239. — *E. amplexicaule.* Lam. Ency. 2. p. 374.

Moris. sect. 3. tab. 11. fig. 3. — J. Bauh. Hist. 2. p. 905. fig. 3. — Tabern. ic. p. 855. fig. 1. — Dalech. Hist. p. 1059. fig. 3. (*ead. ac Bauh.*).

Racine stolonifère ; tige rameuse, haute de 9—12 décim.,
dressée, cylindrique, hérissée de longs poils blanchâtres,
étalés ; feuilles la plupart opposées, les supérieures alternes,
oblongues-lancéolées, grandes, demi-embrassantes, à nervure dorsale un peu décurrente, velues sur les deux faces,
particulièrement sur les nervures, irrégulièrement dentelées, à dentelures aiguës ; fleurs grandes, purpurines, terminales, portées sur des pédoncules très courts, à pétales
veinés, échancrés en cœur au sommet ; divisions du calice
pubescentes, ovales-lancéolées, mucronées, plus courtes que
les pétales ; stigmate à 4 lobes étalés. ♃ (Juin, juillet).

Commun le long des chemins, au bord des fossés, dans les lieux
humides.

4. E. à petites fleurs. — *E. parviflorum.*

Screb. Spicileg. p. 146. (1771). — Ser. in **DC.** Prod. 5.
p. 43. — Gaud. Fl. helv. 3. p. 10 — Koch. Syn. p. 240.
E. molle. Lam. Ency. 2. p. 475. — DC. Fl. fr. n. 3668. —
Duby, Bot. gall. p. 188. — *E. hirsutum. var. β.* Linn. Sp.
494.

Moris. sect. 3. tab. 11. fig. 4. — **J.** Bauh. Hist. 2. p. 906.
fig. 1. — Tabern. ic. p. 855. fig. 2.

Racine fibreuse, non rampante ; tige dressée, ordinairement simple, rameuse au sommet, velue, haute de 6—8
décim. ; feuilles opposées, alternes dans le haut, molles,
pubescentes sur les deux faces, blanchâtres, lancéolées ou
oblongues-lancéolées, irrégulièrement dentelées, aiguës :
les inférieures légèrement pétiolées, les autres sessiles ;
fleurs petites, couleur de chair ou d'un pourpre pâle, peu
ouvertes, à pétales échancrés ; divisions du calice ovales,
oblongues, pubescentes, non mucronées ; stigmate à 4 lobes
étalés. ♃ (Juin, juillet).

Commun dans les mêmes lieux que l'espèce précédente, et souvent
mêlé avec elle.

5. E. de montagne. — *E. montanum.*

Linn. Sp. 494. — Ser. in DC. Prod. 3. p. 41. et Fl. fr. n.
3672. — Duby, Bot. gall. p. 188. — Gaud. Fl. helv. 3.
p. 11. — Lam. Ency. 2. p. 275. — Koch, Syn. p. 240.
Lam. illust. tab. 178. fig. 2. — Clus. Hist. 2. p. 51. fig. 2.
— Dod. pempt. p. 85. fig. 1. (*ead.*). — Lob. ic. p. 515.
fig. 1.

Racine rameuse, un peu rampante ; tige dressée, haute de
3—6 décim., presque glabre, cylindrique, souvent rougeâtre,
ordinairement simple, ou rameuse au sommet ; feuilles
ovales - lancéolées, glabres, légèrement pubescentes sur
les bords et les nervures, les inférieures opposées, pétiolées, les autres alternes, presque sessiles, dentelées sur les
bords, à dentelures inégales, écartées, un peu calleuses au
sommet ; fleurs purpurines, rarement blanches, peu nombreuses, axilaires dans les feuilles supérieures qui diminuent
de grandeur vers le sommet de la tige ; divisions du calice
oblongues ou lancéolées, glabres ou presque glabres ; ovaire
blanchâtre, pubescent ; pétales obcordés ; stigmate à 4 lobes
étalés. ♃ (Juin, juillet).

Commun dans les bois et les lieux ombragés, un peu humides, de la
plaine et des montagnes.

β. *Verticillatum.* Koch, Syn. l. c. — Feuilles ternées.

Salins, à Poupet. — Cette variété diffère de l'*E. trigonum* par sa
tige cylindrique, dépourvue de lignes décurrentes saillantes.

6. E. des marais. — *E. palustre.*

Linn. Sp. 495. — Ser. in DC. Prod. 3. p. 43. et Fl. fr. n.
3669. — Duby, Bot. gall. p. 188. — Gaud. Fl. helv. 3. p.
15. — Lam. Ency. 2. p. 375. — Koch, Syn. p. 240.
Tabern. ic. p. 856. fig. 1.

Tige dressée, cylindrique, souvent rougeâtre, légèrement
pubescente, simple ou un peu rameuse au sommet, haute

de 2—3 décim., stolonifère, ou produisant souvent à la base quelques jets filiformes; feuilles étroites, allongées, la plupart opposées, linéaires-lancéolées, rétrécies à la base, entières ou garnies de quelques dentelures peu marquées, à peine roulées par les bords, un peu connées à la base, glabres ou légèrement pubescentes; fleurs petites, d'un pourpre rose, devenant bleuâtres par la dessication, peu nombreuses, axilaires dans les feuilles supérieures plus petites ou bractéales, formant une grappe terminale courte; pétales échancrés; stigmate entier, à lobes soudés en massue. ♃ (Juin—août).

Les tourbières, les marais, les fossés humides : Salins, au-dessous d'une petite fontaine à l'extrémité des prés de Raty, près d'Ivory; dans les tourbières de Pontarlier; de Bief-du-Four; de la Brevine; des Ponts; de la vallée de Joux. — Au marais de la Givraine, près de Saint-Cergue (Monnard). — Dans ceux de la Trélasse; de Divonne (Reut.), etc.

β. *Minus*. Gaud. Syn. p. 313. — Tige simple, à 1—3 fleurs, haute de 8—16 centim., à feuilles étroites, linéaires, rétrécies aux deux bouts, ayant presque le port de l'*E. Alpinum*.

Tourbières de Pontarlier, de Bief-du-Four, etc.

** *Tige cylindrique, marquée de 2 ou 4 lignes décurrentes, saillantes.*

7. E. tétragone. — *E. tetragonum.*

Linn. Sp. 494. — Ser. in DC. Prod. 3. p. 43. et Fl. fr. n. 3670. — Duby, Bot. gall. p. 188. — Gaud. Fl. helv. 3. p. 13. — Lam. Ency. 2. p. 375. — Koch, Syn. p. 241. Tabern. ic. p. 855. fig. 2?

Tige haute de 3—6 décim., dressée, rameuse au sommet, glabre ou presque glabre, raide, tétragone par la décurrence du bord des feuilles : celles-ci sont opposées dans le bas, alternes dans le haut, sessiles, linéaires-lancéolées ou lancéolées, étroites, dentelées en scie, à dentelures inégales et un peu écartées, légèrement pubescentes sur les bords et

la nervure dorsale, un peu obtuses au sommet; fleurs petites, couleur de chair ou purpurines, axilaires, en grappes
terminales; divisions du calice ovales - lancéolées, garnies
ainsi que l'ovaire, de poils blanchâtres appliqués; pétales
obcordés; stigmate en massue. ♃ (Juin, juillet).

Le bord des chemins, les fossés, les lieux humides et marécageux :
aux environs de Salins; d'Arbois; de Villers-Farlay; de Sellières; de
Dole; de Besançon; de Genève; de Bâle, etc. , etc.

8. E. rose. — *E. roseum.*

Schreb. Spicil. Fl. lips. p. 147. — Ser. in DC. Prod. 3. p.
   41. var. *α.* et Fl. fr. n. 3671. var. *α.* — Gaud. Fl. helv.
   3. p. 14. — Koch, Syn. p. 241. — Hagenb. Fl. basil.
   1. p. 359. (*excl. var. β.*).
Tabern. ic. p. 854. fig. 2? — Clus. Hist. 2. p. 51. fig. 2? —
   Dod. pempt. p. 85. fig. 1. (*ead.*).
Racine rameuse, fibreuse; tige dressée, haute de 3—5
décim., quelquefois moins, presque cylindrique, très rameuse, pubescente à sa partie supérieure, parcourue dans
toute sa longueur par 2—4 lignes un peu saillantes; feuilles
oblongues, aiguës, rétrécies à la base, presque glabres :
les inférieures opposées, les supérieures et celles des rameaux alternes, toutes pétiolées, particulièrement les inférieures, dentelées en scie, à dentelures fines, inégales et
rapprochées; fleurs rosées, à veines plus foncées, de moitié
plus petites que celles de l'*E. montanum,* axilaires, disposées en grappes terminales; pétales dépassant à peine le calice,
échancrés au sommet, en coin à la base; stigmate en massue, un peu échancré ou bifide; fruit blanchâtre, pubescent, ainsi que le pédoncule et les jeunes rameaux. ♃ (Juillet, août).

Les lieux ombragés et humides, rare : Genève, le long des haies à
Coligny, au Petit-Sacconex, etc. (Reut.). — Aux environs de Nyon
(Gaud.). — De Bâle (Hagenb.).

9. E. trigone. — *E. trigonum.*

Schranck, baier. Fl. 1. p. 664. — Koch, Syn. p. 241. —
Hagenb. Fl. basil. 2. append. p. 505. — *E. roseum. var.*
γ. *trigonum.* Ser. in DC. Prod. 3. p. 41. et Fl. fr. n. 3671.
— Poir. Ency. supp. 2. p. 569. var. β. — *E. alpestre.*
Gaud. Fl. helv. 3. p. 12. (*non Schmid.*).

Cette espèce, qui paraît d'abord se confondre avec l'*E.
montanum*, auquel plusieurs botanistes l'ont réunie, s'en
distingue par sa tige plus élevée, fistuleuse et par consé-
quent moins raide, simple, pubescente, surtout à sa partie
supérieure, et particulièrement sur 2, 3 ou 4 lignes décurrentes, mais non saillantes; par ses feuilles ordinairement
ternées, quelquefois opposées ou quaternées, sessiles ou
demi-embrassantes, oblongues-lancéolées ou presque oblongues, quelquefois un peu acuminées, minces, inégalement
dentelées, à dentelures écartées, pubescentes sur les nervures et les bords : les florales alternes; par ses fleurs roses,
devenant bleues-violettes en herbier, un peu plus petites,
dépassant un peu le calice, et par son stigmate à lobes soudés en massue et non étalés. Elle diffère de l'espèce précédente par ses feuilles sessiles ou demi-embrassantes, non
alternes à la partie supérieure de la tige, excepté les florales; par ses fleurs plus grandes, et par sa tige marquée de
lignes pubescentes non saillantes. ♃ (Juillet, août).

Les pâturages humides des montagnes : sur la Dôle; le Montendre;
le Chasseron; dans les creux au pied méridional du Colombier, où je
l'ai trouvée à feuilles quaternées, mêlée aux variétés à feuilles opposées
et ternées. — Bâle, sur le mont Dietisberg et sur d'autres sommités
(Hagenb.). — Dans le vallon d'Ardran, en montant de Thoiry au Reculet (Reut.).

10. E. à feuilles d'Origan. — *E. origanifolium.*

Lam. Ency. 2. p. 376. — Ser. in DC. Prod. 3. p. 41. et Fl.
fr. n. 3673. — Duby, Bot. gall. p. 188. — Gaud. Syn. p.
313. var. β. *montanum.* — Koch, Syn. p. 242.

Racine rampante ; tige simple , ascendante , glabre , cylindrique , pauciflore , haute presque de 3 décim. ; feuilles sessiles ou légèrement pétiolées, ovales, rétrécies au sommet, mais obtuses, glabres, luisantes, peu dentelées, opposées, les supérieures alternes ; fleurs grandes, axilaires, purpurines, terminales, pédonculées, à pétales obcordés, beaucoup plus longs que le calice un peu pubescent ; fruit très long , quadrangulaire , pubescent , à la fin glabre , porté sur un pédoncule allongé, stigmate en massue. ♃ (Juillet, août).

Au-dessous de la Dôle (Gaud.).

11. E. des Alpes. — *E. Alpinum.*

Linn. Sp. 495. — Ser. in DC. Prod. 3. p. 41. et Fl. fr. n. 3674. — Duby, Bot. gall. p. 187. — Gaud. Fl. helv. 3. p. 17. — Koch, Syn. p. 242. — *E. anagallidifolium.* Lam. Ency. 2. p. 376.

Lam. illust. tab. 278. fig. 3.

Racine rampante ; tige ascendante , glabre , lisse , filiforme , feuillée , presque tétragone , haute de 5—10 centim., ordinairement simple ; quelquefois un peu rameuse à la base ; feuilles ovales-oblongues ou oblongues-lancéolées, obtuses, opposées, entières ou obscurément dentelées, très glabres, à peine pétiolées : les supérieures alternes, les inférieures plus petites ; fleurs 1—3, purpurines, axilaires , terminales, courtement pédicellées, 3 fois plus petites que dans l'espèce précédente ; sépales ovales-lancéolés ; pétales plus grands que le calice , échancrés au sommet ; ovaire presque glabre ; fruit dressé , glabre. ♃ (Juillet, août).

Les lieux humides des hautes sommités du Jura : au pied humide d'un petit rocher , sur la crête nord-ouest du Montendre ; sur le penchant nord-ouest du Colombier , dans un creux où la neige séjourne ordinairement toute l'année. — A la Chaux-d'Abelle ; et sur le Warne, près de la Dôle (Gaud.).

2. ONAGRE. — *OENOTHERA*. Linn.

Tube du calice allongé , limbe à quatre lobes caducs après
la fleuraison ; pétales 4 ; étamines 8 ; stigmate à 4 lobes ;
capsule oblongue-linéaire , obtusément tétragone , à 4 valves,
à 4 loges polyspermes ; graines nues, dépourvues d'aigrettes.

1. O. bisannuelle. — *OE. biennis.*

Linn. Sp. 492. — Ser. in DC. Prod. 3. p. 46. et Fl. fr. n.
3664. — Duby, Bot. gall. p. 188. — Gaud. Fl. helv. 3.
p. 6. — Lam. Ency. 4. p. 550. — Koch, Syn. p. 242.
Lam. illust. tab. 279. — Moris. sect. 3. tab. 11. fig. 7.

Racine fusiforme ; tige dressée , anguleuse , velue ,
presque rude , simple ou rameuse au sommet, haute de
6—9 décim. ; feuilles éparses , oblongues ou ovales-lancéolées , aiguës, presque sessiles , un peu velues et dentelées ,
les radicales pétiolées ; fleurs axilaires , solitaires , grandes,
jaunes, odorantes , formant une sorte d'épi feuillé , terminal ;
lobes du calice lancéolés, aigus , réfléchis , caducs ; pétales
arrondis, un peu échancrés , étalés ; capsule sessile , un peu
velue , obtuse et comme tronquée , tétragone , à 4 loges polyspermes. ② (Juin—août).

Cette plante , originaire de Virginie , d'où elle a été apportée en 1614,
se reproduit spontanément dans les lieux humides : je l'ai trouvée , au
bord de la Furieuse , au-dessous de Saint-Joseph ; au bord du lac , à
Yverdon ; dans un champ au bord de l'Ain , à Thoirette ; et le long des
fossés au bord de la route , entre Montbéliard et Béfort. — Près
d'un ruisseau entre Nyon et Trélex , et dans le marais de Divonne
(Reut.) , etc.

TRIBU II. — JUSSIÉES. DC.

Tube du calice non prolongé au-delà de l'ovaire ; limbe
à 4—6 lobes persistants ; fruit capsulaire , déhiscent.

3. ISNARDE. — *ISNARDIA*. Linn.

Tube du calice court ; limbe à 4 lobes persistants ; pétales
4, ou nuls ; étamines 4 ; style filiforme dès la base, caduc,
à stigmate en tête ; capsule à 4 valves, à 4 loges polyspermes,
s'ouvrant par les loges.

1. I. des marais. — *I. palustris.*

Linn. Sp. 175. — DC. Prod. 3. p. 61. et Fl. fr. n. 3663. —
   Duby, Bot. gall. p. 189. — Gaud. Fl. helv. 1. p. 452. —
   Lam. Ency. 3. p. 313. — Koch, Syn. p. 243.
Lam. illust. tab. 77.

Tige rameuse, couchée ou nageante, radicante aux
nœuds inférieurs, glabre, tétragone, souvent rougeâtre,
longue de 1—2 décim. ; feuilles opposées, d'un beau vert,
également glabres, ovales, aiguës, très entières, rétrécies
en pétiole à la base, un peu épaisses, souvent plus longues
que les entre-nœuds ; fleurs axilaires, sessiles, opposées,
petites, plus courtes que le pétiole, verdâtres ; pétales nuls ;
lobes du calice ovales, un peu plus longs que les étamines ;
capsule blanchâtre, tétragone, à angles verdâtres, à 4 loges
polyspermes. ♃ (Juin—août).

Les mares, les fossés, le bord des étangs : aux environs de Sellières,
près de la Ronce ; aux environs d'Ounans, dans les mares au voisinage
de la Loue ; dans une mare au bord de la forêt de Chaux, en allant de
Dole à la Grande-Loie. — Genève, entre Confignon et Soral, au bord
de l'étang nommé le Drezon (Reut.). — Bâle, dans les fossés près de
Michelfeld (Hagenb.).

TRIBU III. — CIRCÉES. DC.

Tube du calice non prolongé au-delà de l'ovaire ; limbe à
2—4 lobes caducs.

4. CIRCÉE. — *CIRCÆA*. Linn.

Limbe du calice à 2 divisions ; pétales 2, obcordés ; étamines 2, alternes avec les pétales ; capsule ovoïde, hérissée de poils crochus, à 2 loges monospermes, à graines dressées.

1. C. commune. — *C. lutetiana.*

Linn. Sp. 12. — DC. Prod. 3. p. 63. et Fl. fr. n. 3660. — Duby, Bot. gall. p. 189. — Gaud. Fl. helv. 1. p. 58. — Lam. Ency. 2. p. 11. — Koch, Syn. p. 243.

J. Saint-Hil. Pl. Fr. tab. 818. — Bull. herb. tab. 297. — Lam. illust. tab. 16. fig. 1. — Moris. sect. 5. tab. 34. fig. 1. (*series* 3.). — J. Bauh. Hist. 2. p. 977. fig. 1. — Tabern. ic. p. 730. fig. 2. — Dalech. Hist. p. 1338. fig. 1.

Racine rampante ; tige dressée, haute de 3—5 décim., ordinairement simple, quelquefois un peu rameuse, pubescente ; feuilles opposées, pétiolées, ovales-aiguës ou ovales-acuminées : les supérieures ovales-lancéolées, courtement pétiolées ou presque sessiles, arrondies à la base et quelquefois presque en cœur, irrégulièrement dentelées, à dentelures écartées, légèrement pubescentes et ciliées ; fleurs rosées ou blanches, petites, disposées en grappe terminale droite, allongée, nue, simple, rarement rameuse, portées sur des pédicelles étalés, poilus, ainsi que l'axe de la grappe, réfléchis après la fleuraison, sans bractées ; pétales obcordés, à échancrure profonde ; capsule pyriforme, à 2 loges monospermes, indéhiscentes, hérissée de soies crochues. ♃ (Juin—août). Vulg. *Herbe à la Sorcière.*

Les bois un peu humides, les haies, les lieux ombragés : Salins, dans le bois de Racine ; le long des haies, à Ivory ; à Villers-Farlay ; dans le bois en montant à la Grotte-des-Sarrasins, à Nans, etc. — Genève, au Petit-Sacconex ; à Collonge-sous-Salève (Reut.). — Au Creux-du-Vent (Depierre, cat.).

2. C. intermédiaire. — *C. intermedia.*

Ehrh. Beitr. 4. p. 42. — Gaud. Syn. p. 13. — Koch, Syn.
p. 243. — *C. Alpina. var. β. intermedia.* DC. Prod. 3.
p. 63. — Duby, Bot. gall. p. 189. — Hagenb. Fl. basil. 1.
p. 6. et 2. in append. p. 474.

Tige dressée ou ascendante, simple ou rameuse, presque
glabre ou un peu velue à sa partie supérieure, haute d'environ 3 décim.; feuilles ovales en cœur, aiguës, minces et
luisantes, presque glabres, surtout en dessus, légèrement
ciliées, sinuées-dentées, à dents aiguës un peu calleuses
au sommet, portées sur des pétioles presque aussi longs
qu'elles, et quelquefois même plus longs dans les feuilles
inférieures; fleurs en grappes, rosées ou blanches, portées
sur des pédicelles munis à la base d'une bractée sétacée, à
pétales bifides, plus grands que le calice glabre. Cette espèce
a presque la hauteur de la tige et la grandeur des fleurs de
la précédente, et le port, les dents des feuilles et les bractées de la suivante. ♃ (Juillet, août).

Les lieux humides et ombragés des bois : Bâle, dans le petit bois de
Bottmingen (Hagenb.).

3. C. des Alpes. — *C. Alpina.*

Linn. Sp. 12. — DC. Prod. 3. p. 63. (*excl. var. β.*). et Fl.
fr. n. 3661. — Duby, Bot. gall. p. 189. (*excl. var. β.*).
— Gaud. Fl. helv. 1. p. 58. — Lam. Ency. 2. p. 11.
Lam. illust. tab. 16. fig. 2. — Moris. sect. 5. tab. 34. fig. 2.
(*series* 3.).

Racine rampante; tige ascendante, glabre, souvent parsemée, ainsi que les pétioles et le bord des feuilles, de poils
fins, arqués; feuilles largement ovales, en cœur à la base,
opposées, minces, d'un vert clair, presque glabres, sinuées-
dentées, à dents aiguës, portées sur des pétioles aplanis,
membraneux sur les bords, souvent plus longs que les

feuilles; fleurs disposées en une ou plusieurs grappes simples, terminales, rosées ou blanches, plus petites que celles de la *C. lutetiana*, à pétales bifides, cunéiformes, plus courts que le calice, portées sur des pédicelles munis à la base de bractées sétacées. ⚥ (Juin, juillet).

Les forêts ombragées des montagnes : les forêts de sapins de Levier ; de Boujaille ; de la Joux ; de Chappois ; sur la Dôle ; le Chasseron ; au Creux-du-Vent ; sur le Wasserfall ; le Vogelberg, etc.

TRIBU IV. — HYDROCARYÉES. Link.

Tube du calice soudé à l'ovaire; limbe persistant; fruit sec, dur, nucamentacé, indéhiscent.

5. MACRE. — *TRAPA*. Linn.

Calice persistant, à limbe à 4 divisions; corolle à 4 pétales; étamines 4; style 1; stigmate en tête; ovaire à 2 loges renfermant chacune un ovule pendant, soudé au calice jusqu'au milieu; noix dure, à 4 cornes formées par les lobes aigus et endurcis du calice, renfermant une seule graine. Cotylédons inégaux.

1. M. flottante. — *T. natans.*

Linn. Sp. 175. — DC. Prod. 3. p. 63. et Fl. fr. n. 3662. — Duby, Bot. gall. p. 189. — Gaud. Fl. helv. 1. p. 451. — Desrouss. in Ency. 3. p. 669. — Koch, Syn. p. 243.
J. Saint-Hil. Pl. fr. tab. 230. — Lam. illust. tab. 75. — DC. Organog. tab. 55. — Dalech. Hist. p. 1083. fig. 1. — Dod. pempt. p. 581. fig. 1. — Lob. ic. p. 596. fig. 2. (*ead.*).
Racine allongée, garnie d'un grand nombre de fibres chevelues, rampante au fond de l'eau ou dans la vase; tiges grêles, rameuses, plus ou moins allongées, s'élevant jusqu'à la surface de l'eau; feuilles submergées opposées, presque sessiles, divisées en lanières capillaires allongées, pectinées :

feuilles émergées flottantes, alternes, disposées en rosette, longuement pétiolées, rhomboïdales, munies sur les deux côtés antérieurs de dents grossières et inégales, les deux autres entiers, glabres sur les deux faces, d'un vert gai en dessus, roussâtres et un peu luisantes en dessous, barbues sur les nervures et le pétiole; celui-ci est fistuleux, cylindrique, renflé et vésiculeux dans le haut et sans doute rempli d'air ou de quelque autre gaz, servant à soutenir la plante sur l'eau; fleurs petites, blanchâtres, portées sur des pédoncules axilaires plus courts que les pétioles; calice à 4 lobes lancéolés; pétales obovales très obtus, plus longs que le calice; fruit glabre, à la fin noix cornée en forme de toupie, couronnée par les lobes du calice endurcis, formant 4 cornes aiguës, opposées deux à deux, les inférieures ascendantes, les supérieures horizontales, remplie d'une pulpe blanche, farineuse, alimentaire. ♃ (Juin, juillet). Vulg. *Châtaigne d'eau.*

Les étangs aux environs de Sellières : étangs de Pleure; de Fay; de Tassenière, etc. — Entre Montbéliard et Bâle (J. Bauh.). — Les châtaignes d'eau se vendent, cuites à l'eau, sur le marché de Lons-le-Saunier.

FAMILLE XXXVII.

Haloragées. R. Brown.

Tube du calice soudé à l'ovaire; limbe à 4 divisions; pétales en même nombre que les divisions du calice et alternes avec elles, insérées à la gorge du tube; étamines en nombre double de celui des pétales ou en nombre égal; ovaire à 1—plusieurs loges, renfermant chacune un ovule pendant; placentas centraux; style nul; stigmates papilleux ou en pinceau, sessiles, en même nombre que les loges de l'ovaire; fruit, noix ou drupe; graines munies de périsperme. Embryon droit, central; radicule tourné vers l'ombilic. — Fleurs unisexuelles, dans nos espèces.

1. VOLANT-D'EAU. — *MYRIOPHYLLUM*. Linn.

Fleur mâle : limbe du calice à 4 divisions ; pétales 4 , caducs ; étamines 8. Fleur femelle : tube du calice tétragone ; limbe à 4 divisions , plus petites que dans la fleur mâle ; pétales très petits, réfléchis, ressemblant à une dent, insérés au sommet des angles de l'ovaire ; stigmates 4, velus ; ovaire à 4 loges à un seul ovule ; drupe sèche, se divisant à la maturité en 4 noix ; graines pendantes ; périsperme presque nul.

1. V. en épi. — *M. spicatum.*

Linn. Sp. 1409. — DC. Prod. 3. p. 68. et Fl. fr. n. 3658. — Duby. Bot. gall. p. 190. — Gaud. Fl. helv. 6. p. 153. — Lam. Ency. 4. p. 189. — Poir. Ency, 8. p. 684. — Koch , Syn. p. 244.

J. Saint-Hil. Pl. fr. tab. 915. — Lam. illust. tab. 775. — J. Bauh. Hist. 3. p. 2. p. 783. fig. 1.

Tige faible, radicante à sa partie inférieure, un peu rameuse, cylindrique, glabre, assez longue, flottante, s'élevant au-dessus de l'eau à l'époque de la fleuraison ; feuilles verticillées, au nombre de 4, rarement 5 par verticille, étalées, sessiles, ailées-pectinées, à lanières capillaires allongées, à verticilles écartés dans les tiges fleuries et plus rapprochés dans celles qui sont stériles ; fleurs blanches ou rosées, disposées par verticilles de 4—6, sessiles, en épi grêle, terminal, allongé, presque nu, femelles dans le bas et mâles au sommet, munies de bractées entières, plus courtes que les fleurs, dentées dans le bas de l'épi : les mâles plus nombreuses , à pétales dressés , concaves, caducs, plus courts que le filet des étamines : les femelles plus petites, à 4 stigmates blancs, plumeux, étalés en croix. ♃ (Juillet, août).

Se trouve communément, dans les eaux stagnantes : dans les anses et les mares au bord de la Loue et du Doubs ; dans le canal à Dole ; dans

les eaux stagnantes, au bord de la Furieuse, à la Chapelle, etc.; au bord
de la Reuse, dans le Val-de-Travers. — Les eaux dormantes à l'embouchure du Boiron, à Nyon (Gaud.). — Aux environs de Genève
(Reut.). — De Bâle; de Bellelay (Hagenb.).

2. V. à dents de peigne. — *M. pectinatum*.

DC. Fl. fr. supp. n. 3658ᵃ. et ejusd. Prod. 3. p. 68.— Duby,
  Bot. gall. p. 190.—*M. verticillatum. var. γ. pectinatum.*
  — Koch, Syn. p. 244.

Cette espèce est exactement intermédiaire entre la précédente et la suivante : elle a le port de la première et lui
ressemble par ses feuilles ailées-pectinées, à lanières allongées, filiformes ; par ses fleurs disposées, par verticilles, en
épi grêle, terminal, allongé, presque nu ; mais elle en
diffère par ses bractées oblongues-linéaires, pinnatifides, à
lobes courts, aigus, disposés en dents de peigne, dépassant
un peu les fleurs, ce qui la distingue aussi de l'espèce suivante, dont les bractées, beaucoup plus longues que les
fleurs, sont presque semblables aux feuilles et divisées en
lanières allongées, pectinées. ♃ (Juillet, août).

Dans une flaque d'eau, près du pont de Pontamougeard, et dans
une autre au milieu des champs, près du village d'Ivory.

3. V. verticillé. — *M. verticillatum*.

Linn. Sp. 1410.— DC. Prod. 3. p. 68. et ejusd. Fl. fr. n. 3659.
  — Duby, Bot. gall. p. 190. — Gaud. Fl. helv. 6. p. 154.
  — Lam. Ency. 4. p. 190. — Poir. Ency. 8. p. 685. —
  Koch, Syn. p. 244. (*var. α. pinnatifidum*).

Tige faible, couchée et radicante à sa partie inférieure,
ascendante, glabre, cylindrique, plus ou moins longue,
suivant la profondeur des eaux, très feuillée, en grande
partie submergée, rameuse; feuilles nombreuses, verticillées, au nombre de 4—5 à chaque verticille, sessiles, ailées-
pectinées, semblables à celles du *M. spicatum;* fleurs
sessiles, verticillées, disposées en épi feuillé, mâles au
sommet, femelles à la base, et souvent même hermaphro-

dites (**DC.**), à bractées beaucoup plus grandes que les fleurs, presque égales et semblables aux feuilles, allant cependant en diminuant de grandeur vers le sommet de l'épi. ♃ (Juillet, août).

Dans les mêmes lieux que *M. spicatum* et aussi commun.

β. *Limosum*. DC. Fl. fr. supp. n. 3659. — Gaud. Fl. helv. 6. l. c. var. γ. — Plante croissant dans les mares presque desséchées, plus courte, rameuse, radicante, à rameaux ascendants, s'élevant de 12—16 centim., à feuilles plus petites, régulièrement en forme de peigne, rapprochées et presque toutes égales jusqu'au sommet de l'épi.

Dans un marécage au-dessous du pont de Pontamougeard. — Près de Promenthod (Gaud.).

FAMILLE XXXVIII.

Hippuridées. Link.

Tube du calice soudé à l'ovaire, limbe très petit, entier, à 2 lobes peu marqués ; pétales nuls ; étamine 1, insérée sur le bord du calice, à la base du lobe antérieur, à filet court, à anthère à 2 fentes ; ovaire uniloculaire, à 1 seul ovule pendant ; style filiforme, appliqué dans le sillon de l'anthère ; drupe à chair mince, à noyau épais, cartilagineux, monosperme, couronnée par le bord du calice. Graine munie d'un périsperme ; embryon droit.

1. PESSE. — *HIPPURIS*. Linn.

Les caractères de ce genre sont les mêmes que ceux de la famille.

1. P. commune. — *H. vulgaris*.

Linn. Sp. 3. — DC. Prod. 3. p. 71. et Fl. fr. n. 3657. — Duby, Bot. gall. p. 191. — Gaud. Fl. helv. 1. p. 2. — Poir. Ency. 5. p. 218. — Koch, Syn. p. 245.

J. Saint-Hil. Pl. fr. tab. 814. — Poit. et Turp. Fl. par. tab.
1. — Bull. Herb. tab. 365. — Lam. illust. tab. 5. —
J. Bauh. Hist. 3. p. 2. p. 732. fig. 1. — Tabern. ic. p.
835. fig. 2. — Dalech. Hist. p. 1072. fig. 1. — Dod.
pempt. p. 113. fig. 2. — Lob. ic. p. 792. fig. 2. (*ead.*).

Tige haute de 3—4 décim. et beaucoup plus dans les
eaux profondes, très simple, dressée, fistuleuse, articulée,
feuillée dans toute sa longueur, cylindrique, striée, en partie
immergée; feuilles disposées par verticilles très rapprochés,
au nombre de 8—12, étroites, linéaires, aiguës, réfléchies
dans l'eau, redressées hors de l'eau; fleurs petites, sessiles,
axilaires dans les verticilles supérieurs; anthère épaisse,
rouge, à filet court; style simple; couché dans le sillon
de l'anthère; fruit ovoïde, couronné par le bord du calice.
♃ (Juillet, août).

Les fossés, le bord des ruisseaux, des lacs et des étangs : dans le
Doubs, au-dessus et au-dessous du pont de Mouthe; au bord de la Reuse,
dans le Val-Travers; au bord du lac à Yverdon; au bord du lac de
la Brevine; dans le petit ruisseau qui traverse la tourbière des Rousses.
— Dans le marais de Sionet; près de Versoix, au bord du lac de Genève (Reut.). — Aux environs de Bâle (Hagenb.).

β. *Fluviatilis*. (Hoff.) DC. Prod. 3. l. c. — Stérile, à
feuilles plus longues, membraneuses.

Les fossés profonds du marais de Sionet (Reut.). — Bâle, à Michelfeld (Hagenb.).

FAMILLE XXXIX.

Callitrichinées. Link.

FLEURS hermaphrodites ou le plus souvent unisexuelles,
bractées 2, opposées, pétaloïdes, diaphanes, situées à la base
de la fleur; calice nul, ou infère, très petit, à 2 lobes; corolle nulle; étamine 1, à anthère réniforme, uniloculaire,
s'ouvrant transversalement; ovaire 1, à 4 angles dont 2
plus rapprochés, à 4 loges à un seul ovule; styles 2, subulés, à stigmate indivis; drupe sèche, se séparant à la ma-

turité en 4 carpelles indéhiscents. Embryon inverse, situé dans l'axe du périsperme charnu. — Plantes aquatiques.

1. CALLITRIQUE. — *CALLITRICHE*. Linn.

Les caractères de ce genre sont les mêmes que ceux de la famille.

1. C. printanière. — *C. verna.*

Linn. Sp. 6. — DC. Prod. 3. p. 70. — Duby, Bot. gall. p. 191. — Gaud. Syn. p. 2. — *C. sessilis*. DC. Fl. fr. n. 3655. — Gaud. Fl. helv. 1. p. 5. — Poir. Ency. supp. 2. p. 36.

Herbe aquatique nageant sur l'eau avant et pendant la fleuraison, et submergée ensuite, à tiges filiformes, rameuses, de longueur variable ; feuilles minces, opposées, très glabres, d'un vert gai, à 5 nervures, de forme variable, plus rapprochées dans le haut des rameaux : les supérieures plus grandes, réunies en rosette terminale ; fleurs sessiles, axilaires, peu apparentes, à bractées d'un blanc sale, égales et persistantes, plus courtes que l'étamine dont le filet est très long et l'anthère jaune, arrondie ; styles allongés, divergents ; fruit très petit, presque sessile, à 4 sillons ou à 4 lobes arrondis, légèrement bordés. ① (Avril—octobre).

α. *Vulgaris*. DC. Prod. 3. l. c. — Gaud. Syn. p. 2. — Lam. illust. tab. 5. — Feuilles toutes obovales en spatule, entières.

β. *Intermedia*. (Hoff.) DC. Prod. 3. l. c. — Gaud. Syn. l. c. — Feuilles supérieures ovales, les inférieures linéaires, obtuses ou échancrées.

γ. *Stellata*. (Hoppe) DC. Prod. 3. l. c. var. ♂. — Gaud. Syn. l. c. var. ε. *æstivalis*. — *C. æstivalis*. Thuill. Fl. par. ed. 2. p. 2. — Tiges courtes ; feuilles un peu rapprochées, toutes ovales, également écartées.

δ. *Minima*. (Hoppe) Gaud. Syn. l. c. — *C. verna. var. δ.*
— Hagenb. Fl. basil. 1. p. 2. — Tiges très courtes, étalées
sur la terre ; feuilles linéaires, obtuses, également écartées,
à une seule nervure : les supérieures oblongues, à 5 nervures.

ε. *Angustifolia*. (Hoppe) *C. verna. var. γ. commutata.*
Gaud. Syn. l. c. — *C. autumnalis.* Hagenb. Fl. basil. 1. p.
3. (*non Linn.*). — Feuilles toutes linéaires, échancrées au
sommet, à une seule nervure.

ζ. *Pedunculata. C. pedunculata.* DC. Fl. fr. n. 3656. et
ejusd. Prod. 3. p. 71. — *C. verna. var. ε.* Hagenb. Fl. basil.
1 p. 2. — Feuilles inférieures linéaires : les supérieures oblongues, à 3 nervures ; fruits pédonculés, les supérieurs
presque sessiles.

Les var. α. et β. dans les fossés, les eaux stagnantes ; les variétés γ.
et δ. dans les terres humides, les lieux marécageux ; les var. ε. et ζ. aux
environs de Bâle, plus rares.

FAMILLE XL.

Cératophyllées. Gray.

FLEURS monoïques. Fleur mâle : périgone à 12 divisions
linéaires tronqués, à 2 pointes ; anthères 12—16, sessiles,
obovales, un peu plus longues que le périgone, échancrées
en demi-lune au sommet et prolongées en pointe de chaque
côté, biloculaires, à loges demi-bifides, étant divisées par
une cloison incomplète. Fleur femelle : périgone nul ; ovaire
libre, ovoïde, uniloculaire, à un seul ovule pendant ; style
subulé ; noix mucronée par le style. Embryon droit ; cotylédons 4 verticillés, 2 opposés plus larges. — Herbes aquatiques, à feuilles verticillées, raides, divisées en lobes
filiformes, aigus.

1. CORNIFLE. — *CERATOPHYLLUM.* Linn.

Mêmes caractères que ceux de la famille.

1. C. nageant. — *C. demersum.*

Linn. Sp. 1409. — DC. Prod. 3. p. 73. et Fl. fr. n. 3653.
— Duby, Bot. gall. p. 192. — Gaud. Fl. helv. 6. p. 151.
— Lam. Ency. 2. p. 113. — Koch , Syn. p. 247.
Lam. illust. tab. 775. fig. 2.

Tige submergée, rameuse, feuillée dans toute sa longueur, cylindrique, lisse ; feuilles verticillées par 8, à
verticilles écartés dans le bas de la tige , très rapprochés au
sommet et comme embriqués, dures, fragiles, d'un vert
sombre, longues de 20—25 millim., étalées, presque à
angle droit, insensiblement rétrécies en coin à la base,
2—3 fois dichotomes, à lanières étroites, linéaires-filiformes,
dentées-épineuses ; fleurs mâles situées au-dessus des femelles ; divisions du périgone dressées, linéaires, presque
tronquées, terminées par deux cils épineux ; anthère jaune,
presque à 2 lobes au sommet ; fruit ovoïde, muni de 3 cornes
épineuses, la terminale très longue, les 2 autres plus
courtes, divergentes, placées près de la base. ♃ (Juillet,
août).

Les mares d'eau dans les prés voisins de la Loue, à Ounans; Villers-
Farlay ; le long du ruisseau d'Écleux, etc. ; dans le canal à Dole ; à
Besançon ; à Montbéliard. — Genève, dans les eaux dormantes à la
Coulouvrenière, dans les fosséss, etc. (Reut.). — Nyon, autour de Pro-
menthod (Gaud). — Bâle, à Michelfed ; le long du Birsec ; dans les
fossés de la ville près de la porte de pierre, etc. (Hagenb.).

2. C. submergé. — *C. submersum.*

Linn. Sp. 1409. — DC. Prod. 3. p. 74. et Fl. fr. n. 3654.
— Duby, Bot. gall. p. 192. — Gaud. Fl. helv. 6. p. 152.
— Lam. Ency. 2. p. 113. — Koch , Syn. p. 246.
Lam. illust. tab. 775. fig. 1.

Cette espèce a le port de la précédente et se trouve dans
les mêmes lieux, mais plus rarement. Elle en diffère par
ses feuilles plus longues, d'un vert plus clair, plus divisées,

à lanières plus grêles, à dents très fines, ou presque lisses ;
par ses verticilles plus écartés ; les divisions du périgone
dentées ou entières au sommet, non terminées par des cils ;
et surtout |par ses fruits oblongs ou ovoïdes, dépourvus
de cornes à la base, mucronés au sommet. ♃ (Juin,
juillet).

Les fossés pleins d'eau (Girod-Chant.). — Bâle, dans les mêmes lieux
que l'espèce précédente, mais plus rare (Hagenb.). — Genève, dans
un fossé du marais de Meinier (Reut.).

FAMILLE XLI.

Lythrariées. Juss.

CALICE libre, tubuleux ou en cloche, persistant, denté,
à dents à estivation valvaire, ou écartées, à sinus prolongés
quelquefois en petits lobes ou dents coniques étalées ; pétales
insérés au sommet du tube du calice, entre ses lobes, quelquefois nuls ; étamines libres, insérées sur le tube calicinal,
au-dessous des pétales ; ovaire libre, à 2—4 loges à plusieurs
ovules, à placentas centraux ; style 1 ; stigmate simple ;
capsule membraneuse, entourée par le calice, à 2—4 loges,
ou à une seule par la destruction des cloisons ; graine dépourvue de périsperme. Embryon droit. — Feuilles sans
stipules.

1. SALICAIRE. — *LYTHRUM.* Linn.

Calice tubuleux, cylindrique, à 8—12 dents, dont 4—6
plus larges, dressées, alternes avec les pétales, et 4—6
autres naissant des sinus, étalées, subulées, en forme de
corne, quelquefois presque nulles ou très petites, opposées
aux pétales au nombre de 4—6, insérés au sommet du tube
du calice ; étamines en nombre égal ou double de celui des
pétales, insérées à la base ou au milieu du tube du calice ;
style filiforme, stigmate en tête ; capsule biloculaire polysperme ; placentas épais, soudés à la cloison.

1. S. commune. — *L. Salicaria.*

Linn. Sp. 640. — DC. Prod. 3. p. 82. et Fl. fr. n. 3647.
— Duby, Bot. gall. p. 193. — Gaud. Fl. helv. 3. p. 264.
— Poir. Ency. 6. p. 451. — Koch, Syn. p. 247.

J. Saint Hil. Pl. fr. tab. 331. — Lam. illust. tab. 408. fig. 1.
— Moris. sect. 5. tab. 10. fig. 10. — J. Bauh. Hist. 2. p.
904. fig. 3. (*pessima*). — Clus. Hist. 2. p. 51. fig. 1. —
Tabern. ic. p. 854. fig. 1. — Dod. pempt. p. 86. fig. 1. —
Lob. ic. p. 542. fig. 2. (*ead.*).

Tiges hautes de 10—12 décim., fermes, dressées, qua-
drangulaires, fistuleuses, feuillées dans toute leur longueur,
rameuses, à rameaux courts, pubescents; feuilles sessiles,
opposées, pubescentes sur les deux faces, particulièrement
en dessous, quelquefois glabres en dessus, lancéolées, aiguës, arrondies et un peu échancrées en cœur à la base :
les florales ovales-acuminées, beaucoup plus petites; fleurs
grandes, purpurines, en verticilles très rapprochés, formant
un épi terminal allongé; calice rougeâtre, ainsi que les
bractées ou feuilles florales, tubuleux, à 12 stries, velu,
particulièrement sur les angles, divisé au sommet en 12
dents alternativement linéaires aiguës, assez longues, et
ovales-obtuses, très courtes; pétales 6, oblongs, ondulés;
étamines 12, insérées sur le calice; capsule petite, ellipsoïde.
♃ (Juillet, août).

Commune dans les lieux humides, au bord des fossés et des ruisseaux.
— Cette plante est vulnéraire et astringente, recommandée dans les
diarrhées chroniques; on la prend en décoction.

β. *Verticillata.* DC. Fl. fr. l. c. — Gaud. Fl. helv. 3. l.
c. — Tige anguleuse; feuilles ternées ou quaternées.

Dans les mêmes lieux, mais plus rare.

γ. *Oblonga.* Poir. Ency. 6. l. c. var. β. — Moris. sect. 5.
tab. 10. fig. 11. — Feuilles opposées ou alternes, courtes,
oblongues, brusquement aiguës.

Aux environs de Salins; de Sellières, assez rare.

♂. *Nana.* Plante rameuse, presque glabre, haute d'environ 2 décim.; feuilles longues de 2—3 centim., larges de 3—5 millim.; épis grêles, à 4—2 fleurs par verticilles à la base de l'épi, solitaires et alternes au sommet.

Au bord de l'étang de Chavanne, près de Sellières.

2. S. à feuilles d'Hysope. — *L. Hyssopifolia.*

Linn. Sp. 642. — DC. Prod. 3. p. 81. et Fl. fr. n. 3648. — Duby, Bot. gall. p. 192. — Gaud. Fl. helv. 5 p. 265. — Poir. Ency. 6. p. 454. — Koch, Syn. p. 248.

Barr. ic. fig. 773. n. 1. — J. Bauh. Hist. 3. p. 2. p. 792. fig. 2. (*mala*).

Racine divisée, fibreuse; tige glabre, haute de 1—3 décim., rameuse à la base, rarement simple, cylindrique, un peu anguleuse, raide, dure et presque ligneuse dans le bas, à rameaux effilés, feuillés et garnis dans toute leur longueur de fleurs axilaires; feuilles éparses, sessiles, rapprochées, d'un vert pâle, linéaires-lancéolées, un peu obtuses, à une seule nervure, glabres : les inférieures souvent caduques et laissant la partie inférieure des rameaux et les fruits entièrement nus; fleurs petites, purpurines, presque sessiles, ordinairement solitaires, plus courtes que les feuilles; calice un peu coloré, d'abord en entonnoir, puis cylindrique, à 12 dents courtes, petites, les extérieures plus étroites et plus longues, muni à la base de 2 petites bractées subulées; pétales ovales-lancéolés, à onglet large; étamines 6, dont 3 plus longues; capsule cylindrique, à 2 loges polyspermes. ④ (Juillet—septembre).

Les lieux humides, inondés l'hiver : au bord des étangs de la Chaux et de Chavanne, près de Sellières; de Vaudrey, etc.; les champs au bord de la route, entre Poligny et Toulouse. — Nyon, autour de Calève, de Bois-Bougis, de Charlemont, etc. (Gaud.). — Genève, dans un fossé en allant aux Délices (Reut.). — Aux environs de Bâle (Hagenb.).

2. PÉPLIDE. — *PEPLIS*. Linn.

Calice en cloche, un peu comprimé, à 12 dents, dont 6 plus courtes réfléchies; pétales 6, fugaces, souvent nuls, insérés à la gorge du calice; étamines 6, alternes avec les pétales, opposées aux dents les plus larges du calice; style très court; stigmate orbiculaire; capsule à 2 loges polysperme. — Ce genre diffère du précédent par son calice court, en cloche.

1. P. Pourpier. — *P. Portulaca.*

Linn. Sp. 474. — DC. Prod. 3. p. 76. et Fl. fr. n. 3652. — Duby, Bot. gall. p. 193. — Gaud. Fl. helv. 2. p. 576. — Poir. Ency. 5. p. 162. — Koch, Syn. p. 248.

J. Saint-Hil. Pl. fr. tab. 866. — Lam. illust. tab. 266. — Vaill. Bot. par. tab. 15. fig. 5. — Mich. Nov. Gen. tab. 18. fig. 1. — J. Bauh. Hist. 3. p. 2. p. 372. fig. 3.

Racine fibreuse; tiges couchées, anguleuses, radicantes, articulées, rameuses, feuillées dans toute leur longueur qui est de 1—2 décim.; feuilles opposées, obovales, rétrécies en pétiole, un peu épaisses, entières; fleurs petites, axilaires le long de la tige et des rameaux, presque sessiles; calice rougeâtre, assez grand, hémisphérique, à 12 dents aiguës, alternativement dressées et recourbées en dehors; pétales blanchâtres ou rosés, fugaces, manquant souvent; style très court, presque nul; stigmate en tête; capsule globuleuse, légèrement pédonculée, enveloppée par le calice persistant. ① (Juin—septembre).

Les lieux marécageux et humides, inondés l'hiver : Sellières, au bord des étangs de Chavanne ; de Lombard ; de Chaumergy, etc., dans un bois humide près de Poligny ; dans une mare au bord de la forêt de Chaux, en allant de Dole à la Grande-Loye. — Les prairies marécageuses au bord de l'Ognon (Girod-Chant.). — Genève, au bord de l'étang du Drezon, entre Confignon et Soral, mélangé avec l'*Isnardia palustris*. (Reut.). — Au bois de Vétey et à Tanay, près de Coppet. (Gaud.). — Aux environs de Bâle (Hagenb.).

FAMILLE XLII.

Tamariscinées. Desv.

CALICE à 5 divisions à estivation presque embriquée ; pétales égaux , marcescents, en même nombre que les sépales, alternes avec eux, insérés à la base du calice ; étamines en nombre égal ou double de celui des pétales, à filets monadelphes à la base ou presque libres ; ovaire libre , trigone , uniloculaire, à plusieurs ovules ; placentas sur une ligne moyenne ou à la base des valves ; capsule polysperme, à 3 valves ; graines surmontées d'une aigrette. Périsperme nul ; embryon droit, radicule tournée vers l'ombilic.—Arbrisseau à rameaux effilés, à feuilles alternes, petites, persistantes , en forme d'écailles ; fleurs en épi.

1. MYRICAIRE — *MYRICARIA.* Desvaux.

Calice à 5 divisions ; pétales 5 ; étamines 10, alternativement plus courtes, monadelphes jusqu'au-delà du milieu ; stigmate sessile, en tête, presque à 3 lobes ; placentas fixés longitudinalement sur le milieu des valves ; graines surmontées d'une aigrette pédicellée.

1. M. d'Allemagne. — *M. Germanica.*

Desv. Ann. sc. nat. 4. p. 349. — DC. Prod. 3. p. 97. — Duby, Bot. gall. p. 194. — Koch, Syn. p. 249.— *Tamarix Germanica.* Linn. Sp. 386. — DC. Fl. fr. n. 3634. — Gaud. Fl. helv. 2. p. 449. — Poir. Ency. 7. p. 563.

Lam. illust. tab. 213 fig. 2 —J. Bauh. Hist. 1. p. 2. p. 351. Clus. Hist. 1. p. 40. fig. 2. — Tabern. ic. p. 944. fig. 2. — Dalech. Hist. p. 179. fig. 1. — Dod. pempt. p. 766. fig. 1.

Arbrisseau de 12—18 décim. de hauteur, glabre, rameux, très feuillé, dressé, à bois dur, à écorce brunâtre, à jeunes rameaux lisses, effilés, anguleux, rougeâtres; feuilles courtes, sessiles, linéaires-lancéolées, obtuses, nombreuses, appliquées, entières, d'un vert-cendré glauque, lâchement embriquées; fleurs roses, munies de bractées, disposées en épis terminaux, cylindriques, denses et obtus; lobes du calice oblongs, un peu membraneux sur les bords; pétales presque dressés, plus longs que le calice; étamines plus courtes que la corolle, soudées à la base, à anthères jaunâtres; capsule trigone, oblongue-conique, beaucoup plus longue que le calice; graines surmontées d'un filet plumeux. ♄ (Mai—juillet).

Les sables et les graviers du bord des torrents et des fleuves : Genève, à l'embouchure de l'Arve. — Nyon, à l'embouchure de la Promentouse (Gaud.). — Neuchâtel, à l'embouchure de la Reuse (L. Benoît, cat.). — Bâle, abondamment parmi les saules du bord de la Birse et du Rhin.

FAMILLE XLIII.

Philadelphées. Don.

Tube du calice turbiné, adhérent à l'ovaire, limbe persistant à 4—10 divisions; pétales alternes avec les divisions du calice et en même nombre, à estivation enroulée; étamines 20 et plus, insérées, avec les pétales, à la gorge du calice; stigmates plusieurs; capsule demi-soudée au calice, à 4—10 loges polyspermes; graines subulées, réunies dans l'angle central des loges sur un placenta anguleux; arille lâche, membraneux; périsperme charnu. Embryon inverse; radicule écarté de l'ombilic.—Feuilles opposées, dépourvues de stipules.

1. SERINGAT. — *PHILADELPHUS*. Linn.

Tube du calice turbiné, limbe à 4—5 divisions; pétales 4—5; style 1, ou plusieurs soudés à la base; stigmates plusieurs; capsule à 4—5 valves, à 4—5 loges; arille de la graine frangé vers l'ombilic.

1. S. odorant. — *P. coronarius.*

Linn. Sp. 671.— DC. Prod. 3. p. 205. et Fl. fr. n. 3675. —
Duby, Bot. gall. p. 184. — Gaud. Fl. helv. 3. p. 300. —
Poir. Ency. 7. p. 118. — Koch, Syn. p. 249.
J. Saint-Hil. Pl. fr. tab. 562. — Lam. illust. tab. 420. —
J. Bauh. Hist. 1. p. 2. p. 205. fig. 2. — Clus. Hist. 1. p.
55. fig. 1. — Tabern. ic. p. 1043. fig. 2. — Dalech. Hist.
p. 355. fig. 1. (*ead. ac Clus.*). — Dod. pempt. p. 777.
fig. 2. (*ead.*).

Arbrisseau élégant, d'environ 10—15 décim. de hauteur, à tiges grêles, allongées, diffuses, fragiles, divisées
en rameaux courts, opposés; feuilles ovales-acuminées,
nerveuses, opposées, courtement pétiolées, minces, assez
grandes, garnies de dents aiguës un peu écartées, presque
glabres, d'un vert gai en dessus, un peu plus pâles et un
peu velues en dessous, particulièrement sur les nervures;
fleurs blanches, grandes, d'une odeur agréable, mais forte,
portées sur des pédoncules courts, velus, ordinairement
opposés, situées à l'extrémité des rameaux, et disposées en
bouquets ou en grappes terminales feuillées à la base; calice à lobes ovales-lancéolés, larges, blanchâtres; pétales
ovales, arrondis, étalés, plus grands que le calice; stigmate
à 4 lobes profonds, inégaux. ♄ (Mai, juin).

Cette plante est assez généralement cultivée dans les jardins; elle se
trouve à Salins sur les rochers à Château, et sur quelques murs de
vigne; mais je ne pense pas qu'elle soit spontanée dans ces diverses
localités. — Besançon, naturalisée sur le territoire de Palante. (Girod-
Chant.)

FAMILLE XLIV.

Myrtacées. R. Brown.

TUBE du calice adhérent à l'ovaire, limbe 5 divisions,
plus rarement à 4—6; pétales en même nombre que les

divisions du calice et alternes avec elles; étamines en
nombre double des pétales ou en nombre indéfini, insérées
avec eux à la gorge du calice, à filets tantôt libres, tantôt
polyadelphes, à estivation infléchie; anthères ovoïdes, s'ouvrant par une double fente; ovaire à plusieurs loges, à placentas centraux; style 1, à stigmate simple; graines dépourvues de périsperme. Embryon droit; cotylédons non enroulés;
radicule tournée vers l'ombilic. — Arbre ou arbrisseau à
feuilles sans stipules, très entières, ponctuées-glanduleuses.

1. MYRTE. — *MYRTUS*. Linn.

Tube du calice presque globuleux, limbe à 5 divisions;
pétales 5; étamines libres; baie couronnée par le limbe du
calice, à 2—3 loges renfermant chacune plusieurs graines
réniformes.

1. M. commun. — *M. communis.*

Linn Sp. 673. — DC. Prod. 3. p. 238. et Fl. fr. n. 3676. —
Duby, Bot. gall. p. 184. — Poir. Ency. 4. p. 405. —
Koch, Syn. p. 250.
Lam. illust. tab. 419. — Dod. pempt. p. 772. fig. 2.

Arbrisseau de 1—2 mètres au plus dans nos jardins, à
rameaux nombreux, flexibles, très feuillés, d'un port
agréable; feuilles ovales ou lancéolées, aiguës, entières,
opposées, vertes et lisses, fermes et persistantes; fleurs
blanches, portées sur des pédoncules solitaires, uniflores,
axilaires, un peu plus courts que les feuilles; calice à 5
lobes ovales, muni à la base de 2 petites bractées linéaires,
caduques; corolle à 5 pétales insérés, ainsi que les étamines,
sur le calice; baie ovoïde, d'un pourpre noirâtre, ombili-
quée, couronnée par les lobes du calice. ♄ (Juillet, août).

Cette plante, qui croît spontanément sur les collines arides des provinces méridionales de la France, est généralement cultivée dans les
jardins : on en distingue plusieurs variétés.

FAMILLE XLV.

Cucurbitacées. Juss.

CALICE supère, à 5 dents; corolle à 5 lobes, ou à 5 divisions, soudée par sa base au calice; étamines 5, libres, ou le plus souvent triadelphes, rarement triadelphes et syngénèses, à anthères pliées-flexueuses, biloculaires; style 1; stigmates 3—5, à 2 lobes; ovaire à 3—5 loges; placentas pariétaux, fixés aux angles extérieurs des loges; fruit charnu, à loges disparaissant souvent. Embryon droit, à radicule tournée vers l'ombilic; périsperme nul. Fleurs ordinairement unisexuelles. — Herbe ordinairement rude, rampante ou grimpante, à feuilles alternes, pétiolées, à vrilles latérales roulées en spirale, à pédoncules articulés au milieu.

1. COURGE. — *CUCURBITA*. Linn.

Calice à 5 dents; corolle à 5 lobes. Fleur mâle : étamines 5, à filets triadelphes, adhérents à leur partie supérieure, à 5 anthères soudées en cylindre; stigmate avorté. Fleur femelle : filets 3, avortés, soudés en anneau; style trifide; stigmates bifides; ovaire à 3 loges divisées en 2 parties; ovules sur 2 rangs dans chaque loge; fruit fermé, indéhiscent, muni d'écorce; graines obovoïdes, comprimées, entourées d'un rebord saillant.

1. C. Potiron. — *C. maxima.*

Duch. in Lam. Ency. 2. p. 151. — Ser. in DC. Prod. 3. p. 316. et Fl. fr. n. 2827. — Duby, Bot. gall. p. 186. — Gaud. Fl. helv. 6. p. 192.
Tourn. Inst. tab. 34. (*fructus*). — Moris. sect. 1. tab. 5. fig. 4. — J. Bauh. Hist. 2. p. 221. fig. 1. — Tabern. ic. p. 470. fig. 2. — Dalech. Hist. p. 616. fig. 3. — Dod. pempt. p. 666. fig. 1. — Lob. ic. p. 641. fig. 2.

Le potiron est l'une des plantes herbacées qui, dans le cours de quelques mois, acquièrent les plus grandes dimensions et produisent les fruits les plus volumineux : on en voit qui ont 8 décim. de diamètre et plus, qui pèsent 20 à 25 kilog. et même davantage. Sa tige est couchée, sarmenteuse, rude, fistuleuse, longue de 2—3 mètres, atteignant quelquefois 6—9 mètres de longueur ; ses feuilles sont très grandes, alternes, arrondies, à 5 lobes obtus, en cœur à la base, horizontales, portées sur des pétioles dressés, rudes au toucher, ainsi que les feuilles ; ses fleurs sont axilaires, solitaires, très grandes, jaunes, monoïques, et ses fruits très gros, sphériques, comprimés aux deux bouts et relevés de côtes peu marquées, à chair jaunâtre, peu fondante, à écorce mince non crustacée, creux intérieurement; graines attachées aux parois de la cavité ; blanches, elliptiques, très comprimées, entourées d'un rebord saillant, enveloppées de tissu cellulaire. ① (Juin, juillet). Vulg. *Potiron*, *Courge* et *Cosse*.

Fréquemment cultivé dans les champs de maïs. Sa patrie est inconnue : on le dit originaire de l'Inde. — La chair du potiron est ferme et peu savoureuse ; on en forme cependant, en la faisant cuire dans du lait, des potages rafraîchissants assez bons; coupée par morceaux et desséchée au four, elle sert à donner au bouillon la couleur brun-doré. Cette espèce présente quatre variétés principales : le *gros potiron jaune* et le *petit*, qui est plus hâtif, le *gros* et le *petit potiron vert*. — On cultive encore quelquefois, mais plutôt comme objet de curiosité que comme plante utile, le *C. Melopepo*. Linn., vulgairement *Bonnet-d'électeur*, *Bonnet-de-prêtre*, *Patisson*.

2. CALEBASSE. — *LAGENARIA*. Ser.

Calice à 5 dents ; corolle étalée, à 5 divisions. Fleur mâle : étamines 5, triadelphes, la cinquième libre. Fleur femelle : style presque nul ; stigmates 3, épais, à 2 lobes ; fruit oblong, en massue ou en bouteille, à 3 loges ; graines oblongues, comprimées, sans rebord, échancrées-bilobées au sommet.

1. C. commune. — *L. vulgaris.*

Ser. in Act. soc. genev. 3. p. 1. p. 25. et in DC. Prod. 3. p.
299. — Duby, Bot. gall. p. 185. — *Cucurbita lagenaria.*
Linn. Sp. 1434. — DC. Fl. fr. n. 2826. — *C. leucantha.*
var. α. *lagenaria.* Duch. in Lam. Ency. 2. p. 150.
Lam. illust. tab. 795. fig. 2. — Moris. sect. 1. tab. 5. fig. 1.
— J. Bauh. Hist. 2. p. 216. fig. 1. — Tabern. ic. p. 475.
fig. 2. et p. 476. fig. 1. — Dalech. Hist. p. 616. fig. 2.
(*ead. ac Bauh.*). — Dod. pempt. p. 668. fig. 2.

Plante mollement pubescente et visqueuse dans toutes ses
parties, et d'une odeur désagréable, à tige grimpante, sillonnée, longue de 10—15 décim., garnie de vrilles rameuses; feuilles arrondies, en cœur à la base, sinuées-dentelées, molles, pubescentes, d'un vert blanchâtre, munies
en dessous, à la base, de 2 glandes très remarquables; fleurs
monoïques, blanches, grandes, à corolle étalée, fasciculées,
rarement solitaires, à l'aisselle des feuilles, portées sur de
longs pédoncules; fruit pubescent dans la jeunesse, ensuite
glabre, lisse, vert ou tacheté de blanc, à écorce dure, crustacée, ligneuse à la maturité, de forme très variable, ayant
ordinairement celle d'une bouteille à ventre et col renflés,
ou à col cylindrique, ou renflée-orbiculaire. ① (Juin, juillet).
Vulg. *Gourde.*

Cette plante, qui paraît originaire de l'Inde, est fréquemment cultivée dans les vignes, par la plupart de nos vignerons qui se servent de son
fruit, après l'avoir percé et vidé, en guise de bouteille; pour donner
aux gourdes une belle couleur et les préparer à recevoir le vin, ils les
tiennent plongées dans la vendange pendant tout le temps de la fermen-
tation; ils préfèrent la variété à col renflé, celle à col cylindrique, ou
de forme orbiculaire, n'offrant pas la même facilité pour y adapter une
anse; leur capacité est d'environ un litre à un litre et demi; elle atteint
cependant quelquefois trois litres, mais rarement.

5. CONCOMBRE. — *CUCUMIS.* Linn.

Calice à 5 dents; corolle à 5 divisions. Fleur mâle : étamines 5, à filets triadelphes, à anthères conniventes; stig-

mate avorté. Fleur femelle : filets 3, avortés ; style court, stigmates 3, bifides ; ovaire à 3 loges à 2 divisions ; ovules sur 2 rangs dans chaque loge ; fruit fermé, indéhiscent, muni d'écorce ; graines obovales comprimées, à bord aigu.

1. C. Melon. — *C. Melo.*

Linn. Sp. 1436. — Ser. in DC. Prod. 5. p. 300. et Fl. fr. n. 2824. — Duby, Bot. gall. p. 188. — Lam. Ency. 2. p. 72. — Koch, Syn. p. 251.

Moris. sect. 1. tab. 6. fig. 4. — J. Bauh. Hist. 2. p. 242. fig. 1. — Tabern. ic. p. 468. fig. 1. — Dalech. Hist. p. 623. fig. 1. — Dod. pempt. p. 665. fig. 1.

Tiges sarmenteuses, longues de 1—2 mètres, rudes, étalées sur la terre, munies de vrilles simples ; feuilles alternes, pétiolées, arrondies, un peu anguleuses, à angles obtus, dentelées, rudes au toucher ; fleurs jaunes, axilaires, peu nombreuses, portées sur des pédoncules courts ; fruit ovoïde, pubescent dans la jeunesse, glabre à la maturité, à écorce un peu dure, épaisse, cendrée, jaunâtre, ou verdâtre, réticulée ou marquée de 8—10 sillons, à côtes lisses ou verruqueuses, à chair tendre, très succulente et fondante, blanchâtre, jaunâtre ou orangée, d'une odeur agréable et d'une saveur douce, sucrée, quelquefois un peu musquée. ⊙ (Juin—août).

Le Melon est connu le tout le monde : on en cultive dans les jardins plusieurs variétés que l'on trouvera décrites dans les ouvrages d'horticulture. Les variétés dites *à côtes*, et *brodées*, sont cultivées en plein champ à Auxonne, d'où on les transporte sur nos marchés ; ils se vendent à très bas prix, mais ils ne valent pas ceux que l'on cultive sur couche dans nos jardins, et dont le prix est plus élevé. Le Melon est originaire d'Asie ; sa chair est humectante et rafraîchissante, mais on doit en manger modérément ; la graine s'emploie dans les émulsions rafraîchissantes, et on en retire une huile anodine assez abondante.

2. C. cultivé. — *C. sativus.*

Linn. Sp. 1457. — Ser. in **DC.** Prod. 3. p. 300. et Fl. fr.
n. 2825. — Duby, Bot. gall. p. 185. — Lam. Ency. 2.
p. 72. — Koch, Syn. p. 251.

J. Saint-Hil. Pl. fr. tab. 970. — Chaum. Fl. méd. tab. 129.
Moris. sect. 1. tab. 6. fig. 6. — J. Bauh. Hist. 2. p. 246.
fig. 1. — Tabern. ic. p. 479. fig. 1. — Dalech. Hist. p.
620. fig. 1. — Dod. pempt. p. 662. fig. 1.

Tiges sarmenteuses, étalées sur la terre, rudes, hispides,
un peu plus épaisses et plus longues que celles du melon,
munies de vrilles simples, roulées en spirale; feuilles
assez grandes, en cœur à la base, rudes au toucher, à 5
angles aigus, inégalement dentés; fruit allongé, presque
cylindrique, obtus aux deux bouts, lisse ou verruqueux,
vert, blanc ou jaunâtre selon les variétés, à chair blanche,
ferme, quoique succulente. ④ (Juin—août).

Le Concombre, originaire des Indes-Orientales, est cultivé dans les
jardins : il forme un aliment assez agréable. Lorsque les fruits sont
jeunes et encore verts, on les confit au vinaigre, et on les sert comme
condiment sous le nom de *Cornichons.*

4. BRYONE. — *BRYONIA.* Linn.

Calice à 5 dents, corolle à 5 divisions. Fleur mâle : étamines 5, triadelphes. Fleur femelle : style trifide; fruit
globuleux (baie), à 3 loges renfermant chacune 2 ou un
petit nombre de graines ovoïdes, à peine comprimées.

1. B. dioïque. — *B. dioïca.*

Jacq. Aust. 2. p. 59. — Ser. in **DC.** Prod. 3. p. 307. et
Fl. fr. n. 2822.] — Duby, Bot. gall. p. 186. — Gaud.
Fl. helv. 6. p. 194. — Poir. Ency. supp. 1. p. 729. —
Koch, Syn. p. 251.

J. Saint-Hil. Pl. fr. tab. 549. — Chaum. Fl. méd. tab. 77. — Bull. Herb. tab. 55. — Lam. illust. tab. 796. fig. 1. — J. Bauh. Hist. 2. p. 143. fig. 2. — Tabern. ic. p. 893. fig. 2. — Dalech. Hist. p. 1410. fig. 1. — Dod. pempt. p. 400. fig. 1.

Racine grosse, épaisse, rameuse, charnue, d'un blanc sale, d'une saveur âcre et amère; tiges grêles, sillonnées, glabres, rameuses, flexueuses, grimpantes, s'élevant à la hauteur de 15—20 décim. et plus, munies de vrilles ordinairement simples, quelquefois bifurquées, roulées en spirale, naissant de la base des pétioles; feuilles alternes, pétiolées, rudes, échancrées en cœur à la base, à 5 lobes anguleux, aigus, souvent mucronés; fleurs en grappe, d'un blanc sale, marquées de lignes verdâtres; calice en cloche, à 5 dents; corolle en cloche, plus grande que le calice, à 5 lobes profonds, étalés, ovales, obtus; baie de la grosseur d'un pois, d'un beau rouge à la maturité, à suc visqueux et fétide, renfermant 4—6 graines obovoïdes-globuleuses, légèrement comprimées. ♃ (Juin, juillet). Vulg. *Vigne blanche, couleuvrée.*

Commune dans les haies et les buissons. La racine de Bryone est purgative, hydragogue et diurétique.

FAMILLE XLVI.

Portulacées. Juss.

Calice à 2 sépales ou bifide, rarement à 3—5 sépales à estivation embriquée; pétales 5, insérés à la base du calice, ou plus ou moins soudés en corolle monopétale; étamines en même nombre ou en nombre moindre que celui des pétales, opposées, et soudées avec eux, ou libres et en nombre indéfini, toutes fertiles; ovaire libre ou soudé avec la base du calice, uniloculaire, à 3—plusieurs ovules; placenta central, libre; style 1 ou nul; stigmates plusieurs; capsule s'ouvrant en travers ou en 3 valves; graines munies de périsperme entouré par l'embryon. — Herbes à feuilles

alternes, rarement opposées, entières, souvent succulentes,
dépourvues de stipules ; fleurs axilaires ou terminales.

1. POURPIER. — *PORTULACA*. Linn.

Calice bifide, caduc, se séparant circulairement de sa
base persistante ; pétales 4—6, insérés sur le calice, libres
ou soudés à la base ; étamines 8—15, insérées au fond du
calice, à filets libres, ou adhérents aux pétales soudés à la
base ; ovaire presque arrondi ; style fendu, ou divisé au
sommet en 3—6 stigmates ; capsule s'ouvrant en travers.

1. P. cultivé. — *P. oleracea.*

Linn. Sp. 638. — DC. Prod. 3. p. 353. et Fl. fr. n. 3637.
    — Duby, Bot. gall. p. 195. — Gaud. Fl. helv. 5. p. 265.
    — Poir. Ency. 5. p. 607.— Koch, Syn. p. 252.
J. Saint-Hil. Pl. fr. tab. 311. — Chaum. Fl. méd. tab. 283.
    — Lam. illust. tab. 402. fig. 1. — Moris. sect. 5. tab. 28.
    fig. 2. (*series* 5). — J. Bauh. Hist. 3. p. 2. p. 678. fig. 1.
    — Tabern. ic. p. 442. fig. 2. — Dalech. Hist. p. 551.
    fig. 2. — Dod. pempt. p. 661. fig. 2. — Lob. ic. p. 388.
    fig. 2. (*ead.*).
Plante tendre et succulente dans toutes ses parties, à tiges
rameuses, lisses, souvent tortueuses, longues de 1—2
décim., couchées et étalées sur la terre ; feuilles épaisses,
charnues, luisantes, oblongues en coin, obtuses, très
entières, sessiles, d'un vert jaunâtre, rapprochées en rosette
à l'extrémité des rameaux ; fleurs petites, jaunâtres, sessiles,
axilaires, solitaires, géminées ou ternées, à calice comprimé,
à 2 lobes oblongs, inégaux, obtusément carénés ; pétales 5,
obtus ; capsule ovoïde-conique, à une seule loge polysperme, s'ouvrant en travers ; graines noires, réniformes,
chagrinées en lignes circulaires concentriques. ① (Juin—
août).

Le bord des chemins, les lieux arides et sablonneux : Salins, sur
le sable, au bord de la Furieuse, au-dessous du nouveau pont, à Saint-

Joseph ; Thoirette, le long du chemin qui conduit, depuis le pont, dans les champs de la rive droite de l'Ain ; commun à Genève, sur les Tranchées et à Pleinpalais, etc. — Bâle, au voisinage des jardins, et dans la ville même, aux lieux les moins fréquentés des places publiques (Hagenb.).

β. Sativa. DC. Prod. 3. l. c. — Gaud. Fl. helv. 3. l. c. — *P. sativa.* (Haw.) Koch, Syn. p. 252. — Dod. pempt. p. 661. fig. 1.—Lob. ic. p. 588. fig. 1. (*ead.*).—Tiges plus longues, diffuses, à rameaux dressés ou presque dressés, et non étalés sur la terre ; lobes du calice à carène ailée.

Cultivé dans les jardins : sur les graviers au bord de la Furieuse, où je l'ai trouvé plusieurs fois, provenant de graines échappées des jardins. — Cette plante est alimentaire, laxative et rafraîchissante.

2. MONTIE. — *MONTIA.* Linn.

Calice à 2 sépales, persistant ; corolle en entonnoir, fendue d'un côté jusqu'à la base, à limbe à 5 divisions, dont 3 plus petites ; étamines 3, insérées à la gorge de la corolle, à la base des divisions les plus petites et opposées ; ovaire turbiné ; style très court ; stigmates 3, pubérulents ; capsule uniloculaire, à 3 valves, à 3 graines, entourée par le calice persistant.

1. M. des fontaines. — *M. fontana.*

Linn. Sp. 129. — DC. Prod. 3. p. 362. et Fl. fr. n. 3638. — Duby, Bot. gall. p. 195. — Gaud. Fl. helv. 1. p. 370. — Lam. Ency. 4. p. 270. — Koch, Syn. p. 252. *var. a. minor.*

Lam. illust. tab. 50. — Vaill. Bot. par. tab. 3. fig. 4. — Mich. Nov. gen. tab. 13. fig. 2.

Plante petite, très glabre, lisse, succulente, d'un vert jaunâtre. Racine chevelue ; tiges dressées ou ascendantes, quelquefois un peu couchées et radicantes à la base, grêles, très glabres, ainsi que toutes les autres parties de la plante, hautes de 3—5 centim. ; feuilles opposées, oblongues, très entières, rétrécies en spatule, presque connées à la base, d'un vert jaunâtre, un peu épaisses ; fleurs petites, blanches, axilaires et terminales, solitaires, ternées ou quaternées, portées sur des pédoncules épaissis au sommet et recourbés après la fleuraison ; calice à sépales arrondis ; corolle ne s'ouvrant qu'aux rayons du soleil ; capsule turbinée, à 3 graines noires, réniformes, chagrinées en lignes circulaires concentriques. ④ (Avril, mai).

Les lieux un peu humides, les terres argileuses où l'eau a séjourné : dans les champs d'Aumont et de la grange Grillard, près d'Arbois ; les champs et pâturages humides au bord du bois de Cramans, du côté du village, à gauche du chemin de Lorette. — Bâle, à Michelfeld (Hagenb.).

FAMILLE XLVII.

Paronychiées. Saint-Hil.

CALICE persistant, à 5 divisions à estivation embriquée ; pétales en même nombre, souvent petits, ressemblant à des étamines stériles, insérés sur le calice et alternes avec ses divisions ; étamines libres, périgynes, insérées devant les lobes du calice, en même nombre ou en nombre moindre ; ovaire libre, uniloculaire, à ovules fixés sur un placenta central libre, ou à un seul ovule suspendu à l'extrémité d'un funicule allongé, qui prend naissance au fond de la loge ; styles 2—3, distincts ou soudés à la base ; fruit sec, à 3 valves ou indéhiscent ; graines pourvues de périsperme. Embryon latéral ou périphérique, à radicule tournée vers l'ombilic. — Feuilles sessiles, ordinairement opposées, munies de stipules scarieuses.

TRIBU I. — TÉLÉPHIÉES. DC.

Feuilles alternes, rarement opposées, munies de stipules ; pétales de la grandeur des sépales, insérés au fond du calice, sur un anneau obscurément périgyne.

1. TÉLÈPHE. — *TELEPHIUM.* Linn.

Calice à 5 divisions ; pétales 5, insérés au fond du calice
et de même longueur que ses divisions ; étamines 5 ; styles
3, étalés-recourbés ; capsule à 3 valves, triloculaire à la
base, uniloculaire au sommet par le défaut de prolongement des cloisons ; graines nombreuses, fixées à des placentas
centraux.

1. T. d'Impérati. — *T. Imperati.*

Linn. Sp. 388. — DC. Prod. 3. p. 566. et Fl. fr. n. 3635.
— Duby, Bot. gall. p. 196. — Gaud. Fl. helv. 2. p. 450.
— Poir. Ency. 7. p. 594. — Koch, Syn. p. 253.
J. Saint-Hil. Pl. fr. tab. 875. — Lam. illust. tab. 213.
— Clus. Hist. 2. p. 67. fig. 3. — Dalech. Hist. p. 869.
fig. 2.

Racine dure, épaisse, rameuse, donnant naissance à un
grand nombre de tiges grêles, ascendantes ou tombantes,
cylindriques, anguleuses au sommet, faibles, ordinairement
simples, longues de 2—3 décim., garnies dans toute leur
longueur de feuilles éparses, assez rapprochées, ovales, entières, un peu en coin, obtuses, glabres, ainsi que les autres
parties de la plante, d'un vert glauque, rétrécies à la base
en un pétiole très court, munies de 2 petites stipules persistantes, blanchâtres et scarieuses ; fleurs terminales, nombreuses, agglomérées en grappe corymbyforme, courte,
dense, portées sur des pédoncules courts, inégaux ; sépales
dressés, persistants, oblongs-lancéolés, obtus, un peu scarieux sur les bords, d'un vert glauque, à nervure dorsale
un peu saillante ; pétales blancs, ovales, un peu aigus ; capsule trigone ; graines noires, globuleuses-réniformes, très
finement chagrinées. ♃ (Juillet).

Au pied d'un rocher, au-dessus des vignes de Gily, entre Mainey et
les Planches, près d'Arbois.

2. CORRIGIOLE. — *CORRIGIOLA*. Linn.

Calice à 5 divisions; pétales 5, insérés au fond du calice, égalant ses divisions; étamines 5; stigmates 3, sessiles; capsule monosperme, indéhiscente; graine suspendue à l'extrémité d'un funicule prenant naissance au fond de la capsule.

1. C. des rives. — *C. littoralis*.

Linn. Sp. 388. — DC. Prod. 3. p. 367. et Fl. fr. n. 5636. — Duby, Bot. gall. p. 196. — Lam. Ency. 3. p. 128. — Gaud. Fl. helv. 2. p. 451. — Koch, Syn. p. 253.
Lam. illust. tab. 213. — Barr. ic. fig. 532. — Moris. sect. 5. tab. 29. fig. 1. — J. Bauh. Hist. 3. p. 2. p. 379. fig. 2.
Racine grêle, produisant plusieurs tiges rameuses à leur partie supérieure, grêles, feuillées, étalées sur la terre, longues de 1—2 décim.; feuilles alternes, sessiles, oblongues-spatulées, d'un vert glauque, un peu épaisses, entières, munies à la base de 2 petites stipules scarieuses, argentées; fleurs petites, courtement pédicellées, agglomérées, à l'extrémité des tiges et des rameaux, en corymbes feuillés; lobes du calice ovales, brunâtres, blancs sur les bords, connivents; pétales très blancs, un peu plus longs que le calice; capsule ovoïde-globuleuse, presque trigone. ① (Juillet, août).

Les sables et les graviers au bord des torrents et des chemins sablonneux humides : Béfort, dans le lit presque à sec de la Savoureuse. — Bâle, près de Neudorf, dans les champs au bord du Rhin (Hagenb.).

TRIBU II. — ILLÉCÉBRÉES. DC.

Feuilles opposées, munies de stipules; pétales nuls ou très petits, subulés, figurant des étamines stériles, insérés sur un anneau périgyne; étamines 5, rarement moins, 3 ou 1; fruit utriculaire, monosperme; graine suspendue à l'extrémité d'un funicule allongé, prenant naissance à la base du fruit.

3. HERNIAIRE. — *HERNIARIA*. Linn.

Calice à 5 divisions planes-concaves, un peu colorées intérieurement; étamines 10, 5 stériles alternes avec les sépales; ovaire globuleux; style très court ou nul; stigmates 2, obtus; capsule membraneuse, indéhiscente, monosperme, recouverte par le calice.

1. H. glabre. — *H. glabra.*

Linn. Sp. 317. — DC. Prod. 3. p. 367. et Fl. fr. n. 2292. — Duby, Bot. gall. p. 197. — Gaud. Fl. helv. 2. p. 243. — Lam. Ency. 3. p. 124. — Koch, Syn. p. 254. Chaum. Fl. méd. tab. 193. — Lam. illust. tab. 180. — Moris. sect. 5. tab. 29. fig. 2. — J. Bauh. Hist. 3. p. 2. p. 378. fig. 3. — Dalech. Hist. p. 1126. fig. 1. — Dod. pempt. p. 114. fig. 1.

Racine grêle, fibreuse, produisant plusieurs tiges grêles, très rameuses, diffuses, couchées et étalées sur la terre, longues de 8—16 centim., un peu pubescentes; feuilles petites, opposées, ovales-oblongues, sessiles, un peu rétrécies à la base, glabres, entières, d'un vert gai, un peu épaisses, munies de stipules blanchâtres, scarieuses, un peu ciliées, embrassant la tige aux articulations; fleurs petites, verdâtres, presque sessiles, réunies en agglomérations oblongues, denses, axilaires, multiflores, qui se développent ensuite en grappes ou rameaux courts, feuillés, alternes; calice glabre, peu ouvert; anthères jaunes; capsule blanchâtre, à une seule graine arrondie. ♃ (Juillet—octobre). Vulg. *Herniole.*

Les champs, les lieux sablonneux et stériles : les sables au bord de la Loue, près de Mont-Barrey et ailleurs; au bord du Doubs, à Besançon; les pâturages au voisinage de la grande tourbière, à Pontarlier; les bords de l'Ain, à Thoirette. — Morges, à l'embouchure du Boiron; au bord d'un fossé de la grande route près de Saint-Genis (Rapin). — Aux environs de Bâle (Hagenb.). — Cette plante passe pour diurétique et astringente; elle est inusitée.

2. H. velue. — *H. hirsuta.*

Linn. Sp. 317. — DC. Prod. 3. p. 367. et Fl. fr. n. 2293.
— Duby, Bot. gall. p. 197. — Gaud. Fl. helv. 2. p. 243.
— Lam. Ency. 3. p. 124. — Koch, Syn. p. 254.
Moris. sect. 5. tab. 29. fig. 2. — J. Bauh. Hist. 3. p. 2. p.
379. fig. 1. — Tabern. ic. p. 837. fig. 2.

Cette plante ressemble beaucoup à la précédente, mais on
l'en distingue facilement à sa teinte grisâtre et non verte,
due aux poils nombreux qui la recouvrent et la rendent
hispide dans toutes ses parties; à ses tiges à la fin plus
fermes, et surtout à ses agglomérations de fleurs, plus petites, arrondies, blanchâtres, alternes, pauciflores, devenant presque confluentes vers l'extrémité des rameaux. ♃
(Juillet—octobre).

Le bord des chemins et les champs sablonneux : Salins, sur le sable
amassé par les eaux pluviales, au bord de la route, à Saint-Joseph, une
seule fois; abondante dans les champs sablonneux au bord de l'Ain, à
Thoirette. — Genève, au bord du Rhône, sous Aïre et près de Penex,
dans les champs sablonneux après la moisson (Reut.). — Nyon, près
de Clémenti, Bois-Bougis et Pontfarbé (Gaud.). — Aux environs de
Bâle (Hagenb.).

4. ILLÉCÈBRE. — *ILLECEBRUM.* Linn.

Calice à 5 divisions épaissies, comprimées par les côtés,
obliquement tronquées à leur partie supérieure et terminées
en pointe, à face intérieure étroite et un peu concave; étamines 10, 5 stériles alternes avec les sépales; style très
court; stigmates 2, obtus; capsule recouverte par le calice,
uniloculaire, monosperme, sillonnée longitudinalement et
s'ouvrant par les sillons en plusieurs valves.

1. I. verticillé. — *I. verticillatum.*

Linn. Sp. 280. — DC. Prod. 3. p. 370. — Duby, Bot. gall.
p. 197. — Koch, Syn p. 254. — *Paronichia verticillata.*

DC. in Ency 5. p. 23. et Fl. fr. n. 2286. — Gaud. Fl.
helv. 2. p. 241.

J. Saint-Hil. Pl. fr. tab. 942. (*pessima*). — Lam. illust.
tab. 180. — Vaill. Bot. par. tab. 15. fig. 7. — Moris. sect.
5. tab. 29. fig. 4. (*malè*). — J. Bauh. Hist. 3. p. 2. p.
378. fig. 2.

Racine grêle, plus ou moins divisée, produisant plusieurs
tiges rameuses, longues de 8—12 centim., étalées sur la
terre, glabres, filiformes, feuillées dans toute leur longueur; feuilles petites, sessiles, opposées, glabres, plus
courtes que les entre-nœuds, souvent réfléchies, planes, obovales, arrondies, un peu rétrécies en pétiole à la base,
d'un vert pâle, munies de stipules scarieuses un peu obtuses;
fleurs petites, axilaires, sessiles, nombreuses, formant le
long des rameaux, presque à chaque nœud, des verticilles
plus courts que les feuilles, d'une blancheur remarquable;
sépales convexes, persistants, acuminés subulés. $\not\succ$ (Juillet,
août).

Les terres argileuses ou sablonneuses inondées l'hiver : les champs au
bord de la route, en allant de la Ferté à Mont-sous-Vaudrey ; le bord
des étangs aux environs de Sellières, près de Lombard, de Chavanne, etc.

FAMILLE XLVIII.

Scléranthées. Link.

Calice persistant, tombant avec le péricarpe inclus, à
l'époque de la fructification, à tube en cloche, à gorge resserrée par un anneau glanduleux, à limbe à 4—5 divisions
à estivation embriquée; pétales nuls; étamines 5, insérées
autour de l'anneau du calice et opposées à ses divisions, ou
10, dont 5 fertiles opposées aux divisions du calice, ou 1;
ovaire libre, uniloculaire, à 2 ovules suspendus à l'extrémité de funicules prenant naissance à la base de l'ovaire, et
dont l'un avorte, styles 1—2; stigmates en tête, ou un seul
échancré; utricule membraneuse, renfermée dans le tube

du calice endurci. Embryon périphérique ; périsperme farineux. — Herbes à feuilles opposées , dépourvues de stipules.

1. GNAVELLE. — *SCLERANTHUS*. Linn.

Calice à 5 lobes ; étamines 10 , rarement 5 ou 2 ; styles 2 ;
ovaire libre , à 2 ovules ; capsule petite , monosperme , sans
valves , recouverte par le tube endurci du calice resserré au
sommet.

1. G. annuelle. — *S. annuus.*

Linn. Sp. 580. — DC. Prod. 3. p. 378. et Fl. fr. n. 3640.
  — Duby, Bot. gall. p. 199. — Gaud. Fl. helv. 3. p. 134.
  — Lam. Ency. 2. p. 763. — Koch , Syn. p. 255.
Daléch. Hist. p. 444. fig. 1. — Dod. pempt. p. 115. fig. 1.
  (*ead.*).

Racine grêle , simple ou peu divisée , produisant plusieurs
tiges pubescentes , à poils arqués ou crépus , diffuses , articulées , très rameuses , dichotomes , étalées , ascendantes ou
tombantes , longues de 8—16 centim. ; feuilles opposées
étroites , linéaires , aiguës , connées , élargies - membraneuses
et ciliées à la base ; fleurs petites , nombreuses , verdâtres ,
non mélangées de vert et de blanc comme dans l'espèce
suivante , ordinairement réunies au nombre de 3—6 , en
petites grappes axilaires et terminales , paniculées à l'extrémité des tiges et des rameaux , portées sur des pédoncules
rameux : les inférieures quelquefois solitaires ; calice endurci
à la maturité du fruit , à 10 stries , resserré à la gorge , à
divisions du limbe étalées , lancéolées , étroitement blanchâtres et membraneuses sur les bords. ④ (Juin—août).

Commune dans les terres légères et graveleuses.

β. *Comosus.* Gaud. Syn. p. 350. — Feuilles fasciculées :
les florales beaucoup plus longues que les fleurs ; divisions
du calice aiguës , étroitement marginées , beaucoup plus longues que le tube.

2. G. vivace. — *S. perennis.*

Linn. Sp. 580. — DC. Prod. 3. p. 378. et Fl. fr. n. 3639.
— Duby, Bot. gall. p. 199. — Gaud. Fl. helv. 3. p. 135.
— Lam. Ency. 2. p. 763. — Koch, Syn. p. 255.
Lam. illust. tab. 374. — Vaill. Bot. par. tab. 1. fig. 5. —
J. Bauh. Hist. 3. p. 2. p. 378. fig. 4. — Tabern. ic. p. 835.
fig. 1. — Dalech. Hist. p. 1112. fig. 1.

Cette espèce a presque le port de la précédente, mais ses
tiges sont plus courtes, moins divisées, ordinairement couchées et formant des touffes plus serrées ; feuilles opposées,
un peu glauques, ainsi que les autres parties de la plante,
recourbées ; fleurs fasciculées sur les ramifications terminales, mélangées de vert et de blanc, plus grandes que dans
l'espèce précédente ; calice moins resserré à la gorge du
tube, à divisions oblongues, obtuses, largement blanchâtres
et membraneuses sur les bords, à nervure dorsale verte et
robuste, conniventes à la maturité. ♃ (Mai—juillet).

Les lieux arides et sablonneux des montagnes, rare : les lieux stériles
autour de Longirod (Gaud). — A Salève, sur le revers méridional,
près de Croseille (Reut.). — Aux environs de Bâle (Hagenb.).

FAMILLE XLIX.

Crassulacées. DC.

CALICE à 5—20 divisions ; corolle régulière ; pétales en
même nombre que les divisions du calice et alternes avec
elles, libres ou soudés entre eux en une corolle monopétale ; étamines insérées avec les pétales sur le calice, en
même nombre que ces derniers et alternes avec eux, ou
en nombre double ; ovaires libres, ou réunis à la base, opposés aux pétales et en même nombre, munis à la base
externe d'une écaille nectarifère ; graines fixées à la suture
intérieure des carpelles ; périsperme mince, charnu. Em-

bryon droit ; radicule tournée vers l'ombilic. — Herbes à
feuilles charnues, dépourvues de stipules, à fleurs ordinairement en cyme.

1. TILLÉE. — *TILLÆA*. Linn.

Calice à 3—4 divisions; corolle à 3—4 pétales ; étamines
3—4 ; carpelles 3—4, capsulaires, à 2 graines, resserrés
entre les graines.

1. T. mousse. — *T. muscosa.*

Linn. Sp. 186. — DC. Prod. 3. p. 381. et Fl. fr. n. 3603.
   — Duby, Bot. gall. p. 200. — Poir. Ency. 7. p. 675. —
   Koch, Syn. p. 256.
Lam. illust. tab. 90. fig. 2. — Mich. Nov. gen. tab. 20. —
   Bocc. ic. rar. Sicil. tab. 29. fig. P. Q. R.

Plante très petite, gazonnante, souvent rougeâtre, à tiges
menues, couchées ou étalées, très rameuses, souvent radicantes à la base, longues de 2—5 centim., à rameaux opposés, surtout les inférieurs, ascendants, lisses, noueux,
glabres; feuilles opposées, connées à la base, ou perfoliées,
comme dans le *Dipsacus sylvestris*, oblongues, obtuses,
un peu épaisses, plus ou moins rapprochées, quelquefois
presque embriquées, particulièrement vers le sommet des
rameaux, munies à leur aisselle de jeunes pousses qui rendent les tiges et les rameaux noueux; fleurs petites, axilaires, sessiles, trifides, blanches, à divisions du calice
ovales-aiguës, à pétales de même longueur; carpelles
ovoïdes, aigus, à une seule loge à 2 graines globuleuses. ①
(Mai, juin).

Les lieux humides et sablonneux, les allées des bois : dans quelques
bois humides (de Besses, in Girod-Chant.).

2. BULLIARDE. — *BULLIARDA*. DC.

Calice à 4 divisions; corolle à 4 pétales ; étamines 4 ; carpelles 4, capsulaires, polyspermes. Fleurs hermaphrodites.

1. B. de Vaillant. — *B. Vaillantii.*

DC. Pl. grasses, tab. 47. et ejusd. Prod. 3. p. 382. et etiam
Fl. fr. n. 3602. — Duby, Bot. gall. p. 200. — Gaud. Fl.
helv. 1. p. 484. — Koch, Syn. p. 256. — *Tillæa Vaillantii.* Poir. Ency. 7. p. 674.
Lam. illust. tab. 90. fig. 1. — Vaill. Bot. par. tab. 10. fig. 2.

Plante très petite, haute d'environ 2—5 centim., à racine
fibreuse ; tige ordinairement dressée, rameuse, quelquefois
presque simple, glabre, ainsi que les autres parties de la
plante, charnue, souvent rougeâtre, à rameaux opposés ;
feuilles également opposées, connées à la base, petites, oblongues, aiguës ; fleurs solitaires, axilaires et terminales,
petites, portées sur des pédoncules grêles, un peu épaissis
au sommet, plus longs que les feuilles ; calice en toupie à la
base, à 4 lobes ovales, obtus ; pétales roses ou couleur de
chair, ovales, obtus, un peu mucronés, plus longs que le
calice ; carpelles oblongs, aigus, un peu courbés en dehors
au sommet ; graines 10—12. ① (Juillet, août).

Les lieux humides un peu ombragés : au Moulin-Rouge à Chatenoy
(de Besses, in Girod-Chant.).

3. CRASSULE. — *CRASSULA.* Linn.

Calice à 5 divisions, corolle à 5 pétales ; étamines 5 ; carpelles 5, capsulaires, polyspermes, munis de 5 écailles
hypogynes. — Diffère du genre *Sedum* par ses étamines au
nombre de 5, et non de 10.

1. C. rougeâtre. — *C. rubens.*

Linn. Syst. nat. 2. p. 226. — DC. Fl. fr. n. 3604. — Gaud.
Fl. helv. 2. p. 456. — Lam. Ency. 2. p. 175. — Koch,
Syn. p. 257. — *Sedum rubens.* DC. Prod. 3. p. 405. var.
β. — Duby, Bot. gall. p. 202.

Racine grêle, un peu rameuse, fibreuse; tige haute de
8—10 centim., dressée, pubescente, rougeâtre, rameuse
au sommet, quelquefois dès la base; feuilles éparses, nombreuses, demi-cylindriques, obtuses, étalées, d'un vert
pâle, ponctuées de rouge, succulentes; fleurs sessiles le long
des rameaux, alternes, solitaires, unilatérales, disposées
en cyme pubescente-glanduleuse; calice petit, à lobes triangulaires, aplanis; pétales blancs-rougeâtres, lancéolés-acuminés, carénés, à nervure dorsale rouge; carpelles triquètres, d'un brun rougeâtre, rudes, acuminés, divergents en
étoile. ⨀ (Juin, juillet).

Le bord des vignes et des champs, le long des chemins : aux environs
de Lons-le-Saunier (Guyétant.). — De Nyon, près de Promenthod ; de
Changins; de Duilliers; de Coppet (Gaud.). — Dans le pays de Gex ;
à Genève, près de Versoix, de Vernier, etc., etc. (Reut.) — Aux
environs de Bâle (Hagenb.).

4. ORPIN. — *SEDUM.* Linn.

Calice à 5 divisions; corolle à 5 pétales; étamines 10;
carpelles 5, capsulaires, polyspermes, munis de 5 écailles
hypogynes.

§ 1. *Feuilles planes.*

1. O. à larges feuilles. — *S. maximum.*

Suter, Fl. helv. 1. p. 270. — Koch, Syn. p. 257. — *S. Te-*
lephium. var. δ. et ε. maximum. Linn. Sp. 616. — Poir.
Ency. 4. p. 628. — DC. Fl. fr. n. 3606. var. γ. et *S. la-*
tifolium. ejūsd. Prod. 3. p. 402. — *S. Telephium. var.*
ß. latifolium. Duby, Bot. gall. p. 201. — *S. Telephium.*
var. ß. majus. Gaud. Fl. helv. 3. p. 212.
Moris. sect. 12. tab. 10. fig. 6. — J. Bauh. Hist. 3. p. 2. p.
682. fig. 2. (*ic. Dod.*). — Clus. Hist. 2. p. 66. fig. 1.
(*ead.*). — Tabern. ic. p. 845. fig. 1. — Dalech. Hist. p.
1316. fig. 1. — Dod. pempt. p. 130. fig. 1. (*ead*).

Tige cylindrique, simple, dressée, très feuillée, robuste, haute de 3—6 décim.; feuilles le plus souvent opposées, larges, embrassantes, en cœur à la base, à oreillettes arrondies, planes, ovales-oblongues, obtusément dentées, plus épaisses et plus charnues que dans les 2 espèces suivantes; fleurs en corymbe terminal trichotome, très dense; pétales jaunâtres, un peu purpurescents, étalés, droits, en capuchon au sommet, terminés par une petite corne comprimée; étamines plus longues que la corolle. ♃ (Juillet, août).

Les bois des montagnes, les buissons, les murs : aux environs de Thoirette. — Nyon, aux bois des Côtes au-dessus de Trélex (Gaud.). — Bâle, dans les vignes, entre Wallenburg et Holstein (Hagenb.).

2. O. Reprise. — *S. Telephium*.

Linn. Sp. 616. var. *α*. — Koch, Syn. p. 258. — DC. Prod. 3. p. 402. (*ex parte*). — Poir. Ency. 4. p. 628. var. *α*. — Gaud. Fl. helv. 3. p. 212. (*ex parte*). Tabern. ic. p. 844. fig. 1.

Tige cylindrique, très feuillée, dressée ou ascendante, simple, haute de 3—5 décim.; feuilles planes, ovales-oblongues, sessiles, arrondies à la base, non auriculées, la plupart opposées ou ternées, obtusément dentées en scie; à dents inégales; fleurs blanches, en corymbe terminal dense, à pétales étalés-recourbés au-dessus du milieu, aplanis, un peu canaliculés au sommet. ♃ (Juillet, août).

Les bois arides des montagnes, les buissons et les murs. — Cette espèce, confondue avec la suivante par la plupart des botanistes, se trouvera sans doute aussi dans le Jura lorsqu'on saura l'en distinguer.

β. Purpureum. Koch, Syn. l. c. — *S. Telephium. var.* *γ.* Linn. Sp. 616. — Fleurs purpurines.

3. O. à fleurs purpurines. — *S. Fabaria*.

Koch, Syn. p. 258. — *S. Telephium. var. β. purpureum.* Linn. Sp. 616. — Poir. Ency. 4. p. 628. — *S. Telephium.*

DC. Prod. 3. p. 402. (*ex parte*).— Gaud. Fl. helv. 3. p. 212. (*ex parte*).

Bull. herb. tab. 249. — Moris. sect. 12. tab. 10. fig. 2. — Clus. Hist. 2. p. 67. fig. 1. — Tabern. ic. p. 845. fig. 2. — Dalech. Hist. p. 1315. fig. 1.

Tige feuillée dans toute sa longueur, cylindrique, simple, dressée ou ascendante à la base, raide, haute de 3—5 décim. ; feuilles planes, lancéolées-oblongues, dentées en scie, en coin à la base, alternes et éparses, les inférieures pétiolées ; fleurs purpurines, disposées en corymbe terminal dense ; pétales lancéolés, plus longs que le calice ; carpelles triquètres, connivents, terminés en pointes subulées, un peu divergentes. ♃ (Juillet, août).

Çà et là le long des chemins, sur les murs des vignes, etc. Cette plante n'est pas rare. — Ses feuilles sont employées, à l'extérieur, comme vulnéraires, astringentes et rafraîchissantes. On s'en sert quelquefois pour le traitement des cors et des durillons.

4. O. paniculé. — *S. Cepœa.*

Linn. Sp. 617. — DC. Prod. 3. p. 404. et Fl. fr. n. 3610. — Duby, Bot. gall. p. 201. — Gaud. Fl. helv. 3. p. 215. — Koch, Syn. p. 258. — *S. paniculatum.* Poir. Ency. 4. p. 650.

Moris. sect. 12. tab. 7. fig. 57. — J. Bauh. Hist. 3. p. 2. p. 680. fig. 1. — Clus. Hist. 2. p. 68. fig. 1. — Tabern. ic. p. 443. fig. 2. — Dalech. Hist. p. 1346. fig. 1.

Racine grêle, fibreuse ; tiges rameuses, diffuses, un peu couchées à la base, ascendantes, cylindriques, feuillées, pubescentes-glanduleuses, hautes de 1—2 décim. ; feuilles planes, entières, éparses, ou ternées et quaternées, oblongues, obtuses, rétrécies en spatule, glabres, épaisses, succulentes : les inférieures plus petites, obovales, pétiolées ; fleurs petites, nombreuses, disposées en panicule ou grappe terminale, oblongue, rameuse ; pétales lancéolés-acuminés, aristés, blancs, à 3 nervures, avec une raie rouge sur le dos, beaucoup plus longs que le calice petit, pubescent-glanduleux, ainsi que les pédoncules, à lobes aigus; anthères rouges. ④ (Juin, juillet).

Les lieux ombragés, arides et pierreux : dans le pays de Gex (Gaud.). — Le long de la grande route près de Coppet (Rapin.). — Au Creux-de-Genthod (de Saussure.). — Genève, dans les haies ombragées et pierreuses du côté de la porte de Cornavin, sur le bord de la grande route de Suisse, jusque près de Versoix; au Petit-Saconnex; à Ferney; Thoiry, etc., etc. (Reut.). — Le *Sedum stellatum*. Linn. a été trouvé autrefois par Ray, dans les environs de Gex, mais il n'y a pas été revu depuis.

§ 2. *Feuilles presque cylindriques ou un peu dilatées.*

* *Tige solitaire, simple, ou divisée dès la base en rameaux ou tiges secondaires; racine n'émettant pas de jets rampants.*

5. O. velu. — *S. villosum.*

Linn. Sp. 620. — DC. Prod. 3. p. 405. et Fl. fr. n. 3619. — Duby, Bot. gall. p. 202. — Gaud. Fl. helv. 3. p. 220. — Poir. Ency. 4. p. 633. — Koch, Syn. p. 259.

J. Saint-Hil. Pl. fr. tab. 845. — Moris. sect. 12. tab. 8. fig. 48. — J. Bauh. Hist. 3. p. 2. p. 692. fig. 2. (*folia nimis acuta*). — Clus. Hist. 2. p. 59. fig. 3.

Racine grêle, fibreuse; tige dressée, cylindrique, feuillée, pubescente-glanduleuse, simple ou un peu rameuse au sommet, haute de 12—16 centim., souvent garnie à la base de quelques rameaux stériles à feuilles plus rapprochées; feuilles oblongues-linéaires, demi-cylindriques, obtuses, un peu planes en dessus, éparses, un peu écartées, pubescentes-glanduleuses, dressées, sessiles, non prolongées à la base; fleurs roses ou blanches, disposées en panicule terminale, resserrée presque en grappe, portées sur des pédoncules uniflores, pubescents-glanduleux, un peu visqueux, ainsi que le calice et les carpelles; pétales ovales-lancéolés, un peu aigus, à peine glanduleux, souvent marqués sur la carène d'une ligne purpurine, beaucoup plus grands que le

calice à lobes ovales-obtus ; carpelles dressés, terminés par
le style et le stigmate persistants. ② (Juillet, août).

Les prés humides et tourbeux : les prés et pâturages de la grande
tourbière de Pontarlier. — Dans un lieu humide, près d'une mare, sur
Salève, dans le voisinage de la Croisette, au-dessus du chàlet de Beau-
mont (Reut.).

6. O. noirâtre. — *S. atratum.*

Linn. Sp. 1673. — DC. Prod. 3. p. 405. et Fl. fr. n. 3615.
— Duby, Bot. gall. p. 205. — Gaud. Fl. helv. 3. p. 219.
— Poir. Ency. 4. p. 634. — Koch, Syn. p. 259.
All. Pedem. tab. 65. fig. 4.

Racine grêle, fibreuse ; tige ordinairement rameuse dès la
base, à rameaux divergents, atteignant le plus souvent la
hauteur de la tige, ce qui donne à la plante la forme d'une
pyramide renversée, rarement simple, feuillée dans toute
sa longueur, glabre, épaisse, d'un pourpre noirâtre, haute
de 3—6 centim., à jets stériles nuls ; feuilles obovoïdes-cy-
lindriques, très obtuses, éparses, un peu embriquées,
courtes, glabres, souvent purpurines, à peine prolongées
à la base ; fleurs blanchâtres ou d'un vert jaunâtre, souvent
un peu purpurines en dehors, petites, pédonculées, disposées en cyme ou corymbe terminal feuillé, compacte, nivelé ; calice glabre, à lobes lancéolés, aigus, presque aplanis ; pétales doubles de la longueur du calice, lancéolés,
aigus, carénés ; carpelles divergents en étoile, d'un pourpre
noirâtre à la maturité, mucronés, à pointe déjetée en dehors. ① (Juillet, août).

Les lieux arides et pierreux des hauts sommets du Jura : çà et là sur
les sommités entre le Colombier et le Reculet ; sur la Dôle ; à la Sèche-
des-Embornats ; sur le Noirmont et le Montendre.

7. O. annuel. — *S. annuum.*

Linn. Sp. 620. — Koch, Syn. p. 259. — *S. saxatile.* DC.
Prod. 3. p. 409. (*excl. Syn. S. alpestre.* Vill. et *S. saxa-*

tile. All.) et Fl. fr. n. 3624. — Duby, Bot. gall. p. 203.
— Gaud. Fl. helv. 3. p. 222. (*non All.*) — Poir. Ency.
supp. 4. p. 209. — Hagenb. Fl. basil. 2. p. 510. (*in Append.*). — *S. æstivum.* All. 2. p.121.

Lob. ic. p. 378.

Racine grêle, fibreuse; tige arquée-ascendante, haute
de 8—12 centim., souvent rameuse dès la base, à rameaux
cylindriques, glabres, quelquefois rougeâtres, bi ou trifides,
à divisions divergentes, souvent flexueuses et recourbées au
sommet; feuilles demi-cylindriques, éparses, obtuses, un
peu prolongées à la base; fleurs unilatérales, presque sessiles, un peu écartées, disposées le long des divisions des
rameaux en cyme glabre, feuillée, étalée, peu régulière;
lobes du calice obtus; pétales jaunes, lancéolés, aigus,
doubles de la longueur du calice; carpelles oblongs, mucronés par le style grêle, persistant, un peu allongé,
étalés en étoile à la maturité. ② (Juin—août).

Bâle, le long de la Birse (Hagenb.). — J'ai récolté mes échantillons
en Savoie, sur la moraine du glacier de Montanvert.

** *Racine émettant des jets rampants et des rameaux ascendants
très feuillés, persistants, d'entre lesquels s'élèvent les tiges florifères annuelles.*

a. Fleurs blanches ou rougeâtres.

8. O. blanc. — *S. album*.

Linn. Sp. 619. — DC. Prod. 3. p. 406. et Fl. fr. n. 3613.
— Duby, Bot. gall. p. 202. — Gaud. Fl. helv. 3. p. 216.
— Poir. Ency. 4. p. 632. — Koch, Syn. p. 260.
Lam. illust. tab. 390. fig. 2. — Bull. Herb. tab. 179. — All.
Ped. tab. 65. fig. 2. — Moris. sect. 12. tab. 7. fig. 23. —
J. Bauh. Hist. 3. p. 2. p. 690. fig. 1. — Clus. Hist. 2. p.
59. fig. 1. — Tabern. ic. p. 843. fig. 2. — Dalech. Hist.
p. 1132. fig. 4. — Dod. pempt. p. 129. fig. 2. (*ead. ac
Clus. et Dalech.*).

Racine fibreuse ; produisant des rameaux stériles tortueux, souvent radicants à la base, ascendants, très feuillés, simples ou rameux , gazonnants, et des tiges fertiles, dressées, légèrement pubescentes, souvent ponctuées de rouge , feuillées, hautes de 1—2 décim. ; feuilles éparses, cylindriques, un peu comprimées , oblongues-linéaires , très obtuses, étalées , très glabres, d'un beau vert, rougeâtres sur la fin , caduques après la fleuraison dans les tiges fertiles ; fleurs blanches, petites , nombreuses , dressées , portées sur des pédicelles courts, uniflores, disposées en cyme terminale glabre , rameuse , corymbiforme ; lobes du calice courts, ovales, aplanis ; pétales lancéolés, un peu obtus, 3 fois plus longs que le calice, souvent marqués d'une ligne purpurine sur la carène ; étamines de la longueur des pétales , à anthères d'un pourpre noirâtre ; carpelles longuement acuminées. ♃ (Juillet , août).

Commun sur les murs, les toits et parmi les rochers. Vulg. *Trique-madame*.

9. O. à feuilles épaisses. — *S. dasyphyllum.*

Linn. Sp. 618. — DC. Prod. 3. p. 406. et Fl. fr. n. 3616. — Duby, Bot. gall. p. 203. — Gaud. Fl. helv. 3. p. 218. — Koch , Syn. p. 260. — *Sedum glaucum.* Poir. Ency. 4. p. 631.

Bull. Herb. tab. 11. — Moris. sect. 12. tab. 7. fig. 35. — J. Bauh. Hist. 3. p. 2. p. 691. fig. 1. — Dalech. Hist. p. 1133. fig. 2.

Racine fibreuse , produisant des tiges fertiles grêles , faibles , filiformes , rameuses et pubescentes-visqueuses à leur partie supérieure , longues de 5—10 centim. , et des jets stériles étalés, garnis de feuilles embriquées, très rapprochées , formant souvent des gazons serrés ; feuilles ovales, obtuses , épaisses, glauques , très charnues , planes en dessus, convexes en dessous ; fleurs pédicellées, blanches, disposées le long des rameaux en cyme paniculée ; lobes du calice ovales, concaves, courts, pubescents-glanduleux , ainsi que les pédicelles ; pétales doubles de la longueur du calice , ovales lancéolés , marqués sur la carène d'une ligne purpurine ; étamines à anthères d'un pourpre noirâtre ; carpelles dressés , acuminés , à la fin purpurescents. ♃ (Juin, juillet).

Les murs et les rochers : Salins, commun sur les murs des vignes , des jardins, et parmi les rochers. — Nyon, commun sur les murs, même de la ville (Gaud.). — Genève, sur Saint-Antoine, à Veirier, à Salève, etc., etc. (Reut.). — Bâle, sur les murs près de Delémont (Hagenb.).

b. Fleurs jaunes.

10. O. âcre. — *S. acre*.

Linn. Sp. 619. — DC. Prod. 3. p. 407. et Fl. fr. n. 3621. — Duby, Bot. gall. p. 203. — Gaud. Fl. helv. 3. p. 224. — Poir. Ency. 4. p. 632. — Koch, Syn. p. 260.
Bull. Herb. tab. 30. — Moris. sect. 12. tab. 6. fig. 12. — J. Bauh. Hist. 3. p. 2. p. 694. fig. 2. — Clus. Hist. 2. p. 61. fig. 1. — Tabern. ic. p. 844. fig. 1. — Dalech. Hist. p. 1130. fig. 2. — Dod. pempt. p. 129. fig. 3. — Lob. ic. p. 379. fig. 1. (*ead.*).

Racine fibreuse , produisant des rameaux stériles couchés , presque rampants, ascendants, gazonnants, et des tiges fertiles dressées, feuillées, hautes de 5—10 centim.; feuilles éparses, très rapprochées, courtes, épaises, obtuses, presque ovoïdes, un peu aplanies en dessus, rétrécies vers le sommet, ventrues sur le dos, presque dressées, prolongées à la base, d'un vert jaunâtre, plus rapprochées et embriquées sur les tiges stériles ; fleurs d'un jaune vif, assez grandes, disposées en cyme feuillée à 3 branches, dont une plus courte que les autres ; lobes du calice ovales-lancéolés, obtus, plans - convexes ; pétales étalés, lancéolés, aigus, doubles de la longueur du calice ; carpelles étalés en étoile, acuminés. ♃ (Juin, juillet).

Commun sur les murs et dans les lieux arides. — Cette plante, âcre et piquante, est antiscorbutique et émétique ; on ne doit l'employer qu'avec prudence ; elle est vénéneuse pour les chiens qu'elle tue en causant l'inflammation et l'ulcération de l'appareil digestif ; elle est détersive sur les cancers ; son suc et sa pulpe sont employés pour le traitement des cors et des durillons.

11. O. sexangulaire. — *S. sexangulare.*

Linn. Sp. 620. — DC. Prod. 3. p. 407. et Fl. fr. n. 3623. — Duby, Bot. gall. p. 203. (*excl. Syn.* Loisel et DC. Fl. fr. supp.). — Gaud. Fl. helv. 3. p. 224. — Koch, Syn. p. 260. (*ex parte*). — *S. acre. var. β. sexangulare.* Poir. Ency. 4. p. 632.

Plante rameuse dès la base, à rameaux stériles, couchés, presque rampants, ascendants, à tiges fertiles dressées, simples, très feuillées, hautes de 6—8 centim. ; feuilles presque cylindriques, linéaires, obtuses, sessiles, légèrement prolongées à la base, presque ternées-verticillées, à séries alternes, ce qui, dans les rameaux stériles où elles sont plus rapprochées et embriquées, les fait paraître à 6 rangs ou à 6 côtes très marquées ; fleurs jaunes, sessiles le long des rameaux, formant une cyme terminale feuillée, à 2—3 branches divariquées ; lobes du calice oblongs, obtus ; pétales lancéolés-acuminés, doubles de la longueur du calice ; anthères jaunes ; petites ; carpelles longuement acuminés. ♃ (Juin, juillet).

Sur les collines, dans les lieux arides et pierreux, moins commun que l'espèce précédente : Salins, sur Arèle, Suziau, le long de la route près de Saint-Joseph, etc. — Genève, sur les Tranchées ; au bord du Rhône, sous Aïre (Reut.). — Bâle, le long de la Birse et du Birsec (Hagenb.).

12. O. du bois de Boulogne. — *S. Boloniense.*

Loisel, Notice, p. 71. — DC. Prod. 3. p. 407. et Fl. fr. supp. n. 3623[a]. — Poir. Ency. supp. 4. p. 211. — Mérat. Fl. par. ed. 2. p. 352. — Chevall. Fl. par. p. 656.

Racine rampante, donnant naissance à des rameaux stériles, couchés, presque rampants, ascendants, et à des tiges
fertiles simples, dressées, très feuillées, hautes de 10—15
centim., glabres; feuilles cylindriques, glabres, obtuses,
un peu prolongées à la base, très rapprochées et embriquées
en tous sens dans les rameaux stériles, qui sont moins épais
et moins compactes que dans l'espèce précédente, un peu
plus écartées dans les tiges fleuries : les inférieures plus
courtes, oblongues; fleurs d'un jaune pâle, sessiles, éparses,
au nombre de 6—10, le long des rameaux formant une cyme
terminale étalée, à 3—4 divisions ; lobes du calice oblongs,
cylindracés, obtus; pétales lancéolés-acuminés, doubles de
la longueur du calice ; anthères jaunes, petites ; carpelles
longuement acuminés. Cette espèce a de grands rapports
avec la précédente, dont elle n'est peut-être qu'une variété :
elle s'en distingue par sa taille un peu plus élevée; par ses
rameaux stériles moins épais et moins compactes ; par ses
feuilles un peu plus grêles, embriquées en tout sens, et non
sur 6 rangs ; les fleurs sont un peu plus pâles : du reste,
elles me paraissent absolument semblables, ainsi que les carpelles. ♃ (Juin, juillet).

Assez commun aux environs de Salins, dans les lieux arides et pierreux : sur Arèle ; le long de la route près de Saint-Joseph ; à Poupet,
au-dessus des vignes d'Ivrey ; à Ivory ; au bord des champs, à Villers-Farlay, etc.

13. O. des rochers. — *S. rupestre.*

Linn. Sp. 618. — DC. Prod. 3. p. 407. — Gaud. Syn. p.
573. — Duby. Bot. gall. p. 205. — *S. reflexum.* Gaud.
Fl. helv. 3. p. 225. (*et multorum, non Linn.*). — Koch,
Syn. p. 261. *var.* β. *glaucum* (*ex parte*). — DC. Fl. fr.
n. 3625.

J. Bauh. Hist. 3. p. 2. p. 693. fig. 3. — Clus. Hist. 2. p. 60.
fig. 1. et 2. — Tabern. ic. p. 843. fig. 1. — Dod. pempt.
p. 129. fig. 1.

Racine produisant des rameaux stériles, couchés, ascendants, et des tiges fertiles dressées, feuillées, cylindriques,
glabres, hautes de 2—3 décim. ; feuilles éparses, glabres,
cylindriques, subulées, glauques, prolongées à la base,
demi-étalées et un peu écartées sur les tiges fleuries,
caduques après la fleuraison, de sorte qu'à cette époque
on les trouve souvent entièrement nues : très rapprochées
dans les rameaux stériles, embriquées, souvent courbées du
même côté au sommet ; fleurs grandes, d'un jaune vif, pédicellées, en cyme rameuse paniculée, penchée avant la
fleuraison, à rameaux extérieurs souvent recourbés ; lobes
du calice ovales-lancéolés, aigus ou un peu obtus ; pétales
lancéolés, également aigus ou un peu obtus, étalés, doubles
de la longueur du calice ; carpelles longuement acuminés. ⚕
(Juillet, août).

Le bord des chemins et les murs des vignes, les lieux arides, pier-
reux : çà et là, aux environs de Salins ; d'Arbois ; de Besançon ; de
Thoirette, etc. — De Neuchâtel (Gaud.). — De Genève, au bord du
Rhône près d'Aïre, au bois de Bay, etc. (Reut.). — De Bâle
(Hagenb.).

14. O. à pétales dressés. — *S. anopetalum.*

DC. Rapp. 2. p. 80. et ejusd. Prod. 3. p. 408. et etiam Fl.
fr. supp. n. 3626. — Duby, Bot. gall. p. 204. — Gaud. Fl.
helv. 3. p. 226. — Koch . Syn. p. 261. — *S. rupestre. α.*
Poir. Ency. 4. p. 632. — *S. Hispanicum.* DC. Fl. fr. n.
3626. (*non Linn.*).

Cette espèce a le port de la précédente, mais elle est
moins élevée et ses pétales sont d'un jaune pâle, dressés,
jamais étalés. Tiges rameuses et couchées à la base, un peu
tortueuses, ascendantes : les fertiles dressées, glabres, cylindriques, feuillées, hautes de 10—15 centim. ; feuilles
éparses, glauques, cylindriques, subulées, mucronées,
charnues, un peu planes en dessus, prolongées à la base :
très rapprochées et embriquées dans les rameaux stériles,
disposées en spirale : caduques dans les tiges fleuries qui

sont souvent nues après la fleuraison ; fleurs grandes, rapprochées , en cyme terminale glabre , serrée , à 3—4 branches courtes, souvent divisées, dressées, pauciflores, rarement réfléchies, à pédicelles courts, épais, uniflores ; lobes du calice largement lancéolés , aigus; pétales dressés, carénés, à une seule nervure, d'un jaune pâle, linéaires-lancéolés-acuminés ; anthères jaunes; carpelles dressés, longuement aristés. ♃ (Juillet, août).

Près de Saint-Claude (Gaud.). — Le long des champs, près du Léman , sous Lausanne (Rapin).

5. JOUBARBE. — *SEMPERVIVUM*. Linn.

Calice à 6—12 divisions; pétales 6—12 oblongs , aigus ; étamines en nombre double ; carpelles en même nombre que les pétales , munis chacun d'une écaille hypogyne dentée ou déchirée au sommet.

1. J. des toits. — *S. tectorum*.

Linn. Sp. 664. — DC. Prod. 3. p. 413. et Fl. fr. n. 3628. — Duby, Bot. gall. p. 204. — Gaud. Fl. helv. 3. p. 288. — Lam. Ency. 3. p. 289. — Koch , Syn. p. 262. Chaum. Fl. méd. tab. 208. — Mill. illust. tab. 40. — Moris. sect. 12. tab. 7. fig. 41. — J. Bauh. Hist. 3. p. 2. p. 687. fig. 1. — Tabern. ic. p. 842. fig. 1. — Dalech. Hist. p. 1127. fig. 1. — Dod. pempt. p. 127. fig. 2. — Lob. ic. p. 373. fig. 2. (*ead.*).

Racine presque simple , allongée , épaisse , charnue, blanchâtre , donnant naissance à des jets traçants produisant un grand nombre de rosettes étalées , et à des tiges feuillées, hautes de 3 décim. , dressées, cylindriques, velues; feuilles des rosettes glabres , épaisses, oblongues-obovales, brusquement terminées en pointe acuminée, raides, charnues, souvent rougeâtres vers le sommet : celles de la tige éparses, lancéolées-acuminées, presque embriquées, un peu pubescentes, moins épaisses que celles des rosettes, tou

promptement après la fleuraison ; fleurs grandes, nombreuses, purpurines, alternes, presque sessiles et unilatérales sur des rameaux étalés, disposés en cyme terminale ; lobes du calice velus, ovales-elliptiques ; pétales un peu velus, ciliés, oblancéolés-acuminés, ouverts en étoile, doubles de la longueur du calice ; carpelles étalés en couronne, uniloculaires, polyspermes ; graines oblongues, luisantes. ♃ (Juillet, août).

Les murs, les rochers des montagnes : Salins, sur les rochers, à Saint-André, en face de la ville; et à Château, près de la grotte; sur la Dôle et la chaîne du Colombier. — Genève, sur les murs, les toits de chaume; et sur les rochers à Sous-Terre (Reut.). — Nyon, sur les murs de la ville (Gaud.). — Bâle, sur les toits et les murs (Hagenb.). — Le suc de la joubarbe est rafraîchissant : on s'en sert contre les hémorrhoïdes; les feuilles sont employées comme émollientes sur les cors.

FAMILLE L.

Grossulariées. DC.

Tube du calice adhérent à l'ovaire, à limbe presque aplani, ou en cloche, ou tubuleux, à 4—5 divisions régulières ; pétales 4—5, égaux, insérés sur le bord du tube du calice et alternes avec ses divisions ; étamines 4—5, libres, insérés entre les pétales, à anthères biloculaires, s'ouvrant longitudinalement; ovaire uniloculaire à plusieurs ovules; placentas 2, pariétaux, opposés; style à 2—4 divisions; fruit en baie, couronné par le calice marcescent; graines munies de périsperme, fixées par leur extrémité la plus large et obtuse à un funicule allongé, enveloppées d'un tégument gélatineux à l'extérieur et membraneux à l'intérieur. Embryon petit, écarté de l'ombilic, placé à l'extrémité la plus aiguë de la graine ; cotylédons tournés vers l'ombilic.

1. GROSSEILLER. — *RIBES*. Linn.

Mêmes caractères que ceux de la famille.

§ 1. *Tiges épineuses; pédoncules à* 1—3 *fleurs.* —
Grossularia. DC.

1. G. épineux. — *R. Uva-crispa.*

Linn. Sp. 292. — DC. Prod. 3. p. 478. et Fl. fr. n. 3646.
— Duby, Bot. gall. p. 206. — Gaud. Fl. helv. 2. p. 231.
— Lam. Ency. 3. p. 50. — *R. grossularia. var. β. pu-
bescens.* Koch, Syn. p. 265.
J. Bauh. Hist. 1. p. 2. p. 47. —Tabern. ic. p. 1082. fig. 1.
—Dalech. Hist. p. 131. fig. 1. — Dod. pempt. p. 748. fig. 1.
Arbrisseau très rameux, commençant à feuiller dès le
mois de février, haut de 10—15 décim., à écorce cendrée,
à rameaux blanchâtres, chargés d'aiguillons réunis 2—3
ensemble; feuilles petites, alternes sur les jeunes rameaux,
réunies et presque fasciculées sur le vieux bois, arrondies, un
peu en cœur à la base, pubescentes, à 3—5 lobes profonds,
obtus, dentés ou crénelés, portées sur des pétioles presque
aussi longs qu'elles; pédoncules axilaires, à 1—2 fleurs,
courts, velus, munis de 1—2 petites bractées dans le haut;
calice velu, à lobes réfléchis, d'un rouge pourpre, glabres
intérieurement; pétales plus petits que les lobes du calice,
dressés, obtus, blanchâtres, cunéiformes; baies d'un vert
jaunâtre, velues, à la fin glabres, acides et astringentes,
d'une saveur douce, assez agréable à la maturité. ♄ (Mars,
avril).

Commun partout dans les haies et les buissons.

β· *Sativum.* DC. Fl. fr. l. c. et Prod. 3. l. c. var. ζ. —
Gaud. Fl. helv. 2. l. c. var. β. *hortensis.—R. grossularia.*
Linn. Sp. 291. — Feuilles plus grandes, souvent glabres
et luisantes en dessous ou un peu poilues; baies plus grosses,
glabres ou poilues, jaunâtres ou rouges à la maturité.

Cultivé dans les jardins. — Les groseilles servent à assaisonner les
viandes et les poissons, lorsqu'elles sont encore acides; mûres, elles
sont alimentaires, rafraîchissantes et laxatives.

§ 2. *Tiges non épineuses ; fleurs en grappes.* — Ribesia. **DC.**

2. G. des Alpes. — *R. Alpinum.*

Linn. Sp. 291. — DC. Prod. 5. p. 480. et Fl. fr. n. 5644.
— Duby, Bot. gall. p. 206. — Gaud. Fl. helv. 2. p. 230.
— Lam. Ency. 3. p. 49. — Koch, Syn. p. 265.
J. Bauh. Hist. 2. p. 98. fig. 1.

Arbrisseau de 10 — 15 décim. de hauteur, rameux, non
épineux, à écorce cendrée ; feuilles petites, portées sur des
pétioles presque aussi longs qu'elles, garnies de quelques
poils et légèrement ciliées, ainsi que les pétioles, à 3 — 5
lobes obtus, quelquefois un peu lancéolées, inégalement et
obtusément dentées en scie, à peine échancrées en cœur à la
base, vertes en dessus, plus pâles et un peu luisantes en
dessous ; fleurs d'un vert jaunâtre, disposées en petites
grappes dressées, garnies de poils courts, glanduleux, munies de bractées lancéolées, aiguës, ciliées-glanduleuses,
plus longues que les pédicelles ; lobes du calice ovales, non
réfléchis ; pétales obovales - oblongs, à 3 nervures ; baie
d'un rouge clair, d'une saveur douce, mais fade. ♄ (Mai,
juin).

Commun parmi les rochers et les buissons des montagnes du haut et
du bas Jura : aux environs de Salins ; d'Arbois ; de Besançon, etc.; sur
la Dôle et la chaîne du Colombier ; sur le Salève ; le mont Bôle ; à
l'Échelette ; au-dessus de Vallorbe ; à la combe de Valanvron, près de
Ferrière ; sur la montagne de la Tourne ; aux environs de Bâle, etc.

3. G. rouge. — *R. rubrum.*

Linn. Sp. 290. — DC. Prod. 5. p. 481. et Fl. fr. n. 5642.
Duby, Bot. gall. p. 206. — Gaud. Fl. helv. 2. p. 228. —
Lam. Ency. 3. p. 47. — Koch, Syn. p. 265.
Chaum. Fl. méd. tab. 189. — Lam. illust. tab. 146. fig. 1.
— J. Bauh. Hist. 2. p. 97. — Clus. Hist. 1. p. 120. —

Tabern. ic. p. 1082. fig. 1. — Dalech. Hist. p. 132. fig. 1. — Dod. pempt. p. 749. fig. 1. — Lob. ic. 2. p. 202. fig. 1.

Arbrisseau de 10—15 décim. de hauteur, très rameux, dressé, à écorce d'un brun cendré ; feuilles alternes, grandes, portées sur de longs pétioles pubescents, ciliés à la base, presque glabres en dessus, pubescentes en dessous, échancrées en cœur à la base, à 3—5 lobes un peu obtus, les 2 extérieurs moins saillants, irrégulièrement dentés ; fleurs en grappes pendantes, solitaires ou agrégées, à pédicelles et axes, plus ou moins pubescents ; bractées ovales, beaucoup plus courtes que les pédicelles ; calice verdâtre ou un peu rougeâtre, à lobes courts, arrondis ; pétales petits, blanchâtres ; cunéiformes, un peu échancrés ; style profondément bifide ; baies rouges, lisses, légèrement acides, d'un goût agréable, rafraîchissantes. ♄ (Avril, mai).

Cette plante se trouve dans les lieux secs des montagnes et quelquefois dans les lieux humides des vallées : Salins, au pied de Poupet, au-dessus de Combelle ; et le long du ruisseau dans les vernes du bois de Racine ; dans une haie à Mont-Servant ; contre le mur du bord de la Furieuse, le long de la promenade des Capucins, et sur plusieurs autres points de ses bords ; au pied de la Dôle, du côté des Rousses, presque à la naissance de la vallée des Dappes ; autour des tas de pierres (murgers) au milieu des champs, à côté de la tourbière de la Chaux, près de Sainte-Croix. — A la combe de Valauvron ; aux Convers ; au roc Milledeux ; à la métairie de Crans ; sur le mont Bôle (Gaud.). — Aux environs de Bâle (Hagenb.). — Les montagnes près de Saint-Hippolyte. (Girod-Chant.).

β. *Hortense*. DC. Fl. fr. l. c. et Prod. 3. l. c. — Feuilles plus grandes ; baies plus douces, un peu plus grosses, rouges ou blanches.

Cultivé dans les jardins. — Mes échantillons de la Dôle et de Sainte-Croix diffèrent de ceux des environs de Salins par leurs feuilles plus grandes, plus velues en dessous, ainsi que les pétioles, plus profondément découpées en lobes lancéolés, aigus, doublement dentées en scie, à dents aiguës, et non arrondies et un peu mucronées.

4. G. des rochers. — *R. petrœum.*

Wulf. in Jacq. Miscell. 2. p. 36. — DC. Prod. 3. p. 481.
et Fl. fr. n. 3643. — Duby, Bot. gall. p. 206. — Gaud.
Fl. helv. 2. p. 229. — Lam. Ency. 3. p. 48. — Koch,
Syn. p. 266.

Lam. illust. tab. 146. fig. 2.

Cet arbrisseau ressemble beaucoup au précédent, mais on
l'en distingue facilement à ses grappes de fleurs plus allongées, presque velues, d'abord dressées ou penchées, puis
pendantes ; aux pédicelles des fleurs plus courts, presque
nuls au commencement de la fleuraison, ce qui donne à la
grappe l'apparence d'un épi, munis de bractées très courtes,
tronquées ; à ses pétioles presque plus longs que les feuilles
dont les dents sont plus nombreuses, plus étroites, le plus
souvent elles-mêmes dentées ; à son calice en cloche, d'un
pourpre foncé à la base, à lobes en coin, ciliés, rougeâtres ;
à ses pétales obovales échancrés, également ciliés ; enfin à
ses baies un peu déprimées, rouges, d'un acide moins
agréable, acerbes et astringentes. ♄ (Mai, juin).

Les rochers humides des montagnes : sur le Suchet (Monnard). —
Çà et là dans les montagnes autour de Longirod (Gaud.). — Dans les
bois derrière la Dôle ; près de la tourbière de la Trélasse ; entre Lavatay
et la Faucille (Reut.). — Sur la Dent-de-Vaulion (Rapin).

5. G. noir. — *R. nigrum.*

Linn. Sp. 291. — DC. Prod. 3. p. 481. et Fl. fr. n. 3645. —
Duby, Bot. gall. p. 207. — Gaud. Fl. helv. 2. p. 231. —
Lam. Ency. 3. p. 49. — Koch, Syn. p. 265.

J. Saint-Hil. Pl. fr. tab. 572. — J. Bauh. Hist. 2. p. 99. fig.
1. — Tabern. ic. p. 1083. fig. 1. — Dalech. Hist. p. 133.
fig. 1. — Dod. pempt. p. 749. fig. 2. — Lob. ic. 2. p.
202. fig. 2. (*ead.*).

Cette espèce se distingue de suite aux glandes résineuses
qui recouvrent la face inférieure des feuilles, ainsi que les

calices et les écailles des bourgeons, et que l'on ne trouve point dans les autres groseillers. Arbrisseau de 10—15 décim. de hauteur, dressé, rameux, à écorce cendrée; feuilles grandes, échancrées en cœur à la base, longuement pétiolées, d'une odeur forte, à 3—5 lobes, le terminal ordinairement plus grand, triangulaire, aigu, doublement dentées en scie, pubescentes en dessous, particulièrement sur les nervures, et couvertes de points résineux jaunes et brillants que l'on remarque aussi sur le tube du calice; grappes de fleurs lâches, pubescentes, pauciflores et pendantes, à bractées beaucoup plus courtes que les pédicelles, calice en cloche, à lobes arrondis, recourbés; pétales oblongs, dressés, blanchâtres; baies grosses, noires, peu nombreuses, d'une saveur aromatique bitumineuse. ♄ (Avril, mai).

Les lieux humides, parmi les buissons : Salins, le long du chemin des vignes dites Lafenet, dans une haie ; parmi les buissons au bord de la Furieuse, vis-à-vis de la Baume-au-Soulier. — Bâle, çà et là dans les haies (Hagenb.). — Cultivé dans les jardins sous le nom de *Cassis*. — On prépare avec les fruits un ratafia estimé comme stomachique.

FAMILLE LI.

Saxifragées. Vent.

CALICE persistant, plus ou moins adhérent à l'ovaire ou libre, à 4—5 lobes ou divisions à estivation embriquée; pétales 4—5, insérés sur le calice, alternes avec ses divisions, rarement nuls; étamines libres, en même nombre que les pétales ou en nombre double, insérées sur le calice, ou hypogynes; styles 2, rarement 4—5, persistants, à stigmate en tête ou en massue; ovaire à 1 ou 2 loges à plusieurs ovules, composé de 2 carpelles soudés entre eux et portant les graines à leur bord; placentas pariétaux dans les ovaires uniloculaires et centraux dans les ovaires à 2 loges; fruit capsulaire, souvent à 2 lobes, s'ouvrant par un trou entre les styles, ou de la base au sommet. Embryon dans l'axe du périsperme, à radicule tournée vers l'ombilic. — Herbes à feuilles alternes ou radicales, ordinairement charnues.

α. Fleurs munies de corolle.

1. SAXIFRAGE. — *SAXIFRAGA.* Linn.

Calice à 5 lobes ou à 5 divisions, adhérent à l'ovaire ou
libre ; corolle à 5 pétales ; styles 2, persistants ; capsule à 2
becs, biloculaire, polysperme, s'ouvrant par un trou entre
les styles ; placentas au milieu de la cloison.

§ 1. *Feuilles opposées; capsule adhérente.*

1. S. à feuilles opposées. — *S. oppositifolia.*

Linn. Sp. 575.— Ser. in DC. Prod. 4. p. 17. et Fl. fr. n. 3566.
   — Duby, Bot. gall. p. 207. — Gaud. Fl. helv. 3. p. 94.
   — Poir. Ency. 6. p. 685. var. *α.* — Koch, Syn. p. 269.
All. Fl. pedem. tab. 21. fig. 3. (*mediocris*). — Linn. Fl.
   Lapp. tab. 2. fig. 1. — Moris. sect. 12. tab. 10. fig. 56. —
   J. Bauh. Hist. 3. p. 2. p. 694. fig. 1.
Souches couchées, très rameuses, dures, diffuses, émettant un grand nombre de rameaux dressés, hauts de 8—10
centim., feuillés dans toute leur longueur, formant des
touffes gazonnantes épaisses ; feuilles petites, obovales,
obtuses, dures, épaisses, un peu recourbées, entières, lé-
légèrement cartilagineuses sur les bords, ciliées, d'un vert
foncé, très rapprochées, opposées, souvent embriquées sur
4 rangs, marquées au sommet de 1—3 pores ou points enfoncés : les inférieures sèches, persistantes ; rameaux florifères à une seule fleur grande, purpurine, terminale,
presque sessile, à lobes du calice obtus, ciliés, à pétales
ovales, larges, rayés, un peu rétrécis à la base, plus longs
que le calice et les étamines ; capsule ovoïde, terminée
par 2 pointes allongées, aiguës. ⅔ (Mai, juin).

Parmi les rochers des hautes sommités du Jura : sur quelques saillies
de rochers, près du Colombier et du Reculet ; au pied des rochers, à
droite en descendant du Reculet au chalet de Thoiry. — Au Reculet, sur

le revers du côté de France (Reut.). — Les montagnes aux environs de Pontarlier (Girod-Chant.)? — Girod-Chantrans cite encore, comme se trouvant sur nos hautes montagnes, mais sans indication de lieux, le *S. androsacea.* Linn., et le *S. stellaris*, que je ne ferai qu'indiquer ici, ne connaissant aucun lieu dans le Jura où ces plantes aient été observées.

§ 2. *Feuilles alternes ou éparses.*

* *Feuilles sessiles, coriaces, entourées d'un bord cartilagineux, denté : les radicales disposées en rosette; capsule adhérente. Fleurs blanches.*

2. S. Aïzoon. — *S. Aïzoon.*

Jacq. Fl. aust. 5. p. 438. — Ser. in DC. Prod. 4. p. 19. et Fl. fr. n. 3560. — Duby, Bot. gall. p. 208. — Gaud. Fl. helv. 3. p. 87. — Poir. Ency. 6. p. 627. — Koch, Syn. p. 266. — *S. Cotyledon. var.* ε. Linn. Sp. 524. Barr. ic. fig. 375. 1309. 1311 et 1312.

Tige dressée, cylindrique, haute de 2—3 décim., simple, feuillée, velue-glanduleuse, visqueuse, ainsi que les pédoncules; feuilles radicales disposées en rosette stolonifère à la base, donnant naissance à un grand nombre de rosettes plus petites, formant quelquefois sur les rochers des gazons étendus : ces feuilles sont oblongues-obovales, obtuses, souvent presque linéaires, un peu élargies au sommet, glabres, épaisses, coriaces, étalées, bordées de dentelures blanchâtres, cartilagineuses, souvent marquées de points enfoncés garnis d'une substance blanche crétacée qui s'enlève facilement : les caulinaires sont éparses, plus petites, obovales en spatule; fleurs blanches, souvent ponctuées de jaune et de pourpre, disposées en panicule corymbiforme, portées, au nombre de 1—4, sur de longs pédoncules un peu écartés dans le bas de la panicule, plus courts et plus resserrés dans le haut, à pédicelles courts et grêles; calice glabre, à lobes ovales; pétales obovales un peu en coin, à 3 nervures; anthères blanches. ⚥ (Juillet, août).

Commune sur les rochers découverts du haut et du bas Jura : aux
environs de Salins; d'Arbois; de Besançon; de Poligny; de Thoirette, etc.; sur le Salève; le Reculet; le Colombier; la Dôle; le Suchet;
le Chasseron; le Creux-du-Vent, etc., etc.

α. *Major*. Koch, Syn. l. c. — Ser. in DC. Prod. 4. l. c.
var. β. — Feuilles oblongues-linéaires, à peine plus larges
au sommet; pédoncules allongés, à 3—4 fleurs.

Salins, sur Poupet, etc., parmi les rochers.

β. *Minor*. Koch, Syn. l. c. — Ser. in DC. Prod. 4. l. c.
var. α. — Feuilles oblongues-obovales, plus courtes; pédoncules plus courts, à 1—2 fleurs.

Salins, sur les crêtes arides de Poupet; de Belin, etc.

** *Feuilles linéaires ou lancéolées; rosettes radicales nulles ou peu
caractérisées. Fleurs jaunes.*

a. Capsule libre.

3. S. à fleurs jaunes. — *S. Hirculus*.

Linn. Sp. 576. — Ser. in DC. Prod. 4. p. 44. et Fl. fr. n.
3590. — Duby, Bot. gall. p. 212. — Gaud. Fl. helv. 5.
p. 100. — Poir. Ency. 6. p. 686. — Koch, Syn. p. 270.
Hall. Helv. tab. 11. fig. 4. (*sepala acuta*). — Moris. sect.
12. tab. 8. fig. 6. (*sepala acuta*).

Racine grêle, fibreuse; tige simple, dressée, haute de
15—20 centim., feuillée dans toute sa longueur, souvent
rougeâtre, garnie, surtout à sa partie supérieure, de longs
poils roux, crépus, munie à la base de jets couchés, filiformes; feuilles alternes, dressées contre la tige, étroites,
sessiles, lancéolées, un peu épaisses et un peu obtuses, glabres, entières, herbacées, finement grenues en dessus à la
loupe : les inférieures plus grandes, plus larges, rétrécies
en pétiole à la base, ce qui les rend spatulées; fleurs grandes,
jaunes, terminales, au nombre de 1—4, rapprochées; sépales ovales, obtus, ciliés, réfléchis après la fleuraison; pé-

tales ovales-oblongs, marqués de points safranés, doubles de
la longueur du calice, à 7—9 nervures lougitudinales parallèles ; capsule ovoïde, libre, terminée par 2 styles courts,
à stigmates déprimés ; graines nombreuses, blanches, obovoïdes, luisantes. ♃ (Juillet, août).

Les marais tourbeux du Jura : dans les tourbières de Pontarlier ; de
Bélieux, près de Morteau ; de Pont-Martel; de la Châtagne; des Espla-
tures ; de la Brevine ; de la Chaux-d'Abelle; à la Châtelaz, près de Bellelay ; du Brassus; de la Vraconne, près de Sainte-Croix ; au marais de
la Trélasse, près de Saint-Cergue, etc.

b. Capsule adhérente.

4. S. aizoïde. — *S. aizoïdes.*

Linn. Sp. 576. — Ser. in **DC.** Prod. 4. p. 47. et Fl. fr. n.
3569. — Duby, Bot. gall. p. 212. — Gaud. Fl. helv. 3.
p. 101. — Koch, Syn. p. 270. — Poir. Ency. 6. p. 687.
et *S. autumnalis,* p. 687.
Scop. Carn. ed. 2. tab. 14. — Moris. sect. 12. tab. 6. fig. 3.
— J. Bauh. Hist. 3. p. 2. p. 693. fig. 2. — Clus. Hist. 2.
p. 60. fig. 3.
Tiges nombreuses, couchées ou tombantes, ascendantes,
simples, pubescentes, quelquefois un peu rameuses à la
base, hautes de 10—16 centim., garnies de feuilles plus ou
moins étalées, rapprochées, marcescentes et souvent réfléchies dans le bas; feuilles linéaires ou linéaires-lancéolées,
éparses, sessiles, planes, un peu épaisses et succulentes,
obtuses, mucronées, entières, plus ou moins garnies de cils
raides, courts, écartés, quelquefois nuls; fleurs grandes,
disposées en panicule ou grappe terminale lâche, portées sur
des pédoncules pubescents, uniflores ou biflores, inégaux;
calice glabre, à sépales ovales, obtus ; pétales oblongs,
jaunes, à peine plus longs que le calice; capsule un peu
épaisse ; styles courts, divergents, à stigmate déprimé (la
fleur terminale de l'un des échantillons que j'ai sous les yeux
a l'ovaire à 3 styles). ♃ (Juillet, août).

J'ai trouvé cette plante, rare dans le Jura, en 1822, près du chalet de Croset, dans un lieu humide au pied nord d'une sommité, en allant de la Faucille au Colombier, et en 1842, au nord d'une autre sommité au-dessus d'Allamogne, près du Reculet. — Au bord du Rhône, à l'extrémité des sables d'Aïre, près de la campagne d'Ivernois, dans un lieu arrosé (Reut.).

*** *Feuilles arrondies ou réniformes, crénelées, pétiolées. Fleurs blanches.*

a. Capsule libre.

5. S. à feuilles rondes. — *S. rotundifolia.*

Linn. Sp. 576. — Ser. in DC. Prod. 4. p. 43. et Fl. fr. n. 3573. — Duby, Bot. gall. p. 212. — Gaud. Fl. helv. 3. p. 103. — Poir. Ency. 6. p. 688. — Koch, Syn. p. 277. Bull. Herb. tab. 527. — Moris. sect. 12. tab. 8. fig. 10. — J. Bauh. Hist. 3. p. 2. p. 707. fig. 2. — Clus. Hist. 1. p. 307. fig. 2. — Dalech. Hist. p. 1322. fig. 2. (*mediocris*).

Racine fibreuse ; tige dressée, rameuse au sommet, haute de 3—5 décim., cylindrique, fistuleuse, hérissée, ainsi que les rameaux et les pétioles, de longs poils mous, articulés ; feuilles radicales et les inférieures grandes, arrondies-réniformes, échancrées en cœur à la base, longuement pétiolées, velues en dessous, presque glabres en dessus, bordées de grandes crénelures ou de dents larges, inégales, triangulaires, un peu aiguës : les supérieures plus petites, presque sessiles ou portées sur des pétioles beaucoup plus courts, peu ou point échancrées en cœur à la base, presque incisées, à dents plus grandes, plus profondes, plus aiguës ; fleurs petites, nombreuses, blanches, disposées à l'extrémité de la tige et des rameaux en panicule terminale lâche, rameuse, à rameaux grêles, à pédicelles filiformes, munis à la base de petites bractées linéaires-subulées ; calice pubescent-glanduleux, ainsi que les pédicelles et les rameaux, à lobes lancéolés, aigus, étalés ; pétales lancéolés, elliptiques, doubles du calice, à 3 nervures, agréablement ponctués de jaune et de pourpre; capsule ovoïde, libre, terminée par 2 styles courts, à stigmates déprimés; graines très fines, ovoïdes, brunes, un peu comprimées, très finement chagrinées à la loupe. ♃ (Juin – août).

Commune dans les lieux ombragés et un peu humides des montagnes : les bois autour de Syam, près ue Champagnole; de la Vessoye; sur le Mont-d'Or; la chaîne du Colombier; la Dôle; le Montendre; le Chasseral; le Creux-du-Vent, etc., etc.

b. Capsule adhérente.

6. S. granulée. — *S. granulata.*

Linn. Sp. 576. — Ser. in DC. Prod. 4. p. 35. et Fl. fr. n. 3574. — Duby, Bot. gall. p. 211. — Gaud. Fl. helv. 3. p. 106. — Poir. Ency. 6. p. 689. — Koch, Syn. p. 277.

J. Saint-Hil. Pl. fr. tab. 341. — Lam. illust. tab. 372. fig. 1. (*flos*). — Mill. illust. tab. 33. — Moris. sect. 12. tab. 9. fig. 23. — J. Bauh. Hist. 3. p. 2. p. 706. fig. 3. — Tabern. ic. p. 841. fig. 1. — Dalech. Hist. p. 1113. fig. 2. — Dod. pempt. p. 316. fig. 1.

Racine fibreuse, garnie au collet de petits tubercules arrondis, rougeâtres, plus ou moins nombreux; tige dressée, cylindrique, ordinairement simple, quelquefois divisée en un petit nombre de rameaux ouverts, allongés, presque nus, haute d'environ 3—4 décim., peu feuillée, velue dans le bas, à poils blanchâtres, articulés, pubescente-glanduleuse dans le haut; feuilles radicales et inférieures presque glabres ou un peu velues, réniformes, un peu épaisses, plus ou moins profondément crénelées, portées sur de longs pétioles canaliculés, velus comme la tige, élargis au sommet : les caulinaires cunéiformes, incisées-dentées, à 3—5 dents ou lobes; fleurs grandes, blanches, disposées à l'extrémité de la tige et des rameaux en panicule corymbiforme lâche, médiocrement rameuse, à pédicelles courts, inégaux, pubescents-glanduleux, visqueux, ainsi que le calice à lobes

oblongs, obtus ; pétales obovales-oblongs, un peu rétrécis à
la base, à 3 nervures, au moins 2 fois aussi longs que le
calice ; styles divergents, à stigmates en spatule ; graine
très fine, ovoïde, d'un brun foncé, très finement chagrinée
à la loupe. ♃ (Mai, juin).

Abondamment dans les lieux les moins humides de la grande tourbière de Pontarlier. — Près d'Arnex, au-dessus d'Orbe (Gaud.). —
Très abondante au bois de Bay, et dans les environs de Penex, à la campagne d'Ivernois, etc., etc. (Reut.). — Çà et là aux environs de Bâle
(Hagenb.).

**** *Feuilles plus ou moins en coin, partagées au sommet en 5—9*
lobes, ou entières; capsule adhérente. Fleurs blanches.

a. Souche rameuse, rosettes de feuilles nombreuses, en gazon.

7. S. Mousse. — *S. muscoïdes.*

Wulf. in Jacq. Misc. 2. p. 125. — Ser. in DC. Prod. 4. p.
25. et Fl. fr. n. 3588. — Duby, Bot. gall. p. 209. — Gaud.
Fl. helv. 3. p. 130. — Poir. Ency. 6. p. 697. — Koch,
Syn. p. 272.

S. cæspitosa. Scop. Carn. ed. 2. tab. 14. (*bona*).

Plante très variable, à racine dure, donnant naissance à
une souche rameuse à divisions grêles, d'un brun foncé,
souvent recouvertes par les restes des anciennes feuilles sèches et brunes, produisant un grand nombre de rosettes
d'un vert gai, formant un gazon compacte, plus ou moins
étendu ; tiges grêles, simples, hautes de 5—8 centim., cylindriques, légèrement visqueuses-pubescentes, ainsi que les
pédicelles et les calices ; feuilles des rosettes nombreuses,
dressées, glabres ou presque glabres, sessiles, cunéiformes,
à 3 nervures très marquées sur le sec, à 2—3 lobes courts,
souvent inégaux, obtus, ou bien simples, linéaires, obtuses
et indivises : les caulinaires plus petites, au nombre de 2—3,
linéaires, écartées, l'inférieure quelquefois trifide ; fleurs
2—6, petites, d'un blanc jaunâtre, paniculées, terminales ;
lobes du calice ovales, obtus ; pétales oblongs, elliptiques,

un peu rétrécis à la base , à 5 nervures, plus longs que le calice. ♃ (Juin—août).

α. Microphylla. Gaud. Fl. helv. 3. l. c. — Ser. in DC. Prod. 5. l. c. — Plante formant des gazons plus serrés , à tiges plus courtes, portant 2—3 fleurs plus rapprochées.

β. Elatior. Gaud. Fl. helv. 3. l. c. — Ser. in DC. Prod. 3. l. c. — Plante formant des gazons plus lâches ; feuilles à pétioles plus longs , plus évidemment nerveux ; tiges plus élevées , à 3—6 fleurs , plus lâchement paniculées.

L'une et l'autre variété se trouvent parmi les rochers des hautes sommités du Jura, entre le Colombier et le Reculet.

8. S. de Sponhémie. — *S. Sponhemica.*

Gmelin , Fl. bad. 2. p. 224. — Koch , Syn. p. 274. — *S. hypnoïdes. var. β. angustifolia.* Ser. in DC. Prod. 4. p. 31. — Gaud. Syn. p. 346. var. β. *Sponhemiana* , et ejusd. Fl. helv. 3. p. 121. in Obs. 2. — De Clairville, Man. d'herb. add. p. 372. — *S. palmata.* Loisel. ! (*non Smith.*) in Ann. societ. Linn. Par. sept. 1827. p. 412.

Racine fibreuse , donnant naissance à une souche très rameuse , à divisions grêles , d'un brun foncé, nues ou recouvertes en partie par les restes desséchés des anciennes feuilles , produisant un grand nombre de rosettes de feuilles d'un vert gai , formant sur les rochers des gazons épais, compactes, souvent très étendus ; tiges hautes de 8—16 centim. , dressées, cylindriques, pubescentes-glanduleuses, surtout à leur partie supérieure , ordinairement munies à la base de jets stériles longs de 4—8 centim. , tombants, ascendants, souvent rougeâtres, recouverts de feuilles alternes, très rapprochées et embriquées au sommet, garnis, ainsi que le bord des feuilles, de longs poils blanchâtres , articulés , laineux ; feuilles pétiolées, à pétiole aplani, lisse, nerveux, particulièrement sur le sec , garni sur les bords de poils laineux : celles des rosettes palmées, à 5—7, rarement 9 lobes divergents, linéaires-lancéolés, un peu obtus , mucronés, quelquefois un peu acuminés : les caulinaires plus petites, alternes, au nombre de 2—3, à 3—5 lobes, semblables à celles des jets stériles : les florales linéaires-lancéolées, simples ou bi-trifides; fleurs blanches, grandes, au nombre de 3—6, pédonculées, formant une sorte de panicule terminale; lobes du calice lancéolés, aigus; pétales obovales ou obovales-oblongs, obtus, doubles de la longueur du calice, à 3 nervures, les 2 latérales prenant naissance sur la moyenne au-dessus de la base; étamines 10, à anthères blanches, arrondies; styles 2, à stigmates en spatule; graines ovoïdes-oblongues, finement chagrinées. ♃ (Mai, juin).

Salins, sur les rochers de Belin, où je l'ai découverte il y a plus de trente ans; sur les rochers de la côte de Veley, du côté du Petit-Cernans, où je l'ai découverte en 1838. — Au pied et au sommet des rochers, à la source de la Cuisance, près d'Arbois, où elle a été découverte par M. de Ferrusac, qui l'a envoyée à Haller fils.

β. *Condensata. S. condensata.* Gmelin, Fl. bad. 2. p. 226. — Poir. Ency. supp. 5. p. 76. (*in sp. non satis notis*). — *S. hypnoïdes. var. γ. condensata.* Ser. in DC. Prod. 4. l. c. — Plante formant des gazons touffus, plus serrés, à tiges plus courtes à 2—3 fleurs, à jets stériles plus courts, moins nombreux, plus rapprochés, à lobes des feuilles moins divergents, plus étroits et plus courts.

Ces caractères sont dus à la station de la plante sur les rochers arides.

Obs. Nous rapportons le *S. palmata* de Loiseleur à cette espèce, parce qu'il tient ses échantillons de Cordienne, à qui nous l'avons fait connaître sous le nom de *S. palmata.* Smith, auquel nous rapportions alors cette plante, ne connaissant point l'espèce de Gmelin : ainsi c'est sous ce nom que Cordienne l'a donnée à M. Loiseleur, comme l'ayant lui-même découverte (voy. Lorey, Fl. Côte-d'Or, introduct. p. 14). Ce manque de bonne foi est assez commun aujourd'hui de la part de certains individus aussi avides de se faire connaître comme botanistes, que peu scrupuleux sur les moyens d'y parvenir.

b. Racine annuelle, émettant une seule tige dressée, feuillée.

9. S. à trois doigts. — *S. tridactylites.*

Linn. Sp. 578. — Ser. in DC. Prod. 4. p. 35. et Fl. fr. n.
3576. — Duby, Bot. gall. p. 211. — Gaud. Fl. helv.
3. p. 116. — Poir. Ency. 6. p. 693. — Koch, Syn.
p. 276.
Moris. sect. 12. tab. 9. fig. 31. (*bona*). — Tabern. ic. p.
805. fig. 1. (*folia perperam opposita*). — Dalech. Hist.
p. 1214. fig. 2. (*malè*). — Dod. pempt. p. 112. fig. 3.
(*ead.*).

Racine grêle, annuelle; tige haute de 6—12 centim.,
quelquefois rougeâtre, pubescente-glanduleuse, plus ou moins
rameuse, souvent dès la base, à rameaux ouverts; feuilles
radicales peu nombreuses, rétrécies en pétiole et comme
spatulées, épaisses, un peu velues, ciliées-glanduleuses, à
3 lobes profonds, oblongs-elliptiques, obtus, les 2 latéraux
souvent bifides, à lobes extérieurs plus courts et à angle
droit : les primitives entières spatulées : celles de la tige
peu nombreuses, à 3—5 lobes : les supérieures entières
étroites, lancéolées; fleurs petites, blanches, terminales,
à pédoncules inégaux, pubescents-glanduleux, visqueux,
ainsi que le calice à lobes ovales, obtus, dressés; pétales
entiers, oblongs, dépassant le calice; graines brunes,
ovoïdes, très finement chagrinées. ④ (Avril, mai).

Commune sur les vieux murs, dans les lieux arides et stériles.

β. *Exilis.* Gaud. Fl. helv. 3. l. c. — Ser. in DC. Prod.
4. l. c. — Tige simple, filiforme, à 1—3 fleurs; feuilles
oblongues en spatule.

β. *Fleurs dépourvues de corolles.*

2. DORINE. — *CHRYSOSPLENIUM.* Linn.

Calice demi-adhérent à l'ovaire, coloré, à 4 lobes, dont
2 opposés plus petits; corolle nulle; étamines 8, insérées

autour du disque glanduleux qui entoure la partie libre de
l'ovaire ; styles 2 ; capsule uniloculaire , polysperme, à 2
becs, s'ouvrant jusqu'au milieu en 2 valves. (Dans la fleur
terminale , le calice est quelquefois à 5 lobes et les étamines
sont au nombre de 10.)

1. D. à feuilles alternes. — *C. alternifolium.*

Linn. Sp. 569. — Ser. in DC. Prod. 4. p. 48. et Fl. fr. n.
5398. — Duby, Bot. gall. p. 212. — Gaud. Fl. helv. 3.
p. 82. — Lam. Ency. 2. p. 311. — Koch , Syn. p. 278.
J. Saint-Hil. Pl. fr. tab. 127. — Lam. illust. tab. 374. —
Moris. sect. 12. tab. 8. fig. 8. — J. Bauh. Hist. 3. p. 2. p.
707. fig. 1. (*mala*). — Dalech. Hist. p. 1115. fig. 3.
Racine fibreuse ; tige dressée , tendre , succulente , angu -
leuse , faible, feuillée , un peu rameuse au sommet , haute de
8—12 centim. ; feuilles alternes, réniformes : les radicales
longuement pétiolées, profondément échancrées en cœur à
la base , fortement crénelées , à crénelures souvent comme
tronquées, ou un peu rétuses, garnies de quelques poils
courts, raides , surtout à la face supérieure : les florales plus
petites, prolongées à la base en un court pétiole, presque glabres , jaunâtres ; fleurs terminales , aggrégées, presque sessiles , d'un jaune doré , situées à l'extrémité de la tige et des
rameaux disposés presque en corymbe ; calice à 4 lobes arrondis , à 8 étamines : la fleur supérieure a quelquefois le
calice à 5 lobes et 10 étamines. ♃ (Mars , avril).

Les lieux ombragés et humides, le bord des fontaines et des ruisseaux, dans les lieux couverts ; les lieux humides des forêts de sapins
de Villers, de Boujaille, de Levier, de la Joux, etc.; Salins , au bord
du ruisseau qui descend des Aiguillons-de-Saisenay, près de la route de
Nans; au bas du ruisseau qui descend de la Grotte-des-Sarrasins et à la
source du Lison ; à la source du ruisseau des Doigts, près du Gout-de-
Conche, etc.; au-dessus de la fontaine, au fond du Creux-du-Vent; à
la Dôle; à Salève. — A Montpreveires; autour de Saint-Cergue; au
pied du Jura au-dessus de Gingins ; au-dessous de Longirod et ailleurs
(Gaud.). — Bâle, abondamment, dans les prés montagneux vers Mutenz; sur le mont Dietisberg, etc. (Hagenb.).

2. D. à feuilles opposées. — *C. oppositifolium.*

Linn. Sp. 569. — Ser. in DC. Prod. 4. p. 212. et Fl. fr.
n. 3597. — Duby, Bot. gall. p. 212. — Gaud. Fl. helv.
3. p. 83. — Lam. Ency. 2. p. 311. — Koch, Syn. p. 278.
Moris. sect. 12. tab. 8. fig. 7. — Dalech. Hist. p. 1114.
fig. 2. — Dod. pempt. p. 278.

Cette espèce ressemble beaucoup à la précédente, mais on
l'en distingue de suite à ses feuilles opposées et non alternes,
plus petites, un peu moins poilues, à peine crénelées, réniformes, un peu glauques en dessous, tronquées et non
échancrées en cœur à la base, prolongées en un court pétiole élargi au sommet, ce qui les fait paraître décurrentes;
ses fleurs sont d'un jaune verdâtre, et ses graines sphériques et luisantes. ♃ (Mai, juin).

Les mêmes lieux que l'espèce précédente, mais beaucoup plus rare :
au bas du ruisseau qui descend de la Grotte-des-Sarrazins, près de la
source du Lison; au bas du ruisseau qui descend des Aiguillons-de-
Saisenay, au bord de la route près de Nans; dans les lieux humides des
sapins de Villers, de Boujaille, et à la source du ruisseau, au pied de
la côte, derrière la grange Montorges.

FAMILLE LII.

Ombellifères, Juss.

Calice adhérent à l'ovaire, limbe à 5 dents, ou peu
marqué; pétales 5, insérés sur le calice et alternes avec ses
dents, égaux entre eux ou rayonnants, entiers ou échancrés,
ou bien terminés par une pointe ou languette pliée ou roulée
en dedans; étamines 5, caduques, insérées avec les pétales
et alternes avec eux, à estivation infléchie; ovaire à 2 loges
monospermes, à ovules pendants; styles 2, dilatés à la base
en un disque *(stylopode)* épigyne, occupant la moitié du
sommet de l'ovaire; fruit formé de 2 carpelles *(méricarpes)*
soudés entre eux, recouverts par le calice adhérent, se sé-

parant presque toujours à la maturité de bas en haut, et restant suspendus au sommet d'un axe filiforme *(carpophore)*; carpelles ou méricarpes offrant deux faces, l'une plane ou concave *(commissure)*, qui est la face interne, l'autre plus ou moins convexe, qui est la face externe ou dorsale : celle-ci est marquée de 5 *côtes* longitudinales *(juga)* ou stries, plus ou moins proéminentes, appelées *primaires (juga primaria)* : la moyenne se nomme *carinale*, celles des bords *marginales*, et les autres *intermédiaires* ; entre les côtes *primaires* il en existe souvent 4 autres appelées *secondaires (juga secundaria)*, de sorte que les plantes de cette famille sont dites *multijuguées (multijugatæ)*, ou *paucijuguées (paucijugatæ)*, selon que les méricarpes sont pourvus de côtes secondaires ou non ; les *sillons (valleculæ)* qui séparent les côtes renferment presque constamment de petites *bandelettes* colorées *(vittæ)*, linéaires ou en massue, qui paraissent contenir le principe aromatique du fruit, sous forme de résine ou d'huile ; les méricarpes sont dits *à peu de bandelettes (paucivittatæ)*, *à plusieurs bandelettes (multivittatæ)*, ou *sans bandelettes (evittatæ)*, selon que les sillons ou vallécules renferment une, plusieurs ou aucune bandelette ; et *orthospermes (orthospermæ)*, *campylospermes (campylospermæ)*, ou *célospermes (cœlospermæ)*, selon que la face intérieure de la graine est plane, marquée d'un sillon formé par les côtés infléchis, ou, ce qui est plus rare, concave ou courbée de la base au sommet. Embryon très petit, placé au sommet d'un périsperme ordinairement corné ; radicule tourné vers l'ombilic. — Plantes herbacées, rarement ligneuses, à feuilles alternes, engaînantes à la base, ailées ou décomposées, quelquefois indivises, fleurs en ombelle simple ou composée, rarement en tête, ordinairement munies d'involucres et d'involucelles.

SOUS-FAMILLE I. — ORTHOSPERMÉES. DC.

Côté intérieur des graines présentant une surface plane ou à peu près plane, non concave, ni à bords infléchis.

TRIBU I. — HYDROCOTYLÉES. Spreng.

Fruit comprimé par les côtés ; méricarpes à dos convexe
ou aigu , à 5 côtes quelquefois peu marquées et à face in--
terne de la graine presque plane ; pétales étalés, entiers ,
aigus , à pointe droite ou un peu infléchie. — Ombelle simple
ou imparfaite.

1. HYDROCOTYLE. — *HYDROCOTYLE.* Linn.

Limbe du calice peu marqué; pétales ovales, entiers ,
aigus , à pointe droite ; fruit comprimé-aplani par les côtés ,
à 2 lobes ; méricarpes dépourvus de bandelettes , à 5 côtes
filiformes , la carinale et les latérales ordinairement peu apparentes , les 2 intermédiaires plus marquées , courbées en
arc ; graine comprimée-carènée.

1. H. commune. -- *H. vulgaris.*

Linn. Sp. 338. — DC. Prod. 4. p. 59. et Fl. fr. n. 3557.
    — Duby, Bot. gall. p. 243. — Gaud. Fl. helv. 2. p. 297.
    — Lam. Ency. 3. p. 151. — Koch , Syn. p. 279.
J. Saint-Hil. Pl. fr. tab. 192. — Lam. illust. tab. 188. fig.
    1. — Gaud. Fl. helv. 2. tab. 3. fig. 5. — Dalech. Hist. p.
    1091. fig. 1. — Dod. pempt. p. 133. fig. 1. — Lob. ic. p
    387. fig. 1.
Tiges grêles, rampantes, glabres, blanchâtres , longues
de 10—15 centim., radicantes sur les nœuds; feuilles orbiculaires, peltées, comme celles de la *Capucine,* largement
crénelées , glabres , planes ou un peu concaves , portées sur
de longs pétioles dressés ; poilus à leur partie supérieure ;
fleurs axilaires le long des tiges, très petites, blanchâtres
ou rougeâtres , portées sur des pédoncules plus courts que
les pétioles, au nombre de 3—5, formant une petite ombelle simple , serrée, presque en tête, garnie d'une collerette à 2—5 petites folioles; fruit glabre , comprimé, sem-

blable à celui de la *Lunetière,* composé de 2 méricarpes orbiculaires, à styles persistants, couchés sur la carène. ♃
(Juin, juillet). Vulg. *Écuelle d'eau.*

Les lieux marécageux, le bord des lacs et des étangs inondés l'hiver :
bord du lac, à Yverdon, et dans le marais d'Orbe. — Autour de Cressier
et du pont de Thièle ; à Nyon', dans les fossés et marais près de Bois-
Bougis (Gaud.). — Aux allées de Colombier (Hall.) — A l'embouchure de la Reuse et le long de la Broye (L. Benoît, cat.). — Bord du
lac à Neuchâtel ; à Saint-Blaise (Depierre, cat.). — Dans les marais
aux environs de Genève, à Sionet, Troënex, Roellebot, Mattegnin, etc.
(Reut.). — Bâle, à Michelfeld (Hagenb.).

TRIBU II. — SANICULÉES. Koch.

Coupe transversale du fruit arrondie ; méricarpe à 5 côtes
primaires, égales, les secondaires nulles ou oblitérées et
recouvertes d'écailles ou d'aiguillons ; graine à face interne
presque plane, à coupe transversale demi-circulaire ; pétales
dressés, brisés-infléchis au milieu, échancrés sur le pli. —
Ombelles fasciculées ou en têtes, simples ou presque composées irrégulièrement, ou ombellules en têtes.

3. SANICLE. — *SANICULA.* Linn.

Limbe du calice à 5 dents foliacées ; pétales dressés,
connivents, obovales, échancrés sur le pli formé par la languette brisée-infléchie, égale au pétale ; fruit presque globuleux, entièrement couvert d'aiguillons crochus ; méricarpes
dépourvus de côtes, à plusieurs bandelettes ; carpophore
indistinct. — Fleurs polygames ; tube du calice des fleurs
mâles non hérissé d'aiguillons ; ombelle rameuse.

1. S. d'Europe. — *S. Europœa.*

Linn. Sp. 539. — DC. Prod. 4. p. 84. et Fl. fr. n. 3550. —
Duby, Bot. gall. p. 242. —Gaud. Fl. helv. 2. p. 296. —
Poir. Ency. 6. p. 500. — Koch, Syn. p. 279. (*sub nom.*
S. vulgaris. Linn.).

J. Saint-Hil. Pl. fr. tab. 733. — Bull. Herb. tab. 267. —
Lam. illust. tab. 191. fig. 1. — Gaud. Fl. helv. 2. tab. 3.
fig. 3. — Tabern. ic. p. 84. fig. 1. — Dalech. Hist. p.
1268. fig. 1. — Dod. pempt. p. 140. fig. 1.

Racine brune, épaisse, dure, fibreuse ; tige presque nue,
haute de 3—4 décim., grêle, dressée, peu rameuse ; feuilles
très glabres, luisantes en dessous : les radicales longuement
pétiolées, à 3—5 divisions palmées, cunéiformes, à 3 lobes
obtus, incisés-dentés en scie : les caulinaires 1—2, courtement pétiolées ou presque sessiles, à 3 divisions oblongues,
aiguës, incisées-dentées ; ombelle générale irrégulière, à
rayons allongés, ordinairement inégaux, simples ou à 3—5
divisions courtes, portant chacune un petit nombre de fleurs
blanches réunies en têtes, les unes hermaphrodites et sessiles, les autres mâles et légèrement pédicellées ; involucre
à 3—5 folioles trifides, à lobes lancéolés, aigus, souvent
incisés ; involucelles à folioles souvent inégales, linéaires,
aiguës ; fruits oblongs, hérissés d'aiguillons allongés, crochus au sommet. ♃ (Mai, juin).

Cette plante n'est pas rare dans les bois et parmi les buissons, aux
lieux ombragés et un peu humides de la plaine et des montagnes.

3. ASTRANCE. — *ASTRANTIA*. Linn.

Limbe du calice à 5 dents foliacées ; pétales dressés,
connivents, oblongs-obovales, à languette brisée-infléchie,
presque égale au pétale ; fruit un peu comprimé sur le dos ;
méricarpes dépourvus de bandelettes, à 5 côtes élevées, obtuses, plissées-dentées, enflées, renfermant des côtes plus
petites, fistuleuses ; carpophore indistinct ; graine demi-cylindrique. — Involucelles à plusieurs folioles colorées.

1. A. majeure. — *A. major.*

Linn. Sp. 339. — DC. Prod. 4. p. 86. et Fl. fr. n. 3548. —
Duby, Bot. gall. p. 242. — Gaud. Fl. helv. 2. p. 299.
— Lam. Ency. 1. p. 323. — Koch, Syn. p. 280.

J. Saint-Hil. Pl. fr. tab. 47. — Lam. illust. tab. 191. fig.
1. — J. Bauh. Hist. 3. p. 2. p. 638. fig. 1. — Tabern.
ic. p. 83. fig. 1. — Dalech. Hist. p. 1269. fig. 1. — Dod.
pempt. p. 387. fig. 1.

Racine épaisse, jaunâtre, blanche intérieurement; tige
dressée, ferme, striée, peu rameuse, haute de 4—6 décim.;
feuilles glabres, ainsi que les autres parties de la plante, un
peu luisantes en dessous : les inférieures et les radicales
grandes, longuement pétiolées, divisées presque jusqu'à la
base en 5—7 lobes digités, oblongs-cunéiformes, aigus,
presque trifides, inégalement incisés-dentés en scie, à
dents terminées en soie raide : les caulinaires plus petites,
à 3—5 lobes, portées sur de courts pétioles dilatés en gaîne
à la base; ombelle très irrégulière, à rayons inégaux, simples ou divisés, en nombre variable, à involucre feuillé;
ombellules régulières, composées de 30—40 fleurs petites,
pédicellées, à pédicelles légèrement pubescents, entourées
d'un involucelle composé de 15—20 folioles blanchâtres,
vertes au sommet, quelquefois purpurescentes, lancéolées,
aiguës, mucronées, un peu élargies à leur partie supérieure,
entières, à 3 nervures, souvent à 1—2 dents, à veines réticulées, un peu plus longues que les fleurs, donnant à
l'ombellule l'apparence d'une fleur radiée; calice à 5 petites
folioles lancéolées, aiguës, à peine plus grandes que les pétales pliés en dedans et échancrés sur le pli; fruits blanchâtres, oblongs, à côtes garnies d'écailles épaisses qui les font
paraître plissés-dentés. ♃ (Juin—août).

Commune autour des buissons, dans les pâturages des montagnes : au
Creux-Billard, derrière la source du Lison, à Nans; à Boujaille; aux
environs de Pontarlier; de Champagnole, près de Cise; sur le Salève; la
chaîne du Colombier; la Dôle; le Chasseron; le Creux-du-Vent; le
Mont-d'Or; le Mont Wasserfall, etc., etc.

Obs. M. Guyétant indique, parmi les plantes de nos plus hautes montagnes, l'*Astrantia minor.* Linn.; mais je ne ferai que l'indiquer ici,
ne l'ayant pas rencontrée dans mes nombreuses herborisations sur les
plus hautes sommités du Jura, et n'ayant pas connaissance qu'elle y ait
été trouvée par aucun autre botaniste.

4. PANICAUT. — *ERYNGIUM.* Linn.

Limbe du calice à 5 dents foliacées; pétales dressés, connivents, oblongs-obovales, échancrés sur le pli formé par la languette brisée-infléchie égale au pétale; fruit obovoïde, couvert d'écailles ou de tubercules, à coupe transversale presque circulaire; méricarpes dépourvus de côtes et de bandelettes; carpophore bipartite, soudé aux méricarpes dans toute sa longueur. — Fleurs entremêlées de paillettes, réunies en tête entourée d'un involucre épineux.

1. P. des champs. — *E. campestre.*

Linn. Sp. 337. — DC. Prod. 4. p. 88. et Fl. fr. n. 3552. — Duby, Bot. gall. p. 243. — Gaud. Fl. helv. 2. p. 294. — Lam. Ency. 4. p. 751. — Koch, Syn. p. 281.

Lam. illust. tab. 187. fig. 1. — Gaud. l. c. tab. 3. fig. 1. — Moris. sect. 7. tab. 36. fig. 1. — J. Bauh. Hist. 3. p. 1. p. 85. fig. 1. — Clus. Hist. 2. p. 157. (*ic. Dod.*). — Tabern. ic. p. 692. fig. 1. — Dalech. Hist. p. 1459. fig. 1. — Dod. pempt. p. 730. fig. 1. — Lob. ic. 2. p. 22. fig. 1. (*ead.*).

Racine épaisse, allongée, blanche intérieurement et d'une saveur douceâtre; tige haute de 3—5 décim., dressée, cylindrique, striée, feuillée, blanchâtre, glabre, comme les autres parties de la plante, très rameuse dans le haut, à rameaux étalés; feuilles dures, d'un vert un peu glauque, à nervures cartilagineuses, 2 fois ailées-pinnatifides, à lobes décurrents, dentés-épineux : les radicales longuement pétiolées : celles de la tige embrassantes, à oreillettes larges, laciniées, dentées-épineuses; fleurs blanchâtres, disposées en têtes arrondies, nombreuses, formant une large panicule terminale; involucre composé de 6—7 folioles étroites, linéaires-lancéolées, épineuses au sommet, munies quelquefois de 1—3 dents ou épines, dépassant les têtes de fleurs; paillettes subulées, piquantes; calice à 5 petites folioles à ner-

vure épaisse, terminées en épine, plus longues que les pétales ;
fruit hérissé d'écailles blanches, dressées, scarieuses. ♃
(Juillet, août).

Les lieux arides et sablonneux : Salins, sur la pelouse de Saint-Roch ;
Besançon, au pied de la citadelle, du côté de la ville, et à la porte
d'Arènes ; commune au bord des champs, le long de la route de Besançon à Dole, et de Dole à Salins, ainsi que dans tout le bassin de la
Loue, appelé *Val-d'Amour* ; les champs aux environs de Thoiry ;
Genève, sur les Tranchées et dans les lieux incultes, au bord des
chemins ; aux environs de Bâle.

2. P. des Alpes. — *E. Alpinum*.

Linn. Sp. 337. — DC. Prod. 4. p. 90. et Fl. fr. n. 3555. —
Duby, Bot. gall. p. 243. — Gaud. Fl. helv. 2. p. 295. —
Lam. Ency. 4. p. 754. — Koch, Syn. p. 281.

J. Bauh. Hist. 3. p. 1. p. 88. fig. 2. — Dalech. Hist. p.
1460. fig. 1. — Dod. pempt. p. 732. fig. 2. — Lob. ic.
2. p. 23. fig. 2. (*ead.*).

Racine noire, allongée, cylindrique ; tige dressée, haute
de 3—5 décim., simple ou peu rameuse au sommet, portant ordinairement une seule fleur, quelquefois 2—3 ;
feuilles inférieures entières, oblongues, presque triangulaires, profondément échancrées en cœur à la base, fermes,
inégalement dentées en scie, à dents larges, mucronées,
longuement pétiolées : les supérieures sessiles, palmées, à
3—5 lobes incisés-dentés, à dents aiguës terminées en cil
raide allongé ; fleurs blanches, en tête grosse, oblongue-
cylindrique, arrondie au sommet, entourée d'un involucre
étalé, à folioles étroites, allongées, dentées-pinnatifides,
longuement ciliées-épineuses, à pointes molles, d'un bleu
améthyste, mélangé de vert et de blanc, qui s'étend plus
ou moins sur toute la partie supérieure de la plante. ♃
(Juillet, août).

Dans le Jura, entre Gex et Thoiry, et au chalet des Rochats près du
Val-Travers (DC.). — Abondamment sur le Thoiry (J. Bauh.). —
Un des échantillons de mon herbier vient du Jura et a été donné par

M. Decaisne à la personne qui me l'a cédé, mais l'étiquette ne porte aucune localité spéciale.

TRIBU III. — AMMINÉES. Koch.

Fruit évidemment comprimé par les côtés, souvent un peu élargi et didyme ; méricarpes à 5 côtes filiformes, toutes égales, rarement un peu ailées, les latérales marginales ; graine cylindrique, ou convexe sur le dos, à face interne presque plane. — Ombelle composée, régulière.

5. CICUTAIRE. — *CICUTA*. Linn.

Limbe du calice à 5 dents feuillées ; pétales obcordés, à languette infléchie ; fruit presque arrondi, un peu comprimé par les côtés, didyme ; méricarpes à 5 côtes presque planes, égales, les latérales marginales ; sillons à une seule bande-lette qui les remplit entièrement, et un peu plus élevée que les côtes sur le sec ; carpophore bipartite ; coupe transversale de la graine circulaire. — Involucre nul ou monophylle ; involucelles à 3—5 folioles.

1. C. vénéneuse. — *C. virosa*.

Linn. Sp. 368. — DC. Prod. 4. p. 99. — Duby. Bot. gall. p. 237. — Gaud. Fl. helv. 2. p. 410. — Koch, Syn. p. 282. — *Cicutaria aquatica*. DC. Fl. fr. n. 3438. — Lam. Ency. 2. p. 2.
Chaum. Fl. méd. tab. 120 *bis*. — Lam. illust. tab. 195. fig. 1. — Moris. sect. 9. tab. 5. fig. 4. — J. Bauh. Hist. 3. p. 2. p. 175. fig. 2. — Tabern. ic. p. 783. fig. 1. — Dalech. Hist. p. 1094. fig. 1. — Dod. pempt. p. 589. fig. 3. (*ead.*). — Lob. ic. p. 208. fig. 2. (*ead.*). — Gaud. l. c. tab. 7. fig. 8.
Racine épaisse, creuse, cloisonnée, garnie de fibres nombreuses, contenant un suc laiteux jaunâtre, âcre et vénéneux : tige haute de 6—9 décim., cylindrique, fistuleuse,

légèrement striée, rameuse; feuilles toutes pétiolées, à pétiole fistuleux, grandes, 2—3 fois ailées, à folioles étroites, allongées, linéaires-lancéolées, aiguës, dentées en scie, à dents aiguës, divergentes; fleurs blanches, régulières, disposées en ombelles lâches, hémisphériques, opposées aux feuilles et terminales, à involucre nul ou monophylle, à involucelles à plusieurs folioles étalées, linéaires-subulées, égalant presque les pédicelles des fleurs formant des ombellules convexes; pétales obovales, échancrés en cœur sur le pli de la languette infléchie; calice à 5 dents persistantes; fruit petit, presque didyme, à styles allongés, recourbés en dehors. ♃ (Juin, août).

Les fossés, les marais tourbeux : dans la grande tourbière de Pontarlier. — A Sèchey, près du lac Ter, dans la vallée de Joux? (Rapin). — Bâle, dans les fossés et les petits ruisseaux, à Michelfeld, et dans les eaux stagnantes, à la rive gauche du Rhin (Hagenb.).

β. *Tenuifolia*. DC. Prod. 4. 1. c. — Koch, Syn 1. c. — Plante moins élevée, haute d'environ 2—3 décim., à racine et tige moins épaisse, à folioles des feuilles plus étroites, linéaires, aiguës, entières ou munies de quelques dents aiguës, écartées; ombelle à 5—8 rayons.

Tourbière de Pontarlier.

Obs. Le suc de cette plante est un poison très dangereux pour l'homme et les animaux, toutes ses parties sont âcres et nauséeuses : elle est employée en médecine, particulièrement comme narcotique, mais on lui préfère la grande *Ciguë*.

6. ACHE. — *APIUM*. Linn.

Limbe du calice peu marqué; pétales entiers, presque arrondis; stylopode déprimé; fruit presque arrondi, comprimé par les côtés, didyme; méricarpes à 5 côtes égales, filiformes, les latérales marginales; sillons à une seule bandelette; carpophore indivis; graines convexes sur le dos, à face interne presque plane. — Involucre et involucelles nuls.

1. A. Céleri. — *A. graveolens.*

Linn. Sp. 379. — DC. Prod. 4. p. 101. et Fl. fr. n. 3522.
— Duby, Bot. gall. p. 232. — Gaud. Fl. helv. 2. p. 422.
— Poir. Ency. 5. p. 194. — Koch, Syn. p. 282.
Gaud. l. c. tab. 8. fig. 4. — Moris. sect. 9. tab. 9. fig. 8. —
J. Bauh. Hist. 3. p. 2. p. 100. fig. 1. —Tabern. ic. p. 90.
fig. 2. — Dalech. Hist. p. 701. fig. 2. — Dod. pempt. p.
694. fig. 1. — Lob. ic. p. 707. fig. 1. (*ead.*).

Racine fusiforme, rameuse; tige épaisse, glabre, ainsi
que les autres parties de la plante, sillonnée, rameuse, à
rameaux ouverts, haute de 6—10 décim.; feuilles inférieures
et les radicales longuement pétiolées, ailées, à 5—7 folioles
lisses, un peu épaisses, largement rhomboïdales, incisées et
dentées, la terminale à 3 divisions : celles de la tige ternées, à
folioles cunéiformes, également incisées et dentées; ombelles
terminales et axilaires, sessiles ou courtement pédonculées,
à rayons assez nombreux, dont quelques-uns deviennent
souvent les supports d'ombelles plus petites; involucre et
involucelles nuls, remplacés quelquefois par de petites folioles trifides; fleurs blanches, petites; fruits également petits, arrondis, à côtes aiguës. ② (Juillet, août).

Les fossés, les marais : les lieux marécageux autour de la source
d'eau salée de Grozon, près d'Arbois; les fossés, le long des rues, dans
le village d'Arc-Senans. — Autour de Saint-Blaise; Nyon, près de
Sadex (Gaud.). — Genève, dans un ruisseau à Coufignon (Reut.). —
Bâle, à Michelfeld (Hagenb.).

β. *Dulce.* DC. Prod. 4. l. c. — Gaud. Syn. p. 253. —
Feuilles dressées, à folioles à 5 lobes dentés en scie; pétioles
très longs.

Cultivé dans les jardins, sous le nom de *Céleri.*

γ. *Rapaceum.* DC. Prod. 4. l. c. — Gaud. Fl. helv. 2.
l. c. var. ββ. *napaceum.* — Feuilles étalées, à folioles à 5
lobes dentés en scie; pétioles plus courts; racine charnue,
arrondie.

Cultivé dans les jardins, sous le nom de *Céleri rave.*

7. PERSIL. — *PETROSELINUM*. Hoffm.

Limbe du calice peu marqué ; pétales arrondis, entiers,
rétrécis en languette infléchie, à peine échancrés sur le pli ;
stylopode convexe, courtement conique ; fruit ovoïde, un
peu comprimé par les côtés, presque didyme ; méricarpes à
5 côtes filiformes, égales, les latérales marginales ; sillons à
une seule bandelette ; carpophore bipartite ; graine convexe
sur le dos, à face interne presque plane. — Involucre à
1—2 folioles ; involucelles à plusieurs.

1. P. cultivé. — *P. sativum.*

Hoffm. Umb. 1. p. 78. — DC. Prod. 4. p. 102. — Duby, Bot.
gall. p. 232. — Gaud. Fl. helv. 2. p. 423. — Koch, Syn.
p. 282. — *Apium Petroselinum.* Linn. Sp. 379. — DC.
Fl. fr. n. 3521. — Poir. Ency. 5. p. 193.

Lam. illust. tab. 196. fig. 1. — Gaud. l. c. tab. 8. fig. 6. —
Moris. sect. 9. tab. 8. fig. 2. — J. Bauh. Hist. 3. p. 2. p.
97. fig. 2. — Tabern. ic. p. 89. fig. 2. — Dalech. Hist. p.
700. fig. 1. — Dod. pempt. p. 694. fig. 1. — Lob. ic. p.
706. fig. 2. (*ead.*).

Racine blanchâtre, fusiforme ; tige haute de 6—10 décim., dressée, cylindrique, sillonnée, glabre, ainsi que les
autres parties de la plante, très rameuse, fistuleuse ; feuilles
radicales pétiolées, 2 fois ailées, à folioles luisantes, rhomboïdales, inégalement incisées et dentées : les caulinaires,
particulièrement les supérieures, ternées, à folioles simples,
linéaires-lancéolées, allongées ; fleurs d'un blanc jaunâtre
ou herbacé, en ombelles terminales souvent un peu penchées ; involucres à 1—2, rarement 3 petites folioles linéaires ; involucelles à 3—6 folioles très petites, linéaires-
subulés. ② (Juin, juillet).

Originaire de Sardaigne et de la Grèce, cultivé dans les jardins, ainsi
que ses variétés, mais plus rarement. Le Persil est alimentaire et
employé comme condiment.

β. Crispum. DC. Prod. 4. l. c. — Gaud. Fl. helv. 2. l. c. var. *γ.* — Feuilles radicales plus grandes, crépues.

γ. Latifolium. DC. Prod. 4. l. c. — Gaud. Fl. helv. 2. l. c. var. *β.* — Feuilles radicales trifides, dentées en scie, à pétiole très long.

8. TRINIE. — *TRINIA.* Hoffm.

Limbe du calice peu marqué; pétales des fleurs mâles lancéolés, rétrécis en languette roulée en dedans, ceux des fleurs femelles ou hermaphrodites ovales, courtement mucronés, à pointe infléchie; fruit ovoïde, comprimé par les côtés; méricarpes à 5 côtes filiformes égales, saillantes, les latérales marginales; sillons sans bandelettes, les bandelettes étant solitaires et cachées sous chaque côte; carpophore aplani, bipartite; graine convexe sur le dos, à face interne presque plane. — Involucre nul; involucelles nuls ou à 1—2 folioles.

1. T. commune. — *T. vulgaris.*

DC. Prod. 4. p. 105. — Koch, Syn. p. 283. — *T. glaberrima.* Duby, Bot. gall. p. 233. — Gaud. Syn. p. 250. — *T. Hennengii.* Gaud. Fl. helv. 2. p. 411. (*non Hoffm. quæ laciniis foliorum longissimis setaceis diversa*). — *Pimpinella dioïca.* Linn. Syst. veg. 241. — DC. Fl. fr. n. 3414. — Lam. Ency. 1. p. 452. — *Seseli pumilum.* Linn. Sp. 373. Gaud. Fl. helv. 2. tab. 8. fig. 2. — Moris. sect. 9. tab. 2. fig. 15. — Clus. Hist 2. p. 200. fig. 1. — Tabern. ic. p. 91. fig. 1. (*ex Clusio*).

Racine épaisse, fusiforme, garnie au collet de fibres qui sont les restes des anciennes feuilles; tige épaisse, dressée, sillonnée et anguleuse, très rameuse dès la base, feuillée à sa partie inférieure, haute de 1 – 2 décim.; feuilles un peu glauques, promptement fanées dans la plante mâle, 2 fois ailées, à folioles rapprochées, simples, bi ou trifides, linéaires, un peu obtuses, étroites, l'impaire ternée : les radicales et les inférieures à pétiole trigone en gouttière, dilaté à la base en gaîne large, embrassante, largement membraneuse sur les bords dans les feuilles supérieures ; ombelles nombreuses, axilaires et terminales, petites, convexes, souvent prolifères et irrégulières dans les individus mâles, à involucre nul ; ombellules à 4—6 fleurs blanches, portées sur des pédicelles inégaux, à involucelles nulles ou à 1—2 folioles ; styles réfléchis sur le fruit arrondi, un peu comprimé, terminés par un stigmate en tête. ② (Mai—juillet).

Les pâturages arides des montagnes : sur la Dôle et la chaîne du Colombier. — Les fentes des rochers à Salève, au pas de l'Échelle (Reut.). — Bâle, les prés secs à Michelfeld (Hagenb.).

Obs. Gaudin établit, sous le nom de *Trinia elatior* (Fl. helv. 2. p. 413,) , une nouvelle espèce de ce genre, qu'il indique dans les lieux rocailleux, au pied de Salève, très remarquable par son stylopode allongé, grêle, conique, que je connais pas.

9. HÉLOSCIADIE. — *HELOSCIADIUM.* Koch.

Limbe du calice à 5 dents, ou peu marqué ; pétales ovales, entiers, droits ou infléchis au sommet ; fruit ovoïde ou oblong, comprimé par les côtés ; méricarpes à 5 côtes filiformes, égales, saillantes, les latérales marginales ; sillons à une seule bandelette ; carpophore entier, libre ; graine convexe ou demi-cylindrique sur le dos, à face interne presque plane. — Involucre nul ou à quelques folioles ; involucelles à 4—5 folioles.

1. H. nodiflore. — *H. nodiflorum.*

Koch, Umb. p. 126. et Syn. p. 283. — DC. Prod. 4. p. 104. — Duby, Bot. gall. p. 236. — *Sium nodiflorum.* Linn. Sp. 361. — DC. Fl. fr. n. 3448. — Gaud. Fl. helv. 2. p. 434. — Lam. Ency. 1. p. 405.

J. Saint-Hil. Pl. Fr. tab. 485. — Moris. sect. 9. tab. 5. fig. 3.

Tige couchée et radicante à la base, ascendante, peu rameuse, striée, fistuleuse, feuillée, glabre, ainsi que les autres parties de la plante, faible, tombante, longue de 3—6 décim.; feuilles ailées, à 5—9 folioles ovales-lancéolées, aiguës, dentées en scie, à dents égales, un peu obtuses, la terminale souvent trilobée : les inférieures longuement pétiolées : les supérieures à pétioles plus courts, élargis et membraneux à la base, à membrane tronquée-auriculée au sommet; ombelles nombreuses, sessiles ou courtement pédonculées, opposées aux feuilles, à rayons inégaux, à involucre nul ou composé d'un petit nombre de folioles caduques; involucelles à 4—5 folioles ovales-lancéolées, inégales, à 3 nervures; fleurs petites, blanchâtres; fruit à côtes saillantes, à styles réfléchis. ♃ (Juillet, août).

Les petits ruisseaux, les fontaines et les fossés pleins d'eau : Salins, dans le fossé, au bord du chemin, derrière les jardins, aux Capucins; dans le petit ruisseau d'Écleux, et dans les flaques d'eau du bord de la Loue ; dans le petit ruisseau le long des prés, au bord de la route, à Saint-Joseph, etc. — Nyon, dans la Promenthouse, au-dessus de Clarens, et entre Duillier et Coinsins (Gaud.). — Genève, dans le ruisseau de la fontaine de Cornavin; au marais de Divonne, etc. (Reut.). — Les fossés du Landeron (Depierre, cat.).

β. *Nanum*. DC. Fl. fr. l. c. — Gaud. Fl. helv. 2. l. c. — Tige longue de 8—12 centim.

Avec la précédente (Gaud.). — Au marais de Divonne (Reut.).

2. H. rampante. — *H. repens.*

Koch, Umb. p. 126. et Syn. p. 284. — DC. Prod. 4. p. 105. — Duby, Bot. gall. p. 237. — *Sium repens.* Linn. fils, supp. 181. — DC. Fl. fr. n. 3449. — Gaud. Fl. helv. 2. p. 435. — Poir. Ency. supp. 1 p. 620.

Racine rampante; tige grêle, longue de 1—2 décim., striée, glabre, ainsi que les autres parties de la plante, feuillée, couchée et radicante ; feuilles ailées avec impaire, pétiolées, à 3—5 paires de folioles d'un vert gai, petites, sessiles, ovales-arrondies, inégalement dentées en scie, ou lobées, à dents mucronées, la terminale ordinairement à 3 lobes ou ternée ; fleurs blanches, petites, en ombelles peu nombreuses, opposées aux feuilles, portées sur des pédoncules égalant la partie nue du pétiole, à 4—7 rayons lisses, inégaux ; involucre à 3—4 folioles courtes, lancéolées, réfléchies ; involucelles à 4—5 folioles, étalées, semblables à celles de l'involucre ; fruit petit, arrondi, à styles faibles, arqués-divergents. ♃ (Juillet—septembre).

Les lieux marécageux : les fossés le long de la route d'Étraz, sous Aubonne (Rapin). — Près du ruisseau du moulin d'Allaman (Lorimier). — Près de Morges, à la Repentance (Bischoff). — Genève, dans les petits ruisseaux d'eau claire et fraîche, qui descendent de la prairie de Plongeon, et se jettent dans le lac, au-dessous de Cologny (Reut.).

10. PTYCHOTIS. — *PTYCHOTIS.* Koch.

Limbe du calice à 5 dents ; pétales obovales échancrés-bifides, marqués au milieu d'un pli transversal émettant une petite languette ; fruit ovoïde ou oblong, comprimé par les côtés ; méricarpes à 5 côtes filiformes, égales, les latérales marginales ; sillons à une seule bandelette ; carpophore bipartite ; graine demi-cylindrique ou convexe sur le dos, à face interne presque plane. — Involucre nul ; involucelles à plusieurs folioles.

1. P. hétérophylle. — *P. heterophylla.*

Koch, Umb. p. 124. et Syn. p. 284. — DC. Prod. 4. p. 108. — Duby, Bot. gall. p. 235. — Gaud. Fl. helv. 2. p. 419. — *Seseli saxifragum.* Linn. Sp. 374. — DC. Fl. fr. supp. n. 3418ᵃ. — *Æthusa bunius.* ejusd. Fl. fr. n. 3437. — *Æthusa montana.* Lam. Ency. 1. p. 47. — *Carum bunius.* Linn. Syst. nat. p. 733.

Gaud. Fl. helv. 2. tab. 8. fig. 7. — Moris. sect. 9. tab. 2. fig. 16. — Dalech. Hist. p. 717. fig. 2.

Racine fusiforme, blanchâtre, bisannuelle, produisant la première année des feuilles ailées, longuement pétiolées, étalées en rosette, ordinairement à 5 folioles opposées, ovales, glabres, incisées-lobées, dentées en scie, la terminale trifide ; tige grêle, cylindrique, striée, glabre, raide, rameuse, à rameaux allongés, ouverts, haute de 2—3 décim. ; feuilles radicales marcescentes, celles de la tige peu nombreuses, multifides, à lanières linéaires-filiformes, un peu raides, écartées et divariquées, quelquefois un peu recourbées ; ombelles penchées avant la fleuraison, terminales ou axilaires, pédonculées, à 6—10 rayons inégaux, très glabres ; ombelles partielles à 8—12 fleurs blanches, petites, la plupart fertiles ; involucre nul ou à une foliole sétacée ; involucelles à 1—3 folioles étalées, raides, également sétacées ; fruit oblong, glabre, à côtes saillantes, aiguës. ② (Juillet, août).

Cette plante rare se trouve dans les lieux graveleux et sablonneux des bords du lac de Genève : Nyon, à l'embouchure du Boiron ; au-dessous de Crans ; autour de Promenthod ; au-dessous du bois de Prangins, etc. (Gaud). — Genève, au bord de la grande route, entre Coppet et Bossey ; sous les peupliers au bord du lac, à Genthod (Reut.).

11. FAUCILIÈRE. — *FALCARIA*. Host.

Limbe du calice à 5 dents ; pétales obovales, échancrés, à languette infléchie ; fruit oblong, comprimé par les côtés ; méricarpes à 5 côtes égales, filiformes, les latérales marginales ; carpophore libre, bifide ; sillons à une seule bandelette filiforme ; graine demi-cylindrique, à face interne presque plane. — Involucre et involucelles polyphylles.

1. F. de Rivin. — *F. Rivini*.

Host. Fl. Aust. 1. p. 381. — DC. Prod. 4. p. 140. — Koch, Syn. p. 285. — *Drepanophyllum falcaria*. Duby, Bot.

gall. p. 232. — *Sium falcaria*. Linn. Sp. 362. — DC.
Fl. fr. n. 3451. — Gaud. Fl. helv. 2. p. 432. — Lam.
Ency. 1. p. 406.

Moris. sect. 9. tab. 8. fig. 1. — J. Bauh. Hist. 3. p. 2. p.
196. fig. 1. — Tabern. ic. p. 101. fig. 1. — Dod. pempt.
p. 732. fig. 4. — Lob. ic. 2. p. 24. fig. 1. (*ead.*).

Racine épaisse, fusiforme, allongée; tige dressée, haute
de 4—6 décim., grêle, cylindrique, raide, un peu dure,
légèrement striée, rameuse dans sa moitié supérieure;
feuilles radicales longuement pétiolées, simples et ternées,
rarement quinées : les caulinaires engaînantes à la base,
sessiles sur la gaîne, ternées, à foliole moyenne trifide, les
latérales bi et trifides en dehors, à lanières toutes étroites,
fermes, glabres, allongées, linéaires-lancéolées, aiguës,
finement dentées en scie, à dents aiguës, à bord cartilagineux, souvent un peu courbées en faux; fleurs blanches,
petites, disposées en ombelles terminales, longuement pédonculées; involucre et involucelles à plusieurs folioles étalées, presque sétacées; fruit oblong, d'une longueur double
de sa largeur; styles à la fin divariqués. ♃,② Koch. (Juillet,
août).

Le bord des champs et des chemins, rare : Salins, le long des fossés,
au bord d'un chemin, presque en face de la Saline-d'Arc. — Bâle, les
haies, en sortant de la porte Saint-Jean; les moissons, près de
Hegenheim, Buschweiler; près d'Olsberg; les haies des vignes, près
de Monchenstein, etc. (Hagenb.).

12. SISON. — *SISON*. Linn.

Limbe du calice peu marqué; pétales arrondis, profondément échancrés, à languette infléchie; fruit ovoïde, comprimé par les côtés; méricarpes à 5 côtes égales, filiformes,
les latérales marginales; sillons à une seule bandelette rac-
courcie et en massue; carpophore bipartite; graine convexe
sur le dos, à face interne presque plane. — Involucre et
involucelles à un petit nombre de folioles.

1. S. Amome. — *S. Amomum.*

Linn. Sp. 362. — DC. Prod. 4. p. 110. — Duby, Bot. gall.
p. 233. — Gaud. Fl. helv. 2. p. 429. — Koch , Syn. p.
285. — *Sium Amomum.* DC. Fl. fr. n. 3456. — *Sium
aromaticum.* Lam. Ency. 1. p. 405.
Gaud. Fl. helv. 2. tab. 9. fig. 3. — Barr. ic. fig. 1190. —
Moris. sect. 9. tab. 5. fig. 7. — J. Bauh. Hist. 3. p. 2. p.
107. fig. 1. (*ead. ex Fuchsio*). — Dalech. Hist. p. 709.
fig. 1. (*ead.*). — Dod. pempt. p. 697. fig. 1. (*ead.*).
Racine grêle, fusiforme ; tige de 4—6 décim., dressée,
glabre, rameuse, à rameaux divergents, légèrement striée,
cylindrique ; feuilles radicales et les inférieures longuement
pétiolées, ailées, à 3—4 paires de folioles assez grandes,
ovales oblongues, opposées, obtuses, quelquefois lobées,
dentées en scie : les supérieures également ailées, à folioles
beaucoup plus petites, étroites, oblongues, peu nombreuses,
ordinairement incisées-pinnatifides ; ombelles petites, terminales, à 4—6 rayons lisses, divergents, à la fin allongés ;
ombellules composées d'un petit nombre de fleurs blanches,
courtement pédicellées ; involucre et involucelles à 2—4 folioles étalées, lancéolées-linéaires ; fruit aromatique, ovoïde
ou arrondi ; styles très courts, caducs. ② (Juillet, août).

Dans les haies ombragées, aux environs de Genève : à Sous-Terre ;
derrière la campagne Constant ; à Aïre ; Châtelaine ; Vilette, etc.
(Reut.). — Entre Genève et Chougny (Rapin).

13. AMMI. — *AMMI.* Linn.

Limbe du calice peu marqué ; pétales obovales, irréguliers, échancrés-bilobés sur le pli de la languette infléchie,
à lobes inégaux ; fruit ovoïde-oblong, comprimé par les côtés ;
méricarpes à 5 côtes égales, filiformes, les latérales marginales ; sillons à une seule bandelette ; carpophore libre,
bipartite ; graine demi-cylindrique, à face interne presque
plane. — Involucre et involucelles à plusieurs folioles :
celles de l'involucre trifides ou pinnatifides.

1. A. élevé. — *A. majus*.

Linn. Sp. 349. — DC. Prod. 4. p. 112. et Fl. fr. n. 3497.
— Duby, Bot. gall. p. 233. — Lam. Ency. 1. p. 131. —
Koch, Syn. p. 285.

Moris. sect. 9. tab. 8. fig. 4. — J. Bauh. Hist. 3. p. 2. p. 27.
fig. 1. — Tabern. ic. p. 91. fig. 2. — Dalech. Hist. p.
695. fig. 1. — Dod. pempt. p. 301. fig. 1. — Lob. ic. p.
721. fig. 1.

Racine épaisse, fusiforme, garnie de fibres ; tige dressée,
haute de 6—10 décim., glabre, rameuse, cylindrique, légèrement striée, d'un vert un peu glauque, ainsi que les
autres parties de la plante ; feuilles radicales et les inférieures
ailées, à 5 folioles grandes, ovales ou ovales-lancéolées,
dentées en scie, ordinairement simples, quelquefois un peu
lobées à la base : les supérieures moins grandes, plus divisées, presque 2 fois ailées, à folioles ou lobes étroits, lancéolés, incisés, dentés en scie : celles du sommet à lanières
étroites, linéaires, aiguës, allongées ; fleurs blanches, petites, à pétales de la circonférence un peu plus grands ; ombelles terminales, un peu lâches, assez grandes, longuement
pédonculées, à rayons filiformes nombreux ; folioles de l'involucre linéaires, très étroites, à 3 lanières sétacées : celles
des involucelles lancéolées-subulées, membraneuses sur les
bords. ① et ② (Juillet, août).

J'ai découvert cette plante dans un champ de Luzerne, à Ivory,
près de Salins, où elle s'est reproduite pendant plusieurs années ; mais
je l'ai inutilement cherchée depuis dans le même lieu : je pense qu'elle
avait été semée avec la Luzerne.

14. ÉGOPODE. — *ÆGOPODIUM*. Linn.

Limbe du calice peu marqué ; pétales obovales échancrés,
à languette infléchie ; fruit oblong, comprimé par les côtés ;
méricarpes à 5 côtes filiformes, les latérales marginales ;
sillons dépourvus de bandelettes ; carpophore sétacé, fourchu
au sommet ; graine demi cylindrique, à face interne presque
plane. — Involucre et involucelles nuls.

1. E. Podagraire. — *Æ. Podagraria.*

Linn. Sp. 379. — DC. Prod. 4. p. 114. et Fl. fr. n. 3410. —
Duby, Bot. gall. p. 231. — Gaud. Fl. helv. 2. p. 420. —
Koch, Syn. p. 286. — *Pimpinella angelicæfolia.* Lam.
Eucy. 1. p. 451.

J. Saint-Hil. Pl. fr. tab. 129. — Gaud. Fl. helv. 2. tab. 8.
fig. 2. — Moris. sect. 9. tab. 4. fig. 11. — J. Bauh. Hist.
3. p. 2. p. 145. fig. 1. — Tabern. ic. p. 83. fig. 2. —
Dod. pempt. p. 320. fig. 2. — Lob. ic. p. 700. fig. 2.
(*ead.*).

Racine allongée, rampante ; tige haute de 6—9 décim.,
assez grosse, rameuse, sillonnée ; feuilles radicales et les
inférieures longuement pétiolées, ternées, à divisions elles-
mêmes pétiolées, ailées, à 3–5 folioles ovales-oblongues,
acuminées, doublement dentées en scie, à dents aiguës, les
inférieures obliques, souvent lobées en dehors : feuilles supérieures simplement ternées et sessiles sur une gaîne membraneuse, à folioles plus petites, lancéolées-acuminées ;
ombelles terminales, longuement pédonculées, à 15—20
rayons un peu rudes, dépourvues d'involucre et d'involucelles ; fleurs blanches, petites, rarement rougeâtres ; fruit
oblong-elliptique ; styles très longs, réfléchis. ♃ (Mai—
juillet).

Commun dans les haies et autour des habitations, dans les lieux un
peu humides.

15. CARUM. — *CARUM.* Linn.

Limbe du calice peu marqué ; pétales obovales réguliers,
échancrés, à languette infléchie ; fruit oblong, comprimé
par les côtés ; méricarpes à 5 côtes filiformes égales, les latérales marginales ; commissure plane ; sillons à une seule
bandelette ; carpophore libre, fourchu au sommet ; graine
demi-cylindrique, à face interne presque plane. — Involucre
et involucelles variables.

§ 1. *Involucre nul; involucelles nuls ou à un petit nombre de folioles.* — Carvi. DC.

1. C. Carvi. — *C. Carvi.*

Linn. Sp. 378. — DC. Prod. 4. p. 115. — Duby, Bot. gall. p. 231. — Gaud. Fl. helv. 2. p. 426. — Koch, Syn. p. 286. — *Seseli Carvi.* DC. Fl. fr. n. 3420. — Poir. Ency. 7. p. 156.

J. Saint-Hil. Pl. fr. tab. 946. — Gaud. Fl. helv. 2. tab. 8. fig. 8. — Chaum. Fl. méd. tab. 102. — Lam. illust. tab. 202. fig. 3. — Moris. sect. 9. tab. 9. fig. 1. (*series* 2). — — J. Bauh. Hist. 3. p. 2. p. 69. fig. 1. — Tabern. ic. p. 66. fig. 1. — Dalech. Hist. p. 694. fig. 1. — Dod. pempt. p. 299. fig. 2.

Racine charnue, fusiforme ; tige haute de 3—6 décim., ferme, rameuse, dressée, striée, cylindrique, glabre ; feuilles oblongues, d'un vert foncé, glabres, 2 fois ailées, à pinnules sessiles, pinnatifides, les 4 inférieures disposées en croix autour du pétiole commun, à lanières simples, bi ou trifides, lancéolées, étroites, mucronées : les radicales longuement pétiolées, à pétiole dilaté à la base en gaîne membraneuse, striée : les caulinaires sessiles sur la gaîne, à lanières linéaires, aiguës, plus allongées, capillaires dans les supérieures ; ombelles nombreuses, de grandeur médiocre, terminales, pédonculées, planes en dessus, à 10—12 rayons lisses ; ombellules rapprochées, composées de fleurs blanches, petites ; fruit ovoïde, couronné par les styles réfléchis. ② (Avril, mai).

Commun dans les prés et les pâturages de la plaine et des montagnes.

β. *Rubens.* Fleurs purpurines.

Salins, dans les prés, en montant de Bracon à Ivory.

Obs. Les graines de Carvi ont une odeur aromatique agréable qui approche de celle de l'anis : elles contiennent une assez grande quantité d'huile volatile ; on les emploie comme stomachiques et carminatives.

§ 2. *Involucre et involucelles à plusieurs folioles.* —
Bulbocastanum. Adans.

2. C. noix de terre. — *C. Bulbocastanum.*

Koch, Umb. p. 121. et Syn. p. 286. — DC. Prod. 4. p. 115.
— Duby, Bot. gall. p. 231. — *Bunium Bulbocastanum.*
Linn. Sp. 349. — DC. Fl. fr. n. 3495. — Gaud. Fl. helv.
2. p. 427. — Poir. Ency. 7. p. 599.

J. Saint-Hil. Pl. fr. tab. 874. — Lam. illust. tab. 197. —
Barr. ic. fig. 244. — Moris. sect. 9. tab. 2. fig. 1. —
J. Bauh. Hist. 3. p. 2. p. 30. fig. 1. — Tabern. ic. p. 143.
fig. 1. — Dalech. Hist. p. 773. fig. 1. — Dod. pempt. p.
334. fig. 1. — Lob. ic. p. 745. fig. 1. (*ead.*).

Racine tubéreuse, ou formée d'un tubercule irrégulièrement
arrondi, charnu, blanc intérieurement, noirâtre en dehors,
de la grosseur d'une petite noix, garni de quelques fibres;
tige dressée, glabre, légèrement striée, un peu rameuse,
haute de 3—5 décim.; feuilles à contour triangulaire, 2—3
fois ailées, à folioles à 2—3 lanières étroites, linéaires-lancéolées : les radicales marcescentes : les supérieures plus
petites, à lanières plus étroites et plus allongées; ombelles
terminales opposées aux feuilles ou axilaires, longuement
pédonculées, planes, à environ 15 rayons presque lisses;
involucre à 5—8 folioles linéaires-subulées; ombellules à
fleurs blanches, petites, portées sur des pédicelles peu allongés, garnies d'un involucelle à folioles semblables à
celles de l'involucre, mais plus petites; styles un peu
courts, réfléchis. ♃ (Juin, juillet).

Çà et là dans les champs, parmi les moissons : Salins, dans les
champs d'Arèle, de Saint-Thiébaud, de Saisenay, de Cernans,
d'Ivory, etc.; aux environs de Besançon; de Pontarlier; de Champagnole, etc. — Genève, rare, en allant au Petit-Lancy; les champs
d'orge ou d'avoine, aux Rousses (Reut.). — Nyon, près de Clarens;
à Arzier; dans la vallée de Joux et sur la colline au-dessus du Sentier;
près de Montchérand; de Saint-Imier (Gaud.). — Bâle, autour de
Delémont (Hagenb.).

16. BOUCAGE. — *PIMPINELLA*. Linn.

Limbe du calice peu marqué ; pétales obovales échancrés , à languette infléchie ; fruit ovoïde , comprimé par les côtés ; stylopode convexe ; styles réfléchis ; méricarpes à 5 côtes filiformes , égales , les latérales marginales ; sillons à plusieurs bandelettes ; carpophore libre , bifide ; graine convexe sur le dos , à face interne presque plane. — Involucre et involucelles nuls.

1. B. à grandes feuilles. — *P. magna.*

Linn. Mant. 219. — DC. Prod. 4. p. 119. et Fl. fr. n. 3412. — Duby, Bot. gall. p. 228. — Gaud. Fl. helv. 2. *I. vulgaris.* p. 441. — Lam. Ency. 1. p. 450. — Koch, Syn. p. 287.

J. Saint-Hil. Pl. fr. tab. 57. — Barr. ic. fig. 243. — Moris. sect. 9. tab. 5. fig. 1. — J. Bauh. Hist. 3. p. 2. p. 109. fig. 1. — Clus. Hist. 2. p. 197. fig. 1. (*ic. Dod.*). — Dalech. Hist. p. 787. fig. 1. — Dod. pempt. p. 315. fig. 1. — Lob. ic. p. 720. fig. 1. (*ead.*).

Racine fusiforme , blanchâtre , d'une saveur âcre ; tige haute de 6—10 décim. , feuillée, rameuse , sillonnée, fistuleuse ; feuilles ailées , les radicales et les inférieures longuement pétiolées, à 5—7 folioles ovales ou oblongues , incisées-dentées , quelquefois lobées , à dents irrégulières , un peu obtuses , légèrement mucronées , les 2 inférieures pétiolulées, la terminale trilobée : les caulinaires allant en diminuant de grandeur vers le sommet de la tige , à pétiole plus court , dilaté en gaîne à la base : les supérieures pinnatifides , à lobes étroits , lancéolés , aigus ; fleurs blanches , un peu irrégulières ; ombelles penchées avant la fleuraison , rayons lisses ; involucres et involucelles nuls ; fruit ovoïdeoblong ; styles allongés , réfléchis , caducs. ♃ (Juillet, août).

Les prés montagneux, le bord des bois : Salins, dans les bois de Poupet, de Bovard, de Salgret; au Creux-Billard et à la Grotte-des-Sarrasins, à Nans ; à Boujaille ; à Noiraigue et au Creux-du-Vent ; sur la Dôle ; le Salève, etc.

β. *Rubens.* DC. Prod. 4. l. c. — Gaud. Fl. helv. 2. l. c. *II. rubra.* — Tige ordinairement moins élevée et moins rameuse, à feuilles moins grandes; fleurs purpurines.

Les pâturages de Poupet; de Boujaille. — De Salève ; de Thoiry (Reut.). — De Bâle (Hagenb.).

γ. *Dissecta.* DC. Prod. 4. l. c. var. ε. — Hagenb. Fl. basil. 1. p. 273. — Folioles des feuilles radicales incisées-dentées : celles des feuilles supérieures bipinnatifides, à lanières lancéolées.

Salins, dans la grande clairière du bois de Bovard. — Et aux environs de Bâle (Hagenb.).

2. B. Saxifrage. — *P. Saxifraga.*

Linn. Sp. 378. — DC. Prod. 4. p. 120. et Fl. fr. n. 3411. — Duby, Bot. gall. p. 229. — Gaud. Fl. helv. 2. *I. minor.* p. 458. — Lam. Ency. 1. p. 450. — Koch, Syn. p. 287.

Lam. illust. tab. 203. fig. 1. — Barr. ic. fig. 738. — Moris. sect. 9. tab. 5. fig. 6. — J. Bauh. Hist. 3. p. 2. p. 111. fig. 2. — Tabern. ic. p. 88. fig. 2. — Dalech. Hist. p. 717. fig. 2.

Racine fusiforme ; tige grêle, cylindrique, striée, raide, légèrement pubescente, médiocrement rameuse, peu garnie de feuilles, haute de 3—5 décim. ; feuilles radicales pétiolées, ailées, semblables à celles de la *Pimprenelle*, à 7—9 folioles glabres, arrondies, sessiles, inégalement dentées, quelquefois un peu incisées, à dents un peu mucronées, la terminale souvent à 3 lobes : les caulinaires plus petites, allant en diminuant de grandeur vers le sommet de la tige, à pétiole engaînant à la base, à folioles oblongues, lobées ou pinnatifides, à lobes entiers : les supérieures sessiles sur

la gaîne et à folioles linéaires, souvent ternées, ou presque
nulles; ombelles terminales, pédonculées, penchées avant
la fleuraison, à 8—15 rayons glabres, filiformes; involucre
et involucelles nuls; fleurs blanches, petites, plus ou moins
régulières; fruit petit, ovoïde-arrondi, luisant; styles allongés, réfléchis, caducs. ♃ (Juillet, août).

Commun dans les prés secs, les pâturages, les lieux incultes et
pierreux.

β. *Nigra*. DC. Prod. 4. l. c. — Gaud. Fl. helv. 2. l. c.
III. nigra. p. 440. — Feuilles d'un vert sombre, à folioles
pubescentes, à poils serrés, dentées en scie, souvent incisées, presque lobées dans les inférieures : pinnatifides, à lobes
lancéolés ou linéaires, aigus, dans les supérieures.

Poupet, au pied du rocher de Bonhomme.

γ. *Hircina*. DC. Prod. 4. l. c. — Hagenb. Fl. basil. 1.
p. 274. var. γ. et δ. — Feuilles légèrement pubescentes,
à folioles presque toutes laciniées ou pinnatifides.

Bâle, dans les lieux arides, plus rare (Hagenb.).

17. BÉRULE. — BERULA. Koch.

Limbe du calice à 5 dents; pétales obovales, échancrés,
à languette infléchie; fruit ovoïde, un peu comprimé par les
côtés, presque didyme; stylopode courtement conique, entouré d'un bord étroit; styles réfléchis; méricarpes à 5
côtes filiformes, égales, les latérales placées un peu avant
le bord du méricarpe; sillons à plusieurs bandelettes recouvertes par un péricarpe épais, cortical; coupe transversale
de la graine circulaire; carpophore bipartite, à branches
soudées aux méricarpes, mais peu apparentes. — Involucre
et involucelles polyphylles.

1. B. à feuilles étroites. — *B. angustifolia.*

Koch, in M. et K. Deuts. Fl. 2. p. 433. et Syn. p. 288. —
Sium angustifolium. Linn. Sp. 1672. — DC. Prod. 4. p.

125. et Fl. fr. n. 3447. — Duby, Bot. gall. p. 229. —
Gaud. Fl. helv. 2. p. 433. — Lam. Ency. 1. p. 414.

Gaud. Fl. helv. 2. tab. 9. fig. 2. — Dalech. Hist. p. 1092.
fig. 1.

Racine rampante ; tige radicante à la base, dressée, rameuse, feuillée, striée, fistuleuse, haute de 4—6 déc.; feuilles
radicales ailées, portées sur de longs pétioles fistuleux, striés,
à 17—21 folioles sessiles, opposées, ovales-lancéolées, incisées, inégalement dentées en scie, lobées ou auriculées à
la base, la terminale trilobée : les caulinaires plus petites,
naissant immédiatement d'une gaîne large, striée, membraneuse sur les bords, à folioles moins nombreuses, en coin
à la base, incisées, dentées en scie, à dents aiguës; ombelles nombreuses, opposées aux feuilles et terminales,
portées sur des pédoncules longs de 3—5 centim., de grandeur médiocre, convexes, à 12—15 rayons lisses; involucre
et involucelles à plusieurs folioles lancéolées-acuminées,
inégales, à 3 nervures, réfléchies, entières, quelquefois incisées ou dentées; fleurs blanches, petites. ♃ (Juillet, août).

Commune dans les petits ruisseaux des fontaines, et dans les fossés
inondés.

Obs. Je possède, en herbier, une monstruosité de cette espèce, que
j'ai récoltée à Salins, dans un petit ruisseau, au bord de la route, dans
les prés au-dessous de Saint-Joseph, dans laquelle les involucres et les
involucelles ont pris un développement beaucoup plus grand qu'à
l'état normal, et dont les pétales des fleurs sont transformés en folioles
vertes, lancéolées-acuminées, à pointe infléchie dans quelques-unes,
et parfaitement droites dans les autres : les filets des étamines sont
allongés, et l'ovaire est avorté; dans quelques ombelles, les fleurs
entières sont avortées, et il ne reste plus, à l'extrémité des rayons de
l'ombelle, que la collerette qui figure le périgone d'une fleur verte, à
cinq divisions un peu inégales, linéaires-lancéolées.

18. BERLE. — *SIUM.* Koch.

Limbe du calice à 5 dents quelquefois très petites ; pétales
obovales echancrés, à languette infléchie ; fruit comprimé

par les côtés ou contracté et presque didyme ; stylopode en
coussinet déprimé sur le bord , à styles réfléchis ; méricarpes
à 5 côtes égales, filiformes, un peu obtuses, les latérales
marginales; sillons à 3 bandelettes superficielles ; carpophore bipartite, à branches soudées aux méricarpes, ou
libre ; graine très convexe sur le dos, à face interne plane.
— Involucre et involucelles polyphylles.

§ 1. *Branches du carpophore soudées aux méricarpes.*

1. B. à larges feuilles. — *S. latifolium.*

Linn. Sp. 361. — DC. Prod. 4. p. 124. et Fl. fr. n. 3446.
— Duby, Bot. gall. p. 229. — Gaud. Fl. helv. 2. p. 431.
— Lam. Ency. 1. p. 404. — Koch , Syn. p. 288.
J. Saint-Hil. Pl. fr. tab. 484. — Moris. sect. 9. tab. 5. fig. 1.
— J. Bauh. Hist. 3. p. 2 p. 175. fig. 1. — Tabern. ic. p.
78. fig. 1.

Racine fibreuse, stolonifère ; tige dressée , épaisse , fistuleuse, haute d'environ 9—12 décim., un peu fléchie à
chaque nœud , profondément sillonnée, rameuse ; feuilles
radicales ailées , portées sur de longs pétioles striés, carénés,
fistuleux, noueux à chaque paire de folioles et au-dessous
dans la partie nue, à 9—11 folioles grandes , oblongues , les
inférieures souvent lobées en dehors à la base , dentées en
scie , à dents aiguës , celles des feuilles submergées bipinnatifides ou multifides (Koch) : les caulinaires également ailées , sessiles sur les gaînes à bords membraneux , à folioles
plus étroites , lancéolées ; ombelles grandes , terminales ,
peu nombreuses , convexes , pédonculées , à involucre et
involucelles à plusieurs folioles lancéolées, à la fin réfléchies ,
souvent dentelées , à rayons nombreux , lisses , s'allongeant
après la fleuraison , inégaux ; fleurs blanches , égales , de
grandeur médiocre , à dents du calice lancéolées , inégales.
♃ (Juillet, août).

Les eaux stagnantes ou coulant lentement : les fossés des prés, au bord du lac, à Yverdon. — Autour de Mathod (Hall.). — Bâle, sur les bords du Rhin ; près de Monchenstein, au bord de la Birse (Hagenb.).

§ 2. *Branches du carpophore libres.*

2. B. Chervi. — *S. Sisarum.*

Linn. Sp. 361. — DC. Prod. 4. p. 124. et Fl. fr. n. 3450. — Duby, Bot. gall. p. 229. — Lam. Ency. 1. p. 405. — Koch, Syn. p. 288.

Lam. illust. tab. 197. fig. 2. — Moris. sect. 9. tab. 4. fig. 8. — J. Bauh. Hist. 3. p. 2. p. 153. fig. 1. et 2. — Tabern. ic. p. 77. fig. 2. — Dalech. Hist. p. 723. fig. 1. — Dod. pempt. p. 681. fig. 1. — Lob. ic. p. 710. fig. 1. (*ead.*).

Racine composée de tubercules allongés, de la grosseur du doigt, blancs, tendres, charnus, d'une saveur douce un peu aromatique, alimentaires ; tige haute de 3—4 décim., sillonnée, feuillée, un peu rameuse ; feuilles alternes, ailées, à 7—9 folioles lancéolées, aiguës, finement dentées en scie : les supérieures ternées ; fleurs blanches, petites, disposées en ombelles terminales, à 9—12 rayons ; involucre à 5 folioles linéaires-lancéolées, inégales, réfléchies : celles des involucelles semblables. ⚄ (Juillet, août).

Cette plante, que l'on croit originaire de la Chine, est cultivée dans quelques jardins comme plante alimentaire ; on mange ses racines apprêtées comme celles de la Scorsonère.

19. BUPLÈVRE. — *BUPLEVRUM.* Linn.

Limbe du calice peu marqué ; pétales entiers, arrondis, étroitement enroulés, à languette large, rétuse ; fruit comprimé par les côtés ou presque didyme, à stylopode déprimé ; méricarpes à 5 côtes égales, ailées, aiguës, filiformes, ou peu marquées, les latérales marginales ; sillons pourvus de bandelettes ou sans bandelettes ; carpophore libre ; graine à face interne presque plane. — Involucre et involucelles variables.

§ 1. *Espèces annuelles.*

1. B. à feuilles rondes. — *B. rotundifolium.*

Linn. Sp. 340. — DC. Prod. 4. p. 129. et Fl. fr. n. 3532. — Duby, Bot. gall. p. 225. — Gaud. Fl. helv. 2. p. 375. — Lam. Ency. 1. p. 517. — Koch, Syn. p. 291.

Lam. illust. tab. 189. fig. 1. — Barr. ic. fig. 1128. — Moris. sect. 9. tab. 12. fig. 1. — J. Bauh. Hist. 3. p. 2. p. 198. fig. 1. — Dalech. Hist. p. 1321. fig. 1. — Dod. pempt. p. 104. fig. 1. — Lob. ic. p. 396. fig. 1. (*ead.*).

Racine fusiforme, quelquefois un peu divisée; tige haute de 3—4 décim., feuillée, glabre, rameuse à sa partie supérieure; feuilles également glabres, d'un vert un peu glauque, ainsi que les autres parties de la plante, ovales-arrondies, entières, mucronulées au sommet, à bord légèrement cartilagineux, perfoliées : les inférieures oblongues, plus ou moins rétrécies à la base, profondément échancrées en cœur et embrassantes; ombelles pédonculées, axilaires et terminales, dépourvues d'involucre, à 5—8 rayons glabres, courts; involucelles plus grands que les fleurs, à 5 folioles souvent inégales, ovales, mucronées, d'un vert jaunâtre, à 5 nervures; fleurs petites, jaunâtres, courtement pédicellées, rapprochées; fruit ovoïde, lisse, à côtes filiformes, à sillons striés, dépourvus de bandelettes. ☉ (Juin, juillet).

Çà et là dans les champs, parmi les moissons : Salins, dans les champs de la Grange-Feuillet; de la Grange-David; à Château ; à Ivory; à Villers-Farlay; à Cramans, etc. — Sur le territoire de Cussey et de Sauvagney (Girod-Chant.). — Nyon, dans les champs, à côté du bois Bougis (Gaud.). — Aux environs de Bâle (Hagenb.).

§ 2. *Espèces vivaces.*

* *Involucelles dépassant les ombellules.*

2. B. à longues feuilles. — *B. longifolium.*

Linn. Sp. 341. — DC. Prod. 4. p. 150. et Fl. fr. n. 3533.
— Duby, Bot. gall. p. 226. — Gaud. Fl. helv. 2. p. 580.
— Lam. Ency. 1. p. 518. — Koch, Syn. p. 291.
Moris. sect. 9. tab. 12. fig. 4. — J. Bauh. Hist. 3. p. 2. p.
299. fig. 1.

Racine grêle, allongée ; tige simple ou peu rameuse à sa
partie supérieure, feuillée dans toute sa longueur, lisse,
cylindrique, haute de 6—9 décim. ; feuilles grandes, ovales-
oblongues, obtuses, glabres, un peu mucronées : les inférieures plus ou moins rétrécies en pétiole à la base : les
caulinaires profondément échancrées en cœur et embrassantes, à oreillettes arrondies : les supérieures plus petites,
ovales-aiguës, également embrassantes ; ombelle terminale,
lâche, à 6—9 rayons allongés, inégaux ; involucre à 4—5
folioles inégales, ovales-arrondies, ou ovales-lancéolées ;
involucelles à 5—8 folioles, ovales-élargies, courtement acuminées, plus longues que les fleurs, presque égales entre
elles, plus ou moins lavées de pourpre-violet ; fleurs petites,
courtement pédicellées ; fruit à côtes saillantes, amincies,
presque ailées, à sillons à 3 bandelettes. ⚥ (Juillet, août).

Boujaille, parmi les buissons, au bord de la forêt de sapins, au
couchant ; en montant de Thoiry au Reculet ; sur la Dôle ; le Suchet ;
le Chasseron ; au Creux-du-Vent.

3. B. Renoncule. — *B. Ranunculoïdes.*

Linn. Sp. 342. — DC. Prod. 4. p. 151. et Fl. fr. n. 3538.
— Duby, Bot. gall. p. 226. — Gaud. Fl. helv. 2. p. 382.
— Lam. Ency. 1. p. 518. — Koch, Syn. p. 290.
Moris. sect. 9. tab. 12. fig. 6. — J. Bauh. Hist. 3. p. 2. p.
199. fig. 2.

Cette plante est extrêmement variable , soit dans la grandeur de sa tige , qui est simple ou un peu rameuse , haute quelquefois de 6 centim. seulement , et d'autres fois de 3 décim. ; soit dans la forme et la largeur des feuilles , particulièrement de celles de la tige ; mais au milieu de ces variations , on reconnaîtra toujours cette espèce à sa tige haute le plus souvent de 1—2 décim. , dressée , ordinairement simple , ayant rarement 1—2 petits rameaux axilaires à sa partie supérieure, un peu anguleuse, légèrement striée ; à ses feuilles radicales et inférieures linéaires-lancéolées ou linéaires, rétrécies en pétiole , à 5—7 nervures parallèles un peu saillantes sur le sec ; à ses feuilles supérieures plus larges, plus courtes, ovales ou ovales-lancéolées, aiguës, souvent un peu acuminées, élargies à la base et échancrées en cœur, embrassantes, à oreillettes arrondies ; à son ombelle terminale grande , à 8—10 rayons inégaux, peu divergents , à involucre de 2—4 folioles inégales, lancéolées ou ovales-aiguës, à involucelles à 5 folioles ovales, mucronées, à 5 nervures, égales entre elles, mais plus grandes que les fleurs ; enfin à ses fruits oblongs, presque cylindriques , à côtes étroitement ailées, à sillons à une seule bandelette. ♃ (Juillet , août).

Les pâturages de la plupart des sommités du Jura , aux lieux un peu pierreux et découverts : sur la chaîne du Colombier ; sur la Dôle ; le Suchet ; le Chasseron ; le Creux-du-Vent ; le Chasseral , etc.

** *Involucelles plus courts que les ombellules.*

4. B. en faux. — *B. falcatum.*

Linn. Sp. 341. — DC. Prod. 4. p. 36. et Fl. fr. n. 3556. — Duby, Bot. gall. p. 227. — Gaud. Fl. helv. 2. p. 381. — Lam. Ency. 1. p. 518. — Koch, Syn. p. 290.

Gaud. Fl. helv 2. tab. 6. fig. 4. — J. Bauh. Hist. 3. p. 2. p. 200. fig. 1. — Tabern. ic. p. 872. fig. 2. — Lob. ic. p. 456. fig. 1.

Tige haute de 4—6 décim. , glabre, souvent flexueuse, grêle, rameuse , dressée ou ascendante , à rameaux étalés ;

feuilles radicales et inférieures oblongues ou lancéolées-elliptiques, rétrécies à la base en pétiole allongé, à 5—7 nervures, souvent un peu courbées en faux : les caulinaires sessiles, lancéolées-linéaires : les supérieures plus petites, allant en diminuant de grandeur vers le sommet de la tige ; ombelles petites, nombreuses, axilaires et terminales, pédonculées, à rayons peu nombreux, divergents ; involucre à 1—3 folioles inégales, lancéolées, aiguës ; involucelles à 4—5 folioles ovales-lancéolées, aiguës, presque égales aux fleurs ; fruit ovoïde, à côtes étroitement ailées, à sillons aplanis, à 3 bandelettes. ⁊ (Juillet—septembre).

Commun dans les lieux arides et pierreux, le long des haies et parmi les buissons, jusque sur les sommités du Jura.

β. *Latifolium.* Gaud. Fl. helv. 2. l. c. — Tabern. ic. p. 872. fig. 1. — Tige presque simple et dressée ; feuilles radicales et inférieures ovales et elliptiques, atteignant près de 2 centim. de largeur.

Les environs de Salins. — De Nyon, dans le bois, au pied des Côtes au-dessus de Trélex (Gaud).

Obs. Girod-Chantrans indique encore , sur les côteaux en pâturages, le *B. rigidum.* Linn. et le *B. tenuissimum.* Linn. ; mais je n'ai vu jusqu'ici aucun échantillon de ces plantes ayant été récolté dans le Jura.

TRIBU IV. — SÉSÉLINÉES. Koch.

Coupe transversale du fruit circulaire ou presque circulaire ; méricarpes à 5 côtes filiformes ou ailées, les latérales marginales, égales ou un peu plus larges ; graine convexe sur le dos, à face interne plane, ou bien presque cylindrique ; raphé marginal ou à peu près. — Ombelle parfaite.

20. OENANTHE. — *OENANTHE.* Linn.

Limbe du calice à 5 dents ; pétales obovales , échancrés, à languette infléchie ; fruit cylindracé, presque turbiné ou oblong, terminé par les styles longs et dressés ; méricarpes à 5 côtes obtuses, un peu convexes, les latérales marginales, un peu plus larges; sillons à une seule bandelette; carpo-phore indistinct; graine convexe ou presque cylindrique. — Involucre variable, souvent nul; involucelles polyphylles.

§ 1. *Racine fasciculée, à fibres plus ou moins épais-sies-tuberculeuses.*

1. Œ. fistuleuse. — *OE. fistulosa.*

Linn. Sp. 365. — DC. Prod. 4. p. 136. et Fl. fr. n. 3440. — Duby, Bot. gall. p. 236. — Gaud. Fl. helv. 2. p. 355. — Lam. Ency. 4. p. 527. — Koch, Syn. p. 291.
J. Saint-Hil. Pl. fr. tab. 278. — Gaud. Fl. helv. 2. tab. 5. fig. 8. — Lam. illust. tab. 203. fig. 1. — Moris. sect. 9. tab. 7. fig. 8. — J. Bauh. Hist. 3. p. 2. p. 192. fig. 1. — Tabern. ic. p. 142. fig. 1. (*planta nimis foliosa*). — Dod. pempt. p. 590. fig. 1. — Lob. ic. p. 731. fig. 1. (*ead.*).
Racine composée de fibres fasciculées, dont quelques-unes épaissies-tuberculeuses; tige stolonifère, cylindrique, striée, lisse, fistuleuse, glabre, peu feuillée, faible, un peu ra-meuse à sa partie supérieure, haute de 3—6 décim.; feuilles radicales 2 fois ailées, à folioles planes, lancéolées, un peu obtuses : les caulinaires simplement ailées, à folioles simples ou à 2—3 lobes, étroites, linéaires-lancéolées, un peu ob-tuses, plus écartées et plus longues que dans les feuilles radicales; pétioles plus longs que les feuilles, fistuleux, embrassants à la base, presque engaînants; ombelles peu nombreuses, terminales, ordinairement trifides; involucre nul ou monophylle; involucelles à plusieurs folioles lancéo-lées, aiguës, étalées; ombellules serrées, convexes, presque globuleuses, à fleurs blanches, les extérieures pédonculées, irrégulières, à pétales extérieurs plus grands, rayonnants, obovales-oblongs, bifides, celles du centre sessiles, presque régulières; fruit turbiné, à côtes saillantes, cohérentes à la base et recouvrant les sillons, terminé par les dents du ca-lice acuminées, et par les 2 styles allongés, dressés, diver-gents, crochus au sommet. ♃ (Juillet, août).

Les prés marécageux, les mares et les fossés pleins d'eau : le long du petit ruisseau de Chavanne, près de Sellières; les bords de l'étang de Vaudrey; dans le marais de Vaucy, entre Arbois et Poligny; à côté du moulin de Vadans, près d'Arbois; au bord du lac, à Yverdon. — Genève, au marais de Sionet et de Mattegnin (Reut.). — Bords du Doubs et de l'Ognon (Girod-Chant.). — Le canal, entre Orbe et Chavornay (Rapin).

2. Œ. à feuilles de Peucédane. — *OE. Peucedanifolia.*

Poll. Palat. 1. p. 289. — DC. Prod. 4. p. 137. et Fl. fr. n. 3442. — Duby, Bot. gall. p. 237. — Gaud. Syn. p. 235. — Lam. Ency. 2. p. 530. — Koch, Syn. p. 292.
Moris. sect. 9. tab. 7. fig. 7. — Dalech. Hist. p. 773. fig. 2.

Racine composée de plusieurs tubercules sessiles, fasciculés, épaissis, ovoïdes ou oblongs; tige dressée, striée, anguleuse, glabre, ferme, feuillée, rameuse, haute d'environ 6 décim.; feuilles d'un vert gai : les radicales et les inférieures 2 fois ailées, portées sur de longs pétioles striés, à folioles étroites, allongées, presque linéaires, obtuses, écartées, simples ou à 2—3 lobes : les caulinaires ailées, sessiles sur les gaînes striées, un peu membraneuses sur les bords, à folioles linéaires, allongées, très écartées, peu nombreuses, dressées; ombelles longuement pédonculées, médiocres, peu nombreuses, à 3—10 rayons un peu inégaux, lisses, striés; ombellules un peu écartées, composées de fleurs blanches, rapprochées, les extérieures un peu plus grandes, rayonnantes, à pétales extérieurs obcordés-cunéiformes; involucre nul ou 1—polyphylle; involucelles à plusieurs folioles lancéolées-linéaires, aiguës, plus courtes que les fleurs; fruit oblong, aminci à la base, resserré sous le calice à dents lancéolées-acuminées, membraneuses sur les bords, terminé par les styles divergents. ♃ (Juillet, août).

Les prairies humides et marécageuses : les bords du Doubs, à Dole. — A l'embouchure de la Venoge, près de Morges; dans le bois des Vernes, à Rolle (Rapin). — Le long du Doubs et de l'Ognon (Girod-Chant.)

ß. Lachenalii. Gaud. Syn. l. c. — *OE. Lachenalii.* DC. Prod. 4. p. 136. — Koch, Syn. p. 292. — Plante moins élevée, à tige finement striée; feuilles radicales ailées, à folioles presque pinnatifides, incisées-lobées, à lobes obtus : celles de la tige à lobes linéaires aigus; tubercules de la racine allongés, presque fusiformes.

Genève, aux marais de Gaillard et de Sionet (Reut.). — Bâle, à Michelfeld (Hagenb.).

γ. Silaïfolia. Gaud. Syn. p. 236. — *OE. silaïfolia.* DC. Prod. 4. p. 157. — Koch, Syn. p. 292. — Tige un peu anguleuse; feuilles à folioles presque semblables, lancéolées dans les inférieures, linéaires dans les autres et de moitié plus courtes; ombelles à un petit nombre de rayons; tubercules de la racine allongés, presque fusiformes.

Genève, au marais de Sionet, de Bossey-sous-Salève? (Reut.). — Girod-Chantrans cite encore, le long du Doubs et de l'Ognon, l'*OE. pimpinelloïdes.* Linn.

§ 2. *Racine fusiforme, fibreuse.*

3. Œ. Phellandre. — *OE. Phellandrium.*

Lam. Fl. fr. 3. p. 432. — DC. Prod. 4. p. 138. et Fl. fr. n. 3439. — Duby, Bot. gall. p. 236. — Koch, Syn. p. 293. — *OE. aquatica.* Lam. Ency. 4. p. 550. — *Phellandrium aquaticum.* Linn. Sp. 366. — Gaud. Fl. helv. 2. p. 360.

Bull. Herb. tab. 147. — Chaum. Fl. méd. tab. 271. — Moris. sect. 9. tab. 7. fig. 7. (*series* 1.). — J. Bauh. Hist. 3. p. 2. p. 184. fig. 1. — Tabern. ic. p. 783. fig. 2. — Dalech. Hist. p. 1093. fig. 1. — Dod. pempt. p. 591. fig. 1. (*ead.*)

Racine fusiforme, blanchâtre, garnie à la base de fibres verticillées (Koch); tige épaisse, fistuleuse, haute de 6—9 décim., striée, très rameuse, à rameaux divariqués; feuilles grandes, à contour triangulaire, 2—3 fois ailées, étalées, glabres, lisses, d'un vert gai, à folioles ovales, divariquées, incisées-pinnatifides : les submergées multifides, à lanières capillaires; gaînes des feuilles caulinaires oblongues, étroites, membraneuses sur les bords; ombelles nombreuses, de grandeur médiocre, opposées aux feuilles, courtement pédonculées, à 7—10 rayons inégaux, divergents; involucre ordinairement nul ou à une foliole; involucelles à plusieurs folioles linéaires-subulées, presque de la longueur des pédoncules; fleurs blanches, petites, les extérieures un peu plus grandes; fruit oblong, souvent un peu courbé, à côtes peu saillantes, terminé par les dents du calice subulées, et les styles divergents. ② (Juillet, août).

Les marais, les fossés, le bord des étangs : les mares d'eau au bord de la Loue, à Villers-Farlay et ailleurs; le marais de Vaucy, entre Arbois et Poligny; le bord de l'étang de Chavanne, près de Sellières; le ruisseau d'Écleux; la tourbière de Vaux, près de Sainte-Marie; à Roche-Fenduc, près du Locle; le bord de la Reuse, au Val-Travers. — Bâle, à Michelfeld (Hagenb.).

β. *Capillare*. Gaud. Syn. p. 236. — Hagenb. Fl. basil. 1. p. 281. — Feuilles 4 fois ailées, à folioles très nombreuses, capillaires.

Bâle, à Michelfeld (Hagenbach). — Ruisseau d'Écleux, près de Salins?

21. ÉTHUSE. — ÆTHUSA. Linn.

Limbe du calice peu marqué; pétales obovales, échancrés, à languette infléchie; fruit ovoïde-globuleux; méricarpes à 5 côtes saillantes, épaisses, à carène aiguë, les latérales marginales, un peu plus larges, à carène un peu ailée; sillons à une seule bandelette; graine demi-globuleuse; carpophore bipartite. — Involucre nul ou à une foliole; involucelles à 3, rarement 1 ou 5 folioles extérieures pendantes.

1. E. Petite-Ciguë. — *Æ. Cynapium*.

Linn. Sp. 367. — DC. Prod. 4. p. 141. et Fl. fr. n. 3436. — Duby, Bot. gall. p. 233. — Gaud. Fl. helv. 2. p. 403. — Lam. Ency. 1. p. 47. — Koch, Syn. p. 293.

J. Saint-Hil. Pl. fr. tab. 498. — Bull. Herb. tab. 91. —
Lam. illust. tab. 196. — Moris. sect. 9. tab. 7. fig. 2. —
J. Bauh. Hist. 3. p. 2. p. 179. fig. 1.

Racine blanchâtre, fusiforme; tige rameuse, lisse, cylindrique, striée, fistuleuse, haute d'environ 3—5 décim.;
feuilles assez semblables à celles du persil, 2 fois ailées, à
folioles pinnatifides, à lobes lancéolés-linéaires, entiers ou
incisés, un peu obtus, légèrement mucronés; ombelles médiocres, planes, opposées aux feuilles et terminales, assez
longuement pédonculées, à 10—12 rayons étalés, inégaux;
involucre nul ou à une seule foliole; involucelles à 5 folioles étroites, linéaires-subulées, d'abord étalées, puis
pendantes, situées en dehors, plus longues que l'ombellule;
fleurs petites, blanches, les extérieures un peu rayonnantes;
fruit presque globuleux, à côtes épaisses très marquées, à
bandelettes de la commissure un peu écartées à la base;
styles courts, réfléchis. ⟨1⟩ (Juin—septembre).

Très commune dans les champs après la moisson, dans les terres
cultivées, et quelquefois dans les jardins où elle est souvent prise pour
du persil, et quoiqu'elle passe pour très dangereuse, on la mange alors
sans qu'il en résulte cependant d'accidents bien notables.

Obs. Je possède un échantillon de cette espèce dont une des ombelles
a les folioles des involucelles deux fois ailées et semblables aux feuilles.

β.⟨?⟩*Pygmæa.* Koch, Syn. l. c. — Tige haute de 4—8
centim.; lobes des feuilles obtus.

Dans les champs après la moisson : à Salins ; à Arinthod , etc.

2. E. élevée. — *Æ. elata.*

Friedlander, ex Fisch cat. hort. Gor. p. 45. (1813). —
DC. Prod. 4. p. 141. — Hoffm. Umb. ed. 2. p. 98. —
Besser, Enum. p. 54.

Cette plante a long-temps été confondue avec la précédente; mais on l'en distingue, au premier abord, à la longueur de sa tige haute de 9—12 décim., plus lisse, cylindrique, assez ferme, finement striée, garnie de feuilles

plus grandes, à folioles découpées en lobes plus fins, plus
aigus, plus écartés; son involucre est souvent monophylle;
les involucelles sont à 1—3 folioles plus étroites, beaucoup
plus longues que les rayons extérieurs des ombellules; les
pétales des fleurs sont entièrement blancs et non verdâtres
à la base comme dans l'espèce précédente, les extérieurs
plus grands, plus profodément échancrés, à lobes plus
divergents; les styles sont plus allongés, réfléchis, souvent
purpurescents après la fleuraison, et les fruits des fleurs
extérieures sont portés sur des pédicelles doubles au moins
de leur longueur. ④ (Juillet, août).

Cette espèce n'est pas rare dans les bois des environs de Salins, souvent sur les places des anciens fourneaux à charbon : dans les bois de
Poupet; de Chaudreux; de Bovard; de Racine et de Bois-Franc, etc.
— Mes échantillons sont absolument conformes à celui que je possède
venant du Jardin de Paris (1833). Je n'ai point rapporté en synonyme
la *var. β. elata* de l'*Æ. cynapium*. Gaud., Fl. helv. 2. p. 403. et Syn.
p. 248. parce que les expressions : *Involucellis umbellula ferè brevioribus*, ne s'appliquent point à ma plante.

<h3 style="text-align:center">22. FENOUIL. — FOENICULUM. Hoffm.</h3>

Limbe du calice épaissi, peu marqué; pétales entiers,
arrondis, roulés en dedans, à languette tronquée, presque
carrée; coupe transversale du fruit presque circulaire; méricarpes à 5 côtes un peu saillantes, obtusément carénées;
sillons à une seule bandelette; carpophore bipartite; graine
demi-cylindrique. — Involucre et involucelles nuls; fleurs
jaunes; stylopode conique.

<h2 style="text-align:center">1. F. officinal. — F. officinale.</h2>

All. Pedem. 2. p. 25. — Duby, Bot. gall. p. 236. — Gaud.
Fl. helv. 2. p. 388. — Koch, Syn. p. 293. — *F. vulgare.*
DC. Prod. 4. p. 142. — *Anethum fœniculum.* Linn. Sp.
577. — DC. Fl. fr. n. 3523. — Lam. Ency. 1. p. 170.
J. Saint-Hil. Pl. fr. tab. 193. — Chaum. Fl. méd. tab. 163.
— Lam. illust. tab. 204. fig. 1. — Moris. sect. 9. tab. 2.

fig. 1. — J. Bauh. Hist. 3. p. 2. p. 3. fig. 1. — Tabern.
ic. p. 66. fig. 2. — Mill. illust. tab. 13. — Dalech. Hist.
p. 689. fig. 1. — Dod. pempt. p. 297. fig. 1. — Lob. ic.
p. 775. fig. 2. (*ead.*).

Racine blanchâtre, fusiforme; tige cylindrique, striée,
lisse, feuillée, rameuse, haute de 10—15 décim.; feuilles
amples, 2—3 fois ailées, longuement pétiolées, à folioles
divisées en lanières étroites, linéaires-subulées, nombreuses,
capillaires, allongées : les caulinaires à pétioles beaucoup
plus courts, dilatés à la base en gaîne striée, membraneuse
sur les bords, blanchâtre intérieurement; ombelles axilaires
et terminales, grandes, dépourvues d'involucre et d'involucelles, à 15—20 rayons allongés, lisses, raides; ombellules
petites, à fleurs jaunes, portées sur des pédicelles inégaux ;
fruits presque cylindriques, souvent courbés en faux; styles
très courts, divergents, portés sur un stylopode conique.
② (Juillet, août).

Les rochers de la citadelle de Besançon; le long du chemin entre la sa-
line d'Arc et la Loue; au bord de la route, près du village de Toulouse,
entre Poligny et Lons-le-Saunier ; près du village de Dampierre, route
de Besançon à Dole; dans les décombres de jardins. — Autour de Mathod et Ripaz; commun aux environs de Nyon (Gaud.). — Bâle, au
bord des chemins et dans les vignes (Hagenb.). — Genève, à Gaillard,
Étrambières, etc. (Reut.).

25. SESELI. — SESELI. Linn.

Limbe du calice à 5 dents courtes, un peu épaisses ; pétales obovales, rétrécis en languette infléchie, échancrés ou
presque entiers; fruit ovoïde ou oblong, à section transversale presque circulaire, terminé par les styles réfléchis;
méricarpes à 5 côtes plus ou moins saillantes, épaisses et cor-
ticales, les latérales marginales, souvent un peu plus larges ;
sillons à une seule bandelette, rarement à 2—3; carpophore
bipartite ; graine demi-cylindrique. — Involucre presque
nul; involucelles polyphylles. Fleurs blanches, souvent purpurines en dehors.

1. S. de montagne. — *S. montanum.*

DC. Fl. fr. n. 3417. et supp. p. 503. et etiam Prod. 4. p.
146. — Duby, Bot. gall. p. 235. — Gaud. Fl. helv. 2. p.
417. — Poir. Ency. 7. p. 151. — Koch, Syn. p. 295.

Racine dure, épaisse; tige haute de 3—5 décim., dressée, glabre, striée, ferme, médiocrement rameuse; feuilles
un peu glauques, les radicales et les inférieures portées sur
des pétioles allongés, canaliculés en dessus, 2—3 fois ailées,
à lanières linéaires, quelquefois à 2—3 lobes, mucronulées:
les caulinaires alternes, écartées, rapprochées de la tige,
à lanières plus étroites et plus longues, portées sur des pétioles dilatés en gaîne étroite, allongée; ombelles axilaires
et terminales, un peu lâche, à 6—12 rayons inégaux, anguleux, pubescents du côté interne; ombellules petites, à
fleurs blanches, rapprochées, purpurines avant l'épanouissement; involucre à 1—3 folioles caduques; involucelles à
plusieurs folioles linéaires-subulées, de la longueur des pédicelles; fruits ellipsoïdes, glauques, glabres ou légèrement
pubescents. ♃ (Juillet, août).

α. Laxiusculum. DC. Prod. 4. l. c. — *S. montanum.*
Linn. Sp. 572. — Lanières des feuilles planes; ombelle un
peu lâche; côtes du fruit triangulaires, peu saillantes.

Salins, dans les lieux arides et pierreux du pied des montagnes, rare.
— Bâle, sur le mont Wasserfall (Hagenb.), et autour de Brundrut
(Frisch.)

β. Glaucum. DC. Prod. 4. l. c. — *S. glaucum.* Koch,
Syn. p. 294. — Lanières des feuilles munies d'une nervure
longitudinale saillante en dessous; ombellules plus resserrées; côtes du fruit filiformes.

Les mêmes lieux que la variété précédente, mais beaucoup plus
commune : aux environs de Salins; de Besançon; de Poligny, etc.

γ. Multicaule. DC. Prod. 4. l. c. — *S. multicaule.* Jacq.
Hort. vend. 3. tab. 129. — Diffère de la variété précédente,

par sa racine produisant plusieurs tiges ; par ses feuilles plus resserrées, à lobes moins divergents.

Les lieux moins arides que les variétés précédentes : aux environs de Salins, de Besançon, de Montbéliard, de Bâle, etc.

2. S. coloré. — *S. coloratum.*

Ehrh. Herb. 113. — DC. Prod. 4. p. 147. — Koch, Syn. p. 295. — *Seseli annuum.* Linn. Sp. 375. — Poir. Ency. 7. p. 151. — *S. bienne.* Crantz. Aust. p. 204. — Gaud. Fl. helv. 2. p. 416. — *Selinum dimidiatum.* DC. Fl. fr. n. 3492. et supp. p. 503.

Lam. illust. tab. 202. fig. 1. — Gaud. Fl. helv. 2. tab. 8. fig. 5.

Racine dure, presque simple, d'un brun noirâtre, fibreuse au collet ; tige haute de 3 — 4 décim., ferme, solide, dressée, striée, légèrement pubescente, un peu rameuse à sa partie supérieure ; feuilles radicales et inférieures pétiolées, 2 fois ailées, à folioles linéaires, simples, bi ou trifides, à lobes étroits, linéaires, aigus, légèrement ciliés : les caulinaires alternes, portées sur des gaînes un peu élargies, striées, membraneuses sur les bords, auriculées au sommet ; ombelles terminales et axilaires, assez grandes, denses, à 15—20 rayons anguleux, pubescents sur le côté interne, raides, presque égaux ; ombellules à fleurs blanches, purpurines avant leur développement, rapprochées ; involucre nul ; involucelles à plusieurs folioles lancéolées, aiguës, blanchâtres et membraneuses sur les bords, égalant ou dépassant les fleurs ; fruit glabre, à côtes en carène aiguë. ② ou ♃ (Juillet, août).

Les bois montagneux, les collines herbeuses : Nyon, au bois de Prangins (Gaud.). — Les lieux secs et pierreux, au pied de Salève, au-dessus de Crevin (Reut.). — Morges (Rapin). — Bâle, à Michelfeld (Hagenb.).

24. LIBANOTIDE. — *LIBANOTIS*. Crantz. Aust.

Limbe du calice à 5 dents fines, allongées, subulées, caduques, de sorte qu'il n'en reste que la base : le reste comme dans les *Seselis*. — Involucre et involucelles le plus souvent polyphylles. Ce genre diffère du précédent plutôt par le port que par les caractères.

1. L. de montagne. — *L. montana.*

All. Fl. ped. 2. p. 30. —Koch, Syn. p. 295. — *L. vulgaris.* DC. Prod. 4. p. 150. (*excl. var. β.*). — *Athamenta libanotis.* Linn. Sp. 351. — DC. Fl. fr. n. 3481. — Gaud. Fl. helv. 2. p. 303. var. *β. major.* — Lam. Ency. 1. p. 524. — *Seseli libanotis.* Duby, Bot. gall. p. 234.

All. Fl. ped. tab. 62. — J. Bauh. Hist. 3. p. 2. p. 105. fig. 1.

Racine épaisse, blanchâtre, fusiforme, souvent divisée, garnie à son collet de fibres nombreuses qui sont les restes des feuilles anciennes; tige haute de 6—9 décim., dressée, épaisse, très rameuse, profondément sillonnée, striée, glabre, presque quadrangulaire à la base ; feuilles grandes, très glabres, 2—3 fois ailées, à folioles incisées-pinnatifides, à lobes lancéolés, mucronés, les inférieures disposées en croix autour du pétiole commun ; fleurs blanches, petites, en ombelles terminales, grandes, denses, convexes, à 30—40 rayons légèrement pubescents ; involucre et involucelles à 7—9 folioles lancéolées-linéaires, un peu membraneuses sur les bords et presque réfléchies ; fruits ovoïdes-oblongs, velus, à côtes saillantes. ♃, ② Koch. (Juillet, août).

Les collines arides, les lieux rocailleux des montagnes : commune au pied des montagnes autour de Salins, au pied de Poupet, de Saint-André, de Belin, sur la colline qui s'élève de Pagnoz au château de Vaugrenans, etc.; sur le Thoiry; la Dole et le Vouarne; le Montendre; le Suchet; le Creux-du-Vent; aux environs de Saint-Claude; de Montbéliard; de Béfort. — De Bâle, sur les monts Mutet; Wasserfall, etc. (Hagenb.).

β. *Minor*. Gaud. Syn. p. 221. var. α. Tige haute de 1—2 décim. ; feuilles moins grandes, à folioles plus rapprochées.

Sur la Dôle ; le Creux-du-Vent ; le mont Mulet, etc.

γ. *Daucifolia*. DC. Prod. 4. l. c. — *Athamenta daucifolia*. Host. Fl. aust. 1. p. 362. — *Crithmum Pyrenaïcum*. Linn. Sp. 354. — *Ammi daucifolium*. Scop. Carn. ed. 2. tab. 10. (*sed involucri foliolis multifidis*). — Tige anguleuse ; feuilles 2 fois ailées, à folioles pinnatifides, à lobes étroits, lancéolés-linéaires, aigus ou mucronés, légèrement ciliés sur les bords, un peu écartés et arqués en dehors, souvent bi ou trifides.

Les lieux arides et rocailleux du pied des montagnes : aux environs de Besançon ; de Salins, au pied de Belin, de Poupet, etc.

25. ATHAMANTE. — *ATHAMANTA*. Koch.

Limbe du calice à 5 dents ; pétales obovales, échancrés, courtement onguiculés, à languette infléchie ; fruit ovoïde ou oblong, à coupe transversale presque circulaire, ou légèrement comprimé par les côtés, terminé par les styles dressés ou divariqués ; méricarpes à 5 côtes filiformes égales, non ailées, les latérales marginales ; sillons à 2—3 bandelettes ; carpophore bipartite ; graine demi-cylindrique. — Involucre à un ou à un petit nombre de folioles ; involucelles à plusieurs

1. A. de Crète. — *A. Cretensis*.

Linn. Sp. 552. — DC. Prod. 4. p. 155. et Fl. fr. n. 3482. — Duby, Bot. gall. p. 228. — Gaud. Fl. helv. 2. p. 305. — Lam. Ency. 1. p. 324. — Koch, Syn. p. 297.

Gaud. Fl. helv. 2. tab. 3. fig. 4. — Moris. sect. 9. tab. 10. fig. 9. — J. Bauh. Hist. 3. p. 2. p. 56. fig. 1.

Racine épaisse, fusiforme, un peu divisée, produisant plusieurs tiges dressées ou ascendantes, légèrement striées, pubescentes, cylindriques, un peu rameuses, hautes de 2—3 décim. ; feuilles oblongues, 3 fois ailées, à lanières très étroites, linéaires-lancéolées, un peu aiguës, simples, souvent bi ou trifides ; ombelles terminales, à 7—12 rayons pubescents, un peu allongés, inégaux ; involucre à 1—5 folioles lancéolées, membraneuses et blanchâtres sur les bords ; involucelles à plusieurs folioles lancéolées-acuminées, également blanchâtres et membraneuses sur les bords ; fruit oblong, un peu aminci sous le stylopode, velu, à poils étalés, à côtes obtuses peu saillantes, à peu près de la longueur du pédicelle. ♃ (Juillet, août).

Les lieux rocailleux des montagnes et les fentes des rochers : Salins, sur Poupet et au-dessus des vignes d'Ivrey ; sur les rochers de la cascade de Goaille ; de la Châtelaine et des Planches, près d'Arbois, etc. ; sur le mont d'Or ; le Súchet ; le Chasseron ; le Creux-du-Vent ; la Dôle ; la chaîne du Colombier ; le Salève, à la Grande-Gorge ; Neuchâtel, sur la montagne de la Tourne et sur la roche aux Corbeaux ; Bâle, sur le mont Mutet, etc.

β. *Tomentosa*. Gaud. Fl. helv. 2. l. c. — Feuilles un peu glauques, à folioles très rapprochées, velues, à poils cotonneux très serrés.

Sur le Suchet (Monnard.)

γ. *Mutellinoïdes*. DC. Prod. 4. l. c. var. β. — Koch, Syn. l. c. var. β. — *Ath. mutellinoïdes*. Lam. Ency. 1. p. 323. — *Ath. Mathioli*. DC. Fl. fr. n. 3485. — *Ath. Cret. var. β. decipiens*. Duby, l. c. — Gaud. Fl. helv. 2. l. c. var. β. *glabra*. — Feuilles presque glabres, à lanières plus étroites et plus allongées.

Au-dessus des rochers de Gilly, près d'Arbois ; sur le Suchet ; le Colombier ; sur le sommet de la montagne entre Foncine-le-Haut et Entre-Côtes. — Cette variété diffère de l'*Ath. Mathioli* (avec laquelle De Candolle l'avait d'abord confondue, et qui est assez bien représentée par la figure de Scop. Carn. ed. 2. tab. 9.), en ce que celui-ci a sa tige beaucoup plus élevée, parfaitement glabre, ainsi que les feuilles qui sont beaucoup plus grandes, plus développées, à lanières linéaires-filiformes, très longues et divariquées, et que ses pétales sont glabres et non poilus, comme dans la variété ci-dessus.

26. LIVÈCHE. — *LIGUSTICUM*. Koch.

Limbe du calice à 5 dents ou peu marqué ; pétales obovales, échancrés, courtement onguiculés, à languette infléchie ; coupe transversale du fruit presque circulaire ou un peu comprimée par les côtés ; méricarpes à 5 côtes égales, amincies, un peu ailées, les latérales marginales ; sillons à plusieurs bandelettes ; carpophore bipartite ; graine demi-cylindrique. — Involucre variable ; involucelles à plusieurs folioles.

1. L. Férule. — *L. Ferulaceum*.

All. ped. 2. p. 13. — DC. Prod. 4. p. 157. et Fl. fr. n. 5464.
— Duby, Bot. gall. p. 250. — Gaud. Fl. helv. 2. p. 394.
— Koch, Syn. p. 298. — *Laserpilium Dauricum*. Lam.
Ency. 3. p. 424.
All. Ped. tab. 60. fig. 1. — Barr. ic. fig. 856. (*ex Gaud.*).

Plante entièrement glabre. Tige dressée, haute de 3—5 décim., striée, fistuleuse, rameuse, à rameaux divergents ; feuilles souvent opposées, oblongues-triangulaires dans leur contour, 2—5 fois ailées, à folioles pinnatifides, à 4—7 lobes linéaires, étroits, un peu écartés, un peu charnus, entiers ou trifides, légèrement mucronés ; gaînes terminées de chaque côté par une membrane diaphane, décurrente sur le pétiole commun ; ombelles terminales, à 20—30 rayons striés, un peu rudes, convergents ; involucre à folioles linéaires, membraneuses, plus courtes que l'ombelle, marquées sur le dos d'une ligne verdâtre, pinnatifides au sommet ou trifides ; involucelles à folioles presque semblables, de la longueur des ombellules ; fleurs blanches, égales entre elles, à dents du calice très petites, persistantes ; styles divergents. ② (Juin, juillet).

Cette plante est très rare dans le Jura : elle se trouve dans les débris des rochers, à droite dans le petit vallon d'Ardran, en montant au Reculet (Reut.). — Sur le Jura, au-dessus de Gex (Gaud). — Girod-

Chantrans indique , dans les montagnes du Jura , le *Ligusticum levisti-cum*. Linn. — *Levisticum officinale*. Koch , Syn., et DC. Prod.; mais je ne pense pas que cette plante ait pu se trouver dans le Jura , ailleurs que dans les décombres des jardins où elle est du reste rarement cultivée.

27. SILAUS. — *SILAUS*. Besser.

Limbe du calice peu marqué ; pétales obovales-oblongs , rétrécis en languette infléchie , entiers ou un peu échancrés , appendiculés à la base ou tronqués-sessiles ; coupe transversale du fruit presque circulaire ; méricarpes à 5 côtes égales , amincies , un peu ailées , les latérales marginales ; sillons à plusieurs bandelettes rapprochées , ne formant presque qu'une seule bandelette ; graine demi-cylindrique. — Involucre à un petit nombre de folioles ou nul ; involucelles polyphylles.

1. S. des prés. — *S. pratensis.*

Besser , ap. Roem. et Schult. 6. p. 36. — Koch, Syn. p. 298. — DC. Prod. 4. p. 161. — Gaud. Fl. helv. 2. p. 591. — *Ligusticum Silaus*. Duby, Bot. gall. p. 130. — Lam. Ency. 5. p. 577. — *Peucedanum Silaus*. Linn. Sp. 354. — Poir. Ency. 5. p 227. — DC. Fl. fr. n. 3319. Gaud. Fl. helv. 2. tab. 7. fig. 1. — Moris. sect. 9. tab. 6. fig. 10. et 11. — J. Bauh. Hist. 3. p. 2. p. 170. fig. 1. (*mala*). — Dalech. Hist. p. 752. fig. 3. — Dod. pempt. p. 310. fig. 2. (*ead.*). — Lob. ic. p. 738. fig. 1. (*ead.*). Racine noirâtre , allongée , fusiforme ; tige dressée , striée , cylindrique , un peu anguleuse , solide , souvent rougeâtre à la base , rameuse , feuillée à la naissance des rameaux , un peu nue à sa partie supérieure , haute de 6—9 décim. ; feuilles d'un vert assez foncé : les radicales fort grandes , longuement pétiolées , largement triangulaires dans leur contour , 2—3 fois ailées , à folioles linéaires , entières , ou à 2—3 lobes linéaires-lancéolés , mucronulés , un peu sillonnés en dessus , et à nervure dorsale saillante : les caulinaires plus petites , moins divisées , portées sur des gaînes courtes ,

striées-nerveuses, souvent purpurescentes ; ombelles médiocres, longuement pédonculées, à 12—15 rayons un peu
rudes, lâches, les extérieurs plus longs ; involucre nul ou
à 1—2 folioles linéaires, rarement plus ; involucelles à plusieurs folioles linéaires, plus courtes que les pédicelles ;
fleurs petites, d'un jaune verdâtre ; carpophore bipartite ;
stylopode large, épais, convexe, saillant et crénelé à la
base, à styles courts, réfléchis. ♃ (Juin—août).

Commun dans les prés et le long des chemins un peu humides.

28. MÉUM. — *MEUM*. Tournef.

Limbe du calice peu marqué ; pétales entiers, elliptiques,
aigus aux deux bouts ; coupe transversale du fruit presque
circulaire ; méricarpes à 5 côtes égales, un peu saillantes,
amincies sur la carène, les latérales marginales ; sillons à
plusieurs bandelettes ; graine demi-cylindrique ; carpophore
bipartite. — Involucre nul, ou à folioles peu nombreuses ;
involucelles polyphylles.

1. M. Athamante. — *M. Athamanticum.*

Jacq. Fl. Aust. 4. p. 2. — DC. Prod. 4. p. 162. — Duby,
  Bot. gall. p. 230. — Koch, Syn. p. 299. — *Ligusticum
  Meum.* DC. Fl. fr. n. 3468. — Gaud. Fl. helv. 2. p. 397.
  — Lam. Ency. 3. p. 577. et ejusd. *Æthusa Meum.* Ency.
  1. p. 47. — *Athamantha. Meum.* Linn. Sp. 353.
Moris. sect. 9. tab. 2. fig. 2. — J. Bauh. Hist. 3. p. 2. p. 11.
  fig. 1. (*mala*). — Clus. Hist. 2. p. 198. fig. 2. — Tabern.
  ic. p. 74. fig. 2. — Dalech. Hist. p. 759. fig. 1. — Dod.
  pempt. p. 305. fig. 1. — Lob. ic. p. 777. fig. 1.
Racine épaisse, rameuse, d'une odeur forte, aromatique,
assez semblable à celle du *Melilotus cærulea*, et qui se fait
long-temps sentir en herbier, garnie à son collet d'un grand
nombre de fibres sèches qui sont les restes des gaînes des
feuilles anciennes ; tige dressée, assez grêle, striée, fistuleuse,
peu feuillée, médiocrement rameuse, haute de 3—4 décim. ;

feuilles presque toutes radicales, portées sur des pétioles un peu allongés, élargis en gaîne à la base, ovales-lancéolées dans leur contour, 2 fois ailées, à pinnules nombreuses, oblongues-lanceolées, allant en diminuant de grandeur de la base au sommet, à folioles pinnatifides, à divisions très menues, multifides, à lobes allongés, capillaires, les inférieures disposées en croix autour du pétiole commun : feuilles caulinaires peu nombreuses, plus petites, portées sur des gaînes striées-nerveuses, assez larges, membraneuses sur les bords ; ombelles médiocres, à 8—15 rayons un peu rudes, inégaux ; involucre quelquefois nul, ou à 1—3 folioles, et même 7 dans l'échantillon que j'ai sous les yeux ; involucelles à plusieurs folioles étroites, linéaires-lancéolées, presque de la longueur des ombellules ; fruit oblong, souvent un peu courbé. ♃ (Juillet, août).

Les prés et les pâturages aux environs de Levier ; de Lemuy ; et en montant de Pontarlier sur le Larmont.—Neuchâtel, à la Grande-Sagne ; près de la Tourne, de Ferrière, et à la Ronde-Fontaine ; à Roulier, près de la Brevine, etc. (Gaud.) — Bâle, dans les pâturages autour de Lutzel, val de Delémont (Hagenb.). — La racine de *Meum* a une odeur aromatique forte et un goût piquant un peu âcre : elle passe pour incisive, apéritive et antihistérique. Les paysans de nos montagnes l'emploient dans les épizooties.

TRIBU V. — ANGÉLICÉES. Koch.

Fruit comprimé par le dos, ailé sur les bords, à ailes doubles, formées par les bords ailés des méricarpes soudés entre eux au centre par le raphé ; méricarpes à 5 côtes, 3 dorsales filiformes ou ailées, les latérales toujours ailées et plus larges ; graine à face interne presque plane. Ombelle parfaite.

29. SÉLIN. — *SELINUM*. Hoffm.

Limbe du calice peu marqué ; pétales obovales, échancrés, à languette infléchie ; fruit comprimé par le dos, doublement ailé sur les bords, les commissures ne se touchant que par le raphé central ; méricarpes à 5 côtes ailées-membraneuses, les latérales une fois plus larges que les autres ; sillons à une seule bandelette, les extérieurs souvent à 2 ; carpophore bipartite ; graine à face interne presque plane. — Involucre à un petit nombre de folioles ; involucelles polyphylles.

1. S. à feuilles de Carvi. — *S. Carvifolia.*

Linn. Sp. 350. — DC. Prod. 4. p. 165. et Fl. fr. n. 5490. — Duby, Bot. gall. p. 224. — Poir. Ency. 7. p. 65. — Koch, Syn. p. 500. — *Mylinum Carvifolia.* Gaud. Fl. helv. 2. p. 544.

Gaud. Fl. helv. 2. tab. 5. fig. 4. — Hall. Helv. tab. 20. — J. Bauh. Hist. 5. p. 3. p. 171. fig. 1. (*malè*). — Dalech. Hist. p. 713. fig. 5. (*ead. sed melior*).

Racine brune, un peu épaisse et rameuse ; tige dressée, haute de 6 – 8 décim., peu rameuse, sillonnée-anguleuse, à angles presque ailés-membraneux ; feuilles oblongues dans leur contour, glabres, d'un vert gai : les inférieures longuement pétiolées, 2—3 fois ailées, à folioles pinnatifides, à lobes simples, souvent bi et trifides, lancéolés, mucronés, à pointe un peu calleuse, à nervure longitudinale diaphane : les caulinaires allongées, plus étroites, moins divisées, portées sur des pétioles plus courts : les supérieures sessiles sur les gaînes ; ombelles terminales, presque à 20 rayons peu divergents, striés, rudes du côté interne ; involucre nul ou à 1—2 folioles caduques ; involucelles presque à 10 folioles ouvertes, linéaires-subulées, presque de la longueur des pédicelles ; fleurs blanches, régulières, rougeâtres en dehors ; styles très longs, réfléchis sur le fruit. ♃ (Juillet, août).

Les prés un peu humides et les clairières des bois : Salins, parmi les herbes, dans la grande clairière au commencement du bois de Bovard. — Nyon, au marais de Duilliers et près de Trélex (Gaud.). — Yverdon, au bord du chemin vers Grandson (Hall.). — A Yvonand, et dans la vallée de Joux (Rapin).

Obs. Girod-Chantrans cite encore le *Selinum Monnieri*. Linn. (*Cnidium Monnieri*. DC. et Koch), aux environs de Baume et ailleurs, et le *Selinum Segueri*. Linn. fils (*Ligusticum Segueri*. DC. et Koch), dans les prés marécageux des bords de l'Ognon ; mais la première de ces plantes n'ayant été trouvée jusqu'ici que dans les Pyrénées et les provinces méridionales, et la seconde n'ayant pas encore été observée en France, je ne puis les admettre dans cette Flore sur ce seul renseignement.

50. ANGÉLIQUE. — *ANGELICA.* Hoffm.

Limbe du calice peu marqué ; pétales entiers, lancéolés-acuminés, à pointe droite ou infléchie ; fruit comprimé par le dos, doublement ailé sur les bords, les commissures des méricarpes ne se touchant que par le raphé central ; méricarpes à 5 côtes, dont 3 dorsales filiformes, saillantes, et 2 latérales ailées, membraneuses ; sillon à une seule bandelette ; carpophore bipartite ; graine demi-cylindrique. — Involucre nul ou à un petit nombre de folioles ; involucelles polyphylles.

1. A. sauvage. — *A. sylvestris.*

Linn. Sp. 561. — DC. Prod. 4. p. 168. — Duby, Bot. gall. p. 224. — Gaud. Fl. helv. 2. p. 340. — Lam. Ency. 1. p. 172. — Koch, Syn. p. 301. — *Imperatoria sylvestris.* DC. Fl. fr. n. 3422.

Lam. illust. tab. 199. fig. 2. — Moris. sect. 9. tab. 3. fig. 2. (*series* 2.). — J. Bauh. Hist. 3. p. 2. p. 144. fig. 1. — Tabern. ic. p. 81. fig. 2. — Dalech. Hist. p. 725. fig. 3. — Dod. pempt. p. 318. fig. 2. — Lob. ic. p. 699. fig. 1. (*ead.*).

Racine épaisse, blanchâtre, rameuse ; tige haute de 10—12 décim. et souvent davantage, dressée, épaisse, fistuleuse, lisse, rameuse, recouverte dans le bas d'une poussière glauque ou purpurescente, légèrement striée et pubescente dans le haut ; feuilles amples, fort grandes, 2—3 fois ailées : les inférieures longuement pétiolées, à folioles ovales ou lancéolées, simples ou lobées en dehors à la base, dentées en scie, presque sessiles, à dents mucronées, plus pâles en dessous : les caulinaires plus petites, portées sur des gaînes ventrues, membraneuses, striées-nerveuses, souvent colorées; ombelles nombreuses, terminales, convexes, portées sur de longs pédoncules sillonnés, pubescents-pulvérulents. ainsi que les rayons au nombre de 12—20; ombellules globuleuses, à fleurs rapprochées, courtement pédicellées; involucre à 1—2 folioles caduques; involucelles à plusieurs folioles linéaires-lancéolées; styles réfléchis. ♃ (Juillet, août).

Commune le long des ruisseaux, dans les lieux humides des bois de la plaine et des montagnes.

2. A. de montagne. — *A. montana.*

Schleicher, exsic. et cat. 1815 et 1821. — DC. Prod. 4. p. 167. — Duby, Bot. gall. p. 224. — Gaud. Fl. helv. 2. p. 341. — Koch, Syn. p. 301. — *Imperatoria montana.* DC. Fl. fr. supp. n. 3422ᵃ. — *A. sylvestris. var. β. decurrens.* Fischer, Ann. sc. nat. sept. 1843. p. 191. Gaud. Fl. helv. 2. tab. 5. fig. 7. (*fructus*).

Cette espèce a de grands rapports avec la précédente, et n'en est peut-être qu'une variété. Elle en diffère par ses feuilles plus grandes, souvent un peu glauques en dessous, très glabres, 2—3 fois ailées, à folioles oblongues ou lancéolées, acuminées, dentées en scie, à dents mucronées, l'impaire plus grande, à 3 divisions, la moyenne sessile, les latérales en coin à la base et décurrentes sur le pétiole, les autres presque sessiles, un peu prolongées d'un côté à la base, quelquefois bilobées; ombelles nombreuses à un grand nombre de rayons, les latérales dépassant souvent la terminale; involucre à 1—3 folioles linéaires, caduques; étamines très longues; pointe des pétales courte, presque droite; fruits glabres. ♃ (Juillet, août).

Au Creux-du-Vent; le long des ruisseaux qui descendent du Chasseral et du Chasseron dans le Val-de-Ruz et le Val-Travers (Chaillet.). — En montant au Reculet, dans le vallon d'Ardran, à gauche, sur les pentes rapides. parmi les arbustes et les grandes herbes (Reul.)

31. ARCHANGÉLIQUE. — *ARCHANGELICA*. Hoffm.

Limbe du calice à 5 dents; pétales entiers, elliptiques, acuminés, à pointe infléchie; fruit comprimé par le dos, à 2 ailes de chaque côté, la marge des méricarpes ne s'appliquant point, à cause du raphé presque central; méricarpes à côtes épaisses, carénées, dont 3 dorsales saillantes et 2 latérales dilatées en ailes une fois plus larges; graine libre, n'adhérant point au péricarpe, recouverte de toute part d'un grand nombre de bandelettes; carpophore bipartite. — Involucre presque nul; involucelles à plusieurs folioles extérieures.

1. A. officinale. — *A. officinalis.*

Hoffm. Umb. 1. p. 166. — DC. Prod. 4. p. 169. — Duby, Bot. gall. p. 223. — Gaud. Fl. helv. 2. p. 343. — Koch, Syn. p. 302. — *Angelica Archangelica.* Linn. Sp. 360. — DC. Fl. fr. n. 3457. — Lam. Ency. 1. p. 171.

J. Saint-Hil. Pl. fr. tab 852. — Chaum. Fl. méd. tab. 27. — J. Bauh. Hist. 3. p. 2. p. 140. fig. 2. — Dalech. Hist. p. 724. fig. 2. — Dod. pempt. p. 518. fig. 1. — Lob. ic. p. 698. fig. 2. (*ead.*).

Racine brune, épaisse, blanche intérieurement; tige dressée, épaisse, fistuleuse, glabre, rameuse, cylindrique, striée, rougeâtre à la base, haute de 10—15 décim.; feuilles amples, 2 fois ailées, à folioles ovales-rhomboïdales, aiguës, inégalement dentées en scie, à dents aiguës, à pointe un peu calleuse et blanchâtre, la terminale trilobée, très grande, les latérales un peu bilobées : les caulinaires à gaînes amples, très enflées, dures, blanchâtres, nerveuses-sillonnées; ombelles très grandes, très garnies, hémisphériques, à 30—40 rayons un peu rudes; involucre à un petit nombre de folioles linéaires caduques; involucelles à 7—8 folioles courtes, extérieures. ② (Juillet, août).

Bâle, sur le mont Havenstein, près de Wallenburg (Hagenb.). — Cultivée, mais rarement, dans quelques jardins. On confit au sucre les jeunes tiges de cette plante : elles sont toniques, stomachiques et carminatives ; les racines sont excitantes, sudorifiques et diurétiques.

TRIBU VI. — PEUCÉDANÉES. DC.

Fruit comprimé par le dos, aplani ou lenticulaire, entouré d'un rebord large, ailé, aplati, ou épais et convexe ; méricarpes à 5 côtes primaires, filiformes, quelquefois très menues, les latérales contiguës à la marge dilatée, ou se confondant avec elle : les secondaires nulles ; fruit à une seule aile de chaque côté, le raphé étant marginal ; graine aplanie ou un peu convexe sur le dos. Ombelle parfaite.

52. PEUCÉDANE. — *PEUCEDANUM.* Linn.

Limbe du calice à 5 dents, quelquefois peu marqué ; pétales obovales, échancrés ou presque entiers, rétrécis en languette infléchie ; fruit aplani sur le dos ou comprimé-lenticulaire, entouré d'un bord dilaté, aplani ; méricarpes à côtes presque équidistantes, dont 5 intermédiaires filiformes, et 2 latérales moins marquées, contiguës à la marge dilatée, ou se confondant avec elle ; graine à face interne plane ; sillons à 1—3 bandelettes : celles de la commissure superficielles ; carpophore bipartite. — Involucre à un petit nombre de folioles ou nul ; involucelles polyphylles.

§ 1. *Involucre nul; bord des méricarpes peu élargi.* — Peucedana. Koch.

1. P. de Chabré. — *P. Chabrœi.*

Reichenb. ap. Moesl. Handb. ed. 2. p. 448. (1827). — Gaud. Fl. helv. 2. p. 330. — Koch, Syn. p. 303. — *Palimbia Chabrœi.* DC. Prod. 4. p. 176. — *Peucedanum Car-*

vifolium. Duby, Bot. gall. p. 221. — *Selinum Chabræi.*
DC. Fl. fr. n. 3491. — Poir. Ency. 7. p. 66.

Gaud. Fl. helv. 2. tab. 4. fig. 8. (*fructus*).

Racine blanchâtre, épaisse, fusiforme, un peu rameuse,
garnie à son collet de fibres sèches qui sont les restes des
gaînes des feuilles anciennes ; tige dressée, haute de 3—6
décim., solide, striée-sillonnée, glabre, médiocrement rameuse, feuilles alternes, d'un vert gai, oblongues, ailées,
à folioles pinnatifides, à lanières simples, linéaires, aiguës,
divergentes, un peu rudes sur les bords, quelquefois bi ou
trifides, les inférieures disposées en croix sur le pétiole
commun : les radicales et les inférieures portées sur de
longs pétioles faibles, dilatés en gaîne allongée, blanche en
dedans : les caulinaires moins divisées, à lanières un peu
plus étroites et plus longues, à gaînes plus courtes, ouvertes,
membraneuses, striées nerveuses, tronquées au sommet et
terminées par deux oreillettes obtuses également membraneuses, faibles et lâches, souvent réfléchies avec la feuille ;
ombelles médiocres à 8—12 rayons inégaux, divergents,
pubescents sur le côté interne, à involucre nul ; ombellules
petites, convexes, à fleurs d'un blanc-jaunâtre herbacé,
purpurescentes avant la fleuraison, portées sur de courts
pédicelles ; involucelles à 3—4 folioles linéaires-subulées ; styles réfléchis ; sillons à 3 bandelettes. ♃ (Juillet,
août).

Dans les clairières des bois et à leurs bords : Salins, dans la grande
clairière de Bovard ; au bord des bois aux environs des villages du
Pont-d'Héry ; d'Ivory ; de la Châtelaine, etc.; aux environs de Pontarlier. — Genève, dans les haies et les buissons aux lieux ombragés :
à Sous-Terre ; derrière la campagne Constant ; entre Gex et Ferney ; et
à Saint-Cergue (Reut.). — Autour de Nods (Gagnebin.). — Près de
Goudeba (Hall.). — Au-dessus d'Arzier ; au bas des Côtes, au-dessus
de Trélex ; à la Goncerne au-dessus de Longirod ; entre Romainmotier
et Lapraz ; le long du chemin entre l'Isle et Bière (Gaud.). — Bâle, le
long de la Birse ; près du pont de Dornach ; à Michelfeld, etc. (Hagenbach).

§ 2. *Involucre polyphylle ; bord des méricarpes peu élargi.* — Cervaria. DC.

2. P. des cerfs. — *P. cervaria.*

Lapey. Abr. p. 149. — DC. Prod. 4. p. 180. — Duby. Bot. gall. p. 221. — Koch , Syn. p. 304. — *Selinum cervaria.* DC. Fl. fr. n. 3484. — *Selinum glaucum.* Poir. Ency. 7. p. 64. — *Cervaria glauca.* Gaud. Fl. helv. 2. p. 326. — *Athamanta cervaria.* Linn. Sp. 352.

J. Saint-Hil. Pl. fr. tab. 890. — Lam. illust. tab. 200. fig. 2. — Moris. sect. 9. tab. 6. fig. 6. — J. Bauh. Hist. 3. p. 2. p. 167. fig. 3. — Clus. Hist. 2. p. 193. fig. 2. — Tabern. ic. p. 108. fig. 2. — Dalech. Hist. p. 716. fig. 2.

Racine épaisse, fusiforme, souvent un peu rameuse, fibreuse au collet ; tige dressée, glabre, striée, cylindrique, feuillée à sa partie inférieure, haute de 6—9 décim. ; feuilles assez grandes, d'un vert glauque, particulièrement en dessous, rhomboïdales dans leur contour, 2—3 fois ailées, longuement pétiolées, à folioles grandes, dures, fermes, sessiles, opposées, ovales ou ovales-lancéolées, nerveuses-réticulées en dessous, incisées-dentées en scie, à dents mucronées, les inférieures souvent lobées en dehors à la base, les supérieures confluentes : les caulinaires plus petites, à gaînes renflées, striées, embrassantes : les supérieures souvent presque avortées au-dessus des gaînes ; ombelles terminales, longuement pédonculées, à 12—15 rayons striés, presque lisses, inégaux ; involucre à folioles linéaires-lancéolées, acuminées, au nombre de 8—10, réfléchies ; involucelles étalés, à folioles linéaires-subulées, à peu près de la longueur de l'ombellule ; fruit ovale. ♃ (Juillet , août).

Le pied des montagnes, les collines arides et pierreuses : Salins, au pied de Poupet et de Saint-André, du côté de la ville ; au pied de Belin, au-dessus de Tour-Bénite, etc. ; au-dessus des vignes de Gilly, près d'Arbois ; aux environs de Besançon ; de Thoirette, etc. — Au bois de Prangins, près de Nyon (Gaud.). — Entre Mathod et Champvent

(Gaud.). — Genève, au bois de la Bâtie; à Sous-Terre; au bois des Frères, etc. (Reut.). — Aux environs de Saint-Vit (Girod-Chant.) — Bâle, sur le mont Mutet, etc. (Hagenb.).

β. Latifolia. DC. Prod. 4. l. c. — Feuilles plus grandes, à folioles plus larges et moins glauques.

Les mêmes lieux, mais moins commune.

5. P. Oréosélin. — *P. Oreoselinum.*

Mœnch. Math. 82. — DC. Prod. 4. p. 180. — Duby, Bot. gall. p. 221. — Koch, Syn. p. 304. — *Cervaria Oreoselinum.* Gaud. Fl. helv. 2. p. 324. — *Selinum Oreoselinum.* DC. Fl. fr. n. 3485. — Poir. Ency. 7. p. 63. — *Athamenta Oreoselinum.* Linn. Sp. 352.
Moris. sect. 9. tab. 17. fig. 1. — J. Bauh. Hist. 3. p. 2. p. 103. et 104. fig. 1. (*malæ*). Clus. Hist. 2. p. 195. fig. 2. — Dalech. Hist. p. 702. fig. 1. — Dod. pempt. p. 696. fig. 1.
Racine épaisse, fusiforme, garnie de fibres à son collet; tige dressée, cylindrique, striée, rameuse au sommet, haute de 4—8 décim.; feuilles radicales longuement pétiolées, 3 fois ailées, à folioles luisantes, rapprochées, fermes, d'un vert foncé en dessus, plus clair en dessous, ovales-élargies, incisées-dentées, un peu pinnatifides, à dents courtement acuminées-mucronées, à divisions du pétiole divariquées : les caulinaires peu nombreuses, plus petites, diversement divisées, les supérieures souvent presque avortées, portées sur des gaînes allongées, membraneuses sur les bords; ombelles médiocres, à 12—16 rayons presque lisses; involucre et involucelles à plusieurs folioles inégales, courtes, linéaires-lancéolées, réfléchies; fleurs blanches; fruit aplani presque orbiculaire, un peu échancré aux deux bouts; styles courts, divergents, caducs. ♃ (Juillet, août).

Les prés secs, les bois montueux : à la Châtelaine, près d'Arbois; sur le Chasseral. — Aux environs de Nyon (Gaud.). — D'Aubonne et de Montcherand (Rapin). — Genève, dans les lieux pierreux et sablonneux : au bois de Bay, au bord du Rhône; au pied du Jura, près de Thoiry (Reut.). — Bâle, sur le mont Mutet; à Michelfeld (Hagenb.).

§ 3. *Involucre polyphylle ; bord des méricarpes large,
un peu diaphane.* — Selinoïdes. DC.

4. P. de montagne. — *P. montanum.*

Koch, Umb. 94. — DC. Prod. 4. p. 180. — Duby, Bot.
gall. p. 222. — *P. Austriacum.* var. Koch, Syn. p. 303.
— *Selinum palustre.* Linn. Sp. 350. — DC. Fl. fr. n.
3487. — *S. nigricans.* Gaud. Fl. helv. 2. p. 333.
Gaud. Fl. helv. 2. tab. 5. fig. 3. (*fructus*).

Tige dressée, haute de 6—9 décim., sillonnée, striée,
un peu rameuse, solide, et remplie de moelle blanche,
spongieuse; feuilles noircissant en herbier, 3 fois ailées, à
folioles incisées-pinnatifides, à lanières presque égales,
linéaires, aiguës, mucronées, à pointe calleuse ; ombelles
grandes, à 20—30 rayons, à fleurs blanches; involucre et
involucelles à folioles lancéolées-linéaires, entières ou bi et
trifides au sommet, réfléchies; fruit ovale-arrondi, à bord
élargi de couleur différente; styles persistants, réfléchis,
d'une longueur double du stylopode. ♃ (Juillet, août).

Genève, dans les prés marécageux, au marais de Sionet (Reut.).

53. THYSSÉLIN. — *THYSSELINUM.* Hoffm.

Ce genre diffère du précédent par les bandelettes de la
commissure, qui, au lieu d'être superficielles, sont recouvertes par le péricarpe.

1. T. des marais. — *T. palustre.*

Hoffm. Umb. 1. p. 134. — Gaud. Fl. helv. 2. p. 332. —
Koch, Syn. p. 306. — *Peucedanum sylvestre.* DC. Prod.
4. p. 179. — *P. palustre.* Duby, Bot. gall. p. 221. —
Selinum sylvestre. DC. Fl. fr. n. 3486. — *S. palustre.*
Poir. Ency. 7. p. 62. (*excl. Syn. Schl.*).
Gaud. Fl. helv. 2. tab. 5. fig. 1. (*fructus*). — Dalech.
Hist. p. 701. fig. 1. — Lob. ic. p. 409. fig. 1.

Racine épaisse, fusiforme, souvent un peu divisée, d'une odeur aromatique forte ; tige dressée, solitaire, assez épaisse, sillonnée, fistuleuse, glabre, un peu anguleuse, haute de 6—9 décim., un peu rameuse au sommet ; feuilles assez grandes, alternes, pétiolées, 3 fois ailées, à folioles profondément pinnatifides, à lanières linéaires-lancéolées, acuminées, la terminale plus longue, un peu rudes sur les bords, à pointe un peu blanchâtre et calleuse au sommet, munies d'une nervure longitudinale et de quelques veines latérales obliques diaphanes : les supérieures plus petites, portées sur des gaînes auriculées, membraneuses sur les bords : celles du sommet presque avortées ; ombelles assez denses, à 12—20 rayons pubescents-pulvérulents sur le côté interne ; involucre et involucelles à 8—10 folioles entières, réfléchies, linéaires-lancéolées, acuminées, membraneuses sur les bords ; fleurs blanches, petites, presque régulières, les centrales souvent avortées ; fruit ovale, comprimé ; méricarpes à côtes dorsales peu saillantes, obtuses, à ailes marginales étroites un peu diaphanes ; styles réfléchis. ② (Koch), ♃ (DC.) (Juillet, août.)

Les tourbières, les fossés, et les prés marécageux : dans la tourbière de Pontarlier. — Dans les fossés des marais des Ponts et de la Chaux-du-Milieu (L. Benoît, cat.). — Dans les tourbières aux Petits-Pontins; à Chatagne, etc. (Hall.) — Yverdon (Ducros). — Genève, dans les marais de Roellebot; de Sionet; de Divonne (Reut.). — A la tuilerie d'Yvonaud (Rapin) — Bâle, à Michelfeld (Hagenb.).

54. PANAIS. -- *PASTINACA*. Linn.

Limbe du calice peu marqué ou finement denté ; pétales entiers, arrondis, enroulés, rétus ; fruit comprimé-aplani par le dos, entouré d'un bord dilaté, aplani ; méricarpes à côtes très fines, trois intermédiaires équidistantes, 2 latérales écartées, contiguës à la marge dilatée ; sillons à une bandelette linéaire-aiguë, de la longueur du sillon ; graine aplanie. — Involucre et involucelles nuls ou à un petit nombre de folioles.

1. P. cultivé. — *P. sativa.*

Linn. Sp. 376. — DC. Prod. 4. p. 188. et Fl. fr. n. 3525.
— Duby, Bot. gall. p. 220. — Gaud. Fl. helv. 2. p. 321.
— Savigny, Ency. 4. p. 718. — Koch , Syn. p. 307.
J. Saint-Hil. Pl. fr. tab. 900. — Lam. illust. tab. 206. —
Gaud. Fl. helv. 2. tab. 4. fig. 2. — Moris. sect. 9. tab.
16. fig. 1. et 2. — J. Bauh. Hist. 3. p. 2. p. 149. fig. 1.
— Tabern. ic. p. 76. fig. 2. — Dalech. Hist. p. 719. fig.
1. et 721. fig. 1. et 2. — Dod. pempt. p. 680. fig. 1. et 2.

Plante plus ou moins pubescente : racine épaisse, fusiforme, peu rameuse, dure, blanchâtre ; tige dressée, haute
de 9—12 décim., rameuse, sillonnée-anguleuse ; feuilles
pétiolées, d'un vert un peu sombre, ailées, à 7—11 folioles
sessiles, opposées, ovales-oblongues ou oblongues, légèrement lobées, grossièrement dentées, la terminale plus large,
ordinairement à 3 lobes ; gaînes larges roulées sur les bords ;
ombelles terminales, longuement pédonculées, à 8—10
rayons inégaux ; fleurs petites, jaunes, presque régulières,
la plupart fertiles ; involucre et involucelles nuls ; fruit
ovale, à 2 bandelettes à la commissure. ② (Juillet, août).

Commun dans les prés secs, au bord des champs et dans les lieux
incultes.

β. *Bipinnatifolia.* — Feuilles radicales et les inférieures
ailées, à pinnules découpées jusqu'à la côte en folioles
ovales-lancéolées, irrégulièrement dentées en scie, confluentes au sommet, distinctes à la base, ce qui rend les
feuilles réellement bipinnées.

Genève, au bord de la route de Lyon, vis-à-vis de Thoiry. — Les
feuilles de la fig. 1. de Tabern. ic. p. 77. représenteraient assez bien
celles de notre plante, si les folioles, au lieu d'être pinnatifides, étaient
ailées à la base.

γ. *Edulis.* DC. Prod. 4. l. c. var. β. — Gaud. Fl. helv.
2. l. c. *var. β. hortensis.* — Lob. ic. p. 709. fig. 2. — Racine plus épaisse et charnue ; feuilles glabres, luisantes en
dessus ; fleurs d'un jaune plus foncé.

II.   15

Cultivée, dans les jardins potagers, pour sa racine qui est alimentaire. — La graine de cette plante est carminative, tonique, emménagogue, fébrifuge.

35. BERCE. — *HERACLEUM*. Linn.

Limbe du calice à 5 dents; pétales obovales, échancrés, à languette infléchie, les extérieurs bifides, souvent rayonnants; fruit obovale-orbiculaire, comprimé-aplani par le dos, entouré d'un bord dilaté, aplani; méricarpes à 5 côtes très menues, 3 dorsales équidistantes, et 2 latérales plus éloignées, contiguës à la marge dilatée; sillons à une seule bandelette courte, très apparente, ordinairement en forme de massue; graine comprimée-aplanie. — Involucre caduc; involucelles à plusieurs folioles.

§. 1. *Commissure à 2 bandelettes.* — Euheracleum. DC.

1. B. Branc-Ursine. — *H. Sphondilium.*

Linn. Sp. 358. — DC. Prod. 4. p. 192. et Fl. fr. n. 3476. — Duby, Bot. gall. p. 219. — Gaud. Fl. helv. 2. p. 315. — Lam. Ency. 1. p. 402. — Koch, Syn. p. 307.

J. Saint-Hil. Pl. fr. tab. 506. — Lam. illust. tab. 200. fig. 1. — Gaud. Fl. helv. 2. tab. 4. fig. 7. — Chaum. Fl. méd. tab. 66. — Barr. ic. fig. 56. et 371. — Moris. sect. 9. tab. 16. fig. 1. — Tabern. ic. p. 92. fig. 1. — Dalech. Hist. p. 733. fig. 1. — Dod. pempt. p. 307. fig. 1.

Plante très variable. Racine blanchâtre, fusiforme; tige dressée, épaisse, cylindrique, sillonnée, fistuleuse, plus ou moins velue, haute de 9—12 décim.; feuilles amples, ailées ou ternées, à folioles grandes, hérissées, les inférieures pétiolées, toutes sinuées-pinnatifides, à lobes incisés-dentés, la terminale profondément trilobée; ombelles terminales, grandes, à environ 10—12 rayons pubescents, inégaux, fleurs blanches ou purpurines, à pétales extérieurs rayonnants 4 fois plus grands, bifides, à lobes divergents; involucre à folioles linéaires-sétacées, caduques; involucelles à folioles semblables, persistantes; fruit grand, aplani, glabre, ovale-arrondi, presque orbiculaire. ② Koch, DC. ♃ Gaud. (Juillet, août.)

Très commune dans les prés un peu humides. — J'ai récolté des individus de cette espèce à fleurs purpurines, dans les prés en montant de Bracon-Dessus à Ivory, près de Salins.

β. *Fructu pubescente*. Gaud. Fl. helv. 2. l. c. — Fruits pubescents.

Çà et là aux environs de Nyon (Gaud.).

γ. *Stenophyllum*. *H. sphondylium*. *II. stenophyllum*. Gaud. Fl. helv. 2. p. 516. — Feuilles ailées, à 1—2 paires de folioles profondément pinnatifides, à lobes linéaires-lancéolés, aigus ou acuminés, incisés-dentés ou irrégulièrement crénelés, la terminale plus grande, ternée ou profondément trilobée, à divisions incisées-pinnatifides.

Salins, dans le bois de Migette, au-dessus de la Grotte-des-Sarrasins; dans le bois en montant de Noiraigne au Creux-du-Vent. — Çà et là aux environs de Nyon (Gaud.). — Près de Thoiry (Reut.). — Bâle, dans les prés montagneux (Hagenb.).

Obs. J'ai rencontré aux environs de Salins un individu appartenant à cette variété, dont l'ombelle unique se compose de 3 rayons inégaux, de 14, 10 et 6 centim. de longueur, munie d'un involucre à 11 folioles pétiolées, longues de 4—6 centim., à pétiole muni d'une gaîne à la base, ternées, à divisions latérales ovales-lancéolées, incisées-dentées, la moyenne trilobée, à lobes également incisés-dentés; les folioles des involucelles sont variées, plus longues et plus courtes que l'ombellule, linéaires-subulées : quelques-unes sont terminées en foliole trilobée; les fleurs sont à l'état normal.

2. B. rude. — *H. asperum.*

Bieb. Fl. taur. 3. p. 224 — DC. Prod. 4. p. 195. — Koch, Syn. p. 508. — *Sphondylium asperum*. Hoffm. Umb. ed. 2. p. 134. — *H. montanum.* (Schleich). Gaud. Fl. helv. 2. p. 319.

Cette espèce est exactement intermédiaire entre la précédente et la suivante. Tige élevée, très rameuse, profondément sillonnée ; feuilles amples, ternées, vertes sur les deux faces, un peu plus pâles en dessous et plus ou moins hérissées, particulièrement sur les nervures et les veines, ainsi que sur les pétioles, de poils raides, blanchâtres ; folioles largement ovales, les latérales sessiles, à 2—3 lobes, la moyenne pétiolée, un peu en cœur à la base, à 3—5 lobes aigus, tous inégalement dentés en scie : les radicales souvent simples, presque palmées, à 3—5 lobes, en cœur à la base, comme celles de l'*H. Alpinum* ; ombelles grandes, à rayons nombreux, pubescents ; involucre et involucelles à un petit nombre de folioles caduques ; fleurs blanches, celles du contour très grandes, irrégulières, à pétales extérieurs plus grands, profondément divisés en 2 lobes larges, divergents, entre lesquels se trouve la languette infléchie, quelquefois droite ; fruit obovale, un peu échancré en cœur, pubescent dans la jeunesse, à la fin glabre, à bandelettes dorsales et de la commissure prolongées au-delà du milieu de sa longueur. ② Koch. ♃ DC. Gaud. (Juillet, août.)

Les bois des montagnes : à Noiraigne et au Creux-du-Vent. — Sur la Dôle, parmi les buissons (Schl.). — Au pied du rocher de la Dôle (Rapin).

§ 2. *Bandelettes commissurales nulles ou peu apparentes et très courtes.* — Wendtia. DC.

3. B. des Alpes. — *H. Alpinum.*

Linn. Sp. 259. — DC. Prod. 4. p. 194. et Fl. fr. n. 3478. — Duby, Bot. gall. p. 220. — Gaud. Fl. helv. 2. p. 320. — Lam. Ency. 1. p. 403. — Koch, Syn. p. 308.

Barr. ic. fig. 55. (*mala*). — Moris. sect. 9. tab. 16. fig. 4.

Racine blanchâtre, allongée, fusiforme ; tige dressée, haute de 6—9 décim., peu rameuse, feuillée et un peu velue dans le bas, glabre, cylindrique et profondément striée dans le haut ; feuilles simples, arrondies, échancrées en cœur à la base, un peu fermes, glabres, à l'exception des nervures et des pétioles qui sont velus, presque lobées·pal-

mées, à 3—5 lobes plus ou moins marqués, largement dentés en scie, à dents mucronées : les inférieures amples,
longuement pétiolées : les supérieures petites, palmées, plus
profondément découpées; gaînes larges, striées, hispides à
la base; involucre comme dans l'espèce précédente; involucelles unilatérales, à folioles linéaires; fleurs blanches, les
extérieures presque régulières, mais plus grandes que les
autres, à pétales profondément bilobés, à lobes larges,
à languette subulée, infléchie et crochue; fruit obovale-
orbiculaire, à bandelettes commissurales très courtes ou
nulles. ♃ (Juillet, août).

Les bois des montagnes : au Creux-du-Vent. — Au Bec-de-Loiseau ;
aux Combes-Grèdes et Biosse; sur la Motte-de-Boinod (Hall.). — Sur
le Chasseral; le Chasseron; la Roche-aux-Corbeaux (Depierre, cat.).
— Bâle, sur les monts Wasserfall, Vogelberg, etc. (Hagenb.).

36. TORDYLE. — *TORDYLIUM*. Linn.

Limbe du calice à 5 dents; pétales obovales, échancrés,
à languette infléchie; fruit comprimé-aplani par le dos,
entouré d'un rebord épais, ridé-tuberculeux; méricarpes à
côtes très menues, 3 dorsales équidistantes, 2 latérales contiguës à la marge épaissie ou recouvertes par elle; sillons à
1—3 bandelettes; graine aplanie.—Involucre et involucelles
à plusieurs folioles.

1. T. élevé. — *T. maximum.*

Linn. Sp. 345. — DC. Prod. 4. p. 198. et Fl. fr. n. 3516.
   — Duby, Bot. gall. p. 219. — Gaud. Fl. helv. 2. p. 323.
   — Poir. Ency. 7. p. 710. — Koch, Syn. p. 309.
Gaud. Fl. helv. 2. tab. 4. fig. 4. — Moris. sect. 9. tab. 16. fig.
   5. — J. Bauh. Hist. 3. p. 2. p. 85. fig. 1. — Tabern. ic.
   p. 106. fig. 2. — Dalech. Hist. p. 752. fig. 2. — Lob.
   ic. p. 737. fig. 1.
Tige dressée, raide, striée, fistuleuse, haute de 3—6
décim., hérissée de poils réfléchis; feuilles inférieures pé

tiolées, assez grandes, hérissées de poils rudes, ailées,
à 7—9 folioles oblongues, obtuses, incisées-lobées, à lobes
arrondis, dentés, les inférieures plus écartées, légèrement
pétiolulées, la terminale plus grande : les supérieures
presque sessiles, également ailées, à folioles moins nombreuses, linéaires-lancéolées, incisées-dentées en scie, la
terminale allongée, quelquefois très entière au sommet ;
ombelles terminales, petites, longuement pédonculées, à
pédoncules hérissés, ainsi que les autres parties de la plante,
de poils rudes ; involucre et involucelles à 5—7 folioles
linéaires, également hérissées, celles des involucelles dépassant les fleurs ; celles-ci sont blanches ou rougeâtres, les
extérieures plus grandes, médiocrement rayonnantes ; fruit
hérissé de soies raides, subulées, entouré d'un rebord blanchâtre, épais, un peu ondulé, terminé par les dents inégales
du calice. ⓐ (Juin, juillet).

Les lieux incultes des environs d'Orbe, particulièrement vers le
Signal (Rapin). — Genève, dessus et près du mur de l'ancien jardin
Micheli (Reut.) — Les champs de Saint-Aubin (Petitpierre, ex L.
Benoît, cat.)

TRIBU VII. — THAPSIÉES. Koch.

Fruit comprimé par le dos ou à coupe transversale presque
circulaire ; méricarpes à 5 côtes primaires filiformes, quelquefois garnies de soies, les latérales situées sur le plan commissural, et à 4 secondaires, dont 2 intérieures filiformes
ou ailées, et 2 extérieures toujours ailées : ailes dépourvues
d'aiguillons ; graine à face interne plane.

37. LASER. — *LASERPITIUM*. Linn.

Limbe du calice à 5 dents ; pétales obovales, échancrés,
à languette infléchie ; méricarpes à 5 côtes primaires filiformes, dont 3 dorsales, et 2 latérales situées sur le plan
commissural, et à 4 côtes secondaires ailées, à ailes entières ; sillons à une seule bandelette située sous les côtes

secondaires ; carpophore libre, bipartite.— Involucre et involucelles polyphylles.

§ 1. *Fruit à côtes primaires glabres, ou garnies de poils très courts, appliqués.*

1. L. à feuilles larges. — *L. latifolium.*

Linn. Sp. 356. — Gaud. Fl. helv. 2. p. 346. — Koch, Syn.
p. 310. — Hagenb. Fl. basil. 1. p. 252.

J. Bauh. Hist. 3. p. 2. p. 164. et 165. fig. 1. — Clus. Hist.
2. p. 194. fig. 1. — Tabern. ic. p. 107. fig. 2. — Dod.
pempt. p. 312. fig. 1.

Racine épaisse, cylindrique, couronnée de fibres; tige
dressée, haute de 9—12 décim., un peu striée, rameuse,
glabre, cylindrique; feuilles très grandes, ternées, 2 fois
ailées, à folioles grandes, ovales, en cœur à la base, souvent un peu obliques, un peu glauques en dessous, glabres
ou garnies sur les nervures et les pétioles de poils courts et
rudes, dentées en scie, à dents mucronées, la terminale
souvent trifide dans les feuilles radicales : les caulinaires
plus petites, portées sur des gaînes larges et membraneuses;
ombelles terminales, très grandes, à 30—40 rayons pulvé-
rulents du côté interne; involucre presque à 8 folioles réfléchies, lancéolées-acuminées, blanchâtres et membraneuses sur les bords; involucelles à folioles plus étroites,
linéaires-subulées, de la longueur des pédoncules; fleurs
grandes, blanches ou rougeâtres, à pétales échancrés, à
languette triangulaire infléchie; fruit à ailes planes ou
ondulées. ♃ (Juillet, août).

Cette espèce n'est pas rare parmi les buissons, dans les lieux arides
et pierreux des montagnes : aux environs de Salins; de Besançon, etc.;
sur le Salève; le Reculet; la Dôle; le Montendre; le Suchet; et sur la
plupart des montagnes du canton de Bâle.

α. Glabrum. Koch, Syn. l. c. — *L. glabrum.* (Cranz).
DC. Prod. 4. p. 204. et Fl. fr. supp. n. 3470ª. — *L. libanotis* Lam. Ency. 3. p. 423. — Feuilles glabres.

β. Asperum. Koch, Syn. l. c. — Gaud. Fl. helv. 2. l. c. var. *β.* — *L. asperum.* (Cranz.). DC. Prod. 4. p. 204. et Fl. fr. supp. n. 3470. — *L. latifolium.* Lam. Ency. 3. p. 423. — Feuilles hérissées en dessous, particulièrement sur les nervures et les pétioles, de poils courts et rudes.

2. L. Siler. — *L. Siler.*

Linn. Sp. 357. — DC. Prod. 4. p. 205. et Fl. fr. n. 3473. — Duby, Bot. gall. p. 214. — Gaud. Fl. helv. 2. p. 353. — Lam. Ency. 3. p. 426. — Koch, Syn. p. 311.
Moris. sect. 9. tab. 3. fig. 1. — J. Bauh. Hist. 3. p. 2. p. 168. fig. 2.

Racine épaisse, rameuse, garnie de fibres à son collet; tige haute de 6—9 décim., lisse, solide, rameuse, dressée, cylindrique, finement striée; feuilles grandes, assez fermes, très glabres : les radicales et les inférieures 3 fois ailées, à folioles lancéolées, très entières, indivises ou à 3 lobes, à bords cartilagineux et à veines diaphanes; ombelle grande, à 30—40 rayons striés, un peu rudes, les extérieurs étalés ; involucre et involucelles à folioles linéaires-lancéolées, acuminées, un peu membraneuses sur les bords; fleurs blanches, régulières, celles du centre stériles; fruit oblong, terminé par les styles réfléchis et appliqués. ♃ (Juillet, août).

Les rochers, les buissons des montagnes : Salins, sur le penchant de Poupet du côté de la ville, et sur Belin ; dans le petit vallon d'Ardran, en montant au Reculet. — Sur le Salève; la Dôle ; le Montendre; les sommités de la chaîne du Colombier; le Chasseral ; le Creux-du-Vent; au Sentier dans la vallée de Joux, etc. — Bâle, près de Wallenburg (Hagenb.).

β. Angustifolium. Gaud. Fl. helv. 2. l. c. — DC. Fl. fr. l. c. — Clus. Hist. 2. p. 195. fig. 1. (*foliolis brevioribus*). Folioles plus étroites et plus longues, linéaires-lancéolées, aiguës.

Les fentes des rochers, au sommet du Mont-d'Or.

3. L. de France. — *L. Gallicum.*

Linn. Sp. 557. — DC. Prod. 4. p. 205. et Fl. fr. n. 3471.
— Duby, Bot. gall. p. 214. — Lam. Ency. 3. p. 424.
J. Saint-Hil. Pl. fr. tab. 854. — J. Bauh. Hist. 3. p. 2. p.
137. fig. 1.

Tige dressée, glabre, cylindrique, raide, striée, un peu
rameuse, haute de 4—6 décim.; feuilles amples, d'un vert
foncé, 3 fois ailées, luisantes, à folioles en coin à la base,
à 3—5 lobes oblongs, mucronés, à pointe un peu calleuse,
à nervures diaphanes; fleurs blanches, disposées en ombelles
terminales grandes, composées de 30—40 rayons striés,
pubescents, divergents, les extérieurs étalés; involucre et
involucelles à folioles linéaires-lancéolées, acuminées; ailes
du fruit ondulées, égales. ♃ (Juillet, août).

Les montagnes du Jura (Guyétant).

§ 2. *Fruits à côtes primaires hérissées de poils étalés.*

4. L. de Prusse. — *L. Prutenicum.*

Linn. Sp. 357. — DC. Prod. 4. p. 206. et Fl. fr. n. 3472.
— Duby, Bot. gall. p. 214. — Gaud. Fl. helv. 2. p. 349.
— Lam. Ency. 3. p. 424. — Koch, Syn. p. 311.

Racine allongée, fusiforme, rameuse, dépourvue de fibres
à son collet; tige haute de 6—9 décim., dressée, sillonnée-
anguleuse, plus ou moins hérissée à sa partie inférieure de
poils blanchâtres réfléchis, un peu rameuse dans le haut;
feuilles radicales et inférieures triangulaires, 2 fois ailées,
longuement pétiolées, à pétioles un peu hérissés, à folioles
sessiles ou presque sessiles, profondément pinnatifides, à
3—5 lobes entiers, rarement bifides, lancéolés, mucronés,
ciliés sur les bords et les nervures : les caulinaires moins
grandes, moins divisées, à folioles le plus souvent simples
et confluentes, plus allongées, à gaînes pubescentes, mem-

braneuses sur les bords ; fleurs blanches, jaunisssant en
herbier, petites, toutes fertiles, disposées en ombelles médiocres, à 15—20 rayons striés, rudes et inégaux ; involucre
et involucelles à 6—8 folioles réfléchies, lancéolées-acuminées, un peu blanchâtres et membraneuses sur les bords ;
fruit à ailes inégales, les latérales plus grandes ; côtes primaires pilosiuscules. ② (Juillet, août).

Les prés, les clairières des bois un peu humides : Salins, dans la
grande clairière au commencement du bois de Bovard, avec le *Selinum
carvifolia* et le *Peucedanum Chabræi*. — Nyon, au-dessus de Cheserex
et de Coinsins ; près du marais entre le lac et le bois de Prangins ; près
de Clarens, etc. (Gaud.). — Genève, derrière le bois de la Bâtie, sur
les pentes escarpées du bord du Rhône ; au bois du Vaugeron ; de Verrières ; près de Divonne, etc. (Reut.).

TRIBU VIII. — DAUCINÉES. Koch.

Fruit comprimé-lenticulaire par le dos ou à coupe transversale presque arrondie ; méricarpes à 5 côtes primaires
filiformes, les latérales situées sur le plan commissural,
et à 4 côtes secondaires plus saillantes, garnies d'aiguillons libres ou soudés par la base en ailes épineuses ;
graine aplanie ou demi-cylindrique, à face interne presque
plane.

58. ORLAYE. — *ORLAYA*. Hoffm.

Limbe du calice à 5 dents ; pétales obovales échancrés, à
languette infléchie, les extérieurs rayonnants, profondément
bifides ; fruit comprimé-lenticulaire par le dos ; méricarpes
à 5 côtes primaires filiformes, hérissées de soies, dont 3
dorsales, et 2 latérales situées sur le plan commissural, et
à 4 côtes secondaires garnies de 2—5 rangs d'aiguillons,
égales entre elles ou les extérieures plus saillantes et presque
ailées ; sillons à une seule bandelette située sous les côtes
secondaires ; graine aplanie, un peu convexe sur le dos. —
Involucre variable ; involucelles à plusieurs folioles.

1. O. à grandes fleurs. — *O. grandiflora.*

Hoffm. Umb. gen. p. 58. — DC. Prod. 4. p. 209. —
Duby, Bot. gall. p. 216. — Koch, Syn. p. 312. —
Caucalis grandiflora. Linn. Sp. 346. — DC. Fl. fr. n.
3504. — Gaud. Fl. helv. 2. p. 308. — Lam. Ency. 1.
p. 656.
Gaud. Fl. helv. 2. tab. 3. fig. 3. — Lam. illust. tab. 192.
fig. 1. — Moris. sect. 9. tab. 14. fig. 3. — J. Bauh. Hist.
3. p. 2. p. 79. fig. 2. (*malè*). — Clus. Hist. 2. p. 201.
fig. 2. (*ic. Dod.*). — Tabern. ic. p. 97. fig. 1. — Dod.
pempt. p. 700. fig. 1.

Racine blanchâtre, allongée, fusiforme, peu rameuse ;
tige dressée, haute d'environ 5 décim., rameuse souvent
dès la base, à rameaux étalés-ascendants, glabres ; feuilles
2—3 fois ailées, à folioles pinnatifides, à lobes courts, lancéolés ou oblongs, mucronés, garnies de quelques soies
rudes sur les nervures dorsales, portées sur des pétioles
courts, dilatés à la base en gaînes un peu renflées, striées,
membraneuses sur les bords ; ombelles axilaires et terminales, longuement pédonculées ; fleurs blanches, à pétales
extérieurs très grands, divisés en 2 lobes divergents, ovales-
oblongs, très obtus ; involucre ordinairement à 5 folioles
lancéolées-acuminées, larges, striées, blanchâtres et membraneuses sur les bords, presque de la longueur des rayons ;
involucelles à folioles semblables, plus largement membraneuses ; fruit à aiguillons nombreux, subulés. ① (Juillet,
août).

Les champs, parmi les moissons : sur le territoire de Mathey (Girod-
Chant.). — Autour de Mathod, sur la route d'Orbe à Yverdon ; Nyon,
autour de Bégnins et au-dessus de Duilliers (Gaud.). — Genève, entre
Veirier et Troënex ; entre Saint-Genis et Thoiry, etc. (Reut.) — Bâle,
près de Mutenz ; vers Rheinach, etc.; et partout dans les champs de la
région supérieure (Hagenb.).

39. CAROTTE. — *DAUCUS*. Linn.

Ce genre diffère du précédent par ses méricarpes à 4 côtes secondaires égales, ailées, formées d'une seule rangée d'aiguillons.

1. C. commune. — *D. Carota.*

Linn. Sp. 348. — DC. Prod. 4. p. 211. et Fl. fr. n. 3500. — Duby, Bot. gall. p. 215. — Gaud. Fl. helv. 2. p. 307. — Lam. Ency. 1. p. 634. — Koch, Syn. p. 312.

Gaud. Fl. helv. 2. tab. 3. fig. 6. — J. Saint-Hil. Pl. fr. tab. 897. — Chaum. Fl. méd. tab. 99. — Moris. sect. 9. tab. 13. fig. 2. — J. Bauh. Hist. 3. p. 2. p. 62. fig. 1. — Tabern. ic. p. 76. fig. 1. — Dod. pempt. p. 677. fig. 1. — Lob. ic. p. 722. fig. 2. (*ead.*).

Racine jaunâtre, fusiforme, allongée, plus dure et plus grêle que dans la variété cultivée; tige dressée, striée, hispide, rameuse, haute de 6—9 décim.; feuilles assez grandes, velues, un peu rudes au toucher, molles, 2—3 fois ailées, à folioles pinnatifides, à lobes lancéolés, mucronés : les inférieures portées sur des pétioles hispides, et les supérieures sur des gaînes striées, membraneuses sur les bords; ombelles grandes, planes, très garnies, portées sur de longs pédoncules striés, à rayons nombreux, infléchis à la maturité, ce qui rend l'ombelle concave; involucre à folioles pinnatifides, à lanières allongées très divergentes, linéaires-acuminées, égalant la longueur des rayons; involucelles à folioles lancéolées-acuminées, blanchâtres et membraneuses sur les bords, ciliées, ordinairement entières, quelquefois à 2—3 lanières au sommet; fleurs blanches, un peu plus grandes sur le contour : celle du centre de l'ombelle stérile et d'un rouge pourpre foncé; fruit ovale, à aiguillons allongés, subulés, égalant presque son diamètre. ② (Juin—automne).

Commune dans les prés secs, sur le bord des champs et des chemins. — Cette plante offre un grand nombre de variétés :

α. Sylvestris. Gaud. Syn. p. 222. — Racine grêle, dure, non succulente, d'une odeur aromatique agréable.

β. Rubens. Gaud. Fl. helv. l. c. var. γ. — Fleurs toutes d'un rouge purpurescent plus ou moins foncé, pâlissant en herbier.

J'ai observé aux environs de Salins une monstruosité de cette variété remarquable par les folioles de son involucre transformées en feuilles 2 fois ailées, à folioles simples, bi et trifides, dépassant du double les rayons de l'ombelle; les folioles des involucelles sont simples, bi ou trifides, et même pinnatifides, à lobes linéaires ou lancéolés, acuminées, beaucoup plus longues que les ombellules.

γ. Purpureus. Gaud. Fl. helv. 2. l. c. var. δ. — Fleurs toutes d'un rouge pourpre très foncé, ne pâlissant point en herbier.

J'ai récolté au bord de la Furieuse, près de la Chapelle, un échantillon très remarquable, appartenant à cette variété par l'une de ses ombelles dont toutes les fleurs sont d'un beau rouge pourpre foncé qui n'a point pâli en herbier, tandis que toutes les autres ombelles sont à fleurs blanches, comme dans la var. α.

δ. Nana. Gaud. Fl. helv. 2. l. c. var. ε. — Tige haute d'environ un décim.; feuilles simplement ailées, à folioles pinnatifides, à lobes écartés; ombelles petites; fleurs petites, purpurescentes; folioles de l'involucre trifides au sommet, à lobes linéaires-acuminés, divergents.

ε. Anomala. Gaud. Syn. l. c. var. αδ. — Cette variété ne diffère de la précédente que par les folioles de l'involucre entières, linéaires-acuminées.

Quelques-uns de mes échantillons ont les folioles de l'involucre les unes entières, les autres bi et trifides, ce qui lie cette variété à la précédente.

ζ. Sativa. Gaud. Fl. helv. 2. l. c. — Racine épaisse, allongée, charnue, d'une odeur semblable à celle de la var. α.

Toutes ces variétés se trouvent aux environs de Salins : cette dernière est cultivée dans les jardins potagers pour sa racine qui est alimentaire, adoucissante et très sucrée; les carottes séchées au four servent à colorer le bouillon et à lui donner du goût; sa pulpe est émolliente et rafraîchissante à l'extérieur.

SOUS-FAMILLE II. — CAMPYLOSPERMES.

Côté intérieur des graines à bords infléchis ou enroulés, ou bien marqué d'un sillon longitudinal.

TRIBU IX. — CAUCALINÉES. Koch.

Fruit un peu comprimé par les côtés ou presque cylindrique ; méricarpes à 5 côtes primaires filiformes, garnies de soies ou d'aiguillons, dont 3 dorsales, et 2 latérales situées sur le plan commissural, et à 4 côtes secondaires plus saillantes, garnies ou toutes couvertes d'aiguillons cachant entièrement les sillons ; graine à bords enroulés ou infléchis.

40. CAUCALIDE. — *CAUCALIS*. Hoffm.

Limbe du calice à 5 dents ; pétales obovales-échancrés, à languette infléchie, les extérieurs rayonnants, bifides ; fruit un peu comprimé par les côtés ; méricarpes à 5 côtes primaires filiformes, garnies de soies ou d'aiguillons, dont 3 dorsales, et 2 latérales situées sur le plan commissural, et à 4 côtes secondaires plus saillantes, à un seul rang d'aiguillons ; bandelettes solitaires dans chaque sillon, sous les côtes secondaires ; graine à bords enroulés ou infléchis.

1. C. à feuilles de Carotte. — *C. daucoïdes.*

Linn. Sp. 346. — DC. Prod. 4. p. 216. et Fl. fr. n. 3508. — Duby, Bot. gall. p. 216. — Gaud. Fl. helv. 2. p. 310. Koch, Syn. p. 313. — *C. leptophylla.* Lam. Ency. 1. p. 657. (*non Linn.*).

Gaud. Fl. helv. 2. tab. 4. fig. 1. — Moris. sect. 9. tab. 14. fig. 6. — J. Bauh. Hist. 3. p. 2. p. 80. fig. 1.

Racine grêle, fusiforme, blanchâtre, ordinairement simple ; tige dressée, rameuse, haute d'environ 2—3 décim., lisse, glabre, à peine garnie de quelques poils à sa partie inférieure, raide, sillonnée, à rameaux très ouverts; feuilles à contour triangulaire, presque rhomboïdal, 5 fois ailées, à folioles rapprochées, pinnatifides, à 3—5 lobes lancéolés, un peu courts et obtus, garnies ainsi que les pétioles de quelques poils raides, blanchâtres; gaînes courtes, striées, blanchâtres et membraneuses sur les bords; ombelles petites, portées sur des pédoncules sillonnés, assez longs, la plupart à 5 rayons terminés par 5—4 fleurs blanches ou rougeâtres; involucre nul ou à une foliole, remplacé par des poils blancs que l'on retrouve à la base des gaînes; involucelle à 2—5 folioles courtes, linéaires-lancéolées; fruit à aiguillons subulés et crochus au sommet, séparés par 6 rangées de soies tuberculeuses à la base, plus long que le pédicelle, couronné par les dents lancéolées du calice. ⚥ (Juin, juillet).

Dans les champs à terrain léger, parmi les moissons : Salins, dans les champs d'Arèle; de Château; de Vaugrenans, au-dessus du bois de Bagney, etc. — Aux environs de Mathod, près d'Yverdon; de Mouchérand, près d'Orbe; de Pontfarbé et de Longirod, près de Nyon (Gaud.). — Genève, près de Veirier; de Monetier; entre Anemasse et Collonge-sous-Monthoux (Reut.). — Commune aux environs de Bâle (Hagenb.).

41. TURGÉNIE. — *TURGENIA.* Hoffm.

Ce genre diffère du précédent par son fruit un peu comprimé par les côtés, presque didyme; par ses méricarpes dont les 2 côtes situées sur le plan commissural sont muriquées, et les 7 autres couvertes de 2—3 rangs d'aiguillons égaux entre eux. — Involucre et involucelles à 3—5 folioles.

1. T. à larges feuilles. — *T. latifolia.*

Hoffm. Umb. 59. — DC. Prod. 4. p. 218. — Duby, Bot. gall. p. 217. — Koch, Syn. p. 313. — *Caucalis latifolia.* DC. Fl. fr. n. 3505. — Gaud. Fl. helv. 2. p. 509 — Lam. Ency. 1. p. 657. — *Tordylium latifolium* Linn. Sp. 345.

Moris. sect. 9. tab. 14. fig. *secunda* (*non* 2.) et fig. 1. (DC.).
— J. Bauh. Hist. 3. p. 2. p. 80. fig. 2.

Racine grêle, allongée, blanchâtre; tige haute d'environ
5 décim., un peu rameuse, anguleuse, pubescente, rude
au toucher; feuilles oblongues-rhomboïdales, également
rudes, particulièrement sur les nervures qui sont garnies de
soies raides, ailées, à 9—11 folioles un peu décurrentes
sur le pétiole commun, linéaires-lancéolées, obtuses, incisées-dentées ou demi-pinnatifides, à dents grosses, un peu
obtuses et étalées; pétioles courts, dilatés en gaînes striées,
blanchâtres et membraneuses sur les bords; ombelles ordinairement trifides, quelquefois seulement bifides, à
rayons allongés, striés, hérissés, ainsi que le pédoncule commun, de soies subulées; involucre ordinairement à 3 folioles courtes, ovales-lancéolées, largement membraneuses
et blanchâtres sur les bords; involucelles à 5 folioles semblables; fleurs blanches ou purpurines, assez grandes, celles
du contour rayonnantes, hermaphrodites, les mâles plus
régulières et plus petites; fruits assez gros, ordinairement
au nombre de 5 dans chaque ombellule, garnis de pointes
allongées, rudes, subulées, d'un pourpre noirâtre. ⊕
(Juillet, août).

Dans les champs vers les bords de l'Ognon (Girod-Chant.)

42. TORILIS. — *TORILIS*. Adans.

Diffère du genre *Caucalis* par son fruit un peu comprimé
par les côtés, à méricarpes à 5 côtes primaires garnies de
soies, et à côtes secondaires garnies d'aiguillons nombreux,
remplissant entièrement les sillons.

1. T. Anthrisque. — *T. Anthriscus.*

Gaertn. Fruct. 1. p. 83. — DC. Prod. 4. p. 218. — Duby,
Bot. gall. p. 217. — Koch, Syn. p. 313. — *Caucalis An-*
thriscus. DC. Fl. fr. n. 3511. — Gaud. Fl. helv. 2. p.

513. — *C. aspera. var. α.* Lam Ency. 1. p. 656. —
Tordylium Anthriscus. Linn. Sp. 346.

Gaud. Fl. helv. 2. tab. 4. fig. 5. — Moris. sect. 9. tab. 14.
fig. 8. (*malè*). — J. Bauh. Hist. 3. p. 2. p. 83. fig. 1.

Racine grêle, allongée; tige haute de 6—9 décim.,
dressée, ferme, un peu anguleuse, rameuse, à rameaux
alternes, presque dressés, hérissée de poils réfléchis; feuilles
ailées, rudes, à folioles lancéolées, peu nombreuses, pinnatifides, hérissées de poils couchés, à lobes ovales ou oblongs,
un peu obtus, mucronés, la supérieure allongée; ombelles
petites, nombreuses, à 6—8 rayons hispides, rudes, à fleurs
petites, blanches ou rougeâtres; involucre à 5 folioles
courtes, étroites, hispides, linéaires-acuminées; celles des
involucelles semblables, égalant presque les pédicelles;
fruits ovoïdes, entièrement recouverts de pointes rudes, un
peu arquées, non crochues, vertes ou d'un pourpre noirâtre.
② (Juin, juillet).

    Commun dans les haies, les buissons et au bord des bois.

2. T. helvétique. — *T. Helvetica.*

Gmelin, Bad. 1. p. 617.—DC. Prod. 4. p. 219. — Koch, Syn.
p. 314. — *T. infesta.* Duby, Bot. gall. p. 217. — *Cau-*
calis infesta. Gaud. Fl. helv. 2. p. 314. — *C. arvensis.*
DC. Fl. fr. n. 3510. — *C. aspera. var. β.* Lam. Ency. 1.
p. 656.— *Scandix infesta.* Linn. Syst. nat. 2. p. 732.

Cette espèce, long-temps confondue avec la précédente,
en diffère par son port, sa taille moins élevée, surtout dans
la var. α., et par son involucre nul ou à une seule foliole
avortée. Tige raide, presque dressée, très rameuse, à rameaux étalés, diffus; feuilles ailées, à folioles pinnatifides,
incisées-dentées en scie, la terminale souvent allongée dans
les feuilles supérieures; ombelles longuement pédonculées,
à 5—7 rayons, à fleurs du contour irrégulières, plus
grandes, à pétales extérieurs rayonnants, bifides, à lobes
obovales, obtus; involucre monophylle ou nul; fleurs blan-

ches ou purpurines ; fruit plus gros, ovoïde-oblong, entièrement couvert de pointes ou aiguillons rudes, d'un vert
plus ou moins foncé, légèrement crochus au sommet. ②
(Juillet, août).

α. *Divaricata*. DC. Prod. 4. l. c. — *C. infesta. var. α.
Helvetica*. Gaud. Syn. p. 225. — Tige haute de 1—2 décim.,
très rameuse, à rameaux divariqués ; aiguillons d'un vert
noirâtre.

Commun dans les champs après la moisson.

β. *Anthriscoïdes*. DC. Prod. 4. l. c. — *C. infesta. var.
β. elatior*. Gaud. Fl. helv. 2. l. c. — Tige plus élevée,
haute de 3—5 décim., moins rameuse, à rameaux moins
divergents ; aiguillons d'un vert moins foncé.

Cette variété est exactement intermédiaire entre l'espèce précédente
et celle-ci. Elle n'est pas rare dans les haies et les buissons.

3. T. nodiflore. — *T. nodosa.*

Gaertn. Fruct. 1. p. 82. — DC. Prod. 4. p. 219. — Duby,
Bot. gall. p. 217. — Koch, Syn. p. 314. — *Caucalis no-
diflora*. DC. Fl. fr. n. 3512. — Lam. Ency. 1. p. 656. —
Tordylium nodosum. Linn. Sp. 346.
Moris. sect. 9. tab. 14. fig. 10. — J. Bauh. Hist. 3. p. 2. p.
82. fig. 2.
Racine grêle, allongée, blanchâtre ; tige haute de 2—4
décim., grêle, dure, un peu rude au toucher, médiocrement rameuse dès la base, à rameaux diffus, tombants ;
feuilles écartées, 2 fois ailées, à folioles incisées-pinnatifides, à lobes étroits, lancéolés, aigus ; fleurs blanches, petites, formant des ombelles latérales petites, presque sessiles, simples, opposées aux feuilles, dépourvues d'involucre ;
fruits ovoïdes, de 2 formes, les extérieurs garnis d'aiguillons
en dehors, les intérieurs seulement tuberculeux, sans aiguillons. ① (Juin juillet).

Dans les pâturages (Girod-Chant.).

TRIBU X. — SCANDICINÉES. Koch.

Fruit évidemment comprimé ou resserré par les côtés, souvent terminé en bec; méricarpes à 5 côtes filiformes, égales, quelquefois ailées, ou oblitérées et apparentes seulement au sommet, les latérales marginales; côtes secondaires nulles; graine convexe, marquée sur la face interne d'un sillon profond, ou enroulée par les bords.

43. SCANDIX. — *SCANDIX*. Gaert.

Limbe du calice peu marqué; pétales obovales tronqués, à languette infléchie; fruit comprimé par les côtés, terminé en bec allongé; méricarpes à 5 côtes obtuses, égales entre elles, les latérales marginales; sillons dépourvus de bandelettes ou à bandelettes peu apparentes; graine presque cylindrique, marquée d'un sillon profond. — Involucre nul ou monophylle; involucelles polyphylles.

1. S. Peigne-de-Vénus. — *S. Pecten Veneris.*

Linn. Sp. 368. — DC. Prod. 4. p. 221. et Fl. fr. n. 3432.
— Duby, Bot. gall. p. 240. — Gaud. Fl. helv. 2. p. 369.
— Koch, Syn. p. 314. — *Chærophyllum rostratum.*
Lam. Ency. 1. p. 685.
Gaud. Fl. helv. 2. tab. 6. fig. 7. — J. Saint-Hil. Pl. fr. tab.
734. — Lam. illust. tab. 201. fig. 6. — Moris. sect. 9.
tab. 11. fig. 1. — J. Bauh. Hist. 3. p. 2. p. 71. fig. 2.
(*mala*). — Tabern. ic. p. 96. fig. 1. — Dalech. Hist. p.
760. fig. 1. — Dod. pempt. p. 701. fig. 2. — Lob. ic. p.
726. fig. 2. (*ead.*).

Racine grêle, simple, allongée; tige dressée, haute de
1—3 décim., glabre ou un peu hérissée, rameuse dès la
base, à rameaux étalés, striée, presque cylindrique; feuilles
ovales-oblongues, 3 fois ailées, à folioles pinnatifides, à
lanières étroites, rapprochées, linéaires-lancéolées, légère-

ment ciliées, entières, bi ou trifides ; pétioles dilatés à la base en gaînes striées, membraneuses et barbues sur les bords ; ombelles petites, longuement pédonculées, opposées aux feuilles, dépourvues d'involucre, à 2—3 rayons, quelquefois simples ; involucelles à plusieurs folioles lancéolées-acuminées, ciliées sur les bords, entières et bifides ; fleurs blanches, stériles dans le centre ; fruits 3—6, un peu comprimés, presque cylindriques, à côtes rudes, terminés par un bec très long, rude et crochu de haut en bas sur les bords de chaque méricarpe, portant les styles dont la longueur égale 2—3 fois celle du stylopode. ④ (Mai , juin).

Çà et là dans les moissons : aux environs de Salins ; de Besançon ; de Poligny ; de Sellières ; d'Arbois ; de Nyon ; de Genève, de Bâle, etc.

44. ANTHRISQUE. — *ANTHRISCUS.* Hoffm.

Limbe du calice peu marqué ; pétales obovales, tronqués ou échancrés, à languette infléchie, souvent très courte ; fruit comprimé par les côtés, terminé en bec ; méricarpes presque cylindriques, dépourvus de côtes, les côtes n'étant visibles seulement qu'au sommet sur la partie rétrécie en bec ; graine cylindrique sur le dos, marquée du côté interne d'un sillon profond ; involucre nul ; involucelles polyphylles.

§ 1. *Espèces vivaces.*

1. A. sauvage. — *A. sylvestris.*

Hoffm. Umb. 1. p. 40. — DC. Prod. 4. p. 223. — Duby, Bot. gall. p. 239. — Gaud. Fl. helv. 2. p. 371. — Koch, Syn. p. 315. — *Chærophyllum sylvestre.* Linn. Sp. 369. — DC. Fl. fr. n. 3425. — Lam Ency. 1. p. 684.

Gaud. Fl. helv. 2. tab. 6. fig. 2. — Lam. illust. tab. 201. fig. 2. — Moris. sect. 9. tab. 11. fig. 5. — Dalech. Hist. p. 761. fig. 1.

Racine fusiforme, rameuse ; tige dressée, épaisse, fistuleuse, un peu renflée sous les nœuds, sillonnée, rameuse, presque glabre ou plus ou moins velue, et quelquefois hérissée à la base, haute de 6—12 décim. ; feuilles très grandes, largement triangulaires, glabres en dessus, garnies en dessous, sur les nervures et les divisions du pétiole de quelques poils ou soies un peu raides, 2—3 fois ailées, à folioles ovales-lancéolées, à lobes incisés-dentés en scie, ciliés, mucronés : les radicales longuement pétiolées : les caulinaires à pétiole court, dilaté à la base en gaînes striées, membraneuses et barbues à leur partie supérieure ; ombelles planes, à 7—10 rayons lisses, allongés ; involucre nul ou à une foliole ! involucelles à 5 folioles lancéolées-acuminées, ciliées, membraneuses sur les bords, à la fin réfléchies ; fleurs blanches, celles de la circonférence plus grandes, irrégulières, celles du centre stériles ; fruit allongé, lisse et luisant, dépourvu de côtes, finement grenu à la loupe, d'un brun noirâtre à la maturité, aminci et strié-sillonné au sommet, au-dessous du stylopode. ♃ (Mai, juin).

Commun dans les prés, les haies et le long des ruisseaux de la plaine et des montagnes.

β. *Tenuifolia*. DC. Prod. 4. l. c. — Feuilles glabres, à peine ciliées, 3 fois ailées, à folioles plus écartées, plus finement découpées.

Salins, dans le fond du Creux-Billard, derrière la source du Lison ; au Creux-du-Vent.

γ. *Montanus.* Gaud. Syn. p. 239. var. β. — Feuilles ternées, 2 fois ailées, à folioles grandes, ovales-lancéolées, incisées-pinnatifides, à lobes ovales, grossièrement dentées en scie, à dents obtuses, mucronées, légèrement ciliées ; gaîne largement membraneuse et barbue sur les bords, auriculée au sommet ; fruit luisant, d'un noir foncé à la maturité, parfaitement lisse, comme dans la var. α. !

Salins, au Creux-Billard, derrière la source du Lison ; sur le Mont-d'Or.

§ 2. *Espèces annuelles.*

2. A. Cerfeuil. — *A. Cerefolium.*

Hoffm. Umb. 1. p. 41. — DC. Prod. 4. p. 223. — Duby, Bot. gall. p. 239. — Gaud. Fl. helv. 2. p. 372. — Koch, Syn. p. 316. — *Chærophyllum sativum.* Lam. Ency. 1. p. 684. — DC. Fl. fr. n. 3431. — *Scandix Cerefolium.* Linn. Sp. 368.

J. Saint-Hil. Pl. Fr. tab. 735. — Chaum. Fl. méd. tab. 108. — Lam. illust. tab. 201. fig. 1. — Moris. sect. 9. tab. 11. fig. 1. — J. Bauh. Hist. 3. p. 2. p. 75. fig. 1. — Tabern. ic. p. 93. fig. 1. — Dalech. Hist. p. 711. fig. 2. — Dod. pempt. p. 700. fig. 2.

Racine fusiforme, blanchâtre, courte, souvent divisée ; tige grêle, dressée, haute de 4—8 décim., glabre, striée, rameuse, un peu renflée sous les nœuds ; feuilles triangulaires, longuement pétiolées, glabres, molles, d'un vert gai, d'une odeur agréable, 2 et 3 fois ailées, à folioles ovales, incisées-pinnatifides, à lobes entiers ou dentés, un peu obtus ; ombelles souvent latérales, sessiles, les terminales pédonculées, à 4—5 rayons presque égaux, velus ; involucre nul ou à une petite foliole ternée, semblable à celles de la tige ; gaînes striées, membraneuses et barbues sur les bords, auriculées au sommet ; involucelles à folioles linéaires lancéolées, acuminées, étroites, ciliées ; fruit grêle, allongé, aminci et strié au sommet, lisse, luisant, finement grenu à la loupe, de couleur noire à la maturité. ① (Mai, juin).

Le cerfeuil est connu de tout le monde ; on le cultive dans les jardins pour s'en servir comme assaisonnement ; il a une odeur et une saveur douce, légèrement aromatique. On l'emploie en médecine comme diurétique et résolutif.

3. A. Caucalide. — *A. vulgaris.*

Pers. Ench. 1. p. 320. — DC. Prod. 4. p. 224. — Duby, Bot. gall. p. 239. — Gaud. Fl. helv. 2. p. 373. — Koch,

Syn. p. 316. — *Caucalis scandicina.* DC. Fl. fr.
n. 3513. — *Chærophyllum Anthriscus.* Lam. Ency. 1.
p. 685. — *Scandix Anthriscus.* Linn. Sp. 368.
Moris. sect. 9. tab. 10. fig. 2.

Racine grêle, allongée, blanchâtre; tige haute de 3—4
décim. , faible, tendre, glabre, lisse, striée, rameuse ;
feuilles molles, oblongues, 3 fois ailées, à folioles ovales,
petites, rapprochées, ciliées, pinnatifides, à lobes obtus,
hérissées sur les nervures et les divisions du pétiole de poils
épars, raides, blanchâtres; gaînes des feuilles étroites,
dressées, striées, à bords membraneux, blanchâtres, lanugineux; ombelles axilaires et terminales, sessiles ou courtement pédonculées, à 3—5 rayons divergents, dépourvues
d'involucre; ombellules pauciflores, à involucelles à 4—5
folioles égales, lancéolées-acuminées, ciliées; fleurs blanches, petites, la plupart fertiles; fruits petits, ovoïdes-oblongs, hérissés de petites pointes raides, blanchâtres, arquées-ascendantes ou crochues, garnis à leur base d'une
rangée de cils blanchâtres; méricarpes brusquement amincis
au sommet en bec cylindrique strié, terminés par le stylopode conique, portant les styles subulés, contigus, très
courts. ① (Mai , juin).

Sur les talus au pied des rochers à la source de la Cuisance, près
d'Arbois. — Le long des haies (Girod-Chant.). — Sur la promenade
à Nyon (Gaud.). — Genève, dans les haies et les décombres aux Petits-
Philosophes, etc., etc. (Reut.). — Entre Neuchâtel et Saint-Blaise
(Depierre, cat.). — Aux environs de Bâle (Hagenb.).

45. CERFEUIL. — *CHÆROPHYLLUM.* Linn.

Méricarpes à 5 côtes égales très obtuses, les latérales
marginales; sillons à une seule bandelette : les autres caractères sont les mêmes que dans le genre précédent. —
Involucre nul, ou à un petit nombre de folioles; involucelles
polyphylles.

§ 1. *Espèces bisannuelles.*

1. C. penché. — *C. temulum.*

Linn. Sp. 370. — DC. Prod. 4. p. 226. et Fl. fr. n. 3430. — Duby, Bot. gall. p. 238. — Gaud. Fl. helv. 2. p. 366. — Lam. Ency. 1. p. 684. — Koch, Syn. p. 316.

Gaud. Fl. helv. 2. tab. 6. fig. 3. — Moris. sect. 9. tab. 10. fig. 7. — Tabern. ic. p. 94. fig. 1. — Dalech. Hist. p. 791. fig. 2.

Tige rude, hérissée de poils ordinairement réfléchis, cylindrique, solide, à peine striée, rameuse, haute de 3—6 décim., marquée de taches ou de points d'un pourpre noirâtre, renflée sous les nœuds ; feuilles d'un vert sombre, velues sur les deux faces, triangulaires, 2 fois ailées, à folioles assez grandes, peu nombreuses, ovales, pinnatifides ou profondément incisées, à lobes obtus, dentés, à dents également obtuses, mucronulées, les supérieures confluentes ; gaînes des feuilles étroites, striées, membraneuses sur les bords ; ombelles petites, penchées avant la fleuraison, à 6—9 rayons velus, inégaux ; involucre nul, rarement à 1—3 folioles ; involucelles à 7—8 folioles ovales-lancéolées, soudées à la base, ciliées sur les bords et la nervure dorsale ; fleurs blanches, petites, un peu irrégulières ; fruit allongé, presque linéaire, terminé par 2 styles courts, divergents, de la longueur du stylopode. ② (Juin, juillet).

Commun le long des chemins, au pied des murs et des haies.

§ 2. *Espèces vivaces.*

2. C. doré. — *C. aureum.*

Linn. Sp. 370. — DC. Prod. 4. p. 226. et Fl. fr. n. 3427. — Duby, Bot. gall. p. 238. — Gaud. Fl. helv. 2. p. 365. — Lam. Ency. 1. p. 685. — Koch, Syn. p. 317.

Moris. sect. 9. tab. 10. fig. 3. (*series* 3.) — Dalech. Hist.
  p. 761. fig. 1.

Racine dure, fusiforme, rameuse, blanchâtre ; tige haute
de 6—9 décim., anguleuse, striée, marquée dans le bas de
petites taches d'un pourpre noirâtre, légèrement renflée sous
les nœuds, pubescente à sa partie inférieure, à poils réfléchis ; feuilles d'un vert pâle, toutes velues, particulièrement
en dessous et sur les pétioles, triangulaires, 3 fois ailées, à
folioles ovales-lancéolées, acuminées, incisées-dentées en
scie, pinnatifides à la base, longuement prolongées au sommet et simplement dentées en scie ; ombelles médiocres, à
9—20 rayons filiformes, glabres ; involucre nul ou monophylle ; involucelles à 6—7 folioles lancéolées-acuminées,
ciliées, réfléchies ; fleurs blanches, petites, les extérieures
un peu plus grandes, irrégulières ; fruit fusiforme, un peu
comprimé, à côtes épaisses, jaunâtres ; styles plus longs que
le stylopode convexe-conique, divergents, à la fin réfléchis.
♃ (Juin, juillet).

Commun le long des haies, dans les lieux ombragés de la plaine et
des montagnes : aux environs de Salins ; de Besançon, etc.; sur la Dôle ;
le Reculet ; au Creux-du-Vent, etc.; dans les cantons de Bâle ; de
Neuchâtel, etc.

3. C. velu. — *C. hirsutum.*

Linn. Sp. 371. — DC. Prod. 4. p. 227. et Fl. fr. n. 3428.
  — Duby, Bot. gall. p. 238. — Gaud. Fl. helv. 2. p.
  562. — Koch, Syn. p. 318. — *Chærophyllum palustre.*
  Lam. Ency. 1. p. 683. var. β.
Moris. sect. 9. tab. 10. fig. 6. (*series* 2.). — J. Bauh. Hist.
  3. p. 2. p. 182. fig. 2. — Dalech. Hist. p. 789. fig. 1. et 2.

Racine épaisse, allongée ; tige haute de 6—9 décim.,
striée, fistuleuse, rameuse, plus ou moins hérissée de poils
réfléchis ; feuilles triangulaires, hérissées en dessous, sur
les nervures et les divisions du pétiole, de poils raides,
blanchâtres, 2 fois ternées, à folioles-lancéolées, aiguës, bi-
trifides ou pinnatifides, à lobes aigus, incisés dentés en

scie, à dents également aiguës ; gaînes striées, largement membraneuses et barbues sur les bords, tronquées au sommet ; ombelles longuement pédonculées, à 10—20 rayons lisses, allongés, rapprochés après la fleuraison ; fleurs blanches, à pétales ciliés ; involucre nul ou monophylle ; involucelles à 6 — 7 folioles membraneuses, réfléchies, largement lancéolées-acuminées, ciliées sur les bords ; stylopode conique, surmonté par les styles divergents dépassant plusieurs fois sa longueur ; carpophore bifide au sommet. ♃ (Juillet, août).

β. *Glabratum*. DC. Prod. 4. l. c. — *Chær. palustre. var. α. glabrum*. Lam. Ency. 1. l. c. — *Chær. cicutaria. var. α.* Vill. Dauph. 2. p. 644. — Tige et feuilles presque entièrement glabres ; pétales ciliés.

Au Creux-Billard, derrière la source du Lison.

γ. *Rubriflorum*. DC. Prod. 4. l. c. var. *δ.* — Koch, Syn. l. c. var. *β* — *Chær. cicutaria. var. b.* Vill. Dauph. 2. l. c. — Fleurs purpurines ou roses ; pétales ciliés.

Dans le bas du ruisseau qui descend de la Grotte-des-Sarrasins, près de la source du Lison.

46. MYRRHIS. — *MYRRHIS*. Scop.

Limbe du calice peu marqué ; pétales obovales échancrés, à languette infléchie ; fruit comprimé par les côtés ; graine enroulée par les bords, couverte d'une double membrane : l'extérieure non appliquée, à 5 côtes creuses, en carène aiguë, l'intérieure étroitement adhérente ; bandelettes nulles ; carpophore bifide au sommet. — Involucre nul ; involucelles polyphylles.

1. M. odorante. — *M. odorata*.

Scop. Carn. ed. 2. p. 207. — DC. Prod. 4. p. 231. — Duby, Bot. gall. p. 240. — Gaud. Fl. helv. 2. p. 367. — Koch, Syn. p. 318. — *Chærophyllum odoratum*. DC. Fl. fr.

n. 3429. — Lam. Ency. 1. p. 683. — *Scandix odorata.*
Linn. Sp. 368.

Gaud. Fl. helv. 2. tab. 6. fig. 5. — Moris. sect. 9. tab. 10.
fig. 1. — J. Bauh. Hist. 3. p. 2. p. 77. fig. 1. — Tabern.
ic. p. 93. fig. 2. — Dod. pempt. p. 701. fig. 1. — Lob. ic.
p. 734. fig. 1. (*ead.*).

Racine allongée, fusiforme, tendre et blanchâtre, d'une
saveur douce, aromatique ; tige épaisse, fistuleuse, striée,
presque glabre, hérissée sur les nœuds, rameuse, haute
d'environ 6 décim. ; feuilles largement triangulaire, d'un
vert pâle, molles, pubescentes, velues sur les pétioles et
les nervures, 2—3 fois ailées, à folioles nombreuses, ovales-
lancéolées, pinnatifides, à lobes ovales ou lancéolés, incisés-dentés en scie, à dents aiguës ; gaînes striées, à bords
membraneux ; ombelles médiocres, à 6—10 rayons lisses,
peu divergents, assez longs ; involucre nul ou monophylle ;
involucelles étalés, à 5 folioles blanchâtres, membraneuses,
lancéolées-acuminées ; fleurs blanches, petites, nombreuses,
un peu irrégulières ; fruits très gros, luisants, comme ver-
nissés, à côtes saillantes, en carène aiguë ; styles divergents.
♃ (Juin, juillet). Vulg. *Cerfeuil anisé.*

Les prés et les pâturages des montagnes : aux Longevilles au pied
du Mont-d'Or, autour des maisons. — Au Bec-de-l'Oiseau ; à la Joux-
de-Plane ; sur l'envers de Renens ; dans les vergers autour de Ferrière
et près de la Brevine (Gaud.). — Cultivé dans quelques jardins. —
Toute la plante a une odeur agréable qui tient de celle de l'anis. Elle
est regardée comme béchique, incisive : sa décoction est emménagogue.

TRIBU XI. — SMYRNÉES. Koch.

Fruit enflé, souvent comprimé ou resserré par les côtés ;
méricarpes à 5 côtes, les latérales marginales, ou situées
près des bords, quelquefois presque oblitérées ; graine enroulée ou sillonnée sur la face interne, de sorte que la coupe
transversale est en demi-lune ou pliée.

47. CIGUË. — *CONIUM.* Linn.

Limbe du calice peu marqué ; pétales obcordés, un peu
échancrés, à languette très courte, infléchie ; fruit ovoïde,
comprimé par les côtés ; méricarpes à 5 côtes saillantes,
égales, ondulées-crénelées, les latérales marginales ; sillons
à plusieurs stries, sans bandelettes ; graine marquée sur la
face interne d'un sillon étroit, profond. — Involucre polyphylle ; involucelles unilatérales à 3 folioles.

1. C. tachée. — *C. maculatum.*

Linn. Sp. 349. — DC. Prod. 4. p. 242. — Duby, Bot. gall.
   p. 241. — Gaud. Fl. helv. 2. p. 408. — Koch, Syn. p.
   319. — *Cicuta major.* DC. Fl. fr. n. 3494. — Lam. Ency.
   2. p. 3.
Gaud. Fl. helv. 2. tab. 7. fig. 6. — J. Saint-Hil. Pl. fr. tab.
   92. — Chaum. Fl. méd. tab. 120. — Bull. Herb. tab. 55.
   — Lam. illust. tab. 195. fig. 1. — Moris. sect. 9. tab. 6.
   fig. 1. (*series* 3.). — J. Bauh. Hist. 3. p. 2. p. 175. fig. 5.
   (*pessima*). — Clus. Hist. 2. p. 200. fig. 2. — Tabern. ic.
   p. 782. fig. 2. — Dalech. Hist. p. 788. fig. 1. — Dod.
   pempt. p. 461. fig. 1. (*ead. ac Clus.*). — Lob. ic. p.
   732. fig. 1. (*ead.*).
Racine fusiforme, blanchâtre, divisée ; tige haute de 6—9
décim., lisse, cylindrique, striée, fistuleuse, un peu anguleuse, rameuse, marquée à sa partie inférieure de taches
noirâtres ou d'un brun pourpre ; feuilles amples, triangulaires, tendres, 2—3 fois ailées, d'un vert sombre, à folioles
ovales-lancéolées, incisées-pinnatifides, à lobes rapprochés,
entiers ou à 2—3 dents aiguës, à pointe blanchâtre ; gaînes
courtes, striées, membraneuses sur les bords, auriculées au
sommet ; ombelles planes, médiocres, nombreuses, pédonculées, à 12—15 rayons presque lisses ; involucre à folioles
courtes, ovales-acuminées, membraneuses sur les bords, réfléchies ; involucelles à 2—3 folioles semblables, déjetées en

dehors; fleurs blanches, médiocres, égales entre elles, mais un peu irrégulières; fruit arrondi, presque globuleux, petit, à côtes crénelées; styles courts, divergents, à la fin réfléchis. ② (Juin, juillet). Vulg. *Grande Ciguë.*

Les fossés le long de la route entre Arbois et le village de Mesnay. — Çà et là autour de Nyon; près de Céligny, etc. (Gaud.). — Genève, dans les lieux cultivés, près des haies et des décombres; à la Couleuvrine, près du cimetière, etc. (Reut.). — Le long du chemin de Neuchâtel à Saint-Blaise, et autour de Peseux (L. Benoît, cat.). — Aux environs de Bâle (Hagenb.). — Cette plante est très vénéneuse; ses feuilles, froissées entre les doigts, répandent une odeur vireuse et désagréable : d'après Sibthorp, on la rencontre fréquemment entre Athènes et Mégare, ce qui porte à croire qu'elle est la ciguë des Athéniens dont on se servit pour donner la mort à Socrate. Son extrait est souvent employé avec avantage contre les engorgements squirrheux et viscéraux, et dans les maladies cutanées. La poudre des feuilles est utile dans les affections nerveuses.

SOUS-FAMILLE III. — CŒLOSPERMES.

Graine hémisphérique, à face interne, concave, courbée-enroulée de la base au sommet.

TRIBU XII. — CORIANDRÉES. Koch.

Fruit globuleux, didyme, composé de 2 méricarpes presque globuleux, à 5 côtes primaires déprimées et flexueuses, ou formant un sillon peu marqué, les latérales placées près des bords, et à 4 côtes secondaires plus saillantes, toutes non ailées; graine à face interne courbée de bas en haut, concave.

48. CORIANDRE. — *CORIANDRUM.* Hoffm.

Limbe du calice à 5 dents; pétales obovales, échancrés, à languette infléchie; fruit globuleux; méricarpes à 5 côtes primaires déprimées, flexueuses, les latérales placées près des bords, et à 4 côtes secondaires plus saillantes, carénées;

sillons dépourvus de bandelettes; graine à face interne concave, couverte d'une membrane déchirée. — Involucre nul;
involucelles à 2—3 folioles déjetées en dehors.

1. C. cultivée. — *C. sativum.*

Linn. Sp. 367. — DC. Prod. 4. p. 250. et Fl. fr. n. 3454. —
Duby, Bot. gall. p. 217. — Gaud. Fl. helv. 2. p. 414. —
Lam. Ency. 2. p. 106. — Koch, Syn. p. 320.
Gaud. Fl. helv. 2. tab. 8. fig. 3. — J. Saint-Hil. Pl. fr. tab.
105. — Chaum. Fl. méd. tab. 135. — Lam. illust. tab.
196. fig. 1. — Moris. sect. 9. tab. 11. fig. 1. — J. Bauh.
Hist. 3. p. 2. p. 89. fig. 1. — Tabern. ic. p. 70. fig. 2. —
Dalech. Hist. p. 735. fig. 1. — Dod. pempt. p. 502. fig. 1.
— Lob. ic. p. 705. fig. 2. (*ead.*).

Racine grêle ; tige haute de 3—4 décim., cylindrique,
rameuse, quelquefois presque simple ou peu rameuse au
sommet, dressée, légèrement striée; feuilles inférieures longuement pétiolées, ternées ou ailées, à folioles ovales-arrondies en coin à la base, incisées-dentées : les caulinaires
inférieures à folioles profondément pinnatifides, oblongues
en coin, à lobes écartés, incisés : les supérieures 2—3 ou 4
fois ailées, à folioles linéaires, étroites, divergentes, la
plupart entières, également écartées; pétioles élargis à la
base en gaînes étroites, courtes, à divisions divariquées ;
fleurs blanches ou un peu rougeâtres, petites, presque régulières, disposées en ombelles pédonculées médiocres, terminales et opposées aux feuilles, à rayons courts, étalés,
nombreux, lisses; involucre monophylle, souvent nul;
involucelles à 3—5 folioles linéaires-lancéolées, déjetées en
dehors ; fruit globuleux, aromatique. La plante fraîche répand une odeur de punaise extrêmement désagréable. ①
(Juin, juillet).

Çà et là dans les moissons : à Cramans; rarement aux environs de
Salins. — Le comté de Neuchâtel (Schleich). — Çà et là aux environs
de Bâle (Hagenb.). — Les vallées du Jura bernois (Gaud.).

FAMILLE LIII.

Araliacées. Juss.

TUBE du calice soudé à l'ovaire ; limbe supère, à 4—5 dents ; corolle à 5—10 pétales sessiles, élargis à la base, à estivation valvaire, insérés devant un disque épigyne ; étamines 5, insérées avec les pétales et alternes avec eux, ou 10 ; ovaire à 2—plusieurs loges renfermant un ovule pendant ; style 1 ou plusieurs ; stigmate simple, terminal ; fruit en baie ; graines pendantes, à périsperme charnu ; embryon droit, axilaire ; radicule tournée vers l'ombilic. — Arbrisseau à feuilles dépourvues de stipules.

1. LIERRE. — *HEDERA*. Swartz.

Limbe du calice saillant ou denté ; pétales 5—10, non soudés au sommet en éteignoir ; étamines 5—10 ; styles 5—10, connivents ou soudés en un seul ; baie à 5—10 loges.

1. L. grimpant. — *H. Helix*.

Linn. Sp. 292. — DC. Prod. 4. p. 261. et Fl. fr. n. 3409. — Duby, Bot. gall. p. 244. — Gaud. Fl. helv. 2. p. 235. — Lam. Ency. 3. p. 511. — Koch, Syn. p. 321.

J. Saint-Hil. Pl. fr. tab. 580. — Lam. illust. tab. 145. — Bull. herb. tab. 133. — J. Bauh. Hist. 2. p. 111. fig. 2. et 3. — Tabern. ic. p. 887. fig. 2. et 888. fig. 1. — Dalech. Hist. p. 1418. fig. 1. — Dod. pempt. p. 413. fig. 1. et 2. — Lob. ic. p. 614. fig. 1. et 2. (*eœd.*).

Arbrisseau toujours vert, à tiges sarmenteuses, rampantes ou grimpantes, s'attachant aux arbres et aux vieilles murailles par des crampons qui s'implantent en manière de racine, à rameaux libres ; feuilles éparses, pétiolées, d'un vert foncé en dessus, plus pâle en dessous, fermes, coriaces et luisantes : celles des tiges à 5 lobes et celles des rameaux ovales acuminées, entières ; fleurs en ombelles terminales, pédonculées, simples, convexes, à pedicelles nombreux, pubescents, uniflores, munis à la base d'une bractée caduque ; pétales étalés, d'un vert jaunâtre, épais, lancéolés, obtus ; baie noire, peu succulente, presque globuleuse, un peu déprimée au sommet et couronnée par les dents du calice. ♄ (Octobre : les baies mûrissent au printemps suivant).

Le lierre grimpe contre les murs, les arbres et les rochers, ou rampe sur le sol dans les bois : il est alors stérile. — On en cultive une variété à feuilles panachées.

FAMILLE LIV.

Cornées. DC.

Diffère de la famille précédente par son fruit qui est une drupe et non une baie.

1. CORNOUILLER. — *CORNUS.* Linn.

Limbe du calice supère, à 4 dents ; pétales 4 ; étamines 4 ; style 1 ; drupe à noyau biloculaire, à loges monospermes.

1. C. sanguin. — *C. sanguinea.*

Linn. Sp. 171. — DC. Prod. 4. p. 272. et Fl. fr. n. 3408. — Duby, Bot. gall. p. 244. — Gaud. Fl. helv. 1. p. 450. — Lam. Ency. 2. p. 115. — Koch, Syn. p. 322. J. Saint-Hil. Pl. fr. tab. 686. — Lam. illust. tab. 74. — Duchesne, Cult. des bois, tab. 49. — Tabern. ic. p. 1046. fig. 1. — Dalech. Hist. p. 197. fig. 1. — Dod. pempt. p. 782. fig. 2. — Lob. ic. 2. p. 169. fig. 2. Arbrisseau de 15—20 décim., très rameux, à rameaux dressés, grêles, allongés, recouverts dans la jeunesse d'une écorce lisse qui devient, surtout pendant l'hiver, d'un rouge vif ou de sang ; feuilles opposées, pétiolées, ovales, acuminées, entières, à nervures parallèles-convergentes, vertes sur les deux faces, plus pâles et légèrement velues en dessous; fleurs blanches, à pétales lancéolés, étalés; garnis en dehors de poils couchés peu apparents, disposées en cymes axilaires et terminales, pédonculées, planes, à rayons rameux, sans involucre; fruits petits, noirs, globuleux, amers et nauséeux. ♄ (Mai, juin).

Commun dans les bois, parmi les baies et les buissons.

2. C. mâle. — *C. mas*.

Linn. Sp. 171. — DC. Prod. 4. p. 273. et Fl. fr. n. 3407.
   — Duby, Bot. gall. p. 244. — Gaud. Fl. helv. I. p. 449.
   — Lam. Ency. 2. p. 115. — Koch, Syn. p. 322.
J. Saint-Hil. Pl. fr. tab. 685. — Lam. illust. tab. 74. fig. 1.
   — J. Bauh. Hist. 1. p. 1. p. 211. fig. 4. — Clus. Hist. 1.
   p. 12. fig. 3. — Dalech. Hist. p. 329. fig. 1. — Dod.
   pempt. p. 802. fig. 1. — Lob. ic. 2. p. 169. fig. 1.

Arbrisseau ou arbuste de 2—4 mètres de hauteur, rameux, à bois dur, à rameaux légèrement tétragones vers leur extrémité, garnis de poils appliqués dans la jeunesse; feuilles ovales, acuminées, opposées, légèrement velues sur les deux faces, vertes en dessus, plus pâles en dessous, à nervures parallèles-convergentes, entières, courtement pétiolées; fleurs jaunes, naissant avant les feuilles, disposées en petites ombelles sessiles, à 10—15 rayons très courts, uniflores, velus, ainsi que le calice, garnies à la base d'un involucre à 4 folioles presque égales aux rayons, ovales, aiguës, concaves, pubescentes en dehors; pétales lancéolés acuminés, étalés, presque réfléchis; fruit ovoïde, ordinairement rouge à la maturité, jaunâtre dans une variété, d'une saveur un peu acide et astringente. ♄ (Mars, avril).

Dans les haies : aux environs de Baume-les-Dames (Gren.). — Aux environs de Nyon (Gaud.). — A Pregny et Promenthou (Reut.). — Bâle, çà et là dans les haies et les bois montueux (Hagenb.). — Je l'ai récoltée autrefois à Besançon, dans une haie actuellement détruite. — On cultive une variété de cette espèce dont les fruits sont bons à manger, quoique un peu aigrelets.

FAMILLE LV.

Loranthacées. Don.

Tube du calice adhérent à l'ovaire ; limbe entier ou lobé ;
corolle à 4 divisions ou à 4 pétales, à estivation valvaire ;
étamines opposées aux pétales et en même nombre, à filets
plus ou moins soudés à la corolle, ou nuls et à anthères
soudées avec elle ; ovaire 1, uniloculaire, à un seul ovule
dressé ; style 1, à stigmate en tête, ou stigmate sessile ;
fruit en baie. Périsperme charnu ; embryon inverse, à radicule écartée de l'ombilic. — Arbrisseau parasite.

1. GUI. — *VISCUM*. Linn.

Fleurs unisexuelles. Mâle : calice nul ; corolle à 4 divisions ; anthères soudées aux pétales. Femelle : calice supère,
à bord entier ; corolle à 4 pétales ; style nul ; stigmate obtus ; baie monosperme.

1. G. à fruits blancs. — *V. album*.

Linn. Sp. 1451. — DC. Prod. 4. p. 278. et Fl. fr. n. 3399.
— Duby, Bot. gall. p. 246. — Gaud. Fl. helv. 6. p. 277.
— Lam. Ency. 3. p. 55. — Koch, Syn. p. 322.
J. Saint-Hil. Pl. fr. tab. 181. — Lam. illust. tab. 807. —
Mill. illust. tab. 87. — Tabern. ic. p. 963. fig. 1. —
Dalech. Hist. p. 17. fig. 1. — Dod. pempt. p. 826. fig. 1.
(*rami Quercini parasiticus*).
Arbrisseau parasite sur les branches des arbres, haut de
3—4 décim., diffus, très rameux, à rameaux dichotomes,
lisses, glabres, cylindriques, de couleur verte ; feuilles sessiles, opposées à chaque dichotomie des rameaux, épaisses,
coriaces, oblongues, elliptiques, obtuses, entières, à 3 nervures, d'un vert jaunâtre ; fleurs sessiles dans l'axe des rameaux supérieurs, unisexuelles, réunies en tête, au nombre

de 3—5, petites, jaunâtres : les mâles à calice nul, à corolle à 4 divisions, à anthères soudées aux pétales : les femelles à limbe du calice supère, entier, à corolle à 4 pétales, à style nul, à stigmate obtus ; baie monosperme, blanche, de la grosseur d'un pois, luisante, un peu diaphane, à graine entourée d'une substance très visqueuse. ♄ (Mars, avril).

Commun sur les branches des Pommiers et des Poiriers : j'ai remarqué cette plante sur le Tilleul, le Saule marceau, l'Erable, le Sapin, l'Aubépine, le *Cerasus mahaleb*, le *Robidia pseudacacia*; mais je ne l'ai pas encore vue sur le Chêne. — On extrait de l'écorce du Gui une glu analogue à celle du Houx. Les baies sont purgatives. — Le Gui de Chêne était jadis l'objet du culte religieux des druides : ces prêtres le cueillaient, au mois de décembre, avec une serpette d'or, au milieu des chants d'allégresse; on le distribuait au peuple, comme une chose sainte, le premier jour de l'an, en criant : *A Gui l'an neuf!*

FAMILLE LVI.

Caprifoliacées. Juss.

CALICE supère, à limbe à 2—5 lobes ou presque entier ; corolle monopétale insérée sur l'ovaire ; à limbe à 4—5 divisions ; étamines libres, insérées sur la corolle, en même nombre que ses lobes et alternes avec eux, ou en nombre double, ou 4 didynames; ovaire à 3—5 loges à un ou plusieurs ovules pendants; fruit en baie, souvent uniloculaire. Périsperme charnu, renfermant l'embryon, à radicule tournée vers l'ombilic. — Arbrisseaux ou herbes à feuilles opposées, à fruit formé quelquefois de 2 ovaires soudés, couronné par 2 calices.

TRIBU I. — SAMBUCÉES. Humb. et Kunth.

Corolle très évasée, en cloche ou en roue; styles ou stigmates 3—5.

1. ADOXE. — *ADOXA*. Linn.

Calice demi-supère, à limbe trifide de moitié plus court que la corolle; corolle en roue, à tube très court, cependant resserré à la gorge, à limbe aplani, à 5 divisions; étamines 10, insérées par paires entre les divisions du limbe, à anthères uniloculaires, incombantes; styles 5, subulés, à stigmate obtus; baie succulente, à suc herbacé, entourée par les dents du calice persistant et couronnée par les styles, jeune à 5 loges, à 5 ovules pendants, dont plusieurs avortent à la fin; fleur terminale, à limbe du calice bifide, à corolle quadrifide, à 8 étamines et à 4 styles; baie à 4 loges. — Genre voisin du *Sambucus* par les parties de la fructification. (Koch.)

1. A. Moscatelline. — *A. Moscatellina*.

Linn. Sp. 257. — DC. Prod. 4. p. 252. et Fl. fr. n. 3599. — Duby, Bot. gall. p. 212. — Gaud. Fl. helv. 3. p. 50. — Poir. Ency. 4. p. 324. — Koch, Syn. p. 524.

J. Saint-Hil. Pl. fr. tab. 20. — Lam. illust. tab. 320 — Mill. illust. tab. 28. — J. Bauh. Hist. 3. p. 1. p. 206. fig. 1. — Tabern. ic. p. 39. fig. 2. — Dalech. Hist. p. 1296. fig. 1. (*pessima*).

Racine blanchâtre, écailleuse, succulente, garnie au collet de fibres également blanchâtres; tige simple, haute de 8—12 centim., anguleuse, tendre et succulente, munie dans le haut de 2 feuilles opposées; feuilles radicales longuement pétiolées, au nombre de 1—2, rarement 3, ternées ou biternées, à folioles sessiles ou presque sessiles, arrondies, incisées en grosses dents inégales, ovales-arrondies, mucronées : les caulinaires portées sur des pétioles courts, élargis à la base et embrassants, à 3 folioles, les latérales ordinairement bifides, la moyenne trifide; fleurs au nombre de 5, verdâtres, disposées en tête serrée, terminale, la supérieure horizontale, à corolle quadrifide, à 8 étamines et

4 styles, les latérales verticales, à corolle à 5 lobes, à 10 étamines et 5 styles. ♃ (Mars, avril).

Çà et là dans les lieux ombragés un peu humides, au pied des haies et des buissons, au bord des bois.

2. SUREAU. — *SAMBUCUS*. Linn.

Calice demi-supère pendant la fleuraison, à limbe à 5 dents; corolle en roue, à limbe à 5 lobes à la fin réfléchis: étamines 5; style nul; stigmates 3, sessiles; baie à 3—5 graines.

1. S. Hièble. — *S. Ebulus*.

Linn. Sp. 385. — DC. Prod. 4. p. 322. et Fl. fr. n. 3404. — Duby, Bot. gall. p. 244. — Gaud. Fl. helv. 2. p. 445. — Poir. Ency. 7. p. 521. — Koch, Syn. p. 324.
J. Saint-Hil. Pl. fr. tab. 361. — Chaum. Fl. méd. tab. 195. — J. Bauh. Hist. 1. p. 1. p. 549. fig. 2. — Tabern. ic. p. 775. fig. 2. — Dalech. Hist. p. 269. fig. 1. — Dod. pempt. p. 381. fig. 1. — Lob. ic. 2. p. 164. fig. 2. (*ead.*).

Racine rampante; tiges glabres, herbacées, médiocrement rameuses, sillonnées, hautes de 9—12 décim.; feuilles opposées, ailées avec impaire, à 7—9 folioles pétiolulées, allongées, lancéolées, aiguës, inégales à la base, d'un vert foncé, glabres, finement dentées en scie, portées sur des pétioles communs courts, munis à la base de stipules foliacées, dentées; fleurs blanches, un peu rougeâtres en dehors, nombreuses, disposées en corymbe aplani, ordinairement à 3 divisions principales, à bractées lancéolées, d'une odeur assez agréable de loin, nauséabonde et fétide de près, anthères purpurines; baie globuleuse, noire, pulpeuse, succulente, à 4 graines. ♃ (Juillet, août).

Commun au bord des chemins et des champs, le long des fossés, dans les lieux un peu humides.

2. S. noir. — *S. nigra.*

Linn. Sp. 385. — DC. Prod. 4. p. 322. et Fl. fr. n. 3405.
— Duby, Bot. gall. p. 244. — Gaud. Fl. helv. 2. p. 446.
— Poir. Ency. 7. p. 518. — Koch, Syn. p. 324.
Chaum. Fl. méd. tab. 335. — Lam. illust. tab. 211. —
J. Bauh. Hist. 1. p. 1. p. 544. fig. 1. — Tabern. ic. p.
1028. fig. 1. — Dalech. Hist. p. 269. fig. 1. — Dod.
pempt. p. 845. fig. 1. — Lob. ic. 2. p. 161. fig. 2.
(*ead.*).

Arbrisseau de 2—4 mètres, à tige dressée, cylindrique, de couleur cendrée, à bois cassant, dur, à rameaux
remplis d'une moelle abondante très blanche ; feuilles opposées, courtement pétiolées, ailées avec impaire, à 5—7
folioles pétiolulées, ovales-lancéolées, acuminées, vertes
et glabres sur les deux faces, dentées en scie ; fleurs
blanches, devenant jaunâtres en séchant, disposées en
corymbe aplani, à 5 divisions principales, nombreuses,
petites, odorantes ; baies noires, globuleuses, succulentes, nombreuses, renfermant ordinairement 3 graines. ♄
(Juin).

Commun dans les haies et buissons.

β. *Laciniata.* DC. Prod. 4. l. c. var. δ. — *S. laciniata.*
Mill. Dict. 6. p. 449. — J. Bauh. Hist. 1. p. 1. p. 549. fig.
1. — Tabern. ic. p. 1028. fig. 2. — Dalech. Hist. p. 268.
fig. 1. — Dod. pempt. p. 845. fig. 2. — Folioles découpées
en lanières étroites, aiguës.

Cultivé dans les jardins et les bosquets, sous le nom *Sureau à feuilles
de persil.*

Obs. Les fleurs de sureau sont sudorifiques; on les emploie aussi
très souvent dans les fomentations résolutives : elles donnent au vin
blanc un faux goût muscat. Ses baies servent à colorer le vin; elles sont
apéritives, anti-dyssentériques. La seconde écorce de sureau est regardée comme purgative et hydragogue.

3. S. à grappes. — *S. racemosa*.

Linn. Sp. 386. — DC. Prod. 4. p. 323. et Fl. fr. n. 3400.
— Duby, Bot. gall. p. 244. — Gaud. Fl. helv. 2. p. 447.
— Poir. Ency. 7. p. 520. — Koch, Syn. p. 324.
J. Bauh. Hist. 1. p. 1. p. 551. fig. 1. — Tabern. ic. p.
1029. fig. 1. — Dalech. Hist. p. 98. fig. 1. — Lob. ic. 2.
p. 163. fig. 1. et 2.

Arbrisseau ayant le port du précédent, haut de 2—3
mètres, à tige rameuse, à bois dur, à rameaux étalés,
glabres, anguleux, remplis d'une moelle abondante, à
écorce grise ou brunâtre ; feuilles opposées, pétiolées, ailées
avec impaire, à 3—7 folioles oblongues-lancéolées, acuminées, dentées en scie, presque sessiles, la terminale
pétiolulée ; fleurs blanches devenant jaunâtres en herbier,
disposées en grappes ovoïdes, denses, terminales sur les
jeunes rameaux, à anthères jaunes ; baies rouges, presque
sphériques, pulpeuses et succulentes, de la grosseur d'un
pois, renfermant 3 graines. ♄ (Avril, mai).

Les bois montagneux : Salins, dans le bois de Bovard ; aux aiguil-
lons de Saisenay ; au pied des rochers de Poupet, au-dessus d'Ivrey ;
dans le bois de Migette du côté de Nans, et dans les forêts de sapins de
Levier ; de Boujaille ; de la Joux, etc. — Au pied de la Dôle ; aux
Côtes, au-dessus de Trélex, etc. (Gaud.). — Au Creux-du-Vent ; au
Chasseron ; au Chasseral. — A Salève (Reut.). — A la Joux ; au Roc-
des-Corbeaux (Depierre, cat.). — Dans le bois de Chailluz, près de
Besançon (Girod-Chant.).

5. VIORNE. — *VIBURNUM*. Linn.

Calice supère, à limbe à 5 dents ; corolle en cloche évasée ou tubuleuse, à 5 lobes ; étamines 5 ; stigmates 3, sessiles ; baie monosperme. — Fleurs blanches.

1. V. Laurier-Tin. — *V. Tinus*.

Linn. Sp. 383. — DC. Prod. 4. p. 324. et Fl. fr. n. 3401.
— Duby, Bot. gall. p. 245. — Poir. Ency. 8. p. 650. —
Koch, Syn. p. 324.

**J. Saint-Hil. Pl. fr. tab. 772. — J. Bauh. Hist. 1. p. 1. p.
419. fig. 1. — Clus. Hist. 1. p. 49. — Tabern. ic. p. 954.
— Dalech. Hist. p. 204. fig. 1. — Dod. pempt. p. 850.
fig. 1. — Lob. ic. 2. p. 142. fig. 2.**

Arbrisseau de 6—9 décim. de hauteur, très rameux, à rameaux roussâtres, opposés, tétragones dans la jeunesse ; feuilles courtement pétiolées , opposées, glabres , ovales-oblongues, aiguës , entières, persistantes, fermes , coriaces, d'un vert foncé en dessus et luisantes, plus pâles en dessous et un peu poilues sur les nervures et les bords, ainsi que sur le pétiole ; fleurs blanches, un peu rougeâtres avant l'épanouissement, nombreuses, disposées en corymbe terminal ; baies ovoïdes, presque globuleuses, de la grosseur d'un pois, d'un bleu noirâtre , monospermes, couronnées par les dents du calice. ♄ (Mars , avril).

Cultivée dans les jardins pour la beauté de son feuillage et l'agrément des fleurs dont il est couvert une grande partie de l'année. Cet arbrisseau croit naturellement dans les lieux pierreux et couverts des provinces méridionales.

2. V. commune. — *V. Lantana.*

Linn. Sp. 384. — DC. Prod. 4. p. 326. et Fl. fr. n. 3402.
— Duby, Bot. gall. p. 245. — Gaud. Fl. helv. 2. p. 443.
— Poir. Ency. 8. p. 654. — Koch , Syn. p. 324.
Duchesne , Cult. des bois , tab. 56. — J. Bauh. Hist. 1. p. 1.
p. 558. fig. 1. — Dalech. Hist. p. 256. fig. 1. — Dod.
pempt. p. 781. fig. 1.

Arbrisseau de 1—2 mètres de hauteur, rameux, diffus, à rameaux cylindriques, recouverts dans la jeunesse d'un duvet cotonneux, blanchâtre, farineux ; feuilles opposées , larges, ovales ou ovales-oblongues, un peu en cœur à la base, dentées en scie, à dents mucronées, ridées-veinées , à nervures parallèles, pubescentes en dessus, cotonneuses en dessous et sur les pétioles, à poils étoilés ; fleurs blanches, disposées en corymbe terminal, à pédoncules rameux, cotonneux ; étamines saillantes, à anthères jaunes ; baies ovales, comprimées, d'abord vertes, puis rouges, à la fin noires, d'une saveur douce, un peu fade et amère, à graine comprimée-aplanie, cornée, marquée d'un sillon. ♄ (Mai, juin). Vulg. *Viorne, Mancienne*.

Commune dans les haies et les buissons : les enfants mangent ses fruits sous le nom de *Foinneule*.

3. V. Obier. — *V. Opulus*.

Linn. Sp. 384. — DC. Prod. 4. p. 328. et Fl. fr. n. 3403.
  — Duby, Bot. gall. p. 245. — Gaud. Fl. helv. 2. p. 444.
  — Poir. Ency. 8. p. 656. — Koch, Syn. p. 324.
J. Saint-Hil. Pl. fr. tab. 597. — Lam. illust. tab. 211. —
  J. Bauh. Hist. 1. p. 1. p. 558. fig. 1. — Dalech. Hist. p.
  270. fig. 1. — Dod. pempt. p. 846. fig. 1.

Arbrisseau rameux, haut de 1—2 mètres, à bois blanc et fragile, à rameaux nombreux, glabres, opposés, à écorce grisâtre, à moelle abondante; feuilles glabres, opposées, profondément trilobées, à lobes dentés, acuminés, à dents larges et inégales, les extérieurs souvent eux-mêmes un peu lobés en dehors, vertes et glabres en dessus, un peu plus pâles et pubescentes en dessous, portées sur des pétioles glabres, glanduleux au sommet et munis à la base de stipules sétacées; fleurs blanches, disposées en corymbe terminal assez grand, aplani, à pédoncules rameux et glabres, petites et fertiles dans le centre, grandes et stériles à la circonférence; baies presque globuleuses, succulentes, d'un rouge foncé, acerbes et nauséeuses; graine osseuse, comprimée. ♄ (Mai, juin).

Commune dans les haies et buissons, le long des ruisseaux, et dans les lieux un peu humides des bois.

β. *Sterilis*. DC. Prod. 4. l. c. — Tabern. ic. p. 1030. fig. 1. — Fleurs presque toutes stériles, grandes, à 5 lobes plans, arrondis, disposées en corymbe globuleux.

Cultivée dans les jardins et les bosquets sous le nom de *Boule-de-neige* ou *Rose-de-Gueldre*.

TRIBU II. — LONICÉRÉES. Brown.

Corolle tubuleuse ou en cloche, souvent irrégulière, style filiforme.

4. CHÈVREFEUILLE. — *LONICERA* Linn.

Limbe du calice petit, à 5 dents; corolle tubuleuse ou presque en cloche, à limbe irrégulier, à 5 divisions; étamines 5, stigmate en tête; baie à 3 loges renfermant chacune un petit nombre de graines crustacées. — Arbrisseaux quelquefois grimpants, à feuilles opposées, quelquefois connées.

§ 1. *Fleurs en têtes verticillées; baie couronnée par les dents du calice. Tiges sarmenteuses.*—Caprifolium. DC.

1. C. des jardins. — *L. Caprifolium.*

Linn. Sp. 246. — DC. Prod. 4. p. 331. et Fl. fr. n. 3592 — Duby, Bot. gall. p. 245. — Gaud. Fl. helv. 2. p. 188. — Lam. Ency. 1. p. 727. — Koch, Syn. p. 325. J. Saint-Hil. Pl. fr. tab. 86. — Lam. illust. tab. 150. fig. 1. — J. Bauh. Hist. 2. p. 104. fig. 2. — Tabern. ic. p. 898. fig. 1. — Dalech. Hist. p. 1427. fig. 1. — Dod. pempt. p. 411. fig. 2. —Lob. ic. p. 632. fig. 2. (*ead.*).

Arbrisseau sarmenteux et grimpant, rameux, à écorce grisâtre, à rameaux volubiles, grêles, lisses, très flexibles; feuilles glabres, opposées, sessiles, ovales, obtuses, très entières, d'un vert glauque en dessous, les supérieures de chaque rameau soudées à la base, ce qui les rend perfoliées; fleurs grandes, d'une odeur très agréable, jaunâtres ou blanchâtres en dedans, rougeâtres en dehors, disposées au sommet des rameaux en têtes verticillées, garnies à la base d'une feuille arrondie, perfoliée, tenant lieu d'involucre; corolle tubuleuse, allongée, à limbe irrégulier, divisée en 2 parties, la supérieure plus large, à 4 dents, l'inférieure entière, linéaire, allongée, réfléchie; anthères linéaires, horizontales, oscillantes ; baies rouges, succulentes, couronnées par les dents très petites du calice. ♄ (Mai , juin).

Çà et là dans les haies des villages et des campagnes aux environs de Bâle (Hagenb.). — Cultivé dans les jardins et les bosquets.

2. C. des bois. — *L. Periclymenum.*

Linn. Sp. 247. — DC. Prod. 4. p. 331. et Fl. fr. n. 3393. — Duby, Bot. gall. p. 245. — Gaud. Fl. helv. 2. p. 190. —Lam. Ency. 1. p. 728. — Koch, Syn. p. 323.

J. Bauh. Hist. 2. p. 104. fig. 1. — Tabern. ic. p. 897. fig. 2. — Dalech. Hist. p. 1428. fig. 1. — Dod. pempt. p. 411. fig. 1. — Lob. ic. p. 633. fig. 1. (*ead.*).

Cette espèce a le port de la précédente : elle s'en distingue par ses feuilles opposées , sessiles ou légèrement pétiolées, ovales-lancéolées , obtuses, un peu rétrécies à la base , plus pâles et souvent pubescentes en dessous , distinctes, jamais soudées à la base, les supérieures plus petites ; par ses jeunes rameaux ordinairement velus; enfin par ses fleurs grandes, blanchâtres ou jaunâtres , velues et rougeâtres en dehors , à la fin d'un jaune sale , disposées en têtes terminales, ovoïdes, pédonculées; baies rouges , plus distinctement couronnées par les dents du calice. ♄ (Juin—août).

Commun dans la plupart de nos bois de taillis et parmi les haies et buissons : Salins, dans le bois Perrey; dans les bois de Bovard ; de Poupet; de Myon ; du Sepois; des Moidons, etc. — Aux environs de Genève; de Nyon ; de Morges ; de Bâle, etc. (Gaud.).

§ 2. *Fleurs axilaires, géminées sur chaque pédoncule ; limbe du calice caduc, ne couronnant point le fruit; tiges dressées.* — Xylosteon. DC.

* *Baies géminées, distinctes, soudées seulement par la base.*

3. C. des haies. — *L. Xylosteum.*

Linn. Sp. 248. — DC. Prod. 4. p. 335. et Fl. fr. n. 3395. — Duby, Bot. gall. p. 245. — Gaud. Fl. helv. 2. p. 191. Lam. Ency, 1. p. 730. — Koch, Syn. p. 325.

Barr. ic. fig. 311. — J. Bauh. Hist. 2. p. 106. fig. 1. —
Tabern. ic. p. 899. fig. 1. — Dalech. Hist. p. 273. fig. 1.
— Dod. pempt. p. 412. fig. 1.

Arbrisseau de 1—2 mètres, dressé, très rameux, à bois
blanc, à écorce cendrée, rougeâtre dans les jeunes rameaux; feuilles opposées, à pétiole plus court qu'elles,
ovales, entières, molles, pubescentes sur les deux faces et
le pétiole, la supérieure d'un vert sombre, l'inférieure plus
pâle; pédoncules axilaires, opposés, solitaires, pubescents,
plus courts que les feuilles, chargés chacun de 2 fleurs blanchâtres, petites, pubescentes, profondément bilobées, à
tube court, gibbeux à la base, à lèvre supérieure à 4 dents
arrondies; calice à 5 dents scarieuses et blanchâtres; bractées linéaires; baies rouges, distinctes, un peu adhérentes à
la base, succulentes, amères, renfermant des graines comprimées. ♄ (Mai, juin).

Commun dans les haies et les buissons, ainsi que dans les bois de la
plaine et des montagnes. — Ses rameaux servent à faire des balais
d'écurie.

4. C. à fruits noirs. — *L. nigra.*

Linn. Sp. 247. — DC. Prod. 4. p. 335. et Fl. fr. n. 3394.
— Duby, Bot. gall. p. 245. — Gaud. Fl. helv. 2. p. 190.
— Lam. Ency. 1. p. 730. — Koch, Syn. p. 325.
J. Bauh. Hist. 2. p. 107. fig. 1. — Clus. Hist. 1. p. 58. fig.
1. — Tabern. ic. p. 899. fig. 2. — Dalech. Hist. p. 273.
fig. 2. (*ic. Clus.*) (*foliis in ic. veterum, perperam omnibus serratis*).

Arbrisseau de 1—2 mètres de hauteur, dressé, rameux,
très glabre; feuilles opposées, oblongues-elliptiques, courtement pétiolées, très entières, minces, un peu pubescentes
dans la jeunesse, puis glabres, excepté sur les nervures de
la face inférieure; jeunes rameaux entourés à la base par les
écailles des bourgeons; pédoncules axilaires, solitaires, opposés, portant chacun 2 fleurs blanches ou un peu rougeâtres, courtes, à 2 lèvres, pubescentes, garnies à la base

de 2 petites bractées lancéolées ; baies noires, globuleuses ou un peu ovoïdes, couronnées par le calice, géminées, adhérentes à la base, renfermant 5—6 graines ovoïdes, comprimées. ♄ (Mai , juin).

Les bois et les buissons des montagnes : le bord de la forêt de sapins au couchant de Boujaille ; dans les forêts de sapins de Levier ; de la Joux, etc.; des environs de Pontarlier ; au bord du lac de la Brevine ; sur le Mont-d'Or ; la Dôle ; le Chasseral ; au Creux-du-Vent. — A Salève, au - dessus d'Archamp (Reut.). — Au chemin de l'Échelette, entre Vallorbe et le petit lac de Joux ; dans le val d'Erguël ; aux Convers ; aux combes de Vallavron ; sur le mont Marchairuz (Gaud.). — Sur les montagnes du canton de Bâle, et aux environs de Delémont (Hagenb.).

*** Baies géminées, non distinctes , étant soudées en une seule.*

5. C. des Alpes. — *L. Alpigena.*

Linn. Sp. 248. — DC. Prod. 4. p 356. et Fl. fr. n. 5397. — Duby, Bot. gall. p. 246. — Gaud. Fl. helv. 2. p. 192. — Lam. Ency. 1. p. 731. — Koch, Syn. p. 326.

J. Saint-Hil. Pl. fr. tab. 791. — J. Bauh. Hist. 2. p. 107. fig. 2. et 3-4. (*ic. Clus.*). — Clus. Hist. 1. p. 59. fig. 1. 2. et 5. — Tabern. ic. p. 900. fig. 2. — Dalech. Hist. p. 201. fig. 2. (*ead. ac ic. 5. Clus.*). — Dod. pempt p. 412. fig. 2. (*ead*). — Lob. ic. 2. p. 175. fig. 1. (*ead.*).

Arbrisseau de 6 —9 décim. de hauteur, à écorce grise ou cendrée, dont l'épiderme s'enlève facilement, à bois cassant , formant de petits buissons très feuillés et rameux ; feuilles opposées , pétiolées , plus grandes que dans les autres espèces , assez fermes , oblongues-elliptiques , acuminées , entières, vertes en dessus, plus pâles et un peu velues en dessous , particulièrement sur les nervures et les bords ; écailles de la base des jeunes rameaux assez grandes, lancéolées; pédoncules axillaires, allongés , un peu plus courts que les feuilles, à 2 fleurs labiées , jaunâtres en dedans, rougeâtres en dehors, à tube court, gibbeux , à anthères violettes ou lilas ; baies géminées, soudées en une seule un peu didyme, rouge, de la grosseur d'une petite cerise, marquée au sommet de 2 points noirs. ♄ (Mai, juin).

Parmi les rochers des montagnes : sur la montagne en face de Cise, près de Champagnole, et au-dessus des forges de Sirod ; sur le Mont-d'Or ; la Dôle ; la chaîne du Colombier ; la Dent-de-Vaulion ; à la Faucille ; à Salève, etc. — Dans les bois montagneux du canton de Bâle (Hagenb.).

6. C. à fruits bleus. — *L. cærulea.*

Linn. Sp. 249. — DC. Prod. 4. p. 337. et Fl. fr. n. 3398. — Duby, Bot. gall. p. 246. — Gaud. Fl. helv. 2. p. 193. — Lam. Ency. 1. p. 731. — Koch, Syn. p. 325.

J. Bauh. Hist. 2. p. 108. fig. 1. — Clus. Hist. 1. p. 58. fig. 1. — Tabern. ic. p. 900. fig. 1.

Arbrisseau de 1--2 mètres de hauteur, rameux, diffus, à écorce brune, se séparant facilement, lisse et d'un brun rougeâtre dans les. jeunes rameaux quelquefois un peu velus ; feuilles opposées, ovales ou oblongues, elliptiques, obtuses, entières, d'un vert clair en dessus, un peu plus pâles et pubescentes en dessous dans la jeunesse, simplement ciliées sur les bords et la nervure dorsale dans l'état adulte, veinées-réticulées, entièrement glabres et fermes dans leur entier développement, portées sur des pétioles très courts ; pédoncules axilaires, plus courts que les fleurs ; ovaires géminés, soudés en un seul globuleux, à 2 fleurs d'un blanc jaunâtre, peu irrégulières, à tube évasé, gibbeux en dehors à la base, à limbe à 2 lèvres ou lobes courts, le supérieur plus large, à 5 dents arrondies, l'inférieur à 2, un peu plus court, munies à la base de 2 bractées sétacées ; baie ovoïde, d'un noir bleuâtre, à 2 ombilics au sommet, succulente, à suc pourpre, renfermant plusieurs graines comprimées, ponctuées. ♄ (Mai, juin).

Parmi les rochers et les buissons des montagnes, où il n'est pas commun : au bord de la tourbière de Pont-Martel, près du moulin ; à la Chaux, près de Sainte-Croix ; à la Chaux-du-Milieu ; dans la forêt du Risoux, en traversant de la Chapelle-des-bois à Bois-d'Amont ; au bord du lac de la Brevine. — A la Sèche-des-Embornats, au-dessus de Saint-George (Gaud.). — Sur le Marchairuz, au bord de la route du Brassus (Reut.).

FAMILLE LVII.

Stellatées. Linn.

CALICE supère : limbe à 4—5—6 lobes, ou peu marqué et disparaissant sur le fruit; corolle monopétale, insérée sur l'ovaire, à 4—5—6 lobes; étamines insérées sur la corolle, en même nombre que ses lobes et alternes avec eux; ovaire 1, souvent didyme, à 2 loges à un seul ovule dressé; style 1, souvent bifide; stigmates 2; fruit nucamentacé ou en baie, indéhiscent, se séparant souvent en 2 parties (en 2 méricarpes, ou en 2 baies dans les *Garances*). Embryon droit dans un périsperme corné, à radicule tournée vers l'ombilic.—Herbes à feuilles entières dépourvues de stipules, ordinairement verticillées.

1. SHÉRARDE. — *SHERARDIA*. Linn.

Limbe du calice à 4—6 dents; corolle en entonnoir, à tube cylindrique, à limbe à 4 lobes; étamines 4; style bifide; stigmates en tête; fruit arrondi, composé de 2 méricarpes monospermes indéhiscents, plans-convexes.

1. S. des champs. — *S. arvensis*.

Linn. Sp. 150. — DC. Prod. 4. p. 581. et Fl. fr. n. 3336. Duby, Bot. gall. p. 251. — Gaud. Fl. helv. 1. p. 409. — Poir. Ency. 6. p. 325. — Koch, Syn. p. 526.

Lam. illust. tab. 61. — Barr. ic. fig. 541. n. 1. — J. Bauh. Hist. 3. p. 2. p. 719. fig. 3. (*mala*).

Racine grêle, fibreuse, produisant plusieurs tiges couchées ou ascendantes, rameuses, tétragones, rudes sur les angles, longues de 1—2 décim.; feuilles verticillées, plus

courtes que les entre-nœuds, hérissées, particulièrement
sur les bords et la nervure dorsale, de soies raides, presque
épineuses : les inférieures obovales quaternées, les supérieures 6—8 par verticille, lancéolées, acuminées; fleurs
terminales, presque sessiles, réunies plusieurs ensemble dans
un involucre ordinairement de 8 folioles un peu plus larges
que les feuilles; corolle lilas, à 4 lobes dressés un peu plus
longs que le tube; fruit rude, couronné par les dents du
calice persistantes et endurcies. ☉ (Juin — septembre).

Commune dans les terres cultivées.

2. ASPÉRULE. — *ASPERULA*. Linn.

Limbe du calice peu marqué; corolle en entonnoir ou en
cloche, à 3, 4, 5 lobes étalés; style bifide, à stigmates en
tête; fruit arrondi, didyme, à péricarpe sec, mince, composé de 2 méricarpes presque demi-globuleux.

§ 1. *Espèces annuelles.* — Sherardianæ. DC.

1. A. des champs. — *A. arvensis.*

Linn. Sp. 150. — DC. Prod. 4. p. 581. et Fl. fr. n. 3337.
— Duby, Bot. gall. p. 251. — Gaud. Fl. helv. 1. p. 410.
— Lam. Ency. 1. p. 298. — Koch, Syn. p. 327.
Moris. sect. 9. tab. 22. fig. 2. — J. Bauh. Hist. 3. p. 2. p.
719. fig. 1. — Dalech. Hist. p. 870. fig. 2. — Dod. pempt.
p. 355. fig. 3. (*ead.*). — Lob. ic. p. 801. fig. 2.
Racine grêle, fusiforme, ordinairement flexueuse, de
couleur rouge, garnie de fibres; tige dressée, rameuse,
feuillée, lisse, tétragone, un peu renflée aux articulations,
haute de 2—3 décim. ; feuilles ordinairement 6 par verticille, linéaires-lancéolées, un peu rétrécies à la base, glabres,
obtuses, un peu rudes sur les bords et la nervure dorsale,
plus courtes que les entre-nœuds; fleurs d'un beau bleu
azuré, presque sessiles, en têtes terminales, entourées de
bractées linéaires-lancéolées garnies de longs cils blancs et
raides; fruit glabre, arrondi, assez gros. ☉ (Mai, juin).

Çà et là parmi les moissons, dans les terrains légers : Salins, dans les champs d'Arèle ; de Château ; de la Grange-Feuillet, etc. — Autour de Mathod ; de Monchérand ; de Grandson et de Nyon (Gaud). — Genève, dans le vallon de Monetier, à Salève ; près de Veirier, etc. (Reut.) — Aux environs de Bâle (Hagenb.).

§ 2. *Espèces vivaces.*

* *Fleurs à corolle tubuleuse, en entonnoir.* — Cynanchicæ. DC.

2. A. des teinturiers. — *A. tinctoria.*

Linn. Sp. 150. — DC. Prod. 4. p. 582. et Fl. fr. n. 3342. — Duby, Bot. gall. p. 251. — Gaud. Fl. helv. 1. p. 413. — Lam. Ency. 1. p. 298. var. α. — Koch, Syn. p. 527. J. Saint-Hil. Pl. fr. tab. 493. — Tabern. ic. p. 151. fig. 1.

Plante noircissant par la dessication. Racine allongée, rampante ; tiges dressées, rameuses, lisses, un peu renflées aux articulations ; feuilles étroites, linéaires, glabres, un peu rudes sur les bords et un peu obtuses : les inférieures verticillées par 6, les supérieures par 4, celles du sommet des rameaux au nombre de 2, opposées, plus courtes, plus larges, ovales, plus ou moins lancéolées ; fleurs petites, nombreuses, blanches ou rougeâtres, à corolle à 4 lobes, souvent 3, réunies par petits faisceaux pédonculés, en corymbe terminal ; fruit lisse. ⚥ (Juillet, août).

Les collines arides, autour de Monchérand, près d'Orbe (Monnard). — Sur les coteaux les plus arides (Girod-Chant.). — La racine de cette plante sert à teindre en rouge.

3. A. à l'esquinancie. — *A. Cynanchica.*

Linn. Sp. 151. — DC. Prod. 4. p. 582. et Fl. fr. n. 3343. — Duby, Bot. gall. p. 251. — Gaud. Fl. helv. 1. p. 412. — Koch, Syn. p. 327. — *A. tinctoria. var. β.* Lam. Ency. 1. p. 298. J. Bauh. Hist. 3. p. 2. p. 123. fig. 2. — Tabern. ic. p. 151. fig. 2. — Dalech. Hist. p. 1185. fig. 1.

Racine fusiforme , allongée , produisant plusieurs tiges ascendantes, diffuses, très rameuses, grêles, tétragones, très lisses, hautes de 2—3 décim.; feuilles linéaires, étroites, glabres, un peu aiguës, souvent plus grandes que les entrenœuds, au nombre de 4 par verticille : les supérieures inégales, 2 opposées étant plus petites, celles du sommet bractéiformes, beaucoup plus courtes, au nombre de 2 , opposées, lancéolées, acuminées;fleurs petites, blanches ou rougeâtres, disposées en faisceaux sur des pédoncules rameux formant une panicule terminale ; corolle un peu rude sur le tube dont la longueur égale les divisions du limbe à 3 veines plus foncées; fruit granulé-rude. ♃ (Juin , juillet).

Commune dans les pâturages et les lieux arides , jusque sur les sommités des montagnes.

** *Fleurs à corolle en cloche.* — Galioïdeæ. DC.

4. A. odorante. — *A. odorata.*

Linn. Sp. 150. — DC. Prod. 4. p. 585. et Fl. fr. n. 3342. — Duby, Bot. gall. p. 251. — Gaud. Fl. helv. 1. p. 409. — Lam. Ency. 1. p. 297. — Koch , Syn. p. 327.
Lam. illust. tab. 61. — Moris. sect. 9. tab. 22. fig. 4. — J. Bauh. Hist. 3. p. 2. p. 718. fig. 3. (*pessima*). — Clus. Hist. 2. p. 175. fig. 2. — Tabern. ic. p. 816. fig. 1. — Dalech. Hist. p. 870. fig. 1. — Dod. pempt. p. 335. fig. 2. (*ic. Clus.*). — Lob. ic. p. 801. fig. 1. (*ead.*).

Racine rampante ; tige simple, dressée, faible , tétragone , glabre , lisse , haute de 16—24 centim.; feuilles verticillées : les inférieures au nombre de 6, les supérieures plus grandes, au nombre de 8, oblongues-lancéolées , mucronées, un peu rétrécies à la base , rudes sur les bords et la nervure, plus courtes que les entre-nœuds ; fleurs blanches, disposées en faisceaux, portées sur des pédoncules rameux, garnis à la base de petites bractées opposées ou verticillées, linéaires ou lancéolées, formant une panicule terminale ; fruit hérissé de pointes blanchâtres et crochues. ♃ (Mai , juin). Vulg. *Hépatique étoilée.*

Commune dans les bois montagneux, ombragés : dans les bois de taillis des environs de Salins, et dans les forêts de sapins de Levier ; de Boujaille ; de la Joux, etc.; aux environs de Pontarlier ; au pied de la Dôle ; à Salève ; aux environs de Bâle, etc. — Cette plante fraîche n'est pas odorante ; mais sèche ou fanée, elle répand une odeur agréable, semblable à celle de la *Flouve odorante* : elle est vulnéraire, tonique et emménagogue.

5. A. Faux-Gaillet. — *A. galioïdes.*

Bieb. Fl. taur. 1. p. 101. — DC. Prod. 4. p. 585. — Koch, Syn. p. 328. — *Galium glaucum.* Linn. Sp. 156. — DC. Fl. fr. n. 3358. — Duby. Bot. gall. p. 249. — Gaud. Fl. helv. 1. p. 425. — Lam. Ency. 2. p. 579.

G. campanulatum. Vill. Dauph. tab. 7. fig. 1.

Tiges hautes de 3—4 décim., glabres, très lisses, rameuses, dressées, un peu couchées à la base, ascendantes, obscurément tétragones, un peu renflées aux articulations, quelquefois pubescentes à la base; feuilles verticillées par 8, rarement 6, glauques en dessous, un peu raides, linéaires, courtement mucronées, à bords rudes et roulés en dessous, ce qui les fait paraître lisses et canaliculées : les supérieures très petites ; fleurs fasciculées, assez grandes, très blanches, à corolle presque en cloche, demi-quadrifide, à lobes oblongs, obtus, disposées en panicule corymbiforme terminale, portées sur des pédoncules dichotomes, renflés d'une manière remarquable sous le fruit glabre et lisse. ♃ (Juin, juillet).

Salins, parmi les gazons des bosquets de la Barbarine, où je la vois depuis plusieurs années. — Genève, à Cartigny, dans les sentiers qui suivent les bosquets de la campagne Duval ; à Genthod, près de la maison Lullin ; dans une haie, au chemin de Malagnoux, et entre Vernier et Peney ; près de Satigny, et dans un champ d'esparcette derrière le bois de Vengeron (Reut.). — Le caractère d'avoir les fleurs en cloche et non en roue éloigne cette espèce des *Gaillets*, où Linné l'avait placée ; et la rapproche des *Aspérules*, auxquelles nous la réunissons avec De Candolle, Koch, Reichembach, etc. : elle semble tenir le milieu entre ces deux genres.

3. GARANCE. — *RUBIA*. Linn.

Tube du calice ovoïde-globuleux, à limbe presque nul ; corolle en roue à 5 divisions ; étamines courtes ; styles 2, courts ; fruit didyme, presque globuleux, formé de 2 baies charnues soudées ensemble.

1. G. des teinturiers. — *R. tinctorum*.

Linn. Sp. 158. — DC. Prod. 4. p. 589. et Fl. fr. n. 3388.
— Duby, Bot. gall. p. 247. — Gaud. Fl. helv. 1. p. 448.
— Lam. Ency. 2. p. 604. — Koch, Syn. p. 328.
J. Saint-Hil. Pl. fr. tab. 156. — Chaum. Fl. méd. tab. 177.
— Lam. illust. tab. 60. fig. 1. — Moris. sect. 9. tab. 21.
fig. 1. — Clus. Hist. 2. p. 177. fig. 2. — Dalech. Hist.
p. 1329. fig. 1. — Dod. pempt. p. 352. fig. 2. — Lob.
ic. p. 798. fig. 1. (*ead.*).

Racine rouge, épaisse, allongée, rampante ; tiges rameuses, diffuses, hautes d'environ 6 décim., à 4 angles hérissés de dents crochues ; feuilles au nombre de 4—6 par verticille, ovales-lancéolées ou lancéolées, presque sessiles, aiguës, fermes, glabres, veinées-réticulées sur le sec, garnies sur les bords et la nervure dorsale de dents cartilagineuses dures et crochues ; pédoncules axilaires opposés, rameux-trichotomes, plus longs que les feuilles, à pédicelles très ouverts, uniflores ; bractées petites, lancéolées ; fleurs jaunâtres ou herbacées ; corolle à 4—5 lobes oblongs, acuminés, un peu calleux au sommet ; baie noire, de la grosseur d'un petit pois. ♃ (Juin, juillet).

Commune dans les haies, à Lavigny, près d'Aubonne, et dans le village même (Gaud). — La racine de garance donne aux laines une belle couleur rouge, moins brillante que celle de la cochenille, mais plus durable, et qui résiste mieux à l'action de l'air et du soleil : son usage est fort étendu, et on la cultive dans plusieurs parties de la France. Cette plante a la singulière propriété de rougir les os des animaux qui en mangent.

4. GAILLET. — *GALIUM*. Linn.

Limbe du calice peu marqué; corolle en roue ou plane, à 4 lobes, rarement 3; étamines courtes; styles 2, courts; fruit didyme, presque globuleux, rarement oblong, sec, composé de 2 méricarpes indéhiscents, monospermes. — Herbes rameuses, à feuilles verticillées.

SECT. I. Fleurs polygames, toutes axilaires, ternées, les extérieures mâles, stériles.

* *Fleurs jaunes.*

1. G. Croisette. — *G. Cruciata.*

Scop. Carn. ed. 2. 1. p. 100. — DC. Prod. 4. p. 606. et Fl. fr. n. 3351. — Duby, Bot. gall. p. 247. — Gaud. Fl. helv. 1. p. 445. — Koch, Syn. p. 329. — *Valancia cruciata.* Linn. Sp. 1491. — Poir. Ency. 8. p. 285.

J. Saint-Hil. Pl. fr. tab. 381. — Chaum. Fl. méd. tab. 139. — Lam. illust. tab. 843. fig. 1. — Moris. sect. 9. tab. 21. fig. 1. (*series* 2.). — J. Bauh. Hist. 3. p. 2. p. 717. fig. 1. (*pessima*). — Dod. pempt. p. 357. fig. 2. — Lob. ic. p. 804. fig. 2. (*ead.*).

Tiges ordinairement simples, tétragones, faibles, ascendantes, hérissées, ainsi que les feuilles, de poils étalés, hautes de 2—3 décim.; feuilles 4 par verticille, sessiles, elliptiques-oblongues ou ovales, obtuses, à 3 nervures principales, à veines réticulées : verticilles supérieurs rapprochés; pédoncules axilaires, verticillés, au nombre de 4—8, rameux, hispides, plus courts que les feuilles, munis de 2 bractées ciliées, à la fin réfléchis; fleurs petites, jaunes, ordinairement toutes quadrifides, à étamines dressées, à la fin déjetées; fruit petit, glabre, un peu ridé, à méricarpes avortant souvent l'un ou l'autre. ♃ (Avril, mai).

Commun le long des chemins, au pied des haies et des buissons.

2. G. à trois cornes. — *G. tricorne.*

Withering, Brit. ed. 2. p. 153. — DC. Prod. 4. p. 608. et
Fl. fr. n. 3578. — Duby, Bot. gall. p. 250. — Gaud. Fl.
helv. 1. p. 443. — Koch, Syn. p. 330. — *Valantia aparine.* Poir. Ency. 8. p. 287.

Vaill. Bot. par. tab. 4. fig. 3. et *a.* (*non b.*).

Tiges faibles, tombantes ou grimpantes, simples ou un
peu rameuses dès la base, hautes de 2—4 décim., tétragones,
très rudes et accrochantes sur les angles; feuilles 6—8
par verticille, linéaires-lancéolées, mucronées, à une seule
nervure, rudes et accrochantes de bas en haut, sur les
bords et la nervure dorsale; pédoncules axilaires, raides,
ordinairement solitaires, dressés, trifides et à 3 fleurs blanches, s'allongeant après la fleuraison, sans cependant dépas-
ser les feuilles, rudes de bas en haut, à pédicelles fortement
recourbés et plus longs que le diamètre des fruits : ceux-ci
sont ordinairement au nombre de 3, gros, rudes, granulés,
didymes, avortant quelquefois sur les pédicelles latéraux.
☉ (Juin, août).

Commun dans les terrains légers et graveleux, parmi les moissons :
aux environs de Salins; de Genève; de Besançon; de Nyon et de Crans;
de Bâle, etc.

3. G. Anis-sucré. — *G. saccharatum.*

All. Pedem. 1. p. 9. — DC. Prod. 4. p. 607. et Fl. fr. n.
3379. — Duby, Bot. gall. p. 250. — Gaud. Fl. helv. 1.
p. 444. — Koch, Syn. p. 330. — *Valantia saccharata.*
Poir. Ency. 8. p. 288. — *Valantia aparine.* Linn. Sp.
1491.

Vaill. Bot. par. tab. 4. fig. 3. *fructus b.*

Cette espèce se rapproche beaucoup de la précédente,
mais on l'en distingue assez facilement. Tiges hautes de

1—3 décim., faibles, tombantes, rameuses, rudes de bas en haut; feuilles 6 par verticille, linéaires-lancéolées, souvent un peu rétrécies à leur partie inférieure, mucronées, rudes sur les bords de haut en bas, les aspérités étant dirigées vers le sommet de la feuille; pédoncules axilaires, trifides, plus courts que les feuilles ou à peu près de même longueur, à 3 fleurs blanchâtres, recourbés à l'époque de la fructification; fruits gros, d'un brun roux par la dessication, entièrement recouverts de tubercules ou verrues saillantes, portés sur des pédicelles plus courts que leur diamètre : l'un des méricarpes avorte souvent. ① (Juin, juillet).

Se trouve, mais rarement, mêlée à l'espèce précédente, aux environs de Bâle (Hagenb.).

Sect. II. Fleurs hermaphrodites, toutes fertiles.

§ 1. *Plantes vivaces; tiges lisses, pubescentes ou hispides, rarement rudes et accrochantes.*

* *Tige lisse ou hispide; feuilles 4 par verticille, à 3 nervures.*

4. G. boréal. — *G. boreale.*

Linn. Sp. 156. — DC. Prod. 4. p. 600. et Fl. fr. n. 3385. — Duby, Bot. gall. p. 251. — Gaud. Fl. helv. 1. p. 415. — — Lam. Ency. 2. p. 576. — Koch, Syn. p. 332. Moris. sect. 9. tab. 22. fig. 7. — J. Bauh. Hist. 3. p. 2. p. 716. fig. 3.

Racine allongée, rampante; tige dressée, glabre, lisse, fistuleuse, tétragone, haute de 2—3 décim., à peine pubescente à la base, raide, légèrement renflée aux articulations, feuillée, mais moins que les rameaux stériles; feuilles 4 par verticille, glabres, elliptiques-lancéolées, un peu rudes sur les bords, obtuses, à 3 nervures; fleurs blanches, disposées en panicule terminale resserrée, à rameaux ou pédoncules opposés, trichotomes, portées sur des pédicelles dressés, munis de bractées oblongues, courtes; fruit plus ou moins hérissé de soies courbées-ascendantes, ou glabre. ♃ (Juin—août).

α. Scabrum. DC. Prod. 4. l. c. var. γ. — Lam. Ency. 2. l. c. var. *β.* — Fruit hérissé de soies blanchâtres, courbées-ascendantes.

Çà et là dans les tourbières et les prés humides des montagnes : dans les prés humides de Boujaille ; de Champagnole ; dans les tourbières de la Chaux et de la Brevine ; de la Chapelle-des-Bois ; de Bief-du-Four ; du Chenit, dans la vallée de Joux, etc. — Aux environs de Nyon ; de Longirod (Gaud.). — Genève, dans la grande prairie du Petit-Sacconex, entre Sionet et Jussy ; au marais d'Arta et de Troënex, etc. (Reut.).

β. Elatius. Gaud. Fl. helv. 1. l. c. — Tige haute de 6— 12 décim., faible, se soutenant à peine, très renflée aux articulations; feuilles plus écartées, allongées, linéaires-lancéolées; panicule plus lâche; pédicelles très courts.

Les haies humides, plus rare : à Calève, près de Nyon (Gaud.)

γ. Intermedium. DC. Prod. 4. l. c. var. *β.* — Koch, Syn. l. c. var. *β.* — Fruit parsemé de petites soies très courtes, appliquées, semblables à des points argentés.

Dans la tourbière de Pontarlier, et dans une petite tourbière entre Boujaille et la Vessoye.

δ. Hyssopifolium. DC. Prod. 4. l. c. var. *α.* — Koch, Syn. l. c. var. γ. — *G. rubioïdes.* DC. Fl. fr. n. 3359. var. *β.* — *G. boreale. var. α.* Lam. Ency. 2. l. c. — Gaud. Fl. helv. 1. l. c. var. γ. — Fruit très glabre.

J'ai récolté cette variété rare dans la tourbière des Rousses.

5. G. à feuilles rondes. — *G. rotundifolium.*

Linn. Sp. 156. — DC. Prod. 4. p. 599. et Fl. fr. n. 3386. — Duby, Bot. gall. p. 251. — Gaud. Fl. helv. 1. p. 417. — Lam. Ency. 2. p. 577. — Koch, Syn. p. 331.

Barr. ic. fig. 323. — Moris. sect. 9. tab. 21. fig. 5. — J. Bauh. Hist. 3. p. 2. p. 718. fig. 2. — Bocc. Sicil. tab. 6. fig. 1.

Racine grêle, rampante ; tige également grêle, tétragone, faible, couchée à la base, ascendante, hérissée dans le bas de poils épars, réfléchis, presque glabre au sommet, peu rameuse, haute de 1—2 décim. ; feuilles 4 par verticille, ovales ou elliptiques, obtuses, à peine mucronées, à 3 nervures, ciliées sur les bords et les nervures : celles des rameaux et les inférieures plus petites, arrondies ; fleurs blanches, petites, à corolle plane, disposées en corymbe terminal trichotome, lâche, à divisions allongées, divariquées, à pédicelles filiformes uniflores ; fruit globuleux, didyme, petit, hérissé de soies blanches crochues au sommet. ⚥ (Juin, juillet).

Les bois et les forêts ombragées des montagnes : les forêts de sapins de Levier, du côté de Gevresin ; de Villers ; entre ce village et Boujaille et au pied de la côte derrière la Grange-Montorge, en grande quantité ; aux Pontins, en montant de Saint-Imier au Chasseral. — Dans la forêt de Doubs, près de Pontarlier (Girod-Chant.). — Sur le Weissenstein (Gaud.). — Près de Delémont (Hagenb.).

** *Tige lisse ; feuilles 6—8 par verticille, à une nervure ; lobes de la corolle rétrécis en pointe acuminée.*

6. G. blanc. — *G. Mollugo.*

Linn. Sp. 155. — DC. Prod. 4. p. 596. et Fl. fr. n. 3361. — Duby, Bot. gall. p. 249. — Gaud. Fl. helv. 1. p. 418. — Lam. Ency. 2. p. 578. — Koch, Syn. p. 333.
Bull. Herb. tab. 285. — Moris. sect. 9. tab. 22. fig. 2. — Clus. Hist. 2. p. 176. fig. 1. — Dalech. Hist. p. 1088. fig. 3. — Dod. pempt. p. 554. fig. 1. (*ead.*). — Lob. ic. p. 802. fig. 1. (*ead.*).

Racine rampante ; tige haute de 6—9 décim., très rameuse, dressée, faible, tombante, tétragone, lisse, glabre, renflée aux articulations, à rameaux étalés, divariqués, garnis de feuilles plus petites et moins nombreuses que sur la tige ; feuilles 8 par verticille, oblongues-lancéolées ou obovales-lancéolées, obtuses, mucronées, glabres, ciliées-rudes sur les bords, étalées, quelquefois presque réfléchies ;

fleurs blanches, très nombreuses, petites, disposées à l'extrémité de la tige et des rameaux en panicule très rameuse, étalée, à pédicelles fructifères divariqués; corolle plane, à lobes rétrécis en pointe acuminée; fruit glabre, lisse. ♃ (Mai—août).

Commun dans les prés secs, le long des haies, au bord des champs et des chemins.

β. *Scabrum.* DC. Prod. 4. l. c. var. γ. — Tige et feuilles hérissées, à la partie inférieure de la plante, de poils un peu rudes.

Les lieux plus secs.

γ. *Ochroleucum.* Gaud. Syn. p. 108. et ejusd. Fl. helv. l. c. var. ζ. — Fleurs jaunâtres.

Sur le mont Marchairuz (Gaud).

7. G. luisant. — *G. lucidum.*

All. Pedem. 1. p. 5. — Gaud. Fl. helv. 1. p. 419. — Poir. Ency. supp. 2. p. 692. — Koch, Syn. p. 333. — *G. erectum. var.* β. *lucidum.* DC. Prod. 4. p. 595. et Fl. fr. n. 3362.
All. Pedem. tab. 77. fig. 2. (*opt.*).

Tige dressée ou ascendante, tétragone, ferme, rameuse, dure, haute d'environ 3 décim., recouverte à sa partie inférieure d'une écorce cendrée fragile, se détachant facilement lorsqu'on la plie, glabre, à rameaux courts; feuilles étroites, linéaires, obtuses, mucronées, fermés, luisantes, d'un vert foncé, au nombre de 6—8 par verticille, ciliées-rudes et roulées en dessous par les bords; fleurs blanches, disposées en panicule trichotome, resserrée, oblongue, étalée dans le bas, à pédicelles fructifères divariqués; fruits la plupart avortés, assez gros, devenant noirs à la maturité, composés de 2 méricarpes un peu arqués-infléchis, ne se touchant qu'aux deux bouts, lisses, glabres; lobes de la corolle acuminés. ♃ (Mai—juillet).

Les collines sèches et arides, assez commun.

β. Scabridum. DC. Prod. 4. 1. c. var. γ. — Gaud. Fl. helv. 1. 1. c. var. β. — Tige et feuilles hérissés de poils un peu rudes dans le bas de la plante.

Au-dessus des rochers qui dominent les vignes de Gily, du côté d'Ivory, près de Salins.

*** *Tige lisse; feuilles 6—8 par verticille, à une nervure; lobes de la corolle non rétrécis en pointe acuminée.*

8. G. des bois. — *G. sylvaticum.*

Linn. Sp. 155. — DC. Prod. 4. p. 593. et Fl. fr. n. 3356.
  — Duby, Bot. gall. p. 249. — Gaud. Fl. helv. 1. p. 423.
  — Lam. Ency. 2. p. 578. — Koch, Syn. p. 333.
J. Bauh. Hist. 3. p. 2. p. 716. fig. 4. (*pessima*).

Tige dressée, faible, lisse, rameuse, presque cylindrique, renflée aux articulations, à rameaux étalés, divariqués, haute de 9—12 décim.; feuilles oblongues-lancéolées ou elliptiques, obtuses, un peu mucronées, lisses, glauques en dessous, rudes sur les bords, au nombre de 8 par verticille sur la tige, et 6—4 sur les rameaux : les florales opposées, lancéolées, beaucoup plus petites; fleurs blanches, petites, portées sur des pédicelles capillaires, disposées à l'extrémité de la tige et des rameaux en panicule étalée, très rameuse, presque trichotome, divariquée; lobes de la corolle ovales, obtus; fruits glabres, un peu ridés. ♃ (Juin, juillet).

Commun dans les bois aux environs de Salins; d'Arbois; de Besançon; de Bâle; sur le Salève, etc.

β. *Foliis sinuato-denticulatis.* — Feuilles sinuées-dentelées.

Aux environs d'Arbois (Mut.).

9. G. jaune. — *G. verum.*

Linn. Sp. 155. — DC. Prod. 4. p. 603. et Fl. fr. n. 3349.
  — Duby, Bot. gall. p. 248. — Gaud. Fl. helv. 1. p. 426.
  — Lam. Ency. 2. p. 582. — Koch, Syn. p. 332.

Moris. sect. 9. tab. 21. fig. 1. (*series* 2.). — J. Bauh. Hist.
3. p. 2. p. 720. — Tabern. ic. p. 150. fig. 1. — Dalech.
Hist. p. 1088. fig. 2. — Dod. pempt. p. 355. fig. 1. —
Lob. ic. p. 804. fig. 1. (*ead.*).

Racine dure, presque ligneuse, rampante; tige raide,
presque dressée, haute de 3 — 5 décim., à 4 angles peu marqués, glabre, légèrement pubescente en dessous des articulations; feuilles 8 par verticille, linéaires, étroites, mucronées, roulées en dessous par les bords, sillonnées en dessus
et d'un vert foncé, raides, étalées, souvent même réfléchies:
celles des rameaux plus courtes et plus étroites; bourgeons
axilaires au nombre de 2 dans la plupart des verticilles,
opposées, à feuilles nombreuses, presque fasciculées; fleurs
petites, nombreuses, jaunes, odorantes, pédicellées, disposées au sommet de la tige en panicule allongée, composée
de petites grappes rapprochées; fruit petit, un peu chagriné.
♃ (Juin, juillet).

Commun dans les lieux arides, le long des chemins, au bord des
champs.

β. *Ochroleucum*. Gaud. Syn. p. 110. — Fleurs d'un
jaune très pâle, moins odorantes.

Les environs de Salins; d'Arbois. — De Nyon (Gaud.), plus rare. —
Le Caillet jaune passe pour vulnéraire, détersif et un peu anti-spasmo-
dique; sa racine teint en rouge, et l'herbe macérée ou bouillie avec
l'alun teint en jaune. C'est à tort qu'on attribue à ses fleurs la propriété
de cailler le lait.

10. G. sauvage. — *G. sylvestre*.

Pollich, Palat. n. 151. — Gaud. Fl. helv. 1. p. 428. — Koch,
Syn. p. 334. — *G. multicaule*. Wallr. Sched. p. 53. —
G. umbellatum. Lam. Ency. 2. p. 597.

Tiges grêles, tétragones, glabres ou pubescentes, rameuses,
diffuses, ascendantes ou tombantes, longues de 1 — 4 décim.;
feuilles 6 — 8 par verticille: les inférieures obovales-lancéolées: les autres linéaires-lancéolées, souvent un peu élargies
à leur partie supérieure, acuminées, mucronées, à une

seule nervure, un peu roulées en dessous par les bords, glabres ou un peu hérissées; fleurs blanches, disposées en corymbe paniculé, trichotome, portées sur des pédicelles demi-étalés; lobes de la corolle aigus, non rétrécis en pointe acuminée; fruit finement grenu à la loupe. ⚥ (Mai—juillet).

Les coteaux, les prés secs, les haies et les buissons de la plaine et des montagnes.

α. *Glabrum*. Koch, Syn. l. c. — *G. sylvestre. I. vulgatum*. Gaud. Fl. helv. 1. l. c. — *G. læve*. DC. Prod. 4. p. 594. et Fl. fr. n. 3366. var. α. — *G. umbellatum. var. α.* Lam. Ency. 2. p. 579. — *G. anisophyllum et G. montanum*. Vill. Dauph. 2. p. 517. tab. 7. — Plante glabre dans toutes ses parties; tiges inclinées; bords des feuilles lisses.

Salins, dans les champs arides de Clucy; aux environs de la Faucille; sur le Chasseron, etc. — Genève, dans les prés secs, au bord des chemins (Reut.). — Aux environs de Bâle (Hagenb.).

β. *Alpestre*. Koch, Syn. l. c. — *G. sylvestre. II. alpestre*. Gaud. Fl. helv. 1. l. c. — *G. alpestre*. DC. Prod. 4. p. 594. — *G. argenteum*. Vill. Dauph. 2. p. 518. tab. 7. — Plante entièrement glabre, à tiges nombreuses, ascendantes, gazonnantes, moins élevées que dans la variété précédente, atteignant à peine un décim., rarement davantage, à panicule plus courte et plus resserrée.

Commun dans les pâturages des montagnes : sur Poupet; Belin, etc., et sur toutes les sommités du Jura.

γ. *Hirtum*. Koch, Syn. l. c. — *G. sylvestre. III. Boccone*. Gaud. Fl. helv. 1. l. c. — *G. Bocconi*. DC. Prod. 4. p. 594. et Fl. fr. n. 3367. — *G. umbellatum. var. β.* Lam. Ency. 2. p. 759. — Barr. ic. fig. 57. — Tiges faibles, couchées à la base, ascendantes, atteignant 3 décim., pubescentes, ainsi que les feuilles, particulièrement dans leur moitié inférieure, à poils étalés.

Commun aux environs de Bâle; sur les collines, dans les pâturages, au bord des champs et des bois (Hagenb.).

δ. *Supinum*. Koch, Syn. l. c. — *G. sylvestre. IV. supinum*. Gaud. Fl. helv. 1. l. c. — *G. supinum*. DC. Prod.

4. p. 595. et Fl. fr. n. 3372. — Lam. Ency. 2. p. 579. — Tiges grêles, rameuses, diffuses, couchées-ascendantes, longues de 2—4 décim., à feuilles rudes sur les bords ; ombelles trichotomes.

Les lieux incultes, le pied des haies et des buissons : aux environs de Salins, commun ; de Besançon. — De Bâle (Hagenb.)

ε. *Mollugo*. **G. sylvestre. VI. Mollugo.** Gaud. Syn. p. 111. — Plante diffuse, fragile, luisante, d'un vert gai, à entre-nœuds épaissis à la base, à articulations cornées ; panicule ample, pauciflore, trichotome ; fleurs petites, jaunâtres au moment de l'épanouissement, ensuite blanches. Plante ayant le port du **G. Mollugo.**

Les lieux incultes aux environs de Nyon (Gaud.).

11. G. de Suisse. — *G. Helveticum.*

Weigel, Observ. bot. p. 24. — DC. Prod. 4. p. 598. — Gaud. Fl. helv. 1. p. 454. — Koch, Syn. p. 536. — *G. saxatile.* DC. Fl. fr. n. 3375. — Duby, Bot. gall. p. 250. — Lam. Ency. 2. p. 580.

Cette plante a le port de la var. β. *alpestre* de l'espèce précédente, mais elle forme des gazons plus serrés. Racine grêle, rampante, produisant plusieurs tiges également grêles, très rameuses, lisses, tétragones, couchées ou tombantes, longues de 16 centim. ; feuilles 6—8 par verticille, presque sans nervures, un peu épaisses, planes, peu ou point mucronées, d'un vert pâle, jaunissant par la dessication : les inférieures obtuses, les autres lancéolées, aiguës ; fleurs blanches, au nombre de 1—3, sur des pédoncules axilaires et terminaux, disposées en ombelles dépassant peu la longueur des feuilles ; lobes de la corolle aigus ; fruit lisse. ♃ (Juillet, août).

Sur le mont Weissenstein, au-dessus de Soleure (Hagenbach, in Gaud.).

12. G. des marais. — *G. palustre.*

Linn. Sp. 153. — DC. Prod. 4. p. 597. et Fl. fr. n. 3360. —
Duby, Bot. gall. p. 249. — Gaud. Fl. helv. 1. p. 435. —
Lam. Ency. 2. p. 577. — Koch, Syn. p. 331.

Racine grêle, rampante ; tiges faibles, diffuses, couchées
ou ascendantes, grêles, filiformes, tétragones, ordinairement rudes sur les angles, rameuses dans le haut, les unes
stériles plus courtes, les autres florifères plus ou moins redressées, hautes de 3—5 décim. ; feuilles petites, 4, rarement
5—6 par verticille, obovales-obtuses dans le bas de la
plante et sur les tiges stériles dont les verticilles sont très
rapprochées : les autres linéaires-oblongues, obtuses, mutiques, souvent inégales, rudes sur les bords et la nervure
dorsale ; fleurs blanches, petites, peu nombreuses, disposées
en panicule diffuse, portées sur des pédoncules trichotomes,
axilaires et terminaux, à pédicelles fructifères courts, droits,
divariqués ; lobes de la corolle ovales, mutiques, demi-étalés ;
anthères d'un pourpre noirâtre ; fruit glabre, lisse. Plante
d'un vert sombre, devenant noire par la dessication. ♃
(Juin—août).

Commun dans les prés humides, les fossés, les marais et les lieux
fangeux.

β. *Constrictum*. DC. Prod. 4. l. c. — Duby, Bot. gall.
l. c. — *G. constrictum.* Chaub. in Saint-Am. Fl. ag. bouq.
tab. 2. — Tiges longues de 3—6 décim., à verticilles très
écartés, à feuilles linéaires, obtuses, longues de 2—3 centim.

Aux environs de Salins.

γ. *Debile.* DC. Prod. 4. l. c. — Gaud. Fl. helv. 1. l. c.
var. β. *elatius.* — *G. debile.* Desv. Obs. Fl. ang. 134. —
Tiges longues de 3—6 décim., rudes ; feuilles 5—6 par verticille, linéaires-lancéolées, obtuses.

Salins, dans une haie humide, près de la Grange-David ; dans les
prés tourbeux de Boujaille, etc.

13. G. des lieux fangeux. — *G. uliginosum.*

Linn. Sp. 153. — DC. Prod. 4. p. 597. et Fl. fr. n. 3371.
— Duby. Bot. gall. p. 250. — Gaud. Fl. helv. 1. p. 436.
Koch, Syn. p. 331. — *G. supinum. var. ß.* Lam. Ency.
2. p. 579.

Tiges faibles, couchées ou ascendantes, diffuses, rameuses,
tétragones, rudes et accrochantes sur les angles, longues de
4—6 décim.; feuilles 6 par verticille, d'un vert gai, ne noircissant point par la dessication, raides, linéaires-lancéolées,
mucronées, rudes et accrochantes sur les bords et la nervure
dorsale; fleurs blanches, portées sur des pédoncules axilaires
et terminaux, trichotomes, disposées presque en panicule
terminale, à pédicelles fructifères droits; anthères jaunes;
fruit petit, glabre, granulé à la loupe. ♃ (Juin—août).

Les marais, les fossés, les prés tourbeux, assez rare : près du Chenit,
dans la vallée de Joux. — Bâle, autour d'Augst; de Rhénofeld; de
Mutenz; de Michelfeld, etc. (Hagenb.). — Genève, abondamment dans
les marais de Troënex, au-dessous de Crevin (Reut.).

ß. *Nanum.* Gaud. Fl. helv. 1. l. c. — Tige grêle, dressée,
haute de 8—10 centim., rude; feuilles également rudes-
accrochantes; fleurs très blanches, plus grandes que dans la
var. *α.*

Dans la tourbière de Pontarlier. — Commun dans les lieux fangeux
autour de Longirod (Gaud.).

§ 2. *Plantes annuelles; tige garnie d'aspérités crochues;
fruit granulé-rude ou hérissé de soies.*

* *Fruit granulé-rude.*

14. G. d'Angleterre. — *G. Anglicum.*

Huds. Fl. angl. p. 69. — DC. Prod. 4. p. 607. et Fl. fr. n.
3369. — Duby, Bot. gall. p. 148. — Koch, Syn. p. 331.
— *G. Parisiense. II. Anglicum.* Gaud. Fl. helv. 1. p.
438. — *G. Parisiense.* Lam. Ency. 2. p. 584.

Racine grêle; tiges dressées ou ascendantes, également grêles, très rameuses, diffuses, tétragones, rudes et accrochantes sur les angles, hautes de 2—3 décim., à rameaux divariqués; feuilles ordinairement 6 par verticille, courtes, linéaires-lancéolées, souvent réfléchies, rudes sur les bords, à aiguillons dirigés en avant, courtement mucronées, moins longues que les entre-nœuds, les florales souvent opposées, quelquefois même solitaires; pédoncules axilaires, bi ou trifides au sommet, plus longs que les feuilles, formant presque, à la fin, une panicule; pédicelles uniflores divergents; fleurs petites, d'un blanc sale, à lobes de la corolle presque obtus; fruit glabre, granulé-rude à la loupe. ④ (Juin, août).

Les champs entre Prangins et Nyon (Gaud.). — Genève, au bord du lac près de Genthod, dans les graviers (Reut.). — Assez commun dans le canton de Bâle, parmi les moissons (Hagenb.).

β. *Parvifolium.* DC. Prod. 4. l. c. — Gaud. Syn. p. 115. — Tige dressée, moins élevée, haute d'environ un décim.; feuilles courtes, dressées, 6—8 par verticille; rameaux florifères un peu courts, à pédicelles demi-étalés.

Les champs près de Thoiry (L. Thomas). — Genève, autour des Philosophes (Girod).

15. G. bâtard. — *G. spurium.*

Linn. Sp. 154. — DC. Prod. 4. p. 608. et Fl. fr. n. 3377. — Duby, Bot. gall. p. 250. — Lam. Ency. 2. p. 582. — *G. spurium. I. glabrum.* Gaud. Fl. helv. 1. p. 441. — *G. aparine. var. γ. spurium.* Koch, Syn. p. 331.
Tige haute de 2—4 décim., faible, ascendante ou tombante, tétragone, garnie sur les angles d'aspérités crochues, glabre sur les articulations; feuilles petites, 6—7 par verticille, linéaires-lancéolées, acuminées-aristées, rudes sur les bords, à aiguillons dirigés en arrière, à nervure dorsale lisse; rameaux florifères ou pédoncules axilaires plus longs que les feuilles, divergents, divisés au sommet, feuillés, à pédicelles fructifères droits, divariqués; fruit glabre, granulé-rude à la loupe. ① (Juin—août).

Les champs de la Brevine. — Au Locle et à Ferrière (Gagnebin). — Les champs pierreux autour du château de Blamont (Girod-Chant.).

** *Fruit hérissé de soies.*

16. G. Gratteron. — *G. Aparine.*

Linn. Sp. 157. — DC. Prod. 4. p. 608. et Fl. fr. n. 3580. — Duby, Bot. gall. p. 250. — Gaud. Fl. helv. 1. p. 440. — Lam. Ency. 2. p. 581. — Koch, Syn. p. 350.

J. Saint-Hil. Pl. fr. tab. 150. — Chaum. Fl. méd. tab. 186. — Bull. Herb. tab. 315. — Moris. sect. 9. tab. 22. fig. 1. (*series* 2.). — J. Bauh. Hist. 3. p. 2. p. 713. fig. 1. — Dalech. Hist. p. 1551. fig. 1. — Dod. pempt. p. 353. fig. 1. — Lob. ic. p. 800. fig. 2. (*ead.*).

Racine fibreuse ; tige dressée, faible, molle, se soutenant à peine, très rameuse, tétragone, rude-accrochante sur les angles, velue au-dessus des nœuds, haute de 6—12 décim.; feuilles 6—8 par verticille, linéaires-lancéolées ou lancéolées, acuminées-aristées, rudes-accrochantes sur les bords et la nervure dorsale, à face supérieure également rude, l'inférieure lisse ; pédoncules ou rameaux axilaires, étalés, divisés au sommet, feuillés, courts, égalant cependant 4 fois au moins la longueur des feuilles ; pédicelles à 1—2 et 3 fleurs petites, blanchâtres, fructifères droits ; fruit gros, didyme, hérissé de soies blanchâtres, crochues au sommet. ① (Juin—août).

Commun dans les champs, le long des chemins et dans les haies.

β. *Vaillantii.* Koch, Syn. l. c. — Duby, Bot. gall. l. c. — *G. Vaillantii.* DC. Prod. 4. p. 608. et Fl. fr. n. 3581. — *G. spurium. II. Vaillantii.* Gaud. Fl. helv. 1. p. 442. — Vaill. Bot. par. tab. 4. fig. 4. (*opt.*). — Tige moins élevée, presque simple, glabre ou presque glabre au-dessus des nœuds ; fruit de moitié plus petit, également hérissé de soies crochues.

Çà et là dans les moissons.

17. G. délicat. — *G. tenerum.*

Schleich. exsic. cat. 1821. — Gaud. Fl. helv. 1. p. 442. —
Koch. Syn. p. 530.

Plante délicate, d'un vert gai, plus grêle et moins élevée
que l'espèce précédente, dont elle se rapproche beaucoup.
Tige faible, filiforme, tétragone, fragile, glabre et à peine
renflée au-dessus des nœuds, très rude, haute de 1—5 décim.; feuilles 6 par verticille, oblongues-obovales, obtuses,
mucronées-aristées, à une seule nervure, à veines réticulées,
planes, rudes-accrochantes sur les bords, glabres sur la
nervure dorsale, à la fin réfléchies; pédoncules axilaires,
raides, étalés, rudes, à peine doubles de la longueur des
feuilles, quelquefois ternés et trifides à leur partie supérieure, garnis de 1—2 feuilles; fleurs petites, blanchâtres,
à pédicelles courts, fructifères droits; fruit hérissé, presque
semblable à celui de la var. *α* de l'espèce précédente, mais
trois fois plus petit. ① (Juillet, août).

Se trouve abondamment sous les voûtes du Petit-Salève (Reut.).

FAMILLE LVIII.

Valérianées. DC.

Calice supère, à limbe roulé en dedans et se développant
à la maturité en aigrette, ou denté, ou peu marqué; corolle
monopétale, en entonnoir, placée sur l'ovaire, à limbe à
3—4 ou 5 lobes un peu inégaux ou même irréguliers, à
tube souvent gibbeux à la base ou éperonné; étamines 4,
ou moins, libres, insérées sur le tube de la corolle; ovaire
à 1 ou 2—3 loges; capsule monosperme, indéhiscente.
Graine dépourvue de périsperme; embryon droit; radicule
tournée du côté de l'ombilic. — Herbes à feuilles opposées.

1. VALÉRIANE. — *VALERIANA*. Linn.

Limbe du calice roulé en dedans, se développant à la maturité en aigrette plumeuse, caduque, couronnant le fruit; corolle en entonnoir, gibbeuse à la base, à limbe divisé en 5 lobes; étamines 3; fruit monosperme, indéhiscent.

§ 1. *Fleurs hermaphrodites.*

1. V. officinale. — *V. officinalis.*

Linn. Sp. 45. — DC. Prod. 4. p. 641. et Fl. fr. n. 3315. — Duby, Bot. gall. p. 254. — Gaud. Fl. helv. 1. p. 76. — Poir. Ency. 8. p. 300. — Koch, Syn. p. 337.

J. Saint-Hil. Pl. fr. tab. 382. — Chaum. Fl. méd. tab. 345. — Lam. illust. tab. 24. fig. 1. — Bull. Herb. tab. 293. — Moris. sect. 7. tab. 14. fig. 2. — Clus. Hist. 2. p. 55. fig. 1. — Tabern. ic. p. 165. fig. 1. — Dalech. Hist. p. 1042. fig. 2. — Dod. pempt. p. 549. fig. 1. (*ead.*). — Lob. ic. p. 715. fig. 1. (*ead.*).

Racine composée de fibres épaisses, blanchâtres, d'une odeur forte et pénétrante qui plaît beaucoup aux chats; tige dressée, simple, fistuleuse, feuillée, sillonnée, haute de 6—12 décim., glabre ou un peu velue, surtout dans le bas; feuilles inférieures pétiolées, les supérieures sessiles, toutes ailées avec impaire, à 7—10 paires de folioles sessiles, étroites, lancéolées, entières ou dentées en scie, souvent confluentes au sommet de la feuille; fleurs blanches ou rosées, un peu odorantes, disposées en corymbe rameux, à la fin presque paniculé, à rameaux opposés, plus ou moins écartés du sommet de la tige, terminés par des corymbes partiels plus petits. ♃ (Juin—août).

Çà et là dans les bois, les haies, et les buissons. — La racine de *Valériane* est très employée comme tonique et antispasmodique dans l'hystérie, l'épilepsie, les maladies nerveuses, les fièvres intermittentes, putrides, etc. On l'administre en poudre ou en décoction.

α. Altissima. Koch, Syn. l. c. — Tige élevée ; feuilles inférieures à folioles elliptiques-lancéolées, profondément dentées en scie.

Les terrains gras et humides.

β. Media. Koch, Syn. l. c. — Tige moins élevée ; folioles lancéolées, les inférieures dentées en scie, les superieures très entières.

Les bois.

γ. Angustifolia. Koch, Syn. l. c. — Gaud. Fl. helv. 1. l. c. var. *ß.* — Plante beaucoup moins élevée, plus odorante, à folioles linéaires-lancéolées ou linéaires, très entières, ou les inférieures garnies de quelques dents.

Les endroits rocailleux des montagnes : au Creux-du-Vent.

δ. Ternata. — *V. officinalis. var. γ. foliis ternatis.* Gaud. Fl. helv. l. c. var. *γ.* — Feuilles ternées.

Bâle, près d'Olsberg (Hagenb.).

Obs. Je possède deux échantillons de cette espèce très remarquables : la tige offre à sa base un renflement creux en forme de toupie, strié-sillonné en spirale serrée, ayant 15 centim. de long sur 10 de large dans l'un des échantillons, et 10 sur 5 dans l'autre, muni dans chacun sur le côté, d'une espèce de suture longitudinale garnie d'une rangée de 5—6 feuilles sessiles, à folioles étroites, linéaires, entières, acuminées ; du sommet de ce renflement partent 8—10 rameaux flori-fères d'environ 1—2 décim. de longueur, dépourvus de feuilles, ter-minés par des corymbes de fleurs à l'état normal. — L'un de ces échan-tillons a été trouvé à la Vessoye, près de Boujaille, et m'a été donné par M. Ch. Guérillot ; j'ai trouvé l'autre dans les *Vernes* de Bois-Franc, près de Salins.

§ 2. *Fleurs polygames-dioïques.*

* *Feuilles de la tige ailées.*

2. V. dioïque. — *V. dioïca.*

Linn. Sp. 44. — DC. Prod. 4. p. 637. et Fl. fr. n. 3325. — Duby, Bot. gall. p. 254. — Gaud. Fl. helv. 1. p. 75. — Poir. Ency. 8. p. 296. — Koch, Syn. p. 337.

Poit. et Turp. Fl. par. tab. 41. — Bull. Herb. tab. 311. —
Moris. sect. 7. tab. 14. fig. 15. — J. Bauh. Hist. 3. p. 2.
p. 211. fig. 1. — Clus. Hist. 2. p. 55. fig. 2. (*ic. Dod.*).
— Tabern. ic. p. 165. fig. 2. — Dalech. Hist. p. 1042.
fig. 3. et p. 1043. fig. 1. — Dod. pempt. p. 550. fig. 1.
— Lob. ic. p. 715. fig. 2. (*ead.*).

Racine rampante, fibreuse aux articulations, stolonifère ;
tige simple, dressée, cylindrique, striée, médiocrement
feuillée, glabre, ainsi que les autres parties de la plante,
haute de 15—50 centim.; feuilles radicales ovales, entières,
obtuses, en cœur à la base ou rétrécies en spatule, longuement pétiolées : les caulinaires sessiles, les inférieures lyrées à la base, les supérieures ailées-pinnatifides, à lobes
entiers, linéaires-oblongs, le supérieur plus grand; fleurs
purpurines ou blanches, dioïques, disposées en corymbe
terminal trichotome : plus lâche dans les individus mâles,
à 5 étamines à anthères purpurines, avec les rudiments du
pistil : plus dense dans les individus femelles, à fleurs de
moitié plus petites, à 5 étamines avortées, à lobes du stigmate presque soudés. ⅔ (Mai, juin).

Dans les prés humides et les lieux marécageux.

** *Feuilles de la tige ternées.*

5. V. à trois lobes. — *V. tripteris.*

Linn. Sp. 45. — DC. Prod. 4. p. 656. et Fl. fr. n. 5318. —
Duby, Bot. gall. p. 254. — Gaud. Fl. helv. 1. p. 77. —
Poir. Ency. 8. p. 304. — Koch, Syn. p. 358.
Barr. ic. fig. 742. — Moris. sect. 7. tab. 14. fig. 10. —
J. Bauh. Hist. 3. p. 2. p. 208. fig. 1. (*bona*).

Souche épaisse, presque ligneuse, à racine allongée,
noueuse, fibreuse aux articulations, produisant des jets
stériles et des tiges florifères dressées, cylindriques, striées,
fistuleuses, feuillées, hautes de 15—50 centim. ; feuilles
glabres : les radicales ovales, arrondies, pétiolées, dentées
ou crénelées : celles des jets stériles ovales ou en cœur, lon-

guement pétiolées : les caulinaires sessiles ou presque sessiles, connées à la base, ternées, à folioles dentées, les latérales linéaires-lancéolées, étroites, la terminale plus grande, ovale-lancéolée : plus étroites dans les feuilles supérieures ; fleurs blanches ou rougeâtres, disposées en corymbe terminal, à la fin presque paniculé, muni de bractées linéaires; organes sexuels saillants hors de la corolle ; fruit glabre, strié, un peu comprimé, oblong-lancéolé, tronqué au sommet. ⚇ (Mai—juillet).

Parmi les rochers des montagnes : Salins, au-dessus de la route de Remeton dans les fentes des rochers, et parmi leurs débris au pied de la montagne, au-dessus de Veley, où je l'ai découverte il y a plus de vingt ans. — Parmi les rochers de Salève (J. Bauh., Reut.). — Sur les monts Wasserfall; Schafmatt, entre les cantons de Bâle et de Soleure; Vogelberg; Dornach, canton de Soleure; et Kallen, canton de Bâle (Hagenb.). — Cette plante répand une odeur nauséabonde forte, très désagréable, qui se conserve long-temps en herbier et qui plaît singulièrement aux chats.

β. *Intermedia*. Koch, Syn. l. c. — *V. intermedia*. Vahl. En. 2. p. 9. — Feuilles caulinaires simples, indivises.

Avec la variété *α.*, à Salins et à Bâle.

*** *Feuilles simples, indivises.*

4. V. de montagne. — *V. montana*.

Linn. Sp. 45. — **DC.** Prod. 4. p. 635. et Fl. fr. n. 5319. — Duby, Bot. gall. p. 254. — Gaud. Fl. helv. 1. p. 78. — Poir. Ency. 8. p. 303. — Koch, Syn. p. 338. Moris. sect. 7. tab. 15. fig. 11.

Racine horizontale, rampante, articulée, écailleuse au collet; tige haute de 2—3 décim., simple, dressée, glabre, peu feuillée : feuilles glabres comme les autres parties de la plante, lisses : les radicales ovales ou arrondies, obtuses, entières ou légèrement sinuées, pétiolées : celles des jets stériles, ovales, également sinuées ou dentées, quelquefois un peu en cœur à la base, longuement pétiolées : les caulinaires presque sessiles ou courtement pétiolées, ovales-lancéolées, souvent un peu sinuées : les supérieures plus étroites, lancéolées-acuminées ; fleurs blanches ou couleur de chair, disposées en corymbe trichotome, à la fin presque en panicule ; stigmate courtement trifide. ♃ (Juin—août).

Commune dans le haut Jura , aux lieux arides et rocailleux des montagnes , et descend jusqu'à son pied au couchant : sur la Dôle; le Suchet; la chaîne du Colombier ; le Creux-du-Vent et le Brot ; le Salève , etc.; à la source du Lison et à la Grotte-des-Sarrasins, à Nans, près de Salins. — Aux environs de Bâle (Hagenb.).

β. *Ternata. V. montana. var. γ.* Hagenb. Fl. basil. 1. p. 25. — Gaud. Fl. helv. 1. l. c. var. γ. — Feuilles caulinaires ternées, égales.

Au-dessus de Wolten , entre Schmutzberg et Dietisberg (Hagenb.).

2. CENTRANTHE. — *CENTRANTHUS.* DC.

Limbe du calice roulé en dedans, se développant, à la maturité, en aigrette plumeuse, caduque, couronnant le fruit ; corolle en entonnoir, éperonnée à la base, à limbe divisé en 5 lobes ; étamine 1 ; fruit monosperme, indéhiscent.

§ 1. *Éperon allongé.*

1. C. rouge. — *C. ruber.*

DC. Fl. fr. n. 3327. et Prod. 4. p. 632. — Duby, Bot. gall. p. 253. — Koch, Syn. p. 339. — *Valeriana rubra.* Linn. Sp. 44. — Gaud. Fl. helv. 1. p. 75. — Poir. Ency. 8. p. 294.

J. Saint-Hil. Pl. fr. tab. 50. — Poit. et Turp. Fl. par. tab. 40. — Lam. illust. tab. 24. fig. 2. — Moris. sect. 7. tab. 14. fig. 15. — J. Bauh. Hist. 3. p. 2. p. 211. fig. 2. — Tabern. ic. p. 168. fig. 1. — Dalech. Hist. p. 1187. fig. 1. et 2. — Dod. pempt. p. 351. fig. 1. — Lob. ic. p. 341. fig. 1. (*ead*).

Tige haute de 5—6 décim., glabre, rameuse, très lisse, finement striée, fistuleuse; feuilles glabres, d'un vert un peu glauque, très entières, quelquefois un peu dentées à la base : les inférieures ovales-lancéolées, courtement pétiolées : les supérieures sessiles, ovales-acuminées, un peu en cœur à la base; fleurs d'un beau rouge, rarement blanches, disposées en corymbe terminal; tube de la corolle allongé, muni à la base d'un éperon droit, subulé, de moitié plus court que lui; organes sexuels peu saillants; fruit lisse, oblong, comprimé. ♃ (Juin—août).

Les vieux murs du château de Neuchâtel. — Cultivé dans les jardins comme plante d'ornement.

2. C. à feuilles étroites. — *C. angustifolius.*

DC. Fl. fr. n. 3328. et Prod. 4. p. 632. — Duby, Bot. gall. p. 255. — Koch, Syn. p. 359. — *Valeriana angustifolia.* Gaud. Fl. helv. 1. p. 74. — Poir. Ency. 8. p. 294. — *V. rubra. var.* β. Linn. Sp. 44.

Moris. sect. 7. tab. 14. fig. 16. — J. Bauh. Hist. 5. p. 2. p. 212. fig. 1.

Cette espèce diffère de la précédente par ses tiges ordinairement plus élevées; par ses feuilles étroites, toujours entières, linéaires-lancéolées ou linéaires, à 5 nervures, longues de 8—10 centim., et larges de 10—15 millim. et quelquefois beaucoup moins; par ses fleurs d'un rouge pâle, rarement blanches, et par les organes séxuels beaucoup plus saillants. ♃ (Juillet, août).

Commun aux environs de Salins, dans les endroits pierreux du pied des montagnes : au pied de Belin; de Saint-André; de Poupet; de Roche-Pourrie, où je l'ai trouvée à fleurs blanches, etc.; au Creux-du-Vent.

Obs. Le papillon Apollon (*Parnassius Apollo.* Latr.) parait affectionner cette plante d'une manière toute particulière, et c'est toujours sur elle qu'on le rencontre aux environs de Salins, où il n'est pas rare. Je l'ai également vu, sur cette même plante, au Creux-du-Vent.

§ *2. Éperon très court.*

3. C. Chausse-trape. — *C. Calcitrapa.*

Dufr. Val. p. 59. — DC. Prod. 4. p. 632. et Fl. fr. supp. n.
5326. — *Valeriana Calcitrapa.* Linn. Sp. 44. — DC. Fl.
fr. n. 5526. — Poir. Ency. 8. p. 295.
Moris. sect. 7. tab. 14. fig. 7. — Clus. Hist. 2. p. 54. fig. 2.
— Dalech. Hist. p. 1127. fig. 2. — Lob. ic. p. 716. fig.
2. *et adversaria,* p. 319. (*ead.*).

Tige dressée, fistuleuse, glabre, lisse, finement striée,
ordinairement simple, haute de 2—4 décim., feuilles glabres, molles, d'un vert gai : les radicales ovales, rétrécies
en pétiole, entières ou un peu dentées : les caulinaires opposées, sessiles, connées à la base, profondément pinnatifides, à lanières lancéolées ou linéaires-lancéolées, obtuses,
entières ou irrégulièrement dentées, à lobe terminal plus
grand, ovale-oblong, également denté ; fleurs purpurines,
disposées en corymbe terminal, à la fin presque paniculé ;
tube de la corolle muni d'un éperon très court. ① (Mai, juin).

Les environs de Nantua (DC. Prod.).

5. MACHE — *VALERIANELLA.* Mœnch.

Limbe du calice denté ; corolle en entonnoir, non éperonnée, à 5 lobes réguliers ; étamines 5 ; fruit indéhiscent, à **3**
loges, dont 1—2 stériles, couronné par le limbe persistant
et accru du calice, diversement denté.

§ *1. Limbe du calice à dents courtes, écartées, droites,
souvent peu marquées.*

* *Fruit presque orbiculaire, comprimé, à péricarpe épaissi sur le dos de
la loge fertile, les 2 autres stériles, séparées par une cloison incomplète.*

1. M. commune. — *V. olitoria.*

Mœnch. Méth. 493. — DC. Prod. 4. p. 625. et Fl. fr. n.
5530. — Duby, Bot. gall. p. 252. — Koch, Syn. p. 339.

— *Fedia olitoria*. Gaud. Fl. helv. 1. p. 82. — *Valeriana Locusta, olitoria*. Linn. Sp. 47. — Poir. Ency. 8. p. 313. Moris. sect. 7. tab. 16. fig. 56. — J. Bauh. Hist. 3. p. 2. p. 323. fig. 2. — Tabern. ic. p. 167. fig. 1. — Dod. pempt. p. 647. fig. 1.

Tige haute de 13—30 centim., souvent divisée dès la base en rameaux dichotomes, feuillée à chaque bifurcation, faible, anguleuse, velue dans le bas; feuilles radicales un peu épaisses, tendres, molles, obovales-oblongues, rétrécies en pétiole, un peu ciliées, glabres, disposées en rosette : les caulinaires connées à la base, lancéolées, obtuses, ordinairement entières : les supérieures quelquefois un peu dentées (dans la var. β); fleurs petites, d'un bleu pâle, ou blanchâtres, courtement pédicellées, disposées en petites ombelles terminales presque planes; bractées oblongues-linéaires, ciliées; fruit arrondi, comprimé, glabre, un peu oblique, à 3 dents peu marquées, sillonné sur les côtés et strié longitudinalement sur le milieu des faces. ☉ (Avril, mai). Vulg. *Mâche, Doucette*.

Commune dans les vignes et les lieux cultivés. — On mange en salade ses rosettes de feuilles sur la fin de l'automne et en hiver, tant qu'elle ne commence pas à monter. Elle est adoucissante, rafraîchissante et pectorale.

β. *Dentata*. Gaud. Fl. helv. 1. l. c. var. β. — Poir. Ency. 8. l. c. var. β. — Moris. sect. 7. tab. 16. fig. 56. (*ad dextram*). — J. Bauh. Hist. 3. p. 2. p. 323. fig. 1. — Tabern. ic. p. 167. fig. 2. — Dalech. Hist. p. 1127. fig. 2. — Lob. ic. p. 717. fig. 1. — Feuilles supérieures dentées.

γ. *Lasiocarpa*. DC. Prod. 4. l. c. var. β. — Gaud. Fl. helv. 1. l. c. var. γ. — Fruits pubescents.

Bâle, dans les champs graveleux des montagnes.

** *Fruit oblong, creusé en nacelle, à loges séparées par des cloisons complètes, à péricarpe non épaissi sur le dos de la loge fertile.*

2. M. en nacelle. — *V. carinata.*

Lois. Not. p. 149. — DC. Prod. 4. p. 629. et Fl. fr. supp. n. 3330ª. — Duby, Bot. gall. p. 252. — Poir. Ency. supp.

5. p. 410. (*in Obs.* n. 7.). — Koch, Syn. p. 339. — *Fedia carinata.* — Gaud. Fl. helv. 1. p. 83.

Moris. sect. 7. tab. 16. fig. 51. (*quoàd fruct., sed folia pinnatifida*).

Cette espèce ressemble beaucoup à la précédente; mais elle est ordinairement moins élevée, plus tendre, d'un vert plus pâle. Tige lisse, presque glabre, haute de 1—2 décim., tantôt divisée dès la base en rameaux divariqués, tantôt presque simple, et divisée seulement au sommet en rameaux 1—2 fois dichotomes; feuilles d'un vert plus pâle, très entières, légèrement ciliées, oblongues, obtuses, presque obovales; fleurs très petites, nombreuses, d'un bleu cendré, réunies en petites têtes ou ombelles assez denses, munies de bractées oblongues, étalées, ciliées; fruit oblong, glabre, presque tétragone et comme à 4 côtes, profondément canaliculé d'un côté, un peu convexe du côté opposé, et sillonné sur les 2 autres, ayant une seule dent très courte au sommet. ① (Avril, mai).

Se trouve avec la précédente dans les lieux cultivés : commune aux environs de Nyon (Gaud.). — De Bâle, (Hagenb.). — Genève, assez commune le long des haies, sur les murs, etc. (Reut.). — Cette espèce est souvent cultivée dans les jardins.

§ 2. *Limbe du calice tronqué obliquement, presque en cloche, denté, à dent postérieure plus grande, herbacée.*

* *Fruit à loges stériles très étroites, filiformes.*

3. M. des jardins. — *V. eriocarpa.*

Desv. Journ. bot. 2. p. 314. — DC. Prod. 4. p. 626. et Fl. fr. supp. n. 3531[b]. — Duby, Bot. gall. p. 253. — Koch, Syn. p. 340. — Poir. Ency. supp. 5. p. 410. (*in Obs.* n. 4.).

Lois. Notice, tab. 3. fig. 2. — Moris. sect. 7. tab. 16. fig. 33.?

Tige dressée, haute de 2—3 décim., anguleuse, rameuse-dichotome, un peu poilue dans le bas ; feuilles inférieures assez larges, obtuses, rétrécies à la base, oblongues, entières, glabres ou légèrement ciliées : les supérieures linéaires, ordinairement entières à leur base ; fleurs réunies en faisceaux au sommet des rameaux et non axilaires dans leurs bifurcations, munies de bractées lancéolées ou linéaires, glabres, appliquées ; fruit hispide, ovoïde, convexe et muni de 3 nervures fines sur le dos, aplani sur la face interne, qui est marquée d'une dépression ovale entourée d'un rebord saillant, couronné par le limbe du calice en cloche, de la largeur du fruit, tronqué obliquement et à 6 dents, dont 3 antérieures plus courtes. ① (Avril, mai).

Cultivée dans les jardins sous les noms de *Mâche royale*, *Mâche des Parisiens*.

4. M. de Morison. — *V. Morisonii.*

DC. Prod. 4. p. 627. — Koch, Syn. p. 340. — *Fedia dentata. var. α. et β.* Mert. et Koch, Fl. Deuts. 1. p. 396.

Tige grêle, striée-anguleuse, un peu rude sur les angles, très rameuse-dichotome, haute de 3—4 décim. à l'époque de la fructification ; feuilles radicales et inférieures oblongues, obtuses, très entières, rétrécies en pétiole : celles du milieu de la tige linéaires-lancéolées, ordinairement dentées à la base ou même incisées : les supérieures très petites, étroites, linéaires-subulées, diminuant de grandeur vers le sommet de la plante ; fleurs d'un blanc rosé ou lilas, petites, disposées en corymbe-dichotome lâche, étalé ; bractées étroites, linéaires-lancéolées, rudes et scarieuses sur les bords ; fruit ovoïde-conique, convexe et à une seule nervure fine sur le dos, presque aplani du côté opposé, marqué d'une dépression oblongue, plane, traversée par une nervure longitudinale fine, bordée de chaque côté de 2 côtes saillantes parallèles, confluentes aux deux bouts, couronné par le limbe du calice évasé, moins large que le fruit, tronqué obliquement, prolongé en oreillette et muni en avant

de 2—3 dents courtes, aiguës, souvent peu distinctes. ①
(Juin , juillet).

Se trouve dans les champs, parmi les moissons.

α. Leiocarpa. Koch, Syn. l. c. — DC. Prod. 4. l. c. var.
β. — *Fedia dentata.* Plurim. auctor. germ, — Fruits glabres.

Commune aux environs de Salins, dans les moissons.

β. *Lasiocarpa.* Koch , Syn. l. c. — DC. Prod. 4. l. c.
var. α. — *Fedia dentata. var. γ. eriosperma.* Gaud. Fl.
helv. 1. p. 85. (*excl. mult. Syn.*).—Moris. sect. 7. tab. 16.
fig. 35. — Fruits hispides , à poils blanchâtres courbés ascendants.

Salins, parmi les moissons, mais moins commune que la variété α.
— Nyon (Gaud.). — Bâle (Hagenb.). — On trouve encore, aux environs de Salins, une monstruosité des 2 variétés de cette espèce dont
les ombellules sont transformées en têtes foliacées, dense.

** *Fruit à loges stériles presque égales ou plus grandes que la fertile.*

5. M. oreillette. — *V. auricula.*

DC. Fl. fr. supp. n. 5530[b]. et Prod. 4. p. 627. — Duby, Bot.
gall. p. 252. — Koch , Syn. p. 340. — Poir. Ency. supp.
5. p. 410. (*in Obs.* n. 8.). — *Fedia auricula.* Gaud. Fl.
helv. 1. p. 84.
Gaud. Fl. helv. 1. tab. 1.

Tige striée-anguleuse , un peu rude sur les angles, haute
de 3—4 décim. à l'époque de la fructification, très rameuses-
dichotomes ; feuilles radicales oblongues en spatule, très
obtuses : les caulinaires inférieures un peu aiguës, élargies
à la base, et munies de chaque côté de 2—5 dents lancéo-
lées-aiguës, plus ou moins longues ; fleurs rosées, disposées
en corymbe dichotome, lâche, étalé ; bractées lancéolées-
linéaires, glabres, ciliées-rudes ; fruit ovoïde, renflé, glabre,
sillonné en avant, à limbe du calice tronqué obliquement ,

presque entier, un peu cilié ou dentelé, prolongé à sa partie postérieure en oreillette aiguë. ① (Juin—juillet).

Commune dans les moissons, aux environs de Salins. — De Nyon (Gaud.). — Plus rare aux environs de Bâle (Hagenb.).

6. M. dentée. — *V. dentata.*

DC. Fl. fr. n. 5331. et Prod. 4. p. 627. — Duby, Bot. gall. p. 252. — Koch, Syn. p. 541. — *Valeriana dentata.* Poir. Ency. 8. p. 314. — *V. rimosa.* Bast. Journ. bot. 1814. 1. p. 20.

Tige dressée, haute d'environ 3 décim., striée-anguleuse, un peu rude sur les angles, rameuse-dichotome ; feuilles radicales oblongues-linéaires, obtuses, un peu rétrécies à la base, très entières, légèrement ciliées : les caulinaires plus petites, plus étroites, linéaires-lancéolées ; fleurs rosées, petites, disposées en corymbe dichotome lâche, à ombellules pauciflores ; fruit ovoïde, presque globuleux, marqué de 5 nervures fines, sillonné en avant, couronné par le limbe du calice 3 fois plus étroit que le fruit, tronqué obliquement, à 3 dents, la postérieure dressée, plus large, triangulaire au sommet, les 2 antérieures plus courtes, aiguës, souvent convergentes. ① (Juin, juillet).

Dans les champs à terres légères ou argileuses, parmi les moissons : aux environs de Chavanne, près de Sellières. — Genève, dans les champs, parmi les moissons (Reut.). — Bâle, dans les champs. (Hagenbach).

FAMILLE LIX.

Dipsacées. DC.

Fleurs aggrégées sur un réceptacle commun et entourées d'un involucre à plusieurs folioles (*calice commun.* Linn.), ordinairement munies chacune d'une bractée (*paillette*), ce qui rend le réceptacle commun paléacé ; calice propre double, persistant : l'extérieur (l'*involucelle*) enveloppant étroitement le fruit à la maturité et formant son tégument extérieur : l'intérieur (le *calice*) étroitement soudé à l'ovaire, à limbe de forme variable ; corolle monopétale, insérée sur le calice intérieur, à 4—5 lobes plus ou moins inégaux ; étamines 4, libres, insérées sur le tube de la corolle et alternes avec ses lobes, à filets non articulés ; style 1, à stigmate simple ; ovaire uniloculaire, à un seul ovule pendant ; fruit indéhiscent, membraneux ou presque nucamentacé, renfermant une graine pendante, à périsperme charnu. Embryon droit ; radicule tournée vers l'ombilic. — Feuilles opposées.

1. CARDÈRE. — *DIPSACUS.* Linn.

Calice en forme de godet, à limbe entier ou denté ; involucelle terminé par une petite couronne crénelée ou dentée ; réceptacle muni de paillettes acuminées ; folioles extérieures de l'involucre plus longues, dépassant les paillettes.

1. C. sauvage. — *D. sylvestris.*

Mill. Dict. n. 1. — DC. Prod. 4. p. 645. et Fl. fr. n. 3292. — Duby, Bot. gall. p. 257. — Gaud. Fl. helv. 1. p. 381. — Koch, Syn. p. 542. — *D. fullonum. α.* Linn. Sp. 140. J. Saint-Hil. Pl. fr. tab. 654. — Moris. sect. 7. tab. 36. fig. 3. — J. Bauh. Hist. 5. p. 1. p. 74. fig. 1. — Tabern. ic. p. 691. fig. 1. — Dalech. Hist. p. 1448. fig. 1. — Dod. pempt. p. 755. fig. 2. — Lob. ic. 2. p. 18. fig. 1. (*ead.*).

Tige dressée, haute de 9—12 décim., chargée d'aiguillons courts, élargis à la base, ferme, sillonnée, un peu rameuse ; feuilles radicales étalées sur la terre, ovales-oblongues, rétrécies en pétiole, crénelées-dentées, glabres, garnies sur la nervure dorsale de dents épineuses : les caulinaires opposées, largement connées, perfoliées et formant à la base une sorte de réservoir qui retient les eaux pluviales, oblongues-lancéolées, entières ou lobées : les supérieures sessiles, lancéolées-acuminées ; fleurs nombreuses, bleu-lilas, rarement blanches, réunies en capitules terminaux ovoïdes ou

oblongs, portées sur un réceptacle garni de paillettes plus
longues qu'elles, lancéolées-subulées, raides, ciliées sur les
bords, élargies et canaliculées à la base; folioles de l'involucre dressées, un peu infléchies, raides, linéaires subulées,
épineuses, dépassant souvent les têtes de fleurs. ② **DC.**
Gaud. ① **Koch.** (Juillet, août).

Commune le long des fossés, au bord des routes et des chemins.

β. *Pinnatifidus.* Koch, Syn. l. c. — Feuilles intermédiaires de la tige demi-pinnatifides.

Salins, beaucoup plus rare.

2. C. découpée. — *D. laciniatus.*

Linn. Sp. 141. — **DC. Prod.** 4. p. 645. et Fl. fr. n. 3294. —
Duby, Bot. gall. p. 257. — Gaud. Fl. helv. 1. p. 585. —
Lam. Ency. 1. p. 622. — Koch, Syn. p. 542.
Lam. illust. tab. 56. fig. 2. — Moris. sect. 7. tab. 56. fig. 4.
— J. Bauh. Hist. 5. p. 1. p. 75. fig. 1. — Tabern. ic. p.
691. fig. 2.

Cette espèce se rapproche beaucoup de la précédente,
dont elle diffère par sa tige garnie d'aiguillons moins robustes et moins nombreux, légèrement crochus ; par ses
feuilles hérissées et ciliées de soies raides : celles de la tige
laciniées-pinnatifides, à lobes obtus, sinués-dentés ; par ses
fleurs blanches (dans nos échantillons d'Arbois), et par les
folioles de l'involucre raides, ordinairement plus courtes que
les têtes de fleurs. ② (Juillet, août).

Arbois, le long des fossés au bord de la route de Mont-sous-Vaudrey.
— Saint-Cergue (Gaud.). — Genève, dans les haies, au bord des fossés
humides, près de Jussy et de Sionet; près de Versoix, sur la route de
Ferney, et au-dessous de Lancy (Reut.). — Bâle, autour de Delémont
(Hagenb.).

5. C. velue. — *D. pilosus.*

Linn. Sp. 141. — **DC. Prod.** 4. p. 646. et Fl. fr. n. 3295.
— Duby, Bot. gall. p. 257. — Gaud. Fl. helv. 1. p. 584.
— Lam. Ency. 1. p. 623. — Koch, Syn. p. 542.

Moris. sect. 7. tab. 56. fig. 5. — J. Bauh. Hist. 3. p. 1. p.
75. fig. 2. (*malè*). — Dalech. Hist. p. 1448. fig. 2. — Dod.
pempt. p. 735. fig. 3. — Lob. ic. p. 18. fig. 2. (*ead.*).

Tige dressée, glabre, rameuse, haute de 10—15 décim.,
striée, garnie de petits aiguillons faibles, menus; feuilles
opposées, pétiolées, ovales-lancéolées, acuminées, grossièrement dentées en scie, un peu épineuses sur la nervure
dorsale, munies de 1—2 petites oreillettes à la base : les supérieures plus petites, plus étroites, entières, sessiles ou
presque sessiles; pédoncules très longs, hérissés d'aiguillons
nombreux, faibles, très menus, sétiformes; capitules petits, terminaux, nombreux, presque globuleux, à fleurs
blanchâtres; folioles de l'involucre lancéolées-subulées, réfléchies, épineuses au sommet, plus courtes que les têtes de
fleurs, hérissées de soies allongées; paillettes obovales-
acuminées, subulées, épineuses au sommet, de la longueur
de la corolle, également hérissées de soies allongées; anthères d'un pourpre noirâtre. ② (Juillet, août).

Çà et là le long des haies et des fossés humides, au bord des ruisseaux.

2. CÉPHALAIRE. — *CEPHALARIA*. Schrad.

Calice en forme de godet, à limbe entier ou denté; involucelle à 4—plusieurs dents au sommet, ou terminé par
une petite couronne courte, à dents nombreuses; réceptacle
garni de paillettes; folioles de l'involucre étroitement embriquée, les extérieures plus courtes.

1. C. des Alpes. — *C. Alpina.*

Schrad. cat. sem. H. goett. 1814. — DC. Prod. 4. p. 647. —
Duby, Bot. gall. p. 257. — Koch, Syn. p. 343. — *Sca-
biosa Alpina.* Linn. Sp. 141. — DC. Fl. fr. n. 5296. —
Gaud. Fl. helv. 1. p. 385. — Poir. Ency. 6. p. 702.
Moris. sect. 6. tab. 13. fig. 10. — Dalech. Hist. p. 1291.
fig. 1. (*mala*). — Lob. adv. p. 233. fig. 1.

Tige dressée, rameuse, velue, anguleuse, fistuleuse, haute de 8—12 décim.; feuilles radicales elliptiques, dentées en scie : celles de la tige d'un vert cendré, pubescentes, ailées ou profondément pinnatifides, à 13—15 folioles lancéolées, dentées en scie, à dents aiguës, décurrentes sur le pétiole, la terminale un peu plus grande ; pétioles courts, velus, dilatés et connés à la base ; capitules assez gros, un peu penchés, presque globuleux, munis d'un involucre composé de folioles ovales-acuminées, velues, embriquées, les extérieures plus courtes, portés sur de longs pédoncules striés, pubescents; fleurs d'un blanc jaunâtre, à corolle pubescente en dehors, les extérieures un peu irrégulières ; paillettes velues sur le dos, de la longueur des fleurs, ovales-lancéolées, acuminées; dents de l'involucelle au nombre de 8, subulées, presque égales, velues, de la longueur de la corolle. ♃ (Juillet, août).

Dans le vallon d'Ardran, en montant du village de Thoiry au Reculet, avec l'*Aconitum anthora*, la *Linaria Alpina*, etc. — Sur le Salève et le mont Bôle, au-dessous de la Dôle (Gaud.). — Autour de Saint-Cergue (Rigaud). — Au-dessus de Beaulmes (Vuitel).

3. KNAUTIE. — *KNAUTIA*. Coult.

Calice à 8—16 dents élargies à la base, subulées-sétacées ; involucelle légèrement stipité, non sillonné, terminé par 4 ou plusieurs dents très courtes ; réceptacle hérissé de poils ; paillette nulle ; involucre à plusieurs folioles.

1. K. des bois. — *K. sylvatica.*

Duby, Bot. gall. p. 257. — DC. Prod. 4. p. 651. — Koch, Syn. p. 344. — *Scabiosa sylvatica*. Linn. Sp. 142. — DC. Fl. fr. n. 3303. — Gaud. Fl. helv. 1. p. 387. — Poir. Ency. 6. p. 708.

Moris. sect. 6. tab. 13. fig. 5. — J. Bauh. Hist. 3. p. 1. p. 9. fig. 1. — Clus. Hist. 2. p. 2. fig. 1. — Tabern. ic. p. 160. fig. 1.

Tige dressée, haute de 6—9 décim., rameuse, cylindrique, fistuleuse, ordinairement hérissée dans le bas de poils étalés ou réfléchis, tuberculeux à la base, à tubercules d'un pourpre noirâtre, plus ou moins poilue dans le haut et finement pubescente à la loupe, à poils arqués ; feuilles inférieures grandes, pétiolées, ovales-lancéolées, acuminées, dentées en scie, largement décurrentes sur le pétiole, minces, presque glabres, un peu velues sur les nervures et ciliées sur les bords : les caulinaires sessiles, connées à la base, grossièrement dentées en scie, quelquefois un peu incisées : les supérieures sessiles, étroites, lancéolées-acuminées ; capitules hémisphériques, assez gros, portés sur de longs pédoncules pubescents, fleurs d'un bleu rougeâtre ; involucre à folioles lancéolées, ciliées, les extérieures plus larges ; fruit tétragone, velu, couronné par le bord de l'involucelle à 4 dents courtes, épaisses, peu marquées, et terminé par le calice urcéolé à 8 dents subulées, velues à la base. ♃ (Juin, juillet).

Les bois couverts des montagnes : Salins, dans les bois de Poupet ; de Bovard ; de Salgret, etc., etc. — Genève, dans les bois de la Bâtie et des Frères. — Nyon, au-dessous du pont sur la Promenthouse (Gaud.). — Bâle, commune dans les bois montagneux (Hagenb.). — Sur le mont Mutet (Gaud.). — A Salève (Reut.).

β. *Longifolia*. Gaud. Fl. helv. 1. l. c. — **DC.** Prod. 4. l. c. — *Sc. longifolia*. DC. Fl. fr. supp. n. 3303[a]. — Tige glabre ou hispide à sa partie inférieure ; feuilles radicales ovales : celles de la tige lancéolées, allongées, très glabres.

Autour des Ferrières d'Erguël (Hall.). — Sur le mont Damin et au Creux-du-Vent (Chaillet). — Bâle, sur le mont Diétisberg (Hagenb.).

γ. *Alba*. Capitules à fleurs blanches, devenant jaunâtres en herbier.

Salins, au bord du bois, au pied des Aiguillons-de-Saisenay, le long de la route de Nans.

δ. *Prolifera*. Hagenb. Fl. basil. 1. p. 152. var. ε. — Capitules prolifères.

2. K. des champs. — *K. arvensis.*

Coult. Dips. p. 29. — DC. Prod. 4. p. 651. — Duby, Bot. gall. p. 257. — Koch , Syn. p. 344. — *Scabiosa arvensis.* Linn. Sp. 143. — DC. Fl. fr. n. 3301. — Gaud. Fl. helv. 1. p. 389. — Poir. Ency. 6. p. 709.

Chaum. Fl. méd. tab. 316. — Lam. illust. tab. 57. fig. 1. (*capitulum*). — Moris. sect. 6. tab. 13. fig. 1. — J. Bauh. Hist. 3. p. 1. p. 2. fig. 1. — Tabern. ic. p. 159. fig. 2. — Dalech. Hist. p. 1108. fig. 3. (*folia omnia divisa*). — Dod. pempt. p. 122. fig. 1. (*ead.*). — Lob. ic. p. 536. fig. 1. (*ead.*).

Tige dressée, rameuse , haute de 4—6 décim. , hérissée de poils allongés, réfléchis , plus nombreux dans le bas de la plante , garnie en outre , particulièrement à sa partie supérieure , de poils courts , fins et blanchâtres qui la rendent pubescente ; feuilles un peu molles, velues, plus ou moins hérissées , de forme très variable : les radicales pétiolées , ovales-lancéolées , dentées , souvent un peu incisées ou lobées à la base : les caulinaires opposées , pinnatifides , à lobes plus ou moins nombreux, un peu écartés , entiers, lancéolés , le terminal plus grand , denté , acuminé : les supérieures plus petites, à lobes moins nombreux , plus étroits : celles du sommet simples, lancéolées ; capitules hémisphériques , à fleurs d'un bleu rougeâtre , longuement pédonculés ; folioles de l'involucre lancéolées , ciliées , les extérieures plus grandes ; calice de moitié plus court que le fruit, presque à 8 dents. ♃ (Juin , juillet).

Commune partout dans les prés et les champs.

β. *Laciniata.* Gaud. Fl. helv. 1. 1. c. — Feuilles molles : les inférieures lyrées : celles de la tige divisées en lanières nombreuses, lancéolées ; fleurs plus petites.

Les prés, le bord des champs.

γ. *Ochroleuca.* Gaud. Fl. helv. 1. 1. c. — Feuilles oblongues-lancéolées, ciliées , un peu dentées.

Autour de Longirod et de Mont (Monnard).

δ. Integrifolia. Gaud. Fl. helv. 1. l. c. — J. Bauh. Hist. 5. p. 1. p. 2. fig. 2. — Feuilles toutes indivises, ovales, dentées en scie, courtement pétiolées.

Au-dessus de Longirod (Gaud.).

4. SCABIEUSE. — *SCABIOSA.* Linn.

Calice en soucoupe, bordé de 5 arêtes en aiguille, ou sans arêtes; involucelle à 8 sillons profonds ou à 8 côtes, à limbe en cloche cu en roue; réceptacle muni de paillettes; involucre polyphylle.

§ 1. *Limbe de l'involucelle herbacé, à 4 lobes.* — Succisa. Koch.

1. S. Succise. — *S. Succisa.*

Linn. Sp. 142. — DC. Prod. 4. p. 660. et Fl. fr. n. 3300. — Duby, Bot. gall. p. 256. — Gaud. Fl. helv. 1. p. 386. Poir. Ency. 6. p. 706. — *Succisa pratensis.* Koch, Syn. p. 344.

Moris. sect. 6. tab. 13. fig. 7. — J. Bauh. Hist. 3. p. 1. p. 11. fig. 1. — Tabern. ic. p. 164. fig. 1. — Dalech. Hist. p. 1067. fig. 1.

Racine épaisse, fibreuse, tronquée; tige dressée, haute de 3—5 décim., glabre, ou un peu hérissée, simple ou divisée en un petit nombre de rameaux opposés, allongés, uniflores, pubescents, rapprochés de la tige; feuilles radicales ovales-lancéolées, rétrécies en pétiole à la base, glabres, très entières : les caulinaires plus petites, peu nombreuses, lancéolées, entières ou presque entières, ordinairement glabres, opposées, connées à la base; capitules hémisphériques, à la fin globuleux, non rayonnants; folioles de l'involucre sur 2—3 rangs, de la longueur des fleurs, lancéolées, inégales, ciliées; corolle d'un bleu foncé, pubescentes en dehors, égales entre elles; tube de l'invo-

lucelle tétraèdre, hérissé, à limbe à 4 lobes ovales, aigus ;
calice terminé par 5 arêtes. ♃ (Août, septembre).

Commune dans les prairies humides : Salins, avec les variétés β. δ.
ε., mais plus rare.

β. *Albiflora*. Gaud. Syn. p. 100. — Fleurs blanches.

γ. *Hirsuta*. Gaud. Syn. l. c. — Hagenb. Fl. basil. 1. p.
133. — Feuilles velues ; tige pubescente.

δ. *Incisa*. Gaud. Syn. l. c. — Feuilles caulinaires incisées.

ε. *Prolifera*. Gaud. Syn. l. c. — Capitules prolifères.

ζ. *Nana*. Tige haute de 4—8 centim.

Tourbière de Pontarlier.

§ 2. *Limbe de l'involucelle scarieux, diaphane.* --
Scabiosa. Koch.

* *Limbe du calice pédicellé, à 5 soies saillantes.*

2. S. pourpre-noiré. — *S. atro-purpurea.*

Linn. Sp. 144. — DC. Prod. 4. p. 657. et Fl. fr. n. 3311. —
Duby, Bot. gall. p. 255. — Poir. Ency. 6. p. 719.
J. Saint-Hil. Pl. fr. tab. 344. — Moris. sect. 6. tab. 14. fig.
26. — Clus. Hist. 2. p. 3. fig. 1.

Tige haute de 6–8 décim., ferme, dressée, glabre,
striée, rameuse, à rameaux opposés, diffus ; feuilles radicales oblongues-lancéolées, grossièrement dentées, ou lyrées,
rétrécies en pétiole à la base : les caulinaires opposées, presque
sessiles, profondément pinnatifides, à lobes oblongs, dentés
ou incisés, le terminal plus grand, lancéolé ; capitules fructifères ovoïdes, portés sur de longs pédoncules striés ; involucre à 8—12 folioles inégales ; réceptacle convexe ; fleurs
odorantes, d'un pourpre foncé, les extérieures rayonnantes ;
anthères blanches ; limbe de l'involucelle court, un peu en

cloche ; calice à 5 soies sétacées, d'un brun noirâtre. ①
(Tout l'été). Vulg. *Fleur des veuves, Brunette.*

Originaire de l'Inde , cultivée dans les jardins comme plante d'ornement : on en a obtenu des variétés à fleurs roses , blanches, et à capitules prolifères.

** *Limbe du calice sessile , à 5 soies dont quelques-unes avortent
souvent.*

3. S. Colombaire. — *S. Columbaria.*

Linn. Sp. 145. — DC. Prod. 4. p. 658. et Fl. fr. n. 3505. —
Duby, Bot. gall. p. 256. — Gaud. Fl. helv. 1. p. 391. —
Poir. Ency. 6. p. 710. — Koch, Syn. p. 346.

Moris. sect. 6. tab. 14. fig. 20. — J. Bauh. Hist. 3. p. 1. p.
4. fig. 1. — Clus. Hist. 2. p. 2. fig. 2. — Dalech. Hist.
p. 1066. fig. 2. — Dod. pempt. p. 122. fig. 3. (*ead. ac
Clus.*). — Lob. ic. p. 535. fig. 2. (*ead.*).

Tige dressée , cylindrique , presque glabre , fistuleuse ,
haute d'environ 6 décim. , rameuse , à rameaux opposés ;
feuilles plus ou moins pubescentes sur les deux faces, un peu
ciliées, les radicales rétrécies en pétiole, ovales ou oblongues, obtuses , crénelées , ou lyrées : les caulinaires inférieures lyrées-pinnatifides : les supérieures profondément
pinnatifides , à lanières étroites , linéaires, entières ou dentées, à lobe terminal plus grand, lancéolé ; capitules assez
gros , à fleurs de couleur lilas ou bleuâtres , les extérieures
rayonnantes ; folioles de l'involucre linéaires-lancéolées , aiguës , pubescentes ; fruit à 8 sillons ; limbe de l'involucelle
scarieux , à 20 nervures ; soies du calice comprimées à la
base et sans nervure , rudes , noirâtres , 3—4 fois plus longues que l'involucelle ; capitules fructifères globuleux , portés
sur de longs pédoncules pubescents. ② et ♃ Koch. (Juin—
septembre).

Commune dans les prés , au bord des champs, sur les collines
sèches.

β. *Prolifera.* Gaud. Fl. helv. 1. 1. c. — J. Bauh. Hist. 3. p. 1. p. 5. fig. 1. — Capitules entourés d'une couronne de capitules plus petits, portés sur des pédoncules de longueur variable, légèrement infléchis.

Salins, assez rare. — Bâle (Hagenb.).

γ. *Involucrata.* Gaud. Fl. helv. 1. 1. c. — Folioles de l'involucre pinnatifides, à lanières entières ou laciniées, semblables aux feuilles caulinaires, mais moins développées, dépassant cependant 2—3 fois la longueur des fleurs.

Salins, rare. — Aux environs de Nyon (Monnard).

δ. *Axilaris.* Tige portant, outre les capitules, 1—4 fleurs sessiles dans l'aisselle des feuilles supérieures.

Salins, où elle n'est pas très rare.

ε. *Pachyphylla.* Gaud. Fl. helv. 1. 1. c. — Feuilles radicales et inférieures molles, épaisses, entièrement velues, lyrées ou pinnées : les supérieures 1—2 fois pinnatifides, à lanières étroites, aiguës; rameaux effilés, presque nus; capitules petits, à soies du calice plus courtes et plus pâles.

Salins, dans les lieux maigres et arides; dans les sables à l'embouchure de l'Arve, à Genève.

ζ. *Nana.* Tige haute de 4—8 centim., à un seul capitule.

Les pâturages des montagnes : sur le mont d'Or; dans les pâturages de la tourbière de Pontarlier, etc.

η. *Albiflora.* Tige simple à un seul capitule de fleurs blanches.

Salins, assez rare.

θ. *Ochroleuca.* Gaud. Fl. helv. 1. 1. c. — *S. ochroleuca.* (Linn.). Hagenb. Fl. basil. 1. p. 135. et 2. app. p. 487. — Clus. Hist. 2. p. 3. fig. 2. — Capitule assez gros, à fleurs jaunâtres.

Bâle, à Michelfeld (Hagenb.).

4. S. luisante. — *S. lucida.*

Vill. Dauph. 2. p. 293. — DC. Prod. 4. p. 658. et Fl. fr. n.
3506. — Duby, Bot. gall. p. 256. — Koch, Syn. p. 346.
— *S. Columbaria. var.* ζ. *lucida.* Gaud. Fl. helv. 1. p.
392. — Poir. Ency. 6. p. 713.

Cette espèce se rapproche beaucoup de la précédente, à
laquelle Gaudin la réunit comme variété. Tige peu élevée,
glabre, cylindrique, à peine rameuse, souvent à un seul
capitule; feuilles presque entièrement glabres, assez fermes,
un peu luisantes, souvent rapprochées : les radicales pétiolées, ovales-lancéolées, obtuses, crénelées : les caulinaires
inférieures lyrées ou pinnatifides, les supérieures profondément pinnatifides, à lanières linéaires, incisées-dentées ou
très entières; fleurs d'un bleu violet ou lilas, rayonnantes,
souvent dépassées par les folioles de l'involucre; calice à 5
soies comprimées et élargies à la base, 3—4 fois plus longues
que l'involucelle, et marquées d'une nervure saillante sur
la face interne : ce caractère surtout distingue cette espèce
de la précédente (Koch). ② (Juillet, août).

Les pâturages des montagnes : sur le Chasseral et le Creux-du-Vent.
— Sur le Chasseron (L. Benoit. cat.). — Près de la cîme de la Dôle
(Cordienne). — Bâle, sur les rochers près de Roche (Frisch-Joset.).—
Les pâturages près de la Dôle et du Reculet, depuis environ la demi-
hauteur. (Reut.).

5. S. odorante. — *S. suaveolens.*

Desf. cat. hort. par. p. 110. (1804). — DC. Prod. 4. p. 660.
et Fl. fr. n. 3307. — Duby, Bot. gall. p. 256. — Gaud. Fl.
helv. 1. p. 394. — Koch, Syn. p. 347. — *S. Columbaria. var.* α. *et* γ. Poir. Ency. 6. p. 710. — *S. canes-
cens.* Hagenb. Fl. basil. 1. p. 134.

Moris. sect. 6. tab. 14. fig. 21. — Tabern. ic. p. 160. fig. 2.
et 161. fig. 1-2.

Tige d'environ 5 décim., raide, pubescente, cylindrique, ordinairement rameuse, d'un vert blanchâtre; feuilles presque glabres, à peine pubescentes, un peu épaisses, assez fermes : les radicales oblongues ou lancéolées, obtuses ou un peu aiguës, très entières, quelquefois à 1—4 dents ou lobes à la base, rétrécies en pétiole : les caulinaires profondément pinnatifides, à lanières étroites, linéaires, très entières, glabres et allongées, aiguës; capitules petits, portés sur de longs pédoncules blanchâtres, pubescents; fleurs d'un bleu clair, les extérieures rayonnantes, odorantes; folioles de l'involucre lancéolées-linéaires, pubescentes, plus courtes que les fleurs; involucelle à limbe membraneux, quelquefois un peu rosé, à 16 nervures; calice à 5 soies courtes, rudes, blanchâtres, souvent rougeâtres à la base, égalant une fois et demie la longueur de l'involucelle; paillettes presque spatulées, ciliées sur les bords. ♃ (Juillet—septembre).

Sur un tertre sablonneux au bord de l'Ain, entre le village de Thoirette et l'embouchure de la Valouse. — Dans les champs pierreux entre Bâle et Saint-Louis (Hagenb.).

β. *Albiflora*. Capitules à fleurs blanches.

Bord de l'Ain, à Thoirette, avec la variété α., mais beaucoup plus rare.

FAMILLE LX.

Composées. Adans.

FLEURS (*flosculi*, Linn.) petites, réunies, en nombre plus ou moins grand, sur un réceptable commun (*rachis*, Lessing, *clinanthe*, Cassini) nu, ou garni de soies ou de paillettes, entouré d'un involucre (*péricline*, Cass., *calice commun*. Linn.) formé d'un ou plusieurs rangs d'écailles ou folioles formant une tête ou un capitule (*fleur commune*, Linn., *Calathide*, Cass.) terminal, nommé autrefois *fleur composée*. Calice propre à tube soudé avec l'ovaire, à limbe scarieux allongé, diversement découpé (*aigrette*), ou court et entier, ou peu marqué; corolle monopétale, insérée sur le tube du calice, à limbe régulier, à 5 lobes à estivation valvaire (*fleurons*), ou bien irrégulier, ou fendu en languette (*demi-fleurons*); étamines 5, insérées sur le tube de la corolle et alternes avec ses lobes, à filets articulés au milieu, à anthères linéaires, soudées en tube, s'ouvrant en dedans, toujours munies au sommet d'un appendice terminal et souvent de deux autres à la base; ovaire à un seul ovule dressé; style 1; stigmates 2; fossettes nectarifères entourant la base du style; fruit sec (*achaine*), indéhiscent. Périsperme nul; embryon droit; radicule infère, tournée vers l'ombilic. — Fleurs ou toutes hermaphrodites, ou hermaphrodites mêlées de fleurs femelles ou neutres (polygames), ou polygames presque dioïques. — Feuilles le plus souvent alternes.

SOUS-FAMILLE I. — CORYMBIFÈRES. Vaill.

Style non articulé au sommet; fleurs toutes tubuleuses (*flosculeuses*), ou celles du rayon en languette (*radiées*).

TRIBU I. — EUPATORIÉES. Lessing.

Branches du style allongées, pubérulentes dès la base, ou rudes-glanduleuses; fleurs toutes hermaphrodites; achaine presque cylindrique, strié, à 5 stries souvent plus saillantes.

1. EUPATOIRE. — *EUPATORIUM*. Linn.

Involucre cylindracé, à écailles embriquées; fleurs en petit nombre, toutes hermaphrodites, tubuleuses en entonnoir, à limbe insensiblement rétréci en tube; branches du style allongées, pubérulentes dès la base; aigrette poilue, simple; réceptacle nu.

1. E. à feuilles de Chanvre. — *E. cannabinum*.

Linn. Sp. 1175. — DC. Prod. 5. p. 180. et Fl. fr. n. 3107. — Duby, Bot. gall. p. 259. — Gaud. Fl. helv. 5. p. 217. — Lam. Ency. 2. p. 408. — Koch, Syn. p. 348.

J. Saint-Hil. Pl. fr. tab. 138. — Chaum. Fl. méd. tab. 157. — Moris. sect. 7. tab. 13. fig. 1. — J. Bauh. Hist. 2. p. 1065. fig. 2. — Dalech. Hist. p. 1063. fig. 1. — Dod. pempt. p. 28. fig. 2. — Lob. ic. p. 528. fig. 2.

Racine oblique, garnie de fibres blanchâtres ; tige dressée, haute de 9—12 décim., finement striée, pubescente, rougeâtre, plus ou moins rameuse au sommet ; feuilles opposées, courtement pétiolées, pubescentes, divisées en 3—5 folioles lancéolées, dentées en scie, l'intermédiaire plus longue ; capitules à 5—6 fleurs tubuleuses purpurines, courtement pédicellés, disposés en corymbe terminal, dense, rameux ; involucre presque cylindrique, à écailles embriquées, dressées, inégales, purpurines ; achaine oblong, brun, à 5 angles, couvert de points résineux brillants ; aigrette d'un blanc sale, à poils simples, dentelés ; réceptacle convexe, ponctué. ♃ (Juillet, août). Vulg. *Eupatoire d'Avicenne.*

Commune dans les lieux humides, le long des fossés, des ruisseaux. — Cette plante est vulnéraire, détersive et apéritive : sa racine est vomitive et purgative.

β. *Albiflora.* Fleurs blanches.

Salins, dans les *Vernes* de Bois-Franc.

2. ADÉNOSTYLE. — *ADENOSTYLES.* Cass.

Involucre simple, un peu caliculé ; fleurs en petit nombre, toutes hermaphrodites, tubuleuses en cloche, le limbe étant subitement dilaté à la base ; branches du style allongées, rudes-pubérulentes dès la base ; aigrette poilue ; réceptacle nu.

1. A. velu. — *A. albifrons.*

Koch, Syn. p. 348. — *A. Petasites.* DC. Prod. 5. p. 204. — *Cacalia albifrons.* Linn. fils, supp. p. 353. — Gaud. Fl. helv. 5. p. 215. — *C. Petasites.* Lam. Ency. 1. p. 551. — DC. Fl. fr. n. 3104. — Duby, Bot. gall. p. 260.

Moris. sect. 7. tab. 12. fig. 1. (*series* 2.). — J. Bauh. Hist.
3. p. 2. p. 569. — Clus. Hist. 2. p. 115. fig. 1. — Dalech. Hist. p. 1508. fig. 1.

Racine fusiforme, blanchâtre, écailleuse ; tige haute de
6—9 décim., pubescente, striée, rameuse ; feuilles glabres
en dessus, blanchâtres et cotonneuses en dessous : les radicales larges, fort grandes, profondément échancrées en
cœur à la base, réniformes, anguleuses, grossièrement et
inégalement dentées, à dents aiguës, longuement pétiolées :
les caulinaires plus petites, portées sur des pétioles plus
courts, munis à la base de 2 oreillettes assez grandes, arrondies, dentées : les supérieures sessiles, lancéolées, plus
ou moins dentées, également auriculées ; capitules à 3—6
fleurs purpurines, tubuleuses, disposés en corymbe fastigié, lâche, rameux ; achaines oblongs, striés ; aigrette à
poils blancs, dentés. ⚥ (Juillet, août).

Les lieux ombragés des montagnes : dans les forêts de sapins de Boujaille ; de Villers ; de la Joux, etc.; sur le Larmont, à Pontarlier ; à la
Faucille ; sur la Dôle ; le Chasseron ; au Creux-du-Vent ; sur le Salève ;
sur le mont Weissenstein, etc.

β *Nuda*. DC. Prod. 5. l. c. — Gaud. Fl. helv. 5. l. c.
— Pétioles des feuilles caulinaires dépourvus d'oreillettes à
la base.

Les mêmes lieux que la variété α., mais plus commune.

2. A. des Alpes. — *A. Alpina.*

Koch, Syn. p. 349. — *A. glabra.* DC. Prod. 5. p. 205. —
Cacalia Alpina. Linn. Sp. 1170. — DC. Fl. fr. n. 3103.
— Duby, Bot. gall. p. 260. — Gaud. Fl. helv. 5. p. 215.
— *Cacalia alliariæfolia.* Lam. Ency. 1. p. 532.
Moris. sect. 7. tab. 12. fig. 2. (*series* 2.). — Clus. Hist. 2.
p. 115. fig. 2. — Dalech. Hist. p. 1052. fig. 1. — Lob. ic.
p. 592. fig. 1.

Cette espèce ressemble beaucoup à la précédente, mais
elle est plus petite dans toutes ses parties : elle s'en dis-

tingue en outre par ses feuilles plus fermes, plus épaisses, glabres sur les deux faces, seulement un peu pubescentes sur les nervures dorsales, mais non blanchâtres et cotonneuses, dépourvues d'oreillettes à la base des pétioles, arrondies, non anguleuses ni aiguës (comme dans les figures citées), assez régulièrement dentées, à dents aiguës, un peu inégales, ressemblant assez aux feuilles de l'*Alliaria officinalis;* ses capitules sont à fleurs purpurines, tubuleuses, disposés en corymbe, fastigié, rameux, terminal, mais plus petit que dans l'espèce précédente; ses stigmates sont saillants, roulés en dehors. ⚥ (Juillet, août).

Parmi les rochers, dans les lieux frais un peu humides des montagnes: Salins, à la source du Lison et dans le bas du ruisseau de la Grotte-des-Sarrasins; à la source de l'Orbe, et à l'entrée de la Grotte-des-Fées, près de Vallorbe; à la Faucille, au bord de l'ancienne route; à Salève, au-dessus de la Grande-Gorge. — Sur les monts Wasserfall; Diétisberg; Schaffmatt, etc. (Hagenb.).

TRIBU II. — TUSSILAGINÉES. Cass.

Branches du style pubérulentes dès la base; fleurs polygames; achaines cylindriques, légèrement striés ou lisses.

3. HOMOGYNE. — *HOMOGYNE.* Cass.

Involucre simple ou un peu caliculé; fleurs du contour sur un seul rang, quelques-unes femelles, filiformes, obliquement tronquées, à 5 dentelures peu marquées: celles du disque plus nombreuses, hermaphrodites, tubuleuses en cloche, à 5 dents; stigmates linéaires, divariqués, rudes-pubérulents dès la base; aigrette poilue; réceptacle nu.

1. H. des Alpes. — *H. Alpina.*

Cass. Dict. sc. nat. 21. p. 412. — **DC.** Prod. 5. p. 205. — Koch, Syn. p. 349. — *Tussilago Alpina.* Linn. Sp. 1213. — DC. Fl. fr. n. 3164. — Duby, Bot. gall. p. 260. — Gaud. Fl. helv. 5. p. 272. — Poir. Ency. 8. p. 154.

Racine oblique, stolonifère; tige simple, faible et ascendante dans la jeunesse, ensuite ferme, dressée, rougeâtre, un peu lanugineuse, haute de 1—2 décim., garnie de quelques écailles écartées, lancéolées dans le haut : plus larges, presque engaînantes et munies d'un appendice foliacé dans le bas; feuilles radicales petites, longuement pétiolées, épaisses, coriaces, glabres et lisses en dessus, plus pâles en dessous et velues sur les nervures, ainsi que sur le pétiole, réniformes, dentées-crénelées, profondément échancrées en cœur à la base; capitule solitaire, terminal, assez gros, à fleurs purpurines, tubuleuses, la plupart hermaphrodites, quelques-unes femelles à la circonférence; involucre à 10—15 écailles membraneuses, linéaires-lancéolées, purpurines au sommet; anthères saillantes; achaine linéaire-oblong, strié, à aigrette blanche, à poils simples, dentés, doubles de la longueur de l'achaine. ♃ (Mai—juillet).

Les bois et les pâturages humides du haut Jura : sur la Dôle; le Reculet; dans les sapins du voisinage de la Faucille; sur le Suchet; le Montendre, dans la forêt de sapins du côté de la vallée de Joux; sur le Chasseron; le Chasseral; à Salève, au piton le plus élevé, etc.

4. NARDOSMIE. — *NARDOSMIA*. Cass.

Involucre à un seul rang d'écailles égales ou plus courtes que les fleurs; capitules hétérogames presque dioïques : fleurs du contour femelles, ligulées sur un seul rang dans les capitules mâles, et sur plusieurs dans les capitules femelles; fleurs du disque tubuleuses, à 5 dents, hermaphrodites, et par avortement mâles et stériles dans les capitules mâles; stigmates rudes-pubérulents dès la base; aigrette poilue, plus courte et moins garnie dans les fleurs mâles que dans les femelles; réceptacle nu, aplani. — Ce genre, créé par Cassini, adopté par De Candolle, est intermédiaire entre les Tussilages et les Pétasites : car il offre les capitules radiés des premiers, et la hampe multicapitulée des seconds; mais est-il assez distinct de ces derniers?

1. N. odorante. — *N. fragrans*.

Reichenb. Fl. excur. 2. p. 289. — DC. Prod. 5. p. 205. —
Tussilago fragrans. Vill. Act. soc. hist. nat. par. 1. p.
72. — DC. Fl. fr. supp. n. 3167ᵃ. — Duby, Bot. gall. p.
260. — Poir. Ency. 8. p. 151.

Racine noueuse et traçante; tige dressée, haute de 2—3
décim., striée, velue, à poils articulés, garnie d'écailles
membraneuses lancéolées, larges, concaves, divergentes :
les inférieures munies au sommet d'un appendice foliacé :
celles du bas de la tige terminées en feuilles pétiolées,
semblables aux radicales, mais plus petites; feuilles radicales, grandes, orbiculaires, longuement pétiolées, échancrées en cœur à la base, à lobes arrondis, finement dentelées sur leur contour, à dentelures régulières, calleuses au
sommet, vertes et glabres en dessus, blanchâtres et pubescentes en dessous, un peu lanugineuses dans la jeunesse;
capitules à fleurs purpurines, odorantes, formant un thyrse
terminal, presque corymbiforme, un peu lâche dans le bas;
écailles de l'involucre rougeâtres, légèrement velues. ♃
(Hiver). Vulg. *Héliotrope d'hiver*.

Cultivée dans quelques jardins. Ses fleurs ont une odeur agréable qui
se rapproche de celle de l'*Héliotrope du Pérou* : cette plante croît spontanément dans les Pyrénées et les provinces méridionales de la France.

5. TUSSILAGE. — *TUSSILAGO*. Linn.

Involucre simple, un peu caliculé; capitules hétérogames :
fleurs du contour ligulées, entières, femelles, sur plusieurs
rangs : celles du disque hermaphrodites, tubuleuses, à 5
dents; stigmates linéaires, rudes-pubérulents dès la base;
réceptacle nu.

1. T. Pas-d'âne. — *T. Farfara*.

Linn. Sp. 1214. — DC. Prod. 5. p. 208. et Fl. fr. n. 3163.
— Duby, Bot. gall. p. 260. — Gaud. Fl. helv. 5. p. 271.
— Poir. Ency. 8. p. 153. — Koch, Syn. p. 350.

J. Saint-Hil. Pl. fr. tab. 579. — Chaum. Fl. méd. tab. 542. — Bull. Herb. tab. 529. — Moris. sect. 7. tab. 12. fig. 1. — J. Bauh. Hist. 3. p. 2. p. 563. fig. 3. — Dalech. Hist. p. 1051. fig. 1. — Dod. pempt. p. 596. fig. 1. et 2. — Lob. ic. p. 589. fig. 1. et 2 (*ead.*).

Racine allongée, rampante, produisant des tiges ou hampes dressées, hautes de 8—12 centim., s'allongeant ensuite jusqu'à la hauteur de 2 décim. et plus, simples, fistuleuses, un peu rougeâtres, revêtues d'un duvet blanc cotonneux, garnies dans toute leur longueur d'écailles membraneuses, glabres, presque embriquées, lancéolées, obtuses, purpurescentes au sommet ; capitule solitaire, terminal, radié, à fleurs d'un beau jaune, à demi-fleurons femelles, très nombreux ; involucre à une seule rangée d'écailles glabres, étroites, linéaires, obtuses, un peu membraneuses et colorées au sommet ; achaine cylindrique, strié, surmonté d'une aigrette blanche, à poils fins et lisses ; feuilles toutes radicales, longuement pétiolées, ne paraissant qu'après les fleurs, grandes, cordiformes, épaisses, coriaces, inégalement dentées, à dents aiguës, glabres, lisses et d'un vert gai en dessus, blanchâtres et cotonneuses en dessous. ♃ (Mars).

Commun dans les terres argileuses un peu humides, dans les champs et les vignes où il est difficile de le détruire à cause de ses racines traçantes et profondes. Les fleurs de Pas-d'Ane sont pectorales, béchiques, adoucissantes, et les racines astringentes.

6. PÉTASITE. — *PETASITES*. Gaertn.

Involucre simple, un peu caliculé ; capitules hétérogames, presque dioïques ; fleurs femelles filiformes, tubuleuses, tronquées obliquement ou un peu ligulées, sur plusieurs rangs dans les capitules femelles, peu nombreuses et sur un seul rang à la circonférence dans les capitules mâles, fleurs hermaphrodites (stériles) tubuleuses, à 5 dents, en très petit nombre dans le centre des capitules femelles et occupant tout le disque dans les capitules mâles ; stigmates rudes-pubérulents dès la base ; aigrette poilue ; réceptacle nu.

1. P. officinale. — *P. officinalis.*

Mœnch. Méth. 568. (1794). — Koch, Syn. p. 350. — *P. vulgaris* (Desf.). DC. Prod. 5. p. 206. — *Tussilago petasites* (Hopp.). DC. Fl. fr. n. 3165. — Duby, Bot. gall. p. 260. — Gaud. Fl. helv. 5. p. 274. — Poir. Ency, 8. p. 148.

Racine rampante, épaisse, rameuse ; tige ou hampe dressée, haute de 2—4 décim., s'allongeant encore après la fleuraison, épaisse, cotonneuse, garnie dans toute sa longueur de larges écailles membraneuses, ovales-acuminées, rougeâtres, souvent terminées par un appendice orbiculaire foliacé qui est le rudiment d'une feuille avortée ; feuilles paraissant après les fleurs, d'abord de grandeur médiocre, devenant ensuite amples et très grandes, ayant quelquefois jusqu'à 8 décim. de largeur ! portées sur de longs pétioles dressés, forts et robustes, nerveux, canaliculés, atteignant quelquefois 12 décim. de longueur ! vertes et glabres en dessus ; blanchâtres et cotonneuses en dessous, presque orbiculaires, profondément échancrées en cœur à la base, à lobes rapprochés, un peu anguleuses, inégalement dentées ; capitules à fleurs rougeâtres, tubuleuses, les femelles filiformes, les hermaphrodites à stigmates courts et ovoïdes, disposés en thyrse terminal, entremêlé de bractées membraneuses, étroites, lancéolées ; écailles de l'involucre purpurescentes, linéaires-obtuses, membraneuses. ♃ (Mars, avril).

Le bord des rivières et des ruisseaux, dans les prés humides : commun aux environs de Salins ; le long de la Furieuse et de la Vache ; dans les prés à Saint-Joseph et à la Chapelle ; au bord du Lison à Nans et au bas du ruisseau de la Grotte-des-Sarrasins ; au bord de l'Ain à Thoirette ; de l'Orbe à Vallorbe ; de la Birse, à Bâle, etc.

Hermaphroditus. Koch, Syn. l. c. — *Tussilago petasites.* Linn. Sp. 1215. — *T. petasites.* ☿ Gaud. Fl. helv. l. c. — *Pet. vulgaris* * *submasculus.* DC. Prod. 5. l. c. — Lam. illust. tab. 674. fig. 1. et 2. — Bull. Herb. tab. 591. —

Moris. sect. 7. tab. 12. fig. 1. *bis.* — J. Bauh. Hist. 3. p. 2.
p. 566. fig. 2. — Clus. Hist. 2. p. 116. fig. 1. et 2. — Tabern.
ic. p. 749. fig. 1. et 2. — Dalech. Hist. p. 1053. fig. 1. — Dod.
pempt. p. 597. fig. 1. et 2. — Lob. ic. p. 591. fig. 1. et 2.
(*ead.*). — Thyrse simple, ovoïde, dense, à fleurs presque
toutes hermaphrodites.

Fœmineus. Koch, Syn. l. c. — *Tussilago hybrida.*
Linn. Sp. 1214. — *T. petasites.* ♀ Gaud. Fl. helv. 5. l. c.
— *Pet. vulgaris* ** *subfœmineus.* DC. Prod. 5. l. c. —
Thyrse rameux, allongé, à fleurs la plupart femelles.

2. P. blanc. — *P. albus.*

Gaertn. Fruct. 2. p. 406. — DC. Prod. 5. p. 207. — Koch,
Syn. p. 350. — *Tussilago alba* (Hopp.). DC. Fl. fr. n.
3166. — Duby, Bot. gall. p. 260. — Gaud. Fl. helv. 5. p.
276. — Poir. Ency. 8. p. 149.
Racine épaisse, rampante, garnie de fibres; tige ou hampe
dressée, haute de 2—3 décim., un peu cotonneuse, légèrement anguleuse, fistuleuse, garnie dans toute sa longueur
de grandes écailles membraneuses, d'un vert blanchâtre,
comme la tige, un peu concaves, ovales-lancéolées, divergentes; feuilles toutes radicales, longuement pétiolées, légèrement cotonneuses en dessus dans la jeunesse, ensuite
glabres et d'un vert gai, blanchâtres et cotonneuses en dessous, à nervures réticulées grisâtres, presque orbiculaires,
profondément échancrées en cœur, à lobes arrondis et parallèles, anguleuses et dentelées sur les bords, à angles et dentelures aiguës, mucronées; capitules solitaires ou au nombre de
2—3 sur chaque pédoncule, disposés en thyrse un peu lâche
à la base, presque corymbiforme, à fleurs tubuleuses, d'un
blanc pur; involucre cylindrique, à écailles d'un vert pâle,
lancéolées, dressées, munies à la base d'autres petites
écailles étroites, linéaires, acuminées; fleurs femelles filiformes; stigmates des fleurs hermaphrodites, allongés, linéaires-lancéolés, acuminés. ♃ (Avril, mai).

Les bois ombragés un peu humides : Salins, à la source du Ruisseau-des-Doigts, au-dessus du Goût-de-Conche ; dans les bois de Sery ; de Chaudreux, le long du chemin qui conduit de la route de Nans aux prés de l'Oie ; derrière les Aiguillons-de-Saisenay, etc.; sur le mont d'Or ; en montant de Saint-Imier aux Pontins, au pied du Chasseral ; à la Chapelle-des-Bois ; au Creux-du-Vent. — A la combe de Valanvron et sous le Crêt de la Ferrière (Gagnebin.). — Au-dessus de Longirod et près de Prénon-d'Avaux (Gaud.). — Près de la route entre Lavatay et la Faucille ; à Salève, à droite du Pas-de-l'Échelle (Reut.). — Aux environs de Bâle (Hagenb.).

Hermaphroditus. Koch, Syn. l. c. — *P. albus * submasculus.* DC. Prod. 5. l. c. — *Tussilago alba.* Linn. Sp. 1214. — *T. alba.* ☿ Gaud. Fl. helv. 5. l. c. — Moris. sect. 7. tab. 12. fig. 3. — J. Bauh. Hist. 3. p. 2. p. 568. fig. 1. — Dalech. Hist. p. 1054. fig. 1. — Thyrse simple, presque fastigié ; fleurs la plupart hermaphrodites.

Fœmineus. Koch, Syn. l. c. — *P. albus ** subfœmineus.* DC. Prod. 5. l. c. — *Tussilago alba.* ♀ Gaud. Fl. helv. 5. l. c. — Thyrse ovoïde-oblong, à pédoncules la plupart rameux ; fleurs presque toutes femelles.

3. P. blanc de neige. — *P. niveus.*

Baumg. Fl. transylv. p. 94. — DC. Prod. 5. p. 207. — Koch, Syn. p. 350. — *Tussilago nivea.* (Vill.) DC. Fl. fr. n. 3167. — Duby, Bot. gall. p. 260. — Gaud. Fl. helv. 5. p. 279. — Poir. Ency. 8. p. 150.

Racine épaisse, fibreuse ; tige ou hampe dressée, haute de 2—3 décim., un peu cotonneuse, garnie d'écailles ovales-lancéolées, rougeâtres, concaves, nerveuses, presque engaînantes ; feuilles longuement pétiolées, ovales ou presque triangulaires, largement échancrées en cœur à la base, à lobes écartés-divergents, entiers ou presque bilobés, inégalement crénelées-dentées, à dents triangulaires aiguës, un peu calleuses au sommet, couvertes en dessous d'un duvet serré, cotonneux, d'un blanc de neige, à nervures de même couleur, pubescentes en dessus dans la jeunesse, ensuite glabres ; thyrse ovoïde ou oblong, à capitules assez gros solitaires sur leur pédoncule , à fleurs tubuleuses , blanches ou un peu rougeâtres ; involucre oblong , presque glabre , à écailles planes , obtuses , un peu rougeâtres au sommet ; fleurs femelles filiformes ; stigmates des fleurs hermaphrodites allongés , linéaires-lancéolés , acuminés. ♃ (Avril , mai).

Le long des ruisseaux , dans les lieux humides , rare dans le Jura : à Roulier, mairie de la Brevine, et près de Bellelay, au Moulin-de-Renaud (Hall.). — Bellelay, vers l'ancien monastère (Lach. in Hagenb.).

Hermaphroditus. **P. niveus * submasculus. DC. Prod.** 5. l. c. — *Tussilago nivea.* ♀ Gaud. Fl. helv. 5. l. c. — Moris. sect. 7. tab. 10. fig. 4. — Thyrse oblong , à pédicelles plus courts ; fleurs hermaphrodites.

Fœmineus. Koch , Syn. l. c. — *P. niveus* ** *subfœmineus.* DC. Prod. 5. l. c. — *Tussilago nivea.* ♀ Gaud. Fl. helv. l. c. — Thyrse oblong ; pédicelles allongés ; fleurs la plupart femelles.

TRIBU III. — ASTÉRÉES. Cass.

Branches du style dressées ou conniventes pendant la fleuraison , lancéolées-atténuées et pubérulentes en dehors à leur partie supérieure , bordées de chaque côté d'une ligne de papilles stigmatiques à leur partie inférieure ; anthères à connectif égal au-dessous des loges , sans appendices à la base. — Fleurs hétérogames.

7. CHRYSOCOME. — *CRYSOCOMA.* Linn.

Involucre à écailles embriquées ; fleurs toutes hermaphrodites tubuleuses ; achaine comprimé , sans bec ; aigrette poilue ; réceptacle nu.

1. C. à feuilles de Lin. — *C. Linosyris.*

Linn. Sp. 1178. — DC. Fl. fr. n. 3130 — Duby, Bot. gall. p. 264. — Gaud. Fl. helv. 5. p. 218. — Lam. Ency. 1. p.

192. — Koch, Syn. p. 551.— *Linosyris vulgaris.* (Cass.).
DC. Prod. 5. p. 552. var. γ.

J. Saint-Hil. Pl. fr. tab. 112. — Lam. illust. tab. 698. fig. 1.
— All. Fl. ped. tab. 11. fig. 2. — J. Bauh. Hist. 3. p. 1. p.
151. fig. 1. (*mala*). —Clus. Hist. 1. p. 525. fig. 2. — Tabern. ic. p. 825. fig. 1. — Dalech. Hist. p. 1152. fig. 1.
et 2. (*ic. Clus.*). — Lob. ic. p. 409. fig. 1.

Racine dure, allongée, presque simple; tige dressée,
grêle, cylindrique, glabre, très feuillée, simple, rameuse-
corymbiforme au sommet; feuilles nombreuses, éparses,
ascendantes, étroites, linéaires, aiguës, glabres, rudes sur
les bords; capitules à fleurs jaunes, disposés en corymbe
terminal, portés sur des rameaux ou pédoncules feuillés,
ordinairement simples, ou peu rameux; involucre à écailles
embriquées, lâches, lancéolées, aiguës; achaine oblong,
strié, velu, surmonté d'une aigrette roussâtre, à poils ci-
liés-rudes. ⚥ (Août, septembre).

Les rochers, les lieux arides : Neuchâtel, sur un rocher au bord du
lac. — A Saint-Blaise; à Hauterive; à Peseux et Corcelle (L. Benoit,
cat.). — Aux Vallangines; au-dessus de Vausseyon; à Fontaine-André (Depierre, cat.).

8. ASTER. — *ASTER.* Linn.

Involucre à écailles embriquées; fleurs du rayon femelles,
ligulées, d'une couleur différente de celles du disque, disposées sur un seul rang : celles du disque tubuleuses, hermaphrodites; anthères sans appendices; achaine comprimé,
sans bec; aigrette poilue, à poils semblables; réceptacle nu.

1. A. des Alpes. — *A. Alpinus.*

Linn. Sp. 1226. — DC. Prod. 5. p. 227. et Fl. fr. n. 3135.
— Duby, Bot. gall. p. 264. — Gaud. Fl. helv. 5. p. 310.
— Lam. Ency. 1. p. 302. — Koch, Syn. p. 351.

Racine noirâtre, dure, un peu épaisse, presque ligneuse,
garnie de fibres; tige simple, dressée, velue, cylindrique,

striée, feuillée, particulièrement à sa partie inférieure, haute de 1—2 décim. ; feuilles très entières, velues sur les deux faces : les radicales inégales, oblongues, obtuses, rétrécies à la base en pétiole plus ou moins allongé, ou spatulées : les supérieures plus étroites, lancéolées, diminuant de grandeur vers le sommet de la tige ; capitule solitaire, terminal, grand, à fleurs du rayon ligulées, d'un beau bleu, celles du disque jaunes; involucre velu, de la grandeur du disque, composé d'écailles linéaires-lancéolées, un peu obtuses, presque égales entre elles, souvent purpurescentes au sommet; achaine oblong, aminci à la base, hérissé de poils ascendants, surmonté d'une aigrette roussâtre à poils simples, rudes. ♃ (Juillet—septembre).

Les rochers, les pâturages des hautes sommités du Jura : sur toute la chaîne du Colombier jusqu'au Reculet; sur la Dôle ; le Montendre; le sommet du Creux-du-Vent, etc.

2. A. Amellus. — *A. Amellus*.

Linn. Sp. 1226. — DC. Prod. 5. p. 251, var. *α*. et Fl. fr. n. 3136. et supp. p. 469. — Duby, Bot. gall. p. 264. — Gaud. Fl. helv. 5. p. 311. — Lam. Ency. 1. p. 302. — Koch, Syn. p. 351. — *A. elegans*. Poir. Ency. supp. 1. p. 497. (*ex Willd.*).

J. Saint-Hil. Pl. fr. tab. 43. — Moris. sect. 7. tab. 22. fig. 17. — J. Bauh. Hist. 2. p. 1044. fig. 1. (*malè, descript. autem optima*). — Clus. Hist. 2. p. 16. fig. 1. (*ic. Dod.*). — Dalech. Hist. p. 860. fig. 1. — Dod. pempt. p. 266. fig. 1. — Lob. ic. p. 349. fig. 1. (*ead.*).

Racine dure, oblique, garnie de grosses fibres; tige imple ou rameuse dès la base, feuillée, rude, un peu velue, dressée, rougeâtre, haute de 2—3 décim.; feuilles velues sur les deux faces, rudes, ciliées, ovales-oblongues, ou ovales-lancéolées, rétrécies aux deux bouts, à 3 nervures à la base, ordinairement entières : les radicales et les inférieures quelquefois un peu dentées, plus grandes, obtuses, rétrécies en pétiole : les supérieures plus petites, sessiles, diminuant insensiblement de grandeur vers le sommet de la tige; capitules assez gros, à disque jaune, à rayon d'un bleu-lilas, disposés en corymbe terminal étalé, à pédoncules simples, inégaux, rarement rameux; involucre embriqué d'écailles lâches, linéaires-oblongues, obtuses, ciliées, purpurines au sommet sur les bords; achaine oblong, aminci à la base, velu, surmonté d'une aigrette roussâtre à poils simples, rudes. ♃ (Août, septembre).

Les collines sèches, arides : au bord du bois, le long de la route en montant de Nyon à Saint-Cergue; au-dessus des vignes de Neuchâtel; aux environs d'Ornans. — Nyon, autour de Bassins et de Longirod, etc. (Gaud.). — Les bois au-dessus de Pescux et de Corcelle (L. Benoît, cat.). — A la fontaine André; au-dessus de Vausseyon (Depierre, cat.). — Aux environs de Thoirette (Capellani.). — Genève, à Sous-Terre; au bois des Frères; de la Bâtie, etc., etc. (Reut.). — Les haies du moulin de Novillars (Girod-Chant.). — Bâle, assez commun sur les collines arides (Hagenb.).

β. *Albiflora*. Hall. Helv. 83. — Gaud. Fl. helv. 5. l. c. — Hagenb. Fl. basil. 2. p. 326. — Fleurs blanches.

Bâle (Hagenb.).

3. A. paniculé. — *A. Novi-Belgii.*

Linn. Sp. 1231. — DC. Prod. 5. p. 238. var. *a*. — Gaud. Fl. helv. 5. p. 315. — Hagenb. Fl. basil. 2. p. 327. — *A. paniculatus*. Lam. Ency. 1. p. 306.
Herm. Lugd. 66. tab. 67. (Gaud.).

Tige haute de 12–15 décim., très feuillée, glabre, un peu striée, très rameuse, à rameaux également feuillés, multiflores, un peu anguleux, ainsi que le sommet de la tige, garnis de 1—2 lignes de poils ascendants, formant une ample panicule terminale; feuilles nombreuses, glabres, lisses, ciliées-rudes sur les bords, à une seule nervure blanchâtre très marquée, veinées-réticulées, éparses, plus longues que les entre-nœuds, lancéolées-acuminées, rétrécies à la base, demi embrassantes, garnies vers le milieu de quelques dents en scie, aiguës, un peu calleuses au som-

met : celles des rameaux plus petites, toujours entières ;
capitules de grosseur médiocre, à rayons d'un bleu-violet
pâle, disposés au sommet de la tige et des rameaux en une
vaste panicule oblongue, rameuse, portés sur des pédoncules garnis de petites folioles lancéolées, aiguës ; involucre
glabre, à écailles lâches ; linéaires-lancéolées, aiguës, à une
seule nervure, ciliées sur les bords ; achaine oblong, velu,
à aigrette roussâtre, composée de poils simples, dentelés. ♃
(Août, septembre).

Salins, le long des bords de la Furieuse, à Blégny, aux Capucins, à
Saint-Joseph ; au bord du lac, à Yverdon. — Bâle (Hagenb.). — Cette
plante, qui se reproduit et se répand spontanément, est échappée des
jardins : elle est originaire de l'Amérique septentrionale.

4. A. Tripolium. — *A. Tripolium.*

Linn. Sp. 1226. — DC. Fl. fr. n. 3157. — Duby, Bot. gall.
p. 265. — Lam. Ency. 1. p. 303. — Koch, Syn. p. 352.
— *Tripolium vulgare.* DC. Prod. 5. p. 253.
Moris. sect. 7. tab. 22. fig. 36. — J. Bauh. Hist. 2. p. 1064.
fig. 2. et p. 1065. fig. 1. — Dalech. Hist. p. 1390. fig. 1.
— Dod. pempt. p. 379. fig. 1. (*ead.*). — Lob. ic. p.
286. fig. 1. et 2.
Tige haute de 4—8 décim., glabre, striée, rameuse
dans le haut ; feuilles étroites, linéaires-lancéolées, lisses,
glabres, un peu épaisses, entières, à 3 nervures : les inférieures dentelées en scie au sommet ; capitules médiocres,
à rayons d'un bleu pâle ou lilas, disposés en corymbe lâche,
étalé, plus ou moins régulier ; involucre glabre, à écailles
embriquées, linéaires-oblongues, très obtuses, lisses, scarieuses sur les bords, les intérieures plus longues ; achaine
oblong, garni de poils ascendants, couronné d'une aigrette
d'un blanc sale, à poils simples, dentelés. ② (Août, septembre).

Dans les prés de Novillars, Roche, Petit-Vaire, etc., près de Besançon (Girod-Chant.) ?

9. CALLISTHÈPHE. — *CALLISTHEPHUS*. Cass.

Involucre à 3—4 rangs d'écailles étalées, obtuses, ciliées, entouré de bractées foliacées plus courtes ; fleurs du rayon femelles, ligulées, sur un seul rang : celles du disque hermaphrodites, tubuleuses, à 5 dents ; achaine obovoïde-cunéiforme, comprimé ; aigrette sur 2 rangs, l'extérieur à soies ou paillettes courtes, réunies en couronne, l'intérieur à longues soies rudes, caduques ; réceptacle large, un peu convexe, légèrement alvéolé.

1. C. de Chine. — *C. Chinensis*.

Nees. Ast. p. 221. — DC. Prod. 5. p. 274. — *Aster Chinensis*. Linn. Sp. 1232. — DC. Fl. fr. n. 3141. — Duby, Bot. gall. p. 265. — Lam. Ency. 1. p. 308. — *Callistephus hortensis*. Cass. Dict. 57. p. 491.

J. Saint-Hil. Pl. fr. tab. 44.

Tige haute de 3—5 décim., velue, rameuse ; feuilles ovales, pétiolées, grossièrement dentées, un peu décurrentes sur le pétiole, presque glabres, légèrement ciliées : les caulinaires rhomboïdales-lancéolées : les supérieures oblongues ; rameaux axilaires allongés, à un seul capitule gros, à rayons bleus, rouges, blancs ou panachés, longs ou courts, selon les variétés ; écailles de l'involucre foliacées, grandes, étalées, oblongues-linéaires, un peu rétrécies en coin, longuement ciliées, à cils articulés ; achaine obovoïde-cunéiforme, un peu comprimé, velu, à poils appliqués. ①
(Août, septembre).

Cette plante, connue sous le nom de *Reine-Marguerite*, dont les fleurs doublent facilement, est généralement cultivée dans les jardins dont elle forme, vers l'automne, un des principaux ornements : elle est originaire de la Chine et du Japon.

10. PAQUERETTE. — *BELLIS*. Linn.

Involucre à écailles égales, sur 2 rangs ; fleurs du rayon femelles, ligulées, sur un seul rang : celles du disque hermaphrodites tubuleuses ; achaine sans bec, comprimé-aplani, marginé ; aigrette nulle ; réceptacle nu.

1. P. vivace. — *B. perennis.*

Linn. Sp. 1248. — DC. Prod. 5. p. 304. et Fl. fr. n. 5219. — Duby, Bot. gall. p. 266. — Gaud. Fl. helv. 5. p. 340. — Poir. Ency. 5. p. 6. — Koch , Syn. p. 353.
J. Saint-Hil. Pl. fr. tab. 828. — Bull. Herb. tab. 173. — Lam. illust. tab. 677. — Moris. sect. 6. tab. 8. fig. 29. — Tabern. ic. p. 328. fig. 2.

Racine oblique, garnie de fibres allongées ; hampe nue, cylindrique, à un seul capitule, haute de 8—16 centim., plus ou moins velue, ainsi que les feuilles, à poils articulés : celles-ci sont toutes radicales, disposées en rosette, un peu épaisses, ovales-spatulées, obtuses, crénelées ; capitule à disque jaune, à rayons blancs, nombreux, de couleur pur-purine au sommet, et surtout en dessous ; écailles de l'in-volucre ovales-lancéolées, obtuses, pubescentes ; achaine obovoïde, comprimé, velu, dépourvu d'aigrette. ♃ (Toute l'année). Vulg. *Petite-Marguerite.*

Très commune partout, parmi les gazons. — Je l'ai rencontrée une seule fois à fleurs demi-double.

β. *Glabra.* Plante entièrement glabre, si l'on en excepte le sommet de la hampe et l'involucre qui sont légèrement pubescents ; rayons pourpres sur les deux faces.

Les environs de Salins. — On cultive plusieurs variétés de cette espèce à fleurs doubles, de couleur blanche, rouge, purpurine ou rose, et quelquefois prolifères.

11. BELLIDIASTRE. — *BELLIDIASTRUM.* Cass.

Ce genre diffère du précédent par ses achaines à aigrettes poilues, et des *Asters* par les écailles de l'involucre égales, sur 2 rangs.

1. B. de Micheli. — *B. Michelii.*

Cass. Dict. sc. nat. supp. 4. p. 70. — DC. Prod. 5. p. 226.
— Duby, Bot. gall. p. 266. — Koch, Syn. p. 552. — *Arnica bellidiastrum.* DC. Fl. fr. n. 3201. — *Margarita bellidiastrum.* Gaud. Fl. helv. 5. p. 336. — *Doronicum bellidiastrum.* Linn. Sp. 1247. — Lam. Ency. 2. p. 315.
Mich. Nov. gen. tab. 29. fig. A. B. — Moris. sect. 6. tab. 8. fig. 26. — J. Bauh. Hist. 3. p. 2. p. 114. fig. 1. — Tabern. ic. p. 329. fig. 1. — Dalech. Hist. p. 854. fig. 2. —Dod. pempt. p. 265. fig. 1. — Lob. ic. p. 476. fig. 1. (*ead.*).

Racine épaisse, brune, garnie de fibres allongées ; hampe dressée, à un seul capitule terminal, pubescente, un peu cotonneuse au-dessous de l'involucre, à poils mous articulés, haute de 1—2 décim.; feuilles toutes radicales, ovales-oblongues, réfrécies en pétiole plus ou moins allongé, grossièrement dentées ou crénelées, à dents un peu écartées, un peu velues, particulièrement sur les bords et les nervures; capitule semblable à celui de la *Paquerette,* mais un peu plus gros, à rayons blancs, à disque jaune ; involucre à 2 rangs d'écailles presque égales, légèrement velues ou presque glabres, linéaires-lancéolées; achaine lisse, un peu velu au sommet, obovoïde, comprimé, surmonté d'une aigrette roussâtre, à poils simples, dentelés. ♃ (Juin, juillet).

Les lieux graveleux et humides des montagnes : aux environs de Champagnole; sur le mont d'Or; à la Chapelle-des-Bois; sur la Dôle; le Colombier; le Montendre; le Chasseron; le Creux-du-Vent; le Chasseral; aux environs de Thoirette. — De Genève, à Salève; au bois de la Bâtie, etc. (Reut.) — Les montagnes du canton de Bâle (Hagenb.).

12. STÉNACTIS. — *STENACTIS.* Cass.

Involucre à écailles presque égales, sur 2 rangs ; fleurs du rayon femelles, ligulées, sur 2 rangs : celles du disque hermaphrodites tubuleuses; anthères sans appendices; achaine sans bec, comprimé; aigrettes poilues : celles du rayon simples, formées de soies courtes : celles du disque sur **2** rangs, l'extérieure formée de soies courtes, nombreuses, et l'intérieure d'un petit nombre de poils allongés; réceptacle nu.

1. S. annuelle. — *S. annua.*

Cass. Dict. sc. nat. 37. p. 462. — DC. Prod. 5. p. 298. — Koch, Syn. p. 353. — *Aster annuus.* Linn. Sp. 1229. — DC. Fl. fr. n. 3140. — Duby, Bot. gall. p. 265. — Lam. Ency. 1. p. 486. — *Diplopappus dubius.* Gaud. Fl. helv. 5. p. 314. — Hagenb. Fl. basil. 2. p. 316.

Tige dressée, raide, un peu anguleuse, striée, pubescente, rameuse à sa partie supérieure, haute de 5—6 décim.; feuilles radicales pétiolées, ovales, obtuses, décurrentes sur le pétiole, grossièrement dentées, à dents écartées : les caulinaires nombreuses, sessiles, lancéolées, entières; capitules hémisphériques, ressemblant beaucoup à celui de la *Paquerette,* disposés en corymbe, à rayons blancs, étroits, à disque jaune; involucre poilu, à poils articulés, blanchâtres, à écailles nombreuses, appliquées, lancéolées, aiguës, membraneuses et blanchâtres sur les bords; achaines pubescents. ⨀ (Juillet, août).

Cette plante, originaire du Canada, n'est pas très rare aux environs de Bâle; au bord des fossés au-dessous de Michelfeld, et près du château de Dornach et de Birseck, parmi les gazons, etc. (Hagenb.).

15. VERGERETTE. — *ERIGERON.* Linn.

Involucre à écailles embriquées; fleurs du rayon femelles, sur plusieurs rangs, ou toutes ligulées, ou les intérieures filiformes : celles du disque tubuleuses, hermaphrodites; anthères sans appendice; achaine sans bec; aigrettes poilues, semblables; réceptacle nu.

1. V. du Canada. — *E. Canadense.*

Linn. Sp. 1210. — DC. Prod. 5. p. 289. et Fl. fr. n. 3134.
— Duby, Bot. gall. p. 265. — Gaud. Fl. helv. 5. p. 262.
— Poir. Ency. 8. p. 483. — Koch, Syn. p. 353.

Moris. sect. 7. tab. 20. fig. 29. — Bocc. Sicil. tab. 46. (*bene*).

Racine blanchâtre, fusiforme; tige dressée, ferme, rameuse dans le haut, très feuillée, striée, plus ou moins
hérissée de longs poils raides, subulés, haute de 3—5
décim.; feuilles rudes, hérissées de poils semblables, particulièrement sur les bords, sessiles, linéaires-lancéolées,
aiguës, à une seule nervure : les radicales et les inférieures
marcescentes, oblongues, obtuses, rétrécies en pétiole,
munies de quelques dents profondes, aiguës; rameaux
axilaires, feuillés, chargés d'un assez grand nombre de
capitules petits, un peu écartés, formant une panicule oblongue, terminale, portés sur des pédicelles filiformes,
inégaux, munis de bractées subulées, à demi-fleurons
courts, très étroits, d'un blanc sale, rosés au sommet; involucre ouvert, composé d'écailles étroites, linéaires-lancéolées, blanchâtres et membraneuses sur les bords, à nervure
d'un vert brunâtre; achaine oblong, comprimé, un peu
velu, à aigrette d'un blanc sale, roussâtre, à poils simples,
dentelés. ① (Juillet—septembre).

Assez commune dans les lieux arides, le long des chemins, au bord
des champs. Originaire de l'Amérique septentrionale.

2. V. âcre. — *E. acre.*

Linn. Sp. 1211. — DC. Prod. 5. p. 290. et Fl. fr. n. 3131.
— Duby, Bot. gall. p. 265. — Gaud. Fl. helv. 5. p. 263.
— Poir. Ency. 8. p. 487. — Koch, Syn. p. 353.

J. Saint-Hil. Pl. fr. tab. 973. — Lam. illust. tab. 681. fig.
1. — Moris. sect. 7. tab. 20. fig. 25. — J. Bauh. Hist. 2.
p. 1043. fig. 2. — Tabern. ic. p. 861. fig. 1. (*ic. ex spe-*

cim. truncato). — Dalech. Hist. p. 1045. fig. 2. — Dod. pempt. p. 641. fig. 4.

Racine dure, fusiforme, souvent divisée; tige dressée, rougeâtre, striée, hérissée de poils blanchâtres, rameuse à sa partie supérieure, très feuillée, haute de 3—5 décim.; feuilles rudes, entières, hérissées sur les deux faces de poils semblables : les radicales et les inférieures oblongues en spatule, obtuses, à 3 nervures principales : les caulinaires plus étroites, éparses, diffuses, sessiles, lancéolées, un peu rétrécies à la base; capitules beaucoup plus gros que dans l'espèce précédente, moins nombreux, presque solitaires à l'extrémité des rameaux ou pédoncules, disposés en panicule corymbiforme, peu garnie, à demi-fleurons dressés, étroits, rougeâtres ou blancs; involucre à écailles étroites, linéaires-lancéolées, aiguës, purpurines, hérissées, ainsi que les pédoncules, de poils blanchâtres; achaine oblong, poilu, un peu comprimé, surmonté d'une aigrette à poils simples, d'un brun rougeâtre. ② (Juillet, août).

Assez commune dans les lieux secs et arides, le long des chemins, dans les lieux incultes.

β. *Angulosum. E. angulosum.* Gaud. Fl. helv. 5. p. 265. — Koch, Syn. p. 354. — Tige plus anguleuse; feuilles glabres ou seulement ciliées.

A Thoirette.

γ. *Monocephalum. E. acre. var. c.* Rapin, Guid. du bot., cant. de Vaud, p. 169. — Tiges couchées, ascendantes vers le sommet; capitule unique, à rayons plus longs que le disque.

Pâturages au pied du rocher de la Dôle; Montendre (Rapin).

3. V. des Alpes. — *E. Alpinum.*

Linn. Sp. 1211. — DC. Prod. 5. p. 291. et Fl. fr. n. 3132. — Duby, Bot. gall. p. 265. — Gaud. Fl. helv. 5. p. 265. — Poir. Ency. 8. p. 488. — Koch, Syn. p. 354.

**J. Bauh. Hist. 2. p. 1047. fig. 3. — Lam. illust. tab. 681.
fig. 2.**

Racine brune, dure, un peu épaisse, garnie de fibres allongées, produisant une ou plusieurs tiges dressées ou ascendantes, herbacées, simples ou peu rameuses, striées, un peu anguleuses, quelquefois rougeâtres, garnies de poils épars, plus abondants à leur partie supérieure, quelquefois presque glabres, hautes de 8—16 centim.; feuilles alternes, très entières, velues sur les deux faces, ou presque glabres, mais ciliées : les radicales et les inférieures oblongues, rétrécies en pétiole, spatulées, obtuses, un peu mucronées : les caulinaires plus courtes, lancéolées, sessiles, demi-embrassantes, plus étroites et souvent aiguës au sommet de la tige; capitules assez semblables à ceux de l'espèce précédente, un peu plus gros, solitaires au sommet de la tige et des rameaux, au nombre de 1—5, à demi-fleurons femelles étroits, linéaires, entiers, d'un rouge lilas; involucre verdâtre ou purpurescent, de moitié plus court que les rayons, à écailles linéaires-lancéolées, presque glabres, légèrement ciliées, ou hérissées de poils blanchâtres; achaine oblong, plus ou moins garni de poils ascendants, presque appliqués, surmonté d'une aigrette d'un brun rougeâtre, à poils simples, dentelés. ♃ (Juillet, août).

Les lieux arides et pierreux des montagnes : sur la Dôle ; le Colombier; le Reculet; le Montendre ; à la Faucille, etc.

β. Glabratum. **DC.** Prod. 5. 1. c. var. β. — *E. glabratus* (Hopp.). Koch, Syn. p. 554.—Tige glabre; feuilles glabres, ciliées; involucre hérissé-pubescent; fleurs femelles toutes en languette et non mêlées avec des fleurs tubuleuses filiformes, comme dans la var. α.

Les pâturages rocailleux près du Reculet (Reut.).

14. VERGE-D'OR. — *SOLIDAGO.* Linn.

Fleurs du rayon peu nombreuses, 5—15, souvent un peu écartées entre elles, de même couleur que celles du

disque ; achaine presque cylindrique. Les autres caractères
sont ceux des *Asters*.

1 . V . commune. — *S. Virga aurea.*

Linn. Sp. 1235. — DC. Prod. 5. p. 338. et Fl. fr. n. 3160.
— Duby, Bot. gall. p. 266. — Gaud. Fl. helv. 5. p. 316.
— Poir. Ency. 8. p. 473. — Koch, Syn. p. 355.
Lam. illust. tab. 680. — Moris. sect. 7. tab. 23. fig. 4. —
J. Bauh. Hist. 2. p. 1062. fig. 3. (*malè*). — Tabern.
ic. p. 863. fig. 2. — Dalech. Hist. p. 1273. fig. 3. —
Dod. pempt. p. 142. fig. 2. — Lob. ic. p. 299. fig. 1.
(*ead.*).

Racine dure, épaisse, garnie de grosses fibres blanchâtres; tige dressée, ferme, anguleuse, feuillée, souvent
rougeâtre, haute de 6—10 décim., rameuse, presque
glabre, légèrement pubescente, surtout à sa partie supérieure; feuilles alternes, un peu fermes, la plupart pétiolées, un peu velues, particulièrement sur les bords : les
inférieures oblongues ou ovales-elliptiques, rétrécies en
pétiole à la base, dentées en scie : les supérieures plus
étroites, lancéolées, aiguës, sessiles, moins dentées, quelquefois presque entières; capitules disposés en une longue
panicule terminale, formée de grappes axilaires plus ou
moins allongées, souvent feuillées à la base, à demi-fleurons jaunes peu nombreux, étalés, oblongs ou elliptiques;
involucre à écailles linéaires lancéolées, pubescentes, embriquées, d'un vert jaunâtre, un peu membraneuses sur les
bords; achaine ellipsoïde, velu, à aigrette d'un blanc sale.
♃ (Juillet—septembre).

Commune dans les bois, parmi les buissons.

β. *Angustifolia.* Gaud. Fl. helv. 5. l. c. — Koch, Syn.
l. c. — Feuilles plus étroites, toutes lancéolées, entières ou
obscurément dentées en scie.

Les environs de Salins. — De Bâle, sur le mont Mutet (Hagenb.).

γ. *Pumila*. Gaud. Fl. helv. 5. l. c. — Tige naine, très simple; pédoncules axilaires, à un seul capitule, formant une grappe tantôt courte, tantôt occupant la plus grande partie de la tige.

Pâturages du haut Jura (Gaud.).

TRIBU IV. — HÉLIANTHÉES. Cass.

Branches du style divergentes et recourbées pendant la fleuraison, papilleuses à la base de la face interne, et pubérulentes en dehors, amincies au sommet ou terminées par un appendice filiforme; anthères à base arrondie ou aiguë, sans appendices; connectif égal au dessous des loges; fleurs homogames ou hétérogames, à rayons neutres, dans nos espèces; achaine comprimé, un peu tétragone.

15. BIDENT. — *BIDENS*. Linn.

Involucre à écailles nombreuses, sur 2 rangs : les extérieures étalées; fleurs toutes hermaphrodites, tubuleuses, ou celles du rayon ligulées et neutres; aigrette formée de 2—5 arêtes persistantes, garnies de dents crochues; réceptacle aplani, garni de paillettes.

1. B. trifolié. — *B. tripartita.*

Linn. Sp. 1165. — DC. Prod. 5. p. 594. et Fl. fr. n. 3287. — Duby, Bot. gall. p. 280. — Gaud. Fl. helv. 5. p. 211. — Koch, Syn. p. 356. — *B. frondosa. var. α.* Lam. Ency. 1. p. 413.

J. Saint-Hil. Pl. fr. tab. 413. — Lam. illust. tab. 668. fig. 4. — Dalech. Hist. p. 1059. fig. 2. — Dod. pempt. p. 595. fig. 1.

Racine fibreuse, blanchâtre; tige dressée, striée, anguleuse, souvent rougeâtre, rameuse, feuillée, à rameaux ouverts, opposés, haute de 4—6 décim.; feuilles pétiolées, ciliées, décurrentes sur le pétiole, glabres, à 3 divisions oblongues-lancéolées, aiguës, dentées en scie, la moyenne plus grande, cunéiforme à la base, presque pétiolulée ; capitules gros, à fleurs jaunes, terminaux ou axilaires, dressés, solitaires, portés sur des pédoncules nus, allongés, épaissis sous l'involucre, garnis à la base de bractées foliacées, ovales-lancéolées, étalées, inégales, ciliées, dentées en scie ; involucre à écailles brunâtres, striées, un peu jaunâtres sur les bords, ovales-lancéolées, de la longueur des fleurs ; achaine brun, obovale, comprimé, légèrement tétragone, terminé par 2 arêtes, rarement 3, garnies de petits aiguillons dirigés en arrière, que l'on retrouve sur les 2 angles aigus de l'achaine. ④ (Juillet—septembre). Vulg. *Chanvre aquatique.*

Le bord des fossés et des chemins, dans les lieux humides.

β. *Hybrida.* DC. Prod. 5. l. c. var. γ. — *B. hybrida.* Thuill. Fl. par. ed. 2. p. 422. — Feuilles profondément pinnatifides, à 5 lobes linéaires-lancéolés, dentés en scie, le terminal plus grand, lancéolé.

2. B. penché. — *B. cernua.*

Linn. Sp. 1165. — DC. Prod. 5. p. 594. et Fl. fr. n. 3288. — Duby, Bot. gall. p. 280. — Gaud. Fl. helv. 5. p. 212. — Lam. Ency. 1. p. 414. — Koch, Syn. p. 356. J. Saint-Hil. Pl. fr. tab. 414. — Dalech. Hist. p. 140. fig. 1. (*mala*).

Racine divisée, fibreuse ; tige dressée, striée, un peu poilue, souvent rougeâtre, rameuse, haute de 3—5 décim.; feuilles opposées, presque connées, glabres, un peu étalées, lancéolées-acuminées, dentées en scie, à dents aiguës, écartées ; capitules assez gros, à fleurs jaunes, flosculeuses, penchés avant la fleuraison, entourés de bractées foliacées, lancéolées, aiguës, entières, rudes sur les bords, plus longues que les capitules ; involucre composé d'écailles ovales-lancéolées, rayées de lignes noires, jaunâtres sur les bords;

achaine comprimé, légèrement tétragone, obovoïde-cunéiforme, terminé, le plus souvent, par 4 arêtes garnies d'aiguillons dirigés en arrière, que l'on retrouve sur les 2 angles aigus de l'achaine. ④ (Août, septembre).

Les fossés, les mares d'eau, les tourbières : Salins, à Ivory ; Chilly ; Levier, etc.; à la Billaude, près de Champagnole ; à Vadans, près d'Arbois ; à Montbéliard ; au marais de Saône, près de Besançon ; dans un marais au bord de la forêt de Chaux, en allant de Dole à la Loye ; au bord du lac à Yverdon ; au bord de la Birse à Bâle. — Genève, marais de Gaillard, près de Chougny, Arta, etc. (Reut.). — Nyon (Gaud.).

β. *Radiata*. DC. Prod. 5. l. c. — Gaud. Fl. helv. 5. l. c. — *Coreopsis bidens*. Linn. Sp. 1281. — Barr. ic. fig. 1209. — Moris. sect. 6. tab. 5. fig. 22. — J. Bauh. Hist. 2. p. 1074. fig. 1. — Tabern. ic. p. 117. fig. 1. — Capitules radiés.

Les mêmes lieux, mais plus rare.

γ. *Minima*. DC. Prod. 5. l. c. — Gaud. Fl. helv. 5. l. c. — *B. minima*. Linn. Sp. 1165. — Plante à tige grêle, haute de 6—12 centim., à un seul capitule ; feuilles étroites, linéaires-lancéolées.

Tourbière de Pontarlier ; bord du lac à Yverdon, etc.

Obs. J'ai observé plusieurs fois le *Coreopsis delphinifolia*. Lam. — *Calliopsis tinctoria*. DC. Prod. 5. p. 568. croissant spontanément sur les graviers du bord de la Furieuse, au-dessous de Saint-Joseph, où les graines échappées des jardins avaient été entraînées par les eaux.

16. HÉLIANTHE. — *HELIANTHUS*. Linn.

Involucre à écailles embriquées ; fleurs du rayon neutres, ligulées : celles du disque hermaphrodites, tubuleuses ; anthères sans appendices ; achaines semblables ; aigrette caduque, à 2 ou plusieurs paillettes ; réceptacle plan-convexe, garni de paillettes.

1. H. annuel. — *H. annuus*.

Linn. Sp. 1276. — DC. Prod. 5. p. 585. et Fl. fr. n. 3289. — Duby, Bot. gall. p. 280. — Gaud. Fl. helv. 5. p. 583. — Lam. Ency. 3. p. 82 — Koch, Syn. p. 356.

Lam. illust. tab. 706. fig. 2. — Mill. illust. tab. 68. — Moris.
sect. 6. tab. 6. fig. 56. — J. Bauh. Hist. 3. p. 1. p. 107.
fig. 2. — Tabern. ic. p. 763. fig. 1. et 2. — Dalech. Hist.
p. 874. fig. 2. — Dod. pempt. p. 264. fig. 1. — Lob. ic.
p. 592. fig. 2. (*ead.*).

Racine fibreuse ; tige dressée, épaisse, feuillée, un peu
poilue, rude, quelquefois simple à un seul capitule, d'autres
fois un peu rameuse, haute de 15—20 décim. ; feuilles
amples, toutes en cœur, rudes, à 3 nervures rameuses,
dentées en scie, alternes, pétiolées ; capitules terminaux,
penchés, très gros, ayant 16—20 centim. de diamètre, à
rayons allongés, d'un beau jaune, à disque aplani d'un jaune
plus foncé, portés sur des pédoncules épaissis au sommet ;
écailles de l'involucre largement ovales, foliacées, un peu
épaissies à la base, brusquement acuminées au sommet,
ciliées, réfléchies ; achaines fort gros, oléagineux, d'un gris
foncé, luisants, oblongs, un peu comprimés, couronnés de
4 paillettes caduques, alternativement plus grandes et plus
petites ; réceptacle aplani, charnu, garni de paillettes trifides, à lobe moyen très grand. ☉ (Juillet—septembre).

Originaire du Pérou et du Mexique, cultivé sous les noms de *Soleil*,
de *Tournesol* : on en a obtenu une variété à fleur double (*semi-floscu-
leuse*). J'ai observé plusieurs fois cette plante sur les graviers au bord
de la Furieuse, au-dessous de Saint-Joseph et à la Chapelle, où elle
croissait spontanément ; sa tige à un seul capitule n'atteignait souvent
que 3—4 décim. de hauteur.

2. H. tubéreux. — *H. tuberosus.*

Linn. Sp. 1277. — DC. Prod. 5. p. 590. et Fl. fr. n. 3290.
— Duby, Bot. gall. p. 280. — Gaud. Fl. helv. 5. p. 384.
— Lam. Ency. 3. p. 83. — Koch, Syn. p. 356.
Moris. sect. 6. tab. 6. fig. 57.

Racines rampantes, garnies de tubercules oblongs, charnus, alimentaires ; tige dressée, haute de 1—2 mètres,
simple, ou le plus souvent rameuse dans le haut, à plusieurs
capitules, feuillée, poilue ; feuilles alternes, rudes, pubes-

centes en dessous, couvertes en dessus de petites aspérités blanchâtres, pétiolées, à 5 nervures principales, dentées en scie : les inférieures ovales en cœur : les supérieures ovales-acuminées ; capitules à fleurs jaunes, solitaires à l'extrémité de la tige et des rameaux axilaires dressés, de 4—8 centim. de diamètre. ⚥ (Août, septembre).

Originaire du Brésil, cultivé pour ses tubercules alimentaires, mais rarement, sous les noms de *Topinambour* et de *Poire-de-terre*.

3. H. multiflore. — *H. multiflorus.*

Linn. Sp. 1277. — DC. Prod. 5. p. 590. et Fl. fr. n. 5291.—
   Duby, Bot. gall. p. 280. — Lam. Ency. 3 p. 83.
J. Saint-Hil. Pl. fr. tab. 551. — Moris. sect. 6. tab. 7. fig.
   59. — Tabern. ic. p. 764. fig. 2.

Tiges hautes d'environ 1 mètre, nombreuses, feuillées, dressées, rudes, rameuses ; feuilles alternes, pétiolées, rudes, à 3 nervures, dentées en scie : les inférieures en cœur : les supérieures ovales, aiguës ; capitules terminaux, solitaires à l'extrémité de la tige et des rameaux, d'un beau jaune, penchés, de 8—12 centim. de diamètre ; écailles de l'involucre lancéolées, acuminées, à peine ciliées ; demi-fleurons nombreux. ⚥ (Juillet—septembre).

Originaire de Virginie, cultivé dans les jardins, surtout la variété demi-flosculeuse ou double, comme plante d'ornement, à cause du nombre, de la beauté et de la longue durée de ses fleurs. Cette plante est connue vulg. sous le nom de *Soleil vivace*.

TRIBU V. — INULÉES. Cass.

Branches du style demi-cylindriques, obtuses et arrondies au sommet ou tronquées, pubérulentes en dehors à leur partie supérieure ; anthères prolongées à la base en appendices subulés, allongés (*queue*), à connectif non épaissi au-dessous des loges ; fleurs hétérogames toutes tubuleuses, ou celles du rayon ligulées ; achaine variable.

17. BUPHTHALME. — *BUPHTHALMUM.* Linn.

Involucre à écailles embriquées ; fleurs du rayon femelles, ligulées, sur un seul rang : celles du disque hermaphrodites, à corolle tubuleuse cylindrique, insensiblement rétrécie à la base ; anthères prolongées en queue ; achaines du rayon trigones, ceux du disque comprimés, presque tétragones ; aigrette courte, en couronne, formée de paillettes lacérées-dentées ; réceptacle garni de paillettes.

1. B. à feuilles de saule. — *B. salicifolium.*

Linn. Sp. 1275. — DC. Prod. 5. p. 483. et Fl. fr. n. 3286. — Duby, Bot. gall. p. 271. — Gaud. Fl. helv. 5. p. 379. — Lam. Ency. 1. p. 516. — Koch, Syn. p. 357.
Lam. illust. tab. 682. fig. 3. (*fructus*). — Clus. Hist. 2. p. 13. fig. 3.
Racine brune, épaisse, rameuse, garnie de fibres ; tige haute de 3—5 décim., ordinairement simple ou un peu rameuse, dressée, feuillée, striée, rougeâtre, plus ou moins velue, surtout à sa partie supérieure ; feuilles alternes, oblongues et lancéolées, molles, d'un vert clair, légèrement velues, particulièrement sur les bords, presque entières ou un peu dentelées, à dentelures écartées : les inférieures obtuses, rétrécies en pétiole : les supérieures plus étroites, aiguës, sessiles, demi-embrassantes ; capitules assez gros, à fleurs d'un beau jaune à demi-fleurons allongés, terminaux, souvent solitaires ou au nombre de 2—4, portés sur de longs pédoncules velus, un peu épaissis au sommet ; involucre hémisphérique, à écailles velues, lancéolées, acuminées ; achaines glabres. ♃ (Juillet, août).

Les bois et les buissons des montagnes : Champagnole, parmi les buissons au pied de la montagne vis-à-vis Cise ; Thoirette, dans le bois, en montant de l'embouchure de la Valouse au sommet de la montagne. — Au pied des côtes au-dessus de Trélex (Gaud.). — Le long du sentier entre Givrins et Saint-Cergue (Rapin). — Bâle, sur les monts Wallenberg.

Havenstein, Diétisberg, etc. (Hagenb.). — Abondamment dans les bois de taillis au-dessus de Croset et près de Thoiry (Reut.).

β. *Grandiflorum*. DC. Fl. fr. l. c. — Koch, Syn. l. c·
— *B. grandiflorum*. Linn. Sp. 1278. — Feuilles lancéolées : les supérieures longuement rétrécies et aiguës.

Saint-Claude, le long du chemin de Septmoncel, au-dessus de la montagne. — Les bois taillis au-dessus de Croset et près de Thoiry (Reut.).

18. INULE. — *INULA*. Linn.

Involucre à écailles embriquées ; fleurs du rayon femelles, ligulées, de même couleur que celles du disque, hermaphrodites tubuleuses ; anthères prolongées en queue ; achaine sans bec ; aigrette poilue, à poils semblables ; réceptacle nu.

§ I. *Écailles intérieures de l'involucre dilatées en spatule au sommet.* — Corvisaria. Merat.

1. I. Aunée. — *I. Helenium*.

Linn. Sp. 1236 — DC. Prod. 5. p. 463. et Fl. fr. n. 3142. — Duby, Bot. gall. p. 267. — Gaud. Fl. helv. 5. p. 318. — — Lam. Ency. 3. p. 254. — Koch, Syn. p. 358.

J. Saint-Hil. Pl. fr. tab. 444. — Chaum. Fl. méd. tab. 48. — Lam. illust. tab. 680. — Moris. sect. 7. tab. 24. fig. ultim. — J. Bauh. Hist. 3. p. 2. p. 108. (*ex Fuchsio*). — Tabern. ic. p. 562. fig. 1. — Dalech. Hist. p. 867. fig. 1. — Dod. pempt. p. 344. fig. 1. — Lob. ic. p. 574. fig. 2.

Racine épaisse, allongée, charnue, rameuse, brune en dehors, blanche en dedans, mucilagineuse, d'une saveur aromatique et amère ; tige dressée, ferme, sillonnée, feuillée, pubescente à sa partie supérieure, médiocrement rameuse, haute de 9—12 décim. ; feuilles grandes, inégalement dentées en scie, cotonneuses en dessous : les radicales oblongues-elliptiques, rétrécies en pétiole : les caulinaires

ovales en cœur, acuminées, embrassantes ; capitules très
gros, terminaux, disposés en corymbe peu garni, à fleurs
d'un beau jaune, à demi-fleurons nombreux, un peu étroits ;
involucre hémisphérique, à écailles extérieures larges,
ovales, aiguës, cotonneuses : les intérieures dressées, plus
longues, égales entre elles, spatulées ; achaine tétragone,
glabre ; aigrette d'un blanc sale, à poils dentelés. ♃ (Juillet,
août). Vulg. *Aunée, Énule campane.*

Au bord du lac à Neuchâtel (Ritter.). — Bâle, à Michelfeld (C. B.,
et Lach.). — Près de Delémont, entre Courroux et Soihière ; près de
Balstal (Hagenb.) — La racine d'Aunée est stimulante, tonique, détersive, stomachique : elle convient dans les engorgements visqueux et
froids du poumon, dans les affections catarrhales chroniques : on l'emploie quelquefois à l'extérieur contre les affections psoriques.

§ 2. *Écailles intérieures de l'involucre acuminées au
sommet. — Enula. Duby.*

* *Achaine glabre.*

2. I. à feuilles de saule. — *I. salicina.*

Linn. Sp. 1258. — DC. Prod. 5. p. 466. et Fl. fr. n. 3150.
— Duby, Bot. gall. p. 268. — Gaud. Fl. helv. 5. p. 324.
— Lam. Ency. 3. p. 258. — Koch, Syn. p. 359.
Moris. sect. 7. tab. 21. fig. 10. — J. Bauh. Hist. 2. p. 1049.
fig. 1. — Clus. Hist. 2. p. 14. fig. 1. — Tabern. ic. p.
337. fig. 2. — Dalech. Hist. p. 1349. fig. 2.
Racine oblique, garnie de fibres allongées ; tige dressée,
glabre, anguleuse, ferme, très feuillée, un peu rameuse
au sommet, haute de 3—6 décim. ; feuilles éparses, sessiles,
demi-embrassantes, glabres, luisantes, nerveuses, fermes,
entières ou dentelées, rudes sur les bords, coriaces, lancéolées ou oblongues, acuminées ; capitules assez gros, peu
nombreux, presque en corymbe terminal, solitaires, ceux
des rameaux dépassant souvent celui qui termine la tige ; involucre hémisphérique, à écailles embriquées : les intérieures
jaunâtres, lancéolées, pubescentes, ciliées : les extérieures

foliacées, plus courtes, un peu étalées, rudes sur les bords ; achaine glabre, strié, à aigrette d'un blanc sale, à poils simples, dentelés. ♃ (Juillet, août).

Cette plante n'est pas rare aux environs de Salins, dans les lieux incultes et arides, parmi les buissons. — Elle se trouve aussi aux environs de Genève, de Nyon, de Neuchâtel, de Bâle, etc.

3. I. hérissée. — *I. hirta.*

Linn. Sp. 1239. — DC. Prod. 5. p. 466. et Fl. fr. n. 3151.
— Duby. Bot. gall. p. 268. — Gaud. Fl. helv. 5. p. 523.
—Lam. Ency. 3. p. 258. — Koch, Syn. p. 359.
Moris. sect. 7. tab. 21. fig. 2. — J. Bauh. Hist. 2. p. 1047.
fig. 2. — Clus. Hist. 2. p. 14. fig. 2.

Racine oblique, garnie d'un grand nombre de fibres brunes ; tige haute de 3—4 décim. , dressée, feuillée, striée, ordinairement rougeâtre, simple ou à peine rameuse au sommet, plus ou moins hérissée de poils fins, longs et étalés ; feuilles éparses, dures, d'un beau vert, demi-embrassantes, oblongues ou lancéolées, nerveuses, hérissées, particulièrement sur les bords et les nervures, de poils semblables à ceux de la tige , entières ou légèrement dentelées : les inférieures obovales ou obovales-oblongues , rétrécies en pétiole ; capitules ordinairement solitaires, quelquefois 2—3, à fleurs d'un jaune foncé ; involucre presque hémisphérique, à écailles vertes, droites, lâches, nerveuses, lancéolées, aiguës, hérissées sur les bords et les nervures : les extérieures égales ou plus longues que les intérieures ; achaine glabre, à aigrette blanchâtre, formée de poils simples, rudes. ♃ (Juin—août).

Le comté de Neuchâtel (Divernois). — Entre Copet et Versoix (Ducros).

4. I. de Vaillant. — *I. Vaillantii.*

Vill. Dauph. 3. p. 216. — DC. Prod. 5. p. 466. et Fl. fr. n.
3152. — Duby, Bot. gall. p. 268. — Gaud. Fl. helv. 5. p.

325. — Koch, Syn. p. 359. — *I. cinerea*. Lam. Ency. 3. p. 259.

Hall. Helv. tab. 2. (*opt.*). — Moris. sect. 7. tab. 19. fig. 4. — Tabern. ic. p. 338 fig. 1 ? (*non displicet*. Gaud.).

Racine cylindrique, garnie de fibres; tige dressée, ferme, un peu anguleuse, mollement pubescente, souvent rougeâtre, très feuillée, rameuse à sa partie supérieure, haute de 4—5 décim.; feuilles éparses, oblongues - lancéolées, aiguës, elliptiques, entières ou légèrement dentelées, cotonneuses en dessous et de couleur cendrée : les radicales rétrécies en pétiole à la base : les caulinaires sessiles; capitules à fleurs jaunes, au nombre de 1—4 presque en corymbe terminal; involucre cotonneux, à écailles largement lancéolées, aiguës : les extérieures un peu réfléchies au sommet : les intérieures plus étroites, membraneuses, dressées; achaine glabre, plus court que l'aigrette blanchâtre à poils simples, dentelés. ♃ (Juillet, août).

Abondamment au bois de la Bâtie, près de Genève, en suivant un petit sentier au bord du Rhône, parmi les broussailles. (Reut.).

5. I. à feuilles demi-embrassantes. — *I. semi-amplexicaulis.*

Reuter, in Mém. soc. nat. Genèv. 1834 et cat. supp. p. 23. — Gaud. Syn. p. 741.

Tige un peu rude et anguleuse, rameuse à sa partie supérieure; feuilles presque en cœur, demi-embrassantes, également un peu rudes; capitules 1—3, terminant les rameaux; écailles intérieures de l'involucre lancéolées, appliquées, les extérieures foliacées, étalées. Cette espèce est une hybride de l'*I. Vaillantii* et de l'*I. salicina :* elle se rapproche du premier par la pubescence qui recouvre ses feuilles et ses tiges et par son odeur aromatique, et du second, dont elle est peut-être une variété, par ses fleurs, son port et la rigidité de ses feuilles. ♃ (Août, septembre).

Se trouve au bois de la Bâtie, sur la pente escarpée du côté du Rhône, mélangée avec les *I. salicina* et *Vaillantii* (Reut.).

** *Achaine velu.*

6. I. de montagne. — *I. montana.*

Linn. Sp. 1241. — DC. Prod. 5. p. 468. et Fl. fr. n. 3158.
— Duby, Bot. gall. p. 268. — Gaud. Fl. helv. 5. p. 326.
— Lam. Ency. 5. p. 262. — Koch, Syn. p. 360.
Moris. sect. 7. tab. 21. fig. 2. (*series* 2.). — J. Bauh. Hist.
2. p. 1046. fig. 3. (*non descript.*). — Tabern. ic. p. 338.
fig. 2. — Dalech. Hist. p. 1135. fig. 4. — Lob. ic. p. 350.
fig. 2.

Racine oblique, un peu épaisse, garnie de fibres noirâtres ; tige dressée, ascendante, cylindrique, feuillée, ordinairement simple et à un seul capitule, haute de 15—20
centim., couverte de longs poils blancs, mous et soyeux ;
feuilles un peu épaisses, d'un vert blanchâtre, lancéolées,
obtuses, couvertes sur les deux faces, surtout en dessous,
de longs poils blancs, soyeux, couchés : les inférieures plus
nombreuses, oblongues, obtuses, rétrécies en pétiole à la
base, entières ou à peine dentelées : les caulinaires plus
étroites et plus courtes, demi-embrassantes; capitule gros,
à fleurs jaunes, à rayons nombreux ; involucre hémisphérique, à écailles embriquées : les extérieures oblongues-
lancéolées, obtuses, soyeuses, verdâtres : les intérieures
membraneuses, blanchâtres, dressées, linéaires, aiguës,
ciliées et un peu pubescentes; achaine oblong, strié, un peu
poilu au sommet, à aigrette blanche, à poils simples, dentelés. ♃ (Juillet, août).

Sur le Creux-du-Vent (Gagnebin, Petitpierre, d'Yvernois).

19. PULICAIRE. — *PULICARIA.* Gaertn.

Aigrette double, l'extérieure courte, composée de poils
soudés en une couronne crénelée ou frangée, l'intérieure
formée de soies allongées. Les autres caractères sont ceux
des *Inules*.

1. P. commune. — *P. vulgaris.*

Gaertn. Fruct. 2. p. 461. — DC. Prod. 5. p. 478. — Gaud.
Fl. helv. 5. p. 529. — Koch, Syn. p. 360. — *Inula puli-
caria.* Linn. Sp. 1238. — DC. Fl. fr. n. 3147. — Duby,
Bot. gall. p. 268. — Lam. Ency. 3. p. 478.
Lam. illust. tab. 680. fig. 2. — Moris. sect. 7. tab. 20. fig.
50. — J. Bauh. Hist. 2. p. 1050. fig. 2. (*omnium pessima*). — Tabern. ic. p. 860. fig. 2. — Dalech. Hist. p.
1041. fig. 2. — Dod. pempt. p. 52. fig. 3. — Lob. ic.
p. 545. fig. 1.
Racine simple ou un peu rameuse ; tige dressée, striéé,
souvent rougeâtre, un peu lanugineuse, surtout à sa partie
supérieure, très feuillée, rameuse, à rameaux divergents,
haute de 2—3 décim. ; feuilles oblongues-lancéolées, ondulées, arrondies à la base, sessiles, un peu embrassantes,
ordinairement très entières, d'un vert grisâtre, velues,
petites, un peu molles ; capitules petits, presque globuleux,
à fleurs jaunes, à rayons très courts, dépassant peu l'involucre, portés sur des pédoncules inégaux, les latéraux plus
longs, disposés à l'extrémité de la tige et des rameaux, en
panicule corymbiforme terminale ; involucre lanugineux, à
écailles nombreuses, presque égales, linéaires, presque
sétacées ; achaine petit, surmonté d'une aigrette de 5—7
soies entourées d'une petite marge blanchâtre, membraneuse, dentée. ⓛ (Juillet, août).

Les terres inondées l'hiver, le bord des fossés et des chemins : au bord
des étangs de Chavanne, près de Sellières et de Vaudrey ; aux environs
de Grozon et d'Aumont, près d'Arbois ; de la Grande-Loye, près de
Dole ; au bord du lac, à Yverdon, etc. — A Féchy, près d'Aubonne
(Gaud.). — Genève, sur la route de la Châtelaine et près d'Ambilli
(Reut.). — Le bord des champs, les lieux humides des environs de
Bâle (Hagenb.).

2. P. dyssentérique. — *P. dysenterica.*

Gaertn. Fruct. 2. p. 462. — DC. Prod. 5. p. 479. — Gaud.
Fl. helv. 5. p. 328. — Koch, Syn. p. 561. — *I. dysen-*

terica. Linn. Sp. 1257. — DC. Fl. fr. n. 3146. — Duby, Bot. gall. p. 268. — Lam. Ency. 3. p. 255.

J. Saint-Hil. Pl. fr. tab. 445. — Bull. Herb. tab. 299. — Moris. sect. 7. tab. 19. fig. 7. — J. Bauh. Hist. 2. p. 1050. fig. 1. (*mala*). — Clus. Hist. 2. p. 21. fig. 1. (*ic. Dod.*). — Dalech. Hist. p. 1045. fig. 1. — Dod. pempt. p. 52. fig. 1. — Lob. ic. p. 345. fig. 2.

Racine épaisse, rameuse; tige haute de 3—6 décim., rameuse, très feuillée, un peu anguleuse, dressée, blanchâtre et cotonneuse, surtout à sa partie supérieure; feuilles alternes, oblongues, un peu aiguës, légèrement ondulées, entières ou un peu dentelées, molles, pubescentes et d'un vert pâle en dessus, blanchâtres et cotonneuses en dessous, élargies et en cœur à la base, embrassantes; capitules à fleurs jaunes, à demi-fleurons nombreux, étroits, linéaires, dépassant beaucoup le disque, disposés au sommet de la tige et des rameaux souvent plus longs qu'elle, en panicule terminale étalée, corymbiforme; involucre lanugineux, hémisphérique, à écailles nombreuses, lâches, linéaires-sétacées; achaine oblong, strié, un peu hispide, surmonté d'une aigrette d'un blanc sale, à 15—20 soies entourées d'une petite marge blanchâtre, membraneuse, dentée. ♃ (Juillet, août). Vulg. *Herbe de Saint-Roch.*

Commune dans les lieux humides, le long des chemins, au bord des fossés. — Girod-Chantrans indique aux environs de Baume et de Rougemont l'*I. odora*. Linn.; mais cette plante appartenant aux lieux maritimes du midi de la France, nous ne pouvons l'admettre ici sur ce seul renseignement.

20. CONYZE. — *CONYZA*. Linn.

Involucre herbacé, à écailles embriquées; fleurs toutes tubuleuses: celles de la circonférence femelles, plus étroites, à 3 dents, disposées sur plusieurs rangs: celles du disque hermaphrodites à 5 dents; anthères prolongées en queue; achaine sans bec; aigrettes poilues, semblables; réceptacle nu.

1. C. rude. — *C. squarrosa.*

Linn. Sp. 1205. — DC. Fl. fr. n. 3126. — Duby, Bot. gall. p.
267. — Gaud. Fl. helv. 5. p. 261. — Lam. Ency. 2. p. 82. —
Koch, Syn. p. 561. — *Inula conyza.* DC. Prod. 5. p. 464.
J. Saint-Hil. Pl. fr. tab. 838. — Bull. Herb. tab. 542. —
Lam. illust. tab. 697. — Moris. sect 7. tab. 19. fig. 23.
— J. Bauh. Hist. 2. p. 1051. fig. 2. — Clus. Hist. 2. p.
21. fig. 2. (*ic. Dod.*). — Dalech. Hist. p. 917. et 1044.
fig. 1. (*ead.*). — Dod. pempt. p. 51. fig. 2. — Lob. ic.
p. 574. fig. 1.

Racine épaisse, rameuse; tige dressée, pubescente, rougeâtre, striée, rameuse à sa partie supérieure, feuillée,
haute de 6—9 décim.; feuilles sessiles, pubescentes et un
peu rudes en dessus, plus pâles en dessous, et garnies de
poils fins, plus nombreux, doux au toucher, elliptiques-
lancéolées, un peu aiguës, légèrement dentelées, à dentelures écartées; les radicales rétrécies en pétiole à la base :
celles des rameaux plus petites, entières; capitules nombreux, assez gros, rapprochés, disposés à l'extrémité de la
tige et des rameaux en panicule rameuse, terminale, corymbiforme; involucre hémisphérique, presque ovoïde, embriqué d'écailles linéaires-lancéolées, ciliées : les intérieures
scarieuses, purpurines au sommet : les extérieures vertes,
étalées-recourbées à leur sommet; achaine profondément
strié, glabre, de couleur brune, cylindrique, à aigrette d'un
blanc sale, un peu rougeâtre. ② (Juillet, août).

Assez commune au bord des chemins, le long des haies et parmi les
buissons.

Obs. Le *Carpesium cernuum.* Linn. a été indiqué, par Vaucher, dans
les marais de Divonne, à M. Reuter, qui, malgré ses recherches, n'a
pas encore pu le trouver.

21. MICROPE. — *MICROPUS.* Linn.

Involucre lâche, à 5—9 écailles; fleurs de la circonférence femelles, en nombre égal à celui des écailles de

l'involucre, fertiles, à style fendu en 2 stigmates : celles du disque hermaphrodites stériles, à 5 dents, à style simple ; achaines des fleurs fertiles, enveloppés dans les écailles de l'involucre ; aigrette nulle ; réceptacle nu.

1. M. dressé. — *M. erectus.*

Linn. Sp. 1313. — DC. Prod. 5. p. 460. et Fl. fr. n. 3246. — Duby, Bot. gall. p. 271. — Gaud. Fl. helv. 5. p. 417. — Lam. Ency. 4. p. 142. — Koch, Syn. p. 361.

Lam. illust. tab. 694. fig. 2. — Gaud. Fl. helv. 5. tab. 1. — Barr. ic. fig. 296. — Moris. sect. 7. tab. 11. fig. 11. (*ic. Clus.*). — J. Bauh. Hist. 3. p. 1. p. 161. fig. 1. (*ead.*). — Clus. Hist. 2. p. 329. fig. 2.

Plante entièrement recouverte de duvet cotonneux et ayant presque le port du *Filago arvensis.* Linn. Racine grêle, dure, fibreuse, produisant une ou plusieurs tiges dressées, feuillées, cotonneuses, rameuses-dichotomes au sommet, hautes de 10—15 centim. ; feuilles alternes, sessiles, dressées, molles, blanchâtres, cotonneuses sur les deux faces, oblongues-lancéolées, un peu obtuses ; capitules terminaux et axilaires dans les feuilles supérieûres et les bifurcations des rameaux, enveloppés d'un coton abondant qui empêche de distinguer leurs diverses parties ; écailles de l'involucre convexes sur le dos, cotonneuses. ⊙ (Juillet, août).

Aux environs de Mathay et sur les bords graveleux de l'Ognon (Girod-Chant.)? — Nyon, dans les champs près de Clarens et aux environs du bois de Prangins ; dans les pâturages au-dessus de Genollier, à droite du chemin qui conduit à Arzier, où elle est commune (Gaud.). — A Coinsins (Rapin). — A Promenthod, abondamment (Monnard). — Les graviers au bord du lac près de Versoix (Reut.). — Près du fort de l'Écluse (Chavin).

22. FILAGE. — *FILAGO.* Linn.

Involucre pentagone, à écailles embriquées ; fleurs de la circonférence femelles, filiformes, dentelées au sommet,

disposées sur plusieurs rangs : les extérieures ou plusieurs
placées entre les écailles de l'involucre ou paillettes : celles
du centre hermaphrodites, tubuleuses, fertiles, à 4 dents;
achaine sans bec; aigrette poilue, caduque, celle des
achaines extérieurs ou de plusieurs, nulle.

1. F. d'Allemagne. — *F. Germanica.*

Linn. Sp. 1311. — DC. Prod. 6. p. 247. — Gaud. Fl. helv.
5. p. 253. — Koch, Syn. p. 362. — *Gnaphalium Germa-
nicum.* Lam. Ency. 2. p. 759. — DC. Fl. fr. n. 3118. —
Duby, Bot. gall. p. 269.

Moris. sect. 7. tab. 11. fig. 10. — Tabern. ic. p. 389. fig.
2. — Dod. pempt. p. 66. fig. 2. — Lob. ic. p. 480. fig. 2.

Racine dure, fusiforme, simple ou divisée; tiges dressées,
blanchâtres, cotonneuses, hautes de 15—25 centim.,
rameuses-dichotomes, quelquefois dès la base, à rameaux
ascendants ou étalés; feuilles alternes, linéaires-lancéolées
ou lancéolées, aiguës, un peu rétrécies dans le bas, molles,
blanchâtres, dressées, un peu décurrentes, cotonneuses
sur les deux faces; capitules petits, sessiles, jaunâtres,
réunis en têtes assez grosses, terminales et axilaires dans les
bifurcations de la tige et des rameaux; involucre conique,
cotonneux à la base, scarieux et d'un jaune paille au sommet, composé d'écailles luisantes, ovales-lancéolées, acuminées; achaine oblong, anguleux, un peu velu; aigrette
blanche, à poils simples, dentelés. ① (Juillet, août).

Commune dans les terrains arides et dans les champs graveleux, après
la moisson.

β. Pyramidata. Koch, Syn. l. c. — DC. Prod. 6. l. c.
— Gaud. Fl. helv. 5. l. c. — *Filago pyramidata.* Linn. Sp.
1311. — Feuilles souvent un peu élargies vers le sommet,
obovales-lancéolées, recouvertes d'un coton blanc; involucre pyramidal, à écailles d'un jaune plus pâle au sommet.

Bâle (Hagenb.). — Autour de Bière, au pied du Montendre (Schl.
in Gaud.).

2. F. des champs. — *F. arvensis*.

Linn. Sp. 1312. — DC. Prod. 6. p. 248. — Gaud. Fl. helv.
5. p. 257. — Koch, Syn. p. 362. — *Gnaphalium arvense*.
Lam. Ency. 2. p. 759. — DC. Fl. fr. n. 3119. — Duby,
Bot. gall. p. 269.

Racine dure, fusiforme, tortueuse, simple ou divisée ;
tige dressée, cotonneuse, blanchâtre, rameuse-paniculée, à
rameaux dressés, presque simples, haute de 15—50 centim.;
feuilles linéaires-lancéolées, dressées, presque appliquées,
molles, blanchâtres-cotonneuses sur les deux faces; capitules
petits, sessiles, réunis, au nombre de 4—6, en têtes latérales et terminales, formant vers l'extrémité de la tige et
des rameaux des épis courts, interrompus, garnis d'un duvet cotonneux abondant; involucre conique, à écailles lancéolées, à peine scarieuses au sommet, entièrement couvertes d'un duvet blanc cotonneux; achaine très petit,
oblong, parsemé de points très brillants; aigrette blanche,
à poils dentelés. ④ (Juillet, août).

Commune aux environs de Nyon; autour de Calève; de Clarens';
dans les champs près de Bois-Bougis, etc. (Gaud.). — Aux environs
de Genève, dans les champs sablonneux, après la moisson, près de
Penex; au bord du Rhône sous Aïre, etc. (Reut.). — Les champs
pierreux aux environs de Bâle (Hagenb.).

3. F. de montagne. — *F. montana*.

Linn. Sp. 1311 ? — DC. Prod. 6. p. 248. — Gaud. Fl. helv.
5. p. 254. — *F. minima*. Koch, Syn. p. 362. — *Gnaphalium montanum*. DC. Fl. fr. n. 3121. — Duby, Bot. gall.
p. 269. — Lam. Ency. 2. p. 760. var. *α*.

J. Saint-Hil. Pl. fr. tab. 724. (*opt.*). — Moris. sect. 7. tab.
11. fig. 3. (*cauliculus simplex*).

Racine grêle, fusiforme, tortueuse, simple ou divisée,
produisant ordinairement plusieurs tiges grêles, dressées ou
ascendantes, quelquefois couchées à la base, hautes de

1—2 décim., ordinairement simples à leur partie inférieure, divisées dans le haut en rameaux peu divergents, plus ou moins dichotomes; feuilles petites, alternes, linéaires-lancéolées, aiguës, blanchâtres et cotonneuses sur les deux faces, sessiles, dressées et serrées contre la tige; capitules peu nombreux, réunis en têtes petites, sessiles, terminales et latérales dans la bifurcation des rameaux; involucre conique, pentagone, à écailles inégales, blanches et cotonneuses à la base, scarieuses et d'un blanc jaunâtre au sommet : les extérieures ovales, plus courtes : les intérieures dressées, lancéolées, aiguës; achaine oblong, très petit, parsemé de points brillants; aigrette blanche, courte, fragile. ① (Juillet, août).

Les champs aux environs de Poligny ; de Sellières; autour des étangs de Chavanne, de Vaudrey ; le long des bords de la forêt de Chaux, à la Grande-Loye. — Les champs de Nyon, autour de Bois-Bougis; près de Clarens et du bois de Prangins (Gaud.). — Les lieux sablonneux et arides à Salève, du côté de Croseille (Reut.).

β. *Supina*. DC. Fl. fr. l. c. et Prod. 6. l. c. — Tige rameuse dès la base, à rameaux couchés-ascendants.

Les environs de Sellières ; le bord de la forêt de Chaux, à la Grande-Loye, etc.

4. F. de France. — *F. Gallica.*

Linn. Sp. 1312. — DC. Prod. 6. p. 248. — Gaud. Fl. helv. 5. p. 256. — Koch, Syn. p. 362. — *Gnaphalium Gallicum.* Lam. Ency. 2. p. 759. — DC. Fl. fr. n. 3120. — — Duby, Bot. gall. p. 269.

Racine grêle, fusiforme, tortueuse, garnie de fibres ; tige dressée, grêle, rameuse-dichotome à sa partie supérieure, quelquefois dès la base, blanchâtre, cotonneuse, à poils soyeux, appliqués, haute de 15—25 centim.; feuilles linéaires-acuminées, roulées par les bords, assez longues, blanchâtres, garnies sur les deux faces de duvet cotonneux appliqué, éparses le long de la tige et des rameaux, dressées; capitules au nombre de 3—7, réunis en petites têtes ses-

siles, situées au sommet des rameaux et dans leurs bifurcations, entourées de feuilles inégales, semblables à celles
des rameaux, beaucoup plus longues que les fleurs ; involucre conique, blanchâtre, cotonneux à la base, à écailles
inégales, conniventes : les extérieures ovales, plus courtes :
les intérieures ovales-lancéolées, scarieuses au sommet et
sur les bords ; achaine très petit, oblong, parsemé de points
brillants; aigrette blanche, à poils simples. ⓪ (Juillet,
août).

Les terrains argileux : les champs autour de l'étang de Vaudrey ; de
Chavanne et ailleurs autour de Sellières; les champs le long de la route
entre Poligny et Toulouse; le bord du bois Mouchard, le long de la
route de Villers-Farlay, etc. — Nyon, au-dessus de Calève ; autour de
la campagne Bel-Air (Gaud.). — Genève, çà et là dans les champs
près de Penex; au bord du bois de Veirier, près de Confignon, etc.
(Reut.) — Bâle, çà et là dans les champs, après la moisson (Hagenb.).

23. GNAPHALE. — *GNAPHALIUM*. Linn.

Involucre scarieux, hémisphérique ou cylindrique, à
écailles embriquées; fleurs du rayon femelles, filiformes,
dentelées au sommet, disposées sur plusieurs rangs : celles
du centre hermaphrodites, tubuleuses, fertiles, à 5 dents,
ou bien capitules dioïques; aigrette à poils filiformes, ou
un peu épaissis au sommet; réceptacle entièrement nu. —
Ce genre diffère du précédent parce qu'aucune des fleurs
n'est placée entre les écailles de l'involucre ou paillettes.

§ 1. *Capitules hétérogames, monoïques; fleurs de la circonférence femelles sur plusieurs rangs, celles du centre
hermaphrodites; poils de toutes les aigrettes filiformes
ou légèrement épaissis au sommet.* — Gnaphalion. Koch.

1. G. des bois. — *G. sylvaticum*.

Linn. Sp. 1200. — DC. Prod. 6. p. 252. et Fl. fr. n. 3116.
— Duby, Bot. gall. p. 269. — Gaud. Fl. helv. 5. p. 243.
— Lam. Ency. 2. p. 757. — Koch, Syn. p. 363.

Racine courte, garnie de longues fibres brunâtres ; tige ordinairement simple et dressée, cylindrique, feuillée, blanchâtre-cotonneuse, haute de 3—5 décim., terminée par un épi de fleurs plus ou moins allongé; feuilles linéaires-lancéolées, éparses, rétrécies aux deux bouts, cotonneuses en dessous, à la fin glabres en dessus : les radicales et les inférieures oblongues-lancéolées, obtuses, rétrécies en spatule à la base ; capitules axilaires, réunis, au nombre de 2—3 et même plus, dans l'aisselle des feuilles supérieures, en épi terminal plus ou moins allongé; involucre ovoïde, à écailles appliquées, ovales et oblongues, obtuses, un peu verdâtres à la base, scarieuses et roussâtres à leur moitié supérieure, avec un tache triangulaire brune, ou d'un jaune paille, ou d'un brun plus ou moins foncé selon les variétés ; achaine brunâtre, parsemé de poils courts, appliqués, semblables à des points brillants; aigrette roussâtre, à poils simples. ♃ (Juillet, août).

Les clairières des bois, les pâturages, les buissons.

α. Rectum. DC. Prod. 6. l. c. — Gaud. Fl. helv. 5. l. c. — *G. rectum.* Smith. Brit. 870. — Scop. Carn. ed. 2. tab. 56. — J. Bauh. Hist. 3. p. 2. p. 160. fig. 1. (*benè*). — Tabern. ic. p. 590. fig. 1. — Dalech. Hist. p. 1344. fig. 1. — Racine produisant plusieurs tiges garnies de feuilles linéaires nues en dessus, cotonneuses en dessous; épi allongé, formé de capitules axilaires agglomérés, un peu écartés, quelquefois un peu rameux à la base.

Commun dans les bois, particulièrement sur les places des fourneaux à charbon.

β. Angustifolium. Gaud. Fl. helv. 5. l. c. — Racine à une ou plusieurs tiges garnies de feuilles linéaires, cotonneuses sur les deux faces; épi terminal un peu lâche ou dense ; involucre à écailles brunes.

Commun sur les collines et les rochers au-dessus de Longirod (Gaud.). — A Salève, près de Pommier (Reut.).

γ. Fuscatum. Gaud. Fl. helv. 5. l. c. — DC. Prod. 6. l. c. — *G. fuscum.* Lam. Ency. 2. p. 757. — *G. Norvegicum.*

Koch, Syn. p. 563. — Racine à une ou plusieurs tiges hautes de 8—16 centim., garnies de feuilles linéaires-lancéolées, cotonneuses sur les deux faces ; épi terminal court, plus ou moins dense ; écailles de l'involucre d'un brun très foncé.

Sur une colline un peu au-delà du village de Boujaille ; sur le Chasseron ; le Colombier.

δ. Citrinum. Gaud. Fl. helv. 5. l. c. — Tige haute de 15—30 centim., garnie de feuilles cotonneuses sur les deux faces ; écailles de l'involucre d'un jaune citrin.

Les pâturages des montagnes au-dessus de Thoiry (Gaud.).

2. G. des marais. — *G. uliginosum.*

Linn. Sp. 1200. — DC. Prod. 6. p. 230. et Fl. fr. n. 5117. — Duby, Bot. gall. p. 269. — Gaud. Fl. helv. 5. p. 245. — Lam. Ency. 2. p. 759. — Koch, Syn. p. 364. Moris. sect. 7. tab. 11. fig. 14. — Tabern. ic. p. 590. fig. 2. — Dod. pempt. p. 66. fig 3. (*mala*). — Lob. ic. p. 481. fig. 2. (*ead.*).

Racine blanchâtre, fusiforme, simple ou divisée ; tige cotonneuse, blanchâtre, haute de 1—2 décim., très rameuse, souvent dès la base, à rameaux diffus, les inférieurs étalés ; feuilles éparses, lancéolées-linéaires, rétrécies à la base, molles, cendrées ou blanchâtres, cotonneuses sur les deux faces, quelquefois à la fin presque glabres en dessus ; capitules sessiles ou presque sessiles, agglomérés, au nombre de 5—6, en forme de petites têtes terminales et latérales, axilaires, entourées de feuilles inégales plus longues qu'elles ; involucre ovoïde, cotonneux à la base, à écailles lancéolées, un peu aiguës, luisantes, d'abord d'un blanc jaunâtre, puis roussâtres ; achaine très petit, oblong, à aigrette blanche, à poils simples. ① (Juillet—septembre).

Les lieux inondés l'hiver, le bord des fossés, des étangs : Salins, dans les champs d'Onay ; au bord de la Furieuse à Saint-Joseph ; au bord du bois Mouchard, route de Villers-Farlay ; autour des étangs de Vaudrey ; de Lombard et de Chavanne, etc., aux environs de Sellières. — Les champs humides et argileux au-dessus du bois de la Bâtie, près de Genève (Reut.). — Bâle, commun dans les champs humides et argileux, et le long des fossés (Hagenb.).

3. G. jaunâtre. — *G. luteo-album.*

Linn. Sp. 1196. — DC. Prod. 6. p. 230. et Fl. fr. n. 3114.
   — Duby, Bot. gall. p. 269. — Gaud. Fl. helv. 5. p. 240.
   — Lam. Ency. 2. p. 750. — Koch, Syn. p. 364.
Barr. ic. fig. 367. — J. Bauh. Hist. 3. p. 1. p. 160. fig. 2.
   (*flores pessimè expr.*). — Clus. Hist. 1. p. 329. fig. 1.

Racine fusiforme, fibreuse, produisant ordinairement plusieurs tiges simples, quelquefois cependant rameuses à la base ou au sommet, dressées ou ascendantes, cylindriques, feuillées, recouvertes de duvet cotonneux, hautes de 2—4 décim.; feuilles éparses, linéaires lancéolées, un peu rétrécies dans le bas, demi-embrassantes, molles, blanches-cotonneuses sur les deux faces : les inférieures obtuses, un peu élargies au sommet : les supérieures aiguës ; capitules ovoïdes, petits, à fleurs femelles blanchâtres, les hermaphrodites jaunes, réunis en tête ou corymbe serré, terminal, portés sur des pédoncules très courts, cotonneux ; involucre hémisphérique, à écailles oblongues, scarieuses, concaves, obtuses, luisantes, diaphanes, d'un jaune paille, achaine très petit, oblong, glabre, finement tuberculeux. ④ (Juillet, août).

Salins, bois Mouchard, entre le village des Arsures et la Grange-Fontaine, rare ; bord de l'étang de Chavanne, près de Sellières, plus commun. — Dans les terres un peu humides (Girod-Chant.).

§ 2. *Capitule hétérogame, monoïque; fleurs de la circonférence femelles sur plusieurs rangs, à poils de l'aigrette presque filiformes; fleurs du centre hermaphrodites, à poils de l'aigrette épaissis au sommet.* — Leontopodium. Koch.

4. G. Pied-de-lion. — *G. Leontopodium.*

Scop. Carn. ed. 2. p. 150. — DC. Fl. fr. n. 3125. — Duby, Bot. gall. p. 270. — Gaud. Fl. helv. 5. p. 251. — Lam.

Ency. 2. p. 760. — *Leontopodium Alpinum*. DC. Prod.
6. p. 275. — *Filago Leontopodium*. Linn. Sp. 1312.

Barr. ic. fig. 127. et 128. n. 8. — Moris. sect. 7. tab. 13.
fig. 4. — J. Bauh. Hist. 3. p. 1. p. 161. fig. 2. — Clus.
Hist. 1. p. 328. fig. 1. — Tabern. ic. p. 393. fig. 2. —
Dalech. Hist. p. 1343. fig. 2. — Dod. pempt. p. 68. fig. 3.

Racine dure, oblique, d'un brun noirâtre, écailleuse et
garnie de fibres ; tige ordinairement solitaire, dressée, très
simple, feuillée, blanche-cotonneuse, haute de 1—2 décim.;
feuilles alternes, sessiles, lancéolées, obtuses, molles, cotonneuses, surtout en dessous, d'un vert cendré en dessus :
les radicales rétrécies en pétiole à la base et un peu élargies
au sommet ; capitules au nombre de 3—9, presque sessiles,
réunis en tête terminale déprimée, entourée de 8—12
bractées oblongues ou lancéolées, étalées en étoiles, blanches et couvertes d'un coton épais, beaucoup plus grandes
que les fleurs ; involucre hémisphérique, à écailles dressées,
ovales-lancéolées, cotonneuses, glabres et brunes au sommet ; achaine oblong, parsemé de petites papilles ou poils
très courts ; aigrette blanche, à poils ciliés. ♃ (Juillet, août).

Cette belle plante ne se trouve dans le Jura que sur le sommet de la
Dôle, dans les lieux arides et rocailleux.

§ 3. *Capitules hétérogames, dioïques : les hermaphrodites
à fleurs femelles peu nombreuses, sur un seul rang, à
la circonférence, à poils de l'aigrette filiformes ; les femelles à fleurs femelles nombreuses à la circonférence,
les hermaphrodites en petit nombre dans le centre, à
poils de l'aigrette un peu épaissis au sommet.* — Marga-
ritaria. Koch.

5. G. perlée. — *G. margaritaceum*.

Linn. Sp. 1198. — Gaud. Fl. helv. 5. p. 246. — Lam. Ency.
2. p. 755. — Koch, Syn. p. 364. — *Antennaria marga-
ritacea*. DC. Prod. 6. p. 270. — *Elychrysum margari-
taceum*. DC. Fl. fr. n. 3111.

J. Bauh. Hist. 3. p. 1. p. 162. fig. 2. — Clus. Hist. 1. p.
327. fig. 1.

Racine plus ou moins rampante, produisant un grand
nombre de tiges dressées, hautes de 3—5 décim., simples
dans la plus grande partie de leur longueur, cotonneuses,
feuillées, divisées au sommet en rameaux corymbiformes;
feuilles nombreuses, éparses, linéaires-lancéolées, allongées,
aiguës, vertes en dessus, blanches-cotonneuses en dessous;
capitules réunis par petits pelotons au sommet de la tige et
des rameaux, portés sur des pédoncules courts, épais, cotonneux, disposés en corymbe rameux; involucre hémisphérique, un peu cotonneux à la base, à écailles glabres,
membraneuses, ovales, obtuses, d'un blanc d'argent mat;
fleurs jaunâtres, puis brunâtres; ovaire presque nul, toujours avorté dans l'espèce cultivée; aigrette blanche. ⚥
(Juillet—septembre).

Cette plante, originaire du Canada et des États-Unis, est cultivée
dans les jardins où on la multiplie facilement au moyen de ses racines
traçantes.

§ 1. *Capitules homogames, dioïques, les hermaphrodites
stériles, à poils de l'aigrette épaissis au sommet.* —
Antennaria. Gaertn.

6. G. dioïque. — *G. dioïcum.*

Linn. Sp. 1199. — DC. Fl. fr. n. 3123. — Duby, Bot. gall.
p. 269. — Gaud. Fl. helv. 5. p. 248. — Lam. Ency. 2. p.
775. — Koch, Syn. p. 364. — *Antennaria dioïca.* DC.
Prod. 6. p. 269.

J. Saint-Hil. Pl. fr. tab. 725. — Bull. Herb. tab. 525. —
Moris. sect. 7. tab. 11. fig. 2. (*series* 3.). — J. Bauh. Hist.
3. p. 1. p. 162. fig. 3. et 4. — Clus. Hist. 1. p. 330. fig. 1.
— Tabern. ic. p. 391. fig. 2. et p. 392. fig. 1. et 2. —
Dalech. Hist. p. 1098. fig. 2. — Dod. pempt. p. 68. fig.
1. — Lob. ic. p. 483. fig. 1.

Racine grêle, rampante, brune, gazonnante; tige simple,
haute de 8—16 centim., cotonneuse, feuillée, dressée;

feuilles sessiles, blanches-cotonneuses en dessous, verdâtres
en dessus : les radicales oblongues, spatulées, très obtuses,
mucronulées, disposées en rosette : les caulinaires alternes,
dressées, plus étroites, linéaires-lancéolées, aiguës; capitules assez gros, dioïques, disposés en tête corymbiforme
terminale, au nombre de 5—6, portés sur des pédicelles
courts, cotonneux; involucre hémisphérique, à écailles
embriquées, luisantes, scarieuses : les extérieures ovales,
lanugineuses à la base : les intérieures plus allongées, oblongues, obtuses, presque en spatule, blanches dans les
capitules mâles, purpurines dans les capitules femelles;
achaine glabre, oblong; aigrette blanche, à poils allongés.
♃ (Mai, juin). Vulg. *Pied-de-chat.*

Commune dans les pâturages des montagnes et sur les collines arides,
élevées : sur Poupet; au-dessus de Sainte-Anne; à Boujaille; Ville-
neuve; Levier; Arc, à la Grange-Montorge; à Mont-sur-Monet, près de
Champagnole; aux environs de Pontarlier; de Thoirette; sur le Mont-
d'Or; la Dôle; sur la chaîne du Colombier; sur le Chasseron, etc., etc.
— Les fleurs de cette plante sont regardées comme pectorales et adoucissantes.

TRIBU VI. — ANTHÉMIDÉES. Koch.

Branches du style demi-cylindriques, glabres, tronquées
et pubérulentes au sommet; connectif épaissi au-dessous des
loges des anthères dépourvues de queues; aigrette nulle ou
remplacée par une couronne courte. Fleurs toutes tubuleuses
ou celles de la circonférence ligulées.

24. ARMOISE. — *ARTEMISIA.* Linn.

Involucre ovoïde ou globuleux, à écailles embriquées;
fleurs du rayon filiformes, un peu dentelées, sur un rang :
celles du centre hermaphrodites, à 5 dents, ou toutes hermaphrodites; corolle cylindrique; achaine obovoïde, non
ailé, à disque épigyne très petit; réceptacle nu ou velu.

§ 1. *Réceptacle velu.* — Absinthium. Tournef.

1. A. Absinthe. — *A. Absinthium.*

Linn. Sp. 1188. — DC. Prod. 6. p. 125. et Fl. fr. n. 3226.
— Duby, Bot. gall. p. 276. — Gaud. Fl. helv. 5. p. 224.
— Lam. Ency. 1. p. 261. — Koch, Syn. p. 365.
Chaum. Fl. méd. tab. 1. — Lam. illust. tab. 695. fig. 1. —
Moris. sect. 6. tab. 1. fig. 1. (*series* 3.). — J. Bauh. Hist.
3. p. 1. p. 168. fig. 1. — Tabern. ic. p. 1. fig. 1. — Dalech. Hist. p. 943. fig. 1. — Dod. pempt. p. 23. fig. 1. —
Lob. ic. p. 752. fig. 1. (*ead.*).
Racine dure, un peu épaisse, rameuse, garnie de fibres;
tiges dressées, striées, anguleuses, feuillées, blanchâtres,
rameuses-paniculées à leur partie supérieure, hautes de
4—6 décim.; feuilles molles, blanchâtres, surtout en dessous, recouvertes, ainsi que les autres parties de la plante,
de poils fins appliqués : les radicales longuement pétiolées,
tripinnatifides, à découpures ovales ou lancéolées, obtuses,
divergentes : les caulinaires bipinnatifides ou pinnatifides :
les florales entières, lancéolées; capitules petits, très nombreux, penchés, à fleurs jaunes, hémisphériques, courtement pédicellés, disposés à la partie supérieure de la tige
en grappes latérales, formant une panicule pyramidale;
écailles de l'involucre ovales, blanchâtres, largement scarieuses sur les bords; réceptacle velu. ♃ (Juillet, août).
Vulg. *Grande Absinthe.*

Salins, au bord de la route, à la Grange-Feuillet; au-dessous de la
maison de ferme de Saint-Joseph (où elle ne se trouve plus); à Pontamoujar, près du pont; au château de Montmahoux, au-dessus de Nans;
à Sainte-Anne, près du Crouzet; le long du chemin de Vittebœuf à
Yverdon; autour du château de Chaléat, à l'embouchure de la Valouse,
près de Thoirette, en abondance; au bord du lac, à Yverdon. — Bâle
(Hagenb.). — Genève, au bois de la Bâtie, près du Rhône (Reut.). —
Cette plante est stomachique, fébrifuge, astringente, anthelmintique;
la liqueur d'absinthe est tonique, digestive et emménagogue. A l'extérieur, sa décoction sert à lotionner les plaies.

§ 2. *Réceptacle nu.* — Abrotanum. Tournef.

* *Feuilles multifides, sans oreillettes à la base du pétiole.*

2. A. Aurone. — *A. Abrotanum.*

Linn. Sp. 1185. — DC. Prod. 6. p. 108. et Fl. fr. n. 3243.
— Duby, Bot. gall. p. 277. — Gaud. Fl. helv. 5. p. 233.
— Lam. Ency. 1. p. 265. — Koch, Syn. p. 367.
Lam. illust. tab. 695. fig. 2. — Moris. sect. 6. tab. 2. fig. 2.
— J. Bauh. Hist. 3. p. 1. p. 192. fig. 1-2. (*malæ*). —
Tabern. ic. p. 15. fig. 1.

Arbrisseau de 8—10 décim., à tige nue dans le bas, raide,
rameuse à sa partie supérieure, à rameaux dressés, feuillés,
paniculés; feuilles pubescentes en dessous, toutes pétiolées,
dépourvues d'oreillettes à la base du pétiole : les inférieures
2 fois ailées, à lanières linéaires, très étroites : les supérieures et les florales trifides ou entières, linéaires, allongées; capitules blanchâtres, presque globuleux, penchés;
écailles intérieures de l'involucre obovales, scarieuses sur
les bords, les extérieures un peu herbacées, lancéolées, aiguës. ♃ (Septembre). Vulg. *Citronnelle, Garderobe.*

Cultivée dans quelques jardins à cause de son odeur de citron cam-
phré. Cette plante se trouve sur les collines sèches du midi de la
France.

** *Feuilles multifides, munies d'oreillettes à la base du pétiole;
capitules ovoïdes, presque globuleux.*

3. A. du Pont. — *A. Pontica.*

Linn. Sp. 1187. — DC. Prod. 6. p. 109. et Fl. fr. n. 3232.
— Gaud. Fl. helv. 5. p. 230. — Lam. Ency. 1. p. 261.
— Koch, Syn. p. 368.
Lam. illust. tab. 695. fig. 1. — Moris. sect. 6. tab. 2. fig.
15. — J. Bauh. Hist. 3. p. 1. p. 175. fig. 1. et 2. (*mala*).

— Clus. Hist. 1. p. 339. fig. 1. — Tabern. ic. p. 2. fig. 1.
— Dalech. Hist. p. 943. fig. 2. — Dod. pempt. p. 24. fig.
1. (*ead. ac Clus.*). — Lob. ic. p. 455. fig. 2. (*ead.*).

Racine ligneuse, rameuse, rampante, garnie de fibres; tiges dressées, pubescentes, très feuillées, rameuses-paniculées; feuilles courtes, pubescentes et d'un vert cendré en dessus, blanchâtres-cotonneuses en dessous, courtement pétiolées, 2 fois ailées, à lanières linéaires, rapprochées, entières ou un peu dentées : les caulinaires inférieures munies d'oreillettes à la base du pétiole, les supérieures sessiles : les florales entières, lancéolées-linéaires; capitules petits, nombreux, à fleurs jaunes, blanchâtres, presque globuleux, penchés, portés sur des pédicelles grêles, ordinairement plus longs que l'involucre, disposés au sommet de la tige en grappes latérales paniculées; écailles de l'involucre obovales, très obtuses, scarieuses sur les bords, les extérieures herbacées, plus courtes, lancéolées; réceptacle nu. ♃ (Juillet, août). Vulg. *Petite Absinthe.*

Les montagnes de Neuchâtel au-dessus de Couvet, du côté du couchant, et au Cul-des-Roches, près du Locle (Hall.). — A Mont, au-dessus de Rolle où elle est commune (Monnard). — Cette plante est cultivée en grand, dans le Val-Travers, aux environs de Motiers, où on en obtient par la distillation l'extrait d'absinthe.

4. A. des champs. — *A. campestris.*

Linn. Sp. 1185. — DC. Prod. 6. p. 96. et Fl. fr. n. 5255. —
Duby, Bot. gall. p. 277. — Gaud. Fl. helv. 5. p. 234. —
Lam. Ency. 1. p. 266. — Koch, Syn. p. 368.
Chaum. Fl. méd. tab. 37. — Moris. sect. 6. tab. 1. fig. 4 *bis.*
(*series* 2.). — J. Bauh. Hist. 3. p. 1. p. 194. fig. 2. (*mala*).
— Tabern. ic. p. 16. fig. 1. — Dalech. Hist. p. 939. fig. 2.
(*folia nimis lata*). — Dod. pempt. p. 53. fig. 2. — Lob.
Hist. p. 767. fig. 2. (*ead. ac Dalech.*).

Racine rameuse, épaisse, ligneuse, donnant naissance à plusieurs tiges ascendantes, rougeâtres, très dures, presque ligneuses, un peu anguleuses, glabres, effilées, rameuses-paniculées, à rameaux étalés, hautes de 5—6 décim.; feuilles glabres, ovales-arrondies dans leur contour, longuement pétiolées, bi-tripinnatifides, à lanières étroites, linéaires, mucronées : les caulinaires inférieures pinnatifides-dentées, à pétiole plus court, auriculé à la base : les supérieures sessiles, simplement pinnatifides : les florales ordinairement simples, linéaires; capitules ovoïdes, glabres, petits, courtement pédicellés, disposés en grappes axilaires, latérales, formant une panicule étalée au sommet de la tige ; écailles de l'involucre ovales, scarieuses sur les bords, les extérieures plus courtes, souvent légèrement purpurines. ♃ (Juillet, août).

Les bords des champs; les collines arides ou sablonneuses : abondamment sur les bords de la promenade à Yverdon, et le long de la route de Genève à Nyon. — Sur les Tranchées, à Genève. — Aux environs de Rougemont (Girod-Chant.).

*** *Feuilles multifides; capitules oblongs.*

5. A. commune. — *A. vulgaris.*

Linn. Sp. 1188. — DC. Prod. 6. p. 112. et Fl. fr. n. 3238. — Duby, Bot. gall. p. 277. — Gaud. Fl. helv. 5. p. 256. — Lam. Ency. 1. p. 267. — Koch, Syn. p. 369.

J. Saint-Hil. Pl. fr. tab. 652. — Bull. Herb. tab. 350. — Moris. sect. 6. tab. 1. fig. 1. (*series* 2.). — J. Bauh. Hist. 3. p. 1. p. 184. fig. 3. — Tabern. ic. p. 7. fig. 2. — Dalech. Hist. p. 950. fig. 1. — Dod. pempt. p. 33. fig. 1. — Lob. ic. p. 764. fig. 2. (*ead.*).

Racine forte, ligneuse ; tiges dressées, dures, rougeâtres, lanugineuses dans la jeunesse, à la fin glabres, rameuses-paniculées à leur partie supérieure, hautes de 10—15 décim.; feuilles planes, larges, blanches-cotonneuses en dessous, vertes en dessus, pinnatifides, à lobes lancéolés, acuminés, incisés, dentés en scie et entiers : les caulinaires auriculées à la base, celles du sommet linéaires-lancéolées, acuminées; capitules ovoïdes ou oblongs, penchés et dressés, presque sessiles, cotonneux, réunis en grappes axilaires, formant une vaste panicule terminale; écailles de l'involucre oblongues, concaves, verdâtres, scarieuses sur les bords, souvent purpurines au sommet. ♃ (Août, septembre). Vulg. *Armoise, Herbe de la Saint-Jean.*

Commune dans les lieux incultes, au bord des chemins, sur les murs et dans les décombres. — L'Armoise est apéritive, stimulante, emménagogue et antihystérique. On l'emploie à l'extérieur comme vulnéraire et détersive.

******** *Feuilles indivises; capitules ovoïdes, presque globuleux.*

6. A. Estragon. — *A. Dracunculus.*

Linn. Sp. 1189. — DC. Prod. 6. p. 97. et Fl. fr. n. 3236. — Duby, Bot. gall. p. 277. — Gaud. Fl. helv. 5. p. 233. — Lam. Ency. 1. p. 266. — Koch, Syn. p. 569.

J. Saint-Hil. Pl. fr. tab. 653. — Moris. sect. 6. tab. 1. fig. 4. (*series* 1.). — J. Bauh. Hist. 3. p. 1. p. 148. fig. 1. — Tabern. ic. p. 467. fig. 2. — Dalech. Hist. p. 685. fig. 1. — Dod. pempt. p. 709. fig. 1. — Lob. ic. p. 455. fig. 1. (*ead.*).

Racine épaisse, ligneuse, produisant plusieurs tiges dressées, dures, herbacées, grêles, feuillées, rameuses, glabres, hautes de 3—6 décim.; feuilles éparses, sessiles, d'un vert foncé, glabres, entières, lancéolées-linéaires, étroites, allongées : les radicales trifides au sommet; capitules petits, rapprochés, d'un jaune rougeâtre, presque globuleux, disposés en grappes axilaires dressées, feuillées, formant une panicule terminale dressée, demi-étalée; écailles de l'involucre largement elliptiques : les intérieures scarieuses sur les bords. ♃ (Août, septembre).

Cette plante, originaire de la Russie et des bords de la mer Caspienne, est cultivée dans les jardins : on l'emploie comme assaisonnement dans la salade, et on la fait infuser dans le vinaigre auquel elle donne une saveur aromatique agréable et piquante.

25. TANAISIE. — *TANACETUM*. Linn.

Involucre hémisphérique, à écailles embriquées ; fleurs
de la circonférence filiformes, à 3 dents, celles du centre
hermaphrodites, tubuleuses, à 5 dents, ou toutes hermaphrodites ; achaine strié-anguleux, à disque épigyne de la
largeur de l'achaine ; aigrette presque nulle ou très petite en
forme de couronne ; réceptacle nu.

1. T. commune. — *T. vulgare.*

Linn. Sp. 1148. — **DC.** Prod. 6. p. 128. et Fl. fr. n. 3225.
— Duby, Bot. gall. p. 278. — Gaud. Fl. helv. 5. p. 223.
Poir. Ency. 7. p. 570. — Koch, Syn. p. 570.
J. Saint-Hil. Pl. fr. tab. 367. — Bull. Herb. tab. 187. —
Lam. illust. tab. 696. fig. 1. — Moris. sect. 6. tab. 1. fig.
1. — J. Bauh. Hist. 3. p. 1. p. 131. fig. 2. — Tabern. ic.
p. 10. fig. 1. — Dalech. Hist. p. 955. fig. 1. — Dod.
pempt. p. 36. fig. 1. — Lob. ic. p. 749. fig. 1. (*ead.*).
Racine rampante, stolonifère ; tige dressée, haute de
6 — 9 décim., striée, anguleuse, souvent rougeâtre, glabre
ou garnie de quelques poils, rameuse à sa partie supérieure ;
feuilles grandes, alternes, sessiles, embrassantes, glabres,
d'un vert foncé, quelquefois un peu poilues en dessous sur
les nervures, ovales-oblongues, auriculées à la base, ailées,
à pinnules lancéolées, rapprochées, confluentes au sommet,
légèrement décurrentes sur la côte moyenne, qui est munie
en outre de quelques appendices foliacés, dentés, situés
entre les pinnules : celles-ci sont pinnatifides, à lobes incisés-dentés en scie, à dents aiguës dans les feuilles inférieures,
et simplement dentés en scie dans les supérieures ; capitules
hémisphériques, à fleurs jaunes, assez gros, disposés en
corymbe terminal fastigié, ordinairement rameux, à pédoncules munis de quelques bractées linéaires-subulées ;
écailles de l'involucre embriquées, oblongues, obtuses,
verdâtres, scarieuses et un peu diaphanes au sommet et sur

les bords ; achaine anguleux, glabre, couronné d'une membrâne courte. ⚇ (Juillet, août).

Salins, à Ivory, dans une haie au bord d'un champ, près d'une mare d'eau, à l'entrée du village ; entre Arc et Chissey, également dans une haie au bord d'un champ ; Besançon, au bord d'un champ, entre la citadelle et le bois de Peu ; Yverdon, au bord du lac ; Bâle, sur les graviers au bord de la Birse. — Au pied des vignes et le long des haies (Girod-Chant.), etc. Cette plante est aussi cultivée dans les jardins, surtout la variété suivante.

β. *Crispum*. DC. Prod. 6. l. c. — Gaud. Fl. helv. 5. l. c. — Moris. sect. 6. tab. 1. fig. 1. (*folium, ad dextram, n.* 2.). — Dod. pempt. p. 36. fig. 2. — Lob. ic. p. 749. fig. 2. (*ead.*). — Bords des feuilles crépus.

La Tanaisie a une odeur très forte et un goût amer et aromatique : elle est antispasmodique et surtout vermifuge ; ses graines peuvent remplacer le *Semen-contra* ; elle est également un bon fébrifuge et un excellent tonique.

2. T. Balsamite. — *T. Balsamita.*

Linn. Sp. 1148. — Poir. Ency. 7. p. 572. — Koch, Syn. p. 370. — *Balsamita major* (Desf.). DC. Fl. fr. n. 3222. — Duby, Bot. gall. p. 279. — Gaud. Fl. helv. 5. p. 221. — *Pyrethrum Tanacetum*. DC. Prod. 6. p. 63.

J. Saint-Hil. Pl. fr. tab. 949. — Moris. sect. 6. tab. 1. fig. 1 *bis*. (*series* 1.). — J. Bauh. Hist. 3. p. 1. p. 144. fig. 3. — Dalech. Hist. p. 678. fig. 1. — Dod. pempt. p. 295. fig. 1. — Lob. ic. p. 322. fig. 1. (*ead.*).

Tige dressée, ferme, presque ligneuse, striée-anguleuse, feuillée, rameuse, d'un vert blanchâtre, ainsi que les feuilles, haute de 6—9 décim. ; feuilles alternes, légèrement pubescentes, ovales ou elliptiques, fermes, obtuses, dentées en scie : les inférieures oblongues, longuement pétiolées : les supérieures sessiles, souvent auriculées à la base ; capitules à fleurs jaunes, nombreux, disposés au sommet de la tige et des rameaux en corymbes partiels, formant ensemble une panicule rameuse, terminale, portés sur des pédoncules courts, un peu pubescents, munis de petites bractées linéaires ou lancéolées; écailles de l'involucre lancéolées, un peu brunâtres et scarieuses au sommet; achaine strié, couronné d'une marge très courte, blanchâtre, crénelée. ♃ (Août, septembre). Vulg. *Baume, Menthe-Coq.*

Cette plante, qui croît spontanément dans le midi de la France, est cultivée dans les jardins pour son odeur douce et balsamique. L'huile dans laquelle on la fait infuser est employée pour les plaies et les contusions.

26. SANTOLINE. — *SANTOLINA.* Linn.

Involucre hémisphérique, à écailles embriquées; fleurs toutes hermaphrodites, tubuleuses; tube de la corolle comprimé, à 2 ailes, appendiculé à la base par le prolongement d'une petite membrane dimidiée; aigrette nulle; réceptacle garni de paillettes.

1. S. à feuilles de Cyprès. — *S. Camœ-Cyparissus.*

Linn. Sp. 1179. — DC. Prod. 6. p. 35. var. *α.* — Gaud. Fl. helv. 5. p. 220. — Poir. Ency. 6. p. 505. — Koch, Syn. p. 370. — *S. incana* (Lam.). DC. Fl. fr. n. 3248. — Duby, Bot. gall. p. 278.

Lam. illust. tab. 671. fig. 3. — Moris. sect. 6. tab. 3. fig. 12. — J. Bauh. Hist. 3. p. 1. p. 134. fig. 2. — Clus. Hist. 1. p. 341. fig. 1. — Tabern. ic. p. 15. fig. 2. — Dalech. Hist. p. 937. fig. 1. — Dod. pempt. p. 269. fig. 2. — Lob. ic. p. 768. fig. 1. (*ead.*).

Tiges dures, un peu ligneuses dans le bas, simples ou rameuses dès la base, à rameaux effilés, dressés ou ascendants, cylindriques, blancs, cotonneux, hautes de 2—3 décim.; feuilles alternes ou éparses, également blanches et cotonneuses, linéaires, presque tétragones, à 4 rangs de dents ou folioles courtes, obtuses, ovales, arrondies au sommet; capitules assez gros, à fleurs jaunes, hémisphériques, solitaires, portés sur de longs pédoncules presque nus;

involucre blanchâtre, à écailles lancéolées, à nervure dorsale épaisse, saillante, les intérieures un peu scarieuses au sommet; achaine court, très lisse. ♄ (Juillet, août).

Cette plante, qui appartient aux provinces méridionales de la France, est cultivée dans quelques jardins isolément ou en bordure. — Sa saveur est amère et son odeur forte, aromatique ; elle passe pour être stomachique et vermifuge.

27. ACHILÉE. — *ACHILLEA.* Linn.

Involucre ovoïde ou oblong, à écailles embriquées; fleurs du rayon femelles, ligulées, à languette courte, presque arrondie : celles du disque hermaphrodites, tubuleuses, à limbe à 5 dents, à tube comprimé-aplani, à 2 ailes ; achaine comprimé, nu au sommet ou terminé par un rebord peu saillant; réceptacle garni de paillettes.

§ 1. *Rayon presque à 10 fleurs, à languette blanche, de la longueur de l'involucre.* — Ptarmica. Tournef.

1. A. sternutatoire. — *A. Ptarmica.*

Linn. Sp. 1266. — DC. Fl. fr. n. 3271. — Duby, Bot. gall. p. 275. — Gaud. Fl. helv. 5. p. 362. — Lam. Ency. 1. p. 28. — Koch, Syn. p. 370. — *Ptarmica vulgaris.* DC. Prod. 6. p. 23.

J. Saint-Hil. Pl. fr. tab. 243. — Lam. illust. tab. 683. fig. 2. — Moris. sect. 6. tab. 12. fig. 1. — J. Bauh. Hist. 3. p. 1. p. 147. fig. 1. — Clus. Hist. 2. p. 12. fig. 1. — Dalech. Hist. p. 1168. fig. 2. — Dod. pempt. p. 710. fig. 1. (*ead. ac Clus.*). — Lob. ic. p. 455. fig. 2. (*ead.*).

Racine noirâtre, rampante; tige dressée, glabre, feuillée, striée, rameuse-eorymbiforme, haute de 3—5 décim.; feuilles sessiles, dressées, glabres, étroites, linéaires-lancéolées, aiguës, dentées en scie, à dents nombreuses, mucronées, contiguës-appliquées, elles-mêmes dentelées en scie; capitules gros, à fleurs blanches, hémisphériques, disposés en corymbe terminal feuillé, portés sur des pédoncules assez longs, pubescents; involucre à écailles ovales-oblongues ou ovales-lancéolées, à nervure dorsale épaisse, saillante, verdâtre, entourées d'une ligne brune; achaine glabre, comprimé, un peu ailé. ♃ (Juillet, août).

Commune dans les terrains un peu humides, dans les prés et les champs cultivés.

β. *Multiplex*. DC. Prod. 6. l. c. et Fl. fr. l. c. — Gaud. Fl. helv. 5. l. c. — Clus. Hist. 2. p. 12. fig. 2. — Fleurs toutes ou la plupart ligulées.

Salins, sur les graviers de la Furieuse au-dessous de Saint-Joseph. Cultivée dans les jardins sous le nom de *Bouton-d'argent*.

§ 2. *Rayon à 3—5 fleurs, à languette blanche ou purpurine, de moitié moins longue que l'involucre*. — Millefolium. Tourn.

2. A. Millefeuille. — *A. Millefolium*.

Linn. Sp. 1267. — DC. Prod. 6. p. 24. et Fl. fr. n. 3280. — Duby, Bot. gall. p. 276. — Gaud. Fl. helv. 5. p. 373. Lam. Ency. 1. p. 29. — Koch, Syn. p. 372.
Bull. Herb. tab. 163. — Lam. illust. tab. 683, fig. 1. — Moris. sect. 6. tab. 11. fig. 6. — J. Bauh. Hist. 3. p. 1. p. 136 fig. 1. (*omnium pessima*). — Tabern. ic. p. 130. fig. 1.

.Racine rampante; tige ferme, striée, un peu lanugineuse, souvent rougeâtre à la base, feuillée, rameuse-corymbiforme, haute de 3—6 décim.; feuilles étroites, linéaires-lancéolées, sessiles, excepté les radicales, vertes, un peu velues en dessous, bipinnatifides, à côte entière, étroite, à pinnules nombreuses, rapprochées, divisées en lanières lancéolées-linéaires, à 3—5 lobes courts, mucronés; capitules petits, à fleurons et demi-fleurons blancs, peu nombreux, disposés en corymbe terminal dense, rameux, presque nivelé; involucre ovoïde, d'un vert pâle, à

écailles oblongues-elliptiques, à nervure saillante, entourées d'un bord scarieux, brunâtre; achaine glabre, comprimé, légèrement tétragone. ♃ (Juin—octobre). Vulg.
Herbe au charpentier, Herbe à la coupure.

Commune dans les lieux incultes, au bord des chemins et des champs.

β. *Purpurea.* DC. Fl. fr. l. c. — Tabern. ic. p. 130 fig.
2. — Dod. pempt. p. 100. fig. 2. — Capitules à demi fleurons d'un pourpre plus ou moins foncé.

Plus rare : Salins, au bord de la route vers Saint-Joseph; au bord
des champs à la Grange-Feuillet; sur les sommités entre la Faucille et
le Colombier. — Aux environs de Bâle (Hagenb.). — La Millefeuille
est regardée comme vulnéraire.

3. A. à fleurs compactes. — *A. magna.*

Linn. Sp. 1267. — DC. Prod. 6. p. 25. — *A. compacta.*
Lam. Ency. 1. p. 27. — DC. Fl. fr. n. 3279. (*excl. Syn.*
All. et Willd.) — Duby, Bot. gall. p. 275. — *An satis ab*
A. tanacetifolia distincta? (Duby.) *An var. dentiferæ,*
ex spec. interdùm rachi dentata? An auriculæ, quæ
caract. proprium speciei formant, verè constantes aut
in pluribus luxuriantibus obviæ ? (**DC.**)

La plante que je décris ici, d'après de Candolle, m'est
inconnue, et je n'en possède pas d'échantillon. Sa tige est
le plus souvent rameuse, dressée, striée, cylindrique,
pubescente ou un peu velue, haute d'environ 6 décim. ; ses
feuilles sont grandes, un peu velues, surtout sur les nervures, bipinnatifides, à lanières lancéolées, incisées-dentées en scie, à dents aiguës, à côte bordée par un appendice foliacé, étroit et entier : les radicales pétiolées : les
caulinaires sessiles, auriculées à la base, ou à lanières inférieures déjetées du côté de la tige; capitules ovoïdes-
oblongs, très nombreux, à fleurs d'un blanc un peu jaunâtre, disposés en corymbe terminal rameux, nivelé;
écailles de l'involucre un peu velues, roussâtres sur les
bords ; demi-fleurons au nombre de 5, obovales-arrondis .

échancrés en cœur, ayant quelquefois dans l'échancrure un troisième lobe plus petit ; paillettes du réceptacle oblongues-linéaires, un peu roussâtres au sommet. ♃ (Juillet, août).

Au pied du Jura, du côté du lac d'Yverdon (DC.).

4. A. noble. — *A. nobilis.*

Linn. Sp. 1268. — DC. Prod. 6. p. 26 et Fl. fr. n. 3282. — Duby, Bot. gall. p. 276. — Gaud. Fl. helv. 5. p. 378. — Poir. Ency. supp. 1. p. 101. — Koch, Syn. p. 574. Moris. sect. 6. tab. 11. fig. 4. — J. Bauh. Hist. 3. p. 1. p. 140. fig. 1. (*mediocris*). — Tabern. ic. p. 129. fig. 2. — Dalech. Hist. p. 772. fig. 1.

Racine brune, un peu épaisse, dure, presque ligneuse ; tige dressée, striée-anguleuse, pubescente, feuillée, rameuse à sa partie supérieure, haute de 2—4 décim.; feuilles d'un vert cendré, pubescentes, à poils courts et denses, ce qui les rend presque un peu cotonneuses, ovales ou obovales dans leur contour : les radicales pétiolées, tripinnatifides, à côte étroite, à peine ailée, ordinairement munies, çà et là, de quelques dents écartées, à pinnules oblongues, obtuses, bipinnatifides, à lobes ou dents obtuses, mucronées : les caulinaires plus petites, sessiles, bipinnatifides; capitules petits, nombreux, disposés en corymbe terminal rameux ; involucre ovoïde, à écailles obtuses, à nervure saillante, pubescentes, d'un vert cendré; fleurs blanches à demi-fleurons obovales-arrondis, à 3 dents obtuses, peu marquées, de moitié moins longs que l'involucre. ♃ (Juillet, août).

Les collines arides et incultes : Béfort, sur la colline coupée par la route de Bâle. — Commune dans les vignes de Bienne, comté de Neuchâtel (Gaud.). — Près de Cressier et de Saint-Blaise (L. Benoit, cat.). — A Fontaine-André, au bois de Peu (Depierre, cat.). — Aux environs de Bâle (Hagenbach).

28. CAMOMILLE. — *ANTHEMIS.* Linn.

Involucre hémisphérique ou presque aplani, à écailles embriquées; fleurs du rayon femelles, quelquefois stériles,

ligulées, à languette oblongue : celles du disque hermaphrodites, tubuleuses, à tube comprimé, à 2 ailes, à limbe
à 5 dents ; achaines sans ailes ou étroitement ailés, presque
semblables, dépourvus d'aigrettes, terminés par un bord
plus ou moins marqué; réceptacle garni de paillettes.

§ 1. *Paillettes lancéolées, acuminées en pointe raide.*

* *Réceptacle convexe ou presque hémisphérique.*

1. C. des teinturiers. — *A. tinctoria.*

Linn. Sp. 1263. — DC. Prod. 6. p. 11. et Fl. fr. n. 3266. —
Duby, Bot. gall. p. 274. — Gaud. Fl. helv. 5. p. 359. —
Lam. Ency. 1. p. 576. — Koch, Syn. p. 375.
J. Saint-Hil. Pl. fr. tab. 71. — Barr. ic. fig. 465. — Moris.
sect. 6. tab. 6. fig. 41. — J. Bauh. Hist. 3. p. 1. p. 122.
fig. 2. — Clus. Hist. 1. p. 332. fig. 2. — Tabern. ic. p.
21. fig. 2. — Dalech. Hist. p. 861. fig. 1. (*malè*).

Plante élégante, d'un aspect agréable. Tige dressée,
haute de 3—5 décim., dure, striée ou anguleuse, souvent
un peu rougeâtre à la base, légèrement cotonneuse dans
le haut et un peu blanchâtre, feuillée, rameuse-corymbiforme ; feuilles planes, d'un vert pâle, velues et blanchâtres
en dessous, simplement ailées, à folioles étroites, écartées,
linéaires-lancéolées, pinnatifides, à lobes simples, courts,
lancéolés, aigus, mucronés, munis quelquefois de 1—2
dents ; capitules solitaires, assez gros, à rayons et disque
d'un beau jaune, portés sur de longs pédoncules nus, cotonneux, striés ; involucre hémisphérique, à écailles lancéolées et linéaires-lancéolées, velues, scarieuses sur les
bords, entières et un peu brunâtres au sommet ; réceptacle
garni d'un grand nombre de paillettes lancéolées-subulées,
raides, scarieuses, persistantes, pliées en carène ; achaine
strié, comprimé, légèrement tétragone, lisse, couronné par
une membrane courte, entière. ⚥ (Juillet, août).

J'ai trouvé quelques pieds de cette plante à Salins, le long de la
promenade des Capucins, dans une échancrure du mur qui sert de

parapet le long de la Furieuse; mais ils ont été arrachés. — Bâle, parmi les ruines d'Augst; en sortant de la porte Saint-Pierre; entre Waldshut et Waldkirch; dans les champs entre Courroux et Delémont; autour de Reinfelden; près de Riehen, etc. (Hagenb.).

** *Réceptacle fructifère allongé, cylindrique ou conique.*

2. C. des champs. — *A. arvensis.*

Linn. Sp. 1261. — DC. Prod. 6. p. 6. et Fl. fr. n. 3260. — Duby, Bot. gall. p. 274. — Gaud. Fl. helv. 5. p. 355. — Lam. Ency. 1. p. 575. — Koch, Syn. p. 576.

Racine blanchâtre, fusiforme, garnie de fibres; tige rameuse, diffuse, striée, souvent rougeâtre, pubescente, dressée, feuillée, haute de 3—4 décim.; feuilles sessiles, d'un vert cendré, pubescentes ou un peu cotonneuses, oblongues, 2 fois ailées-pinnatifides, à lanières linéaires lancéolées, entières ou à 2—5 lobes aigus, mucronés; capitules assez gros, solitaires, terminaux, portés sur des pédoncules nus, allongés, un peu cotonneux; involucre hémisphérique, un peu poilu, à écailles appliquées, presque égales entre elles, largement blanchâtres et scarieuses sur les bords, vertes sur la carène, très obtuses, un peu brunâtres au sommet; réceptacle allongé, conique; achaine lisse, obscurément tétragone, couronné par une marge courte, épaisse. ④ (Juin—automne).

Salins, çà et là dans les champs cultivés et parmi les décombres, rare. — Aux environs de Nyon (Gaud.). — De Genève (Reut.). — De Bâle (Hagenb.). — Dans les champs (Girod-Chant.).

§ 2. *Paillettes linéaires-sétacées, aiguës.*

3. C. fétide. — *A. Cotula.*

Linn. Sp. 1261. — DC. Fl. fr. n. 3261. — Duby, Bot. gall. p. 273. — Gaud. Fl. helv. 5. p. 356. — Lam. Ency. 1. p. 575. — Koch, Syn. p. 376 — *Maruta Cotula.* DC. Prod. 6. p. 13.

Moris. sect. 6. tab. 12. fig. 10. — J. Bauh. Hist. 3. p. 1. p. 121. fig. 1. — Dalech. Hist. p. 1345. fig. 2. (*ead.*).

Racine blanchâtre, fusiforme, garnie de fibres; tige dressée, glabre, striée, très rameuse, haute de 3—4 décim.; feuilles sessiles, d'un vert assez foncé, 2 fois ailées-pinnatifides, à lanières linéaires-subulées, entières ou à 2—3 lobes courtement mucronés; capitules terminaux, portés sur de longs pédoncules filiformes, à fleurs d'une odeur fétide, à rayons blancs; involucre plus court que le disque convexe, à écailles glabres, obtuses, vertes sur le dos, blanchâtres et scarieuses sur les bords; réceptacle conique, garni de paillettes linéaires-subulées; achaine obovoïde, tronqué, nu et un peu convexe au sommet, strié-tuberculeux longitudinalement. ① (Juin—automne). Vulg. *Maroute*, *Camomille puante*.

Commune dans les lieux cultivés, le long des chemins, au bord des champs. — Cette plante est un excellent antispasmodique.

§ 3. *Paillettes obtuses, scarieuses, déchirées-dentées au sommet, quelquefois mucronées par une dent plus saillante.*

4. C. romaine. — *A. nobilis.*

Linn. Sp. 1260. — DC. Prod. 6. p. 6. et Fl. fr. n. 3259. — Duby, Bot. gall. p. 274. — Gaud. Fl. helv. 5. p. 334. — Lam. Ency. 1. p. 574. — Koch, Syn. p. 376.

J. Saint-Hil. Pl. fr. tab. 70. — Chaum. Fl. méd. tab. 89. — Moris. sect. 6. tab. 12. fig. 1. — J. Bauh. Hist. 3. p. 1. p. 118. fig. 1. — Tabern. ic. p. 19. fig. 2. — Dalech. Hist. p. 968. fig. 1. — Dod. pempt. p. 260. fig. 1. — Lob. ic. p. 770. fig. 2. (*ead.*).

Racine rameuse, dure, presque ligneuse; tiges ascendantes, souvent couchées à leur partie inférieure, feuillées, velues, rameuses, longues de 15—30 centim.; feuilles sessiles, velues, d'un vert cendré, oblongues, 2 fois ailées-pinnatifides, à lanières filiformes, simples ou à 2—3 lobes aigus; capitules solitaires, terminaux, portés sur des pédoncules grêles, pubescents, nus, striés, à fleurs d'une odeur aromatique agréable, à rayons blancs; involucre hémisphérique, à écailles oblongues, obtuses, largement scarieuses et blanchâtres au sommet et sur les bords, un peu velues et d'un vert blanchâtre sur le dos; achaine très petit, lisse, légèrement anguleux; réceptacle conique. ⚥ (Juillet, août).

Les terres argileuses, les lieux arides et incultes, le bord des chemins : commune aux environs de Sellières; de Chaumergy; d'Aumont; de la Grande-Loie; autour de l'étang de Vaudrey; au bord du bois Mouchard, le long de la route de Villers-Farlay, etc. — Genève, cultivé partout dans les jardins et quelquefois dans les champs (Reut.). — Cette plante est stomachique, carminative et résolutive.

29. MATRICAIRE. — *MATRICARIA*. Linn.

Réceptacle nu, presque cylindrique-conique : les autres caractères comme dans les Chrysanthèmes.

1. M. Camomille. — *M. Chamomilla.*

Linn. Sp. 1256. — DC. Fl. fr. n. 3217. — Gaud. Fl. helv. 5. p. 332. — Desrouss. Ency. 3. p. 728. — Koch, Syn. p. 377. — *M. suaveolens*. DC. Prod. 6. p. 51. (*an Linn.?*). J. Saint-Hil. Pl. fr. tab. 233. — Moris. sect. 6. tab. 12. fig. 7. — J. Bauh. Hist. 3. p. 1. p. 116. fig. 1. — Tabern. ic. p. 18. fig. 2. — Dalech. Hist. p. 1345. fig. 1. -- Dod. pempt. p. 257. fig. 2. — Lob. ic. p. 770. fig. 1.

Plante glabre, d'une odeur aromatique douce. Racine rameuse, garnie de fibres; tige tombante ou ascendante, très rameuse, diffuse, souvent flexueuse et rougeâtre, striée, feuillée, haute de 3—4 décim.; feuilles d'un vert foncé, 2 fois ailées-pinnatifides, sessiles, à côte étroite, à pinnules écartées, capillaires, profondément bi ou trifides, à lanières allongées, obtuses, mucronulées : celles de la base pétiolées : celles du sommet embrassantes; capitules solitaires, terminaux, portés sur des pédoncules nus, striés, un peu épaissis au sommet ; involucre convexe , à écailles oblongues, glabres, obtuses, largement scarieuses sur les bords, vertes sur la carène ; achaine petit , oblong , strié, tronqué, nu et non couronné au sommet ; réceptacle de la fleur convexe, s'allongeant ensuite et devenant cylindrique conique , entièrement nu et creux à la maturité. ⊙ (Mai—juillet).

Les lieux incultes, au bord des champs, et parmi les décombres, assez rare : les champs, parmi la moisson, près de Nyon (Gaud.). — Genève, sur Saint-Jean, en allant à Sous-Terre (Reut.). — Bâle, commune dans les moissons et au bord des champs (Hagenb.). — On confond souvent cette plante avec les *Anthemis arvensis* et *Cotula*, ou avec le *Chrysanthemum inodorum* ; mais on la distingue facilement des deux premières espèces à son réceptacle nu , et de la troisième à son réceptacle cylindrique-conique , et de toutes à son réceptacle creux intérieurement. — Elle est employée en médecine comme stomachique, antispasmodique et vermifuge.

30. CHRYSANTHÈME. — *CHRYSANTHEMUM*. Linn.

Involucre presque aplani ou hémisphérique , à écailles embriquées ; fleurs du rayon femelles, ligulées, à tube comprimé : celles du disque hermaphrodites, tubuleuses, à limbe à 5 dents ; achaines semblables, non ailés, dépourvus d'aigrette , terminés par une marge peu marquée, ou plus ou moins saillante ou formant une couronne ; réceptacle nu , presque plan ou hémisphérique.

1. C. Leucanthème. — *C. Leucanthemum*.

Linn. Sp. 1251. — DC. Fl. fr. n. 3204. — Duby. Bot. gall. p. 272. — Koch , Syn. p. 378. — *C. Leucanth. I. triviale*. Gaud. Fl. helv. 5. p. 341. — *Leucanthemum vulgare*. DC. Prod. 6. p. 46. — *Matricaria Leucanthemum*. Desrouss. Ency. 3. p. 751.

Bull. Herb. tab. 211. — Moris. sect. 6. tab. 8. fig. 1. — J. Bauh. Hist. 3. p. 1. p. 114. fig. 3. — Tabern. ic. p. 331. fig. 1. — Dod. pempt. p. 265. fig. 3. — Lob. ic. p. 478. fig. 1. (*ead.*).

Racine oblique, un peu épaisse, fibreuse; tige dressée, anguleuse, glabre ou plus ou moins velue, simple ou rameuse, haute de 3—6 décim.; feuilles épaisses, un peu ferme, d'un vert assez foncé, presque glabres, ou plus ou moins velues : les radicales et les inférieures obovales-spatulées, obtuses, crénelées, rétrécies à la base en un long pétiole : les supérieures sessiles, embrassantes, oblongues-linéaires, dentées en scie, à dents de la base plus étroites et plus profondes; capitules gros, solitaires à l'extrémité de la tige et des rameaux, portés sur de longs pédoncules striés, à rayons blancs, allongés; involucre hémisphérique, à écailles embriquées, appliquées, obtuses, glabres, scarieuses au sommet et sur les bords, entourées d'une ligne brunâtre; achaines nus, tous dépourvus de couronne, presque cylindriques, striés. ♃ (Juin, juillet). Vulg. *Grande Marguerite*.

Très commun dans les prés, les lieux incultes, le bord des champs et des chemins.

β. *Uniflorum*. Gaud. Fl. helv. 5. l. c. — Tige simple, uniflore.

Poupet et ailleurs, dans les prés et les pâturages montagneux.

γ. *Pygmæum*. Plante pubescente, à tige simple, grêle, filiforme, haute de 8—10 centim., à un seul capitule.

Salins, le long d'un chemin, près du village d'Alaise.

2. C. de montagne. — *C. montanum*.

Linn. Sp. 1252.— Koch, Syn. p. 378. — *C. Leucanth. II. montanum*. Gaud. Fl. helv. 5. p. 342. — *Leucanth. montanum*. DC. Prod. 6. p. 48. — *C. Leucanth. var. ε.* DC. Fl. fr. n. 3204. — Duby, Bot. gall. p. 272. var. β. — *Matricaria montana*. Desrouss. Ency. 3. p. 732.

All. Ped. tab. 37. fig. 2. — J. Bauh. Hist. 3. p. 1. p. 115. fig. 1.

Racine oblique, garnie de longues fibres brunâtres; tige haute de 3—5 décim., garnie de quelques poils épars, mous, articulés, striée, anguleuse, feuillée, nue dans le haut, ordinairement simple, à un seul capitule ; feuilles épaisses, raides, cassantes, presque glabres : les radicales et les inférieures obovales ou oblongues, obtuses, spatulées, rétrécies à la base en un long pétiole, grossièrement dentées crénelées : les caulinaires sessiles, embrassantes, dressées, oblongues-lancéolées ou lancéolées, profondément dentées en scie, à dents aiguës, plus étroites et plus longues à la base : les supérieures plus petites, linéaires, souvent presque entières, seulement dentées à la base ; capitule très gros, atteignant quelquefois, avec les rayons, 8 centim. de diamètre, porté sur un long pédoncule strié, un peu épaissi au sommet ; involucre glabre, à écailles scarieuses au sommet et sur les bords, entourées d'une ligne d'un brun foncé ; achaines du rayon terminés par une couronne unilatérale atteignant la moitié de la longueur du tube du demi-fleuron, ceux du disque nus, sans couronne. ♃ (Juin, juillet).

Les lieux incultes et montagneux : Salins, sur le penchant du pied de Poupet, du côté de la ville ; à la source de la Cuisance, près d'Arbois ; au pied des rochers, au-dessus de la route neuve, en allant de Thoirette à Matafélon ; sur le Colombier, etc. — Sur la Dôle ; le Marcheruz (Gaud). — Les rochers de Salève (Reut.). — Dans le vallon d'Ardran, en montant de Thoiry au Reculet. — Aux environs de Bâle (Hagenb.).

β. *Subnudum.* — *Chrys. Leucanth. var. δ.* DC. Fl. fr. n. 3204. — Plante entièrement glabre, à tige feuillée, seulement à la base, nue et semblable à une hampe sur le reste de sa longueur, simple, à un seul capitule ; feuilles radicales oblongues, dentées en scie, rétrécies en un court pétiole, les autres plus étroites, lancéolées et linéaires, plus ou moins dentées en scie, ou presque entières.

Sur le Montendre.

3. C. Matricaire. — *C. Parthenium.*

Pers. Syn. 2. p. 462. — Duby, Bot. gall. p. 272. — Gaud. Fl. helv. 5. p. 350. — Koch, Syn. p. 379. — *Pyrethrum*

Parthenium. DC. Prod. 6. p. 58. et Fl. fr. n. 5215. — *Matricaria Parthen.* (Linn.). Desrouss. Ency. 5. p. 727.

Bull. Herb. tab. 203. — Moris. sect. 6. tab. 10. fig. 1. — J. Bauh. Hist. 3. p. 1. p. 129. fig. 1. — Tabern. ic. p. 8. fig. 2. — Dalech. Hist. p. 954. fig. 1. — Dod. pempt. p. 35. fig. 2. — Lob. ic. p. 751. fig. 1. (*cad.*).

Racine fibreuse ; tige ferme, dressée, presque glabre ou pubescente, striée-anguleuse, feuillée, rameuse à sa partie supérieure, haute de 5—6 décim. ; feuilles pubescentes, quelquefois presque glabres, alternes, pétiolées, oblongues, ailées, à folioles ovales-oblongues, pinnatifides, à lobes obtus, incisés ou dentés, les supérieures confluentes ; capitules nombreux, de grandeur médiocre, à rayons blancs, disposés à l'extrémité de la tige et des rameaux en corymbe terminal, portés sur des pédoncules striés, pubescents, munis d'une petite bractée linéaire-subulée ; involucre hémisphérique, à écailles linéaires-lancéolées, à nervure saillante, scarieuses au sommet et sur les bords ; achaine strié, terminé par une marge scarieuse très courte. ♃ (Juin, juillet).

Salins, sur les rochers au-dessus du Mont-de-Cimon ; Arbois, à la source de la Cuisance, sur le talus au pied des rochers. — Genève, sur les remparts (Reut.). — Çà et là, sur les vieux murs et les décombres, aux environs de Bâle (Hagenb.). — Les vieux murs d'enceinte du château de Blamont (Girod-Chant.). — La variété à fleurs doubles est cultivée dans les jardins. — On emploie cette plante comme tonique, emménagogue, hystérique et vermifuge.

4. C. en corymbe. — *C. corymbosum*.

Linn. Syst. nat. 2. p. 562. — Duby, Bot. gall. p. 272. — Gaud. Fl. helv. 5. p. 349. — Koch, Syn. p. 379 — *Pyrethrum corymbosum*. DC. Prod. 6. p. 57. et Fl. fr. n. 5214. — *Matricaria corymbosa*. Desrouss. Ency. 3. p. 734.

Barr. ic. fig. 785. — Moris. sect. 6. tab. 8. fig. 18. — J. Bauh. Hist. 3. p. 1. p. 133. fig. 1. et 2. (*malœ*). —

Clus. Hist. 1. p. 538. fig. 2. — Tabern. ic. p. 131. fig. 2.
— Dalech. Hist. p. 1147. fig. 1. — Dod. pempt p. 37.
fig. 1. — Lob. ic. p. 750. fig. 1. (*ead.*).

Racine rampante ; tige ferme, dressée, un peu anguleuse,
striée, feuillée, rameuse au sommet, haute de 6—9 décim.;
feuilles oblongues, glabres en dessus, plus pâles et un peu
velues ou pubescentes en dessous, ailées, à folioles lancéolées, pinnatifides, diminuant de grandeur vers la base,
confluentes au sommet, à lobes incisés-dentés, à dents aiguës : les inférieures longuement pétiolées : les supérieures
sessiles, embrassantes, munies à la base d'une touffe de
poils blanchâtres; capitules solitaires, assez grands, à demi-
fleurons blancs, étalés, disposés à l'extrémité de la tige et
des rameaux en corymbe terminal, au nombre de 6—8,
portés sur des pédoncules striés, munis de petites bractées
subulées; involucre hémisphérique, à écailles verdâtres,
ovales, obtuses, brunes et scarieuses au sommet; achaine
glabre, sillonné, terminé par une couronne formée d'une
membrane crénelée. ♃ (Juin, juillet).

Parmi les buissons des montagnes : Salins, sur les rochers de
Belin, entre le Fort et la Redoute et au-dessus des vignes des Prémou-
reau; les buissons sur le flanc de la côte de Salgret, du côté de la pe-
louse de Saint-André. — Aux Côtes, au-dessus de Trêlex (Gaud.). —
Genève, au bois de la Bâtie, à Sous-Terre, à Salève, etc. (Reut.). —
Les bois et buissons des environs de Bâle (Hagenb.).

5. C. inodore. — *C. inodorum.*

Linn. Sp. 1255. — Duby, Bot. gall. p. 272. — Gaud. Fl.
helv. 5. p. 551. — Koch, Syn. p. 380. — *Pyrethrum
inodorum.* DC. Fl. fr. n. 3216. — *Matricaria inodora.*
Desrouss. Ency. 3. p. 734. — DC. Prod. 6. p. 52. et *M.
Chamomilla.* p. 51. (*ex.Reut.*).

J. Bauh. Hist. 3. p. 1. p. 120. fig. 2. — Tabern. ic. p. 21.
fig. 1. — Dalech. Hist. p. 1345. fig. 3. (*ead. ac Bauh.*).

Racine fusiforme, tortueuse, garnie de fibres ; tige dressée, glabre, anguleuse, feuillée, rameuse, à rameaux éta-

lés, diffus, haute de 3—4 décim ; feuilles glabres, sessiles, bi-tripinnatifides, à lanières linéaires-filiformes ; capitules solitaires, terminaux, assez gros, inodores, portés sur de longs pédoncules glabres, striés ; involucre à écailles oblongues, verdâtres, brunes et scarieuses au sommet et sur les bords, achaine oblong, brun, ridé en travers, un peu comprimé, à 3 côtes longitudinales blanchâtres, la quatrième manquant sur l'une des faces, couronné par une marge scarieuse, blanchâtre, entière ; réceptacle hémisphérique. ①
(Juillet—septembre).

Dans les champs, après la moisson, au bord des chemins : aux environs de Salins ; de Pontarlier ; de Genève ; de Nyon ; de Bâle ; de Delémont, etc.

TRIBU VII. — SÉNÉCIONÉES. Koch.

Aigrette poilue : les autres caractères comme dans les Anthémidées.

31. DORONIC. — *DORONICUM*. Linn.

Involucre hémisphérique ou presque aplani, à écailles égales sur 2—3 rangs ; fleurs du rayon femelles, ligulées : celles du disque hermaphrodites, tubuleuses, à limbe à 5 dents, à stigmates en tête tronquée ; achaines sillonnés, sans ailes ni bec, ceux du rayon sans aigrette, les autres à aigrette poilue ; réceptacle nu.

1. D. à feuilles en cœur. — *D. Pardalianches*.

Linn. Sp. 1247. var. β. — DC. Prod. 6. p. 320. et Fl. fr. n. 3195. — Duby, Bot. gall. p. 263. — Gaud. Fl. helv. 5. p. 337. — Lam. Ency. 2. p. 312. var. β. — Koch, Syn. p. 380.
Chaum. Fl. méd. tab. 152. — Moris. sect. 7. tab. 24. fig. 1. — Clus. Hist. 2. p. 16. fig. 2. (*ic. Dod.*). — Tabern. ic. p. 336. fig. 2. — Dod. pempt. p. 437. fig. 2. — Lob. ic. p. 649. fig. 2. (*ead.*).

Racine tubéreuse, rampante, noueuse, garnie de fibres; tige haute d'environ 6 décim., un peu velue, dressée, feuillée, peu rameuse, portant 1—3 capitules, rarement plus; feuilles molles, velues, légèrement crénelées-dentelées : les radicales assez grandes, ovales-arrondies, profondément échancrées en cœur à la base, à lobes arrondis, presque parallèles, portées sur de longs pétioles velus : les caulinaires inférieures munies de pétioles beaucoup plus courts, élargis à la base en 2 oreillettes foliacées assez grandes, dentelées, embrassantes, se rapprochant insensiblement, en montant, du limbe de la feuille par le raccourcissement du pétiole, et formant, par leur réunion, à la partie supérieure de la tige, des feuilles sessiles, embrassantes, plus petites, ovales, aiguës; capitules grands, à fleurs jaunes, à demi-fleurons nombreux plus pâles que le disque; involucre pubescent, à écailles étroites, nombreuses, herbacées, lancéolées, longuement acuminées, dépassant le disque; achaines des rayons glabres, à 10 stries, nus, sans aigrettes, ceux du disque velus et munis d'une aigrette à poils simples, blancs; réceptacle velu. ♃ (Mai, juin).

Les bois montagneux : Salins, dans le bois de Château, vers la partie la plus élevée de la côte, rare. — Sur le mont Thoiry (Hall.). — A Salève, dans un petit bois, près de la fontaine dite de *Jules-César*; en haut du Pas-de-l'Échelle; au-dessus d'Archamps, etc., etc. (Reut.). — Au bois de Liter et au-dessus de Cressier, comté de Neuchâtel (L. Benoît et Depierre, cat.). — Au bois de Peu, à Besançon (Guérin).

β. *Uniflorum*. DC. Fl. fr. l. c. — Tige simple, à un seul capitule.

Salins, au bois de Château, avec la variété α. — Sur le Salève (Gaud.).

Obs. Gaudin indique sur le Salève, d'après M. Bischoff, le *Doronicum scorpioïdes*; mais cette plante n'ayant pas été retrouvée par Reuter qui n'en a pu voir aucun échantillon authentique, nous ne ferons que la mentionner ici. Il en sera de même du *Doronicum plantagineum*. Linn. indiqué vaguement, par Girod-Chantrans, sur les pâturages de nos montagnes.

32. ARNIQUE. — *ARNICA*. Linn.

Involucre en cloche, à 2 rangs d'écailles égales ; fleurs du rayon femelles, ligulées, avec des rudiments d'étamines : celles du disque hermaphrodites, tubuleuses, à limbe à 5 dents, à stigmates épaissis au sommet et terminés en pointe conique pubescente ; achaines sans bec, non ailés, striés, tous garnis d'aigrette poilue ; réceptacle nu.

1. A. de montagne. — *A. montana.*

Linn. Sp. 1245. — DC. Prod. 6. p. 317. et Fl. fr. n. 3198. — Duby, Bot. gall. p. 264. — Gaud. Fl. helv. 5. p. 331. — Koch, Syn. p. 382. — *Doronicum montanum.* Lam. Ency. 2. p. 312.

Chaum. Fl. méd. tab. 38. — Moris. sect. 7. tab. 24. fig. 6. — J. Bauh. Hist. 3. p. 1. p. 19. fig. 2. — Clus. Hist. 2. p. 18. fig. 1. — Tabern. ic. p. 336. fig. 1. — Dalech. Hist. p. 1169. fig. 2. — Dod. pempt. p. 263. fig. 2. — Lob. ic. p. 313. fig. 2.

Racine dure, noirâtre, fibreuse, un peu oblique ; tige haute de 2—3 décim., striée, cylindrique, velue, particulièrement à sa partie supérieure, feuillée dans le bas, presque nue dans le haut, ordinairement simple, à un seul capitule, rarement 2—3 ; feuilles d'un vert pâle, à 3—5 nervures, fermes et un peu épaisses : les radicales oblongues-obovales, obtuses, entières, ordinairement au nombre de 4, étalées sur la terre, un peu velues, particulièrement sur les bords, presque glabres en dessus : les caulinaires opposées, écartées, presque embrassantes, beaucoup plus petites, lancéolées, également velues, au nombre de 2—4 ; capitule gros, d'un beau jaune doré ; écailles de l'involucre dressées, au nombre de 16—18, lancéolées, aiguës, velues, ainsi que les pédoncules ; demi-fleurons fort grands, striés, étalés, à 3 dents au sommet ; achaine allongé, strié anguleux, hérissé de poils raides, ascendants, surmonté d'une aigrette de même longueur, d'un blanc sale, à poils ciliés. ♃ (Juin, juillet). Vulg. *Tabac des Vosges, Bétoine de montagne.*

Les prés et les pâturages un peu humides des montagnes : le Jura (DC.). — Cré de Chalem, près de Saint-Claude? — Le Salève, du côté de Croseille (Girod.). — Sur le Weissenstein, au-dessus de Soleure (Hagenb.). — Cette plante est tonique, sa poudre est sternutatoire; on la regarde comme vulnéraire, diurétique, résolutive, et on l'emploie dans les chutes pour dissoudre le sang caillé.

53. CINÉRAIRE. — *CINERARIA.* Linn.

Involucre simple, non caliculé : les autres caractères comme dans les Seneçons.

1. C. à feuilles en spatule. — *C. spathulæfolia.*

Gmel. Bad. 3. p. 454. — Gaud. Fl. helv. 5. p. 306. — Koch, Syn. p. 384. — *Senecio spathulæfolius.* DC. Prod. 6. p. 562. — *Cineraria Alpina. var. β.* Lam. Ency. 2. p. 7. Reich. Cent. 2. tab. 240.

Tige simple, dressée, striée, fistuleuse, plus ou moins lanugineuse, haute de 3—4 décim.; feuilles radicales longuement pétiolées, ovales ou oblongues, comme tronquées à la base, ou légèrement en cœur, étroitement décurrentes sur le pétiole, obtuses, crénelées, minces, à nervures apparentes, presque glabres ou légèrement aranéeuses en dessus, blanchâtres et plus ou moins cotonneuses en dessous : les caulinaires inférieures oblongues ou lancéolées, rétrécies en pétiole, les supérieures linéaires-lancéolées et linéaires-aiguës; capitules 3—5, à fleurs jaunes, à 10—12 rayons, disposés en corymbe simple, portés sur des pédoncules cotonneux doubles ou presque doubles de la longueur de l'involucre, munis de 1—2 petites bractées subulées; involucre non caliculé, à écailles linéaires-lancéolées, cotonneuses à la base, d'un brun rougeâtre au sommet; achaine hispide, à aigrette blanche, presque de la longueur de la corolle. ♃ (Juin, juillet).

Val de Consolation, près de Morteau. — Près de la Chaux-de-Fonds, et au marais de Chatelaz; à l'entrée de la Combe-de-Valauvron; les lieux humides à la Chaux-d'Abelle (Gaud.).

2. C. champêtre. — *C. campestris.*

Retz. Obs. 1. p. 30. — Gaud. Fl. helv. 5. p. 304. — Koch, Syn. p. 384. — *C. campestris. var. β. integrifolia.* Duby, Bot. gall. p. 261. — *C. integrifolia.* DC. Fl. fr. n. 3190. — *C. Alpina.* Lam. Ency. 2. p. 7. — *Senecio campestris. var. α. humilis.* DC. Prod. 6. p. 361.

Moris. sect. 7. tab. 12. fig. 28. — J. Bauh. Hist. 2. p. 1056. fig. 2. — Clus. Hist. 2. p. 22. fig. 2.

Tige simple, dressée, cylindrique, striée, plus ou moins lanugineuse, haute de 25—30 centim.; feuilles molles, un peu épaisses, presque glabres ou un peu aranéeuses en dessus, blanchâtres et garnies de duvet cotonneux en dessous : les radicales ovales-elliptiques, obtuses, entières ou légèrement crénelées, rétrécies à la base en un court pétiole : les caulinaires sessiles, oblongues, rétrécies à la base, les supérieures lancéolées, dressées, souvent un peu roulées en dessous par les bords; capitules au nombre de 2—5, à fleurs jaunes, à 9—12 rayons, portés sur des pédoncules simples, cotonneux, dépourvus de bractées, disposés en corymbe; involucre non caliculé, à écailles linéaires-lancéolées, cotonneuses à la base, d'un brun rougeâtre au sommet; achaine hispide, à aigrette blanche, à poils simples presque de la longueur de la corolle. ♃ (Juin, juillet).

Tourbière de Pontarlier. — Au-dessus d'Arzier, sur le mont Grande-Aine et Petite-Aine; au-dessus de Saint-Georges. — Sur le mont Schobert (Gaud.).

54. SENEÇON. — *SENECIO.* Linn.

Involucre cylindrique ou conique, à un seul rang d'écailles égales, caliculé à la base par des écailles ordinairement plus petites; fleurs du rayon femelle ligulées : celles du disque hermaphrodites, tubuleuses, à limbe à 5 dents, rarement toutes hermaphrodites, tubuleuses ; style glabre au sommet, à stigmates demi-cylindriques, en tête tronquée, pubérulents vers le sommet ; achaine non ailé et sans bec, sillonné ; aigrette poilue, le plus souvent caduque dans les achaines marginaux ; réceptacle nu.

§ 1. *Fleurs toutes tubuleuses.*

1. S. commun. — *S. vulgaris.*

Linn. Sp. 1216. — DC. Prod. 6. p. 341. et Fl. fr. n. 3169. — Duby, Bot. gall. p. 263. — Gaud. Fl. helv. 5. p. 281. — Poir. Ency. 7. p. 77. — Koch, Syn. p. 386.

J..Saint-Hil. Pl. fr. tab. 532. — Chaum. Fl. méd. tab. 324. Bull. Herb. tab. 197. — Moris. sect. 7. tab. 17. fig. 1. — Tabern. ic. p. 168. fig. 2. — Dalech. Hist. p. 575. fig. 1. — Dod. pempt. p. 641. fig. 2. — Lob. ic. p. 225. fig. 2.

Racine fibreuse ; tige dressée, tendre, presque glabre, rameuse, striée, fistuleuse, haute de 15—30 centim. ; feuilles alternes, nombreuses, sessiles, embrassantes, molles, un peu épaisses et succulentes, oblongues, pinnatifides, à lobes anguleux, dentés, à bords un peu crépus, quelquefois un peu lanugineuses en dessous : les inférieures rétrécies en pétiole ; capitules petits, assez nombreux, terminaux, presque en corymbe, portés sur des pédoncules grêles, inégaux, à fleurs jaunes, toujours flosculeuses ; involucre cylindrique, à écailles rapprochées, contiguës, étroites, linéaires, glabres, un peu scarieuses sur les bords, noirâtres au sommet : les extérieures très courtes, appliquées, également noirâtres à leur extrémité ; achaine oblong, strié, légèrement pubescent. ⨀ (Toute l'année).

Très commun partout dans les lieux cultivés. — Les feuilles de cette plantes sont émollientes et résolutives à l'extérieur. — Les petits oiseaux, surtout les chardonnerets et les serins, sont très friands de ses graines.

§ 2. *Fleurs extérieures ligulées, à languette courte,*
roulée en dehors.

2. S. visqueux. — *S. viscosus.*

Linn. Sp. 1217. — DC. Prod. 6. p. 342. et Fl. fr. n. 3169.
— Duby, Bot. gall. p. 262. — Gaud. Fl. helv. 5. p. 282.
— Poir. Ency. 7. p. 85. — Koch. Syn. p. 586.

Moris. sect. 7. tab. 17. fig. 2. — J. Bauh. Hist. 2. p. 1042.
fig. 1. (*mala*). — Dalech. Hist. p. 576. fig. 2. — Dod.
pempt. p. 641. fig. 1. — Lob. ic. p. 226. fig. 2.

Tige dressée, haute de 3—5 décim., striée, feuillée,
très rameuse, à rameaux étalés, divisés, pubescents-vis-
queux, comme toutes les autres parties de la plante ; feuilles
alternes, oblongues, molles, un peu épaisses, pubescentes-
visqueuses, profondément pinnatifides, à lobes sinués-dentés,
presque pinnatifides, à dents obtuses, légèrement roulées
par les bords : les caulinaires sessiles, embrassantes : les
radicales rétrécies en pétiole ; capitules assez nombreux, à
fleurs jaunes, à rayons courts, roulés en dehors, disposés à
l'extrémité de la tige et des rameaux en corymbe terminal
lâche, irrégulier, portés sur des pédoncules très visqueux,
presque simples, munis de petites bractées linéaires-subulées ; involucre cylindrique, très visqueux, à écailles linéaires, aiguës, noirâtres à leur extrémité, un peu scarieuses
sur les bords : les extérieures peu nombreuses, plus courtes,
lâches, linéaires-subulées, presque étalées ; achaine glabre,
brun, lisse, cylindrique, strié, à aigrette très blanche. ①
(Juin—octobre).

Les lieux sablonneux, les décombres : Salins ; Champagnole ; Nozeroy ; Thoirette ; Arinthod ; en montant de Vittebœuf à Sainte-Croix, etc.
— Nyon, au bord du lac ; près de la tuilerie de Crans ; autour de Longirod ; de Saint-Cergue (Gaud.). — A Salève, au Pas-de-l'Échelle ; à
Thoiry (Reut.). — Bâle, au bord du Rhin et de la Birse, et sur les
places des fourneaux à charbon des bois de taillis (Hagenb.). — Cette
plante, qui était rare à Salins avant l'incendie de cette ville en 1825,

s'est trouvée répandue [tout-à-coup, dès l'année suivante, en grande quantité sur ses ruines : elle a diminué depuis insensiblement, et aujourd'hui, 1844, elle y est devenue très rare.

3. S. des bois. — *S. sylvaticus.*

Linn. Sp. 1217. — DC. Prod. 6. p. 342. et Fl. fr. n. 3170. — Duby, Bot. gall. p. 262. — Gaud. Fl. helv. 5. p. 283. — Poir. Ency. 7. p. 84. — Koch, Syn. p. 386. Tabern. ic. p. 169. fig. 1.

Tige haute de 3—6 décim., dressée, feuillée, un peu pubescente, fortement striée, rameuse à sa partie supérieure, à rameaux dressés-divergents; feuilles glabres ou un peu pubescentes-aranéeuses, profondément pinnatifides, à pinnules presque linéaires, dentées et demi-pinnatifides, à lobes obtus, séparées par des lobes plus petits : les caulinaires auriculées, embrassantes : les radicales pétiolées, moins divisées; capitules à fleurs jaunes, nombreux, solitaires, à pédoncules pubescents, munis de bractées linéaires, aiguës, disposés en corymbe terminal rameux, resserré; involucre cylindrique, à écailles dressées, linéaires, aiguës, légèrement pubescentes, un peu scarieuses sur les bords : les extérieures très courtes, peu nombreuses, appliquées; demifleurons roulés en dehors; achaine garni de poils courts, blanchâtres, couchés. ① (Juillet, août).

Dans un petit bois à côté de Sellières. — Près de Gimel (Ducros). — Besançon (Mut.). — Bâle, dans le bois de taillis, çà et là, rare : les bois autour d'Olsberg (Hagenb.).

§ 3. *Fleurs extérieures ligulées, à languette plane, étalée.*

* *Feuilles incisées, pinnatifides, ou en cœur et lyrées à la base.*

4. S. à feuilles de Roquette. — *S. erucifolius.*

Linn. Sp. 1218. (*ex Koch, Syn. p. 387, non Linn. ex Smith*). — *S. erucæfolius.* Huds. Angl. 366. — DC. Prod.

6. p. 351. et Fl. fr. n. 3175. — Duby, Bot. gall. p. 262.
— Poir. Ency. 7. p. 93. — *S. tenuifolius* (Jacq.). Gaud.
Fl. helv. 5. p. 288.

Barr. ic. fig. 153. et fortè fig. 267 ?

Racine rampante ; tige dressée, haute de 6—9 décim.,
simple, rameuse à sa partie supérieure, un peu lanugineuse,
feuillée, rougeâtre ; feuilles nombreuses, oblongues, blanchâtres et cotonneuses en dessous, presque glabres en dessus
ou légèrement garnies de duvet aranéeux, surtout dans la
jennesse, profondément pinnatifides : les inférieures pétiolées, les autres sessiles, à pinnules parallèles, rapprochées,
presque linéaires, un peu roulées en dessous par les bords,
dentées ou pinnatifides, à dents inégales : lobes de la base
des feuilles plus petits, entiers, en forme d'oreillettes ; capitules nombreux, disposés en corymbe terminal, portés
sur des rameaux divisés au sommet en pédoncules inégaux,
cotonneux, munis de bractées subulées ; écailles de l'involucre largement scarieuses sur les bords, presque rhomboïdales : les extérieures de moitié plus courtes, peu nombreuses, appliquées ; achaines hérissés, tous également munis
d'une aigrette. ♃ (Juillet, août).

Le long des chemins, au bord des bois, parmi les buissons : Salins,
au bord du bois, le long de la route, au-dessous de Saint-Joseph ; au
bord du bois Mouchard, près des Arsures ; dans les bois de Poupet ; de
Chaudreux, etc. — A Nyon ; au bord du Doubs, autour des Brenets et
des Planchettes (Gaud.). — Au bois de Prangins (Monnard). — Genève, très commun au bord des champs et des chemins, dans les lieux
argileux (Reut.). — Bâle, assez commun le long des fossés, au bord
des bois (Hagenb.).

β. *Breviligulatus*. DC. Prod. 6. l. c. var. δ. — Languette
des demi-fleurons très courte.

Genève, près de Vézenaz, au bord de la grande route, sous le marais
de Roellebot (Reut.).

γ. *Discoïdeus*. DC. Prod. 6. l. c. var. ε. — Demi-fleurons nuls.

Genève, dans le même lieu que la variété précédente (Reut.).

5. S. Jacobée. — *S. Jacobœa.*

Linn. Sp. 1219. — DC. Prod. 6. p. 350. et Fl. fr. n. 3173.
— Duby, Bot. gall. p. 262. — Gaud. Fl. helv. 5. p. 285.
— Poir. Ency. 7. p. 93. — Koch, Syn. p. 387.
J. Saint-Hil. Pl. fr. tab. 533. — Moris. sect. 7. tab. 18.
fig. 1. — Clus. Hist. 2. p. 22. fig. 1. — Tabern. ic. p.
169. fig. 2. — Dod. pempt. p. 642. fig. 1. — Lob. ic. p.
227. fig. 1. (*ead.*).

Racine oblique, tronquée, fibreuse; tige dressée, haute
de 6—9 décim., ferme, feuillée, quelquefois rougeâtre à la
base, glabre ou à peine lanugineuse, striée, rameuse à sa
partie supérieure; feuilles glabres ou un peu lanugineuses :
les radicales et les inférieures pétiolées, oblongues-obovales,
rétrécies à la base et lyrées, les autres sessiles, pinnatifides,
embrassantes, à oreillettes lobées, à pinnules dentées ou
presque pinnatifides, à lobes obtus, divergents, à sinus arrondis; capitules à fleurs jaunes, très nombreux, disposés
en corymbe terminal, portés sur des rameaux dressés, divisés au sommet en pédoncules inégaux, munis de bractées
subulées; involucre presque en cloche, à écailles lancéolées, scarieuses sur les bords, marquées d'une tache brune
au-dessous du sommet : les extérieures 1—2, très courtes,
appliquées, subulées; achaines bruns, striés, ceux du
disque poilus-rudes, ceux du rayon glabres à aigrette caduque, peu poilues. ② (Juillet, août). Vulg. *Herbe de
saint Jacques.*

La Jacobée est commune dans les prés, le long des chemins, au bord
des champs et des bois.

β. Discoïdeus. Koch, Syn. l. c. — DC. Prod. l. c. var. *β.*
Gaud. Fl. helv. 5. l. c. var. *ββ.* — Demi-fleurons nuls.

Aux environs de Thoirette; de Nyon, en montant à Saint-Cergue.
— Le long du chemin au-dessus de Bonmont; autour de Longirod et de
Bière (Gaud). — Genève, à Salève, au Pas-de-l'Échelle; près de
Thoiry, au-dessus des carrières (Reut.).

6. S. aquatique. — *S. aquaticus.*

Huds. Angl. bot. 566. — DC. Prod. 6. p. 349. et Fl. fr. n.
3174. — Duby, Bot. gall. p. 262. — Poir. Ency. 7. p. 94.
— Koch, Syn. p. 588. — *S. Jacobæa. II. aquaticus.*
Gaud. Fl. helv. 5. p. 287.
Moris. sect. 7. tab. 17. fig. 18. — J. Bauh. Hist. 2. p. 1057.
fig. 2. (*ead.*).

Racine fibreuse; tige dressée, striée, rougeâtre, plus
grêle et moins feuillée que dans l'espèce précédente, glabre
ou vaguement lanugineuse, ainsi que les autres parties de
la plante, haute de 3—6 décim., rameuse-corymbiforme au
sommet; feuilles radicales et les inférieures pétiolées, oblongues-obovales, rétrécies à la base, entières, ou un peu lyrées : les autres demi-embrassantes, à oreillettes divisées,
incisées ou lyrées, à lobes oblongs ou linéaires obliques sur
la côte moyenne, le terminal plus grand, ovale-oblong,
denté ou un peu lobé : les supérieures pinnatifides ou entières, dentées; capitules presque le double plus gros que
dans l'espèce précédente, à fleurs jaunes, disposés en corymbe terminal lâche, demi-étalé; involucre glabre, presque
en cloche, à écailles presque rhomboïdales, largement scarieuses sur les bords : les extérieures 1—2, très courtes,
appliquées; achaines du disque légèrement pubescents, ceux
du rayon glabres à aigrette caduque, peu poilue. ② (Juillet,
août).

Les fossés, les prés humides : Salins, au bois Mouchard; dans les
fossés des prés humides d'Andelot et de Chappois, etc. — Nyon, dans
les fossés et au bois Bougis (Gaud.). — Genève, dans les marais et
les bois humides (Reut.). — Bâle, dans les fossés et les prés humides,
rare (Hagenb.).

7. S. à feuilles lyrées. — *S. lyratifolius.*

Reichenb. Fl. crit. 2. n. et fig. 258. — DC. Prod. 6. p. 547.
Koch, Syn. p. 388. — *Cineraria Alpina.* Duby, Bot. gall.

p. 261. — Gaud. Fl. helv. 5. p. 503. — *C. Alpina. var. β. alata*. Linn. Sp. 1243. — *C. senecifolia*. Poir. Ency. supp. 2. p. 265.

Moris. sect. 7. tab. 12. fig. 20. — J. Bauh. Hist. 2. p. 1057. fig. 4. — Clus. Hist. 2. p. 23. fig. 1. (*ead.*).

Tige dressée, cylindrique, striée, un peu lanugineuse, haute de 4—6 décim., rameuse à sa partie supérieure; feuilles glabres ou légèrement cotonneuses en dessous : les radicales en cœur, longuement pétiolées, ordinairement munies à la base de quelques petits appendices foliacés irrégulièrement incisés ou crénelés : les caulinaires lyrées, à oreillettes divisées, demi-embrassantes, à lobes latéraux oblongs, incisés ou dentés en scie, le terminal très grand, ovale, doublement denté en scie ou incisé presque pinnatifide à la base, oblong dans les feuilles supérieures; capitules assez gros, à fleurs jaunes, disposés en corymbe terminal rameux, lâche, portés sur des pédoncules un peu lanugineux, munis de bractées linéaires-subulées; involucre presque glabre, à écailles largement scarieuses sur les bords : les extérieures lâches, plus courtes, linéaires-subulées, peu nombreuses, insérées quelquefois sur le sommet du pédoncule épaissi, lanugineux; achaine pubescent. ♃ (Juillet—septembre).

Près du Locle, comté de Neuchâtel, au lieu dit *Combe-d'Enfer*, à droite de la première montée de la route qui conduit à la Chaux-de-Fonds. — Girod-Chantrans cite, dans les bois de taillis autour d'Ornans, le *S. Abrotanifolius*. Linn.; mais l'espèce décrite sous ce nom par la plupart des botanistes français, étant distincte de celle de Linnée, et se rapportant au *S. Artemisiæfolius*. Pers., il est probable que c'est à cette dernière espèce que l'on doit rapporter la plante de Girod-Chantrans, à moins qu'elle ne soit une var. du *S. crucifolius*. Dans cette incertitude nous nous contenterons de la signaler aux botanistes de la localité.

**** *Feuilles indivises, ovales ou lancéolées, dentées ou entières.***

8. S. de Fuchs. — *S. Fuchsii*.

Gmel. Fl. Bad. 5. p. 444. — DC. Prod. 6. p. 353. — Koch, Syn. p. 390. — *S. Sarracenicus*. DC. Fl. fr. n. 3185. —

Duby, Bot. gall. p. 263. — Poir. Ency. 7. p. 106. — *S. alpestris*. Gaud. Fl. helv. 5. p. 296.

J. Bauh. Hist. 2. p. 1063. fig. 2. —Tabern. ic. p. 566. fig. 1. —Dalech. Hist. p. 1270. fig. 1.—Fuchs. Hist. p. 728. fig. 1.

Racine dure, rampante ; tige dressée, un peu flexueuse, glabre ou légèrement pubescente, surtout dans le haut, striée, anguleuse, très feuillée, simple, ordinairement rougeâtre dans le bas, rameuse à sa partie supérieure, haute de 9—12 décim. et quelquefois même davantage ; feuilles éparses, courtement pétiolées, vertes et glabres en dessus, plus pâles et un peu pubescentes en dessous, allongées, lancéolées-acuminées, rétrécies à la base, finement dentées en scie, à dents inégales, à pointe droite et un peu calleuse au sommet, ciliées, à poils mous et articulés ; capitules petits, nombreux, à fleurs jaunes, à 5—5 demi-fleurons, disposés en corymbe ample, très rameux, portés sur des pédoncules grêles, divisés, munis de bractées linéaires, sétacées, un peu ciliées ; involucre cylindrique, à écailles glabres, linéaires, aiguës, scarieuses sur les bords, un peu élargies au sommet, à pointe noirâtre : les extérieures lâches, allongées, subulées, au nombre de 3—5 ; achaine glabre, cylindrique, sillonnée, à aigrette blanche. ♃ (Juillet, août).

Commun dans la plupart des bois montagneux des environs de Salins, et parmi les buissons, aux lieux ombragés ; dans la forêt de sapins de la Joux, etc.; sur la Dôle; le Chasseron. — A Salève, au-dessus d'Archamp, près du chemin des Pitons; près du Reculet (Reut.). — Commun dans les bois du haut Jura, aux environs de Bâle (Hagenb.).

β. *Sessilifolius. S. alpestris. var. β. sessilifolius.* Gaud. Fl. helv. 5. 1. c. — Feuilles un peu plus épaisses, presque embrassantes.

Sur la Dôle (Ducros). — A Prevons-d'Avaux (Monnard).

9. S. des marais. — *S. paludosus.*

Linn. Sp. 1220. — DC. Prod. 6. p. 353. et Fl. fr. n. 3180. — Duby, Bot. gall. p. 262. Gaud. Fl. helv. 5. p. 295. — Poir. Ency, 7. p. 105. — Koch, Syn. p. 390.

J. Saint-Hil. Pl. fr. tab. 534. — Moris. sect. 7. tab. 19. fig.
22. — J. Bauh. Hist. 2. p. 1063. fig. 3. — Tabern. ic. p.
555. fig. 2. — Dalech. Hist. p. 1037. fig. 3.

Racine presque rampante ; tige dressée, simple, ferme,
fistuleuse, feuillée dans toute sa longueur, fortement striée,
un peu lanugineuse, surtout à sa partie supérieure, haute de
6—12 décim. ; feuilles éparses, sessiles, demi-embrassantes,
dressées, fermes, nombreuses, glabres et vertes en dessus,
blanchâtres et plus ou moins cotonneuses en dessous, lancéolées ou linéaires-lancéolées, aiguës, allongées, dentées
en scie, à dents aiguës, un peu calleuses au sommet ; capitules peu nombreux, assez gros, à fleurs jaunes, à 15—16
rayons linéaires, allongés, disposés en corymbe, portés sur
des pédoncules assez longs, munis de bractées subulées ;
involucre hémisphérique, à écailles lancéolées, aiguës, un
peu lanugineuses à la base, glabres, brunâtres au sommet :
les extérieures plus petites, lâches, sétacées ; achaine cylindrique, glabre, strié ; aigrette d'un blanc sale. ♃ (Juin—
août).

Les lieux marécageux, le bord des étangs et des lacs : dans la tourbière de Pontarlier ; au bord du lac à Yverdon ; au bord de la Thièle. —
Dans les fossés humides du Landeron (L. Benoît, cat.). — Genève,
dans les grands marais, parmi les roseaux à Sionet et à Roellebot
(Reut.) — Bâle, dans les marais à Michelfeld et ailleurs (Hagenb.).

10. S. Doronic. — *S. Doronicum.*

Linn. Sp. 1222. — DC. Prod. 6. p. 357. et Fl. fr. n. 3185.
— Duby, Bot. gall. p. 263. — Gaud. Fl. helv. 5. p. 300.
— Poir. Ency. 7. p. 108. — Koch, Syn. p. 390. var. *α.*
J. Bauh. Hist. 3. p. 1. p. 21. fig. 1. — Clus. Hist. 2. p. 17.
fig. 1.

Racine épaisse, oblique, garnie de longues fibres ; tige
solitaire, dressée, striée, un peu anguleuse, médiocrement
feuillée, presque nue à sa partie supérieure, haute de 2—4
décim., presque glabre ou légèrement lanugineuse, garnie
intérieurement d'une substance médulaire blanche, spon-

gieuse ; feuilles alternes, un peu épaisses, fermes, glabres, vertes en dessus, quelquefois un peu cotonneuses en dessous, dentelées sur les bords : les radicales obovales ou oblongues, rétrécies à la base en un long pétiole : les caulinaires demi-embrassantes, oblongues-lancéolées : les supérieures plus petites, plus étroites, lancéolées-acuminées, et ligulées-subulées ; capitule ordinairement solitaire, terminal, fort gros, quelquefois 2, rarement 5, à fleurs d'un jaune doré foncé, à 12—15 rayons allongés ; involucre hémisphérique, presque glabre ou un peu lanugineux, surtout à la base, à écailles lancéolées, convexes, brunes au sommet : les extérieures dressées, lâches, presque de même longueur que les autres, mais un peu plus étroites ; achaine oblong, strié, glabre, d'un brun roux, à aigrette très blanche. ♃ (Juillet, août).

Sur les hautes sommités du Jura : sur la Dôle ; le Colombier ; au pied des rochers au-dessous du Reculet. — Sur le Suchet (Rapin.).

TRIBU VIII. — CALENDULACÉES. Cass.

Branches du style amincies et pubérulentes au sommet ; anthères prolongées à la base en appendice acuminé ; fleurs du rayon femelles, fertiles, celles du disque hermaphrodites, stériles.

55. SOUCI. — *CALENDULA.* Linn.

Involucre hémisphérique, à écailles égales, sur 2 rangs ; fleurs du rayon ligulées, femelles, fertiles, à style fendu en 2 stigmates : celles du disque hermaphrodites, stériles, à style terminé par un stygmate en tête, indivis ; achaines difformes, courbés, diversement muriqués ou dentés.

1. S. des champs. — *C. arvensis.*

Linn. Sp. 1303. — DC. Prod. 6. p. 452. et Fl. fr. n. 5202. — Duby, Bot. gall. p. 280. — Gaud. Fl. helv. 5. p. 415. — Poir. Ency. 7. p. 275. — Koch, Syn. p. 391.

Bull. Herb. tab. 239. — Moris. sect. 6. tab. 4. fig. 6. — J. Bauh. Hist. 3. p. 1. p. 103. fig. 1. — Tabern. ic. p. 135. fig. 2.

Racine grêle, fusiforme, blanchâtre; tige dressée, cylindrique, feuillée, velue dans le bas, rameuse, diffuse, à rameaux allongés, haute de 2–3 décim.; feuilles oblongues-lancéolées, arrondies et demi-embrassantes à la base, obtuses, un peu mucronées, pubescentes, ordinairement entières, quelquefois légèrement sinuées-dentées: les inférieures rétrécies à la base en un court pétiole; capitules solitaires, terminaux, petits, pédonculés, à fleurs jaunes; involucre pubescent, à écailles d'un vert pâle; dressées, lancéolées-acuminées; achaines difformes: ceux du contour 3—5, dressés, courbés, anguleux, lisses en dedans, muriqués sur le dos: les intérieurs plus larges, presque arrondis, en nacelle, moins tuberculeux. ⨀ (Juillet—octobre).

Les vignes, les lieux cultivés: dans quelques vignes où les graines avaient peut-être été transportées avec le fumier (Girod-Chantrans). — Bâle, autour de la ville (Stæhelin, in Hagenbach). — Plante rare, et douteuse comme spontanée, dans le Jura.

2. S. des jardins. — *C. officinalis.*

Linn. Sp. 1304. — DC. Prod. 6. p. 451. et Fl. fr. n. 3203. — Duby, Bot. gall. p. 280. — Gaud. Fl. helv. 5. p. 416. — Poir. Ency. 7. p. 275. — Koch, Syn. p. 391. (*ad calcem C. arvensis*).

J. Saint-Hil. Pl. fr. tab. 355. — Moris. sect. 6. tab. 4. fig. 1. — J. Bauh. Hist. 3. p. 1. p. 101. fig. 1. et 2. — Tabern. ic. p. 334. fig. 1. et p. 332. et 333. fig. 1. et 2. (*fl. pleno*). — Dalech. Hist. p. 811. fig. 1. — Dod. pempt. p. 254. fig. 1. — Lob. ic. p. 552. fig. 2. (*ead.*).

Diffère de l'espèce précédente par sa tige dressée, plus épaisse et plus élevée; par ses feuilles également plus épaisses, presque charnues: les inférieures obovales, plus longuement pétiolées: les supérieures un peu rétrécies vers la base; par ses capitules plus nombreux, le double plus gros, à fleurs d'un jaune ordinairement plus foncé, souvent doré ou orangé ; par ses achaines presque de même longueur, la plupart en nacelle : ceux du contour plus larges, souvent lisses et peu muriqués, les intérieurs arqués, striés et muriqués sur le dos. ④ (Juillet—novembre).

Cultivé à fleurs doubles dans les jardins où il se reproduit spontanément : les capitules deviennent quelquefois prolifères, produisant à la circonférence des capitules plus petits, portés sur des pédoncules de longueurs variables, nus ou feuillés. — Le Souci a une odeur bitumineuse : il est emménagogue et un peu narcotique ; on se sert plus particulièrement de ses fleurs en infusion.

36. TAGÈTE. — *TAGETES*. Linn.

Involucre tubuleux, à écailles soudées, sur un seul rang ; réceptacle nu ; fleurs radiées ; achaine comprimé-tétragone, aminci à la base, surmonté d'une aigrette simple, à 5 arêtes inégales.

1. T. étalé. — *T. patula*.

Linn. Sp. 1249. — DC. Prod. 5. p. 643. et Fl. fr. n. 3194. — Duby, Bot. gall. p. 280. — Poir. Ency. 7. p. 552.
J. Saint-Hil. Pl. fr. tab. 364. — Moris. sect. 6. tab. 5. fig. 12. — J. Bauh. Hist. 3. p. 1. p. 98. fig. 1. — Tabern. ic. p. 12. fig. 1. et 2. (*flore pleno*). — Dalech. Hist. p. 839. fig. 2. et p. 840. fig. 1. — Dod. pempt. p. 255. fig. 1. — Lob. ic. p. 713. fig. 1. (*ead.*).

Tige dressée, à rameaux étalés, haute de 3 décim., glabre, striée, fistuleuse ; feuilles ailées, glabres, à folioles linéaires-lancéolées, dentées en scie, à dents aiguës ; capitules terminaux, radiés, à fleurs d'un jaune orangé, portés sur de longs pédoncules striés, fistuleux, un peu renflés sous l'involucre : celui-ci est à un seul rang d'écailles soudées, denté au sommet. ④ (Juillet—octobre). Vulg. *OEillet d'Inde*.

Originaire du Mexique, cultivé à fleurs doubles dans les jardins.

2. T. dressé. — *T. erecta.*

Linn. Sp. 1249. — DC. Prod. 5. p. 643. — Duby, Bot. gall.
    p. 280. — Poir. Ency. 7. p. 552.
Moris. sect. 6. tab. 5. fig. 9. — J. Bauh. Hist. 3. p. 1. p.
    100. fig. 1. et 2. — Tabern. ic. p. 13. fig. 1. et 2. — Lob.
    ic. p. 714. fig. 1. et 713. fig. 2.

Tige haute de 4—6 décim., dressée, glabre, striée, fistuleuse, rameuse, à rameaux dressés; feuilles ailées, alternes, pétiolées, à folioles linéaires-lancéolées, aiguës,
glabres, dentées en scie, légèrement ciliées; fleurs jaunes,
solitaires, grosses, terminales, portées sur des pédoncules
dressés, fistuleux, très renflés sous l'involucre : celui-ci est
glabre, épais, anguleux, à un seul rang d'écailles soudées,
denté au sommet. ① (Juillet — octobre).

Également originaire du Mexique, cultivé à fleurs doubles dans les
jardins.

SOUS-FAMILLE II. — CYNAROCÉPHALES. Vaill.

Style articulé au sommet ; fleurs tantôt hermaphrodites,
tantôt en partie neutres ou femelles, toutes tubuleuses,
égales ou celles de la circonférence plus longues ; réceptacle
presque toujours garni de paillettes.

TRIBU IX. — CARDUINÉES. Cass.

Involucre multiflore, à fleurs hermaphrodites, tubuleuses,
égales ; aigrette caduque, à poils dentelés ou plumeux,
soudés à la base en un anneau.

α. Poils de l'aigrette plumeux.

37. CIRSE. — *CIRSIUM.* Tournef.

Involucre embriqué, ovoïde ou presque cylindrique, à
écailles acérées ou épineuses; fleurs toutes égales, tubuleuses,

hermaphrodites, ou dioïques homogames; filets des étamines libres; aigrette plumeuse, caduque, soudée en anneau à la base; réceptacle garni de paillettes soyeuses.

§ 1. *Feuilles hérissées en dessus de soies épineuses;
fleurs purpurines.*

1. C. lancéolé. — *C. lanceolatum.*

Scop. Carn. ed. 2. p. 130. — DC. Prod. 6. p. 656. et Fl. fr. n. 3073. — Duby, Bot. gall. p. 287. — Gaud. Fl. helv. 5. p. 179. — Koch, Syn. p. 392. — *Carduus lanceolatus.* Linn. Sp. 1149. — Lam. Ency. 1. p. 697.
J. Saint-Hil. Pl. fr. tab. 885. — Moris. sect. 7. tab. 31. fig. 7. — J. Bauh. Hist. 3. p. 1. p. 58. fig. 1. (*mala*). — Tabern. ic. p. 699. fig. 1.

Racine rameuse; tige haute de 6—10 décim., dressée, rameuse, sillonnée, un peu poilue, ailée épineuse; feuilles hérissées en dessus de soies épineuses couchées, un peu blanchâtres et aranéeuses en dessous, souvent presque glabres, décurrentes, oblongues, profondément pinnatifides, à lanières écartées, peu nombreuses, divisées le plus souvent en 2 lobes divergents, inégaux, terminés par une épine aiguë et piquante; capitules assez gros, la plupart solitaires, presque ovoïdes, à fleurs purpurines, rarement blanches, rapprochés à l'extrémité de la tige et des rameaux; involucre garni de quelques fils aranéeux, à écailles lancéolées - acuminées, dressées-étalées, épineuses au sommet; achaine lisse, blanchâtre, un peu comprimé, à aigrette d'un blanc sale. ② (Juin—septembre).

Commun dans les lieux incultes, le long des routes, au bord des chemins.

β. *Albiflorum.* DC. Fl. fr. l. c. var. β. — Fleurs blanches.

Salins, dans les mêmes lieux que la variété α, mais assez rare. — Le *C. Subalatum.* Gaud. Fl. helv. 5. p. 180. d'après un échantillon authentique de l'auteur, qui existe dans l'herbier de M. Monnard, n'est qu'une légère modification du *C. Lanceolatum*, laquelle se distingue par les feuilles de la tige plus larges, à lobes plus courts. On le trouve dans les endroits un peu ombragés (Rapin). — Nyon, sur le bord du ruisseau d'Asse, au-dessous du pont Morand (Gaud.).

2. C. des bois. — *C. nemorale.*

Reichenb. Fl. excurs. p. 286. — Koch, Syn. p. 392. — *C. lanceolatum. var. β. hypoleucum.* DC. Prod. 6. p. 636?

Tige haute de 12—15 décim., dressée, ferme, rameuse, sillonnée, un peu lanugineuse, ailée-dentée, à dents épineuses ; feuilles oblongues ou oblongues-lancéolées, décurrentes, presque semblables à celles de l'espèce précédente, mais un peu plus larges et plus molles, d'un vert assez gai en dessus et hérissées de soies épineuses couchées, très courtes, entièrement recouvertes en dessous d'un duvet serré, blanc et cotonneux, pinnatifides, à lanières peu nombreuses, écartées, larges, ciliées-épineuses, ordinairement à 2 lobes inégaux, divergents, souvent accompagnés d'un troisième plus petit, situé à la base du bord supérieur, tous terminés par une épine un peu faible ; capitules arrondis, ordinairement solitaires au sommet de la tige et des rameaux, à fleurs purpurines, portés sur des pédoncules lanugineux ; involucre garni de fils aranéeux, à écailles lancéolées-acuminées, dressées-étalées, épineuses au sommet, entouré à la base de 1—3 folioles bractéales lancéolées, étroites, dentées-épineuses ; aigrette d'un blanc sale. ② (Juillet, août).

Salins, à la source du ruisseau des Doigts, près du Gout-de-Conche, dans le bois de taillis après la coupe. Cette espèce serait-elle une hybride de la précédente fécondée par la suivante ?

3. C. laineux. — *C. eriophorum.*

Scop. Carn. ed. 2. p. 130. — DC. Prod. 6. p. 638. et Fl. fr. n. 3091. — Duby, Bot. gall. p. 287. — Gaud. Fl. helv. 5. p. 201. — Koch, Syn. p. 393. — *Carduus eriophorus.* Linn. Sp. 1153. — Lam. Ency. 1. p. 702.

Moris. sect. 7. tab. 3. fig. 7. — J. Bauh. Hist. 3. p. 1. p.
75. fig. 1. — Clus. Hist. 2. p. 154. fig. 1. (*ic. Dod.*). —
Dalech. Hist. p. 1474. fig. 2. — Dod. pempt. p. 723.
fig. 1. — Lob. ic. 2. p. 9. fig. 2. (*ead.*).

Racine charnue, fusiforme; tige épaisse, cylindrique,
sillonnée, vaguement lanugineuse, rouge à sa partie inférieure, feuillée, rameuse, dressée, haute de 10—12 décim.;
feuilles vertes en dessus et hérissées de soies épineuses,
blanches et cotonneuses en dessous, embrassantes, non décurrentes, profondément pinnatifides, à lanières écartées,
divisées en 2 lobes inégaux, lancéolés, très entiers, divergents, traversés par une nervure forte, terminée en pointe
épineuse piquante, ciliés et roulés en dessous par les bords,
quelquefois accompagnés, à la base du bord supérieur, d'un
troisième lobe plus petit, également épineux; capitules à fleurs
purpurines, nombreux, très gros, presque solitaires au sommet de la tige et des rameaux axilaires, courtement pédonculés; involucre globuleux, entouré à sa base de quelques
folioles étroites, lancéolées, dentées épineuses, à écailles
lancéolées-linéaires, un peu lâches et recourbées, épineuses
au sommet, entrelacées par des fils aranéeux très nombreux
qui rendent l'involucre lanugineux; achaine comprimé,
brunâtre, lisse, luisant; aigrette d'un blanc sale. ② (Juillet—septembre). Vulg. *Chardon aux ânes.*

Ce beau chardon n'est pas rare dans nos montagnes, le long des chemins, au bord des routes, et autour des villages et des châlets du haut
Jura : Salins, le long de la route du Pont-d'Héry; autour des villages
d'Ivory; de Cernans; à Nozeroy, etc.; dans la vallée des Dappes, au
pied de la Dôle; à la Faucille; sur le Salève, etc.

§ 2. *Feuilles non hérissées en dessus de soies épineuses.*

* *Feuilles plus ou moins décurrentes.*

4. C. des marais. — *C. palustre.*

Scop. Carn. ed. 2. p. 128. — DC. Prod. 6. p. 645 et Fl. fr.
n. 3072. — Duby, Bot. gall. p. 286. — Gaud. Fl. helv. 5.

p. 178. — Koch, Syn. p. 393. — *Carduus palustris*. Linn. Sp. 1151. — Lam. Ency. 1. p. 698. Moris. sect. 7. tab. 32. fig. 13. — Dalech. Hist. p. 1473. fig. 1.

Racine rameuse; tige dressée, simple dans le bas, rameuse dans le haut, grêle, sillonnée, ailée, à ailes crépues, dentée-épineuse, haute de 12—15 décim. et quelquefois davantage (j'ai mesuré des individus qui s'élevaient à plus de 3 mètres); feuilles écartées, décurrentes, d'un vert foncé en dessus, plus ou moins blanchâtres et lanugineuses en dessous, linéaires-lancéolées, sinuées-pinnatifides, à lobes dentés, ciliés-épineux : les radicales et les inférieures très grandes, profondément pinnatifides, à lanières écartées, à 2—3 lobes divergents, linéaires-lancéolés, ciliés-épineux, à épine terminale plus forte; capitules petits, nombreux, ovoïdes, presque sessiles, ou portés sur de courts pédoncules cotonneux, réunis en grappes au sommet de la tige et des rameaux; involucre à écailles courtes, ovales-mucronées, appliquées, un peu cotonneuses sur les bords, souvent purpurines au sommet : les intérieures plus longues, lancéolées, non mucronées; achaine blanchâtre, lisse, comprimé; aigrette d'un blanc sale. ② (Juillet, août).

Commun dans les bois humides, les lieux marécageux.

β. *Albiflorum*. Fleurs blanches.

Salins, dans les mêmes lieux que la variété α., mais beaucoup plus rare.

γ. *Concolor*. Hagenb. Fl. basil. 2. p. 291. var. β. — DC. Fl. fr. l. c. var. β. — Feuilles vertes sur les deux faces, non blanchâtres et lanugineuses en dessous.

Bâle ; Salins avec la variété α. — Le *C. Chailleti*. Gaud. Fl. helv. 5. p. 182. —DC. Prod. 6. p. 646. n'est qu'un état anormal du *C. Palustre* qui repousse en automne après la coupe des foins ! on le reconnaît à ses feuilles incomplétement décurrentes et presque entières (Reut., supp.). Les lieux marécageux du comté de Neuchâtel, rare (Chaillet).

5. C. des vallées alpines. — *C. subalpinum.*

Gaud. Fl. helv. 5. p. 182. — DC. Prod. 6. p. 645. — Koch,
Syn. p. 393.

Tige dressée, raide, fistuleuse, sillonnée-anguleuse, un
peu lanugineuse, surtout à sa partie supérieure, ailée-inter-
rompue, à ailes crépues-épineuses, feuillée dans le bas,
presque nue au sommet; feuilles demi-décurrentes, vertes
et glabres en dessus, plus pâles et un peu lanugineuses en
dessous : les inférieures lancéolées, aiguës, rétrécies en pétiole, profondément pinnatifides, ciliées-épineuses, à lanières linéaires-lancéolées, aiguës, à angle droit sur la
nervure moyenne, quelquefois à 2 lobes courts, inégaux,
épineux, munies au bord supérieur de 1—2 dents également
épineuses : les supérieures plus étroites, linéaires-lancéolées,
demi-pinnatifides ou dentées-épineuses; capitules à fleurs
purpurines, à anthères blanches prolongées à la base en appendices aigus, au nombre de 3—5, réunis au sommet de la
tige, portés sur des pédoncules courts, inégaux, cotonneux,
munis à la base d'une bractée linéaire-subulée ; écailles de
l'involucre embriquées, ovales-lancéolées, mucronées, appliquées, purpurines au sommet. ♃ (Juillet, août).

Les prairies marécageuses des montagnes : dans la tourbière de Pontarlier. — Plante hybride, produite vraisemblablement par le *C.
palustre* et le *C. tricephalodes.*

6. C. hybride. — *C. hybridum.*

Koch, ap. **DC.** Fl. fr. supp. n. 3072ª. et ejusd. Syn. p. 394.
   — **DC.** Prod. 6. p. 646. — Gaud. Fl. helv. 5. p. 181. —
Poir. Ency. supp. 5. p. 605.

Tige haute de 9—12 décim. , non ailée, munie de feuilles
un peu écartées, surtout dans le haut, striée-anguleuse,
ferme, non fistuleuse, mais le devenant à la fin par le retrait
de la substance médulaire, simple dans le bas, rameuse au
sommet, garnie, ainsi que la face supérieure des feuilles et

leurs nervures inférieures, de poils épars, mous, articulés ;
feuilles molles, vertes, minces, un peu plus pâles en dessous et quelquefois légèrement garnies de duvet aranéeux,
toutes inégalement ciliées-épineuses, à dents et lobes terminés par une épine plus forte : les radicales et les inférieures très grandes, oblongues-lancéolées, rétrécies en
pétiole, profondément pinnatifides, à lanières assez larges,
parallèles, presque à angle droit sur la côte moyenne, grossièrement dentées ou lobées, à lobes triangulaires, souvent
bifides, inégaux, divergents, épineux : les caulinaires embrassantes, à oreillettes larges, crépues, dentées-épineuses,
courtement décurrentes sur la tige, lancéolées, demi-pinnatifides, à lobes ordinairement divisés en 2 autres plus
petits, inégaux, lancéolés, épineux : les supérieures presque
simples, embrassantes, à oreillettes plus petites, non décurrentes, plus étroites, lancéolées et linéaires-lancéolées,
incisées-dentées, épineuses; capitules de grosseur intermédiaire entre ceux du *C. palustre* et du *C. oleraceum*, dont
cette espèce est une hybride, à fleurs d'un blanc rosé ou purpurescent, à style pourpre, saillant, au nombre de 20—25,
réunis par faisceaux de 3—5 à l'extrémité de la tige et des
rameaux axilaires, et formant une sorte de panicule terminale ; involucre semblable à celui du *C. palustre*, entouré
à la base de quelques folioles bractéales, semblables aux
feuilles du sommet de la tige, ne dépassant pas l'involucre;
achaine brunâtre, lisse, oblong, un peu comprimé ; aigrette
d'un blanc sale. ② (Juillet—septembre).

Salins, le long du petit ruisseau des Doigts, au-dessus de Gout-de-
Conche. — Genève, dans les prés humides près de Divonne (Reut.).

** Feuilles non décurrentes.

9. C. glutineux. — *C. Erisithales.*

Scop. Carn. ed. 2. 2. p. 125. — Koch, Syn. p. 395. —
C. Erisithales. I. glutinosum. Gaud. Fl. helv. 5. p. 189.
— *C. glutinosum.* DC. Prod. 6. p. 649. et Fl. fr. n.
3082ª. — Duby, Bot. gall. p. 285. — *Carduus Erisitales.*

Lam. Ency. 1. p. 704. — *Cnicus Erisithales*. Linn. Sp. 1157.

Racine épaisse, courte, noirâtre, garnie de fibres; tige dressée, haute de 6—9 décim., sillonnée, un peu velue, feuillée dans le bas, presque nue dans le haut; feuilles légèrement pubescentes, à poils épars, articulés, d'un vert assez foncé en dessus, plus pâle en dessous, inégalement ciliées-épineuses, profondément pinnatifides jusqu'au sommet, à lanières rapprochées, parallèles, presque à angle droit sur la côte moyenne, à 3 nervures, la moyenne plus marquée, oblongues ou lancéolées, aiguës, grossièrement dentées-épineuses : les inférieures rétrécies en pétiole ailé, dilaté à la base : les caulinaires moins grandes, sessiles, embrassantes; capitules 1—4, assez gros, penchés, ordinairement solitaires, à fleurs jaunâtres, portés sur des pédoncules souvent très longs, axilaires à la partie supérieure de la tige, presque glabres ou un peu lanugineux; écailles de l'involucre lancéolées, convexes, mucronées, glutineuses, courbées en dehors à leur sommet; achaine oblong, blanchâtre, un peu comprimé, à aigrette d'un blanc un peu sale. ♃ (Juillet—septembre).

Les bois du haut Jura : autour de la Faucille; sur la chaîne du Colombier; sur la Dôle; le Montendre; le Noirmont.

ß. *Ochroleucum. C. ochroleucum*. All. Ped. 1. p. 150. — DC. Prod. 6. p. 648. et Fl. fr. supp. n. 3082. — Koch, Syn. p. 396. — *C. Erisithales. II. ochroleucum*. Gaud. Fl. helv. 5. p. 190.— Dalech. Hist. p. 1094. fig. 2. (*habitus non malè exprimit*). — Diffère de la var. *α.* par ses capitules au nombre de 3—5, dressés, presque sessiles, ou portés sur de courts pédoncules lanugineux, réunis presque en corymbe au sommet de la tige et des rameaux; écailles de l'involucre également glutineuses, ainsi que le dit Allioni.

Aux environs de la Faucille, avec la var. *α.* — Sur la Dôle (Schleich.). — Sur le Marchairuz, au-dessus de Gimel, et sur les sommités voisines où elle est commune (Gaud.).

8. C. à feuilles de Roquette. — *C. erucagineum.*

DC. Fl. fr. n. 5083. (*excl. Syn. Vill.*). et Prod. 6. p. 649.
— Duby, Bot. gall. p. 285. — Gaud. Fl. helv. 5. p. 187.
— *Carduus erucagineus.* Lam. Ency. 1. p. 704. — *C.
semipectinatum* (Schleich.). Koch, Syn. p. 596?

Tige dressée, haute de 5—6 décim., simple, fistuleuse,
lisse, épaisse, striée, cylindrique, blanchâtre et lanugineuse
au sommet; feuilles glabres, souvent un peu écartées, d'un
vert gai, plus pâles et un peu rudes en dessous, molles,
inégalement ciliées-épineuses, pinnatifides à leur partie
inférieure, presque simples et indivises au sommet, auriculées-embrassantes, à lanières lancéolées, inégales, presque
contiguës à la base et à une seule nervure; capitules 3—4,
à fleurs jaunâtres, de la grosseur de ceux du *C. oleraceum,*
avec lequel cette espèce a quelques rapports, agglomérés
au sommet de la tige, presque sessiles ou portés sur des
pédoncules très courts, lanugineux, le supérieur dressé, un
peu plus gros, les autres horizontaux, nus ou accompagnés
de 1—2 bractées lancéolées, dentées-épineuses; involucre
hémisphérique, à écailles lancéolées, glabres, appliquées, à
peine mucronées; achaine blanchâtre, comprimé, lisse, à
aigrette d'un blanc sale. ♃ (Août, septembre).

Commun dans les prés humides du Val-Travers, avec les variétés
β. et γ. (Chaillet).

β. *Pinnatifidum.* Gaud. Syn. p. 713. — Toutes les
feuilles entièrement pinnatifides.

γ. *Hybridum.* Gaud. Syn. p. 713. — Feuilles épineuses : les caulinaires très courtement ailées-décurrentes;
rameaux axilaires, à un petit nombre de capitules, ceux qui
terminent la tige plus nombreux, agglomérés, accompagnés
de bractées.

9. C. à trois têtes. — *C. tricephalodes.*

DC. Fl. fr. n. 3084. (*excl. var. β.*). et Prod. 6. p. 649. —
Duby, Bot. gall. p. 288. — Gaud. Fl. helv. 5. p. 195. —
Carduus tricephalodes. Lam Ency. 1. p. 704. — *Cirsium
rivulare.* Koch, Syn. p. 397.

All. Fl. ped. tab. 35. — Jacq. Aust. tab. 91.

Tige haute de 6—9 décim. et quelquefois davantage,
dressée, sillonnée, anguleuse dans le bas, peu feuillée et
un peu lanugineuse dans le haut; feuilles de forme variable :
les inférieures oblongues, rétrécies en pétiole ailé-denté,
plus ou moins profondément pinnatifides, ciliées-épineuses,
glabres ou garnies de quelques poils épars, vertes en dessus,
un peu plus pâles en dessous, à lanières lancéolées-acuminées, plus ou moins dentées, quelquefois presque entières :
les caulinaires alternes, embrassantes, à oreillettes arrondies; capitules à fleurs purpurines, au nombre de 2—4,
rarement solitaires, assez gros, les latéraux plus petits,
agglomérés en tête portée sur un long pédoncule terminal,
blanchâtre et lanugineux, surtout au sommet; involucre
ovoïde, à écailles lancéolées, appliquées, mucronées, d'un
pourpre noirâtre à l'extrémité : les intérieures plus longues,
lancéolées-linéaires; anthères blanches; style pourpre,
saillant; achaine oblong, un peu comprimé, à aigrette d'un
blanc sale. ♃ (Juillet, août).

Commun dans les prés humides du Val-Travers, entre Motiers et
Fleurier où j'en ai trouvé quelques pieds à fleurs blanches, lesquels se
rapprochent beaucoup de l'espèce précédente qui diffère peu de celle-
ci, et dont elle n'est peut-être qu'une variété; dans la tourbière de
Pontarlier; au bord du chemin près de la Brevine; dans la vallée de
Joux. — Bâle, aux environs de Badenwiller; de Bellelay (Hagenb.).

β. *Salisburgense.* Gaud. Syn. p. 714. — **DC.** Prod. 6.
l. c. var. *α.* — *Cnicus Salisburgensis.* Willd. Sp. 3. p.
1675. -- Hall. Helv. tab. 4. fig. 1. — Tige un peu rameuse
au sommet, à rameaux axilaires, allongés, lanugineux, nus
ou presque nus, terminés par 1—2 capitules; feuilles demi-

pinnatifides, les inférieures rétrécies en pétiole ailé, oblongues, sinuées-dentés, quelquefois presque entières et grossièrement dentées, ciliées-épineuses.

J'ai récolté cette variété au bord du lac de Joux, près du village de l'Abbaye ; elle se trouvait au milieu de grandes herbes, et s'élevait à 16—19 décim. de hauteur ; à la Cornée, mairie de la Brevine (Chaillet). — Aux environs de Bâle (Hagenb.).

10. C. des lieux cultivés. — *C. oleraceum.*

Scop. Carn. ed. 2. 2. p. 124. — DC. Prod. 6. p. 647. et Fl. fr. n. 5079. — Duby, Bot. gall. p. 285. — Gaud. Fl. helv. 5. p. 184. — Koch, Syn. p. 397. — *Cnicus oleraceus.* Linn. Sp. 1156. — *Carduus acanthifolius.* Lam. Ency. 1. p. 703. — *Serratula oleracea.* Poir. Ency. 6. p. 562.

Moris. sect. 7. tab. 29. fig. 20. — J. Bauh. Hist. 3. p. 1. p. 43. fig. 1. — Lob. advers. p. 371. fig. 2. (*opt.*). — Dalech. Hist. p. 1448. fig. 2.

Racine rameuse ; tige dressée, simple, fragile, faible, sillonnée, glabre, un peu rameuse au sommet, haute de 10—16 décim. ; feuilles molles, vertes et glabres sur les deux faces, ou légèrement pubérulentes, irrégulièrement ciliées-épineuses : les inférieures rétrécies en pétiole, pinnatifides, à lobes lancéolés-acuminés, dentés : les caulinaires en cœur à la base et embrassantes, également pinnatifides, à lobe terminal très grand : les supérieures presque indivises, ovales-lancéolées ; capitules assez gros, à fleurs jaunâtres, terminaux, agglomérés, sessiles ou presque sessiles, entourés d'une collerette de bractées foliacées plus longues que les capitules, d'un vert blanchâtre, ovales, concaves, conniventes, ciliées-épineuses ; écailles de l'involucre lancéolées-acuminées, les extérieures épineuses au sommet, à épines faibles, non piquantes ; achaine oblong, blanchâtre, lisse, comprimé. ♃ (Juillet, août).

Cette plante n'est pas rare dans les fossés et les prés humides des montagnes : aux environs de Salins ; de Besançon ; de Pontarlier ;

de Champagnole ; de Genève, près de Saint-Genis, de Gex, etc.;
de Bâle, etc.

11. C. de Lachenal. — *C. Lachenalii*.

Koch, Syn. p. 397. — *C. rigens*. DC. Prod. 6. p. 648. —
Gaud. Fl. helv. 5. p. 185. — *C. Tataricum*. DC. Fl. fr.
n. 3080. (*excl. Syn. All.*). — Duby, Bot. gall. p. 285. —
Carduus Tataricus. Lam. Ency. 1. p. 705. — *Cnicus
Lachenalii*. Gmel. Bad. 2. p. 380.

Tige haute de 3—4 décim., raide, dressée, sillonnée,
simple ou un peu rameuse à sa partie supérieure, feuillée
dans toute sa longueur ; feuilles glabres sur les deux faces,
un peu velues en dessous sur les nervures, inégalement
ciliées-épineuses, à épines grêles, faibles, plus fortes à
l'extrémité des lobes, profondément pinnatifides, à lanières
dentées et bi-trifides, à lobes lancéolés, divergents : les
supérieures sessiles, demi-embrassantes, plus petites, plus
étroites, presque entières, dentées-épineuses ; capitules
ovoïdes-oblongs, ordinairement solitaires à l'extrémité de
la tige et des rameaux axilaires, à fleurs d'un blanc jaunâtre, entourés à la base de 2—3 folioles bractéiformes,
linéaires, dentées-épineuses, de la longueur de l'involucre,
portés sur des pédoncules un peu velus; involucre glabre,
à écailles appliquées, les extérieures lancéolées, mucronées-
un peu épineuses, les intérieures plus longues, linéaires-
lancéolées, aiguës, membraneuses au sommet; achaine très
lisse, comprimé. ⚥ (Juillet, août).

Les lieux humides et quelquefois arides de la plaine et des montagues, çà et là : au Val-Travers, dans un fossé au bord de la route près
de Couvet; près de Nozeroy; au bord de la route de Genève, un peu
au-delà de Champagnole. — Autour de Nyon et de Bonmont, rare
(Gaud.). — Aux environs de Bâle, près d'Olsberg ; entre Wallenburg
et Langenbruck; à droite de la route, etc.; sur les monts Diétisberg ;
Wasserfall, etc. (Hagenb.). — Au marais de Divone (Reut.).

β. *Flore purpureo*. Hagenb. Fl. basil. 2. p. 296. — Capitules presque solitaires, à fleurs purpurines.

Bâle, Michelfeld (Hagenb.).

12. C. nain. — *C. acaule*.

All. Fl. ped. 1. p. 153. — DC. Prod. 6. p. 652. et Fl. fr. n.
3089. — Duby, Bot. gall. p. 287. — Gaud. Fl. helv. 5. p.
199. — Koch, Syn. p. 398. — *Carduus acaulis*. Linn.
Sp. 1156. Lam. Ency. 1. p. 706.
Barr. ic. fig. 493. — Moris. sect. 7. tab. 32. fig. 12. —
J. Bauh. Hist. 3. p. 1. p. 63. fig. 1. — Clus. Hist. 2. p.
156. fig. 1. — Dalech. Hist. p. 1455. fig. 1. — Lob. ic.
2. p. 5. fig. 1. (*ead.*).

Racine dure, fusiforme, fibreuse; tige très courte,
presque nulle, ordinairement à un seul capitule; feuilles
nombreuses, presque toutes radicales, étalées sur la terre,
glabres sur les deux faces, rétrécies en pétiole à la base, à
nervure dorsale un peu velue, lancéolées, sinuées-pinnatifides, ciliées-épineuses, à lanières ovales, anguleuses, à
2—3 lobes épineux au sommet; capitule ordinairement
solitaire, assez gros, à fleurs purpurines, rarement blanches, dépourvu de bractées; involucre ovoïde, glabre, à
écailles lancéolées, mucronées, non piquantes, étroitement
embriquées : les intérieures plus longues; achaine oblong,
lisse, blanchâtre, comprimé, à aigrette d'un blanc sale. ♃
(Juillet, août).

Commun dans les prés et les pâturages montagneux.

β. *Albiflorum*. Gaud. Syn. p. 716. — Capitules à fleurs
blanches.

Autour de Ferrière (Gagnebin in Gaud.).

γ. *Caulescens*. Gaud. Syn. l. c. — *Carduus Roseni*.
Vill. Dauph. tab. 21. — Tige de 12—15 centim., à un seul
capitule.

Salins, au pied des murs, le long des chemins de vignes. — Sur le
mont Marchairuz (Gaud.).

δ. *Elatum*. Gaud. Syn. l. c. — Tige haute de 2—3 décim., rameuse, à plusieurs capitules.

Dans les mêmes lieux que la variété précédente.

13. C. tubéreux. — *C. bulbosum.*

DC. Fl. fr. n. 3087. et Prod. 6. p. 650. — Duby, Bot. gall. p. 287. — Gaud. Fl. helv. 5. p. 197. — Koch, Syn. p. 399. — *Carduus bulbosus.* Lam. Ency. 1. p. 705. — *C. tuberosus. var. β.* Linn. Sp. 1154.

Moris. sect. 7. tab. 29. fig. 27. — J. Bauh. Hist. 3. p. 1. p. 43. fig. 2. — Clus. Hist. 2. p. 149. fig. 2. — Lob. advers. p. 371. fig. 1. (*ead.*).

Racine à souche courte, épaisse, munie de fibres renflées, amincies à la base et au sommet; tige haute de 4—6 décim., dressée, pleine, striée, nue et cotonneuse à sa partie supérieure, ordinairement simple ou munie de 1—2 rameaux à un seul capitule; feuilles ciliées, à peine épineuses, lancéolées, vertes et un peu velues en dessus, ou quelquefois presque glabres, blanchâtres et médiocrement lanugineuses en dessous, plus ou moins profondément pinnatifides, à lanières à 2—3 lobes courts, divergents, épineux au sommet : les radicales pétiolées, un peu décurrentes sur le pétiole : les autres plus petites, peu nombreuses : les supérieures étroites, linéaires-lancéolées, incisées-dentées, épineuses; capitules assez gros, à fleurs purpurines, au nombre de 1—3, portés sur de longs pédoncules nus, cotonneux; involucre ovoïde, glabre, souvent garnis d'un léger duvet aranéeux, à écailles lancéolées, mucronées, étroitement embriquées, purpurines au sommet; achaine oblong, lisse, blanchâtre, un peu comprimé; aigrette d'un blanc sale. ♃ (Juillet, août).

Les prés humides : Salins, dans les prés humides de la tuilerie de Clucy; entre Pontamoujar et Arc. — Bâle, dans les prés à Michelfeld; au-dessous de Neudorf et près de Delémont (Hagenb.).

β. *Dissectum.* Gaud. Syn. p. 716. — All. Ped. tab. 49. fig. 2. — Tabern. ic. p. 154. fig. 1. — Dalech. Hist. p. 1444. fig. 1. — Feuilles profondément pinnatifides, à lobes des lanières divergents.

Salins, dans les mêmes lieux, plus commune que la variété α.

14. C. épineux. — *C. spinosissimum*.

Scop. Carn. ed. 2. 2. p. 129. — DC. Prod. 6. p. 648. et
Fl. fr. n. 3078. — Duby, Bot. gall. p. 286. — Gaud. Fl.
helv. 5. p. 191. — Koch, Syn. p. 399. — *Carduus comosus*. Lam. Ency. 1. p. 703. — *Cnicus spinosissimus*.
Linn. Sp. 1157.
Hall. Helv. tab. 5. (*pulchra*). — Dalech. Hist. p. 1472.
fig. 1.

Racine brune, épaisse, garnie de fibres fortes et profondes; tige dressée, haute de 3—5 décim., poilue-lanu-
gineuse, simple, dure, sillonnée, médiocrement feuillée
dans le bas, très feuillée dans le haut, à feuilles rapprochées et enveloppant les capitules; feuilles glabres, un peu
velues en dessous sur les nervures, oblongues ou lancéolées :
les inférieures rétrécies à la base, les caulinaires embrassantes : toutes pinnatifides, à lanières ovales, trifides, à
lobes divergents, ciliés-épineux, terminés par des épines
plus fortes et plus allongées; capitules à fleurs d'un blanc
jaunâtre, terminaux, sessiles, de grosseur médiocre, au
nombre de 7—8 agglomérés, entourés de bractées nombreuses, foliacées, d'un vert blanchâtre, laciniées-pinnatifides, épineuses, dressées, molles, un peu velues; involucre
pubescent, à écailles ovales-lancéolées, acuminées, épineuses
au sommet. ♃ (Juillet, août).

Les lieux herbeux et humides des hautes montagnes : sur le Jura
(DC. Duby.).

§ 3. *Feuilles non hérissées en dessus; capitules homogames, dioïques par avortement.*

15. C. des champs. — *C. arvense*.

Scop. Carn. ed. 2. 2. p. 126. — DC. Prod. 6. p. 643. et
Fl. fr. n. 3090. — Duby. Bot. gall. p. 287. — Gaud. Fl.
helv. 5. p. 200. — Koch, Syn. p. 400. — *Carduus ar-*

vensis Lam. Ency. 1. p. 706. — *Serratula arvensis.*
Linn. Sp. 1149.

Moris. sect. 7. tab. 32. fig. 14. — J. Bauh. Hist. 3. p. 1. p.
59. fig. 2. (*mala*). — Tabern. ic. p. 700 fig. 1.

Racine profonde, rampante ; tige dressée, lisse, anguleuse, feuillée, rameuse-paniculée au sommet, haute de
6—9 décim. ; feuilles sessiles, oblongues-lancéolées, sinuées-
pinnatifides, à lobes ovales, anguleux, un peu écartés, ciliés-épineux, munis au sommet d'épines plus fortes, vertes
et glabres sur les deux faces, ou cotonneuses en dessous
dans la var. β. ; capitules à fleurs purpurines, rarement
blanches, assez petits, nombreux, disposés en corymbe paniculé terminal, portés sur des pédoncules inégaux, un peu
lanugineux au sommet, munis de petites bractées subulées ;
involucre ovoïde, à écailles appliquées, glabres, un peu lanugineuses sur les bords, les extérieures ovales-lancéolées,
mucronées, les intérieures lancéolées, à pointe molle ;
achaine oblong, brunâtre, comprimé, à aigrette d'un blanc
sale. ♃ (Juin, juillet).

Commun dans les champs, les vignes, le long des chemins.

β. *Vestitum.* Koch, Syn. var. γ. — DC. Prod. 6. l. c.
var. β. — Gaud. Fl. helv. 5. l. c. var. β. — Feuilles blanches et cotonneuses en dessous.

Cette variété n'est pas rare aux environs de Salins, le long de la
route de Saisenay ; dans le bois de Racine, etc.

38. ARTICHAUT. — *CYNARA.* Linn.

Écailles de l'involucre charnues à la base, échancrées au
sommet et mucronées : les autres caractères sont ceux des
Cirses.

1. A. commun. — *C. Scolymus.*

Linn. Sp. 1159. — DC. Prod. 6. p. 620. et Fl. fr. n. 3069.
— Duby, Bot. gall. p. 288. — Gaud. Fl. helv. 5. p. 204.
— Lam. Ency. 1. p. 277. — Koch, Syn. p. 400.

Chaum. Fl. méd. tab. 40. — Moris. sect. 7. tab. 33. fig. 1.
— J. Bauh. Hist. 3. p. 1. p. 48. fig. 1. — Tabern. ic. p.
695. fig. 1. et 2. — Dalech. Hist. p. 1439. fig. 1.

Racine épaisse, rameuse; tige dressée, épaisse, sillonnée,
haute de 9—12 décim., un peu rameuse; feuilles grandes,
alternes, molles, un peu épineuses, dentées ou profondément
pinnatifides, à lanières incisées ou dentées, d'un vert cendré
en dessus, blanchâtres et un peu cotonneuses en dessous;
capitules terminaux, à fleurs purpurines, dressés, très gros,
à écailles de l'involucre ovales, obtuses au sommet, presque
échancrées, rarement un peu épineuses. ♃ (Juillet, août).

Patrie inconnue, généralement cultivé dans les jardins comme plante
alimentaire : il n'est probablement qu'une variété de l'espèce suivante.
On mange le réceptacle et la base des écailles de l'involucre.

2. A. Cardon. — *C. Cardunculus*.

Linn. Sp. 1159. — DC. Prod. 6. p. 620. var. β. et Fl. fr.
n. 3068. var. β. — Duby, Bot. gall. p. 288. — Gaud. Fl.
helv. 5. p. 204. — Koch, Syn. p. 400. — *C. sylvestris*.
Lam. Ency. 1. p. 277. var. β.

Moris. sect. 7. tab. 33. fig. 7. — Clus. Hist. 2. p. 153. fig. 3.
(*ic. Dod.*). — Tabern. ic. p. 696. fig. 1. — Dod. pempt.
p. 724. fig. 1. — Lob. ic. 2. p. 3. fig. 1. (*ead.*).

Tige haute de 9—12 décim., dressée, épaisse, rameuse
au sommet; feuilles grandes, d'un vert cendré en dessus,
cotonneuses en dessous, pinnatifides, à lobes étroits, décurrentes sur le pétiole et sur la tige, hérissées d'épines
que l'on retrouve sur les bords du pétiole et des appendices
de la tige; capitules gros, à fleurs purpurines, à écailles de
l'involucre ovales, épineuses au sommet. ♃ (Juillet).

Les champs arides du midi de la France; cultivé comme le précédent pour les pétioles et les côtes de ses feuilles que l'on mange sous le
nom de *Cardes* ou *Cardons*.

β. Poils de l'aigrette simples, dentelés.

39. SILYBE. — *SILYBUM*. Gaert.

Filets des étamines monadelphes : le reste comme dans le genre *Chardon.*

1. S. Chardon-Marie. — *S. marianum.*

Gaertn. Fruct. 2. p. 378. — DC. Prod. 6. p. 616. — Duby,
Bot. gall. p. 283. — Gaud. Fl. helv. 5. p. 176. — Koch,
Syn. p. 400. — *Carduus marianus.* Linn. Sp. 1153. —
DC. Fl. fr. n. 3012. — *Carthamus maculatus.* Lam.
Ency. 1. p. 638.

J. Saint-Hil. Pl. fr. tab. 84. — Chaum. Fl. méd. tab. 111.
— Moris. sect. 7. tab. 30. fig. 1. *bis.* (*series* 2.). —
J. Bauh. Hist. 3. p. 1. p. 52. fig. 2. — Tabern. ic. p.
699. fig. 2. — Dalech. Hist. p. 1475. fig. 1. — Dod.
pempt. p. 722. fig. 1. — Lob. ic. 2. p. 7. fig. 2. (*ead.*).

Racine fusiforme ; tige dressée, haute de 6—12 décim.,
épaisse, sillonnée, feuillée, glabre, rameuse au sommet ;
feuilles amples, lisses, glabres, vertes, élégamment veinées-réticulées de lignes blanches, garnies sur le bord de
cils épineux jaunâtres, raides : les inférieures rétrécies en
pétiole, pinnatifides, à lobes ovales, larges, sinués-épineux :
les caulinaires ovales-lancéolées, aiguës ou obtuses, embrassantes ; capitules gros, à fleurs purpurines, portés sur
de courts pédoncules terminaux, un peu lanugineux ; involucre ventru, à écailles larges, ovales, appliquées, terminées par un appendice foliacé, ovale – acuminé, étalé,
cilié-épineux à la base, terminé par une forte épine ; achaine
noirâtre, à aigrette blanche, à poils ciliés. ② (Juillet,
août).

Les lieux incultes, les décombres, autour des fumiers et dans les
débris des jardins : çà et là aux environs de Bâle (Hagenb.). — Genève, en assez grande quantité autour du pont de Penex (Reut.) —

Nyon, près de la maison de la Combe (Monnard). — La racine du
Chardon-Marie passe pour un assez bon sudorifique : on regarde aussi
cette plante comme fébrifuge, apéritive et diurétique.

40. CHARDON. — *CARDUUS.* Linn.

Involucre à écailles embriquées ; fleurs hermaphrodites,
toutes tubuleuses, égales ; filets des étamines libres ; aigrette
caduque, à poils simples, dentelés, soudés en anneaux à la
base ; réceptacle garni de paillettes soyeuses.

§ 1. *Capitules solitaires, portés sur des pédoncules
allongés.*

1. C. penché. — *C. nutans.*

Linn. Sp. 1150. — DC. Prod. 6. p. 621. et Fl. fr. n. 3017.
— Duby, Bot. gall. p. 283. — Gaud. Fl. helv. 5. p. 162.
— Lam. Ency. 1. p. 697. — Koch, Syn. p. 404.
Barr. ic. fig. 1146. — Moris. sect. 7. tab. 31. fig. 6. —
J. Bauh. Hist. 3. p. 1. p. 56. fig. 3. — Tabern. ic. p.
687. fig. 1? et 2?
Racine fusiforme, chevelue ; tige dressée, épaisse, sillonnée, rameuse à sa partie supérieure, feuillée, ailée-
épineuse dans toute sa longueur, haute de 6—9 décim. ;
feuilles lancéolées, décurrentes, un peu blanchâtres et
lanugineuses en dessous, particulièrement sur les nervures,
ciliées-épineuses, profondément sinuées-pinnatifides, à lanières inégalement trilobées, dentées, à lobes et dents épineuses au sommet ; capitules à fleurs purpurines, rarement
blanches, gros, arrondis, penchés, solitaires, terminaux,
portés sur des pédoncules cotonneux, plus ou moins allongés ;
involucre garni d'un duvet cotonneux-aranoïde, à écailles
lancéolées, vertes ou rougeâtres, épineuses au sommet, les
extérieures courbées en dehors, les intérieures dressées ;
achaine brunâtre, comprimé, strié, rude, à aigrette blanche,
à soies dentelées. ② (Juillet, août).

Commun le long des chemins, au bord des routes, dans les lieux incultes.

β. *Albiflorus*. DC. Fl. fr. l. c. — Gaud. Fl. helv. 5. l. c. — Fleurs blanches.

Salins, le long de la route, vers Saint-Joseph. — Nyon (Gaud.), rare.

Obs. Je réunis à cette espèce un chardon que j'ai récolté aux environs du Gout-de-Conche, près de Salins, qui est beaucoup plus grand dans toutes ses parties : sa tige est plus épaisse, haute de 9—12 décim. et plus ; ses feuilles plus grandes ; ses capitules plus gros, à écailles de l'involucre appliquées, toutes dressées et non courbées en dehors, de la longueur des fleurs, portés sur des pédoncules très courts, presque nuls, entourés à la base de 1—3 folioles ou bractées linéaires-lancéolées, presque entières, épineuses au sommet, plus longues que l'involucre. Serait-ce une espèce particulière ?

2. C. terne. — *C. defloratus.*

Linn. Sp. 1152. — DC. Prod. 6. p. 628. var. γ. *Cirsioïdes.*
    et Fl. fr. n. 3020. — Duby, Bot. gall. p. 284. — Gaud.
    Fl. helv. 5. p. 170. — Lam. Ency. 1. p. 699. — Koch,
    Syn. p. 403.
Hall. Helv. tab. 4. fig. 2. (*fol. omnibus indivisis*).

Tige simple, à 1—2, rarement 3 capitules, striée, ailée à sa partie inférieure, à ailes crépues-épineuses, presque nue à sa partie supérieure, haute de 3—5 décim. ; feuilles d'un vert sombre en dessus, plus pâles et un peu glauques en dessous, fermes, glabres, ou un peu poilues sur les nervures dorsales, décurrentes, lancéolées, pinnatifides, ciliées-un peu épineuses, à lanière à 2 lobes épineux au sommet : les radicales rétrécies en pétiole à la base ; capitules à fleurs d'un beau rouge pourpre, dressés, ensuite penchés, portés sur de longs pédoncules lanugineux égalant presque la longueur du reste de la tige, nus, munis seulement de quelques petites bractées subulées ; involucre hémisphérique, presque glabre, à écailles vertes, linéaires-lancéolées, mucronées, planes, à nervure saillante, les

extérieures un peu étalées au sommet et légèrement épineuses ; achaine oblong, finement strié, luisant, à aigrette
blanche. ⚥ (Juillet, août).

Commun dans les pâturages du haut Jura : sur le mont d'Or ; le Suchet ; le Noirmont ; la Dôle ; le Colombier ; le Salève ; la Faucille ; le
Creux-du-Vent, etc.

β. *Albiflorus*. Gaud. Fl. helv. 5. l. c. — Fleurs blanches.

Au Creux-du-Vent (Depierre, cat.).

γ. *Subindivisus*. Feuilles lancéolées, dentées ou incisées-
dentées, comme dans la figure citée de Haller.

Mêmes lieux que la variété α, mais plus rare.

ð. *Nanus*. Tige simple, à un seul capitule à fleurs purpurines ou roses, haute de 15—16 centim..; terminée par
un pédoncule nu, lanugineux et blanchâtre, d'une longueur
presque double de la tige.

Sur le Montendre et ailleurs.

ε. *Ramosus*. Hagenb. Fl. basil. 2. p. 289. — *C. axilaris*.
Gaud. Fl. helv. 5. p. 169. — Tige rameuse ; pédoncules axilaires plus courts ; involucre garni d'un duvet aranéeux.

Bâle, dans les lieux très arides, avec la variété ordinaire (Hagenb.).
— Salins, sur Belin, Poupet, etc.

ζ. *Biceps*. Hagenb. Fl. basil. 2. l. c. — Capitules 2, opposés, presque sessiles.

Bâle, sur le mont Diétisberg (Hagenb.).

§ 2. *Capitules rapprochés, portés sur des pédoncules
courts, ou presque sessiles.*

3. C. crépu. — *C. crispus.*

Linn. Sp. 1150. — DC. Prod. 6. p. 623. et Fl. fr. n. 3019.
— Duby, Bot. gall. p. 283. — Gaud. Fl. helv. 5. p. 164.
Tige dressée, striée-anguleuse, rameuse dans le haut,
ailée, à ailes crépues, dentées-épineuses, garnie de quelques

poils mous, articulés, haute de 6—9 décim. ; feuilles d'un vert sombre en dessus, blanchâtres et un peu lanugineuses en dessous, lancéolées, décurrentes, sinuées-pinnatifides, à lobes ovales, anguleux, dentés, ciliés-épineux, à épines terminales plus fortes; capitules à fleurs purpurines, rarement blanches, plus ou moins nombreux, solitaires ou aggrégés au sommet de la tige et des rameaux ailés-épineux, sessiles ou portés sur de courts pédoncules cotonneux; involucre ovoïde-arrondi, de la grosseur d'une noisette, presque glabre, à écailles nombreuses, embriquées, les extérieures linéaires-subulées, dressées-étalées, légèrement épineuses au sommet, les intérieures lancéolées, dressées, colorées, non épineuses au sommet; achaine oblong, grisâtre, un peu comprimé, légèrement strié et ridé à la loupe. ② (Juillet—septembre).

Les lieux incultes, le bord des routes et des chemins : aux environs de Salins; de Poligny; de Lons-le-Saunier; d'Orgelet; de Thoirette; de Bâle, etc.

β. *Multiflorus.* DC. Prod. 6. p. 624. — *C. multiflorus.* Gaud. Fl. helv. 5. p. 166. — *C. polyanthemos.* Linn. Mant. 109. — Koch, Syn. p. 401. — J. Bauh. Hist. 3. p. 1. p. 59. fig. 1. — Feuilles vertes sur les deux faces, un peu poilues en dessous, mais non lanugineuses.

Souvent confondue avec la variété α : elle se trouve dans les mêmes lieux, mais elle est plus commune. — Aux environs de Salins, de Dole; de Nozeroy; de Besançon; de Montbéliard; de Bâle; de Poligny; de Lons-le-Saunier, etc., etc. — Autour de Nyon ; de Saint-Cergue ; des Rousses ; dans la vallée de Joux, etc.

4. C. à fleurs menues. — *C. tenuiflorus.*

Smith. Fl. brit. 2. p. 849. — DC. Prod. 6. p. 626. var. α. *acanthifolius.* et Fl. fr. n. 3014. — Duby, Bot. gall. p. 383. var. α. — Gaud. Syn. p. 706. — Koch, Syn. p. 401. Moris. sect. 7. tab. 31. fig. 13.

Tige dressée, haute de 6—8 décim., grêle, rameuse, striée, un peu lanugineuse, ailée, à ailes sinuées-dentées, épineuses ; feuilles oblongues, larges, d'un vert blanchâtre et légèrement lanugineuses en dessus, blanches-cotonneuses en dessous, décurrentes, sinuées et pinnatifides, à lobes ovales, anguleux, dentés, épineux ; capitules petits, oblongs, presque cylindriques, sessiles, à fleurs d'un pourpre clair, aggrégés au sommet de la tige et des rameaux ; involucre un peu lanugineux, à écailles lancéolées, acuminées, dressées-étalées, épineuses au sommet ; achaine oblong, grisâtre, un peu comprimé, luisant, légèrement strié. ①, ②? Koch (Juin, juillet).

Au bord des chemins et près des murs : Genève, à Confignon, près de l'église ; en grande quantité sur les remparts, près du pont de fil de fer des Tranchées, dans la ville même, et dans les fossés au-dessous de l'ancien jardin Micheli (Reut.).

5. C. Bardane. — *C. Personata.*

Jacq. Aust. 4. p. 25. — DC. Prod. 6. p. 629. et Fl. fr. n. 3025. — Duby, Bot. gall. p. 284. — Gaud. Fl. helv. 5. p. 175. — Koch, Syn. p. 402.— *Arctium Personata.* Linn. Sp. 1144. — Lam. Ency. 1. p. 378.
Hall. helv. tab. 3.

Racine forte, noirâtre ; tige épaisse, dressée, anguleuse, ailée, à ailes étroites, dentées-épineuses, à épines faibles, haute de 6—12 décim. , rameuse à sa partie supérieure ; feuilles alternes, vertes et presque glabres en dessus, blanchâtres et un peu lanugineuses en dessous, quelquefois presque entièrement glabres sur les deux faces : les inférieures rétrécies en petiole, largement ovales, profondément pinnatifides à leur base, à lanières oblongues, aiguës, lobées et dentées, épineuses : les supérieures décurrentes, ovales-lancéolées, indivises, souvent acuminées, dentées ou sinuées-dentées, épineuses ; capitules assez gros, à fleurs purpurines, ovoïdes-arrondis, la plupart agglomérés 2—3 ensemble au sommet de la tige et des rameaux, presque sessiles, ou portés sur de courts pédoncules cotonneux ; involucre glabre, à écailles lancéolées-subulées, courbées en dehors, légèrement épineuses au sommet, les intérieures plus molles, dressées, non épineuses, purpurescentes à leur partie supérieure ; achaine oblong, comprimé, luisant, légèrement strié et ridé à la loupe, à aigrette d'un blanc sale. ♃ (Juillet, août).

Les vallées des montagnes : entre Vaux et Bonnevaux ; à Pontarlier, dans une haie, sur la rive droite du Doubs en face de la ville ; entre la Sagne et Pont-Martel. — Sur le mont Damain ; aux Convers ; à Pertuis ; au Cul-des-Prés (Gagnebin). — Au Creux-du-Vent ; au-dessus d'Orvins ; au-dessous de la Chaux-de-Fonds, le long du chemin, en abondance (Gaud). — A la Clusette ; à Saint-Aubin (L. Benoît, cat.). — A Goudeba (Depierre, cat.). — Bâle, près de Delémont et sur le mont Wasserfall (Hagenb.).

41. ONOPORDE. — ONOPORDUM. Linn.

Réceptacle charnu, profondément alvéolé, à alvéoles membraneux sinués-dentés : les autres caractères comme dans les *Chardons*.

1. O. Acanthe. — *O. Acanthium.*

Linn. Sp. 1158. — DC. Prod. 6. p. 618. et Fl. fr. n. 3005. — Duby, Bot. gall. p. 282. — Gaud. Fl. helv. 5. p. 203. Lam. Ency. 4. p. 556. — Koch, Syn. p. 404.
Barr. ic. fig. 502. — Moris. sect. 7. tab. 30. fig. 1. (*ic.* 2. *et* 4.). — J. Bauh. Hist. 3. p. 1. p. 54. fig. 2. — Tabern. ic. p. 686. fig. 1. — Dalech. Hist. p. 1446. fig. 1. et 2. — Dod. pempt. p. 721. fig. 1. — Lob. ic. 2. p. 1. fig. 1. (*ead.*).
Racine fusiforme ; tige épaisse, raide, rameuse, cotonneuse, largement ailée, à ailes dentées-épineuses, haute de 10—15 décim. ; feuilles larges, décurrentes, oblongues-elliptiques, sinuées-anguleuses, à angles épineux, un peu épaisses, blanchâtres et cotonneuses sur les deux faces, particulièrement en dessous : les radicales très grandes, rétrécies en pétiole à la base ; capitules solitaires, terminaux, très gros, à fleurs purpurines, rarement blanches ; involucre globuleux, à écailles ovales-lancéolées, subulées, étalées,

concaves à la base, verdâtres et épineuses au sommet, à peine lanugineuses; achaine brun, gros, oblong, comprimé, presque tétragone, ridé en travers, à aigrette roussâtre, à poils ciliés. ② (Juillet, août).

Les lieux incultes, le bord des chemins : au pied des rochers au-dessus du village des Planches, près d'Arbois; Dole, au bord de la route, près du pont; Genève, en sortant de la porte de Rive; au bord de la route, près de Saint-Genis; le long de la promenade à Yverdon; Bâle, à l'embouchure de la Birse et à Bruckfeld.

42. BARDANE. — *LAPPA*. Tournef.

Involucre à écailles embriquées, linéaires-subulées, appliquées à la base, crochues au sommet; fleurs hermaphrodites, toutes égales, tubuleuses; filets des étamines libres; aigrette courte, persistante, à poils simples, très fragiles, disposés sur plusieurs rangs.

1. B. à grosses têtes. — *L. major.*

Gaertn. Fruct. 2. p. 379. — DC. Prod. 6. p. 661. et Fl. fr. n. 3011. — Gaud. Fl. helv. 5. p. 155. — Koch, Syn. p. 404. — *Lappa glabra. var.* ß. — Lam. Ency. 1. p. 377. — Duby, Bot. gall. p. 282. — *Arctium lappa. var. α.* Linn. Sp. 1143.

J. Saint-Hil. Pl. fr. tab. 52. — Lam. illust. tab. 665. — J. Bauh. Hist. 3. p. 2. p. 570. fig. 1. — Dod. pempt. p. 58. fig. 1.

Tige dressée, haute de 9—12 décim., épaisse, robuste, rameuse, presque glabre, striée, rougeâtre; feuilles larges, en cœur, pétiolées, obtuses, mucronées, dentelées, vertes et glabres en dessus, blanchâtres et cotonneuses en dessous, un peu glauques : les inférieures très grandes : celles des rameaux plus petites; capitules gros, globuleux, solitaires, pédonculés, à fleurs purpurines, disposés presque en corymbe terminal; involucre glabre, à écailles toutes subulées et crochues au sommet, les intérieures de même couleur. ② (Juillet, août).

Les décombres, le bord des chemins, les bois : Salins, dans le bois de Racine et à la source du ruisseau des Doigts, au-dessus du Gout-de-Conche, et ailleurs. — Aux environs de Bâle, rare (Hagenb.).

2. B. à petites têtes. — *L. minor*.

DC. Fl. fr. n. 3010. et Prod. 6. p. 661. — Gaud. Fl. helv. 5. p. 156. — Koch, Syn. p. 405. — *Lappa glabra. var.* α. Lam. Ency. 1. p. 377. — Duby, Bot. gall. p. 282. var. α.

Cette espèce a le port de la précédente, dont elle se rapproche beaucoup, mais elle est plus petite dans toutes ses parties : ses capitules, au lieu d'être solitaires, sont ordinairement réunis 2—5 ensemble le long des rameaux en grappes terminales : ils sont presque de moitié plus petits, à peine de la grosseur d'une noisette, à involucre glabre ou entrelacés seulement de quelques fils aranéeux. ② (Juillet, août).

Cette espèce est la plus commune : elle se trouve le long des chemins, au bord des routes et dans les décombres. — La racine de Bardane est employée comme sudorifique et apéritive ; les feuilles sont vulnéraires et astringentes, et les graines diurétiques. Ces propriétés appartiennent aux trois espèces ci-dessus.

3. B. à têtes cotonneuses. — *L. tomentosa*.

Lam. Ency. 1. p. 377. — DC. Prod. 6. p. 661. et Fl. fr. n. 3009. — Duby, Bot. gall. p. 282. — Gaud. Fl. helv. 5. p. 154. — Koch, Syn. p. 405. — *Arctium lappa. var.* β. Linn. Sp. 1243.
Moris. sect. 7. tab. 32. fig. 2. — J. Bauh. Hist. 3. p. 2. p. 571. fig. 1. — Dalech. Hist. p. 1055. fig. 2. — Lob. ic. p. 587. fig. 2.

Racine noirâtre, fusiforme ; tige haute de 6—9 décim., dressée, épaisse, sillonnée, un peu lanugineuse, rameuse à sa partie supérieure ; feuilles pétiolées, cordiformes : les inférieures très grandes, un peu inégales à la base ; capi-

tules assez gros, agglomérés, en corymbe terminal, à fleurs
purpurines, rarement blanches; involucre garni de duvet
cotonneux et entrelacé de fils aranéeux, à écailles intérieures
lancéolées, obtuses, mucronulées, colorées, presque rayonnantes, les extérieures subulées-crochues au sommet. ②
(Juillet, août).

Le long des routes, au bord des chemins, dans les décombres : Salins,
au bord de la route, à Blegny ; à Cernans; à Arc-sous-Montenot; à
Villeneuve-d'Amont; à Vers, etc.; au pied du Chasseral, du côté des
Pontins; entre Béfort et Altkirch; à Mijoux, vallée des Dappes, etc.
— Aux environs d'Orbe et de Mathod, rare (Ducros). — Aux environs
de Bâle, rare (Hagenb.).

ß. *Capitulis minoribus.* Capitules de la grosseur de ceux
du *L. minor.*

Le long de la route à Arc-sous-Montenot, etc.

TRIBU X. — CARLINÉES. Cass.

Involucre multiflore ; fleurs hermaphrodites ; aigrette
caduque, à poils plumeux, soudés au-dessous du milieu en
faisceaux, disposés sur un seul rang.

43. CARLINE. — *CARLINA.* Linn.

Involucre embriqué, à écailles extérieures pinnatifides,
à lobes épineux, les intérieures linéaires-lancéolées, entières,
scarieuses, rayonnantes; fleurs hermaphrodites, toutes tubuleuses; aigrette caduque, à poils plumeux, fasciculés,
soudés en anneau à la base; réceptacle garni de paillettes
divisées au sommet.

1. C. à courte tige. — *C. acaulis.*

Linn. Sp. 1160. — Gaud. Fl. helv. 5. p. 205. — Koch, Syn.
p. 405. — *C. subacaulis.* DC. Fl. fr. n. 3096. et Prod.
6. p. 545. — *C. caulescens.* Lam. Ency. 1. p. 623. —
C. chamœlcon. Duby, Bot. gall. p. 293.

Moris. sect. 7. tab. 33. fig. 5. — J. Bauh. Hist. 3. p. 1. p. 64. fig. 1. — Clus. Hist. 2. p. 155. fig. 2. (*benè*.). — Dalech. Hist. p. 1473. fig. 1. — Dod. pempt. p. 727. fig. 2. (*ic. Clus.*). — Lob. ic. 2 p. 4. fig. 1. (*ead.*).

Racine épaisse, ligneuse ; tige très courte, haute de 3—6 centim., d'un pourpre foncé, dure, striée, simple, feuillée, à un seul capitule ; feuilles glabres ou un peu aranéeuses en dessous, lancéolées, d'un vert foncé, un peu coriaces, profondément pinnatifides, à lanières incisées-dentées, épineuses : les radicales pétiolées et étalées sur la terre ; capitule solitaire, à fleurs purpurines, terminal, très gros, ayant 8—12 centim. de diamètre ; involucre à écailles extérieures foliacées, étalées, lancéolées, pinnatifides, épineuses, à épines rameuses-divergentes : les intérieures linéaires-lancéolées, aiguës, luisantes, d'un blanc argenté intérieurement et d'un pourpre noirâtre en dehors à la base, très hygrométriques, étalées-rayonnantes par un temps sec, et conniventes lorsque l'atmosphère est humide ; achaines cylindriques, carénés au sommet, recouverts de poils soyeux couchés, surmontés d'une aigrette à lanières scarieuses, blanchâtres, divisées en soies plumeuses. ♃, ② Koch. (Juillet, août).

Les pâturages des montagnes : Salins, sur la plupart des montagnes environnantes ; à la Chaux-de-Fonds ; à Nozeroy ; à Pontarlier ; sur le Salève ; aux environs de Bâle, etc., etc.

β. *Caulescens*. DC. Prod. 6. l. c. — Gaud. Fl. helv. 5. l. c. var. γ. — Tige haute de 15—30 centim.

Salins, dans les mêmes lieux, mais plus rare.

2. C. commune. — *C. vulgaris*.

Linn. Sp. 1161. — DC. Prod. 6. p. 546. et Fl. fr. n. 3098. — Duby, Bot. gall. p. 293. — Gaud. Fl. helv. 5. p. 207. — Lam. Ency. 1. p. 624.— Koch, Syn. p. 406.

Lam. illust. tab. 662. — J. Bauh. Hist. 3. p. 1. p. 81. fig. 2. — Tabern. ic. p. 697. fig. 1. — Dalech. Hist. p. 1484.

fig. 1. et p. 1439. fig. 2. — Dod. pempt. p. 728. fig. 1.
et p. 739. fig. 2.

Racine fusiforme, jaunâtre, un peu rameuse ; tige dressée,
striée, feuillée, ordinairement d'un pourpre foncé, un peu
lanugineuse, rameuse à sa partie supérieure, à rameaux
plus longs que la tige haute de 3—5 décim.; feuilles
éparses, embrassantes, lancéolées, un peu blanchâtres et
lanugineuses en dessous, sinuées-dentées, épineuses, à
épines inégales, divergentes : les radicales étalées en rosette
la première année, marcescentes; capitules terminaux, à
fleurs purpurines, beaucoup plus petits que dans l'espèce
précédente, disposés en corymbe; involucre à écailles extérieures foliacées, lancéolées, dentées-épineuses, à épines
rameuses - divergentes, les intérieures linéaires-lancéolées,
luisantes, étalées-rayonnantes d'un blanc jaunâtre, d'un
brun pourpre en dehors sur leur moitié inférieure; achaines
cylindriques, nus, peu épaissis au sommet, garnis de poils
roux, couchés, surmontés d'une aigrette à lanières scarieuses, divisées en soies plumeuses. ② (Juillet , août).

Commune dans les lieux arides et incultes, le long des chemins, au
bord des routes.

TRIBU XI. — SERRATULÉES. Cass.

Involucre multiflore ; fleurs hermaphrodites ; aigrette
plumeuse ou poilue, persistante, sur plusieurs rangs, l'intérieur plus long que les autres.

44. SARRÈTE. — *SERRATULA*. Linn.

Involucre à écailles embriquées ; capitule homogame,
monocline ou dicline, à fleurs toutes tubuleuses ; aigrette à
poils simples, sur plusieurs rangs, ceux du rang intérieur
plus longs que les autres; réceptacle garni de paillettes. —
Filets des étamines plus ou moins rudes.

1. S. des teinturiers. — *S. tinctoria.*

Linn. Sp. 1144. — DC. Prod. 6. p. 667. et Fl. fr. n. 3026. —
Duby, Bot. gall. p. 284. — Gaud. Fl. helv. 5. p. 156. —
Poir. Ency. 6. p. 548. — Koch, Syn. p. 407.

Racine dure, garnie de fibres noirâtres allongées; tige
simple, dressée, glabre, ferme, striée-anguleuse, haute de
3—9 décim., feuillée, souvent rameuse au sommet; feuilles
glabres sur les deux faces, vertes, fermes, de forme variable, oblongues ou lancéolées, entières, dentées, lyrées
ou pinnatifides, à lobe terminal fort grand : les radicales
longuement pétiolées : les caulinaires alternes, embrassantes,
diminuant de grandeur vers le sommet de la tige; capitules
à fleurs purpurines, rarement blanches, petits, oblongs,
rapprochés, au nombre de 1—5 au sommet de la tige et
des rameaux, formant un corymbe terminal resserré; involucre ovoïde-conique, étroitement embriqué d'écailles ovales-
lancéolées, aiguës, glabres, un peu concaves, d'un pourpre
noirâtre au sommet, les intérieures plus longues, lancéolées, membraneuses; achaines allongés, cylindriques, un
peu comprimés, glabres, de la longueur de l'aigrette d'un
blanc roussâtre. ⚤ (Juillet, août).

Les prés humides des bois, des montagnes : bois de Prangins, près
de Nyon (Gaud.). — Bois de la Bâtie, près de Genève (Reut.) —
Michelfeld, près de Bâle (Hagenb.).

α. *Integrifolia.* Hagenb. Fl. basil. 2. p. 286. — Poir.
Ency. 6. l. c. var. β. — Tabern. ic. p. 156. fig. 2. — Feuilles
toutes entières et indivises, dentées en scie.

Cise, près de Champagnole; Boujaille; Salins, au bois de Bovard,
où elle se trouve aussi à fleurs blanches, mais rarement.

β. *Heterophylla.* Hagenb. Fl. basil. 2. l. c. — Poir. Ency.
6. l. c. var. γ. — Tabern. ic. p. 157. fig. 1. et 2. — Feuilles
radicales entières, dentées en scie, les autres lyrées.

Salins, à Poupet; à Bovard, avec la var. α, mais plus rare.

γ. **Dissecta**. Hagenb. Fl. basil. 2. 1. c. — Poir. Ency.
6. 1. c. var. ♂. — DC. Fl. fr. supp. n. 3026. var. γ. — Dalech. Hist. p. 1357. fig. 1. (*ad sinistram*). — Dod. pempt.
p. 42. fig. 3. (*ad dextram*). — Feuilles toutes incisées-
pinnatifides.

A Boujaille; à Yverdon, au bord du lac; sur le sommet de la Dôle
(échantillons de 10—16 centim.). — Cette plante fournit une teinture
d'un beau jaune.

2. S. à tige nue. — *S. nudicaule.*

DC. Fl. fr. n. 3029. et Prod. 6. p. 669. — Duby, Bot. gall.
  p. 284. — Gaud. Fl. helv. 5. p. 158. — Koch, Syn. p.
  407. — *Centaurea nudicaulis*. Linn. Sp. 1300. — Lam.
  Ency. 1. p. 676.
Barr. ic. fig. 1218. — Bocc. Mus. 2. tab. 48.

Tige dressée, striée, cylindrique, simple, glabre, ainsi
que les autres parties de la plante, presque nue, à un seul
capitule, haute de 3 décim.; feuilles glabres, la plupart
radicales, ovales-oblongues, entières, rétrécies en pétiole,
un peu lanugineuses à la base et sur les bords du pétiole :
les caulinaires au nombre de 1—2, étroitement lancéolées,
sessiles, entières, ou munies de quelques dents à la base;
capitule solitaire, terminal, à fleurs purpurines, un peu
plus petit que dans la *Centaurea Scabiosa;* involucre
ovoïde, à écailles étroitement embriquées; les extérieures
ovales-triangulaires, lisses, mucronées-épineuses, les intérieures scarieuses et dilatées au sommet; achaines striés,
anguleux, courts et épais, à aigrette jaunâtre, à poils
rudes, inégaux. ♃ (Juin, juillet).

Cette plante rare se trouve à Salève, au-dessus d'Archamp, sous les
grandes roches perpendiculaires (Reut., Girod, Rapin).

TRIBU XII. — CENTAURIÉES. Less.

Involucre multiflore; fleurs hermaphrodites, ou celles de
la circonférence neutres; aigrette plumeuse ou poilue, per-

sistante , sur plusieurs rangs , l'avant-dernier plus long que les autres , rarement aigrette nulle.

45. KENTROPHYLLE. — *KENTROPHYLLUM*. Neck.

Involucre à écailles embriquées; fleurs hermaphrodites , toutes tubuleuses et semblables; aigrette de toutes les fleurs formée de paillettes soyeuses sur plusieurs rangs : celles de l'avant-dernier rang plus longues , celles du rang intérieur beaucoup plus courtes , conniventes , ou aigrette des fleurs marginales nulles ; réceptacle garni de paillettes frangées.

1. K. laineux. — *K. lanatum*.

DC. in Duby, Bot. gall. p. 293. et Prod. 6. p. 610. — Koch , Syn. p. 409. — *Centaurea lanata*. DC. Fl. fr. n. 3059. — *Carthamus lanatus*. Linn. Sp. 1163. — Gaud. Fl. helv. 5. p. 208. — Lam. Ency. 1. p. 657.

Moris. sect. 7. tab. 34. fig. 2. — J. Bauh. Hist. 3. p. 1. p. 83. fig. 1. (*pessima*). — Dalech. Hist. p. 1450. fig. 1. (*malè*). — Dod. pempt. p. 736. fig. 1. — Lob. ic. 2. p. 13. fig. 1. (*ead.*).

Racine dure, fusiforme ; tige dressée, cylindrique, finement striée , très feuillée , un peu lanugineuse , surtout dans le haut, rameuse au sommet, haute de 3—6 décim. ; feuilles dures, sèches, d'un vert pâle, lancéolées, presque dressées, raides, nerveuses, pubescentes-visqueuses, pinnatifides , à lanières écartées , lancéolées, épineuses au sommet, garnies de quelques dents également épineuses : les inférieures sessiles : les supérieures embrassantes ; capitules solitaires , terminaux, à fleurs jaunes ; involucre ventru , à écailles extérieures terminées en appendice foliacé lancéolé denté-épineux ; achaines oblongs , tétragones, à aigrette composée de paillettes ciliées, inégales, un peu membraneuses, nulle dans les fleurs marginales. ① (Juillet, août). Vulg. *Chardon-béni des Parisiens*.

Le bord des chemins, les lieux stériles : aux environs de Jougne et de Rochejean, au pied du Mont-d'Or (Girod-Chant.). — Nyon, aux Tattes, et près de Clarens et de Pontfarbé (Gaud.). — Au bord du lac au-dessous de Chambézy; à Gaillard, à l'entrée du chemin d'Étrembière, vers l'Arve (David). — Entre Bellegarde et le Fort-de-l'Écluse (Reut.). — Autour de Thoiry (J. B.). — A Buchillon, entre Rolle et Morges ; à Treycovagnes, près d'Yverdon ; et à Péverenge, près de Morges (Rapin).

46. CARDONCELLE. — *CARDUNCELLUS*. Adans.

Involucre à écailles embriquées; fleurs toutes hermaphrodites, tubuleuses, à 5 dents; filets des étamines hispides; achaine lisse, tétragone, surmonté d'une aigrette à plusieurs rangs de soies inégales, un peu soudées en anneau à la base, un peu barbues et crépues; réceptacle garni de paillettes courtes, frangées-subulées.

1. C. sans épines. — *C. mitissimus*.

DC. Fl. fr. n. 3004. et Prod. 6. p. 615. — Duby, Bot. gall. p. 281. — *Carthamus mitissimus*. Linn. Sp. 1164. — *C. humilis*. Lam. Ency. 1 p. 638.

Tige ou hampe très courte, souvent presque nulle ; feuilles glabres, étalées sur la terre, lancéolées, dentées en scie ou subpinnatifides, quelquefois toutes pinnatifides, à lobes linéaires-lancéolés, écartés, souvent incisés ou dentés, garnies sur les bords de quelques cils épineux; capitule solitaire, à fleurs bleues, gros, terminal; involucre à écailles larges, glabres, entières, lancéolées, terminées par un appendice petit, arrondi, scarieux, brunâtre, frangé sur les bords, les extérieures terminées en appendice foliacé entier ou denté, cilié-épineux; aigrette à poils raides, courtement plumeux. ♃ (Juin, juillet).

Aux environs de Frasnoy (Girod-Chant.).

47. CENTAURÉE. — *CENTAUREA*. Linn.

Involucre à écailles embriquées; fleurs de la circonférence neutres, à tube insensiblement dilaté en entonnoir, à limbe

plus large, irrégulier, rayonnant, celles du disque hermaphrodites : plus rarement toutes régulières, égales, hermaphrodites; achaine comprimé, ombiliqué latéralement à la
base ; aigrette sur plusieurs rangs, formée de soies presque
filiformes, rudes, celles de l'avant-dernier rang plus longues, celles du rang intérieur conniventes, plus courtes :
rarement aigrette nulle ; réceptacle garni de paillettes divisées en soies.

§ 1. *Écailles de l'involucre à appendice scarieux,
entier ou déchiré.*

1. C. Jacée. — *C. Jacea.*

Linn. Sp. 1293. — DC. Prod. 6. p. 570. et Fl. fr. n. 3037.
— Duby, Bot. gall. p. 290. — Gaud. Fl. helv. 5. p. 405.
— Lam. Ency. 1. p. 666. — Koch, Syn. p. 409.

Plante très variable. Racine oblique, dure, allongée;
tige haute de 3—6 décim., dressée ou ascendante, raide,
striée, anguleuse, un peu lanugineuse, dure, ordinairement
rameuse, quelquefois simple ; feuilles vertes ou un peu
blanchâtres, de forme variable, un peu rudes : les inférieures rétrécies en pétioles, oblongues ou lancéolées, entières, dentées ou sinuées-dentées, quelquefois incisées à la
base ou demi-pinnatifides, glabres ou pubescentes : les caulinaires alternes, sessiles; plus étroites; capitules assez gros,
à fleurs d'un rouge pourpre, très rarement blanches, solitaires, terminaux, sessiles ou presque sessiles ; involucre
ovoïde, souvent un peu lanugineux à la base, à écailles embriquées : les extérieures oblongues, lancéolées, un peu
dilatées au sommet, scarieuses, ordinairement d'un brun
ferrugineux, déchirées-frangées : les intérieures plus longues, lancéolées, terminées par un appendice arrondi, scarieux, brunâtre, plus pâle sur les bords, entier ou déchiré,
concave, quelquefois en capuchon ; achaine d'un gris blanchâtre, garni de quelques poils très fins ; aigrette nulle.
(Juin—septembre).

Commune dans les prés, le long des chemins, au bord des champs, et dans les pâturages des montagnes.

α. Genuina. Koch, Syn. l. c. — DC. Prod. 6. l. c. et Fl. fr. l. c. var. *α.* — Lam. Ency. 1. l. c. var. *α.* — Moris. sect. 7. tab. 28. fig. 1. (*series* 1.). — Feuilles vertes, entières, lancéolées : les radicales et les inférieures plus larges, ovales-lancéolées, sinuées-dentées ou presque entières, rétrécies en pétiole à la base ; appendice des écailles de l'involucre ordinairement déchirés, rarement entiers.

β. Pratensis. Koch, Syn. l. c. — DC. Prod. 6. l. c. et Fl. fr. l. c. var. *β.* — Gaud. Fl. helv. 5. l. c. var. *γ. grandiflora.* — *C. nigra.* Lam. Ency. 1. p. 666. — *C. pratensis.* Thuill. Fl. par. ed. 2. p. 444. — Moris. sect. 7. tab. 28. fig. 1. (*series* 2.). — Feuilles vertes, larges, rudes au toucher, sinuées-anguleuses, à grosses dents écartées : les caulinaires sessiles, lancéolées, un peu élargies à la base, demi-embrassantes : les radicales et les inférieures oblongues, rétrécies en pétiole ; capitules plus gros, à écailles extérieures de l'involucre plus évidemment frangées.

γ. Decumbens. DC. Prod. 6. l. c. — *C. Jacea. εε. decumbens.* Hagenb. Fl. basil. 2. p. 347. — Gaud. Fl. helv. 5. l. c. var. *δ. nana.* — *C. decumbens.* Dubois, in Pers. Ench. n. 69. — Tige plus courte, simple ou peu rameuse, couchée à la base, ascendante ; feuilles linéaires-lancéolées, entières ou dentées : les radicales quelquefois incisées.

δ. Phyllocephala. DC. Prod. 6. l. c. var. *ε.* — Écailles de l'involucre transformées en feuilles.

Les environs de Bâle (Rœper, in DC.). *Potiùs monstrum quàm varietas.*

2. C. amère. — *C. amara.*

Linn. Sp. 1292. — DC. Prod. 6. p. 569. et Fl. fr. n. 3036. — Duby, Bot. gall. p. 289. — Gaud. Fl. helv. 5. p. 406. — *C. Jacea. var. γ.* Lam. Ency. 1. p. 666. Moris. sect. 7. tab. 25. fig. 2. — Dalech. Hist. p. 437. fig. 3. — Lob. ic. p. 548. fig. 2. (*ead.*).

Cette espèce se rapproche beaucoup de la précédente , dont elle n'est , d'après l'opinion de quelques botanistes , qu'une variété. On l'en distingue à son aspect blanchâtre , étant un peu lanugineuse sur toutes ses parties , et en outre à ses tiges le plus souvent rameuses , rarement simples , ordinairement tombantes ; à ses feuilles caulinaires sessiles , lancéolées ou linéaires , entières ou dentées , plus ou moins lanugineuses : les radicales lancéolées ou ovales , entières ou incisées , rétrécies en pétiole ; à ses capitules plus petits , ovoïdes , sessiles dans les feuilles supérieures , à écailles de l'involucre munies d'appendices arrondis, scarieux, ordinairement déchirés, d'un brun plus clair : les extérieures frangées ; fleurs de la circonférence moins grandes , dépassant peu celles du disque ; aigrette nulle. ⚃ (Juillet , août).

α. Vulgaris. DC. Prod. 6. l. c. — Feuilles caulinaires lancéolées , presque entières.

Les lieux arides, le bord des chemins : aux environs de Salins. — De Genève (Reut.).

β. Angustifolia. DC. Prod. 6. l. c. — *C. Jacea. var. β. angustifolia.* Hagenb. Fl. basil. 2. p. 347. — *C. angustifolia.* Schrank. — Feuilles caulinaires presque très entières , linéaires.

Bord du lac à Yverdon ; le long de la route d'Orbe à Balaigne ; bord des chemins aux environs de Bâle.

γ. Incisa. DC. Prod. 6. l. c. var. *δ.* — *Jacea alba.* Delarb. Fl. anv. ed. 2. p. 202. — Feuilles caulinaires incisées-dentées , à dents profondes et aiguës : les inférieures quelquefois presque lyrées.

Salins, au bord de la route, près de la Chapelle ; aux environs de Chavanne , près de Sellières ; au bord des chemins aux environs de Bâle.

δ. Cuculligera. DC. Prod. 6. l. c. var. *ι.* — *C. Jacea. var. δ. cuculligera.* Hagenb. Fl. basil. 2. p. 347. — Appendices des écailles intérieures de l'involucre terminés en capuchon.

Les pâturages des montagnes, aux environs de Bâle, où elle n'est pas rare (Hagenb.).

§ 2. *Écailles de l'involucre à appendice frangé, les intérieures déchirées-dentées ou frangées.*

* *Appendices dressés-frangés.*

3. C. noire. — *C. nigra.*

Linn. Sp. 1288. — DC. Prod. 6. p. 571. et Fl. fr. n. 3058. — Duby, Bot. gall. p. 290. — Gaud. Fl. helv. 5. p. 395. — Poir. Ency. supp. 2. p. 130. — Koch, Syn. p. 411. Gaertn. Fruct. tab. 161. fig. 4. — J. Bauh. Hist. 3. p. 1. p. 28. fig. 1.

Tige simple ou médiocrement rameuse, dure, un peu rude, dressée, anguleuse, souvent rougeâtre à la base, haute de 3—4 décim. ; feuilles un peu rudes, sessiles, lancéolées, dentelées, à dentelures écartées : les supérieures plus étroites, entières : les inférieures ovales-lancéolées, sinuées ou dentées, rétrécies en pétiole ; capitules solitaires, terminaux, de grosseur médiocre, à fleurs purpurines ; involucre globuleux, noir ou d'un brun noirâtre, à écailles nombreuses, appliquées, terminées par un appendice arrondi, profondément divisé en lanières filiformes ciliées : les extérieures ovales, courtes, les intérieures allongées, à appendice scarieux déchiré-denté ; achaine un peu luisant, surmonté d'une aigrette égalant le tiers de sa longueur. ♃ (Juillet, août).

Dans les prés et les pâturages des montagnes : abondamment sur le Larmont, en face de Pontarlier ; entre Levier et le Souillot ; aux environs de Sainte-Croix. — Sur le Mont-d'Or (Girod-Chant.). — Entre Bâle et Béfort (Lach.). — Entre Olsberg et Rhénofeld (Muller.) — Aux Verrières, dans les prés Rolliers (Chaillet).

4. C. Bleuet. — *C. Cyanus.*

Linn. Sp. 1289. — DC. Prod. 6. p. 578. et Fl. fr. n. 3045. — Duby, Bot. gall. p. 290. — Gaud. Fl. helv. 5. p. 400. — Lam. Ency. 1. p. 668. — Koch, Syn. p. 412.

Bull. Herb. tab. 221. — Lam. illust. tab. 703. fig. 3. —
Moris. sect. 7. tab. 25. fig. 4. — J. Bauh. Hist. 3. p. 1. p.
21. fig. 3. — Tabern. ic. p. 146. fig. 1. (*arvensis*) et
fig. 2. (*sativus*) et p. 147. 148. 149. fig. 1. et 2. (*flore
purpureo, albo, albo et violaceo, simplici et pleno*).
— Dalech. Hist. p. 437. fig. 1. — Dod. pempt. p. 250.
fig. 1. — Lob. ic. p. 546. fig. 2. (*ead.*).

Racine fusiforme, garnie de fibres ; tige haute de 3—6
décim., dure, anguleuse, dressée, un peu lanugineuse,
rameuse dans le haut, à rameaux grêles ; feuilles alternes,
sessiles, un peu lanugineuses, molles, linéaires-lancéolées,
étroites : les inférieures un peu plus larges, dentées ou pinnatifides, à lobes étroits, aigus, écartés : les supérieures
très entières ; capitules solitaires, terminaux, de grandeur
médiocre, à fleurs du contour stériles, fort grandes, d'un
très beau bleu, celles du centre plus petites, d'un bleu
violet ; involucre ovoïde-globuleux, à écailles appliquées, à
bord brunâtre, dentées-frangées, à dents d'un blanc argenté
aux extrémités ; achaine oblong, un peu comprimé, grisâtre,
luisant, à peine garni de quelques poils très fins, surmonté
d'une aigrette formée de paillettes inégales, d'un brun rougeâtre. ①, ② Koch. (Juin, juillet). Vulg. *Bluet, Casse-
lunette*.

Le Bluet est commun dans les moissons et les champs cultivés. On a
obtenu par la culture de belles variétés de cette espèce, à fleurs roses,
pourpres, blanches ou violettes. — Les fleurs de cette plante passent
pour ophthalmiques ; on en retire par la distillation une eau que l'on
dit bonne pour dissiper la rougeur et l'inflammation des yeux, ce qui
lui a fait donner le nom de *Casse-lunette*.

5. C. de montagne. — *C. montana.*

Linn. Sp. 1289. — DC. Prod. 6. p. 578. et Fl. fr. n. 3044.
— Duby, Bot. gall. p. 290. — Gaud. Fl. helv. 5. p. 398.
— Lam. Ency. 1. p. 668. — Koch, Syn. p. 411.
Moris. sect. 7. tab. 25. fig. 1. — J. Bauh. Hist. 3. p. 1. p.
23. fig. 1. — Dalech. Hist. p. 457. fig. 2. — Dod. pempt.
p. 251. fig. 2. — Lob. ic. p. 548. fig. 1.

Tige dressée, ailée, très feuillée, ordinairement simple, à un, quelquefois 2, rarement 3 capitules, haute de 2—4 décim. ; feuilles oblongues-lancéolées, acuminées, très entières ou dentelées, décurrentes, garnies de quelques poils rudes, épars, presque glabres, un peu lanugineuses en dessous et sur les bords ; capitules très gros, terminaux, à fleurons extérieurs très grands, d'un beau bleu : ceux du disque beaucoup plus courts, d'un bleu violet ; involucre ovoïde-conique, presque sessile, ou porté sur un pédoncule court, lanugineux, à écailles embriquées, oblongues, vertes, scarieuses, d'un brun foncé sur les bords, dentées-frangées : les extérieures plus courtes, les intérieures allongées, lancéolées, dentées seulement au sommet, à dents pubescentes, d'un brun moins foncé ; achaine oblong, blanchâtre, un peu comprimé, pubescent, velu autour de l'ombilic, couronné par une aigrette courte, formée de soies ou paillettes ciliées. ♃ (Juillet, août).

Commune dans les pâturages du haut Jura, autour dés buissons et au bord des bois : à Boujaille ; sur le Larmont, au-dessus de Pontarlier ; sur le Mont-d'Or ; la chaîne du Colombier ; la Dole ; la Faucille ; le Chasseron ; le Creux-du-Vent ; le Chasseral ; le Weissenstein ; le Wasserfall ; le Vogelberg ; le Schafmatt, etc.

β. *Angustifolia*. Hagenb. Fl. basil. 2. p. 344. — Feuilles lancéolées, plus étroites.

γ. *Albida*. DC. Prod. 6. l. c. — Fleurs blanches.

Sur le mont Wasserfall (Gaud.).

6. C. Scabieuse. — *C. Scabiosa*.

Linn. Sp. 1291. — DC. Prod. 6. p. 580. et Fl. fr. n. 3049. — Duby, Bot. gall. p. 291. — Gaud. Fl. helv. 5. p. 404. Lam. Ency. 1. p. 671. — Koch, Syn. p. 412.

Moris. sect. 7. tab. 28. fig. 10. — J. Bauh. Hist. 3. p. 1. p. 32. fig. 2. (*non bene*). — Tabern. ic. p. 153. fig. 2. — Dalech. Hist. p. 1066. fig. 1.

Racine épaisse, garnie de fibres allongées; tige haute de
6—9 décim., dure, dressée, sillonnée-anguleuse, feuillée, rameuse à sa partie supérieure; feuilles grandes, fermes,
vertes, presque glabres, garnies de quelques poils rudes, découpées presque jusqu'à la côte en lobes ou lanières oblongues, lancéolées ou linéaires, aiguës, plus ou moins
étroites, entières, dentées, ou pinnatifides; capitules gros,
terminaux, à fleurs violettes; involucre presque globuleux,
glabre ou un peu lanugineux, formé d'écailles vertes, embriquées, à appendice terminal deltoïde, d'un brun noirâtre,
cilié-frangé : les intérieures oblongues, scarieuses, frangées
et d'un brun plus clair au sommet; achaine oblong, un peu
comprimé, d'un brun noirâtre, luisant, légèrement pubescent, couronné par une aigrette formée de soies ou paillettes
roussâtres, inégales, ciliées à la loupe. ♃ (Juillet, août).

Commune dans les prés, le long des chemins, au bord des champs.

β. *Integrifolia*. Hagenb. Fl. basil. 2. p. 346. — Feuilles
toutes indivises, dentées en scie.

γ. *Heterophylla*. Hagenb. Fl. basil. 2. l. c. — Feuilles
radicales pinnatifides : les caulinaires entières.

δ. *Bipinnatifida*. Hagenb. Fl. basil. 2. l. c. — Feuilles
inférieures bipinnatifides.

ε. *Albiflora*. Hagenb. Fl. basil. 2. l. c. — Fleurs blanches.

Sur le mont Wasserfall (J. Bauh.).

7. C. paniculée. — *C. paniculata.*

Linn. Sp. 1289. — DC. Prod. 6. p. 583. et Fl. fr. n. 3048.
    — Duby, Bot. gall. p. 291. — Gaud. Fl. helv. 5. p. 401.
    — Lam. Ency. 1. p. 669. — Koch, Syn. p. 413.
Moris. sect. 7. tab. 28. fig. 15. — J. Bauh. Hist. 3. p. 1. p.
    31. fig. 2.

Racine fusiforme ; tige dure, anguleuse, dressée, feuillée,
rameuse-paniculée à sa partie supérieure, à rameaux grêles,
étalés, diffus, haute de 3—6 décim. ; feuilles blanchâtres,

pubescentes, un peu rudes : les inférieures bipinnatifides,
à lobes linéaires-lancéolés, aigus : les supérieures pinnatifides, plus petites : celles du sommet entières ou dentées ;
capitules de grosseur médiocre, terminaux ou axilaires, nombreux, à fleurs purpurines ou rosées, rarement blanches,
portés sur des pédoncules feuillés, anguleux, formant au
sommet de la tige une panicule étalée ; involucre ovoïde-
conique, à écailles appliquées, ovales à 5 nervures, d'un
vert pâle, marquées au sommet d'une tache triangulaire
d'un brun noirâtre, ciliées-frangées, à cils d'un brun plus ou
moins foncé, quelquefois d'un blanc argenté : les intérieures
plus étroites, linéaires, frangées-dentées au sommet ; achaine
oblong, noirâtre, luisant, marqué de 4 lignes blanchâtres,
couronné d'une aigrette formée de soies blanchâtres, inégales.
② (Juillet, août).

Le long des chemins, sur les collines incultes : commune aux environs de Bâle : j'ai cueilli mes échantillons en sortant de la porte Saint-
Jean. — Les lieux arides aux environs de Nyon (Gaud.).

****** *Appendices recourbés-frangés.*

8. C. plumeuse. — *C. phrygia.*

Linn. Sp. 1287. — DC. Prod. 6. p. 573. et Fl. fr. n. 3040.
var. ß. — Duby, Bot. gall. p. 290. — Gaud. Fl. helv. 5.
p. 392. var. ß. — Lam. Ency. 1. p. 666. — Koch, Syn.
p. 410.
J. Bauh. Hist. 3. p. 1. p. 29. fig. 1. (*caule ramoso*).

Tige dressée ou ascendante, anguleuse, feuillée, velue
et un peu rude, ainsi que les feuilles, haute de 3—4 décim. ;
feuilles d'un vert grisâtre : celles de la base pétiolées, les
inférieures sessiles, les supérieures embrassantes, toutes
oblongues, lancéolées, mucronées, dentelées, ou sinuées-
dentées, quelquefois incisées, à dents mucronulées ; capitule presque globuleux, solitaire, terminal, assez gros ;
involucre à écailles embriquées, brunâtres : les extérieures
et les moyennes terminées par un appendice allongé, re-

courbé, frangé, à lanières filiformes, ciliées, jaunâtres, rapprochées dans les écailles inférieures, plus écartées dans les supérieures : les intérieures allongées, terminées par un appendice dressé, arrondi, déchiré-denté; achaine luisant, surmonté d'une aigrette égalant le tiers de sa longueur. ♃ (Juillet, août).

Sur les montagnes aux environs d'Ornans (Girod-Chant.)?

§ 3. *Écailles de l'involucre terminées par une forte épine ailée-épineuse à la base.*

9. C. du solstice. — *C. solsticialis.*

Linn. Sp. 1297. — DC. Prod. 6. p. 594. et Fl. fr. n. 3060. — Duby, Bot. gall. p. 292. — Gaud. Fl. helv. 5. p. 413. Lam. Ency. 1. p. 674. — Koch, Syn. p. 414.
Moris. sect. 7. tab. 34. fig. 29. — J. Bauh. Hist. 3. p. 1. p. 91. fig. 1. (*pessimè*). — Dalech. Hist. p. 1464. fig. 2. — Dod. pempt. p. 734. fig. 1. — Lob. advers. p. 372. (*fol. omnia integerr.*).

Tige dressée, ailée, blanchâtre et cotonneuse, ainsi que les feuilles, haute de 4—6 décim., rameuse, à rameaux diffus; feuilles radicales rétrécies en pétioles, lyrées-pinnatifides, à lanières oblongues ou lancéolées, écartées, légèrement sinuées ou dentées, la terminale beaucoup plus longue : les caulinaires décurrentes, sinuées ou pinnatifides : les supérieures plus petites, entières, presque linéaires, à peine dentelées sur les bords, légèrement épineuses au sommet; capitules solitaires, terminaux et axilaires, de grosseur médiocre, à fleurs jaunes, portés sur des pédoncules feuillés; involucre presque globuleux, formé d'écailles embriquées, ovales, verdâtres, un peu lanugineuses : les extérieures plus courtes, ciliées-épineuses au sommet : les moyennes terminées par une longue épine jaunâtre, accompagnée à la base de 4 autres plus petites, palmées : les intérieures lancéolées, non épineuses, terminées par un appendice scarieux blanchâtre, entier ou déchiré, un peu mucroné;

achaine lisse, d'un gris blanchâtre, luisant, oblong, un peu comprimé, surmonté d'une aigrette blanche; à soies inégales, dont la longueur égale au moins celle de l'achaine. ② (Juillet, août).

Cette plante est peu commune, on en trouve çà et là quelques pieds isolés, mais rarement plusieurs années de suite dans le même lieu : Salins, à Ivory, dans un champ de luzerne; entre Arbois et le village des Planches; aux environs de Besançon, près de Marchaux; au bord de la route près du pont, à Dole; au bord du chemin qui conduit de la route à l'embouchure de la Birse dans le Rhin, à Bâle; Genève, à Salève, au bas du Pas-de-l'Échelle, etc.

10. C. Chausse-trape. — *C. Calcitrapa.*

Linn. Sp. 1297. — DC. Prod. 6. p. 597. et Fl. fr. n. 3054. — Duby, Bot. gall. p. 292. — Gaud. Fl. helv. 5. p. 412. — Lam. Ency. 1. p. 673. — Koch, Syn. p. 414. Moris. sect. 7. tab. 32. fig. 21. — J. Bauh. Hist. 3. p. 1. p. 89. fig. 1. (*malè*). — Clus. Hist. 2. p. 7. fig. 3. (*ic. Dod.*). — Tabern. ic. p. 701. fig. 2. — Dalech. Hist. p. 1474. fig. 1. (*mala*). — Dod. pempt. p. 733. fig. 1. — Lob. ic. 2. p. 11. fig. 2. (*ead.*).

Tige haute de 3—6 décim., striée, poilue, très rameuse, à rameaux étalés, divariqués, divisés; feuilles molles, sessiles, éparses, pinnatifides, à lanières peu nombreuses, écartées, linéaires-lancéolées, dentelées, mucronées-épineuses au sommet, la terminale beaucoup plus longue : les radicales lyrées-pinnatifides, rétrécies en pétiole : les florales ordinairement entières ou à 2—4 dents à la base, réunies plusieurs ensemble; capitules nombreux, solitaires, terminaux et axilaires, presque sessiles, à fleurs purpurines, rarement blanches; involucre ovoïde, glabre, à écailles embriquées, ovales, coriaces, terminées par une longue épine blanchâtre, un peu canaliculée à la base et accompagnée de 4—6 autres épines plus petites, palmées : les intérieures oblongues, scarieuses, non épineuses au sommet; achaine blanchâtre, obovoïde, comprimé, dépourvu d'aigrette. ② (Juillet, août). Vulg. *Chardon étoilé.*

Commune le long des chemins, au bord des routes, dans les lieux incultes.

β. *Albiflora*. Gaud. Fl. helv. 5. l. c. — Tabern. ic. p. 702. fig. 1. — Fleurs blanches.

Salins, le long de la route vers Saint-Joseph. — Entre Genève et Cologny (J. B.).

SOUS-FAMILLE III. — CHICORACÉES. Juss.

Style non articulé, à branches stigmatiques filiformes, pubérulentes, roulées en dehors; fleurs toutes ligulées (semi-flosculeuses) et hermaphrodites.

TRIBU XIII. — LAMPSANÉES. Less.

Aigrette nulle ou remplacée par une petite marge; réceptacle dépourvu de paillettes.

48. LAMPSANE. — *LAMPSANA*. Linn.

Involucre caliculé, formé de 8—10 écailles sur un seul rang, dressé et ne changeant point à l'époque de la fructification; achaine comprimé, strié, caduc, terminé par une marge peu marquée; réceptacle nu.

1. L. commune. — *L. communis*.

Linn. Sp. 1141. — DC. Prod. 7. p. 76. et Fl. fr. n. 2876. — Duby, Bot. gall. p. 297. — Gaud. Fl. helv. 5. p. 153. — Lam. Ency. 3. p. 414. — Koch, Syn. p. 415.
Moris. sect. 7. tab. 1. fig. 9. — J. Bauh. Hist. 2. p. 1028. fig. 1. — Tabern. ic. p. 192. fig. 2. — Dalech. Hist. p. 541. fig. 2. — Dod. pempt. p. 675. fig. 2. — Lob. ic. p. 207. fig. 1.
Racine rameuse, garnie de fibres; tige feuillée, dressée, pubescente, très rameuse, haute de 5—6 décim., un peu anguleuse; feuilles alternes, molles, presque glabres,

pétiolées : les radicales lyrées, à lobe terminal très grand, ovale, obtus, légèrement sinué ou denté : les caulinaires plus petites, ovales-lancéolées, sinuées ou dentées : les supérieures lancéolées, entières ; capitules petits, nombreux, à fleurs jaunes, portés sur des pédoncules grêles, disposés en panicule rameuse, terminale ; achaines lisses, striés, courbés, un peu comprimés, à peine plus courts que les écailles concaves et carénées de l'involucre. ⨁ (Juillet, août).

Commune dans les lieux cultivés, le long des chemins, au bord des champs. — Cette plante est émolliente et calme les douleurs inflammatoires, appliquée bouillie en cataplasme.

49. ARNOSÈRE. — ARNOSERIS. Gaertn.

Involucre caliculé, formé d'environ 12 écailles sur un seul rang, globuleux-connivent et bosselé à l'époque de la fructification ; achaine sillonné-anguleux, caduc, terminé par une marge pentagone ; réceptacle nu, alvéolé sur le bord.

1. A. grêle. — A. pusilla.

Gaertn. Fruct. 2. p. 355. — DC. Prod. 7. p. 79. — Koch, Syn. p. 416. — *Lampsana minima*. Lam. Ency. 3. p. 414. — DC. Fl. fr. n. 2874. — Duby, Bot. gall. p. 297. — Gaud. Fl. helv. 5. p. 151. — *Hyoseris minima*. Linn. Sp. 1138.

Lam. illust. tab. 635. fig. 2. — Moris. sect. 7. tab. 1. fig. 8. — Clus. Hist. 2. p. 142. fig. 2. — Tabern. ic. p. 179. fig. 2.

Racine grêle, allongée, fusiforme, produisant plusieurs tiges simples ou un peu rameuses au sommet, lisses, grêles, rougeâtres dans le bas, entièrement nues, hautes de 8--16 centim., rarement plus ; capitules solitaires, terminaux, à fleurs d'un jaune pâle, portés sur des pédoncules s'épaississant insensiblement vers le sommet, renflés turbinés et concaves sous l'involucre ; feuilles toutes radicales, presque glabres, légèrement ciliées-rudes, étalées en rosette, oblongues ou obovales, dentées, rétrécies à la base. ① (Juillet, août).

Les champs sablonneux : près d'Yverdon (Gay.)

50. RHAGADIOLE. — *RHAGADIOLUS*. Tournef.

Involucre caliculé, formé de 5—8 écailles sur un seul rang, étalé à l'époque de la fructification ; achaines arqués, dépourvus d'aigrette : les extérieurs au nombre de 5—8, persistants, enveloppés par les écailles de l'involucre, les intérieurs libres, au nombre de 2—3, caducs ; réceptacle nu.

1. R. étoilée. — *R. stellatus*.

Gaertn. Fruct. 2. p. 354. — DC. Prod. 7. p. 77. var. *α*. et
Fl. fr. n. 2877. — Duby, Bot. gall. p. 298. — Koch, Syn.
p. 416. — *Lampsana stellata*. Lam. Ency. 3. p. 415.
Moris. sect. 7. tab. 1. fig. 5. — J. Bauh. Hist. 2. p. 1014.
fig. 1. — Tabern. ic. p. 185. fig. 1. —Lob. ic. p. 240.
fig. 2.
Racine rameuse ; tige haute d'environ 3 décim., grêle, très rameuse dès la base, légèrement pubescente, à rameaux diffus, médiocrement feuillés, lâches, presque dichotomes ; feuilles presque glabres : les radicales oblongues, aiguës, rétrécies en pétiole, légèrement sinuées-dentées, à peine ciliées : les caulinaires plus petites, étroites, lancéolées, aiguës, entières, peu nombreuses ; capitules petits, à fleurs jaunes, portés sur des pédoncules inégaux, quelquefois assez longs, formant une panicule lâche, peu garnie ; écailles de l'involucre au nombre de 8, linéaires, étalées en étoile à la maturité, concaves, renfermant les achaines extérieurs un peu courbés en corne, les intérieurs contournés. ① (Mai, juin).

Salins, dans les bosquets de la promenade Barbarine (en 1835) : elle avait sans doute été semée avec les gazons, car je ne l'ai plus revue depuis. Cette plante appartient aux provinces du midi de la France ; je l'ai plusieurs fois observée aux environs de Toulouse.

TRIBU XIV. — HYOSÉRIDÉES. Lessing.

Aigrette en couronne, ou formée de paillettes souvent terminées en poil, mais non plumeuses ni en forme de poils dès la base.

54. CHICORÉE. — *CICHORIUM*. Linn.

Involucre double, l'extérieur à 5 écailles, l'intérieur à 8, soudées par la base ; aigrette en couronne formée de plusieurs paillettes plus courtes que l'achaine ; réceptacle nu ou légèrement alvéolé.

1. C. sauvage. — *C. Intybus*.

Linn. Sp. 1142. — DC. Prod. 7. p. 84. et Fl. fr. n. 2996. — Duby, Bot. gall. p. 310. — Gaud. Fl. helv. 5. p. 149. — Lam. Ency. 1. p. 732. — Koch, Syn. p. 416. J. Saint-Hil. Pl. fr. tab. 87. — Chaum. Fl. méd. tab. 117. — Lam. illust. tab. 653. fig. 3. — Moris. sect. 7. tab. 1. fig. 2. — J. Bauh. Hist. 2. p. 1008. fig. 1. — Tabern. ic. p. 170. fig. 2. — Dalech. Hist. p. 563. fig. 2. — Dod. pempt. p. 635. fig. 1. — Lob. ic. p. 228. fig. 2. (*ead.*).

Racine épaisse, blanchâtre, fusiforme ; tige dressée, dure, rude, un peu anguleuse, très rameuse, à rameaux étalés, haute de 4—6 décim. ; feuilles presque glabres, hérissées sur la nervure dorsale de poils un peu raides : les radicales et les inférieures oblongues ou lancéolées, rétrécies en pétiole, plus ou moins profondément roncinées, à lobes triangulaires entiers ou dentés, ciliés, le terminal beaucoup plus grand, aigu : les caulinaires ovales-lancéolées, demi-embrassantes, les supérieures plus petites ; capitules géminés ou ternés, sessiles et pédonculés, terminaux et axilaires le long des rameaux, à fleurs grandes, d'un beau bleu azuré ; achaine court, tétragone, tronqué, couronné sur le bord d'une double rangée d'écailles très petites, obtuses. ⚥ (Juillet, août).

Commune le long des chemins, au bord des champs.

β. Albiflorum. Hagenb. Fl. basil. 2. p. 284. — Gaud. Fl. helv. 5. l. c. — Fleurs blanches.

Salins, le long de la route vers Saint-Joseph. — Bâle (Hagenb.).

γ. Sativum. Gaud. Fl. helv. 5. l. c. — DC. Fl. fr. l. c. — Lam. Ency. 1. l. c. var. *β.* — Dod. pempt. p. 634. fig. 2. — Lob. ic. p. 129. fig. 1. (*ead.*). — Tige raide, très rameuse, haute de 15—18 décim.; feuilles plus longues, moins profondément découpées; demi-fleurons quelquefois profondément incisés.

Cultivée pour l'usage de la médecine.

δ. Fasciatum. Gaud. Fl. helv. 5. l. c. — DC. Fl. fr. l. c. var. *β.* — Monstruosité à tige aplatie, comme si elle avait été comprimée, plus ou moins large, quelquefois de 6. cent.

Çà et là avec la variété *α.* : elle n'est pas très rare. — La chicorée est amère, sa racine et ses feuilles sont dépuratives, stomachiques, toniques; la poudre des racines torréfiées se mêle au café.

2. C. Endive. — *C. Endiva.*

Linn. Sp. 1142. — DC. Prod. 7. p. 84. var. *β.* et Fl. fr. n. 2997. — Duby, Bot. gall. p. 310. — Gaud. Fl. helv. 5. p. 150. — Lam. Ency. 1. p. 732. — Koch, Syn. p. 416.

Cette espèce diffère de la précédente parce qu'elle est bisannuelle et non vivace; que ses feuilles sont glabres, même sur la côte moyenne, entières ou dentées, rarement lobées : les florales embrassantes, largement ovales, en cœur à la base; enfin parce que ses capitules, à fleurs souvent blanches, sont les uns sessiles, réunis au nombre de 3—4, les autres solitaires sur de longs pédoncules. ②
(Juillet, août).

Plante originaire de l'Inde, alimentaire en salade, généralement cultivée dans les jardins potagers : on l'adoucit en la faisant étioler, et elle devient plus tendre. Cette plante est moins amère et plus agréable au goût que la précédente, quoique partageant, mais à un moindre degré, ses propriétés médicinales.

α. Latifolia. Lam. Ency. 1. l. c. — DC. Fl. fr. l. c. — Gaud. Fl. helv. 5. l. c. — Moris. sect. 7. tab. 1. fig. 2. — Dod. pempt. p. 634. fig. 1. — Lob. ic. p. 233. fig. 2. (*ead.*). — Feuilles larges, obovales-oblongues, presque entières.

On la cultive sous le nom de *Scarole*.

β. Angustifolia. Lam. Ency. 1. l. c. — DC. Fl. fr. l. c. — Gaud. Fl. helv. 5. l. c. — Moris. sect. 7. tab. 1. fig. 1. — Tabern. ic. p. 174. fig. 1. — Feuilles plus étroites, allongées.

Cultivée sous le nom de *Chicorée blanche*, *Petite Endive*.

γ. Crispa. Lam. Ency. 1. l. c. — DC. Fl. fr. l. c. — Gaud. Fl. helv. 5. l. c. — Moris. sect. 7. tab. 1. fig. 3. — Tabern. ic. p. 173. fig. 2. — Feuilles laciniées, crépues ou frisées sur les bords.

Cultivée sous le nom de *Chicorée frisée*, *Endive frisée*.

TRIBU XV. — LÉONTODONTÉES. Schultz.

Aigrette de tous les achaines plumeuse, à barbes libres, non entrelacées, ou aigrette des achaines marginaux en couronne; réceptacle nu, glabre ou garni de franges persistantes.

52. THRINCIE. — *THRINCIA.* Roth.

Involucre oblong ou en cloche, à écailles embriquées; achaine insensiblement aminci en bec; aigrette des achaines de la circonférence courte en forme de couronne dentée, celle du disque à soies plumeuses, élargies à la base, à barbe caduque; réceptacle nu.

1. T. hérissée. — *T. hirta.*

DC. Fl. fr. n. 2965. (*non Roth.*). et Prod. 7. p. 99. — Duby, Bot. gall. p. 307. — Gaud. Fl. helv. 5. p. 50. — *Hyoseris taraxacoïdes.* Lam. Ency. 3. p. 159. — *Leontodon hirtum.* Linn. Sp. 1123.

Moris. sect. 7. tab. 7. fig. 14. (*ic. ex Bauh.*). — J. Bauh.
Hist. 2. p. 1058. fig. 2. (*ob rad. fusif. et scap. unico,
non placet*).

Racine épaisse, tronquée, garnie de fibres fortes, allongées, produisant plusieurs hampes, presque entièrement
glabres dans nos échantillons, couchées à la base, arquées-ascendantes, longues de 1—2 décim., portant au
sommet un seul capitule assez gros, à fleurs jaunes; involucre glabre, d'un vert foncé livide, à écailles linéaires-
lancéolées, un peu membraneuses sur les bords, entourées
à la base d'écailles plus petites; achaines bruns, striés :
ceux du centre dentelés et amincis en bec allongé, surmonté d'une aigrette plumeuse : ceux du contour presque
lisses, à peine amincis au sommet, couronnés d'une membrane blanchâtre, scarieuse, courte, frangée; feuilles toutes
radicales, nombreuses, étalées en rosette, étroites, lancéolées, sinuées-dentées, quelquefois presque pinnatifides, à
lobes ou dents triangulaires, hérissées sur les deux faces de
poils blanchâtres, raides, simples ou bifurqués au sommet.
♃ (Juillet, août).

Les champs autour de Vaudrey ; de Sellières ; de la Grange-Fontaine,
près d'Arbois. — Bâle (Hagenb.). — Genève , dans les champs après
la moisson (Reut.).

2. T. hispide. — *T. hispida.*

Roth. cat. 1. p. 99. — DC. Prod. 7. p. 100. et Fl. fr. n.
2966. — Duby, Bot. gall. p. 307. — Koch, Syn. p. 417.
— *T. taraxacoïdes.* α. Gaud. Fl. helv. 5. p. 49. — *Leon-
todon saxatile.* Lam. Ency. 3. p. 531.
Vill. Dauph. tab. 25. fig. 3. — Moris. sect. 7. tab. 7. fig. 13.
— J. Bauh. Hist. 2. p. 1058. fig. 1.

Cette espèce se rapproche beaucoup de la précédente, à
laquelle on l'aurait sans doute déjà réunie comme variété,
si elle n'était pas une plante annuelle, tandis que la précédente est vivace. Racine courte, tronquée, garnie de fibres,
quelquefois grêle, fusiforme, donnant naissance à plusieurs

hampes striées, un peu épaissies au sommet, glabres ou un peu poilues, arquées-ascendantes, portant un seul capitule terminal; feuilles toutes radicales, étalées en rosette, étroites, lancéolées, obtuses, sinuées-dentées, rétrécies en un court pétiole, plus ou moins hérissées de poils bi ou trifurqués; capitules médiocres, penchés avant la fleuraison, à fleurs jaunes; involucre d'un vert foncé, muni à la base d'écailles plus petites, hérissé de poils blanchâtres; achaines brunâtres, oblongs, striés-rudes : ceux du centre longuement amincis en bec, surmonté d'une aigrette plumeuse : ceux du contour à peine amincis au sommet, couronnés d'une membrane blanchâtre, scarieuse, courte, frangée, enveloppés en partie par les écailles de l'involucre étalées. ① (Juin, juillet).

Les champs autour de l'étang de Vaudrey. — En plusieurs endroits des environs de Nyon; autour de Promenthou, à l'embouchure de la Promenthouse (Gaud.). — Aux environs de Morges; de Rolle (Rapin). — De Montbéliard (J. Bauh.). — De Genève, dans les champs après la moisson (Reut.).

53. LIONDENT. — *LEONTODON*. Linn.

Involucre à écailles embriquées; achaines insensiblement amincis en bec au sommet; aigrettes semblables, plumeuses, persistantes, à soies plus larges et scarieuses à la base, toutes égales, ou les extérieures piliformes; barbes des soies non caduques; réceptacle nu.

§ 1. *Aigrette à un seul rang de soies plumeuses.* — Oporina. Don.

1. L. d'automne. — *L. autumnale.*

Linn. Sp. 1123. — DC. Fl. fr. n. 2968. — Duby, Bot. gall. p. 308. — Poir. Ency. supp. 5. p. 451. — Koch, Syn. p. 418. var. *α.* — *Oporina autumnalis* (Don.). DC. Prod. 7. p. 108. — *Apargia autumnalis.* Gaud. Fl. helv. 5. p. 59.

Moris. sect. 7. tab. 7. fig. 6. — J. Bauh. Hist. 2. p. 1031.
fig. 1. — Tabern. ic. p. 182. fig. 1. — Dalech. Hist. p.
561. fig. 1. et p. 562. fig. 2. — Dod. pempt. p. 639. fig.
3-4. — Lob. ic. p. 237. fig. 2. (*ead. ac ic.* 3.).

Racine tronquée, garnie de fibres blanchâtres ; tige presque
nue, haute de 2—4 décim., glabre, un peu anguleuse,
oblique, ordinairement rameuse, à rameaux allongés ;
feuilles radicales étroites, nombreuses, ordinairement glabres, lancéolées, allongées, un peu rétrécies à la base,
incisées-dentées ou pinnatifides, à lanières étroites, aiguës,
inégales : les caulinaires peu nombreuses, linéaires-subulées,
situées à la naissance des rameaux ; capitules solitaires, terminaux, à fleurs jaunes, portés sur des pédoncules écailleux, un peu épaissis au sommet, fistuleux ; involucre glabre
ou un peu velu, à écailles embriquées, d'un vert livide,
linéaires-lancéolées, noirâtres à l'extrémité, entourées à la
base d'écailles plus courtes ; achaines amincis au sommet,
d'un brun roux, striés, finement ridés en travers, surmontés d'une aigrette plumeuse d'un blanc sale, formée d'un
seul rang de soies scarieuses et élargies à la base. ♃ (Juillet—octobre).

Commun dans les prés, les pâturages et le long des chemins.

β. *Coronopifolia.* Hagenb. Fl. basil. 2. p. 256. var. β.
foliis lacerato-pinnatifidis. — Tabern. ic. p. 181. fig. 2.
— Feuilles profondément découpées en lanières étroites,
nombreuses, linéaires-aiguës.

γ. *Dentata.* Feuilles étroites, allongées, rétrécies en
pétiole à la base, légèrement sinuées-dentées.

§ 2. *Aigrettes à 2 rangs de soies, les extérieures simples,
rudes, plus courtes, les intérieures plumeuses. —*
Dens-leonis. Koch.

2. L. des Alpes. — *L. Alpinum.*

Jacq. Fl. Aust. tab. 93. — *L. squamosum.* Lam. Ency. 3.
p. 529. — DC. Prod. 7. p. 101. et Fl. fr. n. 2969. —

Duby, Bot. gall. p. 307. — *Apargia Alpina*. Gaud. Fl.
helv. 5. p. 57. — *L. Pyrenaïcus* (Gouan.). Koch, Syn.
p. 419.

All. Ped. tab. 14. fig. 4. (*benè*, Gaud.).

Racine courte, brune, tronquée, garnie de fibres, produisant une seule hampe, très rarement 2, dressée, haute
de 8—16 centim., un peu épaissie et écailleuse à sa partie
supérieure, glabre ou garnie de quelques poils simples,
plus longue que les feuilles, à un seul capitule; feuilles
toutes radicales, lancéolées, rétrécies en un court pétiole,
sinuées-dentées ou simplement dentées, glabres ou garnies
de quelques poils simples; capitule à fleurs jaunes, un peu
plus gros que dans l'espèce suivante; involucre à écailles
linéaires, aiguës, hérissées de poils noirs et souvent recouvertes en outre de poils blanchâtres plus courts; achaines
striés, lisses, non ridés, terminés en bec court, surmontés
d'une aigrette presque à un seul rang de soies plumeuses,
les extérieures étant très courtes et quelquefois presque nulles.
♃ (Juillet, août).

Sur le mont Vogelberg, entre Soleure et Bâle (Lach. in Hagenb.).
— J'ai récolté mes échantillons sur le Montanvert.

3. L. hispide. — *L. hispidum*.

Linn. Sp. 1124. — *L. hastilis*. Koch, Syn. p. 419. — *L.
protheiforme*. Vill. Dauph. 3. p. 87. — *Hedypnoïs hispida*. Smith, Brit. p. 823. — *Apargia communis*.
Schimp. et Spenn. Fl. frib.

Racine oblique, tronquée, garnie de fibres; hampes
striées, glabres ou plus ou moins hérissées de poils simples,
bi ou trifurqués, légèrement épaissies au sommet et souvent
garnies de 1—2 petites écailles subulées, à un seul capitule, hautes de 1—5 décim.; feuilles toutes radicales,
oblongues-lancéolées ou lancéolées, rétrécies en pétiole,
dentées, sinuées-dentées ou pinnatifides, glabres ou plus ou
moins hérissées de poils simples, bi ou trifurqués, à dents

ou lobes courts, élargis-triangulaires, quelquefois un peu roncinés; capitule médiocre, à fleurs jaunes; involucre glabre ou plus ou moins hérissé comme la hampe, à écailles linéaires-lancéolées, d'un vert foncé livide; achaines anguleux, striés-rudes, d'un brun roussâtre, un peu amincis au sommet, surmontés d'une aigrette formée de soies d'un blanc sale, les intérieures plumeuses, scarieuses et élargies à la base, les extérieures simples, rudes, filiformes, plus courtes. ♃ (Juin—septembre).

α. Vulgaris. Koch, Syn. l. c. — *L. hispidum.* Linn. l. c. — DC. Prod. 7. p. 102. et Fl. fr. supp. n. 2972. — Duby, Bot. gall. p. 308. — Lam. Ency. 3. p. 530. — *Apargia hispida.* Gaud. Fl. helv. 5. p. 53. — Lam. illust. tab. 658. fig. 4. — Moris. sect. 7. tab. 8. fig. 13. — J. Bauh. Hist. 2. p. 1038. fig. 1. — Feuilles, hampes et involucres, ou seulement les feuilles, hérissés.

Très commun dans les prés secs, et les pâturages un peu arides de la plaine et des montagnes.

β. Glabratus. Koch, Syn. l. c. — *L. hastile.* Linn. Sp. 1123. — DC. Prod. 7. p. 102. et Fl. fr. n. 2971. — Duby, Bot. gall. p. 307. — Poir. Ency. supp. 3. p. 452. — *Apargia hastilis.* Gaud. Fl. helv. 5. p. 52. — Lam. illust. tab. 653. fig. 1. et 2. — Vill. Dauph. tab. 24. fig. 2. (A. B. C. *folia*). — All. Fl. ped. tab. 70. fig. 3. — Feuilles, hampes et involucres glabres, ou parsemés de quelques poils.

Commun dans les prés et les pâturages humides.

54. PICRIDE. — *PICRIS.* Linn.

Involucre à écailles embriquées; achaine insensiblement aminci en bec ou resserré sous l'aigrette en bec très court; aigrettes semblables, caduques, à soies soudées en anneau à la base, les intérieures plumeuses, plus larges à la base, les extérieures moins nombreuses, piliformes; réceptacle nu.

1. P. Épervière. — *P. hieracioïdes.*

Linn. Sp. 1115. — DC. Prod. 7. p. 128. et Fl. fr. n. 2974.
— Duby, Bot. gall. p. 300. — Gaud. Fl. helv. 5. p. 26.
Poir. Ency. 5. p. 309. — Koch, Syn. p. 421.
Lam. illust. tab. 648. fig. 2. — J. Bauh. Hist. 2. p. 1029.
fig. 2. (*mala*). — Tabern. ic. p. 184. fig. 2.

Racine dure, simple ou rameuse; tige haute de 5—6
décim. et quelquefois davantage, dressée, striée, rude,
hérissée, ainsi que les feuilles, de poils simples ou bifurqués, crochus au sommet, rameuse-divariquée à sa partie
supérieure; feuilles oblongues-lancéolées, très rudes, sinuées-dentées : les radicales rétrécies en pétiole : les caulinaires plus ou moins embrassantes, souvent dentées et
ondulées sur les bords; capitules à fleurs jaunes, assez gros,
terminaux, portés sur des pédoncules ordinairement rameux, disposés en corymbe, munis de petites bractées lancéolées; involucre d'un vert livide, à écailles lancéolées,
un peu obtuses, munies sur la carène de cils un peu raides :
les extérieures plus courtes, inégales, très lâches, quelquefois réfléchies; achaines d'un brun roux, un peu courbés,
striés-ridés en travers; aigrette plumeuse, d'un blanc sale.
② (Juillet, août).

Commune le long des chemins, au bord des champs et des vignes.

β. *Angustifolia.* Hagenb. Fl. basil. 2. p. 244. — Tige
simple; feuilles linéaires-lancéolées; capitules peu nombreux.

Bâle, sur le mont Mutet (Hagenb.).

γ. *Altissima.* Hagenb. Fl. basil. 2. l. c. — *P. altissima.*
Desf. — Tige haute de 12—15 décim.; feuilles inférieures
longues quelquefois de 3 décim.

Bâle, sur le mont Mutet (Hagenb.).

δ. *Montana.* Monnard, in Gaud. Syn. p. 662. — Plante
très rude; feuilles embrassantes, longues de 15—20 centim.,

et larges de 3 , oblancéolées , dentelées ; tige simple ; capitules en corymbe peu rameux , à fleurs d'un jaune doré.

Sur la Dôle (Ducros).

TRIBU XVI. — SCORZONÉRÉES. Schultz.

Aigrette plumeuse, à poils des barbes entrelacés ; réceptacle nu, glabre ou frangé , à franges persistantes.

55. SALSIFIS. — *TRAGOPOGON*. Linn.

Involucre simple , à 8—12 écailles soudées entre elles à
leur partie inférieure ; achaines amincis en bec allongé ,
menu ; aigrettes à soies plumeuses , à poils des barbes entrelacés , 5 plus longues , nues au sommet ; réceptacle nu.

§ 1. *Pédoncule cylindrique , peu renflé au sommet.*

1. S. des prés. — *T. pratense.*

Linn. Sp. 1 .... DC. Prod. 7. p. 113. et Fl. fr. n. 2988.
— Duby. Bot ...... p. 306. — Gaud. Fl. helv. 5. p. 15.
— Poir. Ency. 6. p. 476. — Koch , Syn. p. 423.
Bull. Herb. tab. 209. — J. Saint-Hil. Pl. fr. tab. 643. —
Lam. illust. tab. 646. fig. 2. — Moris. sect. 7. tab. 9. fig.
1. — J. Bauh. Hist. 2. p. 1059. fig. 1. — Tabern. ic. p.
598. fig. 2. — Dod. pempt. p. 256. fig. 2. — Lob. ic. p.
550. fig. 2. (*ead.*).
Racine fusiforme , blanchâtre , lactescente et d'une saveur
douce, comme toutes les autres parties de la plante ; tige
dressée, fistuleuse , glabre , un peu rameuse , haute de 3—6
décim. ; feuilles glabres , alternes , dressées , largement
embrassantes , lancéolées-linéaires , acuminées , d'un vert
glauque , molles et recourbées , souvent ondulées sur les
bords et tortillées au sommet ; rameaux alternes , dressés , à
un seul capitule , plus courts que la tige ; capitules assez

gros, à fleurs jaunes, un peu rougeâtres en dehors, portés sur des pédoncules cylindriques, peu renflés au sommet; involucre à 8 écailles vertes, glabres, lancéolées-acuminées, de la longueur des fleurs ou un peu plus courtes; achaines très gros, anguleux, amincis en bec menu, allongé, ridés en travers, surmontés d'une aigrette blanche plumeuse. ② (Mai—juillet).

Commun dans les prés, au bord des champs et des chemins. Reuter a observé cette espèce, sur la Dôle, à fleurs presque orangées. Les fleurs de cette plante s'épanouissent le matin et se referment à midi, à moins que le temps ne soit chaud et le ciel nuageux. Les enfants mâchent ses jeunes pousses pour en exprimer le lait doux qu'elles contiennent.

ß. *Tortilis.* Koch, Syn. l. c. — Feuilles ondulées, tortillées-enroulées au sommet.

Çà et là dans les prés secs : les pâturages arides de Boujaille. — Aux environs de Thoiry (Gaud.). — De Bâle (Hagenb.).

§ 2. *Pédoncule fistuleux, renflé-obconique au sommet.*

2. S. à pédoncule renflé. — *T. majus.*

Jacq. Fl. Aust. p. 19. — DC. Prod. 7. p. 112. et Fl. fr. n. 2989. — Duby, Bot. gall. p. 307. — Gaud. Fl. helv. 5. p. 16. — Poir. Ency. 6. p. 477. — Koch, Syn. p. 422.
Lam. illust. tab. 646. fig. 1.

Cette espèce est très voisine de la précédente par son port et ses fleurs jaunes; mais elle en diffère par sa tige ferme, glabre, ordinairement plus élevée; par ses feuilles planes, non tortillées, élargies à la base, à gaîne verte, nerveuse; par ses pédoncules fistuleux, très renflés et obconiques au sommet; par son involucre à 10—12 écailles toujours plus longues que les fleurs; enfin par ses achaines marginaux muriqués-écailleux. ② (Juin, juillet).

Bâle, près de Saint-Louis (Frisch-Joset., in Hagenb.).

3. S. à feuilles de poireau. — *T. porrifolium*.

**Linn. Sp. 1110. — DC. Prod. 7. p. 113. et Fl. fr. n. 2991.
— Duby, Bot. gall. p. 307. — Gaud. Fl. helv. 5. p. 17.
Poir. Ency. 6. p. 472. — Koch, Syn. p. 422.
J. Saint-Hil. Pl. fr. tab. 644. — Moris. sect. 7. tab. 9. fig. 5.
— Tabern. ic. p. 599. fig. 1. — Dalech. Hist. p. 1079.
fig. 1. — Dod. pempt. p. 256. fig. 1. — Lob. ic. p. 550.
fig. 1.**

**Cette espèce se rapproche plus de la précédente que du
T. pratense; mais on l'en distingue de suite à ses fleurs
violettes ou purpurines; à sa tige moins feuillée, quelquefois simple; à ses feuilles plus glauques, également planes
et élargies à la base; à ses involucres à 8 écailles lancéolées-acuminées, presque doubles de la longueur des fleurs,
munis d'un pédoncule également fistuleux et très renflé au
sommet; enfin à ses achaines marginaux tuberculés-écailleux, un peu courbés en dedans. ② (Juin, juillet).**

Bâle, sur les talus au bord du Rhin (Hagenb.) : cultivé dans quelques jardins potagers, comme la *Scorsonère*, pour l'usage de la cuisine. Cette plante est diurétique, apéritive et pectorale.

56. SCORSONÈRE. — *SCORZONERA*. Linn.

**Involucre à écailles embriquées; achaine aminci en bec,
muni d'un callus basilaire très court, entourant l'ombilic;
aigrettes semblables, plumeuses, à poils des barbes entrelacés; réceptacle nu.**

1. S. humble. — *S. humilis*.

**Linn. Sp. 1112. — Koch, Syn. p. 424. — *S. plantaginea*.
(Schleich.). Gaud. Fl. helv. 5. p. 20. — DC. Prod. 7.
p. 119. — *S. nervosa. var. α*. Poir. Ency. 7. p. 21.
Racine épaisse, fusiforme, nue au collet et non garnie de
fibres, comme dans l'espèce suivante; tige haute de 2—4**

décim., striée, fistuleuse, un peu lanugineuse, particulièrement à sa partie supérieure, ordinairement à un seul
capitule, rarement 2—3, garnie de quelques feuilles très
étroites qui diminuent de grandeur vers le sommet de la
tige où elles sont très petites, linéaires-subulées : les radicales plus nombreuses, oblongues-lancéolées ou linéaires-
lancéolées, acuminées, à 5—7 nervures, rétrécies en pétiole
à la base, entières, beaucoup plus courtes que la tige, quelquefois vaguement lanugineuses ; capitule terminal, assez
gros, à fleurs jaunes, rougeâtres en dehors ; involucre
ovoïde-cylindrique, glabre, ou un peu lanugineux, surtout
à la base, à écailles embriquées, les extérieures ovales, les
intérieures lancéolées, un peu obtuses, de moitié plus
courtes que les fleurs ; achaine lisse, strié, surmonté d'une
aigrette sessile, d'un blanc sale, à soies plumeuses dont
4—5 plus longues, nues au sommet et dentelées. ♃ (Mai,
juin).

Salins, dans les prés humides de la tuilerie de Clucy, et de Saisenay ;
dans le bois Mouchard, en allant à Saint-Cyr ; les prés humides d'Arc
et de Boujaille ; au-dessous d'un petit bois, près de Sellières, etc.

β. *Angustifolia. S. macrorhiza* (Schleich.). Gaud. Fl.
helv. 5. p. 22. — DC. Prod. 7. p. 120. — Tige plus élevée,
haute de 3—5 décim., un peu rameuse, à 2—4 capitules ;
feuilles plus étroites, linéaires-lancéolées.

Les prés humides de la tuilerie de Clucy et de Saisenay. — Les prés
tourbeux autour du lac de Joux (Schl.).

2. S. d'Autriche. — *S. Austriaca.*

Willd. Sp. 3. p. 1498. — Gaud. Fl. helv. 5. p. 18. — Koch,
Syn. p. 425. — *S. humilis.* DC. Prod. 7. p. 120. et Fl.
fr. n. 2979. — Duby, Bot. gall. p. 309. — *S. nervosa.*
var. β. Poir. Ency. 7. p. 21.
Moris. sect. 7. tab. 9. fig. 4. (*series* 3. *ex Clus.*). — J. Bauh.
Hist. 2. p. 1061. fig. 1. (*ex Clus.*). — Clus. Hist. 2. p.
138. fig. 2. (*bene*). — Tabern. ic. p. 600. fig. 2. (*caulis
biflorus*).

Racine épaisse, fusiforme, garnie au collet d'un grand nombre de fibres sèches, dressées, qui sont les restes des feuilles anciennes; tige simple, haute de 15—30 centim., glabre, presque nue, striée, un peu lanugineuse à la base, munie de quelques feuilles étroites, squamiformes : les radicales oblongues-lancéolées, glabres, nerveuses, planes ou ondulées sur les bords, entières, étalées ou réfléchies, rétrécies en pétiole; capitule solitaire, terminal, assez gros, à fleurs striées, d'un jaune pâle; involucre ovoïde-oblong, embriqué d'écailles élargies à la base, triangulaires, glabres, un peu membraneuses et lanugineuses sur les bords, les intérieures lancéolées-acuminées. ♃ (Mai , juin).

Se trouve parmi les rochers calcaires, à Salève, au-dessus d'Archamp (Rapin.). — Près de la Grande-Gorge (Jack.). — Et sur le Vouache, particulièrement du côté occidental (Reut.).

3. S. cultivée. — *S. Hispanica.*

Linn. Sp. 1112. — DC. Prod. 7. p. 120. et Fl. fr. n. 2978. — Duby, Bot. gall. p. 309. — Gaud. Fl. helv. 5. p. 22. — Poir. Ency. 7. p. 15.

J. Saint-Hil. Pl. fr. tab. 635. — Lam. illust. tab. 647 fig. 5. Moris. sect. 7. tab. 9. fig. 1. — J. Bauh. Hist. 2. p. 1060. fig. 3. — Clus. Hist. 2. p. 137. fig. 1. — Tabern. ic. p. 600. fig. 1. et p. 601. fig. 2. et p. 602. fig. 1. — Dalech. Hist. p. 1207. fig. 1. — Dod. pempt. p. 257. fig. 1. — Lob. ic. p. 551. fig. 1. (*ead.*).

Racine épaisse, charnue, fusiforme, allongée, noirâtre en dehors, blanche en dedans; tige haute de 6—9 décim., glabre, striée, lisse, rameuse au sommet, à 5—6 capitules assez gros, solitaires, terminaux, à fleurs jaunes; involucre oblong, un peu lanugineux, à écailles embriquées, larges, glabres, les extérieures ovales, aiguës, les intérieures lancéolées; achaines allongés, presque cylindriques, sillonnés, surmontés d'une aigrette plumeuse, d'un blanc sale; feuilles demi-embrassantes, planes ou ondulées, entières ou légèrement dentelées : les inférieures-lancéolées-acuminées, ré-

trécies en pétiole : les supérieures étroites, lancéolées-linéaires. ② (Juin, juillet).

Plante alimentaire, originaire d'Espagne et du midi de la France,
généralement cultivée dans les jardins potagers. On mange sa racine
qui est adoucissante.

TRIBU XVII. — HYPOCHÉRIDÉES. Lessing.

Aigrette plumeuse; réceptacle garni de paillettes caduques.

57. PORCELLE. — *HYPOCHOERIS*. Linn.

Involucre à écailles embriquées; achaine aminci en bec
allongé, ou peu aminci et presque sans bec; aigrette plumeuse; réceptacle garni de paillettes caduques.

1. P. glabre. — *H. glabra*.

Linn. Sp. 1141. — DC. Prod. 7. p. 90. et Fl. fr. n. 2957.
— Duby, Bot. gall. p. 306. — Gaud. Fl. helv. 5. p. 147.
— Poir. Ency. 5. p. 571. — Koch, Syn. p. 427.
Lam. illust. tab. 656. fig. 1. — Moris. sect. 7. tab. 4. fig.
35. — Tabern. ic. p. 180. fig. 1.
Racine grêle, allongée, fusiforme, produisant plusieurs
tiges dressées ou ascendantes, glabres, presque nues, simples ou un peu rameuses, ordinairement munies d'une petite foliole à la naissance des rameaux, haute de 15—30
centim.; feuilles radicales étalées sur la terre, minces,
vertes, glabres, ou un peu hérissées, lancéolées-oblongues,
sinuées-lobées, ou roncinées, à lobes largement triangulaires, à sinus arrondis, le terminal plus grand, presque
rhomboïdal, obtus au sommet; capitules médiocres, à fleurs
d'un jaune pâle, solitaires, portés sur des pédoncules allongés, peu épaissis au sommet, munis de 1—2 petites écailles
subulées; involucre oblong, composé d'un petit nombre
d'écailles embriquées, lancéolées, vertes, glabres, membra-

neuses sur les bords, planes, obtuses et d'un pourpre noirâtre au sommet; paillettes scarieuses, lancéolées-acuminées,
plus longues que l'involucre ; achaines d'un brun roux, sillonnés, à côtes dentelées, amincis en bec allongé : ceux de
la circonférence dépourvus de bec, ou à bec plus court ;
aigrette blanchâtre. ①. (Juillet, août).

Les terres argileuses ou sablonneuses : les bois de taillis du bord de
l'Ognon (Girod-Chant.). — Autour de Ferrière (Hall.). — Bâle, aux
environs d'Altschwyler (Lach.). — Entre Nevenburg et Zienken (Hagenbach).

β. *Balbisii*. *H. Balbisii*. Lois. Not. p. 124. — DC. Prod.
7. p. 91. — Koch. Syn. p. 427. — Achaines tous amincis en
bec, ceux de la circonférence en bec un peu plus court.

Dans le bois Mouchard, le long de la route de Villers-Farlay. —
Dans les champs aux environs de Sellières.

2. P. à longue racine. — *H. radicata.*

Linn. Sp. 1140. — DC. Prod. 7. p. 91. et Fl. fr. n. 2956.
— Duby, Bot. gall. p. 306. — Gaud. Fl. helv. 5. p. 148.
— Poir. Ency. 5. p. 570. — Koch, Syn. p. 427.

Moris. sect. 7. tab. 4. fig. 27. — J. Bauh. Hist. 2. p. 1032.
fig. 1. — Tabern. ic. p. 183. fig. 2. — Dod. pempt. p.
639. fig. 2. — Lob. ic. p. 238. fig. 1. (*ead.*).

Racine allongée, fusiforme, un peu divisée à son extrémité,
produisant une ou plusieurs tiges dressées, striées, glabres,
fistuleuses, lisses et jonciformes, hautes de 4—6 décim.,
divisée ordinairement en 2—3 rameaux à un seul capitule,
munis de quelques petites écailles subulées, et épaissis sous
l'involucre ; feuilles toutes radicales, étalées en rosette, hérissées sur les deux faces et sur les bords de longs poils raides,
subulés, obovales-oblongues, obtuses, sinuées-lobées ou
roncinées, quelquefois presque entières, grossièrement dentées; capitules assez gros, solitaires, terminaux, à fleurs
d'un jaune doré; involucre d'un vert livide, à écailles étroitement embriquées, lancéolées, glabres ou hispides sur la

carène, à bords membraneux ; paillettes lancéolées-acuminées, scarieuses, de la longueur de l'involucre ; achaines bruns, striés, à côtes dentelées, amincis en bec allongé, terminé par une aigrette d'un blanc sale. ♃ (Juillet, août).

Commune partout dans les prés, au bord des chemins.

β. Simplex. Tige simple, à un seul capitule terminal ; involucre glabre.

γ. Bulbifera. Hagenb. Fl. basil. 2. p. 283. var. *β.* — Racine longue, fusiforme, à fibres bulbifères.

Aux environs de Bâle (Hagenb.).

3. P. tachetée. — *H. maculata.*

Linn. Sp. 1140. — DC. Fl. fr. et supp. n. 2954. — Duby, Bot. gall. p. 306. — Gaud. Fl. helv. 5. p. 144. — Poir. Ency. 5. p. 570. — Koch, Syn. p. 427. — *Achyrophorus maculatus.* DC. Prod. 7. p. 93.

Moris. sect. 7. tab. 5. fig. 53. — Clus. Hist. 2. p. 139. fig. 2. — Tabern. ic. p. 184. fig. 1.

Racine dure, presque ligneuse ; tige presque nue, garnie seulement de 1—2 folioles lancéolées, dressée, striée, non fistuleuse, hérissée, particulièrement dans le bas, de poils raides, tuberculeux et d'un pourpre noirâtre à la base, haute de 3—5 décim., souvent divisée à sa partie inférieure en 2—4 rameaux allongés, simples, à un seul capitule terminal ; feuilles presque toutes radicales, étalées en rosette, assez nombreuses, épaisses, ovales-oblongues, garnies de poils rudes, épars, particulièrement en dessous, rétrécies à la base en un court pétiole, sinuées-dentées ou grossièrement dentées, quelquefois presque entières, dentelées, vertes, souvent marquées en dessus de taches d'un pourpre noirâtre ; capitules très gros, à fleurs étalées, d'un jaune pâle ; involucre à écailles linéaires-lancéolées, membraneuses sur les bords et au sommet, bordées de duvet cotonneux, hérissées sur la carène de longs poils raides, subulés, sem-

blables à ceux qui garnissent la partie supérieure du pédoncule ; achaines ridés en travers , amincis en bec allongé,
terminé par une aigrette blanchâtre ; paillettes scarieuses,
lancéolées-acuminées, de la longueur de l'aigrette ou un peu
plus longues. ♃ (Juillet, août).

Les prairies montagneuses : les prés et les pâturages de Boujaille ; de
Villeneuve-d'Amont; de Cise , près de Champagnole ; à la Chapelle-des-
Bois. — Sur le Thoiry et à la Conrièrie au-dessus de Saint-Cergue
(Gaud.). — Les pâturages du Salève; au pied du Jura, au-dessus de
Thoiry, près des premiers chalets (Reut.).

β. *Simplex*. Duby, Bot. gall. l. c. — DC. Prod. 7. l. c. et
Fl. fr. supp. n. 2954.—Tige simple , à un seul capitule terminal.

γ. *Oblongifolium*. DC. Prod. 7. l. c. — Tige simple ou
rameuse ; feuilles allongées , oblongues-elliptiques , rétrécies
à la base, presque très entières.

Dans les prés au-dessus de Cise , près de Champagnole.

4. P. uniflore. — *H. uniflora*.

Vill. Prosp. Fl. Dauph. p. 57. — DC. Fl. fr. n. 2955. —
Gaud. Fl. helv. 5. p. 145. — Poir. Ency. 5. p. 572. —
Koch , Syn. p. 427. — *Achyrophorus Helveticus*. DC.
Prod. 7. p. 93. — *Hypochæris Helvetica* (Jacq.). DC.
Fl. fr. supp. n. 2955. — Duby, Bot. gall. p. 306.
Lam. illust. tab. 656. fig. 2. — Vill. Dauph. tab. 23. — All.
Fl. ped. tab. 14. fig. 3. — Hall. Helv. tab. 1. fig. 1.

Cette plante se rapproche de la variété β. de l'espèce
précédente, dont elle est cependant bien distincte. Sa tige
est simple , à un seul capitule terminal, striée, hérissée ,
surtout dans le haut, de longs poils roussâtres entremêlés,
feuillée seulement à la base, haute de 3—4 décim., d'une
épaisseur remarquable qui va insensiblement en augmen-
tant jusque vers le sommet de la tige, un peu au-dessous
de l'involucre, où elle est renflée, fistuleuse ; ses feuilles
sont oblongues-lancéolées , inégalement dentées, oblique-

Les lieux arides et sablonneux : Genève, sur les glacis, en sortant de la porte de Rive ; au bord de la route près de Saint-Genis. — Au bord des vignes aux environs de Baume (Girod-Chant.). — Nyon, dans les champs de Bois-Bougis et près de Prangins (Gaud.). — Aux environs de Bâle (Gaud.).

TRIBU XIX. — LACTUCÉES. Koch.

Aigrette à poils simples, capillaires ; réceptacle nu ; achaines comprimés-aplanis, sans bec, ou terminés par un bec non entouré à la base d'une couronne de petites pointes écailleuses.

60. PHOENIXOPE. — *PHOENIXOPUS.* Cass.

Involucre à environ 8 écailles, les extérieures plus courtes, presque embriquées, ou caliculé par des écailles très courtes ; fleurs 5, sur un seul rang, achaines comprimés-aplanis, amincis en bec filiforme ; aigrette à poils simples ; réceptacle nu. — Ce genre diffère des *Laitues* par ses capitules à 5 fleurs, et des *Laitrons* par le même caractère et par le bec des achaines filiforme.

1. P. des murs. — *P. muralis.*

Koch , Syn. p. 430. — *Lactuca muralis.* DC. Prod. 7. p. 139. — *Prenanthes muralis.* Linn. Sp. 1121. — Gaud. Fl. helv. 5. p. 45. — *Chondrilla muralis.* Lam. Ency. 2. p. 78. — DC. Fl. fr. n. 2885. — Duby, Bot. gall. p. 297. Moris. sect. 7. tab. 3. fig. 14. — J. Bauh. Hist. 2. p. 104. fig. 1. — Clus. Hist. 2. p. 146. fig. 2. — Tabern. ic. p. 194. fig. 1. — Lob. ic. p. 236. fig. 1. (*ic. Clus.*).
Plante glabre et lisse. Tige dressée, grêle, fistuleuse, cylindrique , rameuse-paniculée au sommet, haute de 6—9 décim. ; feuilles vertes en dessus, glauques en dessous, auriculées-embrassantes, lyrées-pinnatifides, à lobes dentés-anguleux, le terminal fort grand , à 5—5 angles dentés , à dents triangulaires : les radicales pétiolées ; capitules petits ,

à 5 fleurs d'un jaune pâle, disposés en panicule terminale rameuse, étalée, presque entièrement nue, portés sur des pédoncules grêles, presque filiformes; involucre à 5—6 écailles linéaires, entourées à la base de 3—4 écailles plus petites, très courtes, inégales; achaines oblancéolés, comprimés, d'un brun foncé, striés, amincis au sommet en un pédicelle grêle, 2—3 fois plus court que l'achaine, terminé par un petit disque portant une aigrette blanche, à poils simples, dentelés. ① (Juillet, août).

Commun dans les forêts de sapins; dans les bois de taillis, sur les murs et les rochers.

ß. Subintegris. Feuilles supérieures linéaires-oblongues, obtuses, entières : les inférieures linéaires, entières, terminées par un lobe triangulaire beaucoup plus large, obtus, légèrement sinué sur les côtés.

Aux environs de Salins.

61. PRENANTHE. — *PRENANTHES.* Linn.

Involucre à environ 8 écailles sur 2 rangs, les extérieures plus courtes, embriquées; fleurs 5, sur un seul rang; achaines comprimés, sans bec; aigrette à poils simples; réceptacle nu.

1. P. pourpre. — *P. purpurea.*

Linn. Sp. 1121. — DC. Prod. 7. p. 194. et Fl. fr. n. 2879 — Duby, Bot. gall. p. 297. — Gaud. Fl. helv. 5. p. 44. Koch, Syn. p. 431. — *Chondrilla purpurea.* Lam. Ency. 2. p. 78.

Moris. sect. 7. tab. 3. fig. 23. (*ic. Clus.*). — J. Bauh. Hist. 2. p. 1005. fig. 2. — Clus. Hist. 2. p. 147. fig. 2. — Tabern. ic. p. 109. fig. 1.

Racine forte, transversale, bosselée; tige dressée, haute de 9—12 décim., glabre, striée, assez ferme, rameuse dans le haut; feuilles alternes, très glabres, glauques en dessous :

rement très glabres, dressées ou ascendantes, à peine plus longues que les feuilles ; capitules médiocres, plus petits que dans les deux autres espèces, à fleurs jaunes, à écailles de l'involucre blanchâtres et membraneuses sur les bords : les intérieures dressées, linéaires-lancéolées, munies d'une petite corne dorsale, située un peu au-dessous du sommet : les extérieures 3 fois plus petites, d'abord dressées, puis étalées ; achaines d'un brun rougeâtre, hérissés au sommet de petites pointes écailleuses, ouvertes, embriquées, prolongés en un long bec un peu épaissi à la base, terminé par une aigrette blanche, à poils simples. ♃ (Avril, mai).

Commun aux environs de Salins, dans les lieux secs et arides, sur les pelouses et dans les pâturages. — Neuchâtel (Chaillet). — Nyon, autour de Longirod, au Signal, etc. (Gaud.).

§ 2. *Écailles extérieures de l'involucre appliquées.*

3. P. des marais. — *T. palustre.*

DC. Fl. fr. n. 2953. et Prod. 7. p. 148. —Duby, Bot. gall. p. 500. — *Leontodon Taraxacum. III. palustris.* Gaud. Fl. helv. 5. p. 62. — *T. officinale. var. ε. lividum.* Koch Syn p. 428.
Scopol. Carn. ed. 2. tab. 48.

Racine épaisse, allongée, noirâtre ; feuilles glabres, souvent un peu lanugineuses, oblongues, étroites, rétrécies en pétiole, sinuées-dentées, quelquefois presque roncinées, à dents triangulaires; hampes dressées ou obliques, rougeâtres, souvent un peu lanugineuses, égales aux feuilles ou plus longues; capitules assez gros, à fleurs jaunes; involucre d'un vert livide, à écailles extérieures plus courtes, embriquées, ovales, acuminées, appliquées sur les écailles intérieures, ou un peu ouvertes, mais non étalées ni réfléchies; achaines hérissés au sommet de petites pointes écailleuses, prolongés en bec 2—3 fois plus long qu'eux, terminé par une aigrette très blanche, à poils simples ♃ (Mai—juillet).

Cette plante n'est pas rare dans les prés humides : Salins, dans les prés humides de Saisenay ; dans le bois Mouchard, etc. — Neuchâtel (Chaillet). — Nyon (Gaud.). — Genève (Reut.). — Bâle (Hagenb.).

β. *Lanceolatum*. **DC**. Fl. fr. l. c. et Prod. 7. l. c. var. δ. — *T. lanceolatum*. **Poir**. Ency. 5. p. 349. — Feuilles lancéolées, étroites, presque entières, dentées ; écailles extérieures de l'involucre appliquées, larges, ovales, aiguës.

59. CHONDRILLE. — CHONDRILLA. Linn.

Involucre caliculé, à 2 rangs d'écailles : les intérieures presque au nombre de 8, les extérieures très courtes, appliquées ; fleurs disposées sur 2 rangs, au nombre de 7—12 ; achaines garnis vers leur sommet de petites pointes écailleuses, et terminés par une couronne de dents, située à la base du bec filiforme ; aigrette à poils simples ; réceptacle nu.

1. C. jonciforme. — *C. juncea.*

Linn. Sp. 1120. — DC. Prod. 7. p. 142. et Fl. fr. n. 2884. — Duby, Bot. gall. p. 297. — Gaud. Fl. helv. 5. p. 41. — Lam. Ency, 2. p. 77. — Koch, Syn. p. 429.
Lam. illust. tab. 650. fig. 1. et 2. — Moris. sect. 7. tab. 6. fig. 21. — J. Bauh. Hist. 2. p. 1021. fig. 1. (*mala*). — Clus. Hist. 2. p. 144. fig. 2. — Tabern. ic. p. 178. fig. 1. — Dalech. Hist. p. 568. fig. 2. — Lob. advers. p. 85.
Tige haute de 6—9 décim., hérissée à la base, glabre à sa partie supérieure, dressée, dure, striée, lisse, très rameuse, à rameaux étalés, verts, effilés ; feuilles radicales marcescentes, oblongues, roncinées ou lyrées, étalées sur la terre : les caulinaires supérieures entières, linéaires-lancéolées et linéaires ; capitules petits, à fleurs jaunes, écartés, presque sessiles, solitaires, géminés ou ternés à la partie supérieure des rameaux ; achaines lisses, striés, écailleux vers le sommet, terminés par 5 dents lancéolées ; aigrette blanche, à poils simples, portée sur un pédicello plus long que l'achaine. ② (Juillet, août).

ment dressées, plus minces que dans l'espèce précédente et
non tachées, velues sur les deux faces ; les écailles de l'involucre sont plus larges, frangées-ciliées, hérissées de longs
poils roussâtres semblables à ceux de la tige, surtout à la
base de l'involucre, les intérieures presque glabres ; fleurs
jaunes ; achaines longuement amincis en bec ; aigrette d'un
blanc sale. ♃ (Juillet, août).

Les pâturages montagneux du Jura (Duby). — Je ne connais aucun
lieu dans le Jura où cette plante ait été trouvée ; celle que j'ai sous les
yeux vient du Lautaret en Dauphiné, et m'a été donnée par M. Mutel.

TRIBU XVIII. — CHONDRILLÉES. Koch.

Aigrette à poils simples, capillaires ; réceptacle nu ;
achaines prolongés en bec filiforme, entouré à sa base d'une
couronne d'écailles, ou de pointes courtes, squamiformes.

58. PISSENLIT. — *TARAXACUM.* Juss.

Involucre à écailles embriquées, un peu caliculé à la base ;
fleurs nombreuses ; achaines oblongs, striés, un peu comprimés, brusquement terminés en bec filiforme, garnis au
sommet de pointes écailleuses, courtes ; aigrettes poilues ;
receptacle nu.

§ 1. *Écailles extérieures de l'involucre étalées ou recourbées.*

1. P. Dent-de-lion. — *T. Dens-leonis.*

Desf. Fl. atl. 2. p. 228. —DC. Prod. 7. p. 145. et Fl. fr. n.
2932.— Duby, Bot. gall. p. 300.— Poir. Ency. 5. p. 348.
— *Leontodon Taraxacum. I. officinale.* Gaud. Fl. helv.
5. p. 61. — *L. Taraxacum.* Linn. Sp. 1122.— *T. officinale. var. α genuinum.* Koch, Syn. p. 428.
Bull. Herb. tab. 217. — J. Saint-Hil. Pl. fr. tab. 880. —
Lam. illust. tab. 653. — Mill. illust. tab. 66. — Moris.

sect. 7. tab. 8. fig. 1. (*series* 2.). — J Bauh. Hist. 2. p. 1055. fig. 1. — Tabern. ic. p. 175. fig. 1. — Dalech. Hist. p. 564. fig. 1. — Dod. pempt. p. 656. fig. 1. — Lob. ic. p. 252. fig. 2.

Racine fusiforme, lactescente; feuilles glabres, étalées sur la terre, d'un vert gai, oblongues, rétrécies en pétiole, roncinées, à lobes aigus, inégaux, souvent triangulaires et dentés sur le bord supérieur, le terminal plus grand, deltoïde; hampe lisse, fistuleuse, tendre, souvent rougeâtre, quelquefois un peu lanugineuse, longue de 15—20 centim. et quelquefois plus; capitules assez gros, à fleurs très nombreuses, d'un jaune doré; écailles extérieures de l'involucre linéaires-lancéolées, réfléchies; achaines brunâtres, striés, terminés en bec filiforme allongé, surmonté d'une aigrette poilue, garnis à leur partie supérieure de pointes écailleuses, lâches, embriquées. ♃ (Mai—automne). Vulg. *Pissenlit.*

Commun partout, dans les prés, le long des chemins, au bord des champs. — Cette plante est un très bon amer dépuratif; elle est apéritive, fondante et tonique. On mange ses feuilles en salade lorsqu'elles sont jeunes, étiolées, et qu'elles commencent seulement à sortir de terre.

2. P. lisse. — *T. lævigatum.*

DC. Cat. hort. Monsp. p. 149. et Prod. 7. p. 146. et Fl. fr. supp. n. 2952[a]. — Duby, Bot. gall. p. 300. — Poir. Ency. supp. 4. p. 420. — *Leontodon Taraxacum. II. lævigatus.* Gaud. Fl. helv. 5. p. 61. — *T. officinale. var.* γ. *Alpinum ?* Koch, Syn. p. 428.

Barr. ic. fig. 237.

Cette plante est plus petite dans toutes ses parties que les deux autres espèces de ce genre, entre lesquelles elle semble tenir le milieu. Ses feuilles sont nombreuses, étalées sur la terre, lisses, glabres, minces, profondément roncinées-pinnatifides, à lanières étroites, inégales, lancéolées, aiguës, un peu dentées, séparées souvent par de petites dents ou lobes étroits, courts, subulés; hampes grêles, ordinai-

les inférieures oblongues, rétrécies en pétiole ailé, sinuées-anguleuses ou simplement dentées à la base : les supérieures en cœur et embrassantes à la base, oblongues-lancéolées ou lancéolées, entières ou à peine dentelées; capitules petits, penchés, à 5 fleurs purpurines, portés sur des pédoncules axilaires, alternes, dichotomes, formant une panicule très rameuse, diffuse, étalée; involucre cylindrique, à 5 écailles dressées, linéaires-lancéolées, obtuses, membraneuses sur les bords, caliculé à la base; achaines lisses, blanchâtres, anguleux, surmontés d'une aigrette sessile, blanche, à poils simples, dentelés. ♃ (Juillet, août).

Assez commune dans les bois des montagnes : Salins, dans le bois de Bovard ; dans les forêts de sapins de la Joux ; des environs de Levier ; de Villers ; de Boujaille, etc.; de Champagnole ; de Pontarlier ; sur le Salève ; le Thoiry ; la Dôle ; le Chasseron ; le Creux-du-Vent ; en montant de Saint-Imier au Chasseral ; aux environs de Bâle, etc.

62. LAITUE. — *LACTUCA*. Linn.

Involucre à écailles embriquées; fleurs disposées sur 2—3 rangs; achaine comprimé aplani, aminci en bec filiforme; aigrette à poils simples; réceptacle nu.— L'aigrette est entourée à la base d'un rebord mince, plus ou moins saillant, souvent recouvert de soies très courtes.

§ 1. *Achaine ayant sur chaque face plusieurs nervures saillantes. — Fleurs jaunes.*

1. L. cultivée. — *L. sativa.*

Linn. Sp. 1118. — DC. Fl. fr. n. 2886. — Duby, Bot. gall. p. 296. — Gaud. Fl. helv. 5. p. 34. — Lam. Ency. 3. p. 402. — Koch, Syn. p. 431.

Tige dressée, cylindrique, glabre, lisse, feuillée, haute d'environ 6—9 décim., rameuse-paniculée au sommet; feuilles arrondies ou oblongues, dépourvues d'épines sur les bords et les nervures : les supérieures en cœur à la base, embrassantes; capitules petits, à fleurs jaunes, situés le long des rameaux supérieurs, formant une panicule corymbiforme terminale; achaines comprimés, obovales oblongs, à 5 nervures saillantes sur chaque face, à aigrette blanche, pédicellée. ① (Juillet, août).

Cette plante, dont la patrie est inconnue, est généralement cultivée dans les jardins potagers. Ses feuilles sont alimentaires en salade, rafraîchissantes, légèrement laxatives : elle s'échappe souvent des jardins et se reproduit spontanément dans les décombres. On en distingue un grand nombre de variétés dont les principales sont :

α. *Capitata (Laitue pommée)*. Lam. Ency. 3. l. c. — DC. Fl. fr. l. c. — Gaud. Fl. helv. 5. l. c. — *L. capitata.* DC. Prod. 7. p. 138. — Moris. sect. 7. tab. 2. fig. 2. — J. Bauh. Hist. 2. p. 997. fig. 1. (*florens*). — Tabern. ic. p. 422. fig. 1. — Dod. pempt. p. 645. fig. 1. — Lob. ic. p. 242. fig. 2. (*ead.*). — Feuilles (avant le développement de la tige) arrondies, concaves, bulleuses, réunies en tête arrondie, serrée, compacte, étiolée dans le centre; tige fleurie courte, longuement paniculée.

β. *Crispa (Laitue frisée)*. Lam. Ency. 3. l. c. — DC. Fl. fr. l. c. — Gaud. Fl. helv. 5. l. c. — *L. crispa.* DC. Prod. 7. p. 138. — Moris. sect. 7. tab. 2. fig. 4. — J. Bauh. Hist. 2. p. 999. fig. 2. et p. 1000. fig. 1. — Tabern. ic. p. 422. fig. 2. — Dod. pempt. p. 644. fig. 2. — Feuilles radicales non concaves, un peu poilues sur la carène, sinuées-crénelées, dentées, ondulées-crépues; tige paniculée au sommet, feuilles florales très entières, en cœur à la base.

γ. *Longifolia (Laitue Romaine)*. Lam. Ency. 3. l. c. — DC. Fl. fr. l. c. — Gaud. Fl. helv. 5. l. c. — *L. sativa.* DC. Prod. 7. p. 138. — Moris. sect. 7. tab. 2. fig. 9. — J. Bauh. Hist. 2. p. 998. fig. 1. — Tabern. ic. p. 423. fig. 2. — Feuilles radicales dressées, oblongues, non concaves, rétrécies à la base, non ondulées ni crépues sur les bords; tige allongée, feuillée.

63. LAITRON. — *SONCHUS*. Linn.

Involucre à écailles embriquées; fleurs disposées sur plusieurs rangs; achaines comprimés, tronqués ou un peu amincis au sommet, mais évidemment dépourvus de bec, à plusieurs côtes très menues sur chaque face; aigrette à poils simples; réceptacle nu.

§ 1. *Fleurs bleues; aigrette à poils raides, fragiles.* — Mulgedium. Cass.

1. L. des Alpes. — *S. Alpinus*.

Linn. Sp. 1117. — DC. Fl. fr. n. 2898. — Duby, Bot. gall. p. 295. — Koch, Syn. p. 433. — *S. montanus*. Gaud. Fl. helv. 5. p. 32. — Lam. Ency. 3. p. 401. — *Mulgedium Alpinum*. DC. Prod. 7. p. 248. — *Aracium Alpinum*. Monn. Hier. p. 73.
Moris. sect. 7. tab. 6. fig. 15. — J. Bauh. Hist. 2. p. 1006. fig. 1. — Tabern. ic. p. 191. fig. 2. — Clus. Hist. 2. p. 147. fig. 1.

Racine épaisse, rameuse; tige dressée, haute de 9—12 décim., épaisse, fistuleuse, ordinairement glabre, quelquefois un peu poilue, striée, très feuillée, surtout dans le bas; feuilles grandes, alternes, glabres, embrassantes et sagittées à la base, d'un vert glauque en dessous, pinnatifides ou lyrées-roncinées, à lobes peu nombreux, irrégulièrement dentés, le terminal fort grand, triangulaire, également denté, à angles acuminés : les supérieures plus petites, celles du sommet lancéolées ou linéaires-acuminées, presque entières, ciliées; capitules médiocres, nombreux, à fleurs bleues, portés sur des pédoncules demi-étalés, hérissés de poils glanduleux, visqueux, garnis de quelques petites écailles subulées, et munis à la base d'une bractée linéaire-subulée, ciliée-glanduleuse; disposés en grappe terminale oblongue, lâche; involucre un peu ventru à la base, à écailles linéaires-lancéolées, hérissées sur la carène de poils glanduleux; achaines blanchâtres, striés, à peine amincis au sommet, terminés par un rebord, formant un disque frangé; aigrette blanche, à poils simples, dentelés. ♃ (Juillet, août).

Abondamment au pied de la Dôle, à la naissance de la vallée des Dappes; sur le Montendre; le Thoiry; le Suchet; le Mont-d'Or; le Chasseral; la montagne de la Tourne. — A la Combe-Grède et autour de Boinod, comté de Neuchâtel (Gagnebin). — Au-dessus de Saint-Georges et de Bière (Rapin).

§ 2. *Fleurs jaunes, aigrettes à poils mous, flexibles.* Sonchi genuini. Koch.

** Plantes annuelles.*

2. L. des lieux cultivés. — *S. oleraceus.*

Linn. Sp. 1116. var. *α.* et *β.* — DC. Fl. fr. n. 2895. var. *α.* — Duby, Bot. gall. p. 295. var. *α.* Lam. Ency. 3. p. 598. var. *α.* Koch, Syn. p. 433. — *S. lœvis* (Vill). Gaud. Fl. helv. 5. p. 30. — *S. ciliatus.* DC. Prod. 7. p. 185.

Plante lisse, tendre, donnant un lait amer lorsqu'on la brise. Racine fusiforme; tige dressée, haute de 3—4 décim., anguleuse dans le bas, cylindrique dans le haut, feuillée, rameuse, glabre, rarement poilue-glanduleuse au sommet; feuilles oblongues, molles, de forme variable, entières, sinuées, ou plus ou moins profondément laciniées ou roncinées-pinnatifides, plus ou moins mollement dentées-ciliées, à dents aiguës, un peu écartées, embrassantes à la base, à oreillettes acuminées, horizontales ou presque réfléchies; achaines sillonnés, à côtes ridées-tuberculeuses en travers. ① (Juin—automne).

Commun partout, dans les jardins, les vignes et les terres cultivées.

α. Integrifolius. Wall. Sched. p. 432. — Koch, Syn. l. c. — Gaud. Fl. helv. 5. l. c. var. *α.* — Dalech. Hist. p. 571. fig. 1. — Lob. ic. p. 235. fig. 2. — Feuilles entières, indivises.

Barr. ic. fig. 136. — Moris. sect. 7. tab. 6. fig. 18.

Racine allongée, fusiforme; tige dressée, ordinairement simple, dure, cylindrique, lisse, blanchâtre, effilée, feuillée à sa partie inférieure, un peu rameuse dans le haut, à rameaux courts, dressés, effilés, haute de 5—10 décim.; feuilles glauques : les radicales et les inférieures pinnatifides ou roncinées, à lobes peu nombreux, lancéolés, aigus, le terminal allongé, linéaire, aigu, hastées ou sagittées à la base, à nervure longitudinale blanche, lisse ou plus ou moins garnie de cils épineux : les supérieures ordinairement entières, étroites, allongées, linéaires, aiguës, à oreillettes plus longues; capitules petits, à fleurs jaunâtres, presque sessiles le long de la tige et des rameaux, formant une sorte de grappe lâche, terminale, très allongée; achaines d'un brun noirâtre, oblongs, amincis à la base, comprimés, à 7—9 stries rudes de chaque côté, surmontés d'une aigrette blanche, pédicellée, à poils dentelés. ② (Juillet, août).

Salins, dans les champs au-delà du Pré-des-Carmes; le long de la route au bord des champs, en montant des Prés-du-Roi au fort Saint-André. — Nyon, aux champs Tremblay, au-dessus de la Redoute et autour de Duilliers et de Changins (Gaud.). — Genève, dans les champs, après la moisson (Reut.). — Bâle, entre Altschywler et Neuwyler (Lach. in Hagenb.).

§ 2. *Achaines ayant sur chaque face une seule nervure saillante, à bords un peu épaissis. — Fleurs bleues.*

5. L. vivace. — *L. perennis.*

Linn. Sp. 1120. — DC. Prod. 7. p. 133. et Fl. fr. n. 2890. — Duby, Bot. gall. p. 296. — Gaud. Fl. helv. 5. p. 39. — Lam. Ency. 3. p. 409. — Koch, Syn. p. 432.

J. Bauh. Hist. 2. p. 1019. fig. 1. (*mala*). — Tabern. ic. p. 176. fig. 1. — Dalech. Hist. p. 561. fig. 2. — Dod. pempt. p. 637. fig. 2. (*cad.*). — Lob. ic. p. 230. fig. 1.

Racine fusiforme; tige haute de 3—5 décim., lisse, glabre, comme les autres parties de la plante, cylindrique, feuillée dans le bas, nue dans le haut, rameuse; feuilles glauques, lisses, tendres : les radicales et les inférieures lyrées ou pinnatifides, quelquefois roncinées, à lanières linéaires-lancéolées, dentées-anguleuses, particulièrement au bord supérieur : les autres beaucoup plus petites, lancéolées, lobées à la base, ou presque entières, écartées, embrassantes par 2 oreillettes arrondies; capitules assez gros, à fleurs délicates, d'un bleu violacé, portés sur des pédoncules écailleux, formant au sommet de la plante une panicule corymbiforme terminale, lâche, étalée; achaines noirâtres, oblongs, comprimés, à une seule nervure saillante sur chaque face, épaissis sur les bords, très finement ridés en travers à la loupe; aigrette blanche, pédicellée, à poils dentelés. ♃ (Juin, juillet).

Cette plante n'est pas rare aux environs de Salins : sur les rochers de Belin; de Saint-André; de Poupet; d'Arèle; de Pagnoz; de Châteaux, etc.; même dans la ville, sur les murs de jardin en montant de la Porte-Haute à Saint-Anatoile. — Neuchâtel, sur la crête Taconnière et à Boinaud (Hall.). — Parmi les rochers autour du Fort-de-l'Écluse et sur le Vouache (Reut.). — Bâle, sur les rochers arides du château de Vorburg, près de Delémont (Frisch-Joset.).

α. Alba. Tabern. ic. p. 176. fig. 2. — Fleurs blanches.

Salins, sur les rochers au-dessus du bois de Château.

γ. Latifolia. Hagenb. Fl. basil. 2. p. 249. var. ß. — Tabern. ic. p. 177. fig. 1. — Feuilles primitives oblongues, presque entières, simplement dentées : les autres roncinées-pinnatifides, à lanières élargies à la base, lancéolées-triangulaires.

Avec la variété *α.*, sur Arèle, etc.

δ. Laciniis integris. Dalech. Hist. p. 566. fig. 2. — Feuilles roncinées-pinnatifides, à lanières linéaires-lancéolées, aiguës, très entières.

Les rochers au-dessus de Pagnoz.

2. L. vireuse. — *L. virosa.*

Linn. Sp. 1119. — DC. Prod. 7. p. 137. et Fl. fr. n. 2888.
— Duby, Bot. gall. p. 296. — Gaud. Fl. helv. 5. p. 37.
— Lam. Ency. 3. p. 407. — Koch, Syn. p. 432.
Moris. sect. 7. tab. 2. fig. 16. (*ic. Dalech.*). — J. Bauh.
Hist. 2. p. 1002. fig. 1. — Dalech. Hist. p. 547. fig. 2.

Cette espèce est très voisine de la suivante; mais on l'en
distingue facilement à ses achaines d'un gris plus foncé,
presque noirs, outre les autres caractères. Tige dressée,
cylindrique, blanchâtre, glabre ou garnie à la base de
quelques cils épineux, peu feuillée, rameuse, à rameaux
lâchement paniculés au sommet, haute de 10—15 décim.;
feuilles radicales, obovales oblongues, obtuses, dentées ou
sinuées, mais non lobées, comme dans l'espèce suivante,
garnies sur les bords et sur la nervure dorsale de cils épineux : les caulinaires horizontales, ovales, entières, également ciliées-épineuses, sagittées à la base et embrassantes,
les supérieures plus petites, lancéolées; achaines d'un gris
foncé, noirâtre, obovoïdes-oblongs, glabres, comprimés, à
5 nervures rudes sur chaque face, munis d'une aigrette
blanche, pédicellée, à poils très fins, dentelés à la loupe.
⚇ (Juin—août).

Çà et là le long des chemins et des champs, dans les terres cultivées
laissées en friche, plus rare que l'espèce suivante : aux environs de
Salins, le long des chemins de vignes; de Cramans, au bord des
champs. — Genève, sur les murs de fortification de la porte de Rive;
et abondamment dans les fossés, près de la Poterne, sous l'ancien jardin
Micheli (Reut.). — Le suc de cette plante, ainsi que de la suivante,
est violemment narcotique : on emploie son extrait à 1—2 grains dans
les affections nerveuses.

3. L. sauvage. — *L. Scariola.*

Linn. Sp. 1119. — DC. Prod. 7. p. 137. — Gaud. Fl. helv.
5. p. 35. — Koch, Syn. p. 132. — *L. sylvestris.* Lam.

Ency. 3. p. 406. — DC. Fl. fr. n. 2887. — Duby, Bot.
gall. p. 296.

J. Saint-Hil. Pl. fr. tab. 810. — Barr. ic. fig. 135. — Moris.
sect. 7. tab. 2. fig. 17. — J. Bauh. Hist. 2. p. 1003. fig. 1.
— Dalech. Hist. p. 547. fig. 1. — Dod. pempt. p. 646.
fig. 1. — Lob. ic. p. 234. fig. 1.

Tige dressée, blanchâtre, fistuleuse, cylindrique, glabre
ou garnie à la base de quelques cils épineux, rameuse-paniculée à sa partie supérieure, haute de 9—12 décim.; feuilles
d'un vert un peu glauque, fermes, obliquement dressées,
embrassantes et auriculées à la base, alternes, roncinées-
pinnatifides, à lobes assez larges, peu nombreux, dentés-
anguleux, garnies sur les bords et la nervure dorsale de
cils épineux, le terminal trilobé; capitules petits, à fleurs
jaunes, portés sur des pédoncules courts, grêles, inégaux,
situés le long des rameaux, formant une panicule terminale,
lâche; achaines obovoïdes-oblongs, comprimés, de couleur
grise, à 5 nervures de chaque côté, hérissés au sommet de
poils courts; aigrette blanche, pédicellée, à poils fins,
dentelés. ② (Juillet, août).

Çà et là le long des chemins et des champs, et dans les lieux incultes:
Salins, le long des chemins de vignes et au bord des champs; aux
environs de Besançon; de Sellières, etc. — Genève, au bord des
champs et des vignes, près d'Annemasse et d'Étrambières (Reut.). —
Bâle, entre Mutenz et Gempen; entre Monchenstein et Arlesheim, etc.
(Hagenb.). — Autour de Saint-Blaise (Gaud.).

β. *Subintegrifolia*. Hagenb. Fl. basil. 2. p. 248. —
Feuilles inférieures plus larges, entières ou légèrement sinuées, obtuses, presque horizontales. Plante facile à confondre avec l'espèce précédente.

Entre Mutenz et Gempen (Lach. in Hagenb.).

4. L. à feuilles de Saule. — *L. saligna*.

Linn. Sp. 1119. — DC. Prod. 7. p. 136. et Fl. fr. n. 2889.
— Duby, Bot. gall. p. 296. — Gaud. Fl. helv. 5. p. 38. —
Lam. Ency. 3. p. 407. — Koch, Syn. p. 432.

β. Triangularis. Wallr. Sched. l. c. — *S. oleraceus. var. β. runcinatus.* Koch, Syn. l. c. — J. Bauh. Hist. 2. p. 1116. fig. 1. — Tabern. ic. p. 190. fig. 1. — Feuilles roncinées-pinnatifides, à lobe terminal triangulaire, très grand.

γ. Lacerus. Wallr. Sched. l. c. — Tabern. ic. p. 190. fig. 2. et p. 191. fig. 1. — Feuilles pinnatifides, à lanières dentées, ou sinuées, à lobe terminal également lacinié ou pinnatifide.

3. L. rude. — *S. asper.*

Vill. Dauph. 3. p. 158. — Gaud. Fl. helv. 5. p. 31. — Koch, Syn. p. 433. — *S. oleraceus.* Linn. Sp. 1117. var. *γ.* et *♂.* — DC. Fl. fr. n. 2895. var. *β.* — Lam. Ency. 3. p. 598. var. *β. S. fallax* (Wall.). DC. Prod. 7. p. 185.

Cette espèce se rapproche beaucoup de la précédente, mais on l'en distingue de suite à la rigidité de toutes ses parties. Elle en diffère par ses feuilles entières ou sinuées, souvent roncinées-pinnatifides, fermes, un peu raides, dentées-ciliées, à cils raides, presque épineux, embrassantes, à oreillettes réfléchies, arrondies et un peu contournées en escargot, et surtout par ses achaines obovoïdes, comprimés, à 3 nervures saillantes, lisses, de chaque côté. ④ (Juin—automne).

Commun dans les lieux cultivés, ordinairement avec l'espèce précédente.

α. Integrifolius. Hagenb. Fl. basil. 2. p. 247. var. *β.* — Gaud. Fl. helv. 5. l. c. var. *α.* — Moris. sect. 7. tab. 2. fig. 5. — J. Bauh. Hist. 2. p. 1014. fig. 2. (*ic. Dod.*). — Dalech. Hist. p. 563. fig. 1. et p. 571, fig. 2. (*ead.*). — Dod. pempt. p. 643. fig. 5. (*ead.*). — Lob. ic. p. 234. fig. 2. (*ead.*). — Feuilles entières ou sinuées.

β. Laciniatus. Gaud. Fl. helv. 5. l. c. — J. Bauh. Hist. 2 p. 1016. fig. 2. — Dalech. Hist. p. 563. fig. 2. — Tabern.

ic. p. 189. fig. 1. — Feuilles plus ou moins profondément
laciniées , ou roncinées-pinnatifides.

** *Plantes vivaces.*

4. L. des champs. — *S. arvensis.*

Linn. Sp. 1116. — DC. Prod. 7. p. 187. et Fl. fr. n. 2896.
— Duby, Bot. gall. p. 295. — Gaud. Fl. helv. 5. p. 28. —
Lam. Ency. 3. p. 399. — Koch, Syn. p. 454.

J. Saint-Hil. Pl. fr. tab. 627. — Moris. sect. 7. tab. 6.
fig. 12. — J. Bauh. Hist. 2. p. 1018. fig. 1. — Tabern.
ic. p. 189. fig. 2. — Dalech. Hist. p. 569. fig. 2. — Dod.
pempt. p. 659. fig. 1. — Lob. ic. p. 237. fig. 1. (*ead.*).

Racine rampante ; tige dressée , haute de 6—10 décim.,
striée , fistuleuse , feuillée , presque simple , glabre dans le
bas, hérissée dans le haut, ainsi que sur les pédoncules et
les involucres, de poils jaunâtres, étalés, raides, glanduleux ;
feuilles oblongues , un peu étroites, alternes , lisses , un
peu glauques , particulièrement en dessous, roncinées-pinnatifides, dentelées-épineuses : les inférieures rétrécies en
pétiole : les autres embrassantes , à oreillettes dentelées-
ciliées , arrondies , et non aiguës , comme dans l'espèce suivante , en cœur et non sagittées : les supérieures plus petites, moins nombreuses , lancéolées , entières ou dentées à
la base ; capitules assez gros , à fleurs d'un jaune doré , disposés en corymbe terminal ; achaines oblongs , d'un brun
roux , striés , légèrement chagrinés , à aigrette très blanche ,
à poils lisses , très fins. ♃ (Juillet , août).

Cette espèce n'est pas rare dans les champs humides , argileux ou
graveleux.

β. *Lœvigatus.* Involucre et pédoncules lisses , très glabres.

Salins , dans les champs de Clucy, parmi les moissons , rare.

5. L. des marais. — *S. palustris.*

Linn. Sp. 1116. — DC. Prod. 7. p. 187. et Fl. fr. n. 2897.
— Duby, Bot. gall. p. 295. — Gaud. Fl. helv. 5. p. 29.
— Lam. Ency. 3. p. 399. — Koch, Syn. p. 434.
Lam. illust. tab. 649. fig. 4. — Clus. Hist. 2. p. 147. fig. 3.

Racine épaisse, rameuse; tige dressée, haute de 10—15
décim., ferme, épaisse, striée, très feuillée dans le bas,
un peu rameuse dans le haut et hérissée de poils glanduleux
noirâtres; feuilles nombreuses, éparses, embrassantes, à
oreillettes allongées, aiguës, sagittées, roncinées-pinnatifides,
à lanières écartées, lancéolées, aiguës, dentelées-épineuses,
la terminale allongée, linéaire-lancéolée, aiguë; capitules
assez gros, à fleurs jaunes, disposés en corymbe, portés
sur des pédoncules simples et rameux, inégaux, hérissés,
ainsi que les involucres, de poils glanduleux noirâtres,
visqueux; achaines d'un blanc roussâtre, sillonnés-tétra-
gones, un peu chagrinés; aigrette blanche. ♃ (Juillet,
août).

Le long des fossés, dans les lieux marécageux : au bord de l'Ognon,
près de Sauvagney (Girod-Chant.). — Les bord de la Broye (Hall.).

TRIBU XX. — CRÉPIDÉES. Koch.

Aigrette à poils simples, capillaires ou subulés-sétacés,
mais non dilatés en paillette à la base; achaîne cylindrique
ou anguleux, ou un peu comprimé, terminé en bec, ou sans
bec et un peu aminci au sommet, ou d'épaisseur égale.

64. BARKHAUSIE. — *BARKHAUSIA.* Mœnch.

Involucre caliculé; achaines striés, cylindriques, évidemment prolongés en bec ou amincis au sommet; aigrette
poilue; réceptacle nu. — Ce genre est à peine distinct des
Crépides.

§ 1. *Achaines inégaux, ceux du disque à bec allongé, dépassant l'involucre, ceux du bord sans bec ou à bec plus court.* — Anisoderis. **Cass.**

1. B. fétide. — *B. fœtida.*

DC. Fl. fr. n. 2948. et Prod. 7. p. 158. — Duby, Bot. gall. p. 298. — Koch, Syn. p. 455. — *Crepis fœtida.* Linn. Sp. 1133. — Gaud. Fl. helv. 5. p. 132. Lam. Ency. 2. p. 180.

Moris. sect. 7. tab. 4. fig. 4. — Dalech. Hist. p. 577. fig. 2. — Dod. pempt. p. 641. fig. 3. (*ead.*). — Lob. ic. p. 226. fig. 1. (*ead.*).

Plante répandant une odeur forte d'amande amère. Racine fusiforme ; tige ferme, dressée ou ascendante, haute de 2—4 décim., striée-anguleuse, médiocrement feuillée, poilue, cendrée, rameuse, quelquefois dès la base, à rameaux en corymbe au sommet ; feuilles d'un vert grisâtre, velues, rudes, roncinées-pinnatifides, à lobes inégaux, dentés, aigus, le terminal plus grand, denté-anguleux : les radicales pétiolées, étalées sur la terre : les caulinaires embrassantes, les supérieures lancéolées, incisées-hastées à la base ; capitules médiocres, à fleurs jaunes, rougeâtres en dehors, penchés avant la fleuraison, portés sur des pédoncules pubescents, axilaires et terminaux, munis de petites écailles ou bractées linéaires-subulées ; involucre velu, cendré, à poils glanduleux ; achaines striés-rudes, amincis au sommet en bec rude, allongé, un peu plus court dans ceux du bord ; aigrettes à poils simples, très blanches. ⓘ (Juin—août).

Cette espèce n'est pas rare aux environs de Salins, le long des routes, au bord des chemins, dans les lieux arides et incultes. — Çà et là aux environs de Nyon (Gaud.).—De Genève (Reut.).— De Bâle (Hagenb.).— De Rochefort et de Saint-Aubin, canton de Neuchâtel (Depierre, cat.)

§ 2. *Achaines tous égaux , terminés en bec égalant à peu près leur longueur.* — Lepidoseris. Reichenb.

2. B. à feuilles de Pissenlit. — *B. taraxacifolia.*

DC. Fl. fr. n. 2949. et Prod. 7. p. 154. — Duby, Bot. gall. p. 299. — Koch, Syn. p. 436. — *Crepis taraxacifolia* (Thuill.). Gaud. Fl. helv. 5. p. 153. — *Crepis cinerea* (Desf.). Poir. Ency. supp. 2. p. 391.
Lob. ic. p. 239. fig. 2.

Racine allongée, fusiforme ; tige haute de 3—6 décim., dressée, sillonnée, fistuleuse, garnie de quelques poils courts et rudes, surtout à sa partie inférieure ordinairement purpurine, médiocrement feuillée, rameuse, souvent dès la base ; feuilles d'un vert un peu cendré, presque glabres, ou plus ou moins hérissées sur les deux faces et sur les bords de poils courts et rudes : les radicales nombreuses, oblongues, obtuses, pétiolées, plus ou moins profondément pinnatifides, lyrées-roncinées, à lobes inégaux, aigus, lancéolés, dentés, le terminal très grand, oblong ou presque triangulaire, également denté : les caulinaires plus petites, lancéolées, embrassantes, incisées à la base : les supérieures presque entières, linéaires-lancéolées, souvent courtement sagittées ; capitules médiocres, à fleurs jaunes rayées de pourpre en dehors, portés sur des pédoncules simples et rameux, munis à la base d'une petite bractée linéaire-subulée, disposés en corymbe terminal ; involucre cendré-farineux, à écailles lancéolées, membraneuses sur les bords, hérissées sur la carène de soies noires plus ou moins nombreuses : les extérieures plus courtes, lâches ; achaines striés rudes, amincis en bec allongé, rude, égalant à peu près leur longueur, surmonté d'une aigrette blanche, à poils simples. ② (Juin, juillet).

Commune aux environs de Salins, le long des chemins, dans les prés secs et les champs incultes. — Aux environs de Nyon (Gaud.). — De Genève (Reut.). — De Bâle (Hagenb.), etc.

β. *Præcox*. Duby, Bot. gall. l. c. — Koch, Syn. l. c. —
DC. Prod. 7. l. c. — *Crepis præcox*. Balb. Misc. tab. 9. —
C. recognita (Hall.). Gaud. Fl. helv. 5. p. 134. — Feuilles
supérieures dilatées-auriculées à la base.

Çà et là autour de Nyon et de Longirod, près de Clarens et de Pontfarbé (Gaud.).

§ 3. *Achaines tous égaux, terminés en bec plus court*
qu'eux. — Ægoseris. DC.

3. B. hérissée. — *B. setosa.*

DC. Fl. fr. et supp. n. 2951. et Prod. 7. p. 155. — Duby.
  Bot. gall. p. 298. — Koch, Syn. p. 457. — *Crepis setosa*
  (Hall. fils). Gaud. Fl. helv. 5. p. 155. — Poir. Ency.
  supp. 2. p. 592. — *C. hispida* (Waldst. et Kit.). Poir.
  Ency. supp. 2. p. 590.

DC. Pl. rar. gall. ic. tab. 19. (*non benè quadrat ob folia*
  caulinia non satis dissecta).

Cette espèce est remarquable par les soies blanchâtres,
raides, subulées, qui hérissent les pédoncules, les écailles
de l'involucre, et que l'on retrouve épars sur la tige et les
nervures des feuilles. Tige dressée, sillonnée, glabre, si l'on
en excepte les soies dont nous venons de parler, très rameuse, haute de 4—6 décim., médiocrement feuillée, non
fistuleuse; feuilles oblongues ou lancéolées, garnies sur les
deux faces de soies courtes, subulées, couchées, à peine
ciliées sur les bords : les inférieures pétiolées, lyrées ou
dentées, obtuses : les caulinaires profondément laciniées-
pinnatifides (dans nos échantillons), auriculées, à lobe terminal plus grand, lancéolé : les supérieures sagittées, entières ou incisées-dentées à la base; capitules plus petits que
dans l'espèce précédente, à fleurs jaunes, nombreux, disposés en corymbe terminal lâche, portés sur des pédoncules
rameux, inégaux, hérissés, ainsi que les écailles de l'involucre, de soies blanchâtres, raides, subulées; involucre à

écailles linéaires, blanchâtres et membraneuses sur les
bords : les extérieures lâches, de moitié plus courtes;
achaines striés-rudes, amincis au sommet en bec court,
surmonté d'une aigrette blanche, à poils simples. ④ (Juillet, août).

J'ai récolté mes échantillons aux environs de Salins, mais j'ai négligé de noter le lieu et je ne l'ai pas revue depuis. — Bâle, près
d'Olsberg (Hagenb.). — Genève, çà et là, au bord des prairies artificielles : à Vilette, Troênex, aux Eaux-Vives, etc. (Reut.). — Plante
rapportée, sans doute, avec les graines des prairies artificielles.

4. B. Faux-Liondent. — *B. leontodontoïdes.*

Reichenb. Fl. excur. 1. p. 255. — DC. Prod. 7. p. 156. —
Cheval. Fl. par. 2. p. 541. — *B. Leontodon.* DC. Fl. fr.
n. 2950. — Duby, Bot. gall. p. 299. — *Crepis leonto-
dontoïdes* (All.). Poir. Ency. supp. 2. p. 391.

Tiges glabres, dressées, presque nues, striées-anguleuses,
rameuses-dichotomes, hautes de 3—4 décim.; feuilles
presque toutes radicales, étalées sur la terre, rétrécies en
pétiole, glabres ou vaguement hérissées, ainsi que la nervure moyenne, roncinées, à lobes rapprochés, opposés,
triangulaires, aigus, presque entiers : les caulinaires peu
nombreuses, linéaires, entières, les inférieures incisées à la
base; capitules assez gros, peu nombreux, à fleurs jaunes,
portés sur des pédoncules nus, allongés; involucre glabre,
à écailles extérieures courtes, linéaires-subulées, appliquées;
achaines striés, lisses, amincis en bec court, surmonté d'une
aigrette blanche, à poils simples. ④ (Juin, août).

Aux environs de Besançon (Gren. in Mut.).

65. CRÉPIDE. — *CREPIS.* Koch.]

Involucre caliculé ou un peu embriqué; achaines cylindriques ou légèrement comprimés, un peu amincis au sommet ou légèrement atténués en bec, striés, à 10—50 côtes
ou nervures saillantes; aigrette à poils simples, capillaires;
réceptacle nu.

§ 1. *Achaines à 10—13 côtes; aigrette molle, d'un blanc de neige.*

* *Hampe nue, à plusieurs capitules petits; écailles extérieures de l'involucre courtes, appliquées. — Intybellia. Monn.*

1. C. à racine tronquée. — *C. præmorsa.*

Tausch. Bot. ztg. 2. 1, p. 79. — DC. Prod. 7. p. 164. — Koch, Syn. p. 437. — *Hieracium præmorsum.* Linn. Sp. 1126. — DC. Fl. fr. et supp. n. 2903. — Duby, Bot. gall. p. 301. — Lam. Ency. 2. p. 562. — *H. præmorsum. I. ramosum.* Gaud. Fl. helv. 5. p. 122. — *Intybellia præmorsa.* Monn. Hier. p. 79.

J. Bauh. Hist. 2. p. 1033. fig. 2.

Racine épaisse, tronquée, garnie de fibres; hampe nue, striée, pubescente, simple, dressée, haute de 3—4 décim., terminée par une grappe de fleurs plus ou moins nombreuses; feuilles obovales ou oblongues, rétrécies en pétiole à la base, presque entières, à peine dentelées, obtuses ou un peu aiguës, pubescentes, d'un vert pâle; capitules petits, à fleurs jaunes, portés sur des pédoncules inégaux, pubescents-lanugineux, étalés, à un seul capitule, les inférieurs quelquefois à 2—3, munis à la base d'une bractée subulée, les supérieurs se développant les premiers; involucre presque glabre, cylindrique, d'un vert livide, à écailles intérieures linéaires-lancéolées, aiguës : les extérieures plus courtes, un peu lâches; achaines grêles, allongés, de la longueur de l'aigrette à poils fins, mous, très blancs. ♃ (Mai, juin).

Le long des chemins entre Neuchâtel et Vallengin (à feuilles très longues, Chaillet), et autour de la Rochette (Gagnebin). — Commune çà et là, dans les bois et les prés sur le penchant du Jura, dans le canton de Bâle : sur le mont Mutet, du côté du nord ; dans les prés de Gundeldingen, Altschwyler, etc. (Hagenb.).

β. *Pauciflora. H. præmorsum. var. β. pauciflorum.*
Hagenb. Fl. basil. 2. p. 272. — Tige haute de 3 décim., à
feuilles plus petites, à capitules peu nombreux.

Bâle, à Michelfeld (Hagenbach).

γ. *Incana.* Hagenb. Fl. basil. 2. l. c. var. γ. — Feuilles
blanches-cotonneuses en dessous.

Bâle, dans les mêmes lieux que la variété α. (Hagenb.).

** *Hampe nue, à un seul capitule plus gros.*

2. C. dorée. — *C. aurea.*

Tausch. Bot. ztg. l. c. p. 78. — DC. Prod. 7. p. 167. —
Koch, Syn. p. 438. — *Hieracium aureum.* DC. Fl. fr. n.
2902. — Duby, Bot. gall. p. 301. — Gaud. Fl. helv. 5. p.
119. — Lam. Ency. 2. p. 360. — *Leontodon aureum.*
Linn. Sp. 1122.
Hall. Helv. tab. 1. fig. 2. — Vill. Dauph. tab. 33. — Moris.
sect. 7. tab. 7. fig. 6.

Racine épaisse, courte, tronquée; hampe ordinairement
simple, à un seul capitule, rarement bifurquée et à 2 capitules, dressée, striée, munie de 1—2 petites écailles ou
folioles lancéolées, lisse dans le bas, un peu poilue au sommet, haute de 1—2 décim.; feuilles oblongues ou lancéolées, rétrécies en pétiole, presque glabres, un peu obtuses,
mucronées, plus ou moins sinuées-dentées, quelquefois roncinées, à dents aiguës, inégales, écartées; capitule de
grosseur médiocre, à fleurs d'un jaune orangé; involucre
hispide, à écailles intérieures lancéolées, livides, membraneuses sur les bords, hérissées sur la carène de poils noirâtres, étalées : les extérieures presque embriquées, plus
étroites, et de moitié plus courtes; achaines d'un brun rougeâtre, finement striés; aigrette blanche, à poils rudes. ♃
(Juillet, août).

Dans les hautes vallées du Jura (DC.). — Sur le mont Falconet
(Hall.). — Sur le mont Givrine, au-dessus d'Arzier (Gaud.). — Sur

le Chasseral ; le mont Damin et le Creux-du-Vent (L. Benoit et Depierre, cat.). — Au Creux-du-Vent (Rapin).

*** *Tige feuillée, à rameaux en corymbe.*

3. C. bisannuelle. — *C. biennis.*

Linn. Sp. 1136. — DC. Prod. 7. p. 163. et Fl. fr. et supp.
n. 2941. — Duby, Bot. gall. p. 447. — Gaud. Fl. helv. 5.
p. 136. — Lam. Ency. 2. p. 181. — Koch, Syn. p. 439.
Moris. sect. 7. tab. 5. fig. 14. (*ferè ead. ac ic. 3. Bauh.*).
— J. Bauh. Hist. 2. p. 1024. fig. 1. (*ic. valdè dubia*).
et p. 1025. fig. 3. (*caulis hirsutus : descriptio aliena*).

Racine courte, divisée en fibres épaisses, blanchâtres ;
tige dressée, haute de 6—12 décim., épaisse, sillonnée,
fistuleuse, ordinairement purpurescente à la base, rude et
velue à sa partie inférieure, glabre dans le reste de sa longueur, rameuse-corymbiforme au sommet ; feuilles ordinairement rudes et hérissées, quelquefois presque glabres,
ainsi que la tige, oblongues, plus ou moins roncinées pinnatifides, à lobes lancéolés, souvent dentés au bord supérieur, le terminal plus allongé, presque triangulaire : les
radicales étalées sur la terre, rétrécies en pétiole : les caulinaires demi-embrassantes ou sessiles, à peine auriculées :
les supérieures lancéolées, dentées ; capitules assez gros, à
fleurs jaunes, portés sur des pédoncules munis à la base de
bractées linéaires-subulées ; involucre à écailles membraneuses sur les bords, pubescentes-farineuses, souvent hérissées sur la carène de soies noirâtres : les extérieures
ouvertes, linéaires-lancéolées ; achaines brunâtres, striés, à
13 côtes lisses. ② (Mai, juin).

Commune dans les prés, le long des chemins et dans les champs
incultes.

β. Lacera. Koch, Syn. l. c. — Feuilles inégalement
roncinées-pinnatifides ou déchirées-pinnatifides.

Aux environs de Salins ; de Besançon.

γ. *Dentata*. Koch, Syn. l. c. — Feuilles allongées, linéaires-oblongues : les inférieures dentées : les supérieures
entières.

Aux environs de Salins ; de Bâle (Hagenb.).

4. C. de Nice. — *C. Nicæensis.*

Balb. in Pers. Syn. 2. p. 376. — Koch, Syn. p. 439. —
C. scabra. DC. Prod. 7. p. 163. et Fl. fr. supp. n. 2941[a].
(*non Willd.*). — Duby, Bot. gall. p. 299. — *C. ade-
nantha*. DC. Prod. 7. p. 163. (*ex Reut.*).

Cette espèce a le port de la *Barkhausia taraxacifolia* ,
de laquelle on la distingue facilement à son aigrette sessile
et à ses fleurs jaunes, non rayées de pourpre en dehors.
Tige dressée , striée , feuillée , un peu hérissée dans le
bas, lisse et glabre dans le haut, rameuse-corymbiforme
à sa partie supérieure ; feuilles hérissées de poils courts,
épars, un peu rudes : les inférieures oblongues , dentées ou
roncinées : celles de la tige sessiles, demi-embrassantes,
prolongées à la base en fer de flèche , à oreillettes acuminées : les supérieures entières ; capitules médiocres, à fleurs
jaunes, non rayées de pourpre en dehors ; involucre à
écailles pubescentes, lancéolées, aiguës, hérissées sur le
dos, ainsi que les pédicelles, de poils glandulifères, glabres
intérieurement : les extérieures étalées ; achaines lisses, à
10 côtes, de moitié plus petits, ainsi que les capitules, que
dans l'espèce précédente ; aigrette sessile. ② (Juin, juillet).

Genève, très commune dans les prés secs entre Carouge et Verrier,
au-dessus de Pinchat de chaque côté de la route ; près de Châtelaine,
de Meyrin et du bois de la Bâtie (Reut.). — Dans le pré des Eaux à
Rolle (Rapin).

5. C. des toits. — *C. tectorum.*

Linn. Sp. 1135. — DC. Prod. 7. p. 162. et Fl. fr. supp. n.
2943[a]. — Duby, Bot. gall. p. 300. — Gaud. Fl. helv. 5.
p. 159. — Koch, Syn. p. 459.

Racine grêle, divisée en plusieurs fibres à son extrémité ;
tige dressée, haute de 15—30 centim., presque glabre, grêle,
striée, anguleuse, d'un vert cendré, rameuse-corymbiforme,
à rameaux rudes, étalés, bi ou trifides ; feuilles radicales
étalées sur la terre, obovales-lancéolées, rétrécies en pétiole,
d'un vert gai, très glabres, un peu plus pâles en dessous,
dentées ou roncinées-pinnatifides : les caulinaires sessiles,
linéaires-lancéolées, courtement sagittées à la base, ordinairement un peu roulées en dessous par les bords : celles
du sommet linéaires, entières ; capitules petits, à fleurs
jaunes, souvent rayées de rouge en dehors ; involucre
cotonneux-farineux, ainsi que les pédoncules, à écailles
linéaires-lancéolées, munies sur la carène de quelques soies
noirâtres et garnies intérieurement de poils couchés : les
extérieures plus petites, linéaires, lâches ; achaines d'un
brun foncé, à 10 côtes rudes, fusiformes, un peu amincis
et rudes au sommet, surmontés d'une aigrette blanche,
plus longue que l'involucre. ① (Juin—août).

Les champs arides, les terrains incultes : Bâle, en sortant de la porte
Saint-Jean, vers Saint-Louis et Huningue (Hagenb.). — Les toits et
les terrains secs autour des habitations (Girod-Chant.).

6. C. verte. — *C. virens*.

Linn. Sp. 1134. — Gaud. Fl. helv. 5. p. 141. — Hagenb.
Fl. basil. 2. p. 280. — *C. polymorpha* (Wallr.). DC.
Prod. 7. p. 162.

Plante variable. Racine fusiforme ; tige dressée, raide,
ou tombante, sillonnée, glabre ou pubescente, rameuse
dès la base ou seulement à sa partie supérieure, haute de
2—6 décim. ; feuilles grabres ou légèrement pubescentes,
d'un vert clair ou foncé : les radicales étalées sur la terre,
rétrécies en pétiole, lancéolées, dentées ou pinnatifides, à
lobes inégaux, étalés ou roncinés, le terminal ovale ou
lancéolé : les caulinaires inférieures embrassantes, hastées,
souvent élargies et incisées à la base, à oreillettes acuminées : les supérieures linéaires, sinuées-dentées ou entières ;

capitules petits, à fleurs jaunes, souvent rayées de rouge en dehors, disposés en panicule lâche, corymbiforme ; involucre conique à la maturité des graines, étalé après leur chute, à écailles étroites, farineuses, ordinairement garnies sur la carène de quelques soies noirâtres : les extérieures plus courtes, appliquées ; achaines oblongs, d'un brun roux pâle, à 10 côtes lisses, surmontés d'une aigrette double de l'achaine et de la longueur de l'involucre. ④ (Juin—octobre).

Commune le long des chemins, dans les champs.

α. Stricta. DC. Prod. 7. l. c. — Gaud. Fl. helv. 5. l. c, var. γ. — *C. stricta*. Scop. Carn. ed. 2 tab. 47. — DC. Fl. fr. supp. n. 2942ª. — *Barkhausia cernua* (Reichenb.). Koch, Syn. p. 437. — Tige dressée, raide, presque glabre, peu feuillée, rameuse, à rameaux lâches, divergents; feuilles inférieures dentées ou roncinées : les supérieures sagittées, incisées-pinnatifides à la base : celles du sommet linéaires entières.

Le long des chemins, au bord des champs, plus rare.

β. Humilis. DC. Prod. 7. l. c. — Gaud. Fl. helv. 5. l. c. — *C. virens*. DC. Fl. fr. supp. n. 2942. — Koch, Syn. p. 440. — *C. tectorum*. Lam. Ency. 2. p. 180. — Tabern. ic. p. 181. fig. 1. — Tige dressée, feuillée, un peu hispide à la base, à rameaux peu divergents ; feuilles inférieures largement lancéolées, dentées ou roncinées-pinnatifides : celles de la tige linéaires-lancéolées, dentées à la base : les supérieures entières.

Les prés secs, le bord des champs et des chemins.

γ. Diffusa. DC. Prod. 7. l. c. — Gaud. Fl. helv. 5. l. c. var. *α*. — *C. diffusa*. DC. Fl. fr. supp. n. 2943. — *C. virens*. Lam. Ency. 2. p. 180. — *Lapsana capillaris*. Linn. Sp. ed. 1. p. 812. — Tiges tombantes, très rameuses, diffuses, à pédicelles filiformes; feuilles inférieures et les caulinaires lancéolées linéaires, embrassantes, munies de dents écartées : les supérieures presque entières.

Les champs après la moisson, le bord des chemins.

7. C. à feuilles rudes. — *C. pulchra*.

Linn. Sp. 1134. — DC. Prod. 7, p. 160. — Koch, Syn. p.
440. — *Prenantes pulchra*. DC. Fl. fr. n. 2882. —
Duby, Bot. gall. p. 297. — *Sclerophyllum pulchrum*.
Gaud. Fl. helv. 5. p. 48. — *Chondrilla pulchra*. Lam.
Ency. 2. p. 77. — *Intybellia pulchra*. Monn. Hier.
p. 79.

Moris. sect. 7. tab. 5. fig. 13. et 37. — J. Bauh. Hist. 2. p.
1025. fig. 2.

Racine blanchâtre, fusiforme ou un peu divisée; tige
dressée, cylindrique, fistuleuse, sillonnée, garnie à sa
partie inférieure de poils glanduleux, feuillée dans le bas,
glabre et nue dans le haut, rameuse-paniculée à sa partie
supérieure, haute de 6—9 décim.; feuilles pubescentes,
à poils courts, un peu rudes : les inférieures oblongues,
rétrécies en pétiole, roncinées ou presque lyrées-pinnatifides, à lobes entiers, inégaux, lancéolés ou triangulaires,
le terminal très grand, oblong : les caulinaires lancéolées,
embrassantes, un peu sagittées à la base, aiguës, entières
ou dentées : les supérieures sessiles, beaucoup plus petites,
étroites, linéaires-lancéolées; capitules petits, à fleurs
jaunes, portés sur des pédoncules grêles, munis à la base
d'une bractée subulée, disposés en panicule terminale rameuse-divariquée; involucre cylindracé, à écailles dressées,
linéaires, obtuses, membraneuses sur les bords : les extérieures peu nombreuses, très courtes, ovales, aiguës, appliquées, membraneuses sur les bords; achaines blanchâtres, fusiformes, légèrement amincis au sommet, à 10
stries peu marquées, lisses, les extérieurs un peu rudes;
aigrette blanche, à poils très fins. ⚲ (Juin, juillet).

Salins, dans un champ graveleux qui forme le penchant d'une petite
colline, au bord de la route de Saisenay, près de la Grange-David;
dans un lieu inculte au pied des rochers de la cascade dite la *Pissouse*,
à Saint-Joseph.

§ 2. *Achaines à* 10—13 *côtes ; aigrette un peu raide,
fragile, d'un blanc sale ou roussâtre.*

8. C. de montagne. — *C. montana.*

Tausch. Bot. ztg. l. c. p. 79. — DC. Prod. 7. p. 171. —
Hieracium montanum (Jacq.). DC. Fl. fr. n. 2924. —
Duby, Bot. gall. p. 303. — Gaud. Fl. helv. 5. p. 118. —
Poir. Ency. supp. 2. p. 562. — *Soyeria montana.* Monn.
Hier. p. 75. — Koch, Syn. p. 442. — *Hypochœris
Pontana.* Linn. Sp. 1140.

All. Fl. ped. tab. 32. fig. 1. — Vill. Dauph. tab. 23. fig. 1.

Racine noirâtre, garnie de fibres ; tige simple, dressée,
haute de 3—4 décim., épaisse, ferme, sillonnée, presque
glabre ou un peu lanugineuse, feuillée à sa partie inférieure,
nue dans le haut, à un seul capitule terminal ; feuilles un peu
épaisses, presque grabres, velues sur la nervure dorsale,
ciliées sur les bords : les radicales oblongues, rétrécies en
pétiole ailé, dentées, à dents étroites, aiguës, écartées :
les caulinaires ovales-lancéolées, embrassantes, en cœur à
la base : les supérieures plus petites, entières, lancéolées ;
capitule très gros, à fleurs jaunes, à pédoncule épais, blan-
châtre-cotonneux et renflé au sommet ; involucre à écailles
d'un vert noirâtre, largement lancéolées, hérissées de poils
roux, laineux ; achaines épais, allongés, ellipsoïdes, striés,
un peu plus longs que l'aigrette à poils d'un blanc sale, dentelés. ♃ (Juin, juillet).

Sur le sommet de la Dôle, dans un creux au pied d'un petit rocher
tourné au nord. — Sur le Thoiry (Rai.). — Dans les pâturages élevés
du Jura, à la Dôle (Reut.).

9. C. des marais. — *C. paludosa.*

Mœnch. Méth. p. 555. — DC. Prod. 7. p. 170. — Koch, Syn.
p. 441. — *Hieracium paludosum.* Linn. Sp. 1129. —

DC. Fl. fr. n. 2934. — Duby, Bot. gall. p. 504. — Gaud.
Fl. helv. 5. p. 117. — Lam. Ency. 2. p. 366. — *Aracium
paludosum*. Monn. Hier. p. 73.

Lam. illust. tab. 652. — All. Fl. ped. tab. 28. et 51. fig. 2.
— Moris. sect. 7. tab. 7. fig. 43. (*latifolium*). —
J. Bauh. Hist. 2. p. 1032. fig. 3. (*latif.*). et p. 1035.
fig. 1. (*angustif.*). — Tabern. ic. p. 186. fig. 1. (*latif.*).
et fig. 2. (*angustif.*).

Racine épaisse, garnie à son extrémité de fibres blanchâtres, nombreuses; tige haute de 6—9 décim., glabre,
sillonnée, fistuleuse, feuillée, rameuse-corymbiforme à sa
partie supérieure; feuilles minces, glabres, d'un vert gai :
les radicales oblongues-elliptiques, aiguës, rétrécies à la
base en pétiole ailé, inégalement sinuées ou roncinées-
dentées, quelquefois presque lyrées : les caulinaires oblongues ou ovales-lancéolées, acuminées, largement dentées,
en cœur et embrassantes à la base, à oreillettes assez
grandes, aiguës, souvent dentelées : les supérieures beaucoup plus petites, entières, lancéolées-acuminées; capitules
médiocres, à fleurs d'un jaune pâle, disposées en panicule
terminale corymbiforme lâche, portés sur des pédoncules
simples et rameux, inégaux, glabres ou légèrement pubescents ; involucre d'un vert foncé livide, à écailles linéaires-
lancéolées, hérissées sur la carène de poils glanduleux noirâtres que l'on retrouve à la partie supérieure du pédoncule :
les extérieures trois fois plus petites; achaines allongés,
blanchâtres, à 10 côtes, de la longueur de l'aigrette d'un
blanc roussâtre, ou un peu plus longs. ♃ (Juin, juillet).

Les prés et les bois humides ou marécageux : Salins, dans le bois de
Redde, près de la tuilerie de Clucy ; dans les vernes de Bois-Franc et
à la source du Ruisseau-des-Doigts, au-dessus du Gout-de-Conche ;
dans les forêts de sapins entre Villers et Boujaille et ailleurs ; à la Faucille, au-dessus de la route de Saint-Claude ; sur la Dôle ; le Creux-du-
Vent ; le Chasseral ; le Suchet, etc. — Entre Lavatay et la Faucille ; et
derrière Salève, près de Mure (Reut.). — Sur les monts Wasserfall et
Vogelberg, etc. (Hagenb.).

*§ 3. Achaines à 20 côtes ; aigrette d'un blanc de neige ,
molle ou un peu fragile.*

10. C. à feuilles de Succise. — *C. succisæfolia.*

Tausch. l. c. p. 79. — Koch, Syn. p. 441. — *C. hiera-
cioïdes* (Willd.). DC. Prod. 7. p. 170. var. γ. *succisæfolia.* — *Hieracium succisæfolium* (All.). DC. Fl. fr.
n. 2923. — Duby, Bot. gall. p. 304. — Gaud. Fl. helv.
5. p. 126. — Poir. Ency. supp. 2. p. 560. — *Omalocline
succisæfolia.* Monn. Hier. p. 78.

Racine courte , tronquée , garnie de fibres allongées,
blanchâtres ; tige dressée , fistuleuse , striée , anguleuse,
glabre ou un peu rude et garnie de quelques poils écartés à sa
partie supérieure , médiocrement feuillée, presque nue dans
le haut, rameuse corymbiforme au sommet, haute d'environ
6 décim. ; feuilles minces, d'un vert un peu pâle, entières ou
à peine sinuées-dentelées , à dentelures écartées, calleuses ,
peu marquées : les radicales oblongues, elliptiques, presque
toujours obtuses , glabres, ou garnies de poils courts, épars ,
peu apparents, rétrécies à la base en pétiole grêle , allongé :
les caulinaires plus petites, sessiles, écartées, lancéolées,
embrassantes , un peu rétrécies vers la base : les supérieures
très petites, lancéolées, entières ; capitules médiocres , à
fleurs d'un jaune doré, ordinairement peu nombreux (j'ai
des échantillons du Chasseral à 11—12 capitules), portés
sur des pédoncules simples, quelquefois rameux, disposés en
corymbe terminal ; involucre à écailles linéaires-lancéolées,
noirâtres ou d'un vert livide, hérissées sur la carène , ainsi
que le pédoncule , de soies noirâtres , glanduleuses : les extérieures beaucoup plus courtes , étroites , appliquées ;
achaines d'un brun roux , lisses , un peu courbés, à 20 côtes
ou stries ; aigrette à poils soyeux, d'un blanc de neige. ♃
(Juillet, août).

Les prés humides des montagnes : le pied des rochers en face de Cise,
près de Champagnole ; dans un pré humide , à Boujaille ; en montant

dans le bois de sapins au sud de Pontarlier ; en montant de Saint-Imier
au Chasseral. — Autour de Ferrière (Gagnebin). — Sur la montagne
de la Tourne (Lachenal). — Commune sur les montagnes de Neuchâtel
(Chaillet). — Sur la Dôle ; dans les pâturages humides le long de l'Orbe,
au-dessus du Brassus et dans toute la vallée de Joux (Gaud). — Les
pâturages de la Dôle et du Thoiry (Reut.). — Tourbière de la Chaux,
près de Sainte-Croix, et au-dessus du Creux=du-Vent (Rapin). —
Bâle, sur le mont Vogelberg, et sur le mont des Côtes près de Delémont, etc. (Hagenb.).

11. C. Fausse-Blattaire. — *C. blattarioïdes.*

Vill. Dauph. 3. p. 136. — DC. Prod. 7. p. 166. — Koch,
   Syn. p. 442. — *Hieracium blattarioïdes.* Linn. Sp. 1129.
   — DC. Fl. fr. n. 2933. — Duby, Bot. gall. p. 304. —
   Gaud. Fl. helv. 5. p. 127. — Lam. Ency. 2. p. 368. —
   Soyera blattarioïdes. Monn. Hier. p. 76.

All. Ped. tab. 30. fig. 1. — Moris. sect. 7. tab. 5. fig. 47.
   — J. Bauh. Hist. 2. p. 1026. fig. 3.

Racine épaisse, ligneuse ; tige haute de 3—6 décim.,
sillonnée, garnie intérieurement de moelle spongieuse,
très feuillée, glabre ou plus ou moins hérissée de poils
blanchâtres, particulièrement à sa partie inférieure, rameuse dans le haut, à rameaux simples, nus, axilaires, à
un seul capitule ; feuilles presque glabres ou un peu hérissées en dessous, particulièrement sur les bords et les nervures, de poils courts un peu raides, inégalement dentelées, à dentelures aiguës : les inférieures oblongues,
allongées, rétrécies à la base en pétiole ailé : les caulinaires
alternes, oblongues ou ovales-lancéolées, embrassantes,
prolongées en 2 oreillettes aiguës ; capitules gros, à fleurs
jaunes, au nombre de 1—5, portés sur des pédoncules axilaires un peu épais, sillonnés, glabres ou un peu pubescents ;
involucre d'un vert livide, à écailles linéaires-lancéolées,
obtuses : les extérieures lâches, quelquefois presque glabres,
ciliées : les intérieures un peu plus longues, hérissées sur
la carène de longs poils raides, noirâtres ou brunâtres ;

achaines d'un brun roux, allongés, fusiformes, à 20 côtes
ou stries, plus longs que l'aigrette à poils très blancs,
soyeux. ♃ (Juillet, août).

Les pâturages des hautes montagnes : sur la Dôle ; le Montendre ; le
Mont-d'Or ; le Creux-du-Vent ; le Chasseron ; le Chasseral ; le Hassen-
matt ; le Vasserfall, etc.

β. *Uniflorum*. Hagenb. Fl. basil. 2. p. 274. — Tige
simple , à un seul capitule terminal.

Avec la variété α., mais plus rare.

66. ÉPERVIÈRE. — HIERATIUM. Linn.

Involucre à écailles embriquées ; achaines oblongs ou
cylindriques, d'un diamètre égal, anguleux , à 10 côtes ou
stries , tronqués au sommet et munis d'un rebord mince, en
forme d'anneau ; aigrette poilue, fragile, d'un blanc sale ;
réceptacle nu.

§ 1. *Tige en forme de hampe nue ou presque nue, souvent
accompagnée de jets feuillés rampants et stériles, ou
ascendants et fertiles ; feuilles ordinairement glauques,
garnies de poils raides, semblables à des soies. — Pilo-
selloïdæa. Koch.*

* *Hampe simple, à un seul capitule, ou 1—2 fois fourchue,*
   à pédoncules allongés, dressés, à un seul capitule.

1. E. Piloselle. — H. Pilosella.

Linn. Sp. 1225. —Frœlich, in DC. Prod. 7. p. 199. et Fl.
fr. n. 2913. — Duby, Bot. gall. p. 302. — Gaud. Fl.
helv. 5. p. 71. —Lam. Ency. 2. p. 361. — Koch, Syn. p.
443. — Monn. Hier. p. 17. -- Hagenb. Fl. basil. 2. p. 257.

Bull. Herb. tab. 279. — Moris. sect. 7. tab. 8. fig. 1. et 3.
— J. Bauh. Hist. 2. p. 1039. fig. 1. — Tabern. ic. p. 196.
fig. 1. — Dalech. Hist. p. 1098. fig. 1. — Dod. pempt. p.
67. fig. 1. — Lob. ic. p. 479. fig. 1.

Racine grêle, fibreuse, donnant naissance à des jets couchés, plus ou moins allongés, rampants, ordinairement stériles, et à une ou plusieurs hampes; celles-ci sont grêles, dressées, à un seul capitule terminal, hautes de 1—2 décim., garnies, surtout à leur partie supérieure, de deux sortes de poils, les uns courts, étoilés, blanchâtres, qui les rendent cotonneuses, les autres simples, épars, allongés, noirâtres, un peu raides, glanduleux, munies en outre de 1—2 petites bractées subulées; feuilles radicales, obovales-elliptiques, très entières, rétrécies en pétiole à la base, d'un vert un peu glauque en dessus et garnies de soies éparses, allongées, couvertes en dessous d'un duvet court, blanchâtre, cotonneux, parsemé, comme la face supérieure, de soies allongées : celles des jets stériles, alternes, plus petites; capitules assez gros, à fleurs jaunes, les extérieures purpurines en dehors; involucre cotonneux, à écailles linéaires-lancéolées, aiguës, hérissées sur la carène de soies noirâtres, glanduleuses; achaines d'un brun foncé. ♃ (Juin—septembre). Vulg. *Oreille de souris*.

Commune le long des chemins, au bord des champs, dans les pâturages et les lieux incultes.

β. *Concolor*. Hagenb. Fl. basil. 2. l. c. — Gaud. Fl. helv. 5. l. c. var. β. *viride*. — Feuilles vertes sur les deux faces et garnies de soies éparses.

γ. *Humile*. Hagenb. Fl. basil. 2. p. 258. var. β. — *H. breviscapum*. DC. Fl. fr. supp. n. 2914b? — Hampe courte; racine dépourvue de stolons.

δ. *Stoloniflorum*. Frœl. in DC. Prod. 6. l. c. var. η. — Gaud. Syn. p. 675. var. ε. — Stolons allongés, souvent rameux, quelques-uns capitulifères.

Salins, dans le bois de Poupet, après la coupe, le long du chemin vicinal d'Ivrey, avant d'arriver sur les hauteurs au-dessus du village. — Les lieux pierreux et abrités autour de Mont (Monnard).

ε. *Peleterianum*. Gaud. Fl. helv. 5. l. c. var. δ. — Koch, Syn. l. c. var. δ. *pilosissimum*. — *H. Peleterianum*. Mérat, Fl. par. ed. 1. p. 305. — Frœl. in DC. Prod.

7. p. 200. et Fl. fr. supp. n. 2913ª. — Feuilles vertes en
dessus, très blanches-cotonneuses en dessous, hérissées,
ainsi que la hampe et l'involucre, de longs poils blancs;
capitule plus gros, à écailles de l'involucre lancéolées, aiguës ; stolons épais, plus courts.

Bâle, aux lieux chauds et pierreux des montagnes, plus rare (Hagenbach).

** *Hampe à 2—5 capitules disposés en corymbe.*

2. E. Auricule. — *H. Auricula.*

Linn. Sp. 1126. — Frœl. in DC. Prod. 7. p. 201. et Fl. fr.
n. 2914. — Duby, Bot. gall. p. 302. — Lam. Ency. 2. p.
361. — Koch, Syn. p. 446. — Monn. Hier. p. 21. —
Gaud. Syn. p. 676. et *H. dubium.* ejusd. Fl. helv. 5.
p. 75.

Tabern. ic. p. 196. fig. 2. (*malé*).

Racine souvent tronquée, garnie de fibres blanchâtres,
donnant naissance à des jets feuillés, allongés, étalés sur
la terre, souvent rougeâtres, et à une hampe nue, ou
munie à la base de 1, rarement 2 petites folioles sessiles,
demi-embrassantes, haute de 1—2 décim., glabre ou un
peu poilue, garnie au sommet et sur les pédoncules d'un
duvet blanchâtre, cotonneux, parsemé de soies noirâtres,
glanduleuses; feuilles radicales, lancéolées, en spatule,
d'un vert glauque, étalées, glabres, garnies sur les bords,
surtout à la base et quelquefois sur la nervure dorsale, de
soies éparses : les extérieures obtuses, les intérieures aiguës; capitules 2 –5, à fleurs citrines, même en dehors,
disposés au sommet de la hampe en corymbe terminal,
portés sur de courts pédoncules; involucre un peu cotonneux
à la base, à écailles linéaires-lancéolées, d'un vert livide,
hérissées sur la carène de soies noirâtres, glanduleuses;
achaines d'un brun marron; aigrette d'un blanc sale. ♃
(Juin—septembre).

Commune dans les prés, les pâturages un peu humides, le long des chemins, au bord des champs.

β. *Uniflorum*. Gaud. Fl. helv. 5. l. c. — Frœl. in DC. Prod. 7. l. c. var. ϑ. — Hampe grêle, à un seul capitule.

Salins, dans les prés un peu humides. — Neuchâtel (Chaillet). — Nyon (Gaud.). — Bâle (Hagenb.).

γ. *Ramosum*. Gaud. Fl. helv. 5. l. c. — Hagenb. Fl. basil. 2. p. 258. var. δ. — Hampe 2—3 fois dichotome au sommet, à rameaux plus ou moins allongés, à un seul capitule.

Salins, à Poupet; à Boujaille. — Bâle, daus les pâturages montagneux (Hagenb.).

δ. *Stoloniflorum*. Monn. Hier. p. 21. — Frœl. in DC. Prod. 7. l. c. var. ζ. — Hampe terminée par 2—5 capitules, munie à la base de jets couchés grêles, flexueux, souvent rameux et radicants, feuillés, ascendants à leur extrémité et terminés par une hampe courte à 2—4 capitules rapprochés, peu développés, quelquefois avortés.

Salins, dans le bois de Poupet, après la coupe, avec la variété δ. de l'espèce précédente.

*** *Tige presque nue; feuilles plus ou moins glauques et hispides; capitules nombreux, en corymbe.*

3. E. élancée. — *H. prœaltum.*

Wimm. et Grab. Fl. siles. 2. p. 206. — Koch, Syn. p. 447.

Racine oblique, tronquée, garnie de fibres; tige grêle, dressée, raide, en forme de hampe, garnie seulement de 1—2, rarement 3 feuilles dans le bas, glabres, ou parsemées de poils étalés et de duvet étoilé dans le haut, nue, ou munie à la base de jets stériles ou florifères, haute de 3—5 décim.; feuilles glauques, lancéolées, rétrécies dans le bas, aiguës (les extérieures obtuses), presque glabres, ou hérissées sur les bords ou sur toute leur surface de soies ou poils raides, plus longs que le diamètre de la tige; capitules nombreux, à fleurs jaunes, disposés en corymbe quelquefois divisé,

portés sur des pédoncules divergents, simples ou peu rameux, hérissés, ainsi que l'involucre, de longs poils noirâtres à la base, quelquefois glanduleux, et garnis d'un duvet étoilé, blanchâtre. ♃ (Juin, juillet).

Les prés secs, les collines, les lieux incultes.

α. Verum. Koch, Syn. l. c. — *H. prœaltum.* Vill. Voy.
p. 62. — Frœl. in DC. Prod. 7. p. 205. et Fl. fr. supp. n.
2916. — Duby, Bot. gall. p. 303. — *H. Florentinum. I.
prœaltum.* Gaud. Fl. helv. 5. p. 82. — Monn. Hier. p. 30.
var. γ.—Vill. Voy. tab. 2. fig. 1. (*corymbus ramosus, multò
longior, ramique magis quàm in nostris distantes*). — Tige
glabre ; feuilles glabres sur les deux faces, garnie seulement
sur les bords, particulièrement à la base, et sur la nervure
dorsale, de poils raides, allongés; jets rampants nuls ou
ascendants, florifères et semblables à des tiges latérales.

Salins, au pied de Poupet, dans les lieux incultes, au-dessus des
vignes; Arbois, sur les rochers à gauche du mont de Pupillin. — Bâle,
çà et là le long des chemins, aux environs de la ville et sur les murs
(Hagenb.). — Genève, à la jonction de l'Arve et du Rhône; au bord
de l'Arve, entre Étrambière et Menoge (Reut.). — Au Pas-de-l'É-
chelle (Girod.).

β. Bauhini. Koch, Syn. l. c. — *H. Bauhini.* DC. Prod.
7. p. 202. — *H. auricula.* Willd. Sp. 3. p. 1564. — Tige,
feuilles et toutes les autres parties de la plante comme dans
la var. *α.*, dont elle diffère par ses jets rampants, filiformes,
allongés.

Aux environs de Bâle (Hagenb.), et sans doute dans les autres lieux
où se trouve la variété *α.*

γ. Fallax. Koch, Syn. l. c. — *H. fallax.* DC. Prod. p.
205. et Fl. fr. supp. n. 2916[b]. var. *α.* — Duby, Bot. gall.
p. 302. var. *α.* — *H. fallax. I. exstolonosum.* Gaud. Fl.
helv. 5. p. 79. — Jets rampants nuls, ou ascendants, florifères, semblables à des tiges latérales; tige presque glabre;
feuilles hérissées sur les deux faces de poils épars, raides,
allongés.

Salins, au pied de Poupet, dans les lieux incultes au-dessus des vignes; dans la tourbière de Pontarlier. — Bâle, çà et là dans les lieux chauds et arides (Hagenb.). — Genève, sur les pentes graveleuses du bois de la Bâtie (Reut.).

δ. **Decipiens**. Koch, Syn. l. c. — *H. fallax. var. β.* DC. Fl. fr. supp. n. 2916. — *H. fallax. II. auricula.* Gaud. Fl. helv. 5. p. 80. — Tige, feuilles et les autres parties de la plante comme dans la var. *γ.*, dont elle diffère par ses jets rampants allongés.

Aux environs de Thoirette. — Les pentes graveleuses au bois de la Bâtie; au bois Keyla; de Bay, etc. (Reut.). — Çà et là anx environs de Bâle (Hagenb.).

4. E. des collines. — *H. collinum.*

Gochnat, Cich. p. 17. — Frœl. in DC. Prod. 7. p. 203. et Fl. fr. supp. n. 2915ª. — *H. cymosum. var. β. collinum* Duby, Bot. gall. p. 302. — *H. cymosum. C. collinum.* Monn. Hier. p. 25. — *H. pratense.* Koch. Syn. p. 449.

Racine oblique, tronquée, garnie de fibres; tige un peu épaisse, dressée, striée, cylindrique, fistuleuse, munie de quelques feuilles à sa partie inférieure, haute de 3—5 décim., hérissée, particulièrement dans le bas, de longs poils roussâtres, noirâtres-tuberculeux à la base; feuilles radicales oblongues-lancéolées, aiguës (les extérieures obtuses), un peu épaisses, rétrécies dans le bas, d'un vert un peu glauque, hérissées sur les deux faces, particulièrement en dessous, sur la nervure et les bords, de longs poils roussâtres, parsemées quelquefois sur la face inférieure de duvet étoilé, caduc, visible à la loupe : les caulinaires au nombre de 2—4, plus étroites et plus courtes, rétrécies et demi-embrassantes à la base; capitules au nombre de 10—30, disposés en corymbe terminal, agglomérés avant la floraison, souvent accompagné de rameaux latéraux plus ou moins allongés, portés sur des pédoncules rameux, garnis, ainsi que les involucres, de duvet étoilé, cotonneux, parsemé de longs poils roussâtres, et souvent

d'autres plus courts, noirâtres, glanduleux. ♃ (Juin—
août).

Dans les lieux incultes et arides, et sur les vieux murs : Salins, au
pied de Poupet, dans les lieux incultes au-dessus des vignes ; sur un mur
de vigne derrière les Capucins ; le long du bois de Folle à la Chapelle ;
à Thoirette en montant la côte de Chaléat. — Neuchâtel (Chaillet). —
Bâle, sur le mont Mutet ; sur les vieux murs, et çà et là dans les lieux
montagneux (Hagenb.)

β. *Stoloniflorum*. Tige accompagnée de jets ascendants
florifères, feuillés à la base.

Salins, au pied de Poupet, au-dessus des vignes.

******** *Tige presque nue ; feuilles vertes, jamais glauques , hispides ;
capitules nombreux, en corymbe.*

5. E. orangé. — *H. aurantiacum.*

Linn. Sp. 1126. — Frœl. in DC. Prod. 7. p. 204. et Fl. fr.
n. 2904. — Duby, Bot. gall. p. 301. — Gaud. Fl. helv.
5. p. 86. — Lam. Ency. 2. p. 361. — Koch, Syn. p. 450.
Monn. Hier. p. 23.

J. Saint-Hil. Pl. fr. tab. 131. — Moris. sect. 7. tab. 8. fig. 7.

Racine oblique, garnie de fibres noirâtres ; tige dressée,
haute de 3—4 décim., un peu feuillée dans le bas, nue
dans le reste de sa longueur, hérissée de longs poils étalés,
noirâtres-tuberculeux à la base, et plus ou moins recouverte de duvet étoilé, quelquefois munie de jets rampants
à la base ; feuilles oblongues ou obovales-oblongues, rétrécies en un court pétiole , hérissées de longs poils épars, mais
dépourvues de duvet étoilé : les caulinaires sessiles, plus
petites ; capitules plus ou moins nombreux, à fleurs d'un
rouge orangé, disposés en corymbe , portés sur des pédoncules courts, à 1—2 capitules garnis, ainsi que l'involucre ,
d'un duvet cotonneux blanchâtre, à poils étoilés, parsemé
de poils noirâtres, allongés, et d'autres plus courts, glanduleux. ♃ Gaud. ② Koch (Juin, juillet).

Entre le Chasseral et les châlets de Bienne (Hall.). — Sur le mont Thoiry (Gaud.). — Près de Tête-de-Rang (Depierre, cat.).

β. *Majus*. Gaud. Fl. helv. 5. l. c. var. γ. — Tige plus élevée ; feuilles obovales plus grandes ; capitules plus nombreux, disposés en corymbe plus développé, souvent rameux.

Cultivée dans les jardins comme plante d'ornement.

§ 2. *Tige presque nue ou plus ou moins feuillée; feuilles linéaires, lancéolées ou oblongues-lancéolées, glauques, glabres ou velues, à poils mous, allongés; involucre farineux et hérissé de poils courts, glanduleux, ou couverts de longs poils mous.* — Aurella. Koch.

6. E. à feuilles de Statice. — *H. staticefolium.*

Vill. Dauph. 3. p. 116. — Frœl. in DC. Prod. 7. p. 218. et Fl. fr. n. 2917. — Duby, Bot. gall. p. 303. — Gaud. Fl. helv. 5. p. 90. — Lam. Ency. 2. p. 563. — Koch, Syn. p. 451. — Monn. Hier. p. 14.

Lam. illust. tab. 652. fig. 4. — Vill. Dauph. tab. 27. fig. 1. — All. Ped. tab. 81. fig. 2. — J. Bauh. Hist. 2. p. 1041. fig. 1. et 2?

Racine s'enfonçant profondément et émettant sous terre des jets rampants (Koch); tige haute de 2—3 décim., striée, glabre, presque nue, ordinairement divisée en 2—4 rameaux divergents; feuilles radicales nombreuses, d'un vert glauque, étroites, linéaires ou linéaires-lancéolées, un peu obtuses, glabres, rétrécies en pétiole, entières ou légèrement sinuées-dentelées; capitules assez gros, à fleurs d'un beau jaune qui verdissent en herbier, comme celles des *Primevères*, solitaires à l'extrémité des rameaux ou pédoncules allongés, munis à la base d'une bractée linéaire-subulée, et de quelques petites écailles à leur partie supérieure; involucre farineux, blanchâtre, ainsi que le sommet du pédoncule, à écailles linéaires-acuminées, les extérieures

plus courtes ; achaines brunâtres, striés, un peu grenus à
la loupe ; aigrette d'un blanc sale, à poils dentelés. ♃ (Juin—
août).

Les lieux graveleux, au bord de l'Ain, à Thoirette ; à l'embouchure
de l'Arve, à Genève. — Au bois de la Bâtie ; à Salève ; dans le Jura
au-dessus de Thoiry (Reut.). — Autour de Genollier, au pied du Jura
(Gaud.). — Au bord de l'Arve, près de Carouge (Rapin).

β. *Uniflorum*. Gaud. Fl. helv. 5. l. c. — Frœl. in DC.
Prod. 7. l. c. — Tige simple, à un seul capitule.

Bord de l'Ain, à Thoirette ; embouchure de l'Arve, à Genève.

7. E. glauque. — *H. glaucum.*

All. Ped. 1. p. 214. — Frœl. in DC. Prod. 7. p. 219. et Fl.
fr. supp. n. 2919. var. γ. — Gaud. Fl. helv. 5. p. 93.
I. legitimum. — *H. saxatile* (Jacq.). Koch, Syn. p. 451.
— *H. Allionii.* Monn. Hier. p. 15.
All. Ped. tab. 28. fig. 3. et tab. 81. fig. 1. (*melior*).

Racine dure, presque ligneuse, garnie de fibres blanchâtres ; tige haute de 2 — 4 décim., dressée ou un peu ascendante, raide, glabre, rameuse dans le haut, à rameaux
simples à un seul capitule, presque dressés, peu divergents,
plus ou moins allongés, feuillée à sa partie inférieure,
presque nue dans le haut, quelquefois entièrement simple
et à un seul capitule terminal ; feuilles radicales fermes,
nombreuses, étroites, linéaires-lancéolées, aiguës ou un peu
acuminées, rétrécies à la base, d'un vert glauque, très entières ou légèrement dentelées, garnies dans le bas de quelques poils épars, allongés, blanchâtres : les caulinaires peu
nombreuses, plus étroites, aiguës, allant en diminuant de
grandeur vers le sommet de la tige ; capitules assez gros,
au nombre de 1 — 5, à fleurs jaunes, ne verdissant point en
herbier, comme dans l'espèce précédente, portés sur des
pédoncules allongés, munis d'écailles subulées, un peu
épaissis et recouverts au sommet d'un duvet farineux blanchâtre ; écailles de l'involucre linéaires-lancéolées, d'un vert

livide, glabres, appliquées, garnies sur les bords de duvet farineux ; achaines lisses, anguleux, d'un brun marron, aigrette d'un blanc sale. ♃ (Juin—août).

Sur la Dôle ; sur les rochers, au-dessous de Saint-Sulpice, à l'entrée du Val-Travers. — A Salève (Gaud.). — Aux environs de Delémont et ailleurs (Hagenb.).

β. *Buplevroïdes.* Hagenb. Fl. basil. 2. p. 263. — *H. buplevroïdes* (Gmel.). Koch, Syn. p. 452. — *H. glaucum. var. β. ramosissimum.* DC. Fl. fr. supp. n. 2919. — *H. glaucum. H. graminifolium.* Gaud. Fl. helv. 5. l. c. — *H. graminifolium. var. β. linearifolium.* Frœl. in DC. Prod. 6. p. 219. — Tige plus élevée, plus épaisse et plus feuillée, haute de 3—6 décim., plus rameuse, à 3—8 capitules ; feuilles allongées, atteignant souvent 15 centim. de longueur, linéaires-lancéolées, acuminées, rétrécies à la base, dentelées, à dentelures écartées.

Au Creux-du-Vent et le long de la route au-dessus de Noiraigne ; sur la Dôle. — Bâle, avec la variété α. (Hagenb.).

8. E. flexueuse. — *H. flexuosum.*

Willd. Sp. 3. p. 1584. — Hagenb. Fl. basil. 2. p. 264. — Frœl. in DC. Prod. 7. p. 229. var. α. et Fl. fr. supp. n. 2908b. — Gaud. Fl. helv. 5. p. 95. var. α. — Poir. Ency. supp. 2. p. 562 ? — *H. longifolium* (Schleich.). Koch, Syn. p. 455. — *H. villosum. B. lanceolatum. var. ε.* Monn. Hier. p. 57.

Tige ferme, ordinairement flexueuse, haute de 2—4 décim., simple ou peu rameuse, feuillée, plus ou moins poilue, surtout dans le bas, souvent presque glabre, à rameaux axilaires, peu divergents, à un seul capitule ; feuilles glauques, un peu raides, glabres en dessus, garnies sur les bords et les nervures dorsales de longs poils barbus dentelés, blanchâtres, un peu épaissis à la base : les radicales oblongues-lancéolées, aiguës, rétrécies en pétiole, dentelées, à dentelures calleuses étroites et écartées : les caulinaires ovales-acuminées, sessiles, demi embrassantes, allant en diminuant de grandeur vers le sommet de la tige ; capitules gros, au nombre de 1—4 ; involucre toujours poilu, mais un peu moins que dans l'*H. villosum*, à poils allongés, blanchâtres, devenant roux dans l'herbier, souvent épaissis et noirâtres à la base, garni en outre d'un duvet farineux que l'on retrouve, ainsi que les poils, au sommet du pédoncule ; écailles de l'involucre linéaires-acuminées, d'un vert foncé livide, appliquées ; achaines sillonnés, d'un brun marron ; aigrette d'un blanc sale. ♃ (Juillet, août).

Parmi les rochers des sommité du Jura : sur le Reculet et la chaîne du Colombier ; sur la Dôle ; le Mont-d'Or ; le Creux-du-Vent. — Bâle, sur les monts Wasserfall, Vogelberg, Ramstein, etc. (Hagenb.). — Salins, sur les quartiers de rochers, au pied de Poupet du côté de la ville, et sur le rocher dit *Bonhomme* (à feuilles étroitement lancéolées).

β. *Longifolium.* Tige plus élevée, ordinairement flexueuse, un peu rameuse, à 2—4 capitules ; feuilles radicales très glauques, linéaires-lancéolées, longues de 10—16 centim., larges de 10—15 millim., entières ou légèrement dentelées ; achaines bruns, à la fin noirâtres.

Salins, parmi les débris du pied des grands rochers à pic, au-dessus de Combelle.

γ. *Juranum.* Gaud. Syn. p. 683. — Tige moins élevée, plus raide et plus grêle, très flexueuse, presque glabre ou peu poilue, ainsi que les feuilles plus étroites, linéaires-lancéolées, presque entières ou légèrement dentelées. — Elle se rapproche beaucoup de l'*H. glaucum*, mais son involucre est poilu, comme dans les deux variétés précédentes.

Sur le Mont-d'Or ; la Dôle.

9. E. velue. — *H. villosum.*

Linn. Sp. 1130. — Frœl. in DC. Prod. 7. p. 228. et Fl. fr. n. 2908. — Duby, Bot. gall. p. 302. — Gaud. Fl. helv. 5. p. 97. — Lam. Ency. 2. p. 365. — Koch, Syn. p. 452. — Monn. Hier. p. 55. A.

Moris. sect. 7. tab. 5. fig. 58. — J. Bauh. Hist. 2. p. 1027. fig. 2. — Clus. Hist. 2. p. 141. fig. 1. (*ead.*).

Racine dure, garnie de fibres blanchâtres ; tige dressée, souvent un peu flexueuse, striée, cylindrique, un peu rameuse au sommet, à rameaux à un seul capitule terminal, haute d'environ 3 décim., hérissée de longs poils dentelés, tuberculeux à la base, garnie en outre, particulièrement dans le haut et sur les rameaux ou pédoncules, de duvet étoilé, blanchâtre ; feuilles glauques, molles, un peu grisâtres, tendant à jaunir en herbier, très velues sur les deux faces, particulièrement sur les bords et les nervures, légèment dentelées : les inférieures oblongues-lancéolées ou lancéolées, rétrécies à la base : les caulinaires sessiles : les supérieures ovales, aiguës ou acuminées, demi-embrassantes et en cœur à la base ; capitules gros, peu nombreux, 1—4, terminaux ; involucre très velu, à poils longs, blanchâtres, devenant roussâtres en herbier, noirâtres-tuberculeux à la base, à écailles lancéolées-acuminées, lâches et inégales ; achaines sillonnés-anguleux, d'un brun marron ; aigrette d'un blanc sale, à poils dentelés. ♃ (Juillet, août).

Parmi les rochers, sur les hautes sommités du Jura : sur le Reculet ; à Salève, sur les Pitons et à la Grande-Gorge ; à la Faucille ; sur la Dôle ; le Montendre ; le Colombier ; le Mont-d'Or ; le Suchet ; le Creux-du-Vent ; le Chasseral, etc.

β. *Sessilifolium*. Gaud. Syn. p. 683. et Fl. helv. 5. l. c. — Tige rameuse ; feuilles caulinaires, sessiles, oblongues, arrondies et non en cœur à la base.

Sur le Thoiry ; la Dôle ; le Chasseral, etc.

γ. *Dentatum*. Gaud. Syn. p. 683. et Fl. helv. 5. l. c. var. ε. — Feuilles sinuées-dentelées, à dentelures étroites, très saillantes ; capitules gros.

Sur le Mont-d'Or ; la Dôle ; le Colombier.

δ. *Elongatum*. Plante très velue. Tige longue de 4—5 décim., un peu flexueuse, très feuillée, munies de 6—8 feuilles : les inférieures oblongues-lancéolées, rétrécies en

pétiole, longues de 10—12 centim. : les autres sessiles,
demi-embrassantes : les moyennes oblongues : les supérieures ovales-aiguës, en cœur à la base ; capitules 3—4,
terminaux, à pédoncules un peu courts.

Près de la Faucille, sur les rochers au bord de la route des Rousses.

§ 3. *Tige plus ou moins feuillée ; feuilles vertes ; pédoncules et involucres souvent garnis de poils courts, glanduleux, jamais les feuilles.* — Pulmonarioïdea. Koch.

10. E. des murs. — *H. murorum.*

Linn. Sp. 1128. var. *α.* — Frœl. in DC. Prod. 7. p. 215. et
Fl. fr. n. 2925. — Duby, Bot. gall. p. 304. — Lam.
Ency. 2. p. 365. — Koch, Syn. p. 457. — Monn. Hier.
p. 43. A. — *H. murorum. 1. vulgatum.* Gaud. Fl. helv.
5. p. 102.
Moris. sect. 7. tab. 5. fig. 54. — J. Bauh. Hist. 2. p. 1033.
fig. 3. — Tabern. ic. p. 194. fig. 2. — Dalech. Hist. p.
565. fig. 1.

Racine épaisse, oblique, garnie de fibres brunâtres ; tige
dressée, striée-anguleuse, plus ou moins velue, presque
nue, garnie seulement de 1—2 feuilles, haute de 3—6 décim. ; feuilles minces, d'un vert gai, quelquefois purpurines,
velues sur les deux faces, surtout en dessous et sur les bords,
et particulièrement sur les pétioles, à poils blanchâtres,
dentelés : les radicales oblongues ou ovales-lancéolées, un
peu en cœur ou tronquées à la base, dentées ou dentées-
anguleuses, particulièrement à leur partie inférieure, longuement pétiolées : les caulinaires plus petites, quelquefois
nulles, presque sessiles ou courtement pétiolées, ovales-
lancéolées ou lancéolées, acuminées, entières ou dentées ;
capitules médiocres, disposés en panicule corymbiforme
terminale, portés sur des pédoncules hérissés, ainsi que les
involucres, de poils noirâtres, glanduleux, et recouverts en
outre de duvet étoilé blanchâtre ; achaines sillonnés, d'un

brun noirâtre ; aigrette d'un blanc sale , à poils ciliés , très
fragiles. ♃ (Juin—août).

Commune sur les vieux murs, parmi les rochers et dans les bois.

α. Vulgatum. Monn. Hier. l. c. — Feuilles radicales oblongues , dentées, un peu en cœur à la base , velues, ainsi
que la tige.

β. Maculatum. Monn. Hier. l. c. — Frœl. in DC. Prod.
7. l. c. var. *ᕋ.* et Fl. fr. l. c. — Feuilles tachées de brun.

γ. Laciniatum. Frœl. in DC. Prod. 7. l. c. var. *ß* —
Gaud. Fl. helv. 5. l. c. var. *ß.* — Koch, Syn. l. c. var. *ß.*
— J. Bauh. Hist. 2. p. 1034. fig. 1. — Tabern. ic. p. 195.
fig. 1. — Feuilles incisées-dentées à la base , à dents inférieures souvent dirigées en arrière.

δ. Integrifolium. Frœl. in DC. Prod. 6. l. c. var. *ε.* —
Feuilles oblongues, un peu en cœur à la base , entières ou
à peine dentelées.

ε. Villosum. Monn. Hier. l. c. var. *ζ.* — Frœl. in DC.
Prod. 7. l. c. var. *γ.* — Feuilles oblongues, un peu en cœur
à la base , dentées, très velues.

ζ. Humile. Hagenb. Fl. basil. 2. p. 265. var. *α.* — Gaud.
Fl. helv. 5. l. c. var. *ß. obtusifolium.* — Tige grêle, haute
de 15—20 centim. , pauciflore , à une seule feuille : les radicales ovales, obtuses, très velues, entières ou à peine
dentelées , souvent purpurines en dessous.

η. Scapiferum. Hagenb. Fl. basil. 2. l. c. var. *ε.* — Tige
nue , semblable à une hampe ou munie d'une petite foliole
subulée.

ᕋ. Uniflorum. Tige munie d'une seule feuille, à un seul
capitule terminal, les autres évidemment avortés.

11. É. des bois. — *H. sylvaticum.*

Lam. Ency. 2. p. 366. — Frœl. in DC. Prod. 7. p. 215. et
Fl. fr. n. 2926. — Duby, Bot. gall. p. 304. — Monn. Hier.

p. 42. — *H. murorum. II. sylvaticum.* Gaud. Fl. helv.
5. p. 104. — *H. murorum. var. γ.* Linn. Sp. 1129. —
H. vulgatum. Koch, Syn. p. 455.
J. Bauh. Hist. 2. p. 1034. fig. 3. — Tabern. ic. p. 195. fig.
2. — Lob. ic. p. 587. fig. 1.

Cette espèce est très voisine de la précédente, à laquelle
plusieurs botanistes la réunissent comme variété. Tige
dressée, haute de 6—12 décim., striée, velue, surtout dans
le bas, un peu rude, à poils allongés, blanchâtres, dentelés, feuillée dans la plus grande partie de sa longueur,
rameuse-corymbiforme au sommet; feuilles vertes, ovales-
lancéolées, rétrécies en pétiole à la base, velues, particulièrement en dessous et sur les bords; à poils semblables
à ceux de la tige, dentées, à dents inférieures très saillantes,
triangulaires, aiguës, un peu écartées : les radicales peu
nombreuses, décurrentes sur le pétiole, ainsi que les caulinaires inférieures : les supérieures sessiles, ovales-acuminées, allant en diminuant de grandeur vers le sommet de la
tige ; capitules médiocres, portés sur des pédoncules cotonneux, blanchâtres, hérissés, ainsi que l'involucre, de poils
glanduleux noirâtres; achaines noirâtres, sillonnés; aigrette à poils dentelés, fragiles, d'un blanc sale. ♃ (Juin—
août).

Les bois, les lieux incultes, parmi les buissons : aux environs de
Salins; de Besançon; de Pontarlier; de Genève; de Neuchâtel; de
Bâle, etc., etc.

α. Vulgatum. Monn. Hier. l. c. — Tige simple, feuillée,
rameuse-corymbiforme au sommet.

β. Maculatum. Monn. Hier. l. c. — Gaud. Fl. helv. 5.
l. c. — Feuilles marquées de taches d'un brun pourpre.

γ. Angustifolium. Hagenb. Fl. basil. 2. p. 267. — Frœl.
in DC. Prod. 7. l. c. var. β. — Feuilles radicales et les
caulinaires inférieures lancéolées, pétiolées, dentées.

δ. Integrifolium. Gaud. Fl. helv. 5. l. c. — Feuilles
oblongues, presque entières, ou légèrement dentées; capi-

tules peu nombreux, quelquefois un seul terminal, les autres
évidemment avortés.

ε. *Ramosum. H. murorum. III. ramosum.* Gaud. Fl.
helv. 5. p. 105. — *H. sylvaticum. var. δ. rigidius.* Hagenb. Fl. basil. 2. p. 267. — Tige feuillée, rameuse presque
dès la base, à rameaux allongés, feuillés, divisés, paniculés;
feuilles radicales et inférieures pétiolées, ovales-lancéolées,
dentées-anguleuses, décurrentes sur le pétiole : les caulinaires
sessiles, oblongues, acuminées, dentées-pinnatifides.

Neuchâtel, autour de Piérabot et dans le val de Ruz (Chaillet).

§ 4. *Tige plus ou moins feuillée; feuilles d'un vert cendré,
velues - cotonneuses, à poils évidemment plumeux. —
Andryaloïdea.* **DC.**

12. E. laineuse. — *H. lanatum.*

Vill. Dauph. 3. p. 120. — DC. Fl. fr. n. 2910. — Duby,
Bot. gall. p. 302. — Gaud. Fl. helv. 5. p. 99. — Lam.
Ency. 2. p. 364. — Monn. Hier. p. 49. — Koch, Syn. p.
459. — *H. tomentosum* (All.). Frœl. in DC. Prod. 7. p.
234. — *Andryala lanata.* Linn. Sp. 1137.

Racine dure, garnie au collet d'écailles brunes; tige
dressée ou ascendante, un peu épaisse, haute de 16—24
centim., médiocrement feuillée, peu rameuse, velue, blanchâtre, à poils étalés, plumeux; feuilles ovales ou oblongues, épaisses, souvent aiguës, presque très entières, blanchâtres, recouvertes de poils laineux, entrelacés, plumeux :
les radicales rétrécies en pétiole à la base : les caulinaires
1—3, plus petites, sessiles, acuminées; capitules médiocres, au nombre de 1—6, disposés en corymbe, solitaires
à l'extrémité des rameaux ou pédoncules, rarement deux;
involucre hémisphérique, recouvert, comme les autres
parties de la plante, de poils blancs, plumeux et crépus,
à écailles linéaires-acuminées; achaines bruns, sillonnés;

aigrette presque blanche, à poils dentelés. ♃ (Juin, juillet.)

Sur les rochers dans les lieux chauds et abrités : Salins en petite quantité, sur les ruines d'un mur du vieux château de la Châtelaine. — Thoirette, sur les rochers, le long de l'ancienne route de Matafélon (Capellani). — Sur les rochers escarpés de Salève, au-dessus d'Archamp, en petite quantité. (Reut.).

13. E. Fausse-Andryale. — *H. andryaloïdes.*

Vill. Daup. 3. p. 121. — Frœl. in DC. Prod. 7. p. 234. et Fl. fr. n. 2911. — Duby, Bot. gall. p. 302. — Gaud. Fl. helv. 5. p. 100. — Lam. Ency. 2. p. 364. *(excl. var. β.).* — Koch, Syn. p. 458. — *H. undulatum* (Willd.). Poir. Ency. supp. 2. p. 563.

Vill. Dauph. tab. 29. fig. 2.

Cette espèce se rapproche beaucoup de la précédente; mais sa tige est moins élevée, moins rameuse, presque nue, à rameaux étalés. Tige haute de 8—16 centimètres, simple ou peu rameuse, ascendante, à un petit nombre de capitules, presque nue dans le haut, velue, à poils laineux, blanchâtres, plumeux; feuilles obovales-oblongues, recouvertes de poils laineux semblables à ceux de la tige : les radicales et les caulinaires inférieures dentées à la base, rétrécies en pétiole, les supérieures presque lancéolées-acuminées; capitules un peu plus petits que dans l'espèce précédente, au nombre de 1—5, solitaires sur des pédoncules allongés, rarement 2; écailles de l'involucre linéaires-acuminées; alvéoles du réceptacle frangés-poilus. ♃ (Juin, juillet).

Sur les rochers dans les lieux chauds et abrités : à Salève, dans les fentes des grands rochers perpendiculaires, au-dessus du Pas-de-l'Échelle, en petite quantité : on l'indique encore à la Grande-Gorge (Reut.). — Elle se trouve aussi sur le revers occidental du petit Salève, au-dessus de Monetier (Suskind. in Reut.).

§ 5. *Tige plus ou moins feuillée ; poils glanduleux sur les pédoncules, les involucres, et même sur les feuilles.* — Glutinosa. Koch.

14. E. de Jacquin. — *H. Jacquini.*

Vill. Dauph. 3. p. 123. — DC. Fl. fr. n. 2936. — Duby, Bot. gall. p. 305. — Gaud. Fl. helv. 5. p. 106. — Poir. Ency. supp. 2. p. 561. — Koch, Syn. p. 459. — Monn. Hier. p. 46. — *H. humile* (Host.). Frœl. in DC. Prod. 7. p. 214.
Vill. Dauph. tab. 28. fig. 2. — J. Bauh. Hist. 2. p. 1054. fig. 2.

Racine oblique, épaisse, tronquée, garnie de longues fibres noirâtres; tige dressée ou ascendante, striée, souvent flexueuse, rougeâtre dans le bas, plus ou moins garnie de poils blanchâtres dentelés, médiocrement feuillée, haute de 1—2 décim., divisée dès la base en quelques rameaux étalés-ascendants, simples ou bifurqués; feuilles minces, d'un vert gai, plus ou moins velues, à poils semblables à ceux de la tige, ovales-oblongues ou ovales-lancéolées, diversement incisées ou presque pinnatifides à la base, lyrées ou simplement dentées, ou presque entières, à dents ou lobes aigus, inégaux : les radicales aiguës ou obtuses, rétrécies à la base en un long pétiole : les caulinaires presque sessiles, les supérieures bractéiformes, linéaires-lancéolées, entières; capitules gros, peu nombreux, au nombre de 1—2 à l'extrémité de la tige et des rameaux, portés sur des pédoncules, hérissés de longs poils blanchâtres semblables à ceux de la tige, et de quelques autres plus courts, glanduleux, garnis en outre de duvet étoilé; involucre également hérissé de poils blanchâtres, noirâtres et tuberculeux à la base, à écailles lancéolées-linéaires, membraneuses et blanchâtres sur les bords; achaines sillonnés, d'un brun marron foncé; aigrette d'un blanc sale, à poils dentelés. ♃ (Juin, juillet).

Commune à Salins sur les remparts, les murs de jardins, et sur les rochers des montagnes environnantes; aux environs de Besançon; de Poligny; de Thoirette; à la source du Lison et à la Grotte-des-Sarrasins; sur le Larmont, à Pontarlier; sur la Dôle; au Creux-du-Vent. — A Salève; au Reculet (Reut.). — Aux environs de Bâle (Hagenb.). — A Motiers-Grandval et à la Roche-aux-Corbeaux (Gaud.).

α. Vulgatum. Feuilles oblongues, inégalement incisées-dentées à la base; tige peu élevée, à un petit nombre de capitules.

β. Intermedium. Frœl. in DC. Prod. 7. l. c. — Tige plus élevée et plus rameuse, haute d'environ 3 décim.; feuilles oblongues, rétrécies aux deux bouts, longuement pétiolées, incisées-pinnatifides à la base, à lobes inégaux, lancéolés, les inférieurs souvent isolés sur la partie supérieure du pétiole.

γ. Lyratum. Frœl. in DC. Prod. 7. l. c. et Fl. fr. l. c. var. β. — Vill. tab. 28. fig. 3. — Tige pauciflore; feuilles lyrées, roncinées-pinnatifides à la base.

δ. Integrifolium. Frœl. in DC. Prod. 7. l. c. var. ε. — Tige peu élevée; feuilles oblongues ou oblongues-lancéolées, presque entières ou munies de quelques dents écartées peu saillantes.

ε. Uniflorum. Frœl. in DC. Prod. 7. l. c. var. ζ. — Tige peu élevée, simple, à un seul capitule terminal; feuilles comme dans la variété précédente.

15. E. à feuilles embrassantes. — *H. amplexicaule.*

Linn. Sp. 1229. — Frœl. in DC. Prod. 7. p. 230. et Fl. fr. n. 2929. — Duby, Bot. gall. p. 303. — Gaud. Fl. helv. 5. p. 111. — Lam. Ency. 2. p. 366. — Koch, Syn. p. 459. — Monn. Hier. p. 48.

All. Ped. tab. 15. fig. 1. et tab. 30. fig. 1. (*foliis maculatis*).

Racine oblique, épaisse, noirâtre, garnie de longues fibres; tige dressée, raide, striée, haute de 3—6 décim.,

entièrement recouverte de poils glanduleux, visqueux,
rameuse presque dès la base, à rameaux divergents, souvent
eux-mêmes divisés et dépassant la tige; feuilles d'un vert
sombre, minces, également garnies de poils glanduleux,
particulièrement sur les bords et les nervures : les radicales oblongues-elliptiques ou oblongues, obtuses, mucronées, rétrécies en pétiole à la base, plus ou moins profondément et irrégulièrement dentées, surtout à leur partie
inférieure, à dents aiguës, inégales : les caulinaires sessiles, embrassantes, écartées, la plupart situées à la base
des rameaux, les supérieures plus petites, courtes, ovales,
aiguës, en cœur à la base; capitules médiocres, ordinairement nombreux, portés sur des pédoncules simples
ou rameux, disposés en corymbe lâche, terminal; involucre d'un vert foncé, à écailles linéaires-lancéolées, acuminées, garni, ainsi que le pédoncule, de poils glanduleux-
visqueux; achaines d'un brun foncé, sillonnés; aigrettes
d'un blanc sale, à poils dentelés. ♃ (Juin, juillet).

Les rochers, les lieux arides des montagnes : au bord de la route au-
dessus de Noiraigue, en face du Creux-du-Vent; sur le Larmont, à
Pontarlier; à la Faucille; à Saint-Sulpice, Val-Travers; au Creux-
du-Vent; les rochers au-dessus de Saint-Claude, le long du chemin de
Septmoncel; aux environs de Thoirette. — Aux environs de Motiers-
Grandval (Gagnebin). — Les rochers au bord de l'Orbe, près de
Monchérand (Hall.). — Neuchâtel, au bord du Seyon (Chaillet). —
Près de Saint-Cergue; de Vallorbe; à la chute de l'Orbe; sur le Chas-
seron (Rapin). — Sur le Salève (Reut.). — Sur le mont Mutet et la
plupart des autres sommités du canton de Bâle (Hagenb.). — La va-
riété β. se trouve à la Faucille; γ. à Bâle (Hagenb.); δ. au-dessus de
Saint-Cergue (Gaud.).

β. *Humile*. Frœl. in DC. Prod. 7, l. c. var. δ. — Tige
haute de 1—2 décim., très garnie, ainsi que les autres parties de la plante, de poils glanduleux-visqueux, à 1—6 capitules; feuilles munies de grosses dents à la base.

γ. *Pulmonarioïdes*. Frœl. in DC. Prod. 7. l. c. — Gaud.
Fl. helv. 5. l. c. — *H. pulmonarioïdes*. Vill. Dauph. tab.
34. fig. 2. — Feuilles radicales rétrécies en pétiole, sinuées-

dentées : les caulinaires ovales, sessiles, ou à peine demi-embrassantes.

ϩ. **Denticulatum**. Gaud. Fl. helv. 5. l. c. — Feuilles sinuées-dentelées : les caulinaires en cœur à la base, à oreillettes saillantes, arrondies ; poils presque tous glanduleux.

§ 6. *Feuilles radicales marcescentes ou nulles à l'époque de la fleuraison ; jets stériles nuls.* — Aphyllopoda. Koch.

16. E. à feuilles de Prenanthe. — *H. prenanthoïdes.*

Vill. Dauph. p. 108.—Frœl. in DC. Prod. 7. p. 211. et Fl. fr. n. 2921.— Duby, Bot. gall. p. 304. — Gaud. Fl. helv. 5. p. 113. — Lam. Ency. 2. p. 367. — Koch, Syn. p. 460. — Monn. Hier. p. 32.
Vill. Voy. tab. 3. fig. 1. — All. Ped. tab. 27. fig. 3.
Racine grêle, flexueuse, garnie de longues fibres; tige haute de 4—6 décim., pleine, ferme, dressée, feuillée, souvent flexueuse, rameuse au sommet, plus ou moins garnie dans le bas de poils blanchâtres, mous, allongés, dentelés, souvent réfléchis, hérissée dans le haut de poils glanduleux, noirâtres; feuilles nombreuses, minces, à veines réticulées, oblongues-lancéolées ou oblongues, aiguës, dentelées ou presque entières, embrassantes et en cœur à la base, vertes en dessus, un peu glauques en dessous et garnies sur les nervures et les bords de longs poils semblables à ceux de la tige : les inférieures plus grandes, oblongues-lancéolées, rétrécies en pétiole : les radicales marcescentes ou nulles, à l'époque de la fleuraison ; capitules plus ou moins nombreux, médiocres, disposés en corymbe terminal, à pédoncules divergents, rameux, garnis de duvet blanchâtre, et hérissés, ainsi que l'involucre, de poils glanduleux noirâtres, visqueux, munis à la base d'une petite bractée lancéolée-subulée; involucre d'un vert noirâtre, livide, à écailles lancéolées-linéaires ; achaines

sillonnés, d'un brun rougeâtre ; aigrette d'un blanc sale , à poils dentelés. ♃ (Juillet , août).

Les bois , les buissons des pâturages du haut Jura : sur la Dôle ; le Mont-d'Or ; le Suchet ; le Chasseron ; le Creux-du-Vent ; le Chasseral. — Parmi les rochers de Salève , au-dessus d'Archamp (Reut.).

β. *Lanceolatum.* Feuilles lancéolées, entières, ou à peine dentelées.

Sur la Dôle ; au Creux-du-Vent.

17. E. de Savoie. — *H. Sabaudum.*

Linn. Succ. p. 274. — DC. Fl. fr. n. 2927. — Duby, Bot. gall. p. 304. — Gaud. Fl. helv. 5. p. 108. — Lam. Ency. 2. p. 369. — Monn. Hier. p. 38. — *H. sylvestre* (Tausch.). Frœl. in DC. Prod. 7. p. 225. — *H. boreale* (Fries). Koch, Syn. p. 460.

Moris. sect. 7. tab. 5. fig. 59. — J. Bauh. Hist. 2. p. 1030. fig. 2.

Plante très variable , se rapprochant tantôt de l'*H. sylvaticum ,* tantôt de l'*H. umbellatum,* mais surtout de cette dernière, dont il n'est pas toujours facile de la distinguer. Tige dressée, haute de 6—12 décim., épaisse, non fistuleuse, striée, cylindrique, poilue ou presque glabre , un peu rude, très feuillée, rameuse au sommet, à rameaux presque en corymbe ; feuilles ovales-oblongues ou ovales-lancéolées, fermes, dentées, à dents saillantes, écartées, vertes et presque glabres en dessus , plus pâles en dessous et un peu rudes, plus ou moins velues, particulièrement sur les nervures : les radicales marcescentes ou nulles à l'époque de la fleuraison : les inférieures rétrécies en un court pétiole : les supérieures plus petites, sessiles, demi-embrassantes, ovales ou ovales-lancéolées, aiguës ou acuminées ; capitules médiocres, à fleurs jaunes, à stigmates brunâtres, portés sur des pédoncules blanchâtres, cotonneux, écailleux, disposés en panicule corymbiforme, terminale ; involucre d'un vert foncé, livide, glabre , ou parsemé de

poils blanchâtres couchés, rarement de quelques poils glanduleux, à écailles linéaires-lancéolées, appliquées, droites
au sommet; achaines bruns-marrons, sillonnés, un peu
rudes; aigrette d'un blanc sale, à poils dentelés. ♃ (Juillet—
septembre.)

Les bois, les lieux incultes, parmi les buissons : Salins, dans les bois
de Poupet; de Bovard; de Pretin; de Mouchard; de Migette, etc. —
Aux environs de Genève (Reut.). — De Nyon (Gaud.). — De Neuchâtel (Chaillet). — De Bâle (Hagenb.).

α. *Latifolium*. Gaud. Syn. p. 687. et Fl. helv. 5. l. c.
var. γ. — Feuilles ovales ou ovales lancéolées, dentées,
lisses en dessus, rudes et un peu velues en dessous, particulièrement sur les nervures.

β. *Lanceolatum*. Gaud. Syn. p. 687. et Fl. helv. 5. l. c.
var. ♂. — Feuilles oblongues-lancéolées ou lancéolées, dentées, ciliées, rudes et un peu glauques en dessous, [glabres
ou un peu velues sur les nervures.

18. E. en ombelle. — *H. umbellatum*.

Linn. Sp. 1131. — Frœl. in DC. Prod. 7. p. 224. et Fl. fr.
n. 2928. — Duby, Bot. gall. p. 304. — Gaud. Fl. helv. 5.
p. 107. — Lam. Ency. 2. p. 370. — Koch, Syn. p. 461.
— Monn. Hier. p. 40.
Moris. sect. 7. tab. 5. fig. 66. — J. Bauh. Hist. 2. p. 1050.
fig. 1. — Clus. Hist. 2. p. 140. fig. 1. — Dalech. Hist. p.
570. fig. 1. (*ead.*). — Dod. pempt. p. 638. fig. 2. (*ead.*).
— Lob. ic. p. 240. fig. 1. (*ead.*).

Racine dure, rameuse, garnie de fibres; tige dressée,
raide, lisse, ordinairement glabre, très feuillée, cylindrique, un peu anguleuse à sa partie supérieure, haute de
4—9 décim., rameuse dans le haut, à rameaux supérieurs
presque en ombelle; feuilles radicales nulles à l'époque de
la fleuraison : les inférieures lancéolées, elliptiques, aiguës,
rétrécies en un court pétiole, dentées, à dents écartées,
plus ou moins saillantes, rarement entières et linéaires,
vertes sur les deux faces, ordinairement glabres ou presque

glabres : les supérieures sessiles , diminuant subitement de grandeur en allant vers le sommet de la tige , qui est presque nu ; capitules médiocres, à fleurs et stigmates jaunes, disposés en panicule ombelliforme au sommet, portés sur des pédoncules simples et rameux , écailleux , glabres ou légèrement pubescents ; écailles de l'involucre linéaires-lancéolées, glabres, d'un vert foncé livide : les extérieures réfléchies au sommet ; achaines d'un brun marron, sillonnés ; aigrette d'un blanc sale , à poils dentelés. ♃ (Juillet—septembre.)

Commune au bord des bois , sur les collines , parmi les buissons : aux environs de Salins ; de Besançon ; de Dole, au bord de la forêt de Chaux ; de Mont-sous-Vaudrey ; de Sellières ; de Thoirette ; de Genève ; de Nyon. — De Bâle , avec les variétés , excepté la dernière (Hagenb.).

β. *Latifolium*. Gaud Fl. helv. 5. l. c. — Feuilles elliptiques-lancéolées.

Salins. — Nyon , au bois de Prangins (Gaud.).

γ. *Coronopifolium*. Frœl. in DC. Prod. 7. l. c. — Hagenb. Fl. basil. 2. p. 272. — Koch , Syn. l. c. var. β. — *H. coronopifolium*. Willd. supp. p. 826. — Feuilles étroitement lancéolées, profondément incisées-dentées.

δ. *Angustifolium*. Koch. Syn. l. c. var. γ. — Hagenb. Fl. basil. 2. l. c. var. ε. — Gaud. Fl. helv. 5. l. c. var. δ. *gramineum*. — Feuilles linéaires , allongées, ayant à peine 5 millim. de largeur.

Tourbière de Pontarlier. — Genève , dans les fossés de la ville (Hall.).

ε. *Uniflorum*. Gaud. Fl. helv. 5. l. c. var. γ. — Hagenb. Fl. basil. 2. l. c. var. ζ. — Tige peu élevée , à un seul capitule terminal ; feuilles inférieures rapprochées.

ζ. *Integrifolium*. Hagenb. Fl. basil. 2. l. c. var. η. — Feuilles entières ou presque entières.

η. *Serotinum*. Frœl. in. DC. Prod. 7. l. c. var. λ. — Feuilles ovales-lancéolées, elliptiques , finement dentelées, à dents calleuses, velues sur les deux faces, ainsi que la tige.

Salins , sur les rochers du pied d'Arèle, du côté de la ville.

FAMILLE LXI.

Ambrosiacées. Link.

FLEURS monoïques. Mâles : réunies plusieurs ensemble dans un involucre à plusieurs folioles ; périgone tubuleux, à 5 dents ; étamines 5, monadelphes ou libres, insérées au fon du périgone ; ovaire libre, très petit, avorté ; style filiforme, à stigmate obtus, entier. Femelles : involucre monophylle, renfermant 1—2 fleurs ; périgone nul ; ovaire nu, à un seul style à 2 stigmates allongés ; fruit sec, nucamentacé, formé par l'involucre accru et endurci.

1. LAMPOURDE. — *XANTHIÜM.* Linn.

Fleurs monoïques. Mâles : involucre à plusieurs folioles ; fleurs tubuleuses, séparées par des paillettes. Femelles : involucre monophylle, biloculaire, biflore, à la fin endurci ; périgone nul.

1. L. Glouteron. — *X. strumarium.*

Linn. Sp. 1400. — DC. Prod. 5. p. 523. et Fl. fr. n. 2139. — Duby, Bot. gall. p. 279. — Gaud. Fl. helv. 6. p. 146. — Lam. Ency. 3. p. 412. — Koch, Syn. p. 462.

J. Saint-Hil. Pl. fr. tab. 538. — Lam. illust. tab. 765. fig. 1. (*folium et fructus*). —Moris. sect. 15. tab. 2. fig. 2 *bis.* (*series* 1.) — J. Bauh. Hist. 3. p. 2. p. 572. fig. 1. — Tabern. ic. p. 773. fig. 2. — Dalech. Hist. p. 1056. fig. 1. — Dod. pempt. p. 39. fig. 1. — Lob. ic. p. 588. fig. 2. (*ead.*).

Racine fusiforme, fibreuse, blanchâtre ; tige dressée, anguleuse, légèrement velue, un peu rude, rameuse, haute de 3—6 décim. ; feuilles longuement pétiolées, d'un vert pâle, pubescentes, un peu rudes, larges, en cœur à la base, à 3—5 lobes courts, inégaux, peu saillants, irrégulièrement dentés-crénelés, à 5 nervures principales ; fleurs verdâtres, presque sessiles, rapprochées en grappes courtes, axilaires et terminales, les supérieures mâles, les inférieures femelles, plus nombreuses ; fruits ovoïdes, verdâtres, pubescents, dures, hérissés de pointes raides, subulées, crochues au sommet, terminés par 2 lobes coniques, amincis en pointe subulée ; achaines allongés, elliptiques, blanchâtres, oléagineux. ④ (Juin, juillet).

Le long des fossés, au bord des chemins : à Chissey ; à Grozon, près d'Arbois ; à Froide-Ville, près de Sellières ; à Besançon, au pied des remparts au bord du Doubs, près du port de Chamars. — Aux environs de Nyon (Gaud.). — De Bâle (Hagenb.).

FIN DU TOME DEUXIÈME.

BESANÇON, IMPRIMERIE DE CH. DEIS.